化学拔尖创新人才早期培养教材
基础教育阶段化学学科理解教材

有机化学
Organic Chemistry

原理与方法
Principles and Methods

王　雷　刘远信　主编

封面题字：侯开嘉 教授

化学工业出版社
·北京·

内容简介

《有机化学——原理与方法》以有机化合物结构与性质的关系及有机化学的反应类型为主线来编排教学内容。全书分为两大部分，共十三章。

第1部分是有机化合物的结构与性质，包括第1～4章，主要介绍有机化合物的相关结构理论、有机化合物的异构现象、物理性质及有机活性中间体。

第2部分是有机化学反应，包括第5～13章，主要按照反应类型系统讨论各类有机化学反应的基本特点和规律，包括反应机理、反应活性、选择性、立体化学以及在合成中的应用等。

《有机化学——原理与方法》可作为中学化学竞赛学生、一线教师及有机化学爱好者、高等学校化学及相关专业学生学习有机化学课程的教科书，亦可供科研人员参考。

图书在版编目（CIP）数据

有机化学 : 原理与方法 / 王雷，刘远信主编. 北京 : 化学工业出版社，2025. 9. -- ISBN 978-7-122-49053-7

Ⅰ. O62

中国国家版本馆CIP数据核字第20255GW313号

责任编辑：褚红喜　宋林青　　文字编辑：姚子丽　师明远

责任校对：宋　玮　　装帧设计：刘丽华

出版发行：化学工业出版社

（北京市东城区青年湖南街13号　邮政编码100011）

印　　装：大厂回族自治县聚鑫印刷有限责任公司

850mm×1168mm　1/16　印张25¼　彩插1　字数536千字

2026年1月北京第1版第1次印刷

购书咨询：010-64518888

售后服务：010-64518899

网　　址：http://www.cip.com.cn

凡购买本书，如有缺损质量问题，本社销售中心负责调换。

定　　价：78.00元

前言

在化学世界的壮丽图景中，有机化学以其结构的精妙多变与反应的无限可能，构筑了理解生命现象和创造新物质的基石。《有机化学——原理与方法》一书，正是致力于为探索这一奇妙领域的读者们，架设一座贯通本质、启迪思维的桥梁。

本书的编写立足于一个核心信念：对有机化学的深刻掌握，不仅在于知识的积累与技巧的纯熟，更在于科学思维与哲学素养的协同发展。我们尝试将辩证唯物主义的精髓——特别是关于物质世界普遍联系、永恒发展、矛盾运动的基本观点——有机地融入对化学原理的阐述之中。我们坚信，唯有引导学生超越孤立、静止的认知层面，深入到结构与功能、能量与过程、微观机制与宏观现象之间动态统一的辩证关系中去，才能真正实现从“知其然”到“知其所以然”的飞跃，并最终达成“行其必然”的科学实践能力。这一思想，如无形的脉络贯穿全书，旨在促进学生形成本源性的认知、结构性的思维和动态发展的科学观。

为实现这一目标，本书的内容构建与方法呈现可用以下四组箴言概括。

（1）正本清源，剖玄析微

我们着力于剥离纷繁复杂的表象，回归化学变化的核心驱动力——电子效应、空间效应、能量变化（动力学与热力学）、轨道作用等。通过深入剖析反应机理的本质，帮助学生构建清晰、稳固的理论框架，理解反应发生的必然性与可能性。

（2）删繁就简，即物穷理

面对有机化学知识体系的广博，我们致力于提炼关键概念与核心模式，以简约而不失深度的方式揭示其内在逻辑。这种“简化”并非浅尝辄止，而是为了更深刻地理解原理，并最终服务于解决实际问题，实现从理论到应用的顺畅迁移。

（3）知行相资，触类旁通

知识的生命力在于应用。本书强调将习得的原理迁移至真实的生产生活情境、科研前沿问题乃至学科交叉领域进行分析。通过以用促学的方式，激发学习的内驱力，锤炼思维的灵活性与创造性，赋予解决复杂问题的实际能力。

（4）澄思渺虑，积跬致远

我们鼓励学生在学习中保持开放、批判与反思的态度。教材的阐述旨在启迪智慧，激发对化学现象背后深层规律的探究欲和对现有认知的思辨力。我们期望读者能将这种思辨精神与扎实的行动相结合，在化学学习和探索的道路上走得更深更远。

在内容覆盖上，本书致力于平稳实现中大衔接、多维拓展专业视野。其广度与深度兼顾高中化学课程标准的核心要求、化学竞赛知识能力的拓展需求以及化学专业本科教学的基础内容。核心内容围绕“结构决定性质，性质反映结构”这一根本原则，结合现代结构理论、动力学及热力学分析，系统阐述有机化学反应的内在机理。我们力求超越对反应本身的简单罗列，而是通过构建一个立体、动态的认知网络，让读者不仅“知道”反应，更能“理解”和“预测”反应，形成对有机化学本源性、结构性的深刻把握。

本书的读者群体广泛，包括选考化学的高考学子、志在探索的竞赛选手、辛勤耕耘的一线教师与教研人员、高等学府的师生与研究人员以及化学教育管理人员和各领域的化学工作者。无论您处于哪个阶段，从事何种工作，我们都期望本书能成为您深入理解有机化学原理、锤炼科学思维方法、洞察学科内在规律的有力工具。

本书的顺利出版承蒙多方鼎力支持，在此谨致谢忱！感谢四川大学李瑛教授对本书学术框架的悉心指导与专业建议；感谢嘉祥教育集团的关心及嘉祥创新学校刘刚校长的支持；感谢化学工业出版社的编辑，他们在编校工作中倾注了大量心血，有力保障了出版质量；特别鸣谢著名书法家侯开嘉教授挥毫题写书名，为本书增添艺术底蕴。众力并则万钧举，谨此向所有支持者致以最诚挚的谢意和敬意！

本书在编写过程中，参考了很多国内外优秀的文献资料，在此向这些文献的作者表示衷心的感谢！

限于编写时间仓促及编者水平，本书疏漏及不足之处难免，敬请广大读者不吝指正，对此我们深表谢意。

愿这本凝聚了编者对化学教育思考与实践的书籍，能陪伴您在有机化学的殿堂中，不仅收获知识，更能领悟科学探索的辩证之道，启迪智慧，成就未来。

编者谨识
2025年5月

目录

第2部分 有机化学反应

第6章 芳环上的亲电取代反应、亲核取代反应及芳环取代基的反应

绪 论

有机化学是研究有机化合物的组成、结构、性质、合成及其变化规律的科学，其研究对象为有机化合物，简称有机物。从远古时期人类对天然有机物的初步利用，到如今对分子结构的精准调控与功能创造，有机化学始终以碳元素为核心，构建起连接物质世界与生命现象的桥梁。

0.1 有机化学的起源与发展：从“生命力”到人工合成的跨越

（1）萌芽期（19世纪前）：天然有机物的初步探索

人类与有机化合物的互动可追溯至远古时代。古埃及人利用茜草与靛蓝染制衣物，中国先民通过发酵技术酿造米酒、制作食醋，古希腊人从罂粟中提取吗啡用于镇痛。这一时期，人类对有机物的利用仅停留在经验层面，尚未形成系统的科学认知。

1769—1820年间，科学家开始从天然产物中分离提纯有机化合物：1769年，瑞典化学家舍勒（C. W. Scheele）从葡萄汁中分离出酒石酸；1780年，舍勒又从柠檬汁中得到柠檬酸；1805年，德国药师塞尔杜纳（F. W. A. Sertürner）首次从鸦片中提取出吗啡。这些成果为有机化学的诞生奠定了物质基础。

（2）奠基期（19世纪）：“生命力”学说的破除与经典理论的建立

1806年，瑞典化学家贝采利乌斯（J. J. Berzelius）首次提出“有机化学”概念，将来源于生物体的物质定义为“有机物”，并提出“生命力”学说——有机物只能由活体细胞在“生命力”作用下生成，实验室无法合成。这一学说一度限制了有机化学的发展。

1828年，德国化学家维勒（F. Wöhler）在加热氰酸铵（NH_4OCN）溶液时，意外合成了原本仅存在于动物尿液中的尿素［$(NH_2)_2CO$］。这一突破首次动摇了“生命力”学说。随后，1845年德国化学家科尔贝（H. Kolbe）合成醋酸，1854年法国化学家贝特洛（M. Bertholot）合成油脂，彻底否定了“生命力”学说，开启了人工合成有机物的时代。

19世纪中后期，经典有机结构理论逐步建立。

- 1852年，英国化学家弗兰克兰德（E. Frankland）提出“化合价”概念，解释了原子结合的比例关系。
- 1856年，德国化学家凯库勒（F. A. Kekülé）与英国化学家库帕（A. S. Couper）分别提出“碳四价”理论，指出碳原子可相互成键；1865年，凯库勒提出苯环的单双键交替结构（凯库勒式），解释了苯的稳定性。
- 1861年，俄国化学家布特列洛夫（A. M. Butlerov）提出“化学结构理论”，明确物质性质由分子组成与结构决定。
- 1874年，荷兰化学家范特霍夫（J. H. van't Hoff）与法国化学工程师勒贝尔（J. A. LeBel）提出“饱和碳原子正四面体构型”学说，开创立体化学研究。
- 1885年，德国化学家拜尔（A. von Baeyer）提出环状化合物张力学说，解释了小环化合物的不稳定性，并成功合成靛蓝、酚酞等重要化合物，为高分子材料（如酚醛树脂）的发展奠定了基础。

（3）发展期（20世纪）：现代理论体系构建与合成技术飞跃

20世纪，有机化学从实验科学向理论与实验结合的学科转型。

- 1917年，美国化学家路易斯（G. N. Lewis）提出“共价键电子对理论”，用电子配对解释化学键的形成与饱和性。
- 1931年，美国化学家鲍林（L. Pauling）提出“杂化轨道理论”与“共振论”，阐明了分子的空间结构与稳定性。
- 1932—1933年，德国物理学家休克尔（E. Hückel）提出“休克尔规则”，解释了芳香化合物的稳定性；英国化学家英戈尔德（C. K. Ingold）建立有机反应机理研究框架，阐明了亲核取代、消除反应等的历程。
- 1951年，日本化学家福井谦一提出“前线轨道理论”，揭示了反应中最高占据分子轨道（HOMO）与最低空分子轨道（LUMO）的作用；1965年，美国化学家伍德沃德（R. B. Woodward）与霍夫曼（R. Hoffmann）提出“分子轨道对称性守恒原理”，为立体选择性反应提供理论指导，两人因此获1981年诺贝尔化学奖。
- 1965年，以王应睐、邹承鲁、钮经义、龚岳亭、汪猷、邢其毅为代表的中国科学家在世界上首次合成具有生物活性的结晶牛胰岛素，标志着人类对蛋白质的合成能力迈入新阶段。
- 1969年，美国化学家梅里菲尔德（R. B. Merrifield）发明“固相多肽合成法”，并合成核糖核酸酶A，获1984年诺贝尔化学奖，为生物大分子合成奠定基础。

（4）繁荣期（21世纪至今）：交叉融合与绿色化发展

21世纪以来，有机化学进入多学科交叉与可持续发展的新阶段。

- 2001年，“不对称催化”领域获诺贝尔化学奖［诺尔斯（William S. Knowles）、野依良治（Ryoji Noyori）、夏普利斯（K. Barry Sharpless）］，推动手性药物（如抗高血压药）的高效合成。

- 2010年，Heck反应、Suzuki反应等因“钯催化交叉偶联反应”获诺贝尔化学奖，实现了复杂分子中碳-碳键的精准构建，成为药物与材料合成的核心技术。
- 2021年，本杰明·利斯特（B. L. List）与戴维·麦克米伦（D. W. C. MacMillan）因“不对称有机催化”获诺贝尔化学奖，该技术无须金属催化剂，条件温和，已广泛应用于抗癌药物合成。
- 绿色有机化学成为核心方向：强调“原子经济性”（如点击化学，反应物原子利用率达100%），开发离子液体、超临界CO_2等绿色溶剂，利用酶催化、光催化等技术减少污染。2023年，基于生物质原料的可降解聚酯材料实现工业化生产，替代传统塑料减少白色污染。
- 人工智能与有机化学融合：2022年，AI驱动的“分子合成预测平台”可快速设计复杂分子的合成路线，将研发周期缩短50%以上。
- 生物正交化学兴起：在活体细胞内进行无干扰的化学反应，为肿瘤精准成像、靶向药物递送提供新工具，2024年已应用于临床早期癌症诊断。

截至2024年，1901—2024年诺贝尔化学奖得主中，有机化学家占56位（约34%），彰显有机化学在化学领域的核心地位。

0.2 有机化合物的特征：碳的成键多样性与物质特殊性

有机化合物是指碳氢化合物及其衍生物（除简单碳氧化物、碳酸盐等少数例外）。碳元素的独特成键能力（四价、链/环结构、与多元素结合）造就了其鲜明特征。

（1）结构复杂性与同分异构现象

碳原子可形成单键、双键、三键，构建链状、环状、笼状骨架，还可与O、N、S、P及金属元素结合。这种灵活性导致同分异构现象普遍：

① 构造异构（如乙醇与二甲醚，分子式均为C_2H_6O）；

② 立体异构（如乳酸的左旋体与右旋体，生理活性差异显著）。

这是有机化合物数量庞大（截至2024年已知超1亿种）的核心原因。

（2）物理性质的特殊性

多数有机物难溶于水（如石油、苯），易燃烧，液体易挥发（如乙醇沸点78 ℃），固体熔点低（多数低于400 ℃）。但也存在例外：葡萄糖因含多个羟基可与水互溶，全氟辛烷难燃且耐高、低温等。

（3）化学反应的特征

有机反应速率较慢，常伴随副反应，需催化剂（如酶、金属配合物）提高效率与选择性。例如，工业合成乙酸的“孟山都工艺”中，铑催化剂使反应选择性达99%。

0.3 有机化学的研究内容与学科价值

有机化学的研究内容可概括为围绕含碳化合物（除简单碳化物等少数例外）的组成、结构、性质、合成方法及相互转化规律展开。其主要研究方向可分为以下几条：

- 有机化合物的结构与性质：研究有机分子的化学键（如共价键）、空间结构（如构型、构象），以及结构与物理性质（如沸点、溶解度）、化学性质（如反应活性、稳定性）之间的关系。
- 有机合成化学：探索高效、高选择性地合成目标有机化合物的方法，包括天然产物合成、药物分子合成、功能材料分子合成等，涉及各类反应类型（如取代、加成、消除、氧化还原等）的应用与创新。
- 有机反应机理：揭示有机化学反应的具体过程，包括反应中间体的形成、转化路径、能量变化等，以理解反应的本质和规律，为优化反应条件、设计新反应提供理论依据。
- 天然有机化学：研究自然界中存在的有机化合物（如生物碱、萜类、甾体、糖类等）的提取、分离、结构鉴定、生物活性及合成，探索其在医药、农业等领域的应用。
- 物理有机化学：结合物理化学的理论和方法，研究有机化合物的结构、反应速率、反应平衡等，从分子水平解释有机化学现象，如反应动力学、热力学参数的测定与分析。
- 应用有机化学：关注有机化合物在实际领域的应用，如药物化学（药物设计与合成）、材料化学（有机功能材料如高分子、染料的研究）、农药化学（农药的合成与作用机理）等。

有机化学是生命科学、材料科学、环境科学的基础，为药物研发提供分子实体（如新冠疫苗的mRNA修饰），为电子器件提供有机半导体（如OLED材料），为可持续发展提供绿色技术（如生物降解材料）。

从维勒合成尿素到AI设计分子，有机化学始终以“探索物质世界、理解生命内涵”为目标。未来，随着绿色化学、合成生物学、分子机器等领域的突破，有机化学将持续推动人类对物质世界的认知与改造，为可持续发展与健康事业贡献核心力量。正如伍德沃德所言，“有机化学的魅力在于，它既是最古老的实用技术，也是最前沿的科学探索。”

第1部分
有机化合物的结构与性质

第1章 有机化合物的结构基础

1.1 分子结构理论

有机化学研究的主体思路是通过有机分子的结构分析，推断有机化合物的性质，因为化合物的分子结构决定化合物的性质，而化合物的性质是其结构特征的体现。

有机化合物分子结构的概念总体而言是指有机化合物分子的组成、分子中原子的连接顺序和方式、分子的立体形状及分子中电子的分布状况等。具体而言，有机化合物分子结构通常指分子的构造、分子的构型和分子的构象。分子的构造是指组成分子的原子或基团相互间的连接顺序和连接方式；分子的构型和构象则是指有机化合物分子的立体状况，是指在分子构造相同时，组成分子的原子或基团的空间排列状态。构型与构象的区别在于：分子构型是指组成分子的原子或基团的固有空间排列，其排列状态的改变，必须靠共价键的断裂和新的化学键的形成；分子的构象是指组成分子的原子或基团在空间的相对排列，构象的改变，是依靠化学键的转动或扭曲，其排列状态又可因化学键的转动或扭曲而复原，其过程不涉及共价键的断裂。

有机化合物结构的研究是有机化学的核心内容。结构研究首先涉及的是将原子结合在一起的电子间的相互作用，即化学键。化学键可分为离子键、共价键、金属键等基本类型。有机分子中原子的键合方式取决于核心元素碳的价电子结构。碳元素位于元素周期表第四主族，有4个价电子，电负性居中。因此达到稳定的电子构型无论是得到还是失去4个价电子都难以实现。所以碳原子一般通过与其他原子共享电子形成化学键来满足稳定的八隅体结构。这种共价键的结合方式，决定了有机化合物分子间的主要作用力是弱的范德华力。因此，与以离子键结合的无机化合物相比，有机化合物在性质上具有以下特点：

① 易燃，绝大多数有机化合物可以燃烧生成二氧化碳和水；

② 热稳定性差，许多有机化合物在较高温度时发生分解；

③ 熔点低，许多有机化合物在常温时为气体和液体，固体有机化合物熔点一般低于400 ℃；

④ 绝大多数有机化合物极性小，水溶性差，易溶于有机溶剂；

⑤ 有机化合物反应速率慢、产物复杂等。

在有机化合物分子中，碳原子互相结合形成分子的骨架，碳和碳之间可以单键或重键的方式相互连接。在元素周期表中，只有碳原子可以以多种方式彼此牢固地结合。由碳原子形成的分子骨架有直链、支链、环状等多种形式。因此，尽管有机化合物的元素组成简单（C、H为主，杂以O、S、N、P、X等），但结构复杂且数目非常庞大。同分异构现象是有机化合物结构上的主要特点。

1.1.1　共价键

1.1.1.1　原子轨道理论

原子中电子的运动状态称为原子轨道，用波函数ψ表示，它是电子运动的空间坐标的函数。电子绕原子核运动无固定路线，在某一点周围出现的概率与ψ^2成正比，统计的结果像一团云，称为电子云。离原子核越近，电子云密度越大。原子轨道就是电子出现概率（电子云密度）大的区域，有s、p、d、f四种能级，有机化合物中常见的有s轨道和p轨道，s轨道呈球形对称，p轨道为哑铃形，且有三个简并能级（轨道对称轴分别为x、y和z轴）。

构造原理指出，电子填入原子轨道的能级依下列能量次序依次增加：1s＜2s＜2p＜3s＜3p＜4s＜3d＜4p…。电子在原子轨道上填充时，要遵守三个基本原则，即构造原理、泡利原理和洪特规则。能量越低越稳定是自然界的普遍规律。电子在原子中所处的状态总是要尽可能使体系能量最低，所以电子尽可能占据最低能级的轨道，这样的体系才稳定。泡利原理指出，每个原子轨道中最多只能填充两个电子，且自旋方向相反；洪特规则指出，当有同能级等价轨道时，电子尽可能分别占据不同轨道，且自旋平行，这样的体系能量较低。

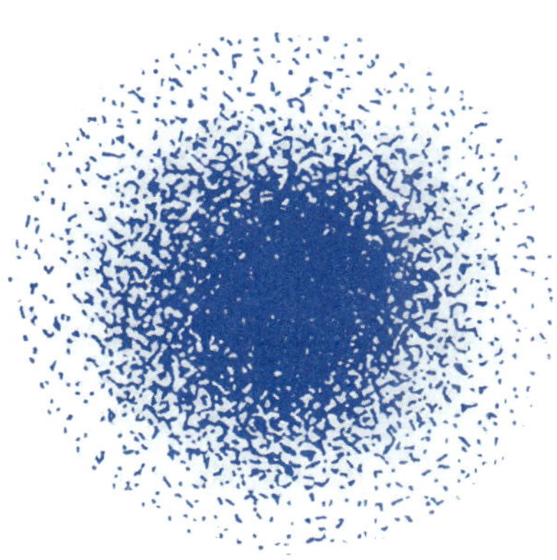

氢原子电子云示意图

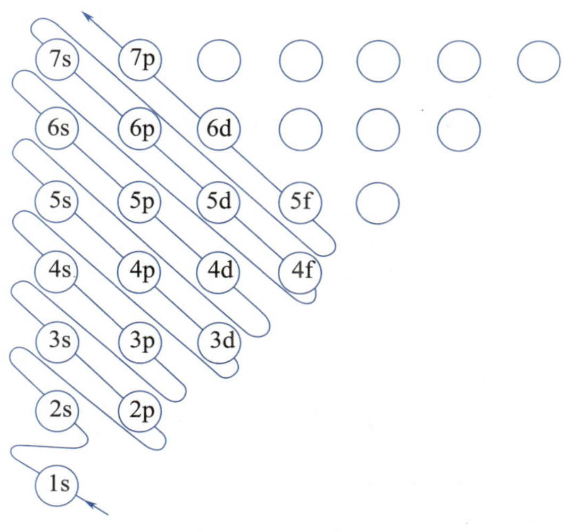

构造原理示意图

1.1.1.2 现代价键理论

价键理论又称电子配对法，简称VB法（valence-bond theory），是量子力学处理化学键的一种近似方法。价键理论有如下观点：

① 相互靠近的两个原子若都有一个未成对电子且自旋方向相反时，可配对形成一个共价键；若有两个或者三个未成对电子，则可以形成双键或三键。电子配对成键后会释放出能量使体系的内能降低而稳定。

② 成键时，未成对电子所占据的原子轨道必须在轨道轴的共线或者平行的方向上发生最大程度的重叠，这称作共价键的方向性。原子轨道在轴共线的方向上以“头对头”的形式重叠的共价键称为σ键，原子轨道在轴平行方向上以“肩并肩”的形式重叠的共价键称为π键。轨道重叠后，键合原子中间将形成电子云较密集的区域，重叠部分越大，两个原子核之间电子云密度也越大，所形成的共价键越牢固，分子就越稳定。为了能够最大程度重叠，轨道的位相一定要相同。

σ键和π键的主要特点见表1-1。

表1-1 σ 键和 π 键的主要特点

成键	σ 键	π 键
存在	① 可以单独存在； ② 重键中只有一个	① 不能单独存在； ② 重键中可以有多个
生成	成键轨道沿键轴重叠，重叠程度大	成键p轨道平行重叠，重叠程度较小
性质	① 键能较大，较稳定； ② 电子云受核约束大，不易极化； ③ 成键的两个原子可沿键轴自由旋转	① 键能小，不稳定； ② 电子云受核约束小，易被极化； ③ 成键的两个原子不能沿键轴自由旋转

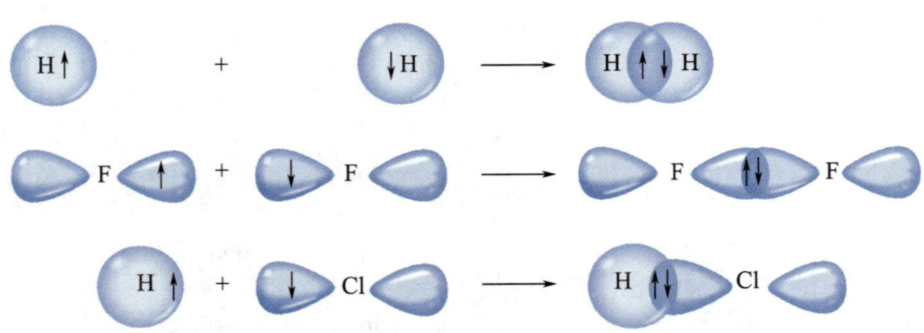

σ键的形成

③ 某一原子中的一个（或多个）未成对电子与另一原子的未成对电子形成共价键后不再与其他未成对电子成键，这称作共价键的饱和性。

价键理论比较简单地阐明了共价键的形成过程和本质，并可以成功地解释共价键的方向性、饱和性等特点。

1.1.1.3　杂化轨道理论

现代价键理论在解释分子的空间结构以及其他诸多方面遇到了困难。如碳原子的价电子层构型为$2s^22p^2$，根据价键理论，碳只有两个未成对电子，所以只能生成两个共价键；若考虑一个2s电子跃迁到2p轨道上时，则四个单电子所占据的轨道不同而形成有差别的共价键。但实际上，甲烷分子中碳原子形成的四个共价键是相同的。为此美国化学家鲍林（L. Pauling）提出了杂化轨道理论。杂化轨道理论认为：能量相近的不同原子轨道可以混合（杂化）而形成新的、数目相同且能量相等的杂化轨道。杂化轨道的类型有多种，有机化合物中常见的碳原子的杂化轨道形式有sp^3杂化轨道、sp^2杂化轨道和sp杂化轨道三种。

（1）sp^3杂化轨道

sp^3杂化轨道由1个s轨道和3个p轨道杂化而成。

甲烷中，C原子采取sp^3杂化。C原子2s轨道上的1个电子首先激发跃迁到2p轨道上，然后由1个2s轨道和3个2p轨道杂化形成4个能量相等（能量比p轨道低，比s轨道高）的sp^3杂化轨道。

sp^3杂化轨道的形状类似p轨道，具有相位相反的两瓣，与p轨道的不同之处在于sp^3杂化轨道的两瓣大小不同。正相位的一瓣较大，由p轨道的正相位部分与s轨道相加而得；负相位的一瓣较小，由p轨道的负相位部分与s轨道相减而得。四个简并的sp^3杂化轨道采取相互尽可能远离的方式在空间排布，以减少电子间的相互排斥作用，即形成四面体结构，轨道夹角为109°28′。每个sp^3杂化轨道上各排布1个自旋量子数相同的电子，即自旋平行的电子。sp^3杂化轨道的形成与立体结构见图1-1。

甲烷分子中，C原子的4个sp^3杂化轨道分别与4个H原子的s轨道形成4个C—H σ键。甲烷的成键特点与立体结构见图1-2。

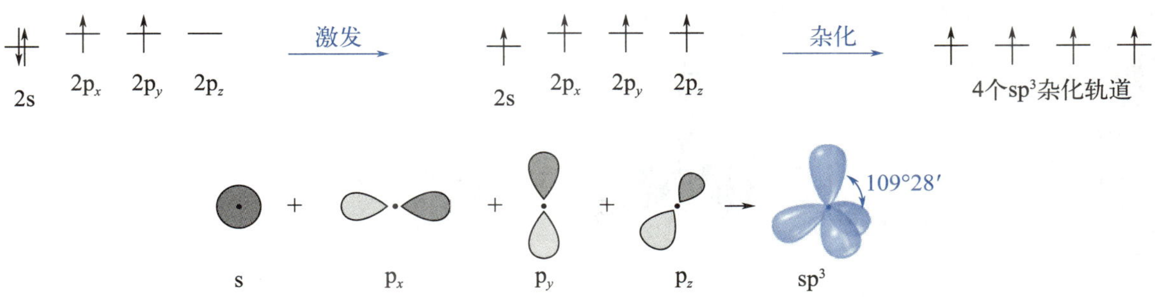

图1-1　sp^3杂化轨道的形成与立体结构

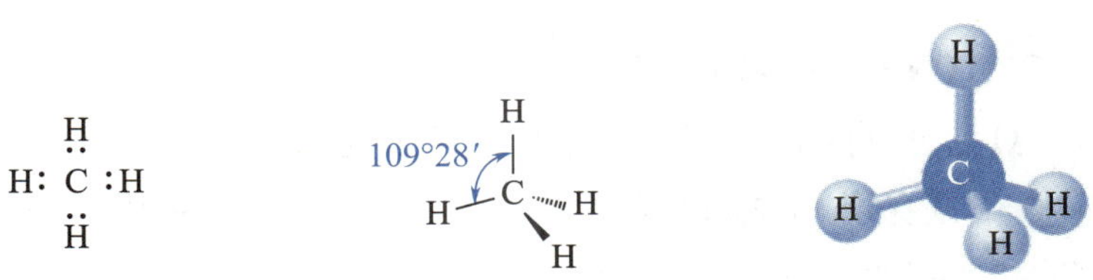

图1-2

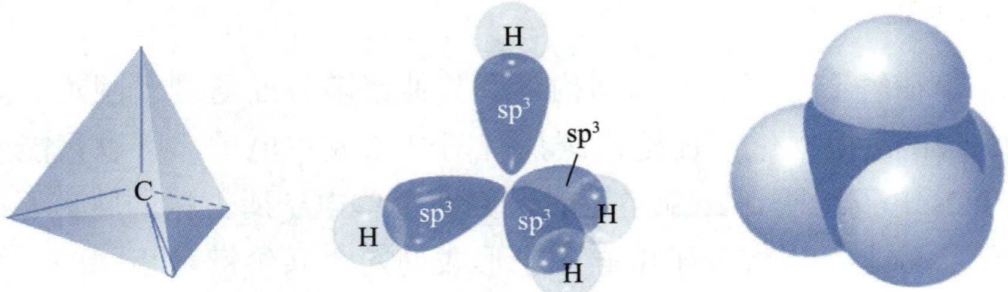

图1-2 甲烷的成键特点与立体结构

(2) sp^2 杂化轨道

sp^2 杂化轨道由1个s轨道和2个p轨道杂化而成。

乙烯中，C原子采取sp^2杂化。C原子2s轨道上的1个电子首先激发跃迁到2p轨道上，然后由1个2s轨道和2个2p轨道杂化形成3个能量相等（能量比p轨道低，比s轨道高）的sp^2杂化轨道，余下1个单电子占据的未杂化2p轨道用于形成π键。

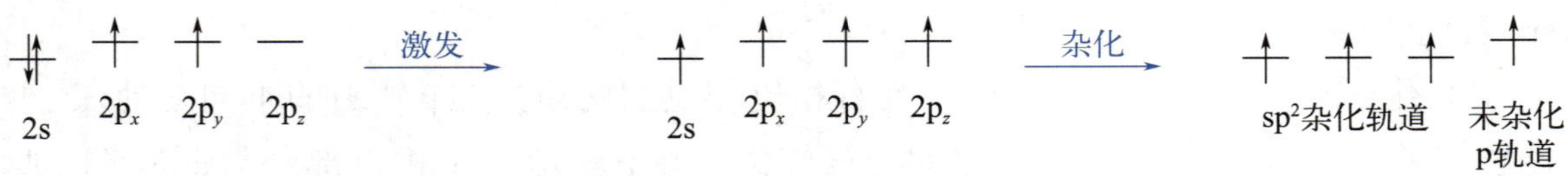

由于电子间的相互排斥作用，3个sp^2杂化轨道处于相互远离的方向，即分别伸向平面三角形的三个顶点，轨道间夹角为120°。余下1个未杂化的2p轨道垂直于3个sp^2杂化轨道所在的平面。sp^2杂化轨道的形成与立体结构见图1-3。

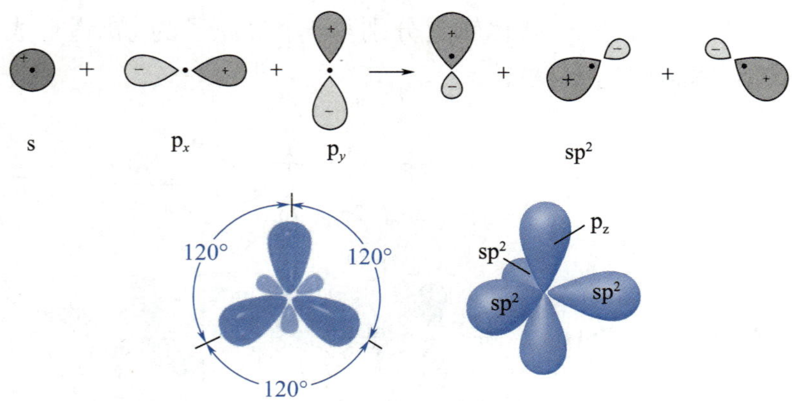

图1-3 sp^2杂化轨道的形成与立体结构

乙烯分子中，2个C原子各以1个sp^2杂化轨道相互重叠形成1个C—C σ键，其余的sp^2杂化轨道分别与H原子的s轨道形成4个C—H σ键，2个C原子与4个H原子处于同一个平面上。2个碳原子未杂化的2p轨道可以相互平行地侧面重叠形成π键，π键的电子云分布在乙烯分子所在平面的上下两方。乙烯的成键特点与立体结构见图1-4。

乙烯分子碳碳双键（C═C）中的两个键是不等同的，一个是由2个sp^2杂化轨道形成的σ键，由于轨道重叠程度较大，所以键的强度较高；另一个是由2个未杂化p轨道形成的π键，由于侧面相叠，重叠程度较小，键的强度较低。因此反应中碳碳双键中的π键比较活泼，容易发生多种不同的反应，如亲电加成反应。另外，由于π键的形成限制了绕σ键的轴向旋转，故烯烃存在顺反异构体。

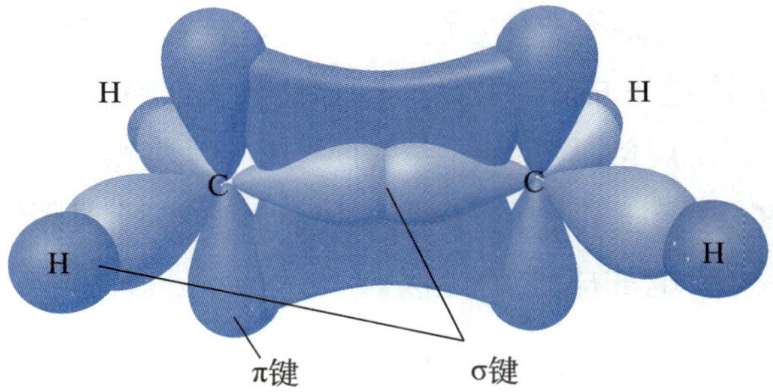

图1-4　乙烯的成键特点

在稳定的化合物中，任何只与三个原子相连的碳原子都采用sp^2杂化轨道成键，sp^2杂化碳原子的p轨道必须与一个相邻原子的p轨道形成键，这个相邻原子可以是另一个碳原子，也可以是其他元素的原子，如氮原子、氧原子等。

（3）sp杂化轨道

sp杂化轨道由1个s轨道和1个p轨道杂化而成。

乙炔中，C原子采取sp杂化。C原子2s轨道上的1个电子首先激发跃迁到2p轨道上，然后由1个2s轨道和1个2p轨道杂化形成2个能量相等（能量比p轨道低，比s轨道高）的sp杂化轨道，余下2个单电子占据的未杂化2p轨道用于形成π键。

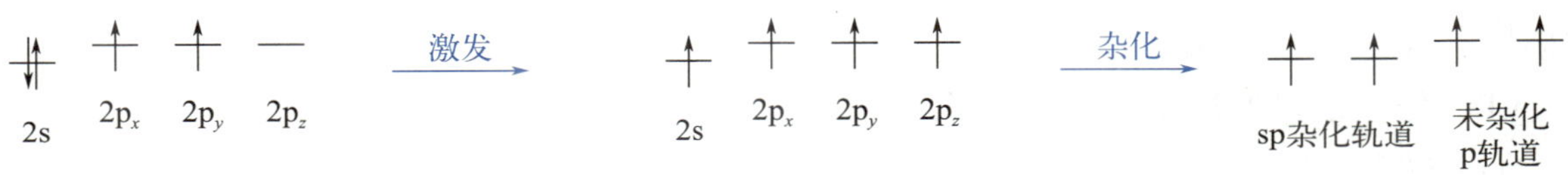

由于电子间的相互排斥作用，2个sp杂化轨道处于相互远离的方向，即轨道间夹角为180°。余下2个未杂化的2p轨道垂直于2个sp杂化轨道所在的直线。sp杂化轨道的形成与立体结构见图1-5。

乙炔分子中，2个C原子之间相互由2个sp杂化轨道形成1个σ键，并各自用1个sp杂化轨道与H原子的1s轨道形成1个σ键，这样形成一个直线形分子。同时2个C原子之间分别由2个2p轨道侧面重叠形成2个相互垂直的π键，这2个π键分别处于C—C σ键的上下两方和前后两方。乙炔的成键特点与立体结构见图1-6。

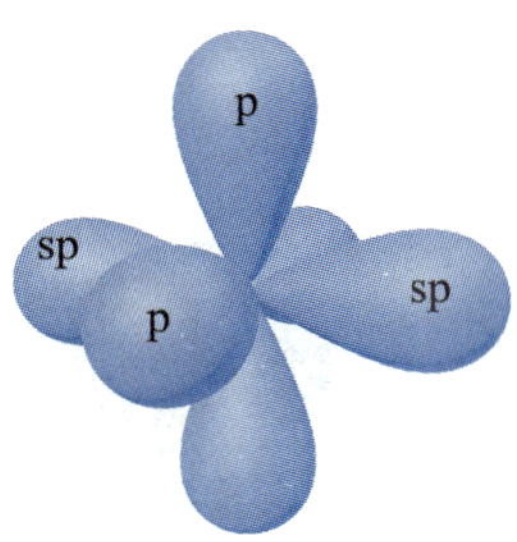

图1-5　sp杂化轨道的形成与立体结构

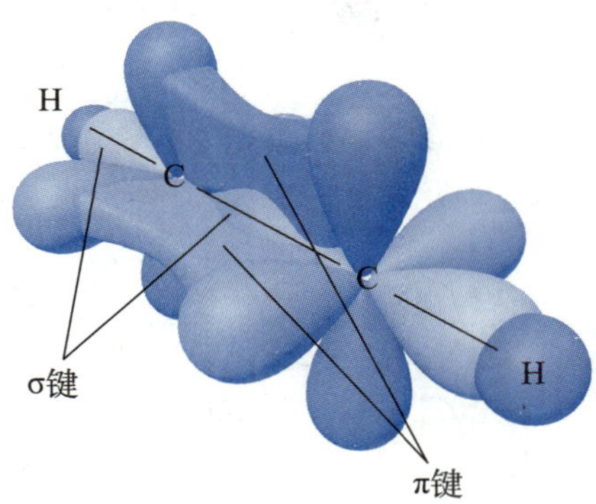

图1-6　乙炔的成键特点与立体结构

乙炔分子的碳碳三键（C≡C）中包含1个由2个sp杂化轨道形成的σ键和2个由2个p轨道形成的π键。与乙烯类似，π键的键强度较弱，在反应中比较活泼，容易发生亲电加成反应等多种不同的反应。但值得注意的是，乙炔中2个π键的电子云分布是围绕2个C原子核心的圆柱状的电子云。炔烃碳碳键的长度较小，对π电子的束缚力强，导致炔烃的亲电加成比烯烃慢。

1.1.1.4 分子轨道理论

分子轨道理论是把分子作为一个整体来处理、比较全面地反映分子内部电子的各种运动状态的理论，能够比较好地解释分子中存在的电子对键、单电子键以及三电子键，而且也能很好地解释具有共轭体系的有机化合物分子的结构。分子轨道理论的要点如下：

① 将分子中的每一个电子看成是在核和其他电子的平均势场中运动，其运动状态可用单电子的波函数描述；

② 分子轨道可用原子轨道的近似线性组合表示，分子轨道的数目与组成分子轨道的原子轨道数目相等；

③ 分子中的电子排布与原子轨道相同，即遵守能量最低原理、泡利不相容原理和洪特规则；

④ 不同的原子轨道有效组成分子轨道时，必须满足能量相近、轨道最大程度重叠和对称性匹配三个基本条件。

（1）分子轨道图形及类型、命名

① σ轨道（σ键）：沿键轴是圆柱形对称为σ，键轴中点为中心，成键轨道对称性为*g*，反键轨道对称性为*u*。

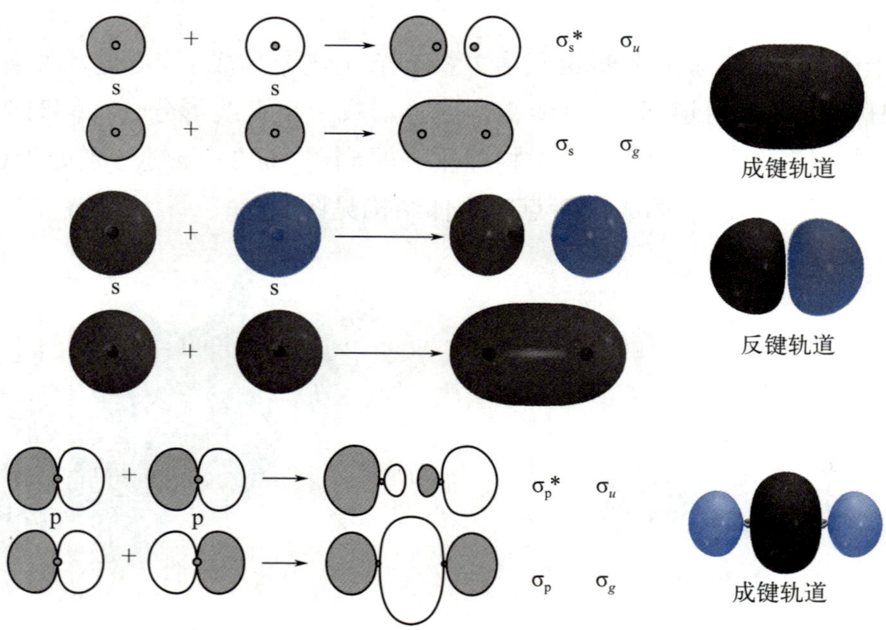

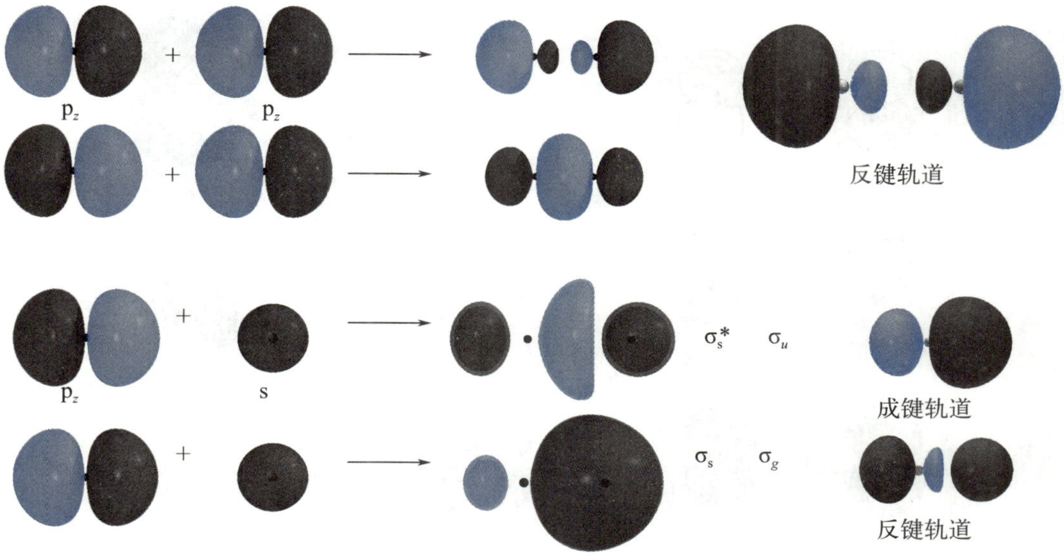

② π轨道（π键）：过键轴有一节面，成键轨道对称性为u，反键轨道对称性为g。

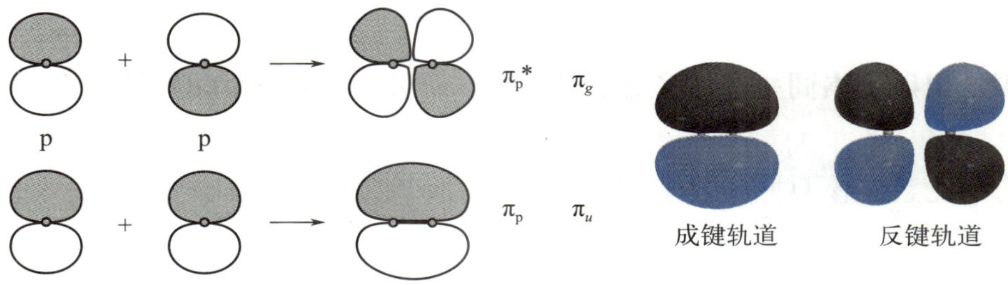

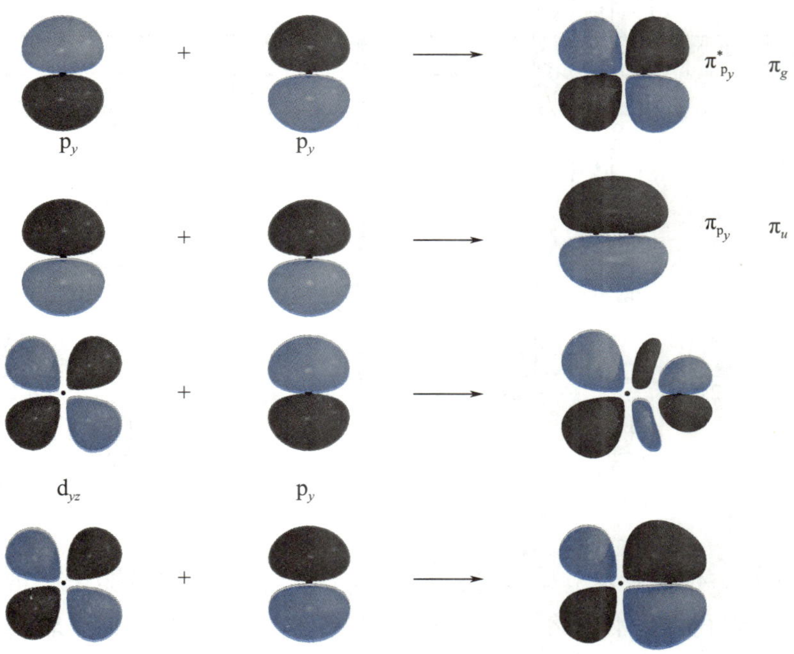

③ δ轨道（δ键）：过键轴有两节面，成键轨道对称性为g，反键轨道对称性为u。

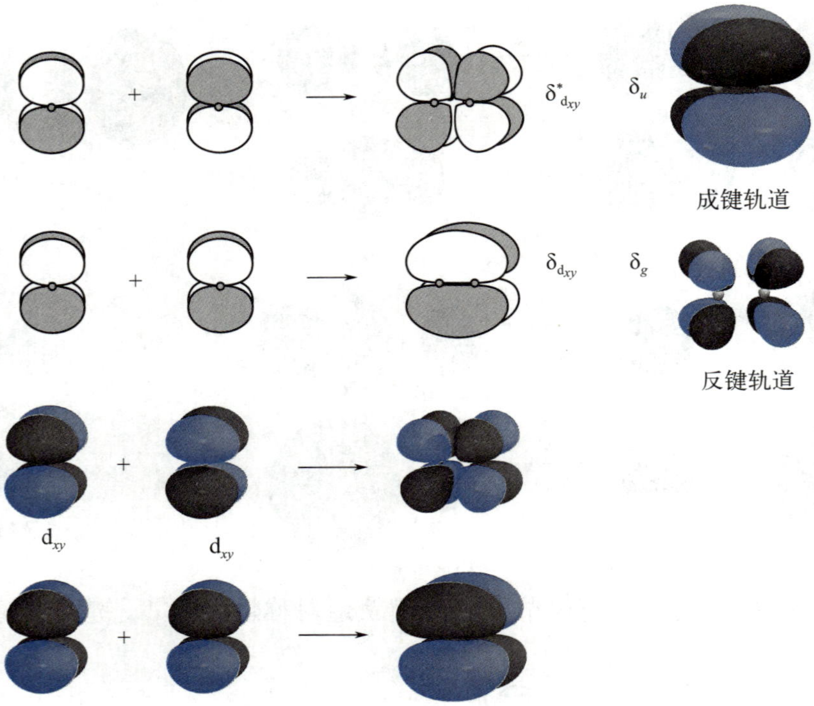

（2）第二周期元素同核双原子分子的MO（molecular orbital）能级图和分子轨道电子排布

第二周期元素同核双原子分子的MO（分子轨道）能级图如下。

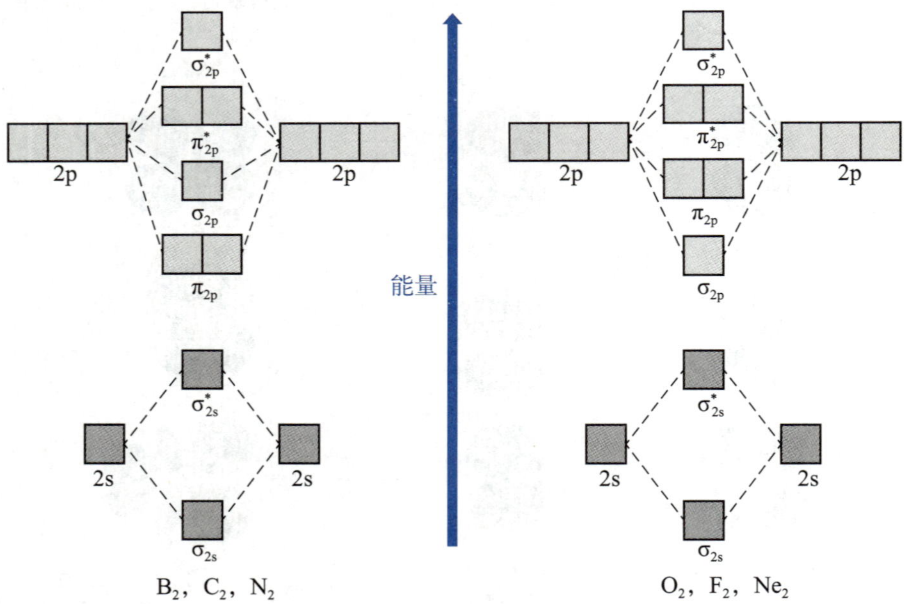

与F_2和O_2分子相比，B_2、C_2和N_2分子中出现σ_{2p}和π_{2p}能级颠倒的情况，这是因为原子轨道的能级随核电荷数变化，不同核电荷数的原子，其2s和2p原子轨道的能级不同，而且2s和2p原子轨道的能级差值也不同。对于B_2、C_2和N_2分子来说，它们的2s和2p原子轨道的能级相近，如果沿x轴成键，2s和2p原子轨道满足对称性匹配原则，因此当B_2、C_2和N_2分

子的两个原子轨道进行线性组合时，并不是简单的2s和2s轨道之间或者2p和2p轨道之间形成分子轨道，而是在2s和2p轨道之间同样发生了重叠，也就是说σ_{2s}和σ_{2s}^*分子轨道中有2p轨道的贡献，而在σ_{2p}和σ_{2p}^*分子轨道中有部分2s轨道，经过这样的线性组合形成的σ_{2p}分子轨道，重叠的电子云密度降低，导致σ_{2p}的能级高于π_{2p}，从而导致σ_{2p}和π_{2p}能级颠倒。

第二周期元素同核双原子分子的分子轨道电子排布如下。

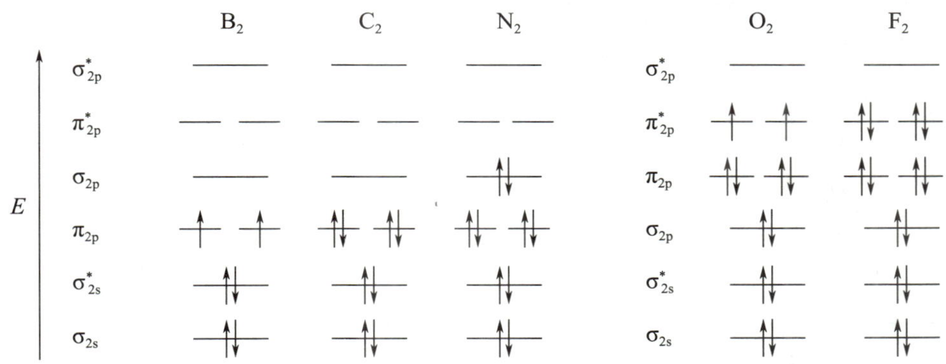

	B_2	C_2	N_2	O_2	F_2
磁性	顺磁性	逆磁性	逆磁性	顺磁性	逆磁性
键级	1	2	3	2	1
键能 ($kJ \cdot mol^{-1}$)	290	620	942	495	154
键长 (pm)	159	131	110	121	143

1.1.2　元素的电负性与共价键的极性

1.1.2.1　元素的电负性

不同元素的原子由于核外电子的排布不同，原子核对电子的吸引程度也不同。在同一周期中，如从锂到氟，价电子数从1增加到7，而原子核电荷从+3增加到+9。这样，价电子受到的核的吸引作用也逐渐增加，即价电子的稳定性从锂到氟逐渐增加，原子半径从锂到氟逐渐降低。因此，同一周期从左到右，原子失去电子而形成八隅体的能力降低，但得到电子形成八隅体的能力增强。即锂通常表现为失去电子形成正离子，而氮、氧、氟通常表现为得到电子形成负离子。碳居于第二周期中间，既不容易得到4个电子，也不容易失去4个电子，通常以共享电子的方式形成八隅体。这是有机化合物一个普遍的结构特征，即以共价键方式成键。同一主族元素的原子从上到下，随着价电子层的主量子数增大，价电子距离原子核越来越远，受原子核的吸引也就越来越弱，原子半径不断增大。这意味着失去价电子形成八隅体的能力增强，而得到电子形成八隅体的能力减弱。例如，第一主族元素原子从锂到铯失去电子形成八隅体的能力增强，第七主族元素原子从氟到碘得到电子形成八隅体的能力减弱。

鲍林（L. Pauling）于1932年将原子在分子中吸引电子的能力定义为元素的电负性。通过规定F原子的电负性为4.0，并计算求出了其他元素的相对电负性值。电负性计算有多种不同的方法，得出的数值也略有不同。鲍林计算得出的常见主族元素原子的电负性值如表1-2所示。

表1-2 常见主族元素的电负性

ⅠA	ⅡA	ⅢA	ⅣA	ⅤA	ⅥA	ⅦA
H 2.1						
Li 1.0	Be 1.5	B 2.0	C 2.5	N 3.0	O 3.5	F 4.0
Na 0.9	Mg 1.2	Al 1.5	Si 1.8	P 2.1	S 2.5	Cl 3.0
K 0.8	Ca 1.0					Br 2.8
						I 2.5

不同杂化状态的原子具有不同的电负性。从sp→sp^2→sp^3，由于杂化轨道中s成分减少，价电子与原子核的距离越来越远，原子核对杂化轨道中电子的吸引能力也越来越弱，使得不同杂化状态的碳的电负性不同，其顺序为：$\chi_{sp} > \chi_{sp^2} > \chi_{sp^3}$。

1.1.2.2 共价键的极性与偶极矩

（1）共价键的极性

当同种元素的原子形成共价键时，成键的两个原子电负性相同，共享电子对平均为两个原子所共有，这种共价键称为非极性共价键，如H—H、F—F、C—C等共价键都是非极性共价键。不同种元素的原子间成键，如H—C、C—Cl、H—O、C—O、H—N和C—N等共价键中，由于成键的两个原子电负性不相同，共享电子对较多地被吸引在电负性较大的元素原子核外围运动。这样的共价键连接的两个原子就表现出净电荷分离情况，电负性较大的原子端显示部分负电荷，而电负性较小的原子端显示部分正电荷。这种共价键被称为极性共价键。键的极性可以用“$\mapsto$”表示，以箭头指向负电荷端。例如：

$$\underset{\longmapsto}{\text{H—Cl}} \qquad \underset{\longmapsto}{\text{H—OH}}$$

分子轨道理论能够从键的形成角度很好地分析键的极性情况。

当两个C原子以2个sp^3杂化轨道来生成σ和σ*分子轨道时，2个sp^3杂化轨道对σ和σ*轨道的贡献是一样的。这时，轨道中的2个电子由2个碳原子平均分享，这样的σ键就没有极性。

一个C原子与一个F原子成键也可以看成是C的sp^3杂化轨道和F的sp^3杂化轨道成键。因为氟的电负性大于碳的电负性，即C的sp^3杂化轨道能量比F的sp^3杂化轨道能量高，所以当两个原子轨道重叠生成两个分子轨道时，$\sigma_{C—F}$轨道就更像F的sp^3杂化轨道，即F的sp^3杂化轨道对$\sigma_{C—F}$轨道的贡献大于C的sp^3杂化轨道的贡献。对于$\sigma^*_{C—F}$轨道来说，则正好相反，C的sp^3杂化轨道对$\sigma^*_{C—F}$轨道的贡献大于F的sp^3杂化轨道的贡献。因为C—F键的2个电子在$\sigma_{C—F}$轨道中，所以，2个电子在F原子周围出现的概率高于在C原子周围出现的概率，也即2个电子更靠近F原子，使得F原子带部分负电荷，C原子则带部分正电荷。

H—H和C—C没有极性。C的电负性只比H的电负性略大，所以一般认为C—H的极性很小，属于非极性键的范围。而H—N、H—O、H—F和C—N、C—O、C—F则为极性键，并且从N到O再到F，其与H或C形成的共价键极性增强。第三周期元素原子从P到S再到Cl也呈现同样的变化规律。

键的极性对于有机化合物的物理性质和化学性质都有重要影响。键的极性对有机反应的发生是至关重要的，大多数的反应都发生在电子云密度较高的原子或基团（也称为富电子原子或基团），或电子云密度较低的原子或基团（即缺电子的原子或基团）上。

现在可以通过化学软件描绘一个分子的尺寸、形状及电荷密度分布情况。下图采用不同的颜色表示了氢气、甲烷、氨气、水和氟化氢分子的静电势。下图显示，氢气分子和甲烷分子基本上没有极性，而氨气、水和氟化氢分子中的负电荷主要分布在电负性较大的N、O、F原子上，且随着N、O、F原子的电负性增加，分子中H原子的正电荷密度越来越高。可见，键的极性或者说分子的电子云密度分布直接取决于成键原子的电负性高低。

−0.005 a.u.  0.015 a.u.

氢气

−0.005 a.u. 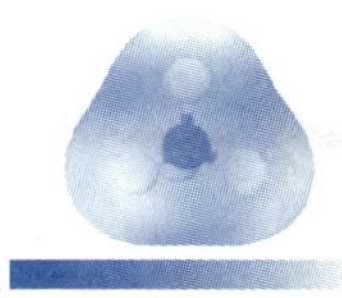 0.015 a.u.

甲烷

−0.060 a.u. 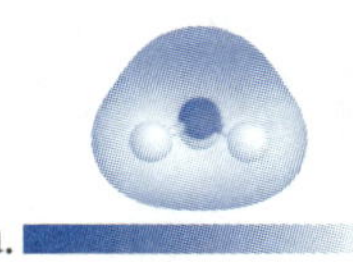 0.020 a.u.

氨气

−0.050 a.u. 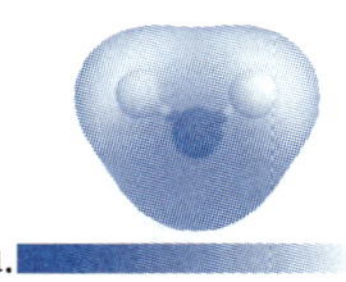 0.040 a.u.

水

−0.030 a.u. 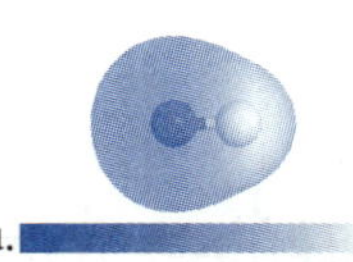 0.080 a.u.

氟化氢

（2）偶极矩

偶极矩可以反映分子的极性，用μ表示，它是分子的正电荷中心或负电荷中心所带的电荷值［q，单位为库仑（C）］与正负电荷中心的距离［d，单位为米（m）］的乘积，即$\mu = qd$［单位为D（德拜），$1\ D = 3.33\times10^{-30}\ C\cdot m$］。

含有多个极性共价键分子的偶极矩等于各键偶极矩的矢量和。如水（H_2O）分子呈V形，O原子分别与2个H原子形成极性共价键，整个分子的偶极矩等于2个O—H偶极矩的矢量和，其方向指向O原子。事实上由于O原子还存在两对孤对电子，分子的负电荷更多分布在孤对电子端。

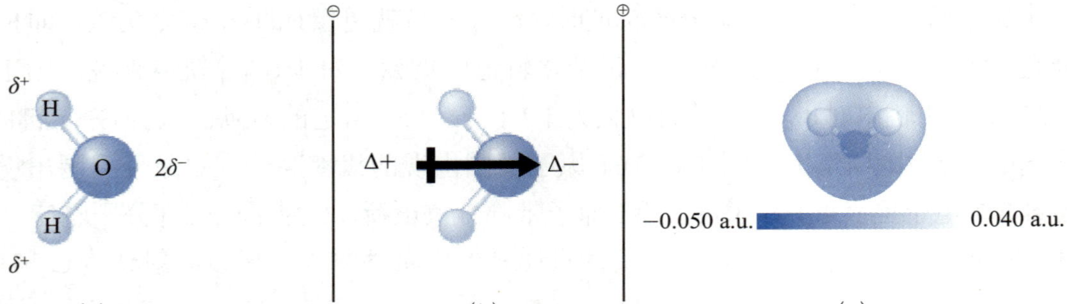

(a) (b) (c)

同样，氨（NH_3）分子是一个三角锥形分子，其分子的偶极矩方向指向N原子。

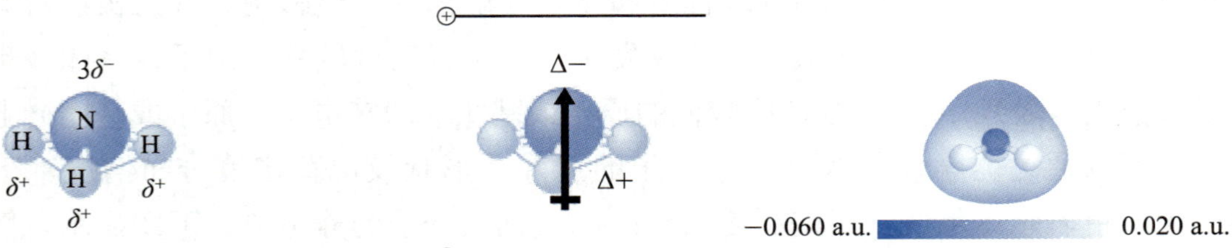

(a) (b) (c)

二氧化碳（CO_2）分子呈直线形，两个氧原子分别位于碳原子的两侧，分子整体呈对称分布。

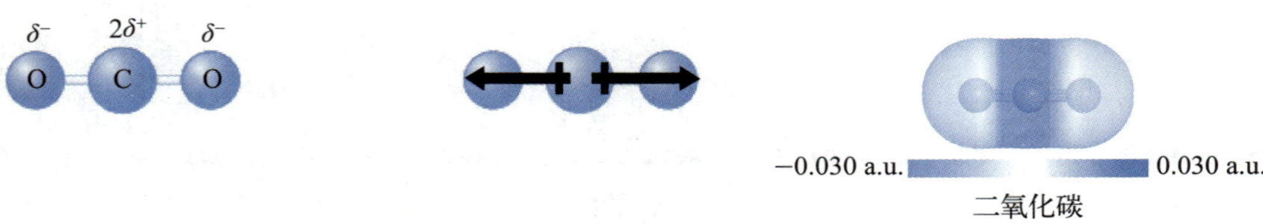

(a) (b) (c)

1.1.3 共价键的基本性质

分子中共价键的一些物理参数，如键级、键能、键长、键角以及键的极性等，可以用于表征共价键的性质，进而可以说明分子的某些性能，如分子的稳定性、极性等。

（1）键级

键级表示价键的数目。在分子轨道理论中，键级是以成键电子数与反键电子数的差（净的成键电子数）的一半来表示的。键级的大小说明了两个原子生成的键的强度。键级越大，键就越牢固，形成的分子就越稳定。

（2）键能

双原子分子的键能是指在一个标准大气压和25 ℃下，使1 mol气体化合物分子分解（共价键断裂）成气体原子时所需要的能量，这也是双原子分子的解离能。多原子分子的键能则指平均键能，它和共价键的解离能是不同的。例如，甲烷的四个碳氢键分步解离所需的能量是有差别的（甲烷中的四个C—H的解离能分别为435 kJ•mol^{-1}、443 kJ•mol^{-1}、443 kJ•mol^{-1}、339 kJ•mol^{-1}），而甲烷的键能则指解离一个碳原子和四个氢原子所需能量总和的四分之一（故甲烷中C—H的键能为415 kJ•mol^{-1}）。

（3）键长

键长是指两原子核之间的平均距离，或称核间距。键长可以用量子力学的近似方法计算出来，也可以通过光谱或衍射等实验方法测定出来。一般来说，键长越短，键越牢固。

（4）键角

键角是两个共价键之间的夹角。它是反映分子空间结构的重要因素之一。一般来说，只要知道一个分子的键长和键角数据，这个分子的几何构型也就确定下来了。键角也可以通过量子力学近似方法计算出来，但通常都是通过光谱或衍射等实验方法测定出来的。

1.2 有机化合物的基本骨架与官能团

1.2.1 有机化合物的基本骨架

有机化合物的基本骨架由C和H组成。有机化合物是在C和H所组成的包括C—C、C═C和C≡C以及C—H的开链或环状基本骨架上构建起来的。只含有碳和氢两种元素的有机化合物称为烃。

烃类化合物可以根据是否成环分为开链烃和环烃，也可以根据所含碳碳键类型分为饱和烃和不饱和烃。饱和烃只含有C—C，称为烷烃；不饱和烃含有C═C或C≡C，称为烯烃或炔烃。在不饱和烃中还有一类十分特殊的环烃，以苯为代表，称为芳香烃。它们虽高度不饱和，但与典型不饱和烃的反应性有很大差别，如不容易发生亲电加成反应，而容易发生亲电取代反应。这种特殊的稳定性称为芳香性。

1.2.2 有机化合物的官能团

除碳和氢两种基本元素外，有机化合物还含有氧、氮、硫、磷、卤素等，如含卤素的海洋天然产物、含过氧桥键结构的天然化合物等。这些化合物从结构上可以看成是碳氢化合物中氢被各种不同原子或基团取代后的产物，即烃的衍生物，如醇（ROH）可以看作是烃中的H被羟基（—OH）取代的化合物，胺则是烃中的H被氨基（$—NH_2$）取代的化合物。这些基团在有机分子中形成了不同于C—C和C—H键的极性共价键。它们往往是反应的活性中心，并且通过电子效应和空间效应影响到分子的邻位或空间距离相近部位。由于这些基团具有不同的性质和反应功能，因此称为官能团。表1-3列出了重要官能团及其结构。碳碳双键和碳碳三键因其键的不饱和性常常成为反应的活性中心，因此也归属于官能团。

表1-3　重要官能团及其结构

有机物类别	官能团名称	官能团结构	有机物类别	官能团名称	官能团结构
烯烃	碳碳双键	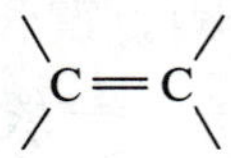	醛	醛基	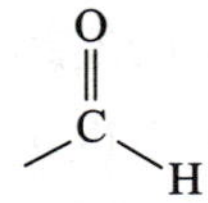
炔烃	碳碳三键	—C≡C—	酮	羰基 / 酮基	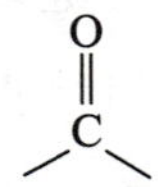
芳香烃	苯基	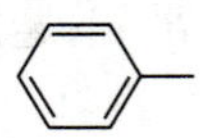	羧酸	羧基	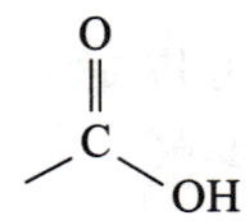
卤代烃	卤原子	—X	酰卤	酰卤基	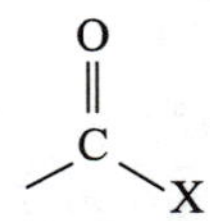
醇	醇羟基	R—OH	酸酐	酸酐基	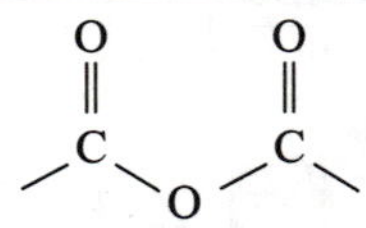
酚	酚羟基	Ar—OH	酯	酯基	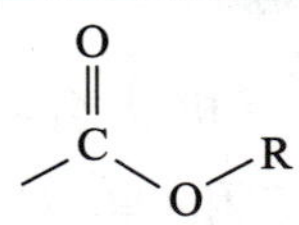
醚	醚键	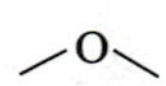	酰胺	酰氨基	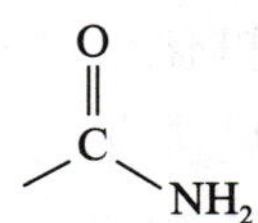
过氧化物	过氧键	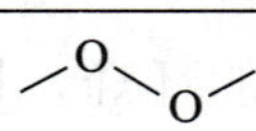	腈	氰基	—C≡N
硫醇 / 硫酚	巯基	—SH	亚砜	亚砜基	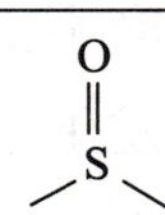
二硫醚	二硫键	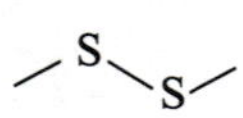	砜	砜基	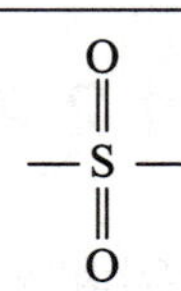
胺	氨基	$—NH_2$	亚磺酸	亚磺酸基	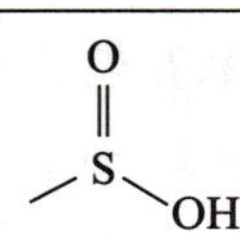
硝基化合物	硝基	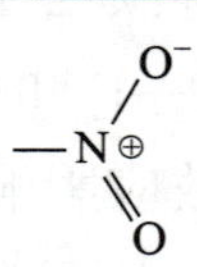	磺酸	磺酸基	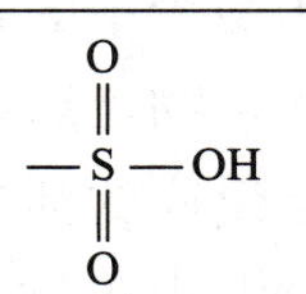

1.2.3 有机化合物的构造式

1.2.3.1 电子式

电子式使用原子的元素符号和电子符号来表示分子的构造。书写电子式需要写出原子的最外层电子，一般用一对电子表示单键，两对电子表示双键。除了成键电子外，未成键电子也要表示出来。例如：

1.2.3.2 结构式及结构简式

结构式使用原子的元素符号和价键符号来表示分子的构造。书写结构式时，使用一根短横线表示一个共价键。例如：

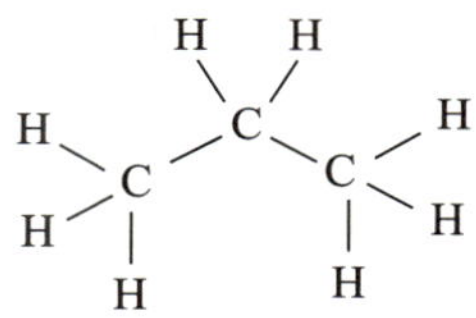

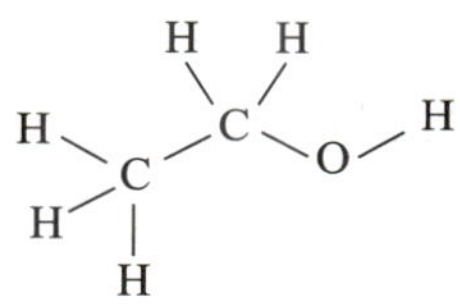

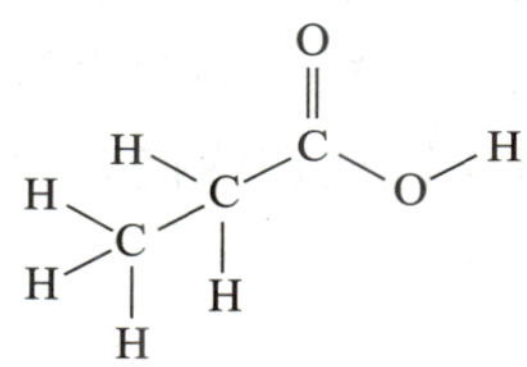

为了方便书写，可以将结构式中的C—H、C—C、连接官能团的共价键及官能团内的共价键符号省去，称为结构简式。例如：

$CH_3CH_2CH_3$　　CH_3CH_2OH　　C_2H_5OH　　CH_3CH_2COOH

1.2.3.3 键线式

键线式将碳氢原子的元素符号进一步省略，只保留碳原子的锯齿形骨架（每个端点及每个拐点都代表一个碳原子）。需要注意的是，官能团不能省略。单线表示单键，双线表示双键，三线表示三键。例如：

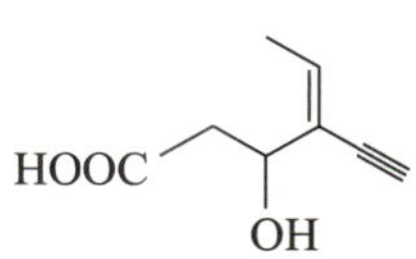

1.2.3.4 楔形式

楔形式是表示分子立体结构的一种构造书写方法。通常将不对称中心碳原子放在纸平面上，用实线表示与不对称中心碳原子同在纸平面上的共价键，用虚线表示伸向纸平面内的共价键，用楔形线表示伸向纸平面外的共价键。以乳酸为例，其楔形式如下：

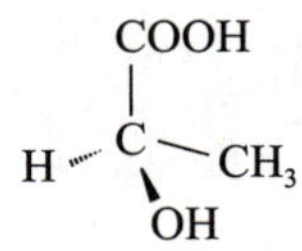

1.2.3.5 投影式

（1）锯架式

锯架式是C—C键轴与纸面呈45°角的投影式。以乙烷为例，其锯架式如下：

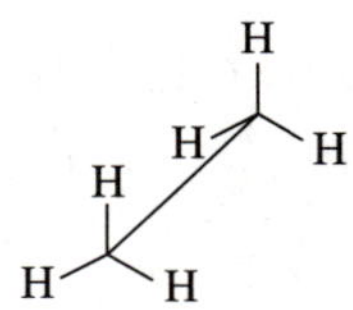

（2）费歇尔（Fischer）投影式

费歇尔投影式是用平面形式来表示具有不对称碳原子的分子立体构型的方式。投影的规定是将不对称碳原子置于纸面，以水平和竖直两线的交点代表这个手性碳原子，其中与水平线相连的两个基团位于纸面上方，与垂直线相连的两个基团位于纸面下方。习惯上将碳链放在纵向，且将命名时编号最小的碳原子放在上方。以乳酸为例，其费歇尔投影式如下：

费歇尔投影式的书写比楔形式方便，常用于书面表达。使用费歇尔投影式时需注意：

① 即使按费歇尔投影规则，因投影时模型的摆法不同，同一个构型的化合物还能有不同的投影式，如(*S*)-2-氯丙酸可能有如下投影式：

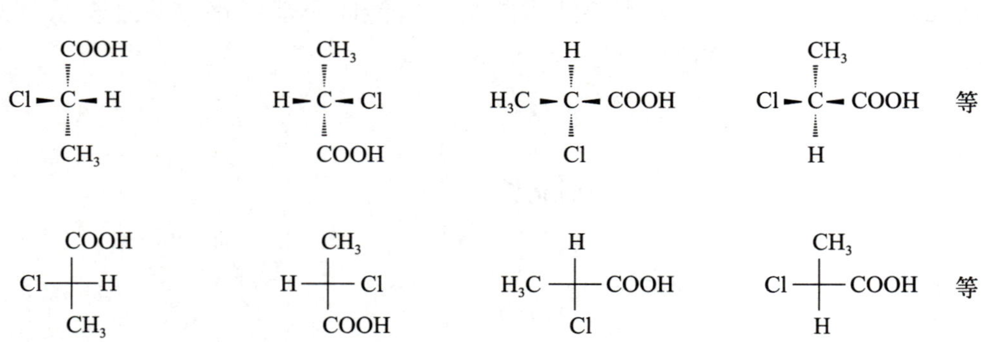

（Ⅰ） （Ⅱ） （Ⅲ） （Ⅳ）

判断不同的投影式是否代表同一个化合物常用的方法

a. 标记投影式的构型，若构造、构型均相同，则为同一化合物，构型相反则互为对映体；

b. 在纸平面上旋转（不能翻转）180° 或其整数倍后，若两个投影式相同则为同一个化合物；

c. 基团交换法，如手性碳原子上的基团经一次（奇数次）交换后与另一个投影式相同，则它们是不同构型的化合物，如经两次（偶数次）交换后相同，则是同一构型的化合物。

② 在书写费歇尔投影式时，一般使碳链处于竖直方向，编号小（氧化态高）的碳原子在碳链上端，如(*S*)-2-氯丙酸的结构式（Ⅰ）。

(3) 纽曼（Newman）投影式

纽曼式是C—C键轴垂直于纸面的投影式，用一点表示前面的碳原子，与点相连的线表示前面碳原子所连的键，用圆圈表示后面的碳原子，从圆圈向外伸出的线表示后面碳原子所连的键。以乙烷为例，其纽曼投影式如下：

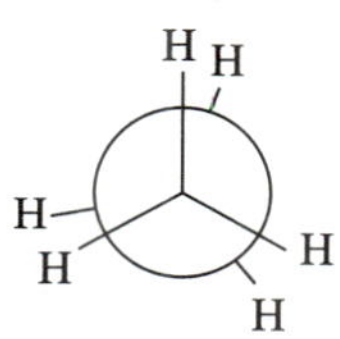

重叠式

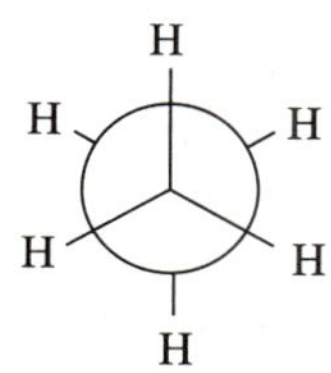

交叉式

1.3 有机化学中的电子效应

1.3.1 诱导效应

分子中某些成键原子电负性的差别，使电子对偏向电负性大的原子，从而使共价键产生极性，这种极性可通过键传递到远方，这一现象称为诱导效应（*I*，inductive effiect），无外电场时也存在。诱导效应可以用箭头表示，箭头所指的方向就是电子移动的方向，如C→C→Cl。

诱导效应是一种静电作用，沿碳链传递，随链增长而逐渐减弱直至消失；经过3个原子后影响极弱；经过5个原子后基本消失。因此，一般经过3个原子以后，诱导效应即可忽略不计。

诱导效应的方向以H原子为标准：若成键原子的吸电子能力比H原子强，这种诱导效应称为吸电子诱导效应或负诱导效应（$-I$效应），反之称为推电子诱导效应或正诱导效应（$+I$效应）。

诱导效应的强度由所连原子（或基团）的电负性大小决定，所连原子（或基团）与H原子电负性差值越大，诱导效应越强。

（1）$-I$效应（吸电子诱导效应）

① 同族元素：—F＞—Cl＞—Br＞—I。

② 同周期元素：—F＞—OR＞—NR_2、—O^+R_2＞—N^+R_3。

③ 带电荷：—N^+R_3＞—NR_2。

④ 不同杂化态：sp＞sp^2＞sp^3。

（2）$+I$效应（推电子诱导效应）

① 当烷基与不饱和碳相连时，烷基是给电子的，因为所连碳原子的杂化轨道中s成分含量越高（sp^2杂化的双键碳原子比sp^3杂化的单键碳原子s成分含量高），电负性越大。

② 当烷基与电负性更强的原子或原子团相连时，不同烷基推电子能力强弱为：—$C(CH_3)_3$＞—$CH(CH_3)_2$＞—CH_2CH_3＞—CH_3。

值得注意的是，以上烷基的推电子诱导效应均是指液相中的情况，如液相中各类醇的酸性顺序为：CH_3OH＞CH_3CH_2OH＞$(CH_3)_2CHOH$＞$(CH_3)_3COH$。叔丁基通过诱导效应向氧原子强烈推电子，使解离后的叔丁氧负离子［$(CH_3)_3CO^-$］的负电荷无法有效分散，导致其稳定性极低，且液相中存在溶剂化作用，$(CH_3)_3CO^-$体积大，溶剂化作用较小，负电荷裸露，故其对应的醇难以失去氢离子变成$(CH_3)_3CO^-$。而CH_3O^-的情况则与之相反。

实际上在气相中，由与标准物质H原子的对比来看，烷基是吸电子的，故气相中各类醇的酸性与液相中相反。因为$(CH_3)_3CO^-$中氧原子上的负电荷被吸电子更强的烷基—$C(CH_3)_3$产生的诱导效应所稳定，故$(CH_3)_3COH$更容易给出氢离子，酸性更强。

诱导效应对有机化合物的性质影响除上述物质酸碱性之外，还会对基团反应活性、反应速率、反应方向产生影响。例如，CH_3CHO和CF_3CHO中，醛基可以被亲核试剂进攻发生亲核加成反应，而F原子的强吸电子诱导效应，使得CF_3CHO中醛基的活性更强，反应速率更快。再如，液相中，甲基连在苯环上，因为甲基体现推电子诱导效应，当苯环再次发生亲电取代反应时，亲电基团上在甲基的邻、对位；而三氟甲基连在苯环上，三氟甲基体现吸电子诱导效应，当苯环再次发生亲电取代反应时，亲电基团则上在三氟甲基的间位。

烷基的电子效应

关于烷基的电子效应，从前述在不同环境中或是用不同方法测定的烷基的诱导效应数据分析来看确实存在着矛盾。

1. 烷基表现给电子或吸电子作用的事实

（1）烷基表现给电子作用的证据

① 甲苯与苯的亲电取代反应速率。由表1-4可以得出甲基对苯环起到给电子的作用。

表1-4　甲苯与苯的亲电取代反应相对速率

反应	溴代	氯代	甲基化	硝化
相对速率 k（甲苯 / 苯）	605	350	110	23

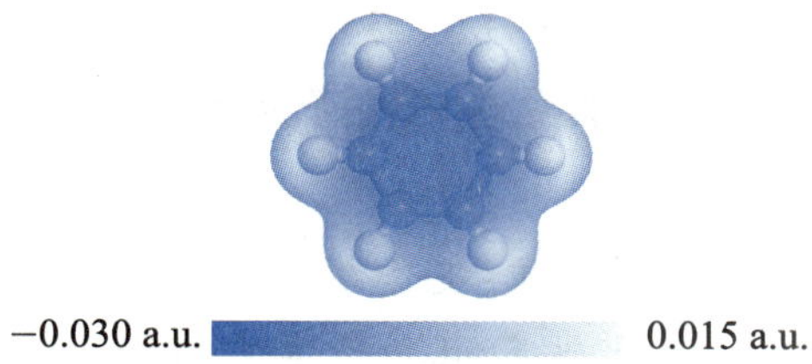

苯

甲苯

② 水溶液中的酸碱性。根据表 1-5 可以得出给电子能力为—$C(CH_3)_3$＞—CH_3＞—H。

表1-5　部分烷基取代乙酸的pK_a

烷基取代乙酸	H—CH_2COOH	CH_3—CH_2COOH	$(CH_3)_3C$—CH_2COOH
pK_a	4.76	4.88	5.05

另外，液相中醇的酸性顺序有H_2O＞MeOH＞EtOH＞*i*-PrOH＞*t*-BuOH，胺的碱性顺序则是NH_3＜$MeNH_2$＜Me_2NH，由上均可以得出烷基是给电子基的结论。

③ 卤代烷偶极矩。从表 1-6 中的数据可以看出不同烷基的给电子效应。

表1-6　部分卤代烷的偶极矩

卤代烷	偶极矩 μ/D	卤代烷	偶极矩 μ/D
CH_3—Cl	1.83	$CH_3CH_2CH_2CH_2$—Br	1.97
C_2H_5—Cl	2.00	$(CH_3)_2CHCH_2$—Br	1.97
$(CH_3)_2CH$—Cl	2.15	$C_2H_5CH(CH_3)$—Br	2.12
$(CH_3)_3C$—Cl	2.15	$(CH_3)_3C$—Br	2.21

④ 烯烃的亲电加成反应活性。已知烯烃与溴的亲电加成反应活性，随双键碳原子上的取代烷基增加而增强。很明显，烷基对双键也起到了给电子作用。

⑤ 碳正离子、碳负离子的稳定性。一般碳正离子、碳负离子的稳定性如下：

碳正离子：$3°C^+ > 2°C^+ > 1°C^+ > {}^+CH_3$

碳负离子：$3°C^+ < 2°C^+ < 1°C^+ < {}^+CH_3$

从上面顺序也很容易得出烷基是给电子基的结论。

（2）烷基表现吸电子作用的证据

① 气相中脂肪醇的酸性。布罗曼（Brauman）等研究了简单脂肪醇在气相中的相对酸性顺序，发现和溶液中测得的结果相反，即 $(CH_3)_3COH > (CH_3)_2CHOH > CH_3CH_2OH > CH_3OH > H_2O$，酸性随分支数目的增加而增加。

在气相中排除了溶剂等因素的影响，孤立出醇的酸性只与烷基有关，只有烷基吸引电子的能力越强，才会使O—H键的极性增大，使氢更易以质子形式离去，且使生成的RO^-更加稳定，故使酸性增强。

用气相离子回旋共振谱测定胺的酸性顺序也发现与醇类似的情况，$(CH_3)_3CNH_2 > (CH_3)_2CHNH_2 > CH_3CH_2NH_2 > CH_3NH_2 > NH_3$。这些都表明，烷基有吸电子诱导效应，且吸电子能力随分支数目的增加而增加。

② 微波法测定的偶极矩。通过微波法测定异丁烷及氘代异丁烷的偶极距数据可知，氘取代异丁烷次甲基上的氢偶极矩增大，因为氘比氢给电子性略强，由此可推知甲基在这里具有吸电子作用；否则，偶极矩必将因氘也有给电子性相互抵消而减小。

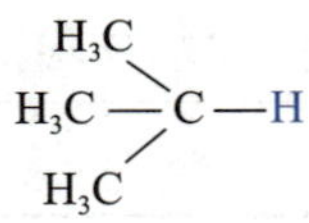

0.132 D

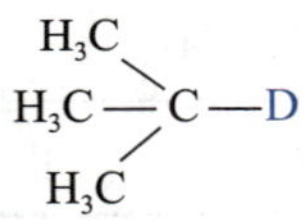

0.141 D

再测定以下三种丙烷的偶极矩发现，氘取代亚甲基上的氢偶极矩增大，取代甲基上的氢偶极矩减小，同样表明甲基的吸电性。

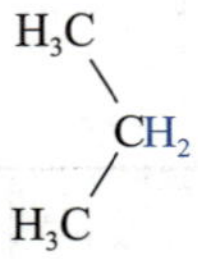

0.085 D

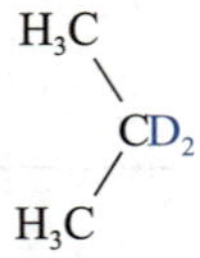

0.095 D

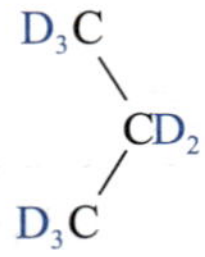

0.073 D

③ 核磁共振数据。由核磁共振谱数据可推导出烷基表现出吸电性。

不同质子的核磁共振峰化学位移δ值将反映质子周围电子云密度的变化，而电子云密度的变化与取代基的吸电子或给电子的诱导效应及其强度密切相关。质子周围电子云密度越低，即取代基的吸电子能力越强，屏蔽效应越小，化学位移移向低场，δ值越大。由此，可通过化学位移的测定来对取代基的诱导效应强度进行排序。

H—CH_3中甲基的δ值为0.23，I—CH_3中甲基的δ值为2.16，O_2N—CH_3中甲基的δ值为4.28，H_3C—CH_3中甲基的δ值为0.90。值得注意的是，甲基取代氢后δ值由0.23增大到0.90，δ值移向低场，即—CH_3与—H相比表现出的是吸电子性，而与偶极矩测定的—CH_3具有给电子性的结果相反。

2. 小结

烷基到底是吸电子还是给电子？关于这一问题的讨论还在继续。现在一般认为烷基具有双重诱导效应，它可因电负性大于氢而吸电子，也可受极化而给电子。因此，烷基是吸电子基还是给电子基，取决于它与什么原子或基团相连。

如果烷基与电负性较大的原子或基团相连，则烷基表现出通常所认为的给电子效应；如果烷基与电负性较小的原子或基团相连，则烷基表现出吸电子效应。大量实验结果表明，当有重键体系或电负性大于3或极化度大于6的官能团存在时都可能诱导烷基极化给电子，所以烷基在烯、炔、醛酮、羧酸及卤代烃中以给电子诱导效应影响反应的进行。当醇作为酸时，烷基表现为吸电子诱导效应；当醇、胺作为碱时，烷基表现为给电子诱导效应。其次，如前所述，烷基的诱导效应还取决于化合物是处于气相还是液相。**这些都说明基团的特性与其所处的环境紧密相关。**

烷基与苯环或烯基相连表现出给电子诱导效应，有人认为是超共轭效应所致，从诱导效应讲，烷基还是吸电子的。因此，对于烷基的诱导效应应该辩证看待。

1.3.2　共轭效应

在共轭体系中，当一端发生变化时，整个体系都会通过电子对的转移而传递这种变化，这一现象称为**共轭效应（*C*，conjugated effect）**。共轭体系是指由若干双键通过单键连接起来（π-π共轭）或双键和一个p轨道通过单键连接起来（p-π共轭）构成的体系。共轭体系中π电子是离域的。

共轭效应有如下特点：

① 共轭效应只存在于共轭体系中，而诱导效应存在于一切键上。

② 共轭效应使键长平均化，体系能量降低，稳定性增加。

③ 共轭体系中π电子离域，流动性更大，体系一端受到试剂进攻时，会出现交替极化现象。

④ 共轭效应沿着共轭链交替传递，不因链长而减弱（交替、远程传递）。

1.3.2.1　π-π 共轭体系

由π电子的离域所体现的共轭效应，称为**π-π共轭**。π-π共轭体系的结构特征是双键（或三键）、单键、双键（或三键）交替连接，例如乙烯基乙炔、丙烯醛、丙烯腈、苯等。

乙烯基乙炔　丙烯醛　丙烯腈　苯

值得注意的是：一般来说，发生共轭效应的先决条件是构成共轭体系的原子必须在同一平面内，并且其p轨道垂直于该平面。

而对于共轭效应类型，电负性强的原子吸引电子，使共轭体系的电子云向该元素偏移，呈吸电子共轭效应（$-C$效应）。

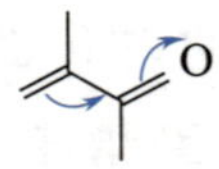

吸电子效应的强度通常为：

① 同族元素：O > S；

② 同周期元素：O > NR > CR_2。

1.3.2.2 p-π 共轭体系

（1）推电子p-π共轭体系

与双键碳原子直接相连的原子上有p轨道，这个p轨道与π键的p轨道平行，从侧面重叠构成p-π共轭体系。

对于p-π共轭来说，p电子朝着双键方向转移，呈推电子共轭效应（$+C$效应），例如氯乙烯：

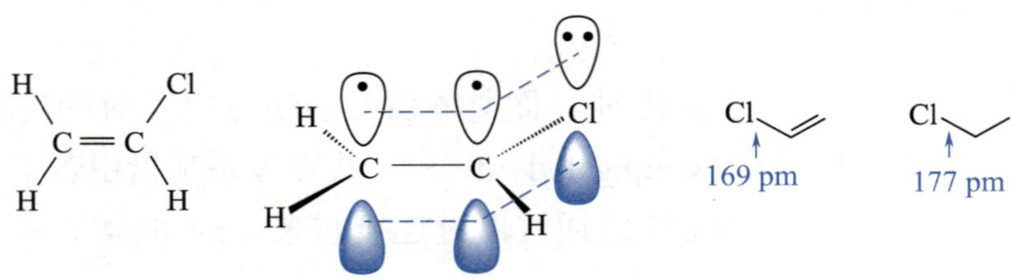

对同族元素而言，随原子序数增加，原子半径增大，外层p轨道也变大，它们与C原子的π轨道重叠也变得困难，也就是形成p-π共轭的能力变弱。它们的$+C$效应大小顺序如下：

—F >—Cl >—Br >—I

—OR >—SR >—SeR >—TeR

$—O^- > —S^- > —Se^- > —Te^-$

对同周期元素而言，p轨道的大小相接近，但元素的电负性依次变大，即元素原子核对其未共用电子对的吸引力增强，使电子对不易参与共轭，故$+C$效应的顺序为：—NR_2 >—OR >—F。

（2）吸电子p-π共轭体系

对于p-π共轭来说，双键π电子朝着p轨道方向转移，呈吸电子共轭效应（$-C$效应），例如烯丙基正离子：

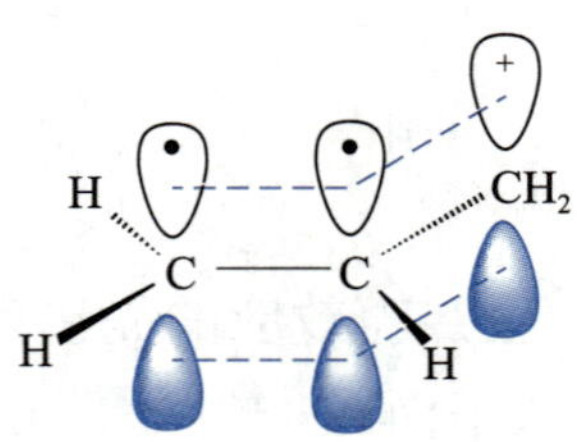

碳正离子空的p轨道垂直于分子平面，碳碳双键的π电子易流动到碳正离子的p轨道上。

1.3.3 超共轭效应

C原子上的p轨道与相邻甲基上的C—H键的电子云部分重叠，使部分电子向甲基分散的现象称为超共轭效应。超共轭效应一般是推电子的，即C—H键的电子云向p轨道转移，其顺序为：$—CH_3 > —CH_2R > —CHR_2$。

1.3.3.1 σ-π 超共轭体系

若与C—H键发生超共轭的p轨道来自π键，则此超共轭体系称为σ-π超共轭体系。例如，丙烯分子中即存在σ-π超共轭体系。

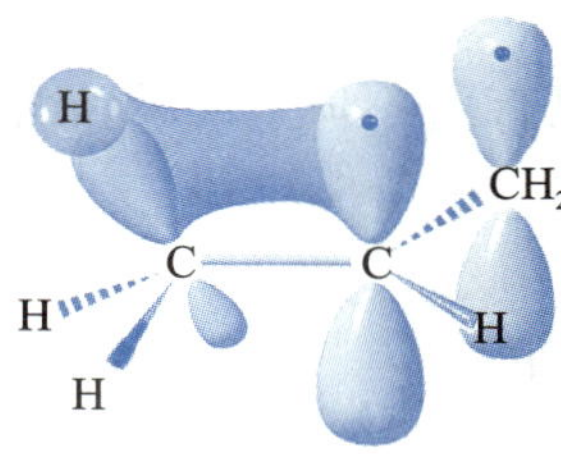

丙烯($CH_2═CHCH_3$)

1.3.3.2 σ-p超共轭体系

若与C—H键发生超共轭的p轨道来自碳原子的非键p轨道（空p轨道、单电子p轨道、孤电子对p轨道），则此超共轭体系称为σ-p超共轭体系。例如，叔丁基自由基、叔丁基碳正离子、叔丁基负离子中均存在σ-p超共轭体系。

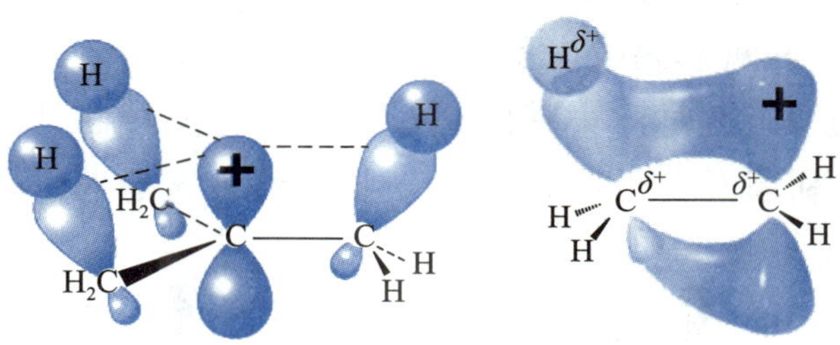

叔丁基碳正离子[$(CH_3)_3\overset{+}{C}$]　乙基碳正离子($CH_3\overset{+}{C}H_2$)

超共轭效应可用于解释碳正离子或碳自由基的相对稳定性顺序：$3° > 2° > 1° > {}^+CH_3$（或 $•CH_3$）。

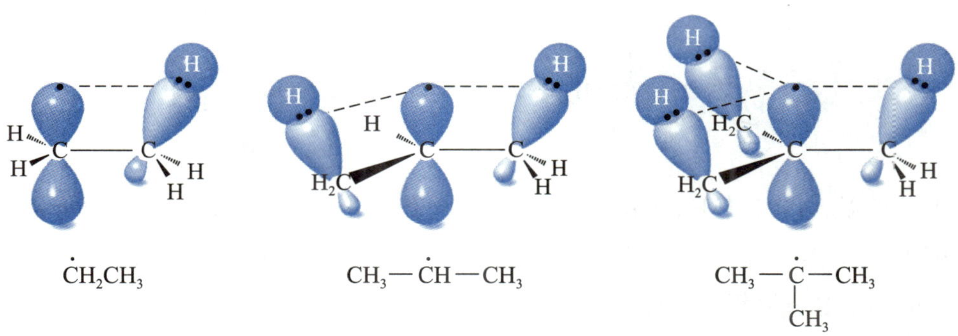

σ-π超共轭体系和σ-p超共轭体系的共同特点是：参与超共轭的C—H键越多，超共轭效应越强。其他条件一定时，共轭体系中各种共轭效应对分子影响的相对强度一般是：π-π共轭＞p-π共轭＞σ-π超共轭＞σ-p超共轭。

1.3.4 异头效应

1.3.4.1 异头效应的基本特征

基础有机化学一般认为取代环己烷的优势构象是较大基团在*e*键上，以尽量减小空间位阻的影响。如反-1-甲基-2-叔丁基环己烷的稳定构象为甲基和叔丁基在*e*键上。但当有电负性较大的元素存在时，情况有所不同。如反-1,2-二氯环己烷的稳定构象是两个氯原子在*a*键上，而不是*e*键上。

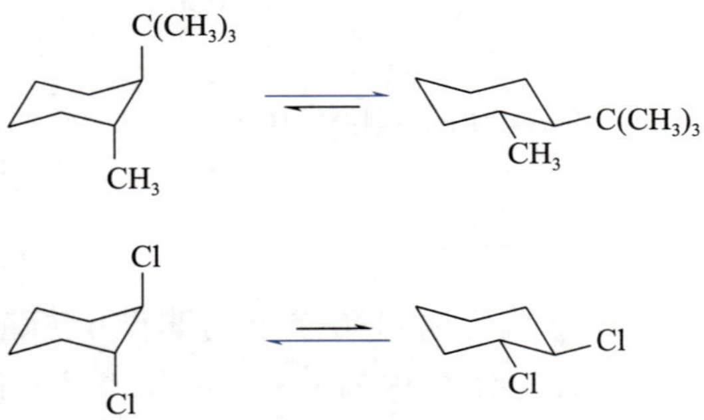

当环上有O、N、S等杂原子时，这种效应更加明显。如吡喃糖的C-1上取代基Y（F、Cl、Br）、烷氧基、酰氧基为吸电子基团时，它们倾向于处于*a*键上。从纽曼投影式中可以看出，取代基处于*e*键时，大基团是对位交叉构象，而处于*a*键时是邻位交叉构象，尽管存在空间的不利因素，还是*a*键比*e*键占优势。这是为什么呢？

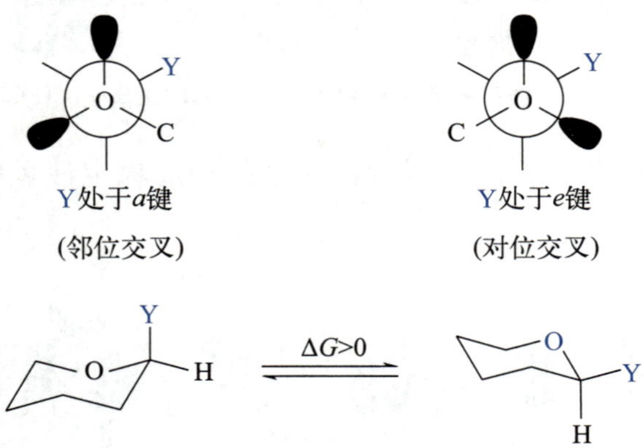

1955年，爱德华（J. J. Edward）首次在吡喃糖中发现了这种效应，由于涉及C-1，将这种效应称为异头效应。异头效应的结构特点是：杂原子X（O、N、S…）的孤电子对与C—Y（O、N、S…）键反平行。

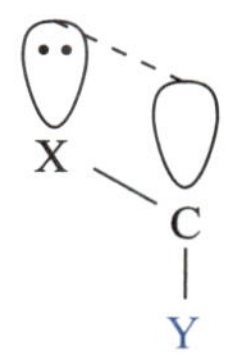

1.3.4.2　异头效应使分子稳定的原因

异头效应使分子稳定的原因有：

① 降低了分子的偶极矩。

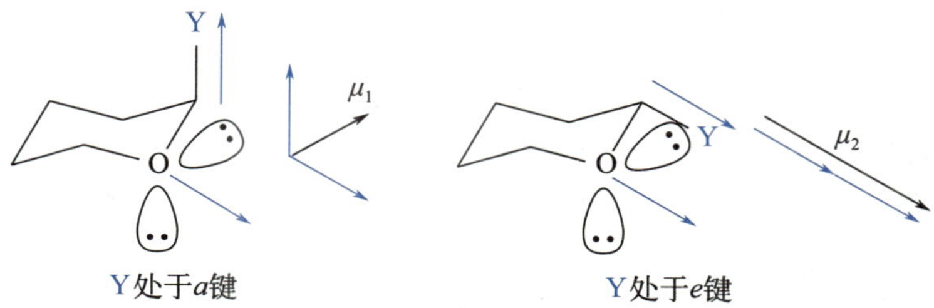

② 降低了分子中C—X键反键轨道σ^*的能量。

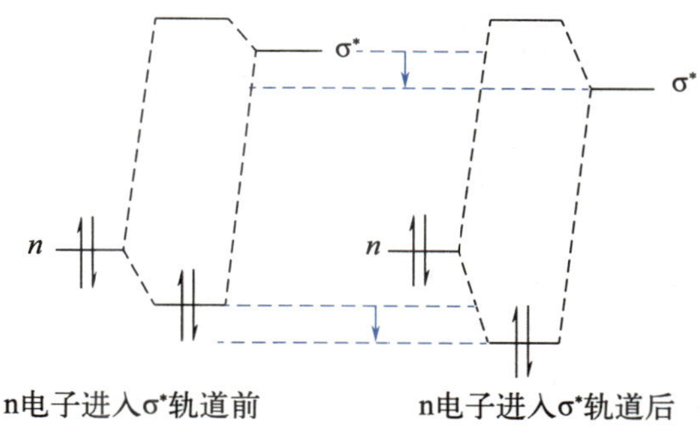

③ C—X（X＝O、N、S…）键具有部分双键的特性，使C—X键变短，C—Y键增长，活性加大。

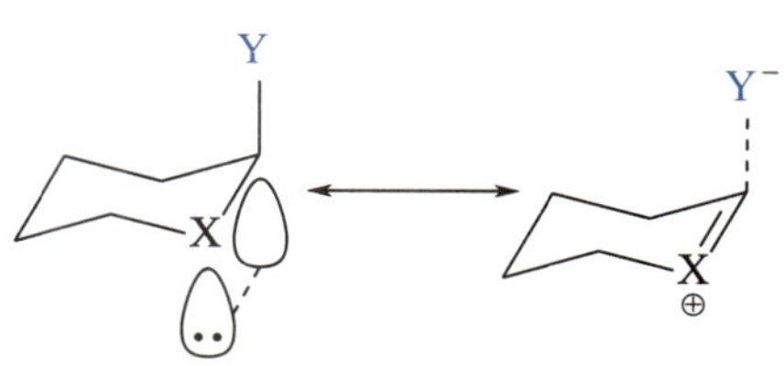

1.3.5　场效应

无论是诱导效应还是共轭效应，它们的传递都是通过键链进行的。如果分子中原子之间相互影响的电子效应，不是通过键链而是通过溶剂或空间传递的，称为场效应（field effect）。

为了解释有机分子中基团对反应活性的影响，罗宾逊（Robinson）提出了诱导效应和场效应。从概念来看，诱导效应和场效应都是电子效应，只是传递的方式不同。例如，对于顺、反丁烯二酸，如果单从诱导效应考虑，两者应没有区别，因此第一酸式电离常数 pK_{a1} 和第二酸式电离常数 pK_{a2} 的明显差异就是受场效应的影响。当一个羧基（—COOH）电离后产生一个羧基负离子（$—COO^-$），该基团通过碳链会抑制第二个羧基的电离。同时，羧基负离子在空间会产生负电场，与第二个羧基中羰基的负电场相排斥，使电子向氢原子转移，从而抑制了第二个羧基的电离。

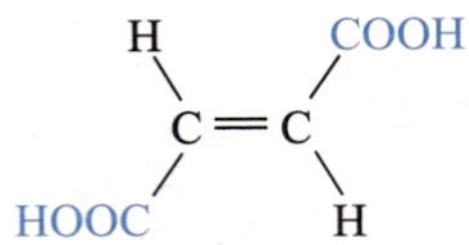

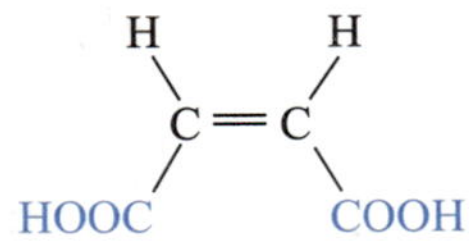

pK_{a1}	3.03	1.92
pK_{a2}	4.34	6.59

在一些多环取代的羧酸中，场效应起着非常重要的作用，表 1-7 中列出部分取代基对酸中羧基电离的影响。

表 1-7 部分取代基的场效应对酸性的影响

—Y	—H	—Cl	$—COOCH_3$	—COOH	$—COO^-$	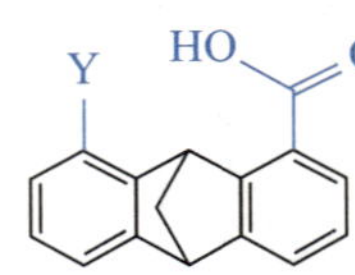
pK_a	6.04	6.25	6.20	5.67	7.19	

场效应是依赖分子构型的。例如，下列化合物中，Ⅰ比Ⅱ的酸性弱，由于诱导效应相同，也只能由场效应解释。氯原子提供负电场，抑制羧基的电离，Ⅰ中氯原子离羧基近，因此羧基受氯原子提供负电场影响大。一般场效应与距离的平方成反比，距离越远，作用越小。

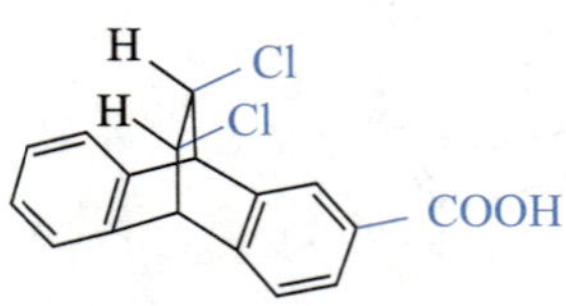

Ⅰ

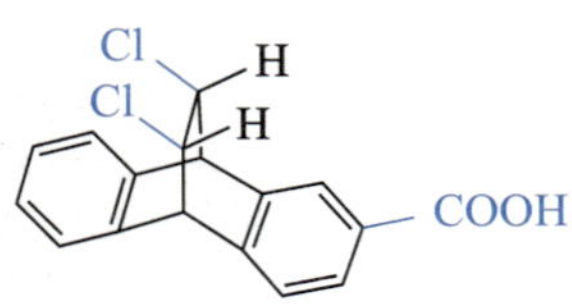

Ⅱ

场效应和诱导效应通常难以区分，它们往往同时存在而且作用方向一致。实际上，场效应是诱导效应的一种表现形式，所以也把场效应和诱导效应总称为极性效应。但在某些场合场效应与诱导效应的方向相反，从而显示出场效应的明显作用。例如，邻氯苯基丙炔酸的酸性比氯原子在间位或对位的小，如果从诱导效应考虑，邻位异构体应比间位、对位的酸性强，从共轭效应考虑也不应比对位异构体的酸性弱。这是由于氯处于邻

位的 δ^+ 一端，所产生的负电性的 δ^- 一端通过空间传递对羧基质子产生静电场吸引，使之不易电离，从而减弱了酸性。

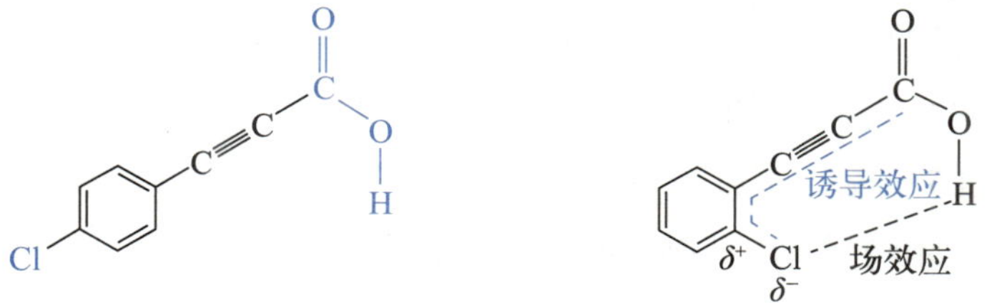

1.3.6　空间效应

分子中原子之间的相互影响并不完全归结为电子效应，分子内或分子间不同取代基相互接近时，由取代基的体积大小、形状不同而引起的直接的物理的相互作用通常称为空间效应，或立体效应。

1.3.6.1　基团空间大小引起的空间效应

（1）空间效应对化合物（构象）稳定性的影响

甲基环己烷中甲基处于 *e* 键时是稳定的构象，这是因为若甲基处于 *a* 键时，其与3-H之间的距离较近，空间排斥力较大。一般基团越大，处于 *e* 键的构象越稳定。

类似的现象，如联苯的邻位有较大的取代基时，因空间效应的干扰而使σ键的自由旋转受阻，联苯的稳定构象为两个苯环相互垂直时。如果同一苯环上邻位两个取代基不同，联苯可呈现出对映异构现象。

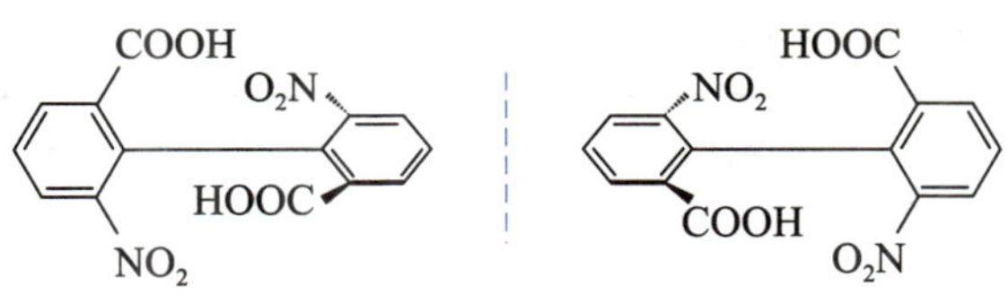

（2）对化合物酸碱性的影响

酚羟基的酸性较强是因为羟基氧与苯环的共轭作用，当苯环上连有吸电子基时，酸性明显增强。

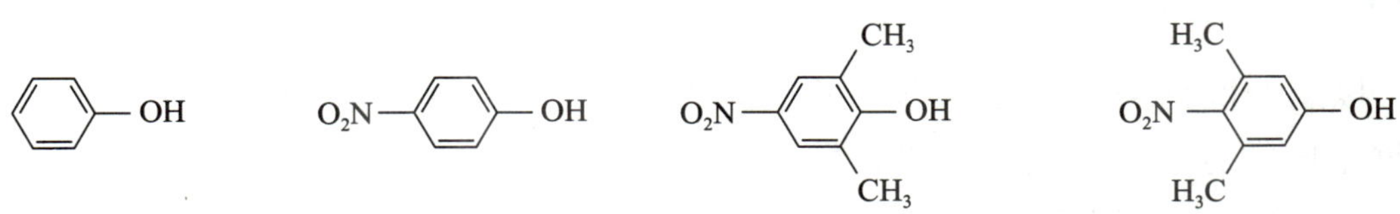

pK_a	9.99	7.14	7.16	8.24
	Ⅰ	Ⅱ	Ⅲ	Ⅳ

以上取代酚的酸性Ⅲ大于Ⅳ，从诱导效应和超共轭效应都无法解释。两个甲基从诱导效应或超共轭效应来看都是给电子的，会减弱酚羟基的酸性，而且在Ⅲ中对酚羟基的影响都比在Ⅳ中要大得多，因此从这个角度来看应该是Ⅲ的酸性要比Ⅳ的酸性弱，但事实却恰好相反。这只能从空间效应进行解释。原因在于Ⅳ中甲基对硝基的空间排斥，也就是硝基的体积较大，当硝基的邻位有两个甲基时，由于空间拥挤而使硝基N═O键的p轨道不能与苯环上的p轨道的对称轴完全平行，即硝基N═O键与苯环的共平面受到破坏，减弱了硝基、苯环与羟基的共轭离域，致使酸性相对降低。这是甲基空间效应作用的结果，而在Ⅲ中两个甲基离硝基较远，没有影响减弱。

当叔丁基在羧基邻位时，由于空间位阻，羧基与苯环不能很好地处于同一平面上，这种空间位阻破坏了苯环与羧基之间的p-π共轭体系，使苯环对羧基的给电子共轭效应减弱，羧基更易电离，酸性增强，因此邻叔丁基苯甲酸酸性强于对叔丁基苯甲酸的酸性。

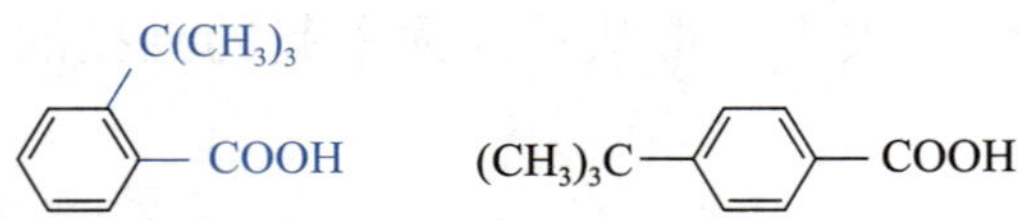

（3）对反应活性的影响

卤代烷在乙醇解的S_N2反应中，随着R体积的大小不同，对乙氧基从背面进攻的难易因空间阻碍不同而反应速率各异（表1-8）。

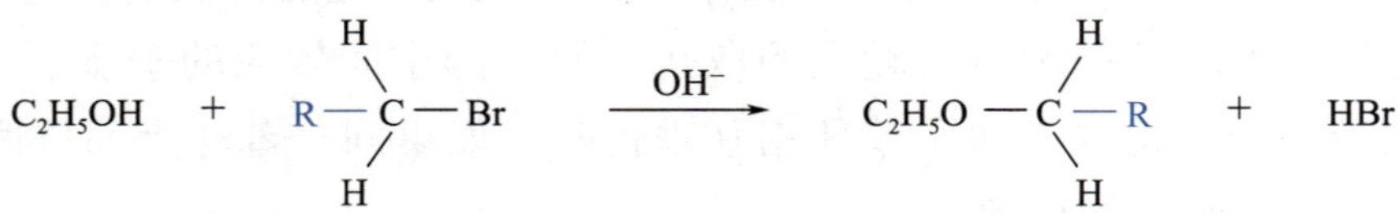

表1-8 R—CH_2Br乙醇解反应的相对速率

—R	—H	—CH_3	—C_2H_5	—$CH(CH_3)_2$	—$C(CH_3)_3$
相对速率	17.6	1	0.28	0.030	4.2×10^{-3}

反应物都是伯卤烷，电子效应的差异不大，主要是空间效应的影响，R体积越大，则试剂从背面进攻的空间阻碍越大，反应速率越小。

1.3.6.2 基团张力引起的空间效应

以上空间效应主要是由基团的空间大小引起的，另一类空间效应是由张力引起的。根据不同的分子及不同的环境，取代基所引起的空间张力有B张力、F张力和I张力等。空间效应也并非都阻碍反应的进行，有的也起促进作用。

（1）F张力（face strain，前张力）

对于S_N2反应，反应物中心碳原子上的取代基对亲核试剂进攻中心碳原子起着阻碍作用。这种由于基团在空间的直接排斥作用所产生的张力称为F张力。这种空间张力也是一种空间阻碍作用。在S_N2反应中，与反应物中心碳原子上所连的烷基体积越大，F张力越大，反应速度越小。

胺的碱性顺序也体现了F张力的影响。如果只从电子效应考虑，预期胺的碱性次序应为：$NR_3 > NHR_2 > NH_2R > NH_3$。在非水溶剂中，对质子酸确实如此。因为质子体积小，空间因素的影响不大。当胺与体积较大的Lewis酸作用时，碱性强度顺序为$NR_3 < NHR_2 < NH_2R < NH_3$，与非水溶剂中胺的碱性次序完全相反。这是因为与体积较大的Lewis酸作用，F张力的空间效应非常明显。例如，以三烷基硼（BR_3）为Lewis酸与胺作用，两者的R都足够大时（R不尽相同），NR_3与BR_3靠近会发生排斥。

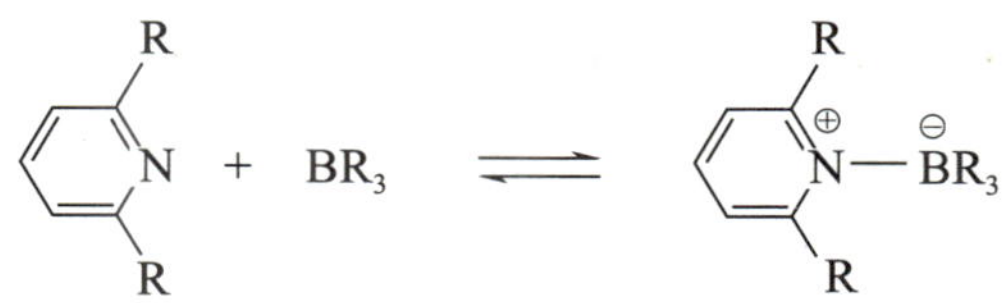

（2）B张力（back strain，后张力）

当反应物转变到过渡态或活性中间体时，若空间拥挤程度降低则反应速率加快，反之速率降低。

例如，卤代烷按S_N1历程进行的水解反应，首先解离为碳正离子，反应总的速率与碳正离子的稳定性有关，按伯、仲、叔的顺序反应速率递增。除电子效应外，空间效应在这里起了很大作用。由于卤代烷是四面体结构，中心碳原子为sp^3杂化状态，键角接近109.5°，而活性中间体碳正离子是平面结构，中心碳原子为sp^2杂化状态，键角为120°。由sp^3变为sp^2，原子或基团之间的空间张力变小，容易形成，且原子或基团的体积越大，sp^3状态下张力也越大，变为sp^2杂化状态张力松弛也越明显，形成碳正离子越容易，碳正离子也越稳定。这种空间张力称为B张力。烷基越大时对解离速率的影响越大（表1-9）。

表1-9　某些叔烷基氯代物的相对解离速率

R^1	R^2	R^3	相对解离速率
$—CH_3$	$—CH_3$	$—CH_3$	1.0
$—CH_3$	$—CH_3$	$—C_2H_5$	1.7
$—CH_3$	$—C_2H_5$	$—C_2H_5$	2.6
$—C_2H_5$	$—C_2H_5$	$—C_2H_5$	3.0

（3）I张力（internal strain，内张力）

某些环状化合物中，由于键的扭曲所产生的分子内部固有张力称为I张力，主要表现为角张力（angle strain）。例如，小环烷烃不稳定，容易开环加成，CH_2单元燃烧热较高，这是I张力作用的结果。

但某些小环化合物与类似较大环或链状化合物比较，I张力还有另外一种表现形式，如环丙烷衍生物1-氯-1-甲基环丙烷解离为碳正离子的速率比相应的开链化合物叔丁基氯要慢。虽然其中心原子从表面上看都是由sp^3杂化状态转变为sp^2杂化状态，但由于环丙烷较大的角张力的存在使卤代衍生物的解离变得极其不利。

因为几何形状的限制，环丙烷键角（60°）与sp^3杂化的键角（109.5°）之差比与sp^2杂化的键角（120°）之差要小，在sp^2杂化的碳原子中的扭曲程度更大，张力更大，碳正离子难以形成，解离速率小。

又如，对甲苯磺酸环丙酯在60℃的醋酸中溶解，比对甲苯磺酸环丁酯的速度小10^6倍，也是角张力的影响。

桥环化合物的桥头碳上难形成碳正离子也是由于相应的碳正离子角张力较大，难以解离所致。

因此，空间效应与电子效应相似，对化合物的性质，尤其在反应过程中形成活性中间体的稳定性的影响较大，对有机反应的进程同样起着重要的作用。

1.4 有机化学中的酸碱理论

有机化合物的酸性和碱性与其电负性和键的极性有关，有机分子的酸碱性会决定它们的很多化学性质。

1.4.1 布朗斯特-劳里酸碱理论

布朗斯特-劳里酸是给出质子的物质，布朗斯特-劳里碱是接受质子的物质。酸与碱反应：当气态的HCl溶解在水中时，酸（HCl）给碱（H_2O）一个质子。该反应的产物是一种新酸和一种新碱。为了区分反应物与产物，通常称产物为共轭酸和共轭碱。生成的水合氢离子（H_3O^+）能提供一个质子，所以为共轭酸；生成的氯离子（Cl^-）能接受一个质子，所以为共轭碱。

酸给出质子的能力取决于酸的强弱。像HCl这样的强酸与水几乎完全反应，而像乙酸（CH_3COOH）这样的弱酸仅部分反应。酸在水溶液中的强度可用酸度常数K_a表示。不同酸的K_a值的范围很大，从最强酸到最弱酸的K_a值范围在10^{15}～10^{-60}之间。H_2SO_4、HNO_3、HCl等无机强酸的K_a值在10^2～10^9范围，而很多有机酸的K_a值在10^{-15}～10^{-5}范围。pK_a为K_a的负常用对数，通常用pK_a值表示酸强度。常见酸的pK_a值见表1-10。

从表1-10中可以观察到，酸的酸强度与其共轭碱的碱强度呈负相关关系。

一般来说，质子总是从强酸转移到强碱，意味着酸提供一个质子给较弱酸的共轭碱。

表1-10　常见酸的 pK_a 值

酸性	酸	pK_a	共轭碱	碱性
	C_2H_5OH	16.00	$C_2H_5O^-$	
弱酸	H_2O	15.74	OH^-	强碱
↓	HCN	9.31	CN^-	↑
↓	CH_3COOH	4.76	CH_3COO^-	↑
↓	HF	3.45	F^-	↑
强酸	HNO_3	−1.3	NO_3^-	弱碱
	HCl	−7.0	Cl^-	

预测酸碱反应性的方法是：对要发生的反应而言，产物一定比反应物稳定；或者产物酸和碱一定比起始酸和碱的酸碱性弱、反应活性低。例如，乙酸与氢氧根离子的反应中，产物共轭碱（乙酸根离子）碱性比起始碱（氢氧根离子）弱，产物共轭酸（水）酸性比起始酸（乙酸）弱。

很多反应都涉及有机酸和有机碱。

有机酸的特征是存在正极化的氢原子，可分为两种主要类型：

① 含有一个连在氧原子上的酸性氢（O—H），如甲醇、乙酸。

② 酸性氢连在碳原子上。因为碳的电负性小于氧，所以C—H中氢的酸性极少与O—H中氢的酸性一样。后面将看到酸性的C—H的氢通常与C═O基团相邻。

有机碱的特征是存在能与质子键合的孤电子对。含氮化合物，如三甲胺，是最常见的有机碱；含氧化合物与足够强的酸反应时也能作碱。注意，一些含氧化合物既能作酸也能作碱。例如，甲醇和丙酮，当给出质子时作酸，而当它们的氧原子接受质子时作碱。

1.4.2　路易斯酸碱理论

路易斯酸碱理论与布朗斯特-劳里酸碱理论不同，其定义中酸和碱不局限于给出或接受质子的物质。路易斯（Lewis）酸是有空的价轨道能接受电子对的物质，路易斯碱是能够提供电子对的物质。提供的电子对在形成的共价键中被路易斯酸和路易斯碱共用。

$$\underset{\text{(Lewis酸)}}{HCl} + \underset{\text{(Lewis碱)}}{H_2O} \longrightarrow Cl^- + H_3O^+$$

$$\underset{\text{(Lewis酸)}}{AlCl_3} + \underset{\text{(Lewis碱)}}{N(CH_3)_3} \longrightarrow (CH_3)_3\overset{\oplus}{N}\!\longrightarrow\!\overset{\ominus}{Al}Cl_3$$

1.4.3 有机化合物的酸性及其影响因素

氢是有机化合物中的一种主要组成元素，很多有机化合物的性质与它们当中存在的各种不同氢的活泼性相关。根据布朗斯特-劳里酸碱理论，这些氢的性质都可以通过分析它们的质子酸性进行分析和理解。如醇、酚和羧酸中羟基的氢在一定条件下可以解离，因此具有酸性。解离出质子后的烷氧基负离子、芳氧负离子和酰氧负离子即为对应的共轭碱。又如，末端炔烃中连接在sp杂化碳原子上的氢以及醛酮化合物中与羰基碳直接相连的碳原子上的氢在一定条件下可以解离，也具有酸性。

类似这种碳原子上的氢具有酸性的情况在有机化学中十分普遍。通过比较分析它们的酸性强弱，有助于掌握其反应的活性差异。以下将详细讨论电子效应和空间效应等因素对有机化合物中各种氢的酸性的影响。

1.4.3.1 电负性的影响

碳、氮、氧、氢是有机化合物的主要组成元素。碳、氮、氧同为第二周期元素，从碳到氮再到氧，随着原子序数的增加，其电负性逐步增加。因此，从C—H到N—H，再到O—H，键的极性逐渐增强，其中氢的酸性也逐渐增强。

烷烃中C—H、胺中N—H、醇中O—H以及F—H的pK_a范围分别为：46～50，36～40，15.5～18，3.2。F—H的酸性最强，因为氟原子的电负性最大。

同种元素的原子采用不同杂化方式成键，电负性也存在差异，从而影响有机化合物的酸性。$sp \rightarrow sp^2 \rightarrow sp^3$，杂化轨道中s轨道成分逐渐减少，轨道离核越来越远，核对杂化轨道中电子的吸引能力也越来越弱。因此，不同杂化状态的碳的电负性顺序为$\chi_{sp} > \chi_{sp^2} > \chi_{sp^3}$。相应地，不同杂化碳所形成的C—H的酸性强弱顺序为C_{sp}—H > C_{sp^2}—H > C_{sp^3}—H，即炔氢的酸性>烯氢的酸性>烷氢的酸性，三者的pK_a值范围分别为：18～25，43～44，46～50。

烷烃是有机化合物中最弱的酸。根据布朗斯特-劳里酸碱理论，其共轭碱即烷烃脱去质子所形成的碳负离子则是有机化学中最强的碱。因碳负离子不稳定，一般使用烷烃的金属化合物，即有机金属化合物。可以说，有机金属化合物是有机化学中的最强碱，如烷基锂、格氏试剂等。

1.4.3.2 共轭效应的影响

有机化学中，含O—H键的质子酸有醇、酚和羧酸，它们的pK_a值及其与水、碳酸的比较如下：

	醇	水	酚	碳酸	羧酸
pK_a	16～18	15.7	约10	6.4	约5

由此可见，醇、酚和羧酸的酸性强弱顺序是醇<酚<羧酸，并且羧酸的酸性比碳酸略强，醇的酸性略弱于水。事实上，分子量不太大的酚和羧酸可以与氢氧化钠反应成盐，

从而溶解于水溶液中。而一般的醇难以与氢氧化钠反应，但它们都可以与金属钠反应放出氢气。羧酸的酸性略强于碳酸，因此，分子量不太大的羧酸常可以与碳酸氢钠反应成盐，从而溶解在相应的水溶液中。实际应用中，常利用它们的酸性差异分离纯化相关化合物。

醇、酚和羧酸共同的结构特点是它们都含有羟基，而O—H键的极性使它们都具有一定的酸性。那么醇、酚和羧酸在结构上的不同则使得它们的酸性强弱存在明显差异。

酚的酸性比醇强可以从以下两个方面来认识：一方面，与醇相比，酚中氧原子直接与芳香环相连，氧原子采用sp^2杂化，它的一对孤电子对与苯环发生p-π共轭，使得O—H键进一步极化，质子更容易解离，因此酚的酸性比醇强。另一方面，酸性强弱也可以从其共轭碱负离子的稳定性进行分析。共轭碱负离子越稳定，则酸的解离越完全，即酸性越强。对比醇和酚，解离后的芳氧负离子，由于p-π共轭效应，负电荷得以分散，整个体系比醇解离后的烷氧负离子更稳定。因此，酚的酸性比醇强。

羧酸分子中，羟基氧原子也是sp^2杂化，其孤电子对与羰基共轭，使O—H键极性增加，容易解离。另外，解离后的酰氧负离子通过共轭效应降低能量使体系稳定。故羧酸酸性比酚强。

在有机化学中，共轭效应不仅影响醇、酚和羧酸的酸性，而且影响C—H键和N—H键中氢的酸性。例如，烯丙位或苄位氢的酸性比一般sp^3杂化碳原子上氢的酸性强，与羰基相连的sp^3杂化碳原子上氢的酸性也大大增强，这是因为形成的负离子受C═C和C═O的共轭效应影响得以稳定。再如，硝基化合物和腈分子中直接与硝基或氰基相连的C—H键具有较强的酸性，也是脱去质子后的负离子能够与硝基或氰基共轭比较稳定的缘故。

与丙烯的烯丙型氢和甲苯的苄基型氢相比，环戊二烯中的烯丙型氢和茚、芴分子中的苄基型氢（均为亚甲基）的pK_a值小很多。原因在于这些氢以质子形式脱去后，将形成六电子的芳香性环负离子。由此也从侧面说明了芳香化合物的特殊稳定性。

胺中N—H键的氢的酸性比醇弱很多，但是酰胺N—H键的氢的酸性则与醇相近。这是因为酰胺分子中氮原子直接与羰基相连，受到羰基的吸电子作用，氮原子上的氢酸性增强。

在酰亚胺分子中，N—H的氮原子与两个羰基相连，酸性进一步增强，可以在氢氧化钠作用下脱质子成盐。盖布瑞尔（Gabriel）伯胺合成法就是利用邻苯二甲酰亚胺（pK_a为8.3）的酸性，在碱作用下与卤代烃反应合成伯胺。

1.4.3.3 诱导效应的影响

当羧基的α-C上连有不同的取代基时，受这些取代基的诱导效应影响，相应的取代羧酸的酸性不同。一般来说，取代基的吸电子诱导效应越强，取代羧酸的酸性越强。

基团的诱导效应及其影响因素有以下规律：

① 同一主族的元素随着电子层的增加，吸电子诱导效应减弱。卤代乙酸的pK_a值比

乙酸小，说明卤素原子由于电负性较大，均具有吸电子诱导效应。当羧基的α-H分别被氟、氯、溴、碘取代时，卤代乙酸的pK_a值逐渐增大，酸性逐渐减弱。这说明同族元素的原子随周期数增加，吸电子诱导效应减弱。

② 同一周期的元素从左到右吸电子诱导效应增加。对比α-氟代乙酸（$pK_a=2.66$）、α-甲氧基乙酸（$pK_a=3.53$）、乙酸（$pK_a=4.76$）的pK_a值，可以得出以上同一周期元素原子的吸电子诱导效应变化规律。

③ 不同杂化状态的碳原子以s轨道成分多者吸电子能力强，即$\chi_{sp}>\chi_{sp^2}>\chi_{sp^3}$。对比丁-3-炔酸（$pK_a=3.32$）、丁-3-烯酸（$pK_a=4.35$）和丁酸（$pK_a=4.82$）的$pK_a$值大小，可以说明不同杂化状态碳原子的吸电子能力强弱规律。

④ 带正电荷的基团具有强的吸电子诱导效应，带负电荷的基团具有强的给电子诱导效应，如$(CH_3)_3N^+CH_2COOH$的pK_a为1.83，酸性比氟代乙酸更强。磺酰基也是一个具有强的吸电子诱导效应的基团，如$CH_3SO_2CH_2COOH$的pK_a为2.36。

综合以上分析，可以得出有机化学中常见吸电子基团的吸电子诱导效应强弱顺序为：

$$NO_2>CN>F>Cl>Br>I>C\equiv C>OCH_3>OH>C_6H_5>C=C>H$$

取代基的吸电子诱导效应随距离增大而迅速下降。

1.4.3.4 烷基的电子效应的影响

乙酸的α-H被烷基取代得到的丙酸（$pK_a=4.88$）、丁酸（$pK_a=4.87$）、异丁酸（$pK_a=4.86$）和新戊酸（$pK_a=5.05$）的pK_a值均比乙酸（$pK_a=4.76$）略大，由此可知烷基是微弱的给电子基团。

不同类型的醇在水溶液中的酸性次序为$CH_3OH>RCH_2OH>R_2CHOH>R_3COH$，也说明烷基是一个弱的给电子基团。

但不同类型的醇在气相中的酸性次序与在水溶液中恰好相反，即$R_3COH>R_2CHOH>RCH_2OH>CH_3OH$。对于这一矛盾的实验事实，普遍接受的解释是：气相中分子处于隔离状态，烷基表现为吸电子诱导效应；液相中叔醇R_3COH的烷基部分空间位阻大，溶剂化作用小，相应的仲醇和伯醇的溶剂化作用增强，从而增加了烷氧基负离子的稳定性，酸性相应增强。

1.4.3.5 共轭效应与诱导效应的综合影响

当苯酚和苯甲酸的苯环上连接了取代基时，酸性会发生改变。一般来说，苯环上有吸电子基团存在时，酸性增强。这可以从两个方面来理解：一方面，吸电子基团使苯酚或苯甲酸的羟基氧上孤电子对通过共轭效应移向芳环，削弱了O—H键；另一方面，吸电子基团有利于芳氧负离子或酰氧负离子的电荷分散，使之更稳定。如2,4,6-三硝基苯酚的pK_a为0.25，属于强酸，俗称苦味酸。相反，当苯环上连接有给电子基团时，酸性减弱。硝基、醛基和卤原子表现出吸电子效应且硝基的吸电子作用强于醛基和卤原子，而甲基表现出弱的给电子作用。这些规律与前述取代乙酸的讨论中得出的规律基本一致。

值得注意的是，在前述取代乙酸的酸性讨论中，烷氧基表现为吸电子诱导效应，但是在取代苯酚和取代苯甲酸中，烷氧基却表现出给电子效应且给电子作用强于烷基。对比取代乙酸和取代苯酚或取代苯甲酸的结构，容易看出它们最大的不同在于：在前者中，烷氧基是与 sp^3 杂化的碳原子相连；而在后者中烷氧基是与 sp^2 杂化的苯环碳原子相连。正是这样的结构差异导致了在这两个体系中，烷氧基表现出不同的电子效应。

当烷氧基与苯环相连时，烷氧基中的氧原子一方面由于电负性较大，对苯环表现出吸电子的诱导效应；而另一方面，氧原子上的孤电子对又对苯环具有给电子的共轭效应。两种效应共同作用的结果是共轭的给电子效应强于诱导的吸电子效应。例如，烷氧基取代的苯酚或苯甲酸，其酸性均变弱。

由此可见，取代基对取代苯酚和取代苯甲酸的酸性影响比较复杂，主要是某些取代基与苯环相连时，不仅表现出吸电子的诱导效应，而且还表现出给电子的共轭效应。因此，需要针对具体情况进行详细的分析。

取代基的取代位置对取代苯酚和取代苯甲酸酸性的影响则更加复杂。通常来说，当取代基在羟基或羧基的对位时，将更多地体现出共轭效应的影响，在间位取代时共轭效应的影响减弱，而在邻位时则更多受到诱导效应的影响，同时还会受到空间效应的影响，情况更加复杂。

例如，氯代苯酚和氯代苯甲酸中氯原子主要表现为吸电子诱导效应，而诱导效应随着距离的增大迅速递减。因此，当氯原子取代在羟基或羧基的邻位、间位和对位时，酸性逐渐减弱。

又如，硝基取代在苯酚和苯甲酸的不同位置时，则是间位取代产物的酸性相对最弱，其原因在于硝基的结构不同于氯原子，表现出的电子效应也不相同。

硝基中的氮原子和两个氧原子均采用 sp^2 杂化轨道成键。氮原子以三个 sp^2 杂化轨道分别与两个氧原子以及苯环的碳原子形成三个σ键，然后以处于p轨道的一对孤电子对与两个氧原子上的单电子形成一个三中心四电子大π键（记为 π_3^4）。

由于硝基中的氧、氮原子电负性均较碳原子大，因此硝基表现出吸电子的诱导效应。另外，当硝基与另一个π体系如苯环或双键碳相连且共平面时，硝基的大π键可以与相邻的π键形成共轭效应。这种情况下，硝基对与之相连基团还会表现出吸电子的共轭效应，此时硝基表现出双重的吸电子效应。正是硝基的吸电子共轭效应，使得邻位、对位硝基苯酚和硝基苯甲酸的酸性增强更多，而间位硝基苯酚和硝基苯甲酸增强较少。因为共轭效应的作用强度并不随距离的增大而减弱。通常在共轭体系中，电荷呈交替状分布，苯氧负离子的负电荷主要分布在邻对位。由此可见，具有吸电子共轭效应的硝基连接在邻位或对位时，能更好地起到分散负电荷的作用。当硝基在间位时，无法通过共轭效应来达到分散负电荷的作用，此时硝基主要只能通过诱导效应分散苯氧负离子的负电荷。这就是间位硝基苯酚酸性增强比较少的原因。邻、间、对硝基苯甲酸的情况与此类似。

邻硝基苯酚中硝基距离羟基比较近，硝基的吸电子诱导效应应该比较强，即邻硝基苯酚应该表现出更强的酸性，但是实际上其酸性与对硝基苯酚的相近，这是因为酚羟基与邻位硝基可以形成六元环氢键，从而一定程度上削弱了氢的解离。可见，当取代基处于邻位时还可能有更多的复杂因素影响化合物的酸性。

1.4.3.6 二元羧酸

从乙二酸到丁二酸，第二个羧基与第一个羧基的距离逐渐增大，对第一个羧基的吸电子作用逐步减小，因此pK_a逐步增大，酸性减弱。当第二个羧基距离第一个羧基三个以上σ键时，即从丁二酸到己二酸，这种影响就更小了。

二元羧酸的pK_{a2}值普遍大于pK_{a1}值，这是因为羧基解离后所形成的酰氧负离子不再表现为强的吸电子的诱导效应，而且其所带的负电荷显然会阻碍第二个羧基的解离。与pK_{a1}的变化不同，从乙二酸到己二酸，pK_{a1}值并不是按顺序增大或减小，而是在丙二酸时出现最大值。这是由丙二酸中两个羧基的空间距离比较特殊而导致的。在丙二酸中，第一个羧基解离后的酰氧负离子与另一个羧基的氢原子正好可以形成稳定的分子内六元环氢键，从而较大程度地限制了第二个羧基氢的解离。类似的情况也出现在顺丁烯二酸中。顺丁烯二酸的pK_{a1}比反丁烯二酸的pK_{a1}小很多，而pK_{a2}则是前者比后者大很多。这是因为顺丁烯二酸在第一个羧基解离后，可以与分子内的另一个羧基氢原子形成分子内氢键，从而稳定了一级解离的酰氧负离子，又限制了二级解离的发生。相反，反丁烯二酸中的两个羧基处于反式双键的两侧，无法形成分子内氢键。

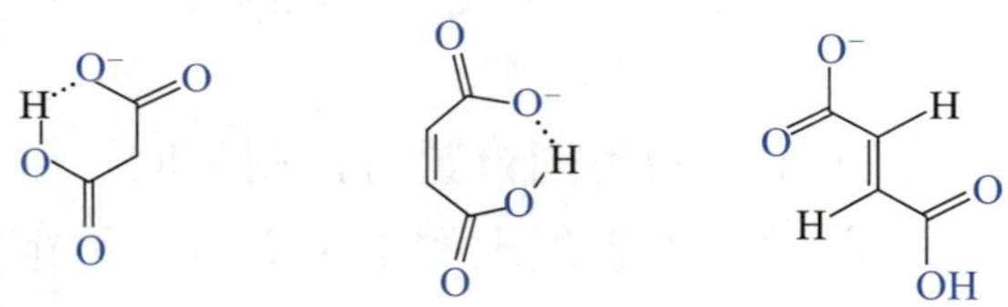

1.4.4 有机化合物的碱性及其影响因素

含氧、氮有机化合物由于O—H、N—H的活泼性容易解离出质子而显酸性。同时，由于氧、氮等原子具有孤电子对，较容易结合质子，从这个意义上说，它们又属于质子碱。例如，胺类化合物中的氮原子容易质子化形成铵盐，胺与铵盐为一对共轭酸碱。又如，醇、醚等化合物中的氧原子容易结合质子形成锌盐，锌盐即为醇、醚的共轭酸。此外含氧化合物如醛酮和羧酸等的羰基氧也可与质子结合，属于质子碱，其质子化后的产物即为共轭酸。

一般认为胺是典型的有机碱，而许多天然胺俗称生物碱。胺中氮原子的孤电子对可以接受质子，其碱性强弱可以用pK_b来表示，pK_b值越小，碱性越强，其共轭酸酸性越弱。

脂肪伯胺的碱性随碳链增长的变化并不大，一般pK_b值在3～5之间。伯胺、仲胺和叔胺相比，仲胺碱性相对最强。这是因为烷基的给电子作用，使得仲胺碱性强于伯胺。叔胺虽然比仲胺又增加了一个给电子烷基，但因为空间位阻的关系，溶剂化作用减弱，碱性反而减弱。与脂肪胺相比，苯胺的碱性大大降低，这是因为氮上的孤电子对与苯环上的π电子有部分共轭效应，从而使得氮原子上的电子云密度降低，与质子结合能力减弱。苄胺因为氨基与苯环间相隔了一个sp^3杂化碳，无法形成孤电子对与π键的共轭效应，因此碱性与脂肪胺相近。

具有给电子效应的取代基使取代苯胺的碱性增强，而具有吸电子效应的取代基则使取代苯胺的碱性降低。具有共轭效应的取代基在对位对碱性的影响强于间位。当取代基在邻位时，对碱性的影响比较复杂。

在有机化学中，一般认为羧酸、酚和胺分别表现为酸性、弱酸性和碱性。实际上，它们酸碱性表现的另一面也是不容忽视的。例如，羧酸和醇分子中氧原子上存在孤电子对，因此可以接受质子，从这个角度来看，羧酸和酚以及醇又是一个弱碱。而质子化的醇则是一个强酸，其pK_a值在 −2.5 左右。相比之下，羧酸和丙酮的碱性更弱，这是因为羧酸和丙酮中的羰基氧是sp^2杂化，其电负性比醇中sp^3杂化的氧原子大，使得羰基氧上孤电子对的给出能力较弱，即与质子结合的能力较弱。事实的确如此，质子化羧酸和质子化丙酮酸性更强，其pK_a值在 −6 左右。

质子化羧酸的酸性略弱于质子化丙酮，即羧酸中羰基氧的碱性略强于酮羰基氧的碱性。原因在于羧酸中羰基与羟基相连，羟基具有较强的给电子共轭效应，从而增强了其羰基氧原子给出孤电子对与质子结合的能力。而酮羰基与烷基相连，烷基的给电子作用弱于羟基。

类似的规律也体现在含氮化合物中。质子化的胺也是酸，其pK_a值在 11 左右，酸性与酚类化合物相当。质子化乙腈的pK_a值为 −10.1，酸性非常强。质子化亚胺的酸性介于两者之间。

1.4.5　有机反应中常用的质子酸碱试剂

许多有机化学反应都具有质子传递特点。有些有机反应需要质子酸催化，而有些则需要质子碱催化，还有一些既可以用质子酸催化，又可以用质子碱催化。

常用质子酸以无机酸为主，如盐酸、硫酸、硝酸、磷酸和多聚磷酸等。在一些无水反应体系中，常使用干燥的氯化氢气体。有机质子酸包括乙酸和对甲苯磺酸等，其中对甲苯磺酸常作为固体酸，用于无水反应体系中。需要质子酸催化的反应主要有：烯烃和炔烃π键的亲电加成反应、醇的脱水反应、苯环的亲电取代反应、羰基化合物的亲核加成反应及部分经过正离子的碳骨架重排反应等。

有机化学反应中常用的质子碱包括无机碱和有机碱两大类。

1.4.5.1　无机碱

常用的无机碱有碳酸钠、碳酸钾、氢氧化钠、氢氧化钾、氢化钠、氨基钠、氨基钾。碳酸钠和碳酸钾的碱性最弱，常用于不需要强碱的反应中，如卤代烃的亲核取代反应，一般在有机溶剂如丙酮中使用，多为非均相催化。

氢氧化钠和氢氧化钾的碱性比碳酸钠和碳酸钾强，可以用于有机相和水相反应中，如卤代烃的消除反应。羟醛缩合反应也常用氢氧化钠或氢氧化钾催化。

氢化钠的碱性较强且反应是完全不可逆的，在反应中由氢化钠中的负氢与反应物中的质子结合放出氢气。它主要用于一些较难进行的消除反应或亲核取代反应中。反应通常需要在无水条件下进行，因为氢化钠遇水立即反应分解成氢氧化钠，并放出氢气。

氨基钠和氨基钾是碱性最强的无机碱，一般可以通过向液氨中加入金属钠或金属钾反应制备而得，并在液氨中使用。因为氨基钠和氨基钾碱性强，一般不能在酸性较强的质子型溶剂如醇、水中使用，否则会发生醇解或水解，失去原有的催化作用。固体氨基钠和氨基钾在空气中会潮解分别生成氢氧化钠和氢氧化钾，因此需要保存在干燥的惰性气体氛围中。使用时可以选择矿物油或液氨作为反应介质。氨基钠也常用于卤代烃消除卤化氢生成炔烃的反应以及将末端炔烃转化为炔基负离子的反应。

1.4.5.2 有机碱

有机反应中常用的有机碱主要有胺类有机化合物、醇钠、醇钾、氨基锂以及金属锂试剂等。胺类有机化合物如吡啶、二乙胺、三乙胺等属于较弱的碱，常用于一些有卤化氢产生的反应中，如醇与氯磺酸生成磺酸酯的反应，使用吡啶或者三乙胺帮助除去反应中的氯化氢。

在醇与二氯亚砜作用转化为氯代烃的反应中，吡啶的存在还会影响反应的机理和立体化学。

醇钠和醇钾的碱性比氢氧化钠和氢氧化钾略强，这一点通过对比水与醇的酸性可以看出。水的酸性比醇的酸性略强，因此它们的共轭碱的碱性强弱相反，即烷氧基负离子强于氢氧根负离子。常用的醇钠、醇钾有甲醇钠、甲醇钾、乙醇钠、乙醇钾、正丁醇钠、正丁醇钾、叔丁醇钠和叔丁醇钾。醇钠和醇钾一般是在醇溶液中直接制备并使用的。反应中要除去水，因为水作为一种比醇略强的酸，能够将醇钠转化为醇，并生成氢氧化钠。

醇钠和醇钾常用于缩合反应中，羰基化合物的α-H受羰基的吸电子作用影响，具有一定的酸性，其pK_a一般在18～20的范围内，比醇的酸性略弱。醇钠或醇钾的碱性比羰基化合物脱去α-H后形成的碳负离子略弱，因此由醇钠催化的缩合反应往往是热力学平衡反应。

胺除了作为碱，其N—H键也是极性共价键，连接在氮原子上氢的pK_a在35左右，比醛酮α-H的酸性更弱。这也意味着其共轭碱（即氨基负离子）的碱性很强。在醛酮的亲核反应中，常使用二异丙基氨基锂（$LiN[CH(CH_3)_2]_2$，LDA）作为大体积强碱使醛酮定量地转化成烯醇负离子。这与无机化学中利用强酸将弱酸从弱酸盐中置换出来的道理是相同的。

与氨基锂碱性相当或比其更强的碱是烃基锂化合物。烃类中连接在碳原子上的氢酸性最弱，其共轭碱碱性自然就最强。例如，二苯甲烷、三苯甲烷 pK_a 值与胺相当，脱去质子后可形成与苯环共轭的碳负离子，即二苯甲基负离子、三苯甲基负离子的碱性与烷氨基负离子相当。烃类化合物中酸性大小顺序为 C_{sp}—H > C_{sp^2}—H > C_{sp^3}—H。最弱的有机酸为烷烃，这就意味着最强的碱为烷基负离子。因此烷烃的有机金属试剂是最强的碱，也是非常好的亲核试剂。常用的金属锂试剂有丁基锂和苯基锂等。

1.4.6　路易斯酸碱理论在有机化学中的应用

运用路易斯酸碱理论可以解释很多有机反应性质。例如，醇可以与氯化钙形成络合物，因此实验室不能用无水氯化钙干燥醇类化合物。酚或烯醇结构化合物可以与三氯化铁形成有色络合物，常用于这类结构化合物的鉴别。醚可以与具有空轨道的金属化合物形成络合物稳定金属试剂，因此格氏试剂常在醚类试剂中制备并进行后续反应。但是，在苯环的亲电傅-克酰基化反应中不能使用醚类溶剂，因为醚类溶剂可以与催化剂三氯化铝等路易斯酸结合，使之失去催化功能。傅-克酰基化反应中，催化剂三氯化铝等的使用量需要随酰化试剂的不同而改变，如使用酰卤，三氯化铝的用量为 1～2 倍物质的量，而使用酸酐则需要 2～3 倍物质的量，因为羰基氧可以与三氯化铝形成酸碱络合物，从而使这部分三氯化铝不能起到催化作用。此外，三氟化硼和硼烷等常保存在醚类溶剂中，也是因为可以形成酸碱络合物而保持稳定。

由此可见，在有机化学中要特别注意含氧、含氮官能团化合物的孤电子对的路易斯碱性及其对性质的影响。

有机化学中常见的 Lewis 酸多为无机化合物，如氯化锌、三氯化铁、三氯化铝、三氟化硼乙醚溶液以及硼烷的乙醚溶液等，其主要用于苯环的亲电取代反应，如卤代反应、傅-克烷基化反应和酰基化反应。

1.5　共价键的断裂与活性中间体

有机化合物的化学变化过程是一个断裂某些原有的化学键并形成新的化学键的过程。因此，键的断裂方式以及断裂过程中所形成的分子片段的结构和性质，是研究有机化学反应过程的基本问题。

1.5.1　共价键的断裂

共价键的断裂有均裂和异裂两种不同的方式。

均裂是指原来共享电子对成键的两个原子各自带走一个电子，从而形成两个带单电子的片段，这种片段称为自由基。异裂是指原来共享的电子对被成键的两个原子之一带走，通常中性分子发生异裂形成了一个带负电荷的片段和一个带正电荷的片段，前者称为负离子，后者称为正离子。

由不同元素的原子所形成的共价键往往具有不同的性质，在参与化学反应时断裂的方式也各不相同。一般来说，极性共价键更倾向于发生异裂，而弱极性或非极性共价键则倾向于发生均裂。例如，烷烃主要通过C—H的均裂发生自由基反应，而各种含杂原子官能团化合物如卤代烃、醇、酚、醚、胺、醛酮、羧酸及其衍生物则以离子型反应为主。此外，反应的溶剂也会对化学键的断裂方式产生很大的影响。一般来说，极性溶剂由于溶剂化作用会对正、负离子的形成产生稳定作用，从而有助于发生键的异裂。而均裂反应受溶剂影响很小，主要受键解离能大小的影响。根据有机化合物的各种共价键特点，不仅可以判断它们是容易发生均裂，还是容易发生异裂，而且可以判断异裂的方向。一般来说，电负性较大的原子形成负离子，而电负性较小的原子形成正离子。例如，极性共价键N—H、O—H、X—H发生异裂分别形成氮负离子、氧负离子、卤负离子和质子，而C—O、C—N、C—X等极性共价键发生异裂只能形成氮负离子、氧负离子、卤负离子和碳正离子，C—H通常主要发生均裂，但是在一定条件下也可以发生异裂，形成碳负离子和质子。

1.5.2 自由基和各种离子的基本结构

有机反应中常见的自由基有卤自由基、氧自由基和碳自由基，其中碳自由基具有平面结构。杂化轨道理论指出，在碳自由基中，碳原子采用sp^2杂化方式并使用三个sp^2杂化轨道形成3个σ键，形成一个平面结构，而在垂直于该平面的2p轨道上有1个单电子。甲基自由基的结构如下所示：

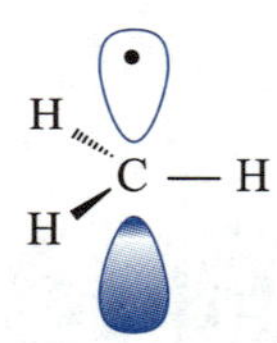

有机化学中常见的正离子为碳正离子，碳正离子的结构与碳自由基类似，也是平面结构，其中心碳原子也是采用sp^2杂化，并使用3个sp^2杂化轨道形成3个σ键，不同之处在于碳正离子中2p轨道上没有电子。甲基正离子的结构如下所示：

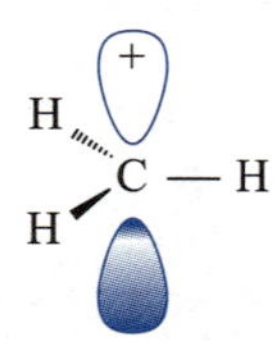

有机化学中负离子的种类最多，有卤负离子（X^-）、烷氧基负离子（RO^-）、氨基负离子（NH_2^-）和碳负离子（R_3C^-）等。各种不同类型的负离子的稳定性主要受到元素电负性的影响。形成负离子的元素电负性越大，则形成的负离子越稳定。

碳负离子的结构与碳正离子或碳自由基不同。因为带负电荷的碳原子最外层有三对成键电子和一对未成键电子，这样的四对电子需要采取相互远离的方式排列，以降低相互排斥的能量，所以碳负离子一般采用 sp^3 杂化轨道成键，未成键电子对与3个共价键形成一个四面体结构。甲基负离子的结构如下所示：

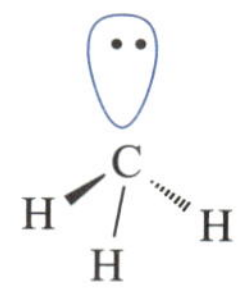

在有机化学中，由于碳自由基、碳正离子和碳负离子是多种反应的重要中间体，且由于它们都具有很高的能量，在反应过程中存在的时间非常短，所以又称为活性中间体。有机反应中的活性中间体还有卡宾、氮烯和苯炔等，有关活性中间体的结构与稳定性以及对反应速率等多方面的影响将在后续章节深入讨论。

1.6 有机化学反应

有机化学反应是研究有机化合物在一定条件下，反应物分子中的某些共价键发生断裂，原子或原子团重新组合成新共价键，从而生成新分子的过程。因此，共价键的断裂方式及断裂后分子片段的结构和性质等都是有机反应研究过程中的重要问题。按照共价键的断裂和生成形式，通常把有机反应分为自由基反应、离子型反应和协同反应。

1.6.1 有机化学反应类型

有机分子的共价键均裂产生的带有单电子的原子或基团称为自由基，由自由基引发的反应称为自由基反应。在自由基反应中，自由基是反应的活性中间体，通常寿命很短，只能瞬间存在。

有机分子的共价键异裂产生带有正、负电荷的离子，由阴、阳离子引发的反应称为离子型反应。在有机化学的取代反应、加成反应、消除反应和重排等反应中，都可观察到共价键异裂产生的活性中间体。

除上述自由基反应和离子型反应外，还有一些有机反应在反应过程中不产生自由基和离子等反应中间体，反应也不受溶剂极性和酸碱催化的影响。反应在光或热作用下进行，产物因受光或热的影响不同而不同，反应中原有共价键的断裂和新共价键的形成是同时发生的，是协同一步完成的，反应通常经过环状过渡态。这种反应被称为协同反应。例如，狄尔斯-阿尔德（Diels-Alder）反应（双烯合成反应），其中旧键的断裂和新键的生成就是经过六元环状过渡态协同一步完成的。

1.6.2 有机反应机理和反应势能曲线

有机反应式只反映在一定条件下反应物与生成物间的数量关系，不能说明反应原料如何转化为反应产物，转化过程经历怎样的中间步骤。描述反应物转化为生成物全过程的化学语言称为反应机理。反应机理是在总结了大量实验事实的基础上得出的理论解释，一种成功的反应机理不但要能解释已有的实验事实，而且能成为设计新实验的依据，对新的实验结果有准确的预见性；不但要能解释主产物的形成，还要能解释副产物的形成。一旦发现有新的实验事实与原有的反应机理相矛盾时，则必须要对原有的反应机理进行修正或提出全新的反应机理。因此，反应机理是在不断地发展和完善的。另外，并不是对所有反应都能提出明确的反应机理。

反应机理通过描述反应过程中化学键、电子的重新组合排布来表达反应过程。描述反应机理时会用到一些专门术语，以下对常用的专门术语作出解释。

底物与试剂：有机化学中将研究对象反应物称为底物，与底物作用的反应物称为试剂。

亲核试剂：用符号Nu：或Nu^-表示，是电子的供体，与缺电子中心反应。亲核试剂通常是阴离子或带部分负电荷的原子，如Cl^-、Br^-、$H\underset{\bullet}{O}^-$、$R\underset{\bullet}{O}^-$、$H_2\underset{\bullet}{O}$、$R\underset{\bullet}{O}H$、$R\underset{\bullet}{N}H_2$、$LiAl\underset{\bullet}{H}_4$、$\underset{\bullet}{C}H_3MgBr$等。由亲核试剂对底物发起进攻的有机反应称为亲核反应。

亲电试剂：用符号E或E^+表示，是电子的受体，与富电子中心反应。亲电试剂通常是阳离子、带部分正电荷的原子或存在空轨道的原子，如H^+、$\underset{\bullet}{C}H_3I$、$\underset{\bullet}{S}O_3$等。由亲电试剂对底物发起进攻的有机反应称为亲电反应。

离去基团：用符号LG或L表示，一般指在亲核取代反应和消除反应中带着电子对从底物上离去的基团。

反应机理通常是依据对反应物和生成物的结构、立体化学特征和反应动力学数据的研究而推测出来的理论解释。

描述反应进程中势能变化的曲线称为反应势能曲线，通过对反应势能曲线的分析，可以推测由反应物转变为生成物过程中，各阶段的结构和相应势能的变化情况。图1-7为放热反应的势能曲线示意图。

图1-7中的横坐标为反应进程，纵坐标为势能。$\Delta G^\ominus$是标准状态下生成物与反应物的势能差，当$\Delta G^\ominus < 0$时，反应释放能量，为放热反应；当$\Delta G^\ominus > 0$时，反应吸收能量，为吸热反应。其中一步放热反应的势能曲线图［图1-7（a）］，在由反应物转变为生成物的过程中，有一个势能比反应物和生成物都高的势能最高点，与此势能最高点相应的结构称为过渡态，过渡态与反应物之间的势能差即为该一步反应的反应活化能。两步放热反应的势能曲线图中［图1-7（b）］，反应要经过两个过渡态，在两个过渡态之间有一个势能较低点，与此势能较低点相应的结构称为反应中间体。由于它的势能比反应物和生成物都高，反应性质非常活泼，而且存在的寿命非常短暂，因此又称为反应活性中间体。

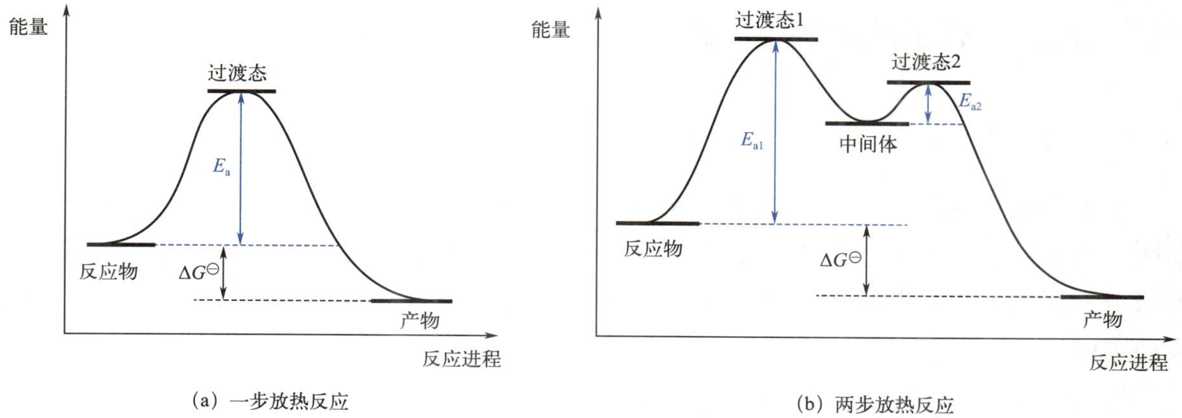

图1-7　一步和两步放热反应的势能曲线示意图

1.6.3　哈蒙德（Hammond）假说

哈蒙德（Hammond）假说认为，分子不会沿着反应路径发生快速而不连续的结构变化。活化络合物（过渡态）与能量上与之最接近的反应物、中间体或产物结构最相似。

尽管反应中间体的寿命非常短暂，但它是结构明确而客观真实存在的一种状态，有的中间体甚至可以被分离或捕获到。但过渡态是一种无法分离和捕获的假想状态，其结构也是介于反应物结构和生成物结构之间的假设状态，可能接近反应物结构或接近生成物结构。过渡态的结构与它的势能高低相关，势能的高低直接关系到反应活化能的大小，关系到反应速率的快慢。哈蒙德假说认为，在基元反应中，过渡态的结构和能量与它两边在势能上更接近的反应物或生成物更相近。因此，在一步放热反应中，过渡态的结构与反应物更接近。

在多步反应中，也可以用哈蒙德假说根据反应物、中间体和生成物来讨论过渡态的假想结构。在两步放热反应中，过渡态1和过渡态2的结构都更接近中间体的结构。

因此，放热反应的过渡态结构与原料相似（原料结构决定活化能）；吸热反应的过渡态与产物相似（产物结构决定活化能）；经历中间体的反应过渡态与中间体结构相似（中间体结构决定活化能）。

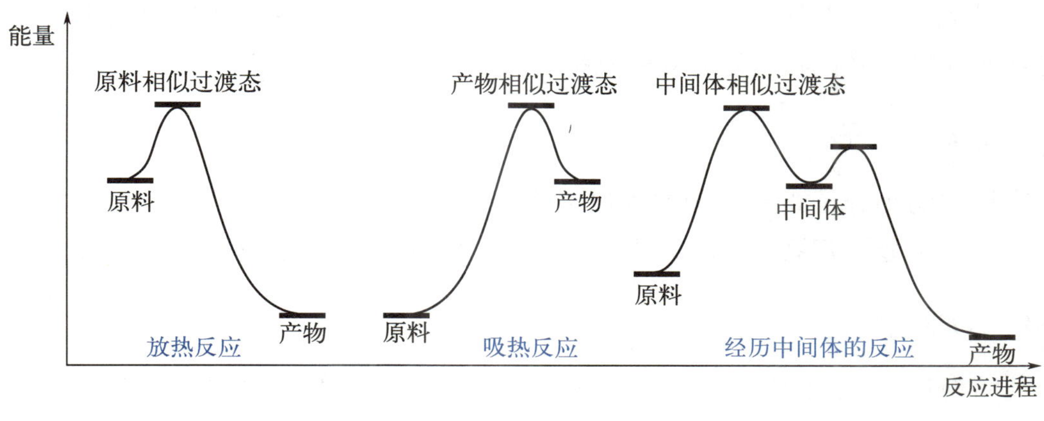

1.6.4 有机反应的驱动力

1.6.4.1 离去基团

对于亲核取代反应和消除反应，离去基团越容易离去，反应越容易进行。好的离去基团一般满足三个条件：①具有较强的吸电子能力，容易从底物上带走电子对；②离去后形成的阴离子亲核性和碱性弱，降低反应的可逆程度；③基团体积大，分散负电荷形成稳定的阴离子。

常见的离去基团的离去能力见表1-11。

表1-11 常见离去基团的离去能力

离去能力	常见基团
优	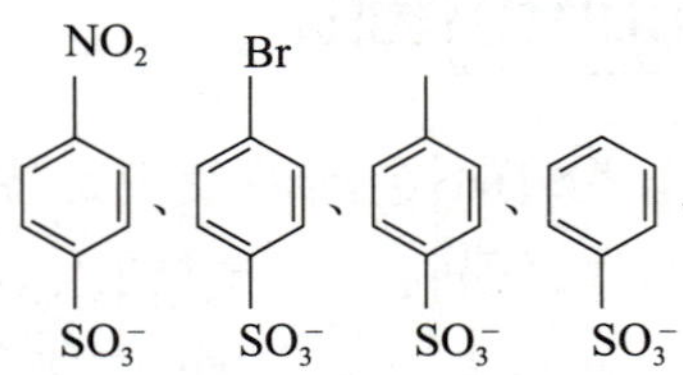、$CF_3SO_3^-$、$CH_3SO_3^-$、N_2
良	I^-、Br^-、Cl^-
中	H_2O、NH_3、CH_3COO^-
差	F^-、HO^-、RO^-
劣	NH_2^-、RNH^-、H^-、R^-、Ar^-

提高离去基团的离去能力可以加快反应速率。

在氯代烷的亲核取代反应中加入碘化钾可以加速反应，应用的就是碘离子良好的亲核性与离去能力。更通用的提高离去能力的方法是增强离去基团的吸电子能力，例如：使羟基、烷氧基、氨基质子化；使卤素与三氯化铝结合；将羟基转化为磺酸酯、氯代亚硫酸酯或硫酸酯；将伯胺转化为双磺酰胺等。

1.6.4.2 形成小分子

生成稳定的小分子既是熵增过程也是焓减过程，在热力学的角度是反应非常好的驱动力。常见的小分子有氮气、二氧化碳、一氧化碳、水、二氧化硫、氨气、无机盐等。

1.6.4.3 释放环张力

小环结构具有较大的环张力，开环或扩环可以有效地释放环张力驱动反应进行。

1.6.4.4　产生芳香性

具有芳香性的分子能量较低，故芳构化反应一般是焓减过程，可以驱动反应进行。

1.7 共振论

1.7.1　共振结构与共振杂化体

有时很难用一种路易斯结构式表示某个化合物的结构。例如，人们通常用单双键交替的六元环来表示苯的结构。然而，苯分子的真实结构中六个碳原子和六个氢原子处于同一平面，六个碳原子构成平面正六边形，所有碳碳键的键长均为140 pm，比一般的C═C键（134 pm）长，而比一般的C—C键（154 pm）短，所有C—H键的键长均为108 pm，所有的键角都为120°。

当一个分子、离子或自由基按价键规则可以写出一个以上的路易斯结构式时，它们的真实结构式就是这些路易斯结构式的加权平均。每个路易斯结构式代表一种极限结构，又称为共振结构。真实的分子、离子或自由基是所有共振结构的加权平均形式，称为共振杂化体。例如，可以写出如下两种苯的共振结构：

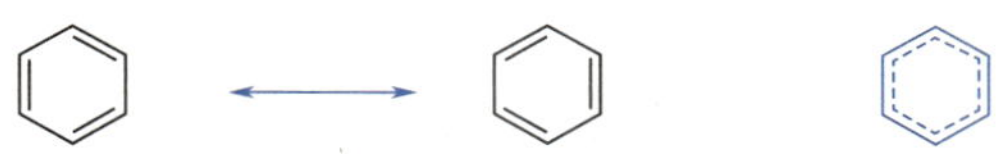

Ⅰ　　Ⅱ　　共振杂化体

其中，式Ⅰ和式Ⅱ对真实分子结构的贡献是均等的。苯的真实结构不是这两个共振结构中的任何一个，而是它们的共振杂化体，可以认为是式Ⅰ和式Ⅱ平均化的结构，用虚实线表示该键处于单、双键之间。

1.7.2　共振结构的书写

书写共振式和共振杂化体时，应注意以下几点：

① 共振结构之间用双箭头“⟷”（共振符号）联系，共振杂化体是所有共振结构的加权平均。不同共振结构对共振杂化体的贡献是不同的，共振杂化体比任何一个共振结构都稳定。

② 共振的本质是共轭体系中电子的离域，即电子的合理运动。因此，共轭是共振的前提。共轭体系上的电子可以离域（包括π电子、孤电子对和未成对的单个电子），σ键的电子是定域电子，不能离域。离域电子发生合理的离域运动，原子核的相对位置不能改变，即骨架不变。一对电子的离域用双钩弯箭头（⌒）表示，单个电子的离域用单钩

弯箭头（⌒）表示。例如，对于丙烯醛，分子中存在π-π共轭体系，3个C原子和1个O原子同处一个平面，由于氧的电负性大于碳，共轭体系上的离域电子可以做如下合理运动，可以写出以下4个共振结构，但不能改变分子的骨架写成环状结构：

丙烯醛的真实分子结构是上述所有共振结构的加权平均，可以用虚实线表示键长平均化，用δ^+和δ^-表示原子所带的相对电荷密度，因此丙烯醛的共振杂化体可以表示为：

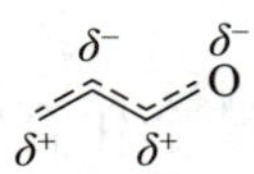

③ 所有共振结构中的原子必须符合价键理论规则，碳原子不能超过四价，第二周期元素（B、C、N、O和F）的价电子不能超过8个。例如，重氮甲烷（CH_2N_2）的正确和错误共振结构式如下：

错误

乙酸根的正确和错误共振结构式如下：

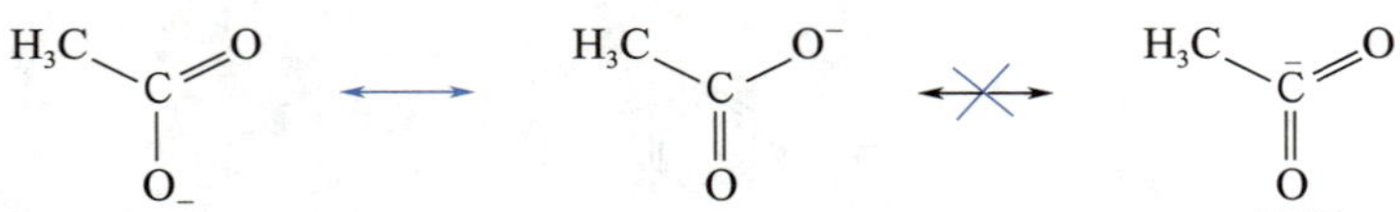

错误

需要指出的是，对于第三、四周期元素（如S和P），八隅体规则就不再适用，而且八隅体规则对过渡金属更是无能为力。在一些含S或P分子的共振结构中，由于s和p的价层能够用较低能级的3d轨道来接纳电子，所以其价电子数可超过8。例如，二甲亚砜（DMSO）的两个共振结构中的S原子均拥有孤电子对，在含S═O键的共振结构中，S拥有10个价电子。在含P═O键的共振结构中，P也拥有10个价电子。

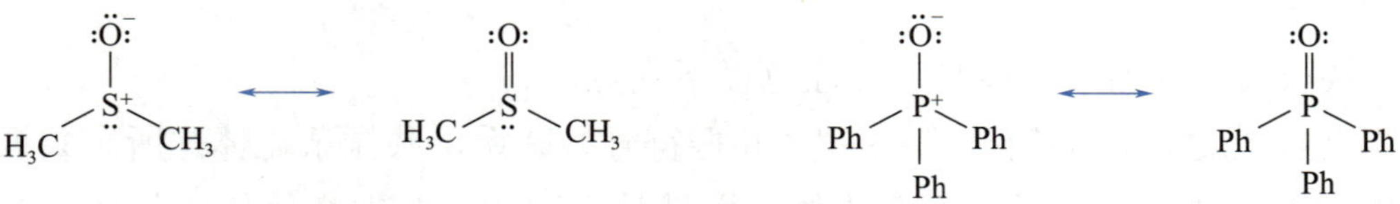

④ 所有共振结构中的净电荷数必须相同，如带一个负电荷的氰根离子（CN^-）和电中性的硝基甲烷（CH_3NO_2）的共振结构分别为：

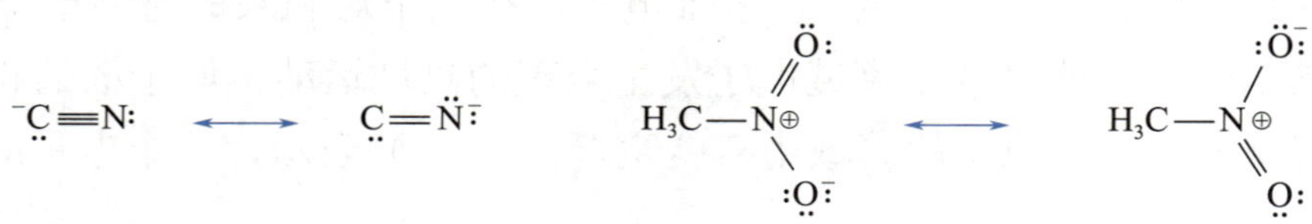

⑤ 所有共振结构中的未成对电子数必须相同，如p-π共轭的烯丙基自由基的正确和错误共振结构式如下：

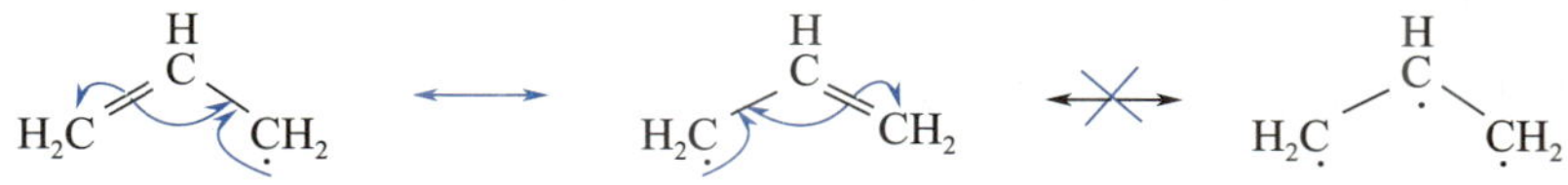

⑥ 对于两个不同原子构成的双键或三键，在电荷分离时，π电子对向电负性较大的原子发生偏移。即在电荷分离的共振结构中，电负性较大的原子拥有负电荷，而电负性较小的原子拥有正电荷。例如，在丙酮分子中，氧的电负性比碳大，C═O键上的π电子对向氧原子发生偏移而非碳原子。因此，在丙酮的共振杂化体中，氧带部分负电荷，羰基碳带部分正电荷。

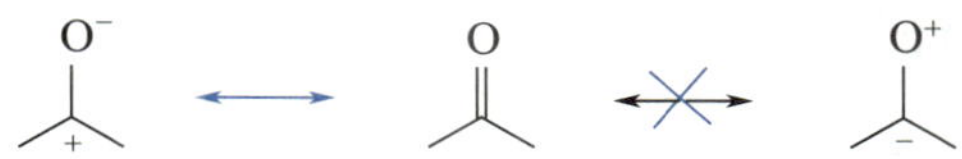

由相同电负性原子形成的双键或三键，电荷分离时其电子向带正电荷的原子一边偏移。烯丙基碳正离子拥有p-π共轭体系，π键上共轭电子流向缺电子碳正中心，两个末端碳原子分担了一个正电荷。

⑦ 书写共振式时，需要满足轨道方向性的要求。如下所示的碳正离子，虽然氮原子上有孤电子对，邻位是一个拥有空p轨道的缺电子碳正中心，但由于孤电子对所占据的sp^3杂化轨道和邻位碳正离子的空的p轨道是垂直的，2个轨道不能发生有效重叠，即不存在p-p共轭，所以，氮原子上的孤电子对不能发生如图所示的离域运动。

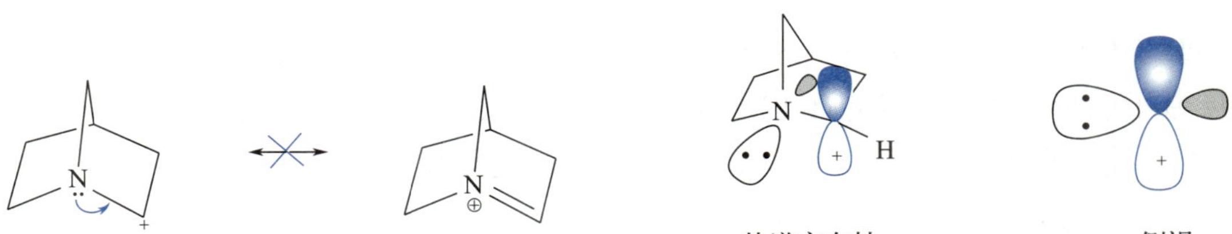

除氯乙烯以外，能形成p-π共轭的例子很多，只要未杂化的p轨道能直接与形成π键的2个p轨道发生平行而有效的重叠，都可以形成p-π共轭。

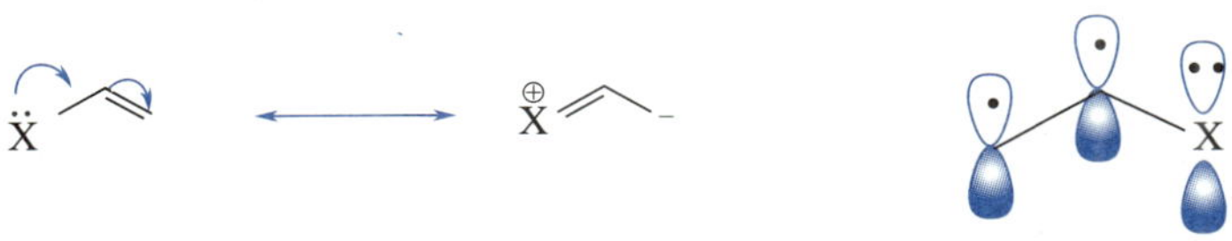

但是，如果受到空间因素的影响，孤电子对所处的轨道与π电子所处的轨道不能平行而发生相互作用，也就是满足不了轨道方向性的要求，这些孤电子对和π电子之间是不能离域的。例如，3-乙酰吡啶不可以发生如图所示的电子离域，因为孤电子对所占的sp^2轨道和形成大π体系的p轨道是垂直而非共平面的。

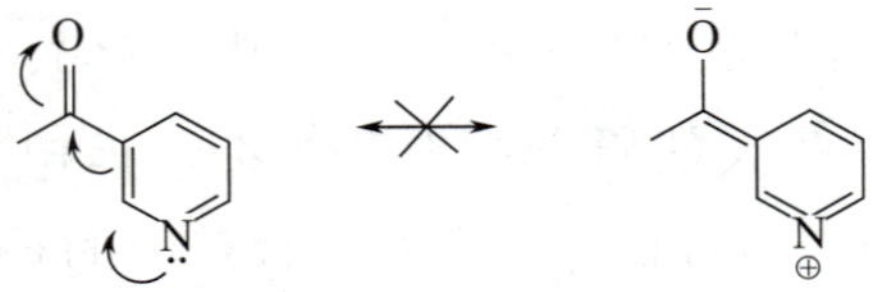

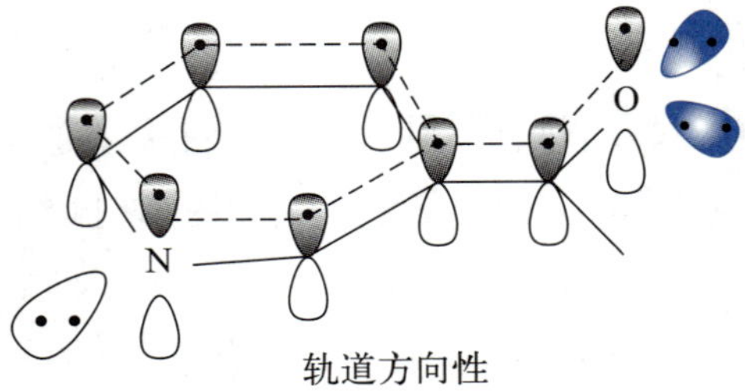

轨道方向性

1.7.3 共振稳定作用

不同的共振结构具有不同的稳定性能，对真实分子的贡献也不同。越稳定的共振结构对真实分子的贡献就越大，真实分子体现这些共振式性质的程度也越大。真实分子的能量低于任何一个共振结构的能量。共振结构稳定性的基本规律如下：

① 当两个电子配对形成共价键时，能量降低。因此共振结构中所含的共价键越多，其结构越稳定。

② 共振结构中具有八隅体结构的原子越多，越稳定，其对真实分子的贡献也就越大。在甲氧基甲基碳正离子共振结构a中，带正电荷的碳原子最外层只有6个电子，而共振结构b中所有的原子均具有八隅体结构，故b比a稳定，b对真实分子结构的贡献较大。

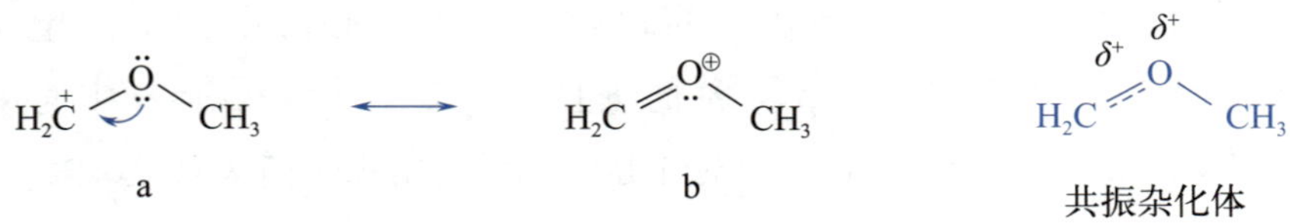

③ 键角和键长变形较大的共振式稳定性大大降低，对真实分子的贡献显著变小。

④ 原子的形式电荷越接近零越稳定。电荷分离使正、负电荷相对集中，导致稳定性降低。相反电荷距离越近越稳定，相同电荷距离越远越稳定。

⑤ 负电荷在电负性较大原子上的共振结构要比负电荷在电负性较小原子上的共振结构稳定。如下所示，碳负离子a和烯醇负离子b互为共振结构，共振式b能量低，更稳定，对真实分子的贡献增大。

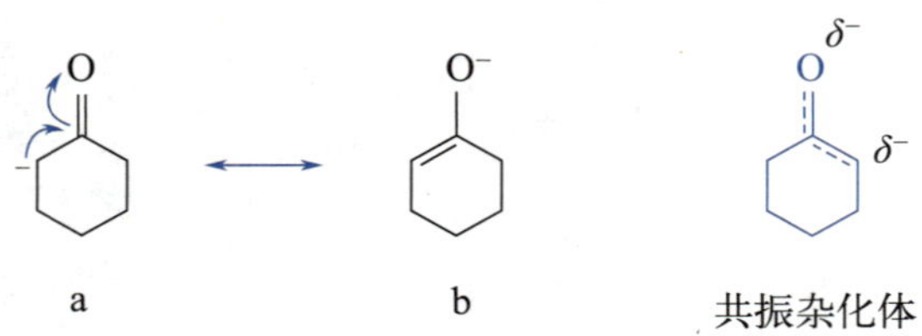

⑥ 参与共振的结构式越多，分子越稳定。

正确书写共振式和共振杂化体，判断共振结构的相对稳定性非常重要，将有助于理解分子结构中各原子的相对电子云密度，从而能进一步分析参与反应时的反应位点。如下所示，苯酚有5个共振结构（a、b、c、d、e），其中a和e对真实分子的贡献最大。当苯酚和亲电试剂作用时，除了氧上的孤电子对能接受亲电试剂进攻以外，共振杂化体显示羟基的邻、对位也具有富电子的性质，可以和亲电试剂发生作用。

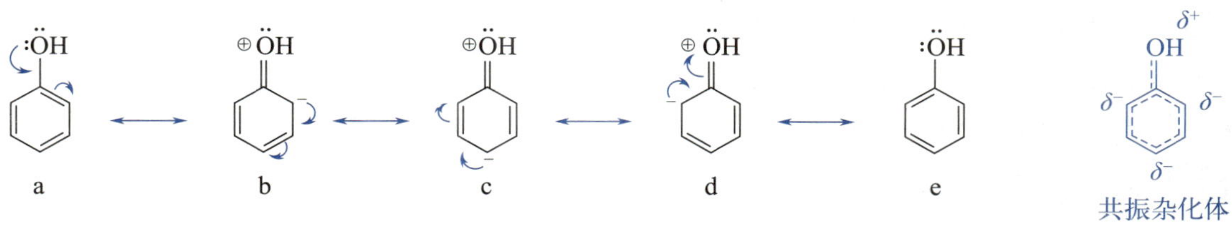

1.7.4　共振论的局限与意义

美国化学家莱纳斯•鲍林（L. Pauling）于1931年提出的共振论虽然对许多实验事实作出了令人满意的解释，但对立体化学、反应过程中的激发态等问题的解释却显得无能为力。共振论的局限性主要体现在以下几点：

① 共振论在芳香性征上失去了预见性，而且得出了与事实相反的结论。（依据共振论，环丁二烯有两个完全相同的极限结构，应当非常稳定，但事实是环丁二烯十分活泼，以致在普通情况下无法将其制备。）

② 参与共振的结构并不是真实存在的。

③ 共振论假定“分子是非激发态结构的共振杂化体”，这一点肯定是错误的。

④“分子参加共振的极限式的数目越多，分子就越稳定”，共振论将极限结构的数目与共振稳定作用的大小联系起来，极限结构越多，共振稳定作用越强，但极限结构的选择又具有很大的随意性，致使这一规则显得不太客观。

尽管共振论有其局限性，但作为化学史上一个里程碑式的理论，它的贡献和影响至今仍在化学教学和科研中发挥着重要作用。

（1）科学史意义：一个革命性的桥梁

在量子力学完全建立之前，化学家们面对像苯这样无法用单一结构解释的分子时感到非常困惑。鲍林共振论的提出，成功地在前量子时代的经典结构理论与现代量子理论之间架起了一座桥梁。超越了僵化的经典结构式，打破了“一个分子只有一个结构式”的教条思维。引入了离域化的思想，虽然以经典结构式为基础，但通过“共振杂化”的概念，它实质上承认了电子不是定域在两个原子之间，而是可以离域到多个原子之上。这为理解共轭体系、芳香性等现象提供了关键视角。

（2）化学教学意义：无与伦比的直观性和预测力

这是共振论至今仍在基础化学教学中占据核心地位的原因。它用一个相对简单的模型，提供了强大的定性解释和预测能力。直观形象，易于理解，相比于抽象的分子轨道理论，用画几个共振式的方法来阐述苯、臭氧、碳酸根等分子的结构、稳定性和键长平均化，对学生来说非常直观，易于接受。通过共振论，学生即使不进行复杂计算，也能快速判断一个分子的相对稳定性、反应位点（如亲电取代发生在电荷更负的位置）以及偶极矩等性质。

（3）方法论意义：启发了现代化学键理论

鲍林共振论并非与量子力学对立，恰恰相反，它是价键理论的一种近似表述和直观体现。在量子力学的价键理论中，分子的波函数可以表示为多个价键结构波函数的线性组合。共振论中的“共振式”正是对应着这些不同的价键结构，“共振杂化”则对应着线性组合后的波函数。并且，共振论强调了用多个简单模型的叠加来逼近复杂现实的思想，这一思想在计算化学和理论化学中至今仍在广泛应用。

（4）实际应用意义：指导合成与理解反应

在药物设计、材料科学和有机合成领域，共振论仍然是一个解释反应活性、预测分子性质不可或缺的快速分析工具。在硝基苯的亲电取代反应中，共振论可以清晰地展示为什么硝基是间位定位基：因为共振式表明，硝基通过吸电子效应，使得邻位和对位上的电子密度降低得比间位更厉害，从而让亲电试剂进攻间位。通过分析共振式，可以预测中间体（如碳正离子、碳负离子、自由基）的稳定性。例如，叔碳正离子比伯碳正离子更稳定，就是因为可以通过超共轭效应写出更多、更稳定的共振式。

总而言之，鲍林共振论的意义可以概括为：从历史上看，它是一次思想的解放，将化学家从经典结构式的束缚中引领出来。从教学上看，它是一座坚固的桥梁，以其无与伦比的直观性，引导一代代学生理解化学键的离域本质。从方法上看，它是价键理论的先驱和直观表达，为理解量子化学提供了关键概念。从实践上看，它是一把锋利的快刀，帮助化学家快速分析和预测分子的结构与反应性。

尽管我们今天知道，分子并非在共振式之间“跳跃”，真实的图像是离域的电子云，但共振论通过其简洁的符号系统，成功地捕捉并传达了这一离域效应的物理和化学后果。这正是它经久不衰的核心价值所在。它不是一个被推翻的旧理论，而是一个被赋予了更深刻现代理解的、极其有用的模型和工具。

第2章 有机化合物的异构现象

有机化合物的异构现象非常普遍。具有相同分子式、不同结构式的化合物被称为同分异构体（简称异构体）。异构现象可分为构造异构和立体异构两大类；构造异构包含碳链异构、位置异构和官能团异构；立体异构包含构型异构和构象异构，其中构型异构又包含顺反异构和对映异构。

2.1 构造异构

构造异构是指具有相同分子式但原子连接顺序或方式不同的化合物之间的异构现象，主要体现为分子中原子排列的差异，而非空间结构的差异。构造异构可分为碳链异构、位置异构、官能团异构等类型。

（1）碳链异构

由碳链中支链的位置和数目不同而形成的异构现象称为碳链异构。例如，戊烷有三种碳链异构体：

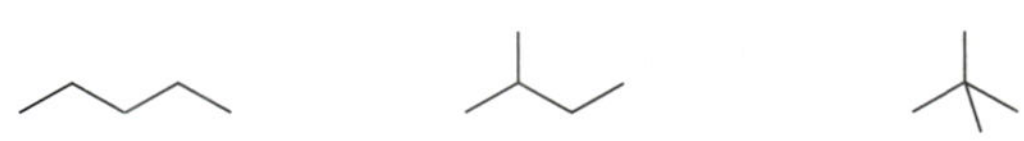

（2）位置异构

由官能团在碳链或环上的位置不同而形成的异构现象（在环上的取代基可以不是官能团）称为位置异构。例如，丙醇有两种位置异构体：

（3）官能团异构（类别异构）

因原子的结合顺序不同而含有不同官能团的异构现象称为官能团异构，又称类别异构。例如，乙醚和正丁醇：

(4) 环异构

由于构成杂环的杂原子的位置不同而形成的异构现象称为环异构。例如，二嗪有哒嗪、嘧啶、吡嗪三种环异构体：

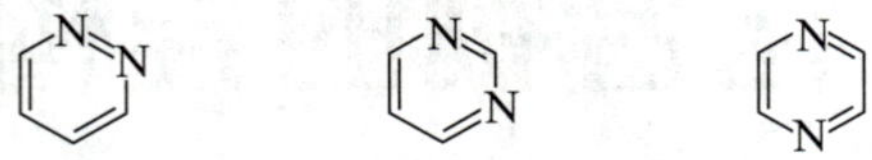

哒嗪　　嘧啶　　吡嗪

(5) 互变异构体

由活性氢的移动产生，且能够互变的异构体称为互变异构体（亦可称为质子互变异构体）。例如，酮-烯醇互变异构体：

2.2 立体异构

立体异构是指化合物原子或原子团互相连接的次序相同，但在空间中的排列方式不同引起的异构现象。立体异构包含构象异构和构型异构，其中构型异构又包含顺反异构和对映异构。

2.2.1 构象异构

由C—C、C—O、C—N等单键自由旋转产生的异构体称为构象异构体。

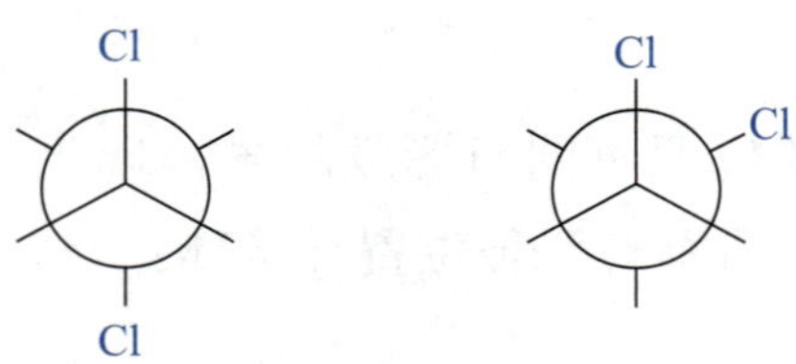

翻转异构体是指由环的翻转（环内的几根单键同时旋转）而产生的构象异构体。例如，氯代环己烷的两种椅式构象：

2.2.1.1　开链烷烃的构象

(1) 乙烷的构象

当旋转乙烷分子中的C—H σ键时，分子没有任何改变。但是当旋转C—C σ键时，C-1和C-2上的氢原子间的距离发生了改变。这种由围绕σ键旋转而形成的分子内原子在空间的不同排布称为构象。由于绕σ键键轴旋转的角度是无数的，因此由此形成的构象也是无数的。下面分析其中几个代表性的构象（也称为极限构象）。例如，乙烷的极限构象有两种：交叉式构象和重叠式构象。

(a) 交叉式构象　　(b) 重叠式构象

在乙烷的无数构象中，其中两个碳原子上的氢原子相距最远（即一个碳原子上的每一个氢原子处在另一个碳原子上的两个氢原子正中间）的构象，称为交叉式构象；两个碳原子上的氢原子相距最近（即两个碳原子上的各个氢原子正好处在相互重叠的位置上）的构象，称为重叠式构象。

以下分别用楔形式、锯架式和Newman投影式来表示乙烷分子的两种极限构象。

交叉式构象：

重叠式构象：

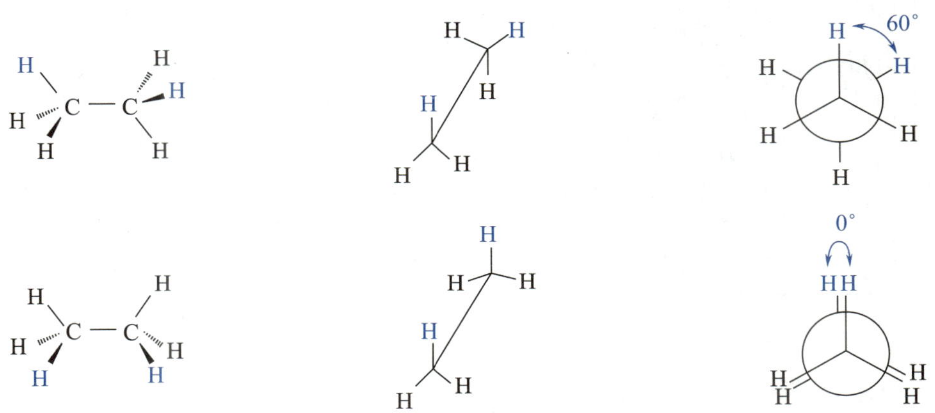

在室温下，分子构象每秒变化数百万次。因此，构象异构体无法彼此分离。在任何时候，大约99%的乙烷分子将处于交叉式构象，因为交叉式构象异构体的稳定性更高，仅剩下1%的分子处于较不稳定的构象。为什么交叉式构象异构体比重叠式构象异构体更稳定？

乙烷分子在进行C—C σ键旋转过程中，从交叉式构象逐步到重叠式构象，两个碳原子上的氢原子在空间上逐步靠近。当原子距离太近，小于范德华半径时就会产生范德华斥力。乙烷分子重叠式构象中两个碳原子上靠近的氢原子的距离经计算为229 pm，小于两个氢原子的范德华半径之和（120 pm×2）。此外，两个C—H键的电子对在空间上的靠近会产生闭壳排斥作用，并且这种作用远大于上述范德华斥力。由于这两种排斥作用，重叠式构象具有较高的势能，较不稳定。分子将尽可能避免这种不稳定构象，这种由于绕C—C σ键旋转而产生的分子内原子（团）间的排斥作用称为“扭转张力”。

更为显著的原因是，在交叉式构象中，一个碳上的C—H σ MO和另一个碳上的C—H σ* MO相互作用，使已填充的成键分子轨道中的电子部分转移到未占据的反键分子轨道中。在交叉式构象中，这两个轨道才是平行的，因此交叉式构象可以最大化这一稳定作用。由σ成键轨道与空轨道重叠而导致的电子离域现象称为超共轭效应。

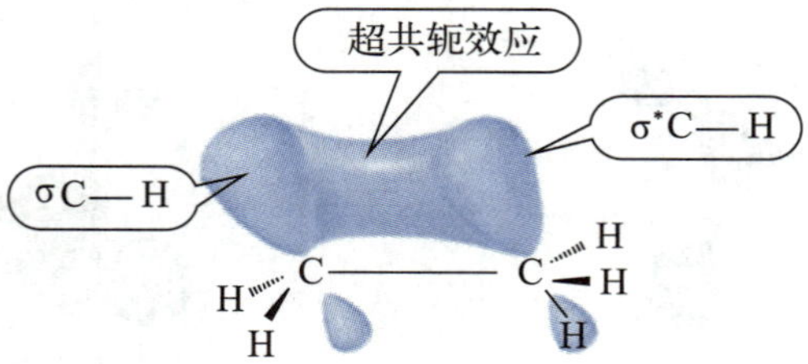

对化合物的构象及其能量变化进行分析称为构象分析。

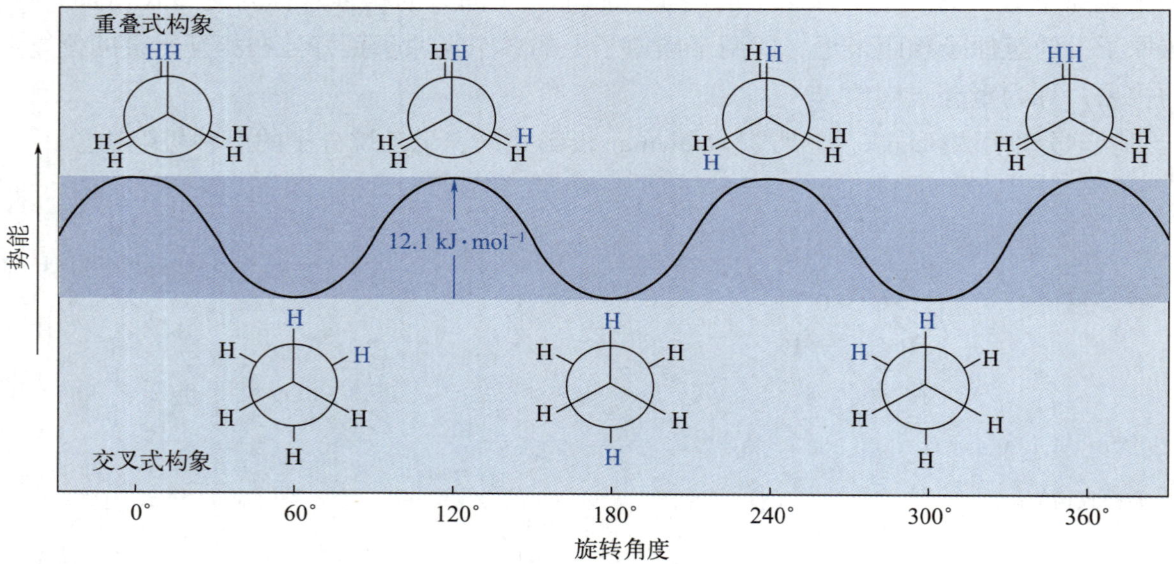

图2-1 乙烷构象分析势能图

图2-1给出了乙烷分子绕C—C σ键旋转不同角度的构象式与能量高低变化图，即乙烷的构象分析势能曲线图。

乙烷分子的交叉式构象与重叠式构象的能垒仅为12.1 kJ · mol^{-1}。一般分子室温下的热运动能量（≈84 kJ · mol^{-1}）足以克服此能垒。所以，乙烷的C—C σ键在室温下可以自由转动，各种构象式不断转换。从统计学概率上讲，绝大多数分子处于能量较低的交叉式构象。需要强调的是：构象异构虽然是立体异构的一种形式，但是由于多数构象间相互转化的能垒比较低，分子的热运动足以克服这一能垒，因此，常温下，每个分子都处于各种不同构象的快速转变中，而各个构象在常温下也是不能分离的。这与其他异构形式能够得到不同的异构化合物是不同的。如构造异构体正丁烷与异丁烷具有不同的熔点、沸点以及各种不同的反应性质；又如，立体异构体顺-丁-2-烯与反-丁-2-烯也具有不同的物理和化学性质。由于构象的不可分离特性，因此，一般不将各构象称为构象异构体。如果某些化合物有几个处于构象分析势能曲线图的势能波谷的较稳定构象，则将这些较稳定构象称为构象异构体。从这个意义上来说，乙烷只有一个处于波谷的构象式，不存在构象异构体。不过以下将要讲述的正丁烷有三个构象异构体，它们分别是一个对位交叉式构象和两个邻位交叉式构象。

（2）正丁烷的构象

正丁烷较乙烷增加了两个碳原子，可以有绕C-1—C-2、C-2—C-3和C-3—C-4三个σ键旋转的不同构象。其中，C-1—C-2和C-3—C-4的旋转情况是相同的，并不产生构象异构体。正丁烷绕C-2—C-3 σ键键轴旋转可形成4种极限构象，即全重叠式构象（A）、邻位交叉式构象（B、F）、部分重叠式构象（C、E）和对位交叉式构象（D）。

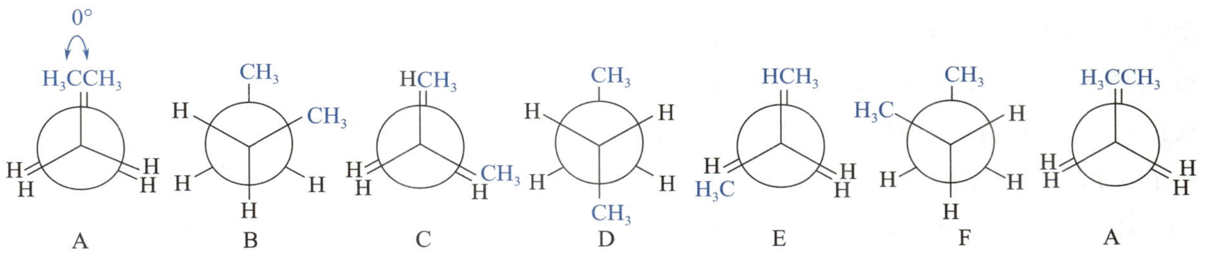

对位交叉式构象由于两个体积较大的甲基相距最远，能量最低，因此为优势构象。全重叠式构象由于两个甲基相距最近，排斥力最大，因此是最不稳定的构象。图2-2为正丁烷绕C-2—C-3 σ键键轴旋转形成的极限构象以及势能分析情况。

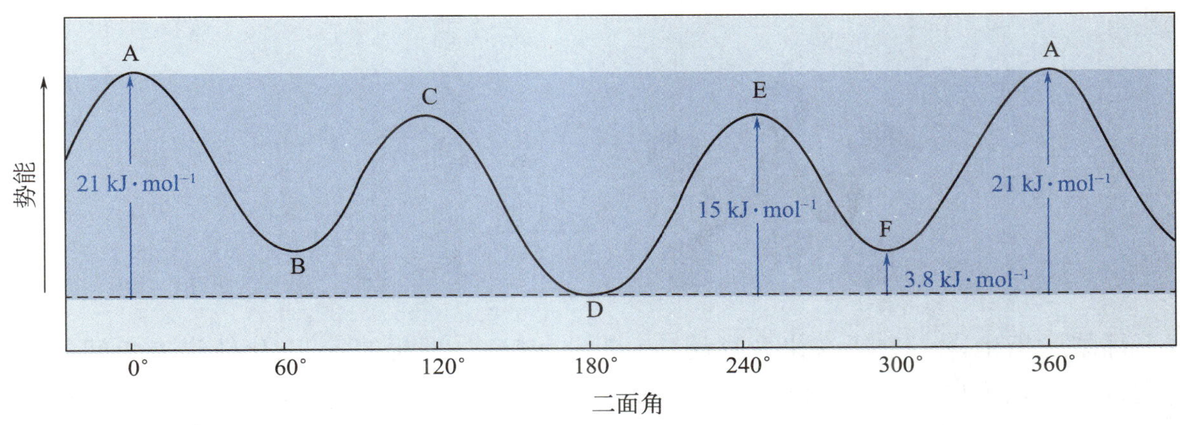

图2-2　正丁烷构象分析势能图

对于任意的烷烃，由于每个C—C σ键均可旋转，因此整个分子的极限构象是多种多样的。比如，正癸烷就存在多个极限构象，其中，全交叉式的极限构象是其中扭转张力最小的，但通常只有在固态时才较多存在。

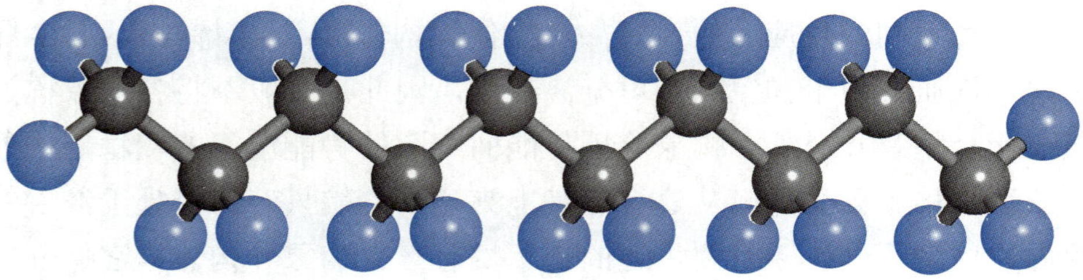

2.2.1.2 环烷烃的构象

（1）环张力学说

燃烧热的数据分析以及环丙烷和环丁烷容易发生开环反应的实验事实都说明它们不稳定；事实上，在天然产物中三元环和四元环被发现的概率远小于五元环和六元环。对此，德国化学家阿道夫·冯·拜尔（Adolf von Baeyer）于1885年提出了环张力学说，认为环丙烷和环丁烷的不稳定性来自键的角张力。已经知道，环烷烃中碳原子以sp^3杂化轨道成键，sp^3杂化轨道间夹角是109°28′，拜尔假设环是平面的，计算得出环烷烃中C—C—C键的键角是：环丙烷60°，环丁烷90°，环戊烷108°，环己烷120°。可见，环丙烷和环丁烷的C—C—C键角远远小于109°28′，成键时必须压迫轨道夹角减小，这是造成它们不稳定的原因。这种由于键角与轨道夹角不同所引起的张力称为角张力。

环丙烷的三个碳原子在同一平面上，若每两个碳原子的sp^3杂化轨道沿键轴方向“头对头”重叠，则形成正三角形结构，而三角形的内角只有60°。所以，实际上环丙烷上的C—C键是以sp^3杂化轨道部分重叠形成“弯曲σ键”（“香蕉键”）。根据物理方法测定，环丙烷的C—C—C键的键角为104°。近期的理论和实验研究显示，环丙烷分子本应具有较大的环张力却能稳定存在，可能因为其存在“σ芳香性”。

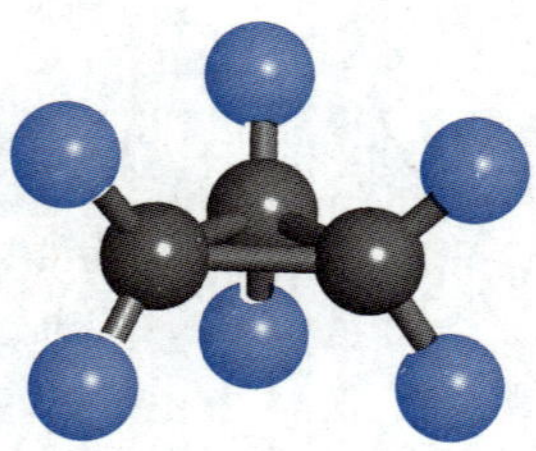

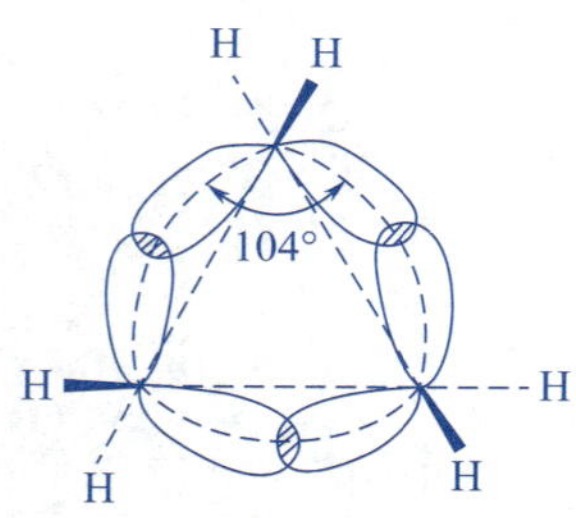

拜尔还指出，一个环状化合物的C—C—C键角与理想的sp^3杂化轨道夹角间的差别越大，则环越不稳定。根据以上各环中C—C—C键角的计算值，环戊烷应该比环己烷稳定。但从单个CH_2的平均燃烧热看，环戊烷却不及环己烷稳定。出现偏差的原因在于拜尔计算各种环的C—C—C键角时，假设环烷烃的环上碳原子在同一平面上。实际上，除环丙烷外，其他环烷烃的环上碳原子并不是处于同一平面。这是拜尔张力学说的局限性。

要深入理解环烷烃的稳定性差异，需要研究环烷烃的构象。

（2）环丁烷与环戊烷的构象

环丁烷四个碳原子并不处于同一平面，这是受角张力和扭转张力综合影响的结果。如果环丁烷的四个碳原子处于同一个平面，四个碳原子上的氢将全部处于重叠式构象，分子的扭转张力（八对重叠的氢）比环丙烷（六对重叠的氢）还大。环丁烷的结构为一个碳原子处于另外三个碳原子所在平面之外，其中的一个亚甲基偏离另外三个碳原子所在平面约25°，这样可以减少C—H键的重叠，这种构象称为“蝴蝶式”构象。环丁烷的环张力比环丙烷小，但也是相当大的，是不稳定化合物。

环戊烷主要是以“信封式”构象存在的，在这种构象中，分子的张力不大，因此环戊烷的化学性质是比较稳定的。如果环戊烷如拜尔所假设的是一个平面分子，其角张力几乎不存在，但是十对重叠的氢将产生很大的扭转张力。因此，环戊烷折叠成信封状，四个碳原子在同一个平面，另一个碳原子稍微翘起。这样环上只有两个相邻的碳原子为重叠构象，其余均不是重叠式。

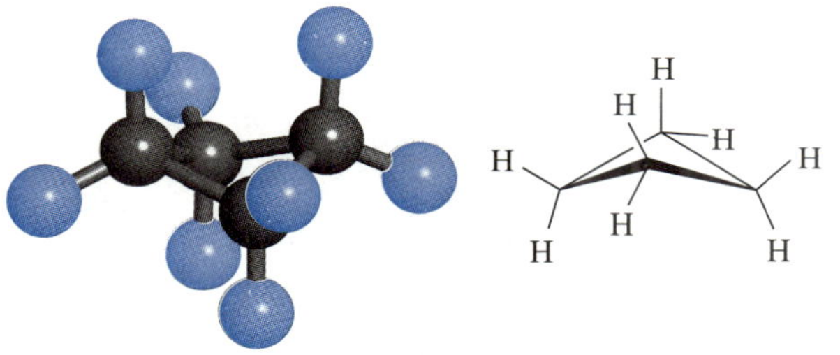

环丁烷

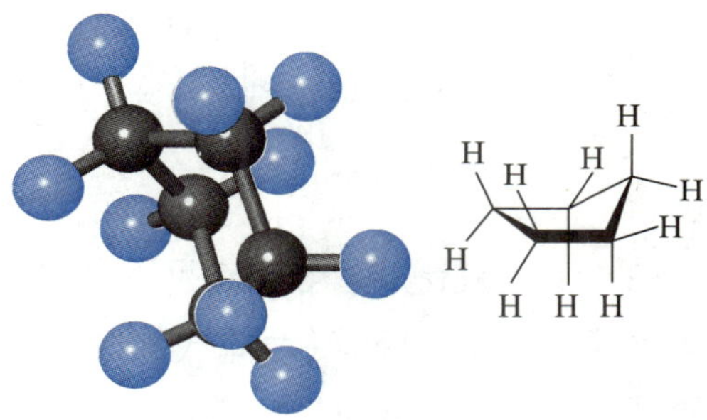

环戊烷

（3）环己烷的构象

通过电子衍射法研究表明环己烷不是平面结构，两个典型的构象是椅式构象和船式构象。

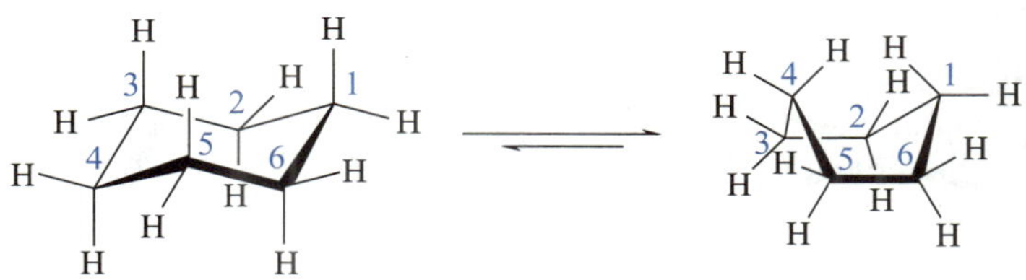

椅式　　船式

C-2、C-3、C-5、C-6 共平面

船式构象中，所有的C—C—C键角为109°28′，没有角张力，但是其相邻碳原子上的C—H键并非全在交叉式位置上。从Newman投影式可以清楚地看到：C-2—C-3、C-5—C-6上的C—H键都在重叠式位置上，因而存在扭转张力；此外，船头的两个碳原子上的两个向内伸的H原子之间距离只有180 pm，小于范德华半径之和（240 pm），两个H原子互相排斥，存在张力。因此，船式构象的能量比较高，比椅式构象高28.9 kJ•mol^{-1}。

椅式构象中，所有的C—C—C键角为109°28′，且Newman投影式显示任何相邻碳原子上的C—H键也都是交叉式。可见，环己烷的椅式构象无角张力，扭转张力也很小，基本上是无张力环，能量最低。常温下，船式和椅式可以互相转化，在平衡体系中，椅式占99.9%以上。

环己烷的椅式构象中，C—H键可分成两类，每个碳原子上都有一个键与对称轴相平行，称为直立键，简称*a*键，另一类是与对称轴成109°28′的键，称为平伏键，简称*e*键。

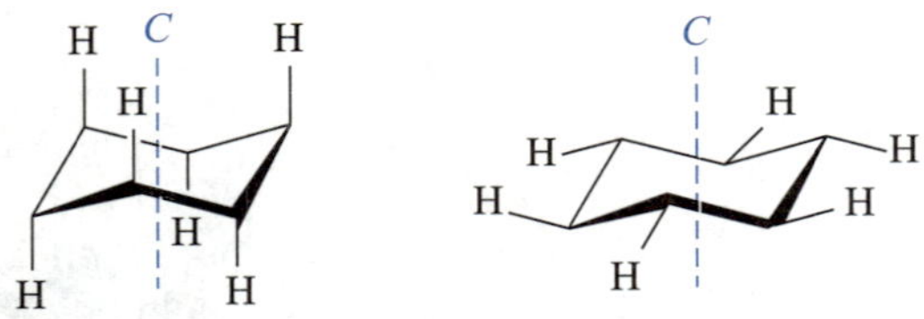

*a*键　　*e*键

12个C—H键中，6个在环平面的上方，6个在环平面的下方。环己烷可通过分子的热运动由椅式构象翻转为椅式构象。这时，*a*键和*e*键发生相互转化。两种构象异构体之间的能垒为46 kJ•mol^{-1}，常温下这种翻转很快，环己烷实际上是这两种椅式构象的动态平衡体系。环己烷构象分析势能图见图2-3。

环己烷除了椅式构象和船式构象外，还有扭船式构象和半椅式构象等极限构象。扭船式构象是将船式构象的船底碳进行适当的扭转，避免了氢原子的全重叠，因此能量较船式稍低。半椅式则是四种构象中能量最高的一种，其中C-1、C-2、C-3和C-4在一个平面上，呈全重叠式，仅C-5和C-6分别在该平面的上下两方。

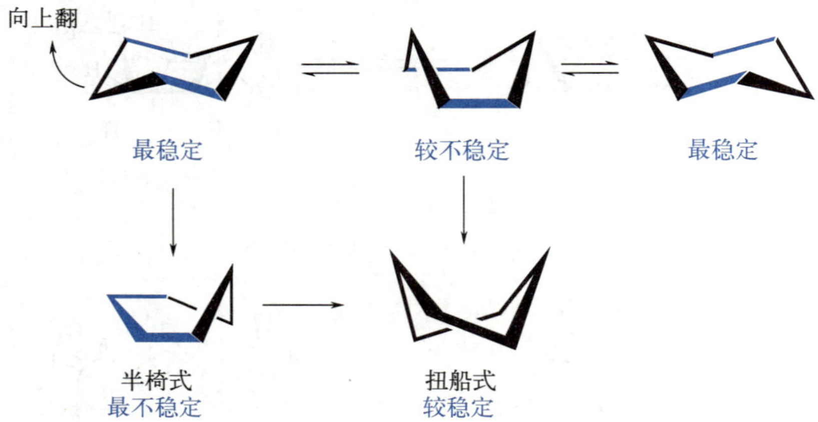

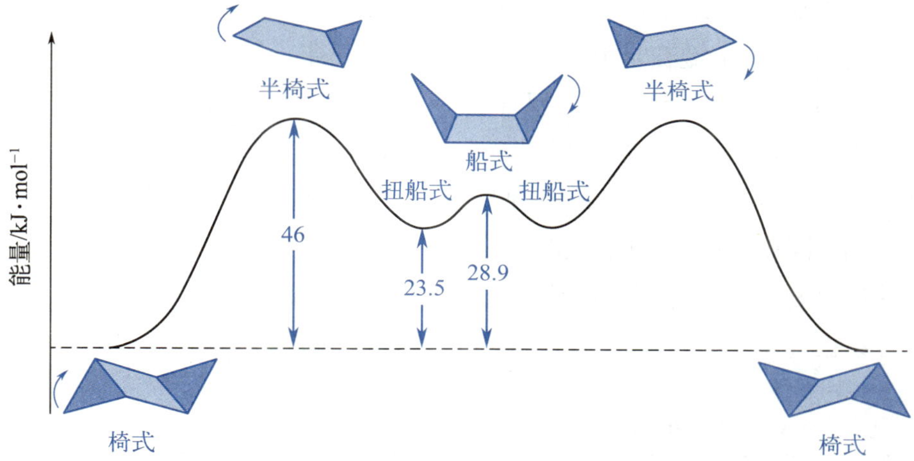

图2-3 环己烷构象分析势能图

(4) 烃基取代的单取代环己烷的构象分析

烃基取代的单取代环己烷有两种椅式构象，以甲基取代的环己烷为例，甲基可以取代在 a 键，也可以取代在 e 键。

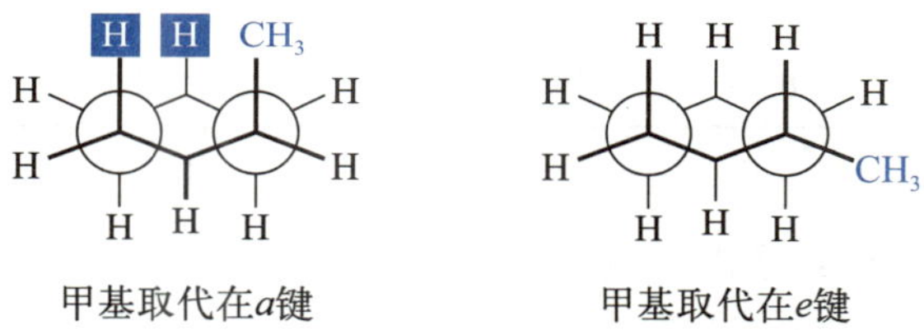

分析这两种构象异构体可发现，当甲基在 a 键时，甲基与相隔一个碳原子的 a 键氢原子会产生范德华斥力；若甲基在 e 键则不存在这种范德华斥力。因为这种范德华斥力出现在相对于彼此的1,3-位置，所以这些不利的空间相互作用被称为1,3-相互作用。因此，取代基在 e 键的构象是较稳定构象，即优势构象。

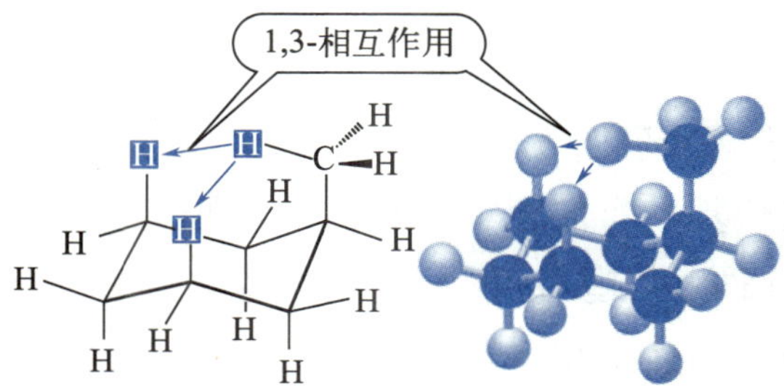

虽然上述两个单取代环己烷构象的能量不同，但是它们可以通过环翻转而相互转化。

这种环翻转实际上是由若干C—C键的轴向协同旋转而完成的。借助模型进行环的翻转试验，可以观察到*a*、*e*键在环翻转过程中的变化规律。随着环的翻转，原来组成上平面的碳原子转化成下平面的碳原子，但环上碳原子原来连接的向上的键仍然向上，只是从*a*键转变为*e*键。原来向下的键仍然保持向下，但从*e*键转变为*a*键。

不同的取代基，由于大小不同，它们与*a*键氢的相互作用强弱也不同。因此，取代基在*a*键和*e*键的比例会有所不同。例如，甲基的体积较异丙基小，前者处于*a*键的构象占全部构象的比例就高于异丙基在*a*键构象所占的比例。表2-1列出取代基在*a*键时与*a*键氢的作用力数据。

表2-1 部分基团1,3-*a*键H—Y的张力/kJ · mol^{-1}

—Y	1,3-*a* 键 H—Y 的张力	—Y	1,3-*a* 键 H—Y 的张力
—F	0.5	$—CH(CH_3)_2$	4.6
—Cl	1.0	$—C(CH_3)_3$	11.4
—Br	1.0	$—C_6H_5$	6.3
—OH	2.1	—COOH	2.9
$—CH_3$	3.8	—CN	0.4
$—C_2H_5$	4.0		

（5）二取代环己烷的构象分析

① 烃基二取代环己烷。烃基取代的二取代环己烷除了构象问题外，还有构型问题。如果两个取代基同处于环的上方或下方，则为顺式（*cis*-），反之为反式（*trans*-）。

a. 1,2-二甲基环己烷。顺式构型中，两个取代基同为上或同为下，由于相邻碳原子的取代基同为上时，只能是一个在*a*键，一个在*e*键，在翻转后仍然是一个在*e*键，一个在*a*键。所以1,2-二甲基环己烷翻转前后两个构象异构体能量相同。

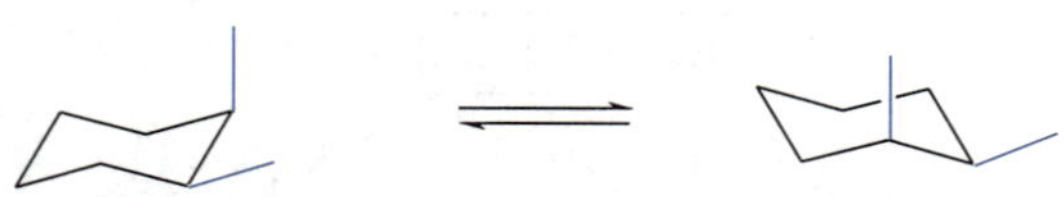

反式构型中，两个取代基一个向上、一个向下，则有两种情况，同为*a*键或者同为*e*键。它们相互转化，显然平衡会趋向两个*e*键的构象，即稳定的*ee*构象在反式构型化合物中所占比例大，整个化合物处于相对较低势能状态。

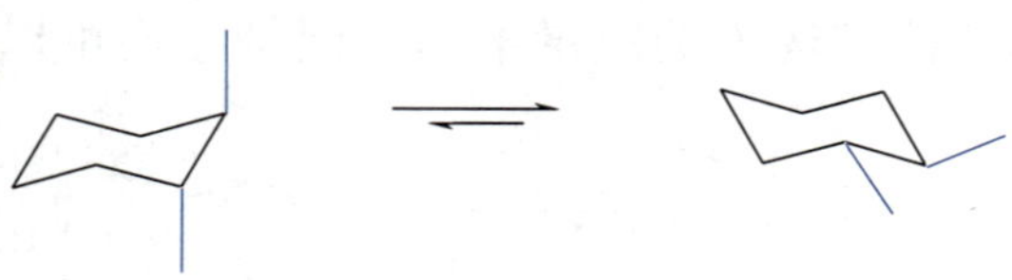

进一步比较*trans*-1,2-二取代环己烷与*cis*-1,2-二取代环己烷的优势构象，可以得出反

式构型更稳定的结论。

b. 1,3-二甲基环己烷。顺-1,3-二甲基环己烷的 *ee* 构象较其 *aa* 构象势能更低更稳定。

反-1,3-二甲基环己烷的两种构象能量完全相同。

在反-1,3-二叔丁基环己烷的构象中，椅式构象的环总会有一种构象使叔丁基处于直立键而导致势能增加，因此环的构象会从椅式转化为船式或扭船式，使体系能量降低。

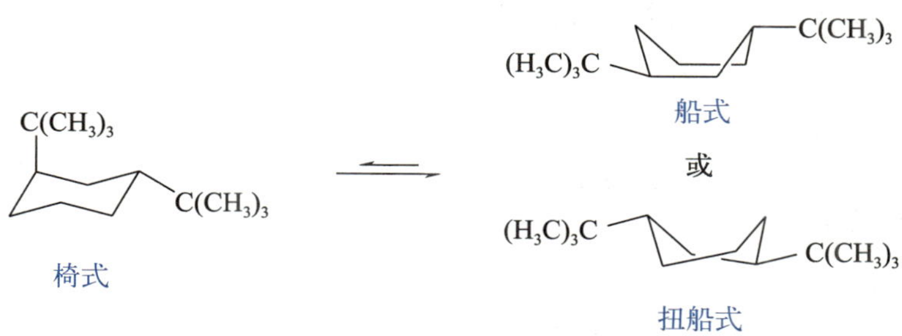

② 卤素二取代环己烷。在 1,2-二溴取代环己烷的两种椅型构象中，由于卤素存在偶极斥力，在 *aa* 二溴取代的环己烷中由于两种偶极斥力方向相反，偶极斥力相互抵消；而 *ee* 二溴取代的环己烷中垂直方向的偶极斥力互相抵消而水平方向的偶极斥力叠加，使得体系的能量升高，因而 *aa* 构象成为优势构象。

③ 羟基二取代环己烷。分子内氢键使顺-1,3-二羟基环己烷的 *aa* 构象成为优势构象。

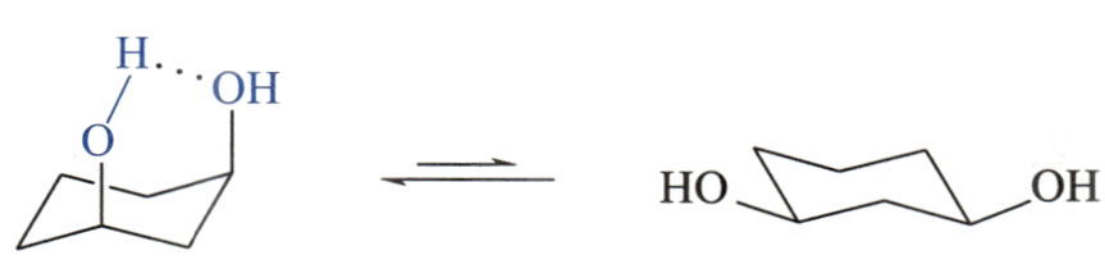

(6) 多环烷烃的构象

十氢化萘是双环[4.4.0]癸烷的习惯名称。当两个环己烷并环形成十氢化萘时可以有两种并环方式：一种是顺式并环；另一种是反式并环。它们分别只有一个较稳定的极限构象，因为并环结构限制了环的翻转。

顺十氢化萘和反十氢化萘分别表示为：

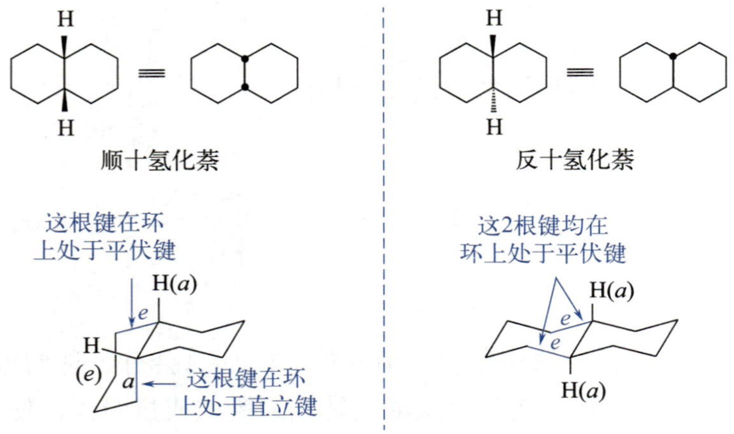

对于顺十氢化萘，存在一对构象转换体：

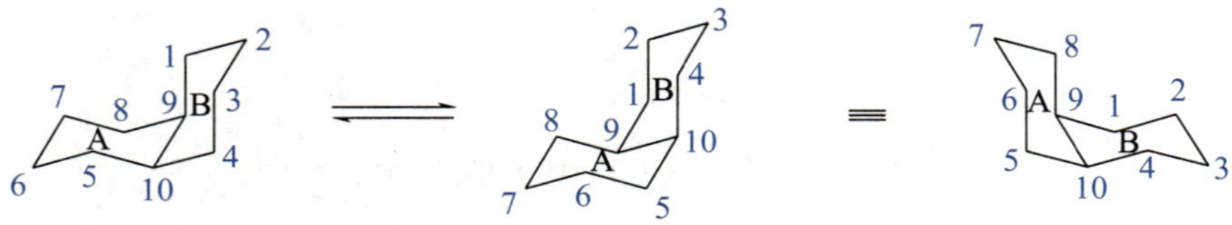

从上图可以看出，A环上有两个取代基（C-1，C-4），产生一个邻交叉。C-1—C-9对A环产生两个1,3-二直立键。B环上也有两个取代基（C-5，C-8），产生一个邻交叉。同样，C-5—C-10对B环产生两个1,3-二直立键。其中有两个1,3-二直立键重合，所以实际上有三个1,3-二直立键。

对于反十氢化萘：

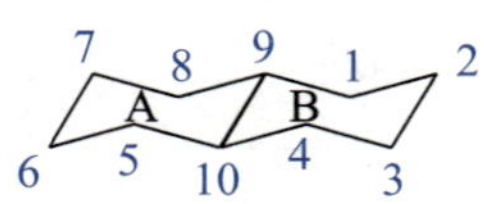

A环上有两个取代基，产生一个邻交叉。B环上有两个取代基，产生一个邻交叉。

可以估算，顺式十氢化萘比反式十氢化萘能量高11.4（3×3.8）$kJ \cdot mol^{-1}$，实验测得顺式十氢化萘比反式十氢化萘能量高8.7 $kJ \cdot mol^{-1}$，估算值与实验值较为接近。

2.2.2 构型异构

2.2.2.1 顺反异构

环或双键的存在使分子中某些原子或基团的空间位置不同而形成的异构体称为顺反

异构体。

环上两个取代基在环同侧的称为顺式，在异侧的称为反式。

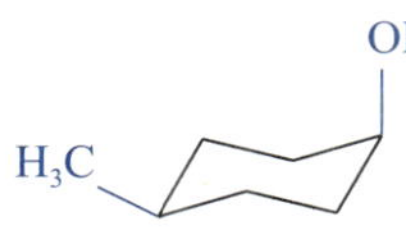

顺-4-甲基环己-1-醇

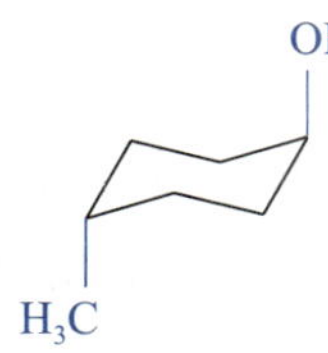

反-4-甲基环己-1-醇

双键上相同基团在双键平面同侧的称为顺式，反之为反式。如果两个双键碳原子上没有相同的原子或基团，用顺反表示构型有困难，IUPAC规定用 Z（德文zusammen，同）、E（德文entgegen，对）标记烯烃的顺反异构体；根据“次序规则”，优先级相同的基团位于双键平面同侧标记为 Z，反之标记为 E。

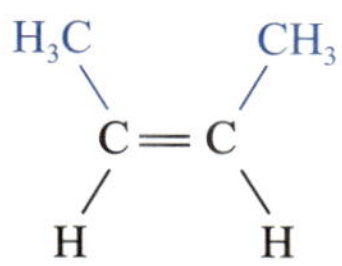

顺-2-丁烯
cis-2-butene
(*Z*)-but-2-ene

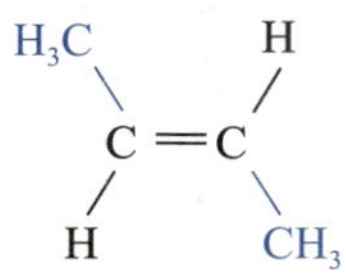

反-2-丁烯
trans-2-butene
(*E*)-but-2-ene

次序规则：

①按原子序数的大小排列，大者优先，孤电子对最后。

②直接相连的第一个原子相同时，再比较其次相连的原子，依此类推。

③含有三键或双键的基团，可以认为连有三个或两个相同原子。

2.2.2.2　对映异构

当平面偏振光通过水、乙醇、苯等物质时，它们对偏振光的振动面没有影响；而有些物质，如蛋白质或葡萄糖溶液等，能使偏振光的振动面旋转一定的角度。这种能使平面偏振光的振动面旋转的性质称为物质的旋光性。具有旋光性的物质称为光活性物质。生物体内大部分有机分子都具有旋光性，这一特性具有十分重要的生理意义。

自然界中有很多物质可以使偏振光的振动面发生改变。不同旋光性物质的旋光能力不同。能使偏振光的振动平面向右旋转（顺时针）的物质就称为右旋体，用符号“+”或“*d*”表示；能使偏振光的振动平面向左旋转（逆时针）的物质称为左旋体，用符号“－”或“*l*”表示。旋光性物质使平面偏振光的振动面偏转的角度称为旋光度，用符号 α 表示，单位为度（°）。物质旋光度的大小除了与物质本身结构特性有关外，还与测定条件，如物质的浓度、配制溶液所用的溶剂、盛液管的长度、温度及光的波长等因素有关。所以一般不用旋光度表示某物质的特性，而是用比旋光度 $[\alpha]_D^t$ 表示物质的旋光性能。

比旋光度与旋光度的关系为：

$$[\alpha]_{D}^{t}=\frac{\alpha}{l\times\rho}$$

式中，α为实测旋光度；l为盛液管的长度（dm）；ρ为物质的密度或溶液的质量浓度（$g \cdot cm^{-3}$）；t为测定时的温度（℃）；D为钠光的波长（589 nm）。$[\alpha]_{D}^{t}$的单位为$° \cdot cm^{2} \cdot g^{-1}$，一般省略不写；在一定的波长和温度下，当$\rho=1\ g \cdot cm^{-3}$、$l=1$ dm时，$[\alpha]_{D}^{t}$值等于α值。

因此，比旋光度指当盛液管长度为1 dm、所测样品溶液的质量浓度为1 $g \cdot cm^{-3}$、光源波长为D（钠光的波长589 nm）时，测定温度为t（℃）时所测得的物质的旋光度。一定条件下，$[\alpha]_{D}^{t}$是光活性物质的一个特征物理常数。对于一种已知比旋光度的物质，根据测得的旋光度，可以判断其光学纯度；而对于一种未知比旋光度的纯物质，通过其旋光度的测定，即可求得比旋光度$[\alpha]_{D}^{t}$。

（1）对映异构体和手性分子

将互为实物与镜像关系、彼此不能重叠的特征，称为手性。实物与镜像不能重叠的现象，同样存在于微观世界的分子中。凡是与其镜像不能重叠的分子称为手性分子，手性分子存在对映异构体，一般具有旋光性；而能与其镜像重叠的分子称为非手性分子，非手性分子不存在对映异构体，没有旋光性。

观察乳酸和丙酸的分子结构可以发现，乳酸分子的中心碳原子上连有4个不同的基团，而丙酸分子的中心碳原子上连有2个相同的氢原子。因为分子的手性与处于手性部分的一个或一个以上的特定原子有关，使分子具有手性的几何因素有手性中心、手性轴、手性面。能引起分子具有手性的一个特定原子称为手性中心。有机化合物中最常见的手性中心是手性碳原子。手性碳原子是指连接4个不同原子或基团的碳原子，也称为不对称碳原子。除手性碳原子以外，其他多价杂原子（如N、S、P等）也可形成手性中心，通常用“*”标记手性原子。

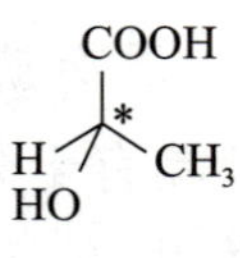

乳酸

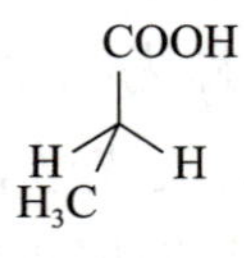

丙酸

（2）分子的对称性

研究发现，分子的手性与分子的对称性有关，考察分子的对称性时，需要考虑的对称因素主要有以下三种。

① 对称面。如果分子中有一个假想平面，可以将分子分割成互为实物与镜像关系的两部分，这种平面就称为分子的对称面（符号σ）。例如，2-氯丙烷分子中，沿Cl—C—H的正中间切开所形成的平面就是一个对称面。而乳酸分子则没有对称面。

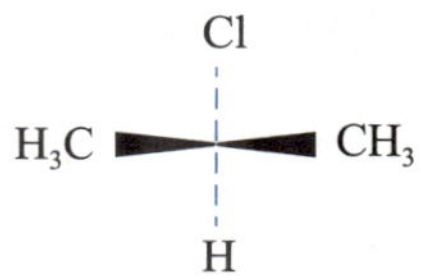

2-氯丙烷

有对称面的分子是非手性分子，没有旋光性。

② 对称中心。如果分子中有一个假想的中心点，当任意直线通过此点时，在此点等距离处的两端遇到的都是相同的原子或基团，这个点就称为分子的对称中心（符号 i）。例如，*trans*-2,4-二甲基-1,3-环丁二甲酸分子中就有一个对称中心。

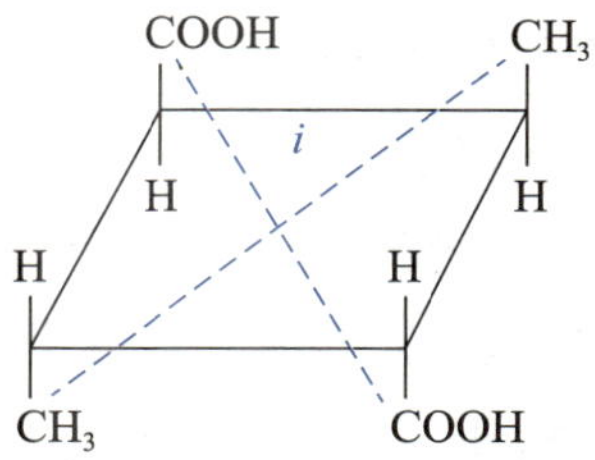

trans-2,4-二甲基-1,3-环丁二甲酸

有对称中心的分子也是非手性分子，没有旋光性。除了以上两种对称因素之外，还有另一对称因素即对称轴。

③ 对称轴。分子中有一条假想的直线，当分子以此直线为轴旋转$\frac{360°}{n}$后（n 为整数），所得到的分子与原来的分子相同，那么这条直线就称为 **n 重对称轴（C_n）**。具有对称轴的分子可能有手性，也可能没有手性。因此对称轴不能作为手性分子的判据。

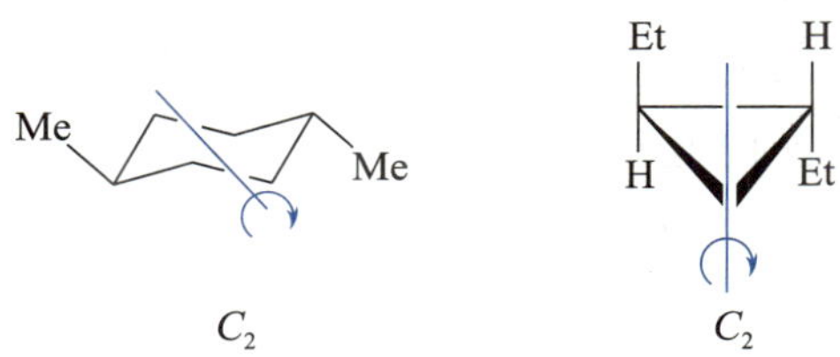

手性是分子存在对映异构体和具有旋光性的唯一条件。

（3）含有一个手性中心分子的对映异构体

较早发现的含有一个手性碳的光学异构体的典型例子是乳酸，它有两种光学异构体。由肌肉过度运动所产生的乳酸可使偏振光的振动面向顺时针方向旋转，称为右旋体，表示为(+)-乳酸或 *d*-乳酸；由左旋乳酸杆菌使葡萄糖或乳糖发酵所产生的乳酸可使偏振光的振动面向逆时针方向旋转，称为左旋体，表示为(–)-乳酸或 *l*-乳酸。*d*-乳酸和 *l*-乳酸互为对映异构体。

① 对映异构体的物理性质。在一般条件下，一对对映异构体具有许多相同的物理性质（如熔点、沸点、溶解度、折射率、酸碱性、密度等）、热力学性质（如自由能、焓、熵等）和化学性质。但若在手性环境（如手性试剂、手性溶剂）中，将会表现出性质上

的差异。对映异构体的典型性质是对偏振光的作用不同，它们的比旋光度绝对值相同，但旋光方向相反。另外，对映异构体的生物活性显著不同。

如果将构成对映异构体的两种光学异构体（如左旋乳酸和右旋乳酸）等物质的量混合，由于它们的旋光方向不同，旋光度相等，所以这种混合物是没有旋光性的。因此我们把等物质的量对映异构体的混合物称为**外消旋体**，用符号(±)或(*dl*)表示。人工合成一般得到的是外消旋乳酸。

其他具有一个手性碳原子的化合物都存在左旋体和右旋体两种构型异构体，两者互为对映异构体。

② 对映异构体的表示方法。表示对映异构体的最好方法是模型图式或立体透视式（简称透视式）。模型图式形象直观但书写麻烦，对结构复杂的分子更是不便。为了便于书写，常用**楔形式（透视式）**和**Fischer投影式**表示旋光异构体的构型。

a. 楔形式（透视式）。楔形式（透视式）是纸面上的立体表达方式。书写时，将手性碳原子放在纸面上，分别用细实线、楔形虚线和楔形实线表示基团在空间的趋向，其中楔形实线表示基团在纸面前方，楔形虚线表示基团在纸面后方，细实线表示基团在纸面上。如乳酸的一对对映异构体用楔形式（透视式）表示如下。

b. Fischer投影式。Fischer投影式是将立体模型投影到平面上而得到的平面影像。其投影规则为：把含手性碳原子的主链直立，编号小的碳原子放在上端，用十字交叉点代表手性碳原子，使竖键上所连接的原子或基团伸向纸平面的后方，横键上所连接的原子或基团伸向纸平面的前方（横前竖后）。

Fischer投影式是用平面式表示三维空间的立体结构。使用Fisher投影式时应注意以下几点：

第一，投影式在纸平面旋转180°或其偶数倍，构型保持，表示同一旋光异构体；若旋转90°或270°构型改变，则成为其对映体。因为旋转180°并未改变基团在空间的取向，原来竖向的基团还在竖位，伸向纸面里面；而旋转90°以后，基团在空间的取向发生了改变，原来竖向的基团处在横位，指向前面，这样所代表的就不是原来的构型。

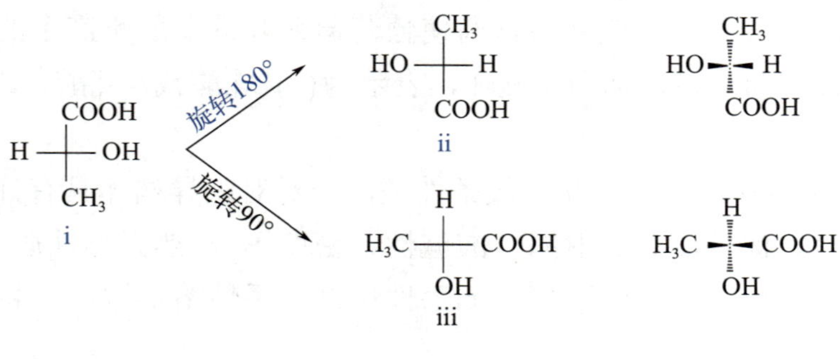

i和ii代表同一构型，iii是i的对映异构体构型。

第二，手性碳原子上的任何两个原子或基团交换偶数次，构型不变，仍代表原来的光学异构体；若交换奇数次，则代表其对映异构体。

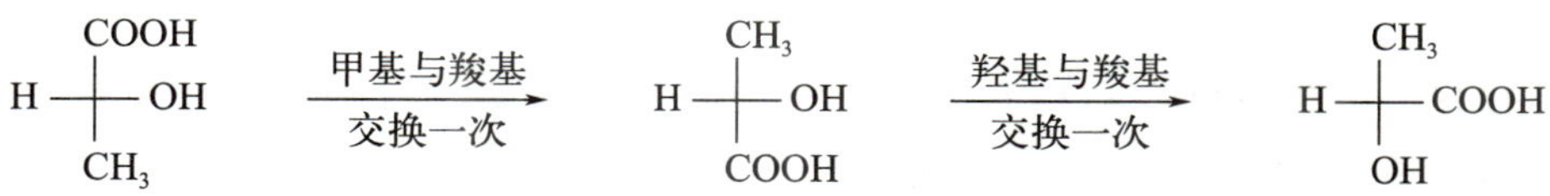

i　　ii　　iii

i和iii代表同一构型，ii是i的对映异构体构型。

第三，投影式离开纸平面翻转，则构型改变。

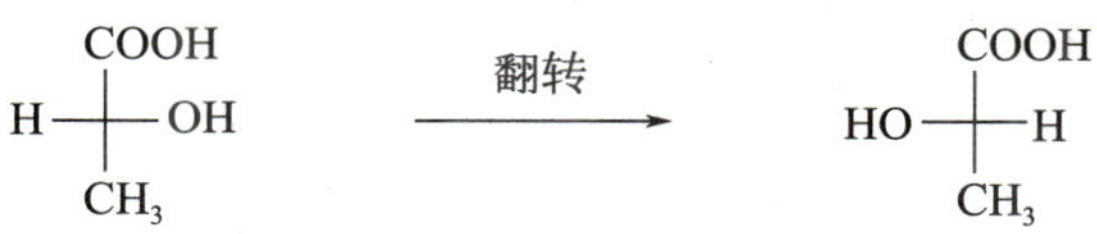

i　　ii

其中i和ii互为对映异构体。

（4）对映异构体的标记

① D/L相对构型标记法。对映异构体的结构差异体现在手性部分所连基团在空间的相对位置不同。我们把分子中手性部分所连基团在空间的真实排列情况称为绝对构型。在早年，由于无法测定绝对构型，对于一对对映异构体，尽管可以用Fischer投影式表示出来，但不能确定到底哪个是左旋体，哪个是右旋体。因此，人们就选择一些简单的旋光性化合物，人为地规定它的构型并作为标准，然后将其他化合物通过直接或间接的方式与标准联系，由此确定的构型称为相对构型。

D/L相对构型标记法是以甘油醛为标准，人为规定：(+)-甘油醛为D构型（dextro，右），其手性碳原子上的—OH处于Fischer投影式的右侧；(−)-甘油醛为L构型（levo，左），其手性碳原子上的—OH处于Fischer投影式的左侧，即

D-(+)-甘油醛　　L-(−)-甘油醛

其他的旋光性化合物可通过化学反应与甘油醛相关联而确定构型。凡是能通过化学反应与D-(+)-甘油醛相关联的化合物，只要在变化过程中不涉及手性碳原子构型的

变化（即化学变化中和手性碳相连的化学键未发生断裂），都属于D型；凡能与L-(−)-甘油醛相关联的化合物都属于L型。例如，将D-(+)-甘油醛氧化成甘油酸，手性碳上的键并没有断裂，只不过是醛基被氧化成羧基，所以构型没有发生变化，由此得到的甘油酸是D型，测其旋光性为左旋，因此表示为D-(−)-甘油酸；D-(−)-甘油酸通过适当的步骤和左旋乳酸关联，其构型仍是D构型。基于同样的方法，还可测得一系列L构型的化合物。

请注意，D、L表示构型，(+)、(−)表示旋光方向。旋光性物质的构型符号与旋光方向之间无对应关系。D型的物质有右旋体，也有左旋体，L型也是如此。

1951年后，化学家用X射线衍射法确定了一些旋光化合物的绝对构型，并证实(+)-甘油醛的绝对构型与早年人为规定的相对构型恰好相同。所以，与甘油醛相关联得出的化合物的相对构型就是其绝对构型。D/L相对构型标记法仅适合于手性中心带有氢原子的分子（手性碳上的H原子处于Fischer投影式的左侧为D型，右侧则为L型），对于其他类型的手性分子不宜用D/L标记，因此该标记法在使用中有一定的局限性。但在糖类化合物及氨基酸类化合物的构型命名中仍然经常使用。

② *R*/*S*绝对构型标记法。*R*/*S*绝对构型标记法是根据旋光性物质的绝对构型，以CIP（卡恩-英格尔-普雷洛格）“次序规则”为基础的标记方法。它是一种更具有普遍性的标记法，其规则如下：

a. 排序。将与手性碳直接相连的四个原子或基团（a、b、c、d）按次序规则由大到小排列成序（次序规则中的优先基团为较大基团），假定各基团的大小次序为a＞b＞c＞d。

b. 观察。将最小基团d远离观察者，观察其余三个基团的关系。若由a→b→c是顺时针排列，此手性碳就标记为*R*构型（来自拉丁文Rectus的词头，意“右”）；若由a→b→c是逆时针排列，此手性碳就标记为*S*构型（来自拉丁文Sinister的词头，意“左”）。这与汽车驾驶员面向方向盘很相似。

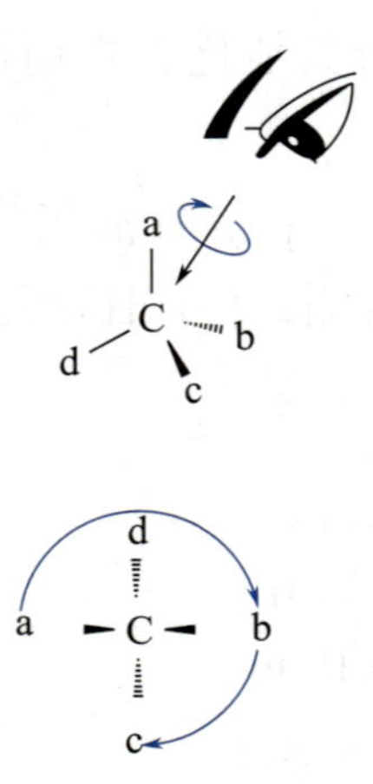

a→b→c 顺时针 *R*

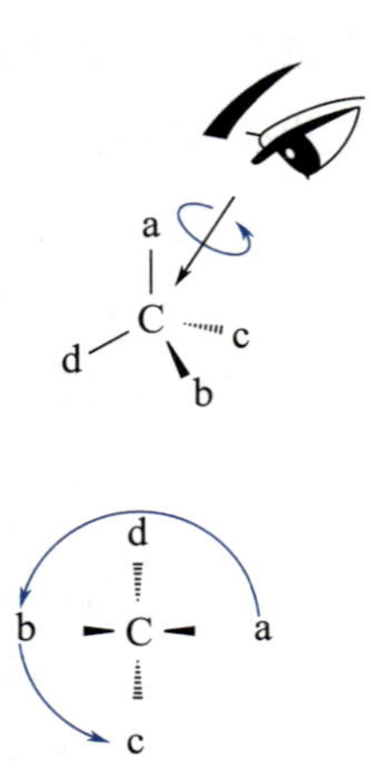

a→b→c 逆时针 *S*

分子中含有多个手性碳原子化合物构型的 R/S 标记同样遵循上述原则，除了必须标明手性碳原子构型外，还需要注明碳原子的位次。

R 和 S 是根据手性碳原子所连基团的排列顺序所作的构型标记。在一个化学反应中，如果与手性碳所连的化学键未发生断裂，则手性碳原子构型保持不变，即产物构型与反应物构型相同，但它的构型标记符号 R（S）不一定相同。因为经过化学反应，产物的手性碳原子上所连的基团与反应物上所连的基团不同了，产物和反应物中相应基团的排列顺序既可能相同，也可能不同。产物构型的标记取决于它本身所连四个基团的排列顺序。

（5）含有两个手性中心分子的光学异构体

随着化合物分子中手性碳原子数目的增多，立体异构现象也变得更加复杂，异构体的数目也会增加。

① 含两个不相同手性碳原子的化合物。在2,3,4-三羟基丁醛分子中含有两个不相同的手性碳原子，它有四种异构体：

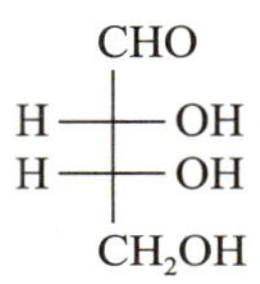

(2R, 3R)-(−)-赤藓糖

i

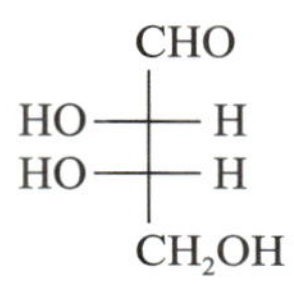

(2S, 3S)-(+)-赤藓糖

ii

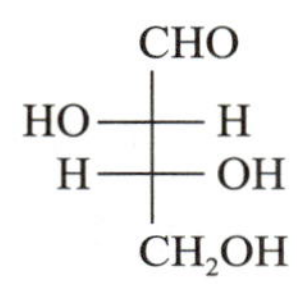

(2S, 3R)-(+)-苏阿糖

iii

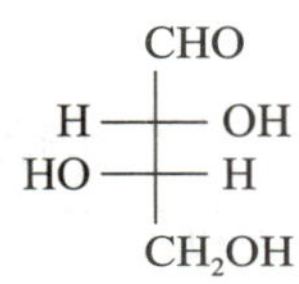

(2R, 3S)-(−)-苏阿糖

iv

i 与 ii 互为**对映体**，iii 与 iv 互为**对映体**。i 与 iii、i 与 iv、ii 与 iii、ii 与 iv 互为**非对映体**。

当分子中有两个或两个以上的手性中心时，就有非对映异构现象存在。非对映异构体的物理性质（如熔点、沸点、折射率、溶解度等）都不相同，比旋光度也不相同，比旋光方向可能一样，也可能不一样。由于它们具有相同的官能团，同属一类化合物，因而化学性质相似，但是由于分子中相应原子或原子团之间的距离并不完全相等，所以它们与同一试剂反应时的反应速率并不相同。含有一个手性碳原子的化合物，存在2种旋光异构体，可组成一对对映异构体；含两个不相同手性碳原子的化合物，存在4种旋光异构体，可组成两对对映异构体。由此可推知：**含有 n 个不相同手性碳原子的化合物，其旋光异构体的数目为 2^n 种，可组成 2^{n-1} 对对映异构体。由等物质的量对映异构体组成的外消旋体的数目为 2^{n-1} 对。**

② 含两个相同手性碳原子的化合物。酒石酸（2,3-二羟基丁二酸）分子中含有两个相同的手性碳原子，按照每一个手性碳原子有两种不同的构型，可以写出以下四个Fischer投影式：

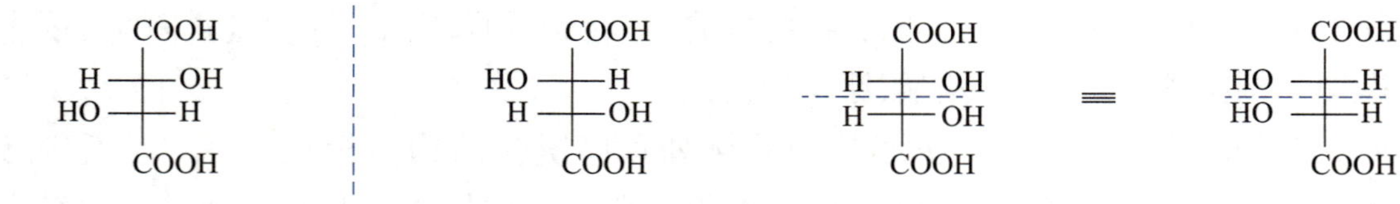

(2*R*, 3*R*)-(+)-酒石酸 i　　(2*S*, 3*S*)-(−)-酒石酸 ii　　(2*R*, 3*S*)-酒石酸 iii　　(2*S*, 3*R*)-酒石酸 iv

其中i和ii互为实物与镜像关系，不能重叠，是一对对映异构体；iii和iv互为实物与镜像关系，但将iv在纸上旋转180°，可以与iii重叠，所以它们不是对映异构体，而是同一构型，即iii和iv代表同一个化合物。i或ii与iii或iv互为非对映异构体。在iii或iv的全重叠式构象中有一个对称面（σ），其全交叉式构象存在一个对称中心（i）。

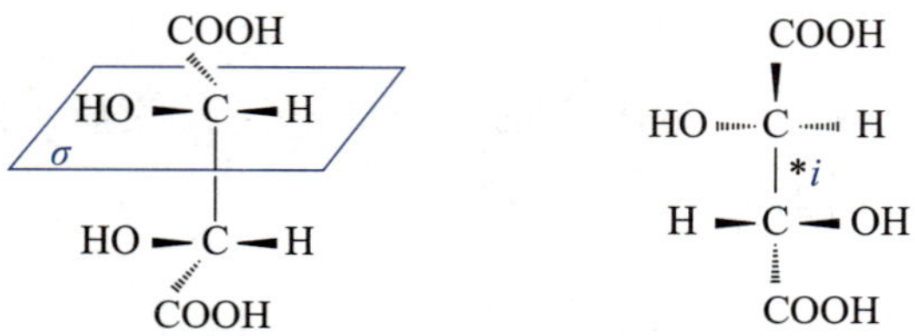

存在的对称面把分子分为上下对映的两部分，这两部分使偏振光的偏振面旋转的角度相等，方向相反，旋光性正好抵消。因此，该分子虽有手性碳，但整个分子不具有旋光性。像这种分子中含有多个手性碳原子，而分子内部有一对称面将偏振光的影响相互抵消而无光学活性的化合物称为**内消旋体**，以***meso***表示。因此，酒石酸只有3种立体异构体，包括一对对映异构体和一个内消旋体。由内消旋体的产生可以看到，分子中手性碳的存在不是分子具有手性的充分条件。总而言之，**当分子中存在相同的手性碳原子时，立体异构体数目小于2^n种。**

内消旋体和外消旋体虽然都没有旋光性，但两者有本质上的不同。内消旋体是非手性分子，是单一化合物；而外消旋体是具有手性的两个对映异构体等物质的量的混合物。此外，外消旋体也不同于一般两种物质的混合物，它也有固定的熔点，且熔点范围很窄。

左旋体和右旋体除了旋光方向相反外，其他物理性质都相同。用常规的物理方法，如分馏、重结晶等，不能将外消旋体分开。所以，一般有机合成中得到的外消旋体需要用特殊的方法进行分离。外消旋体的分离过程称为**外消旋体的拆分**，其拆分方法的研究及改进是有机化学研究中的一个重要课题。

③ 含多个手性碳原子的化合物。含有2个手性碳原子的化合物最多有4个立体异构体，含有3个手性碳原子的化合物最多有8个立体异构体，连续用*R*/*S*标记手性中心，将这些立体异构体排列，可以得到以下对映关系：

含有2个手性碳原子的化合物

像	*RR*	*SR*
镜像	*SS*	*RS*

含有3个手性碳原子的化合物

RRR	*RRS*	*RSS*	*SRS*
SSS	*SSR*	*SRR*	*RSR*

这些立体异构体中，若存在对称面或对称中心，则立体异构体的数目少于最大值。例如，戊醛糖（2,3,4,5-四羟基戊醛）有8种立体异构体（即4对对映体）：

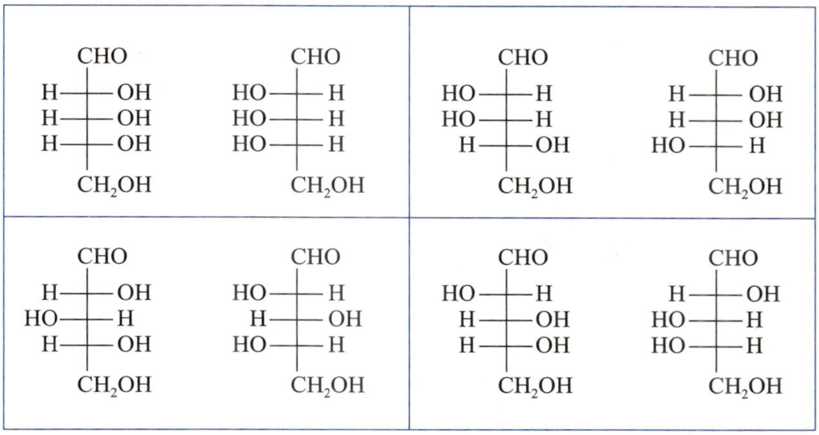

如果把戊醛糖的两端氧化成羧基，就只有四种立体异构体了：

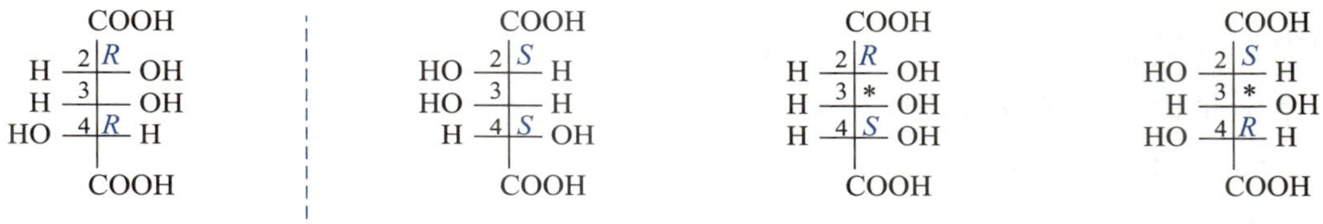

i(左旋体)　ii(右旋体)　iii(内消旋体)　iv(内消旋体)

> i、ii 中C-3不是手性原子（C-2和C-4所连基团构造、构型均相同）；iii、iv 中C-3是手性原子（C-2和C-4所连基团虽构造相同，但构型不同），可是对分子的手性不起作用，称为**假手性碳原子**；iii和iv都有对称面，它们都是内消旋体。

假不对称碳原子构型可用*r*/*s*表示，基于顺序规则中*R*比*S*优先的原则。

④ 脂环烃的对映异构体。环烷烃只要在环上有两个碳原子分别连有取代基，就存在顺反异构体。如果顺式或反式异构体有手性，则还存在对映异构体。下面主要讨论二取代环己烷的立体异构情况。

a. 1,4-二取代环己烷。1,4-二取代环己烷存在顺反异构体，但无论是顺式（*cis*-）还是反式（*trans*-）都存在对称面（垂直于环平面，穿过两个取代基及C-1和C-4），所以都不存在对映异构体，没有旋光性。

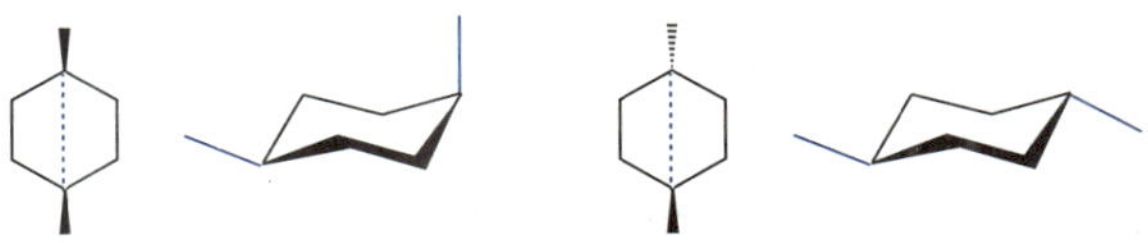

cis-1,2-二甲基环己烷　*trans*-1,2-二甲基环己烷

b. 1,3-二取代环己烷。1,3-二甲基环己烷分子中有2个手性中心，最多有4种立体异

构体。但是*cis*-1,3-二甲基环己烷中有一个对称面，是一个内消旋体，不存在对映异构体。而*trans*-1,3-二甲基环己烷中没有对称面，存在一对彼此不能重叠的对映异构体，所以1,3-二甲基环己烷共有3种立体异构体。

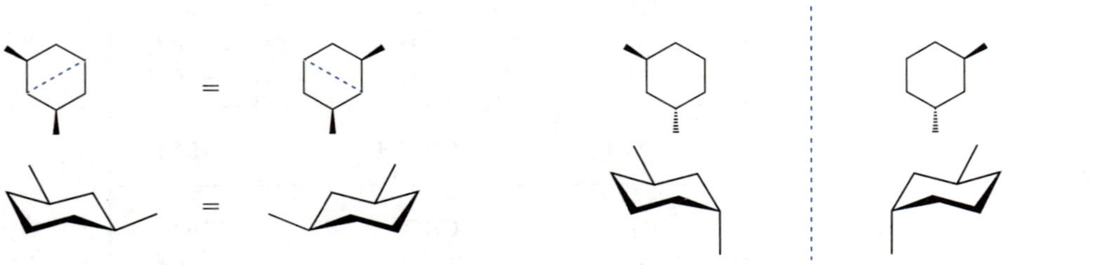

meso-1,3-二甲基环己烷　　(1*S*,3*S*)-1,3-二甲基环己烷　　(1*R*,3*R*)-1,3-二甲基环己烷

c. 1,2-二取代环己烷。1,2-二甲基环己烷也有2个手性中心，最多有4种立体异构体，但实际上只有3种立体异构体。因为，从*cis*-1,2-二甲基环己烷的平面结构可以清楚地看到其中存在对称面，是一个内消旋体，而在*cis*-1,2-二甲基环己烷的椅型构象式中找不到对称面，它有一对彼此不能重叠的对映异构体存在。不过这对对映异构体可以通过同一船型构象相互转化，由其船型构象很容易发现对称面的存在。实际上，这两种对映异构体在体系中是以外消旋体的形式平衡共存的。所以无论从平面式或构象式分析，结论是相同的，即*cis*-1,2-二甲基环己烷没有旋光性。*trans*-1,2-二甲基环己烷不存在对称面，有一对彼此不能重叠的对映异构体。

meso-1,2-二甲基环己烷

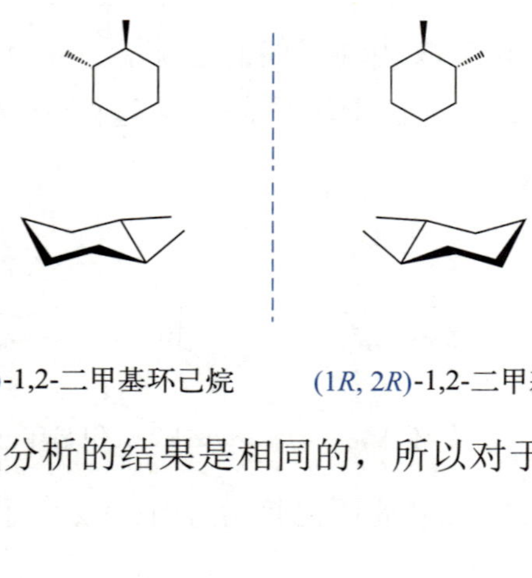

(1*S*, 2*S*)-1,2-二甲基环己烷　　(1*R*, 2*R*)-1,2-二甲基环己烷

由于从平面式和构象式分析的结果是相同的，所以对于脂环烃的立体异构情况一般直接用平面式分析判断。

(6）无手性中心分子的对映异构体

以上讨论的化合物是因为分子结构中含有手性碳，所以产生对映异构体。还有一类化合物，分子中没有手性碳，但分子具有手性。

① 含手性轴的化合物。

a. 丙二烯型化合物。由于丙二烯分子结构中两个双键中的π键平面相互垂直，所以在下列结构中，如果a≠b和a′≠b′，则存在对映异构体；如果a＝b或a′＝b′，则分子存在对称面，就不存在对映异构体。

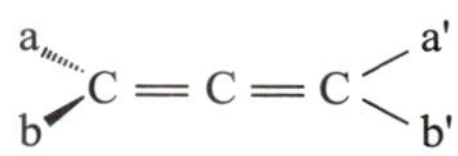

例如：

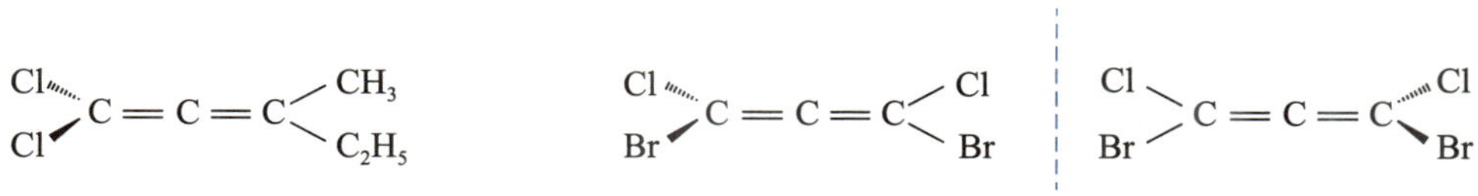

不存在对映体　　　　存在对映体

与丙二烯类似的结构还有螺环型化合物。例如，下列化合物都具有光学活性，存在对映异构体。

b. 联苯型化合物。联苯型化合物中的两个苯环通过一根单键相连。当某些分子中的单键旋转受到阻碍时，两个苯环不在同一平面上，这时就有可能产生对映异构体。例如，当联苯中的2、6和2′、6′四个位置都连有取代基，且取代基的体积足够大时，两苯环间单键的自由旋转受阻，这时若每一个苯环上的两个取代基不同（即图中a≠b和a′≠b′），就存在对映异构体。如6,6′-二硝基-2,2′-联苯二羧酸分子i和ii是彼此不能重叠的对映异构体；而2-硝基-2′,6,6′-联苯三羧酸分子中存在对称面，不存在对映异构体。

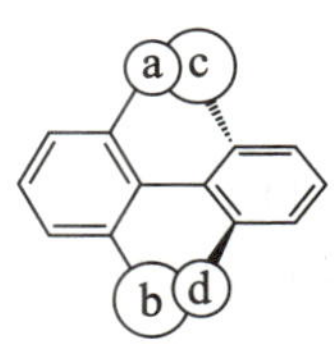

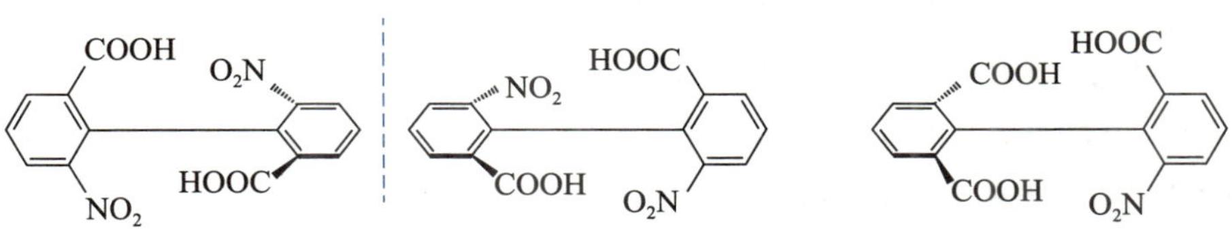

i　　ii

6,6′-二硝基-2,2′-联苯二羧酸的对映异构体　　2-硝基-2,6,6′-联苯三羧酸

联苯型化合物的构型确定方法如下：先将其中一个苯环上手性轴两边的取代基按基团优先次序规则排序，较优基团编号为1，次优基团编号为2。再比较另外一个苯环上取代基的优先次序，排在前面的原子或基团编号为3，排在后面的原子或基团编号为4。然后将4号基团放在离眼睛最远的地方，观察1、2、3号基团的排布方式，如为顺时针排列，则是*R*构型；如为逆时针排列，则是*S*构型。据此判断，6,6′-二硝基-2,2′-联苯二羧酸分子i是*S*构型，ii是*R*构型。

② 含手性面的化合物。螺旋型化合物不含手性碳原子，也不含手性轴，但是分子中存在一个扭曲的面，从而产生旋光异构。这类存在不对称面的分子产生的旋光异构体称为含手性面的旋光异构体。

螺环烃就是一类含手性面的分子，这类分子中最简单的是六螺苯。

左旋体

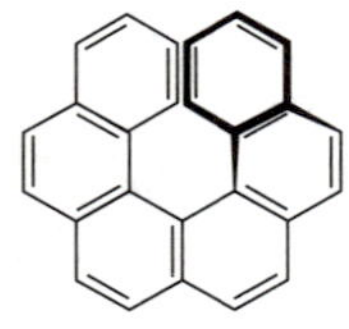

右旋体

六螺苯的旋光能力惊人，比旋光度为3700°，它可看作苯环邻位稠合而成的螺旋结构，末端的两个苯环不在同一个平面上。由于末端苯环的相互排斥，产生了右旋体和左旋体一对对映异构体。

（7）对映异构体在生物医学中的应用

对映异构体的存在是自然界的一种普遍现象。生命体系的构件分子和功能分子多数都具有手性。某些治疗疾病的药物进入体内后必然涉及体内的一些生化过程。不同的立体异构体会表现出不同的生物活性。

已知药物中的30%～40%具有手性。手性药物的不同异构体在代谢过程及活性、毒性等方面往往存在着显著差异。这些差异主要体现在五个方面：

① 不同异构体的活性强弱有显著差别；

② 两种异构体具有相同和相等的生物活性；

③ 两种异构体具有相反的药理作用；

④ 异构体显示出不同类型的药理活性；

⑤ 一种异构体有活性，而另一种异构体没有活性。

例如，肾上腺素在临床上用于突发心搏骤停、过敏性休克和支气管哮喘的急救，其中(*R*)-(−)-肾上腺素的支气管扩张作用比(*S*)-(+)-肾上腺素强45倍；左旋多巴［(*S*)-3,4-二羟基苯丙氨酸］可用于治疗帕金森病，右旋多巴无疗效。又如，大家熟悉的抗菌消炎药氯霉素有4种旋光异构体，但只有(1*R*，2*R*)-(−)-氯霉素有抗菌活性。

另一个悲剧性的案例是1959～1962年发生在欧洲的“反应停”事件。当时有一种商品名为“反应停”（thalidomide，沙利度胺）的药物，用于治疗妊娠反应，欧美十多个国家的医生都在使用这种药治疗妇女妊娠反应，结果导致大约1.2万名婴儿畸形。由于这一惊人事件的发生，科学家对这个化合物进行了深入的研究，结果发现此种合成药物的右旋体具有镇静作用，而左旋体是强烈的致畸剂，而当时这个药物是以消旋体出售的。鉴于这种差异影响的严重性，欧洲、美国和日本的药政部门均作出相应的规定：对于有手性的药物，必须对不同的异构体分别给出药理、毒性数据，并鼓励制药公司生产单一对映体的药物制剂。因此许多关于外消旋体拆分方法及对映异构体的选择性合成（不对称合成）的研究陆续开展。手性化试剂的研究也成为了不对称合成领域的一个研究热点，2001年诺贝尔化学奖授予了美国化学家诺尔斯（William S. Knowles）博士和日本化学家野依良治（Ryoji Noyori）教授以及美国化学家夏普利斯（K. Barry Sharpless）教授，以表彰他们对催化不对称合成的重大贡献；2021年诺贝尔化学奖授予了德国科学家本杰明·利斯特（B. L. List）教授与美国科学家戴维·麦克米伦（D. W. C. MacMillan）教授，以表彰他们在不对称有机催化领域的突破性贡献。

为什么异构体中基团排列的一个小小差异，竟会引起截然不同的结果呢？这是因为手性药物要发挥一定的生物活性，手性分子必须要和相应作用靶点上的受体结合。由于受体蛋白质具有一定的空间构型，因此对所结合的对象有一定的立体选择性。例如，肾上腺素类药物有三部分与受体形成三点结合：①氨基质子化后与受体上的阴离子产生静电作用力。②苯环及两个酚羟基平面区与受体存在疏水作用和氢键作用。③侧链的醇羟基与受体有氢键作用力。

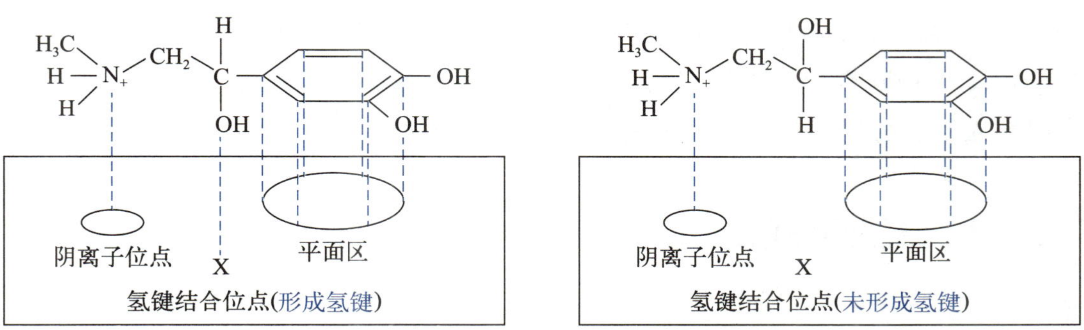

(*R*)-(−)和(*S*)-(+)-肾上腺素与受体结合

(*S*)-(+)-肾上腺素中只有两个位点能与受体结合，因而生理作用很弱；而(*R*)-(−)-肾上腺素上的三个基团能与受体结合，因此生理作用较强。

不同异构体由于在生物体内的结合位点不同而反映出不同的生理活性。

第3章 有机化合物的物理性质

3.1 有机化合物的分子间作用力与物理性质

在有机化合物的众多物理性质中，熔点、沸点、密度、折射率和在水中的溶解度等是化学从业者经常关注的。在有机化工产品的生产、销售或使用过程中，除上述性质外，还关注闪点和燃点等。有时，化合物的偶极矩、旋光性和电导率等也是经常关注的要素。研究有机化合物的物理性质不仅可以用来印证化合物的结构，而且对寻找有机化合物的分离提纯方法也是很有用的。

若考察有机化合物某一物理性质随碳原子数目n的变化而发生的改变，一般有下列几种情况：①呈线性无限增加；②无限增加，但增加程度随n的增加而减少；③收敛至某一定值；④无规则变化。而要了解有机化合物的某些物理量的变化情况，常需要从分子间作用力入手。分子间作用力主要有范德华力和氢键。

3.1.1 分子间作用力

3.1.1.1 范德华力

范德华力主要有三种形式，即取向力、诱导力和色散力。

（1）取向力

极性分子具有永久性偶极矩，分子之间相互产生静电吸引导致分子在空间中有特定的排列方式，这种作用力称为取向力。静电吸引的平均能量$E_{取}$可以用下式表示：

$$E_{取}=-\frac{2}{3}\times\frac{\mu_1^2\mu_2^2}{3KTr^6} \tag{3-1}$$

式中，μ_1、μ_2为两个相互作用的分子的偶极矩；K为玻尔兹曼（Boltzmann）常数；T为热力学温度；r为分子质心间的距离。分子间的距离增加，取向力将迅速降低。

(2) **诱导力**

极性分子诱导邻近分子极化产生偶极矩，这样两种偶极矩之间产生的相互作用力称为诱导力。偶极矩为μ_1的分子与极化率为α_2的分子间的诱导能$E_{诱}$可以用下式表示：

$$E_{诱}=-\frac{\mu_1^2\alpha_2}{r^6} \tag{3-2}$$

(3) **色散力**

色散力（又称伦敦力）是分子间作用力的一种，其产生源于分子中电子的运动导致的瞬时偶极矩。即使是无偶极的分子，其电子云产生瞬间极化而产生瞬时偶极矩，这种瞬时偶极矩之间的相互作用力就是色散力。色散能$E_{色}$可以用下式表示：

$$E_{色}=-\frac{3}{2}\times\frac{I_1I_2}{I_1+I_2}\left(\frac{\alpha_1\alpha_2}{r^6}\right) \tag{3-3}$$

式中，I_1、I_2为分子的电子电离能；α_1、α_2为相互作用的分子的极化率。

综上，取向力和诱导力只存在于极性分子中，相互作用强。而色散力存在于所有分子中，相互作用弱。在有机化合物分子中，很多化合物分子一般无极性，因此，色散力是主要的。但当分子有极性时，分子间作用力会明显增强。

从上述各式可以看出，分子间的距离增加，范德华作用力将迅速降低。

3.1.1.2　氢键

当氢原子与电负性很强的原子（如O、N、F等）连接时，电子云偏离氢原子而使其带正电，这一带正电的氢原子受到另一个分子或基团中电负性强的原子的吸引而产生较弱的作用，这种作用力称为氢键。

氢键也是偶极相互作用的一种形式。氢键的键长（如O⋯H，0.207 nm）比共价键的键长（如O—H，0.096 nm）长。氢键的键能比共价键键能小，但比范德华力高。

氢键	F—H⋯F	O—H⋯O	N—H⋯N	N—H⋯F
键能/kJ•mol^{-1}	28.0	18.8	5.4	20.9

3.1.2　物理性质

(1) **沸点**

当液体分子受热克服分子间的作用力从液相转入气相，使液体表面的蒸气压与外界气压相等时的温度即为该压力下的沸点，用bp（boiling point）表示。

液体有机化合物分子可以在其占据的空间内相对自由地运动，分子间的距离较远，而分子间的作用力主要是范德华力，作用力也比较弱。因此，有机化合物的沸点比无机化合物低得多。若分子有极性，或分子间能够形成氢键，则分子间的作用力增强，化合物的沸点会明显升高。例如：

化合物	甲烷	乙烷	氟甲烷	甲醇	水
沸点/℃	−161.6	−88.5	−78.5	64.7	100

有机化合物沸点的高低主要取决于分子间作用力的强弱。一般地，当分子量增加时，分子体积也增加，电子云更容易变形而产生瞬时偶极，所以色散力增加，有机化合物的沸点就增高。色散力只在近距离内起作用，当分子间距离很远时，作用力为零。所以，如果分子的结构中有阻碍分子相互靠近的基团时，则因分子间作用力降低而有较低的沸点。例如，C_6H_{14}各异构体的沸点分别为：

化合物	正己烷	2-甲基戊烷	3-甲基戊烷	2,3-二甲基丁烷	2,2-二甲基丁烷
沸点/℃	68.7	60.3	63.3	58.0	49.7

(2) 熔点

常压下，固、液两相达成平衡时的温度即为该物质的熔点，用mp（melting point）表示。纯粹的化合物都有固定而敏锐的熔点。一般地，化合物若含有杂质，则从初熔到全熔的温度范围（熔程）会变长，熔点也降低。所以熔点是鉴定固体有机化合物的重要参数。

固体物质的分子固定在晶体的晶格中。化合物熔点的高低不仅与分子的结构有关，更重要的是与固体物质分子在晶体结构单元中排列的紧密性有关。结构单元排列得紧密与否，直接影响到晶体分子间的作用力（晶格能）。在晶格中，分子排列越紧密，熔点越高。将化合物熔化，实际上就是给予一定能量使物质分子从晶格中解脱出来，变成游离分子。

固体物质分子在晶体结构单元中排列的紧密性与分子的对称性有关。分子的对称性越高，分子在晶体结构单元中的排列就越紧密，晶格能越大，熔点就越高。分子中的支链会影响分子在晶格中的紧密排列，故带支链的分子的熔点也降低。例如：

化合物	丁烷	异丁烷	戊烷	2-甲基丁烷	正己烷	2-甲基戊烷
熔点/℃	−138.3	−145	−129.8	−159.9	−95.3	−153.6

但当分子的支链使分子结构接近球形时，有助于分子在晶格中的紧密堆积，因此熔点很高。如：

化合物	新戊烷	戊烷	2,2,3,3-四甲基丁烷	正辛烷	金刚烷	正癸烷
熔点/℃	−16.6	−129.8	102	−56.8	270	−29.7

再如，(*Z*)-丁-2-烯的沸点（3.7 ℃）比(*E*)-丁-2-烯的沸点（0.88 ℃）高，是由于顺式有弱的极性、分子间作用力强，而(*Z*)-丁-2-烯的熔点（−138.9 ℃）比(*E*)-丁-2-烯的熔点（−105.5 ℃）低，则是由于顺式的两个甲基相互排斥而发生扭曲，分子的体积增加，影响了分子在晶体结构单元中的紧密排列，晶格能减小。

(3) 相对密度

在一定温度t下，单位体积内物质的质量，相对于4 ℃时水的质量比，称为该物质在该温度下的相对密度，用d_4^t表示。一般说来，随温度的升高，分子运动加快，分子间距离增加，内聚力减小，相对密度也随之减小。

(4) 溶解度

溶解度（solubility）是指某物质在某一温度、压力下，在一定溶剂中溶解的量。当一种物质（溶质）溶解于一定溶剂时，分子或离子彼此分离，其空隙由溶剂分子占据。使物质分子或离子分离所需要的能量，由溶剂与溶质间的相互作用来提供。因此，某物质能否溶解于某溶剂，取决于两者的分子间作用力形式或极性是否相近——相似（极性和作用力相似）相溶原理。例如，非极性的烃类化合物不溶于水；而极性较大的甲醇、乙醇、叔丁醇、丙酮、乙酸等能与水以任意比例混合。另外，有机化合物的烃基变大，极性减弱，即使分子间能形成氢键，也不能与水互溶，如丁醇、丁酸等在水中的溶解度明显减少。

(5) 折射率

由于光在两种不同介质中的传播速度是不相同的，所以当光从一种介质进入另一种介质时，如果它的传播方向与两种介质的界面不垂直，则在界面处的传播方向发生改变，这种现象称为光的折射。根据折射定律，在确定的外界条件（如温度、压力等）下，一定波长的单色光从一种介质A进入另一种介质B时，入射角α和折射角β的正弦之比和折射率n_A（介质A的折射率）与n_B（介质B的折射率）之比成反比，即

$$\frac{n_B}{n_A}=\frac{\sin\alpha}{\sin\beta} \tag{3-4}$$

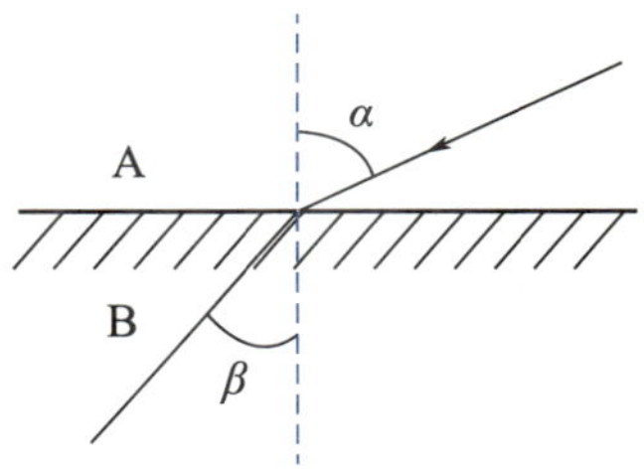

如果介质A为光疏介质，B为光密介质，即$n_A<n_B$，则折射角β必小于入射角α。当入射角α为90°，$\sin\alpha=1$，此时折射角达到最大值，称为临界角，用β_0表示。若介质A是真空，则$n_A=1$，式（3-4）成为：

$$n=\frac{\sin\alpha}{\sin\beta} \tag{3-5}$$

所以一种介质的折射率，即光从真空进入这种介质时的入射角和折射角的正弦之比，这种折射率称为该介质的绝对折射率。光通过两种介质所得的折射率称为相对折射率。通常测定的折射率，都是采用空气作为近似真空标准状态测得的。很明显，在一定波长与一定条件下，β_0也是一个常数。

当入射角α为90°，且介质A是真空时，则式（3-5）为：

$$n=\frac{1}{\sin\beta_0} \tag{3-6}$$

由此可见，如果能测定临界角，就可以得到介质的折射率。

某一物质的折射率随入射光线的波长、测定温度等因素而变化，所以折射率的表示须注明光线波长λ和测定温度t，常表示为n_D^t，其中D是以钠灯的D线（波长589.6nm）作光源，t是与折射率相对应的温度。

一般地，温度每增高1 ℃，液体有机化合物的折射率减小3.5×10^{-4}～5.5×10^{-4}。某些液体，特别是测定折射率时的温度与其沸点相近时，其温度系数可达7×10^{-4}。在实际工作中，往往把某一温度下测定的折射率换算成另一温度下的折射率。为了便于计算，一般采用4×10^{-4}为温度变化常数，虽有误差，但具有参考价值。

在某些情况下，可以利用折射率判断反应进程。在涂料工业中，介质和颜料的折射率的差别决定其遮盖能力；在塑料工业中，常用n_D^t与T的关系确定透明树脂的凝固温度；也可以利用测定折射率来确定混合物的组成，从而用于判断混合物的分离效果。例如，甲苯和四氯化碳混合物组成与折射率的关系如图3-1所示。

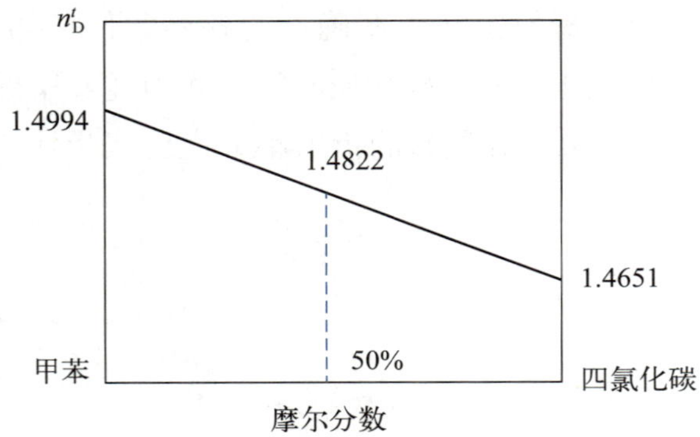

图3-1 甲苯和四氯化碳混合物组成与折射率的关系

（6）闪点与燃点

闪点（flashing point）是指液体物质受热，使表面蒸气压升高到遇明火时能闪火花而又不发生燃烧的温度。燃点（ignition point）是在液体物质受热，使表面蒸气压升高到遇明火时能发生燃烧的最低温度。通常，低沸点液体物质的闪点与燃点几乎相同。闪点与燃点是判定润滑油、增塑剂等高沸点液态有机物品质的重要参数。

3.2 烃类化合物的物理性质

3.2.1 烷烃的物理性质

常温常压下，C_4以下的烷烃为气体，C_5以上烷烃为液体或低熔点固体。部分烷烃的熔点、沸点和相对密度列于表3-1。

表3-1 部分烷烃的熔点、沸点和相对密度

名称	熔点/℃	沸点/℃	相对密度	名称	熔点/℃	沸点/℃	相对密度
甲烷	−182.6	−161.6	0.466（−164 ℃）	十一烷	−25.6	195.9	0.7402
乙烷	−182.0	−88.6	0.572（−100 ℃）	十二烷	−9.6	216.3	0.7484
丙烷	−187.1	−42.2	0.585（−45 ℃）	十三烷	−5.5	235.4	0.7564
丁烷	−138.0	−0.5	0.579	十四烷	5.9	253.7	0.7628
戊烷	−129.8	36.1	0.6263	十五烷	10	270.6	0.7685
己烷	−95.3	68.9	0.6594	十六烷	18.2	287	0.7733
庚烷	−90.5	98.4	0.6837	十七烷	22	301.8	0.778
辛烷	−56.8	125.6	0.7028	十八烷	28.2	316.1	0.7768
壬烷	−53.7	150.7	0.7179	十九烷	32.1	329.7	0.7774
癸烷	−29.7	174.0	0.7298	二十烷	36.8	343	0.7886

注：除特殊说明外，熔点、沸点均指20 ℃下的数值，相对密度为d_4^{20}下的数值。

烷烃无极性，分子间作用力主要是色散力，分子量越大，沸点越高。所以直链烃的沸点随碳原子数目的增加而有规律地升高，但升高的幅度逐渐减小。烷烃的同分异构体中，链有分支时沸点明显降低（图3-2）。

直链烷烃的熔点随碳原子数目n的增加而呈锯齿状变化，n为奇数和偶数的直链烷烃各成一条线，n为偶数的直链烷烃熔点较高（图3-3）。

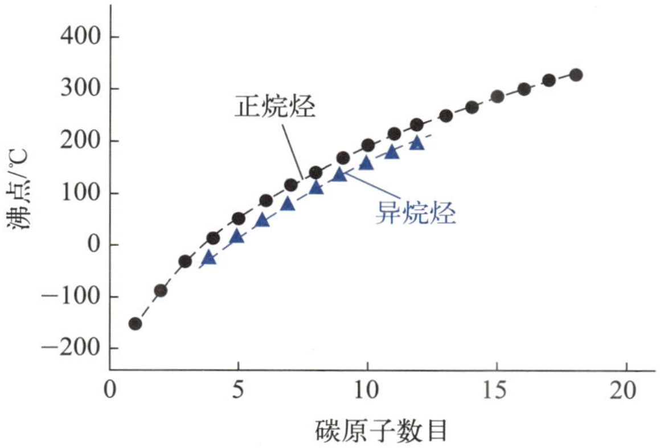

图3-2 正烷烃与异烷烃的沸点图

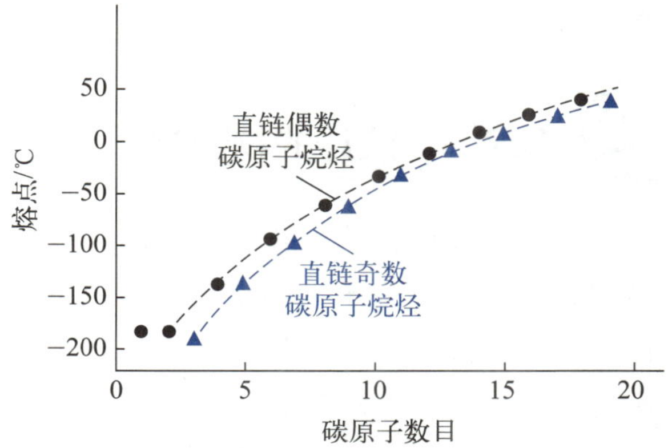

图3-3 直链烷烃的熔点与分子中所含碳原子数目的关系

烷烃的相对密度d_4^{20}随碳原子数目n的增加而升高，最后趋近于0.8 g·cm^{-3}。烷烃是有机化合物中密度最小的一类物质。石油的主要成分是烷烃，烷烃无极性，不溶于有极性的水，密度又比水小，所以总是漂浮在水面上。

3.2.2 烯烃的物理性质

所有的烯烃都不溶于水而易溶于非极性或弱极性的有机溶剂。烯烃的沸点一般略低于相应的烷烃，其中α-烯烃（末端烯烃，也称为ω-烯烃）沸点比双键在中间的烯烃低；小分子量的烯烃在常温下为气体，C_5～C_{18}的烯烃常温下为液体，C_{18}以上的烯烃为固体。烯烃分子量越大，沸点也越高。碳链骨架相同时，双键内移，沸点升高。烯烃的顺反异构体中，反式沸点低于顺式，但熔点高于顺式。顺式烯烃有弱极性（丙烯和(*Z*)-丁-2-烯的偶极矩分别为0.35 D和0.33 D），所以沸点比反式高，但由于分子扭曲而使对称性降低，熔点比反式低。部分烯烃的熔点和沸点列于表3-2。

表3-2 部分烯烃的熔点和沸点

名称	熔点/℃	沸点/℃	名称	熔点/℃	沸点/℃
乙烯	−169.1	−103.7	(*Z*)-戊-2-烯	−151.39	36.9
丙烯	−185	−47.4	(*E*)-戊-2-烯	−136	36.4
丁-1-烯	−184.3	−6.1	己-1-烯	−139.8	63.3
(*Z*)-丁-2-烯	−138.9	3.7	庚-1-烯	−119.7	94.9
(*E*)-丁-2-烯	−105.5	0.88	辛-1-烯	−104	119.2
异丁烯	−140	−6.6	壬-1-烯	−81.4	146.0
戊-1-烯	−138.0	30.2	癸-1-烯	−1.0	172.0

烯烃的相对密度也小于1，但比同碳原子数的烷烃略高。烯烃在水中的溶解度比烷烃高，有Cu^+、Ag^+存在时溶解度明显升高，这是因为金属离子能和双键的π电子配位。

3.2.3 炔烃的物理性质

炔烃的沸点、熔点和密度比烯烃和烷烃都稍高，这是由于炔键的线性结构使分子容易彼此靠近。小分子量的炔烃在常温下为气体，C_5以上的炔烃常温下为液体或低熔点固体；随着炔烃的分子量增加，沸点也升高。炔键在一端的异构体沸点最低。炔烃的相对密度也小于1，对称的炔烃无极性，端基炔烃有较弱的极性，炔烃的极性比烯烃略高，不溶于水，微溶于乙醇，易溶于低极性的烷烃、CCl_4、乙醚、苯、石油醚等有机溶剂。部分炔烃的熔点和沸点列于表3-3。

表3-3 部分炔烃的熔点和沸点

名称	熔点/℃	沸点/℃	名称	熔点/℃	沸点/℃
乙炔	−81	−84.0	己-1-炔	−132.4	71.4

续表

名称	熔点 /℃	沸点 /℃	名称	熔点 /℃	沸点 /℃
丙炔	−101.5	−23.2	己 -2- 炔	−89.6	84.5
丁 -1- 炔	−125.9	8.1	己 -3- 炔	−103.2	81.4
丁 -2- 炔	−32	27.0	辛 -1- 炔	−79.6	126.2
戊 -1- 炔	−106.5	40.2	壬 -1- 炔	−36.0	160.6
戊 -2- 炔	−109.5	56.1	癸 -1- 炔	−40.0	182.2

3.2.4　脂环烃的物理性质

常温下，小环烷烃（环丙烷和环丁烷）为气体，中环烷烃（C_5～C_{10}）为液体，大环烷烃（C_{11}以上）为固体。环烷烃的沸点也随分子量的增加而升高，但与碳原子数相同的烷烃、烯烃和炔烃相比，环烷烃的沸点和相对密度一般都比较高。环烷烃的熔点无规律，应该与它们的稳定构象有关。稳定构象中，有利于紧密堆积的，熔点会高一些。环烷烃不溶于水，易溶于有机溶剂。部分环烷烃的熔点、沸点和相对密度列于表3-4。

表3-4　部分环烷烃的熔点、沸点和相对密度

名称	熔点 /℃	沸点 /℃	相对密度
环丙烷	−127.6	−32.9	—
环丁烷	−80.0	12.5	—
环戊烷	−93.9	49.3	0.7457
环己烷	6.6	80.7	0.7786
环庚烷	−12.1	118.5	0.8098
环辛烷	14.3	150.0	0.8349

3.2.5　芳香烃的物理性质

大多数芳香烃为液体，而且具有香味，但毒性较高。例如，苯的蒸气浓度高时，作用于中枢神经引起急性中毒；浓度低时，长期接触会损害造血器官。同系列烷基苯的沸点随分子量增加而升高，每增加一个CH_2，沸点就升高20～30 ℃。二取代的芳香烃，各种位置异构体的沸点接近，极性大的异构体沸点高一些，而结构对称性高的对位异构体熔点较高。例如，对二甲苯的熔点13.3 ℃、沸点138.2 ℃，邻二甲苯的熔点 −25.5 ℃、沸点144.4 ℃，而间二甲苯的熔点 −47.9 ℃、沸点139.1 ℃。它们熔点相差较大，可以通过深冷分离法分离出对二甲苯，再经过精密蒸馏分离开邻位和间位异构体。苯及其同系列的相对密度比链烃以及环烃都大，但仍然小于水。芳香烃不溶于水，易溶于有机溶剂，

如乙醚、四氯化碳、石油醚等。表3-5列出了苯及部分衍生物的熔点、沸点和相对密度。

表3-5 苯以及部分衍生物的熔点、沸点和相对密度

化合物	熔点 /℃	沸点 /℃	相对密度
苯	5.5	80.1	0.8765
甲苯	−95	110.6	0.8699
乙苯	−94.9	136.2	0.8670
正丙苯	−99.5	159.2	0.8620
异丙苯	−96.9	152.4	0.8618
正丁苯	−88	183	0.8601
仲丁苯	−75	173	0.8621
叔丁苯	−57.8	169	0.8665
邻二甲苯	−25.5	144.4	0.8802
间二甲苯	−47.9	139.1	0.8642
对二甲苯	13.3	138.2	0.8611
邻乙基甲苯	−80.8	165.2	0.881
间乙基甲苯	−95.6	161.3	0.867
对乙基甲苯	−62.4	162	0.861
1,2,3- 三甲苯	−25	176.1	0.8944
1,2,4- 三甲苯	−43.78	169.4	0.8761
1,3,5- 三甲苯	−44.8	164.7	0.8637
苯乙烯	−31	145	0.9074
苯乙炔	−44.8	142.4	0.9295
萘	80	218	—
蒽	216.2	354	—
菲	101	340	—
联苯	70.5	255	—

苯、甲苯和二甲苯都是常用的溶剂。工业上，有时候使用三者的混合物，称为混苯。市售的二甲苯也是邻、间、对三种异构体的混合物，也常作为溶剂。联苯以及萘、蒽、菲等稠环芳烃在常温下都是固体。联苯则由于其低熔点和高稳定性，常与二苯醚混合作为导热油。

3.3 卤代烃的物理性质

自然界存在的卤代烃很少，大多数含有卤素的有机化合物都是合成出来的，而含有卤素的有机化合物都有较大毒性，这类化合物对环境的污染是显而易见的。因此，很多含卤素的农药都已被淘汰。当然，有很多药效很好的药物也含有卤素。氟代烃的毒性很高，尤其是含偶数碳原子的氟代烃，可能是其在生物体内被代谢成了剧毒的氟乙酸。碘代物见光易分解，所以需要避光存放。

3.3.1 卤代烷烃的物理性质

由于卤原子的电负性强，卤代烷烃中电子云偏离碳原子而产生极性。几种卤代甲烷的偶极矩列于表3-6。

表3-6 几种卤代甲烷的偶极矩

X	CH_3X	CH_2X_2	CHX_3	CX_4
F	1.82 D	—	—	0
Cl	1.94 D	1.60 D	1.03 D	0
Br	1.79 D	1.45 D	1.02 D	0
I	1.64 D	1.11 D	1.00 D	0

常温下，只有氯甲烷、氯乙烷、溴甲烷及C_4以下的一氟代烷是气体，一般卤代烷烃为液体，高级卤代烷烃为固体。一卤代烷烃的极性使其沸点比相应的烷烃高得多；当卤素相同时，端基取代的直链卤代烷烃的沸点随分子量的增加而升高，这是因为它们的极性相似，而分子量增大，分子体积增大，色散力增大；若烃基相同，卤代烷烃的沸点按F、Cl、Br、I的顺序依次升高，这是因为卤素原子的体积依次增大，色散力增强；对于骨架相同的一卤代烷烃，卤素内移，沸点升高；在一卤代烷烃的同分异构体中，直链异构体沸点最高，分支越多，沸点越低。

卤代烷烃的相对密度比烷烃大。一氯代烷烃和一氟代烷烃相对密度小于1，一溴代烷烃和一碘代烷烃的相对密度大于1；烃基相同时，卤代烷烃按F、Cl、Br、I的顺序相对密度依次升高；卤素相同时，卤代烷烃分子量增大，密度降低，分子中卤素越多，密度则越高，也就是卤素质量分数越高，密度就越大。部分一卤代烷烃的沸点和相对密度列于表3-7。

表3-7 部分一卤代烷烃的沸点和相对密度

烷基	RF		RCl		RBr		RI	
	沸点/℃	相对密度	沸点/℃	相对密度	沸点/℃	相对密度	沸点/℃	相对密度
甲基	−78.4	—	−24.2	—	3.6	—	42.4	2.279
乙基	−37.7	—	12.3	—	38.4	1.440	72.3	1.933
正丙基	−2.5	—	46.6	0.8900	71.0	1.335	102.5	1.747
异丙基	−9.4	—	34.8	0.8592	59.4	1.310	89.5	1.705
正丁基	32.5	0.7790	78.4	0.8845	101.6	1.276	130.5	1.617
仲丁基	25.3	0.7662	68.3	0.8712	91.2	1.258	120	1.595
异丁基	25.1	—	68.8	0.8754	91.4	1.261	121	1.605
叔丁基	12.1	—	50.7	0.8401	73.1	1.222	100	—
正戊基	62.8	—	107.8	0.8832	129.6	1.223	157	1.517
环己基	80.7	—	142.5	1.000	167	1.324	—	—

多卤代烷烃的化学活性较低，热稳定性良好，不易燃烧，是很好的溶剂。常作为溶剂的多卤代烷烃有二氯甲烷（沸点40.1 ℃，相对密度1.326）、三氯甲烷（又名氯仿，沸点61.2 ℃，相对密度1.4832，因光和空气能使其产生有剧毒的光气，故常加入约1%乙醇作为稳定剂）、四氯化碳（沸点76.8 ℃，相对密度1.594）以及1,2-二氯乙烷（沸点83.7 ℃，相对密度1.252）等。四氯化碳不燃烧，所以曾一度作为灭火剂，但因其毒性很大，高温时又容易遇水分解产生光气，故已不再使用。全氟化合物热稳定性高，如聚四氟乙烯（特氟隆）是很好的高分子材料，具有耐高温、耐酸、耐碱、几乎不溶于所有的溶剂等特点，在涂料、机械、电器等行业占有重要地位。氟利昂（几种氯代甲烷和氟氯代乙烷的总称）常温下是无色气体，曾一度作为制冷行业的制冷剂，但因其对环境破坏严重，已被停止使用。

3.3.2 卤代烯烃的物理性质

卤素连接于饱和碳原子上的一卤代烯烃与饱和卤代烷烃的物理性质相似。而卤素直接连接在双键上的乙烯式卤代烯烃，因卤素和双键间存在p-π共轭作用，偶极矩要比相似结构的卤代烷烃小得多。例如：

分子	偶极矩	分子	偶极矩
$CH_2{=}CH{-}Cl$	1.45 D	$CH_2{=}CH{-}Br$	1.42 D
$CH_3CH_2{-}Cl$	2.05 D	$CH_3CH_2{-}Br$	2.03 D

这种差别使得乙烯式卤代烯烃的沸点比相应的卤代烷烃低。部分卤代烯烃的熔点、沸点和相对密度列于表3-8。

表3-8 部分卤代烯烃的熔点、沸点和相对密度

化合物	熔点/℃	沸点/℃	相对密度	化合物	熔点/℃	沸点/℃	相对密度
氯乙烯	−159.8	13.4	—	烯丙基碘	−99.3	103.1	1.830
溴乙烯	−137.7	15.6	—	1-氯环己烯	—	142.7	1.020
碘乙烯	—	56.2	2.037	3-氯环己烯	—	146	0.99
(*E*)-1-氯丙烯	−99	37.4	0.921	1-溴环己烯	—	165.2	1.436
烯丙基氯	−134.5	45	0.9380	3-溴环己烯	—	58(1.6 kPa)	1.389
烯丙基溴	−119	71.3	1.398				

二卤代乙烯具有顺反异构体，它们的极性不同，因此可以通过测定偶极矩加以判定。顺反异构体的熔点和沸点也有明显差别，顺式异构体比反式的沸点高，而熔点比反式的低。例如：

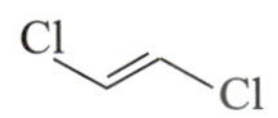

μ=0 D；mp=−50 ℃；bp=47.5 ℃

μ=1.82 D；mp=−80.5 ℃；bp=60.3 ℃

3.3.3 卤代芳烃的物理性质

卤素直接与芳环相连的卤代芳烃与乙烯式卤代烯烃相似，也由于存在p-π共轭作用，偶极矩比相对应的卤代环己烷小，碳卤键的键长也短。除氟苯极性特殊外，溴苯和氯苯的沸点比卤代环己烷低，但相对密度稍高。卤代芳烃的相对密度都大于1，比水重。在卤代芳烃的邻、间、对三种位置异构体中，对位异构体的高对称性使其熔点最高，而邻位异构体的高极性使其沸点最高。六氟苯没有极性，氟原子的体积又比较小，所以它的沸点与苯很接近。部分卤代芳烃的熔点、沸点和相对密度列于表3-9。

表3-9 部分卤代芳烃的熔点、沸点和相对密度

化合物	熔点/℃	沸点/℃	相对密度	化合物	熔点/℃	沸点/℃	相对密度
氟苯	−42	85	1.024	对二氯苯	54	174	1.241
氯苯	−45	131.7	1.106	邻二溴苯	7.1	225	1.984
溴苯	31	156	1.495	间二溴苯	−7	218	1.952
碘苯	−29	188.3	1.829	对二溴苯	87.3	219	—
邻二氟苯	−34	93.3	1.165	邻溴甲苯	−27.7	181.7	1.423
间二氟苯	−59	83	1.155	间溴甲苯	−39.8	183.7	1.410

续表

化合物	熔点 /℃	沸点 /℃	相对密度	化合物	熔点 /℃	沸点 /℃	相对密度
对二氟苯	−23	89	1.170	对溴甲苯	28.5	184.3	—
邻二氯苯	−17	180.5	1.305	六氟苯	4.1	82	1.612
间二氯苯	−24.7	173	1.288	六氯苯	229	326	—

3.4 含氧化合物的物理性质

3.4.1 醇的物理性质

醇分子中有羟基（—OH），分子间作用力除范德华力外，还有氢键，故分子间作用力较强。通常分子间通过氢键形成线性缔合：

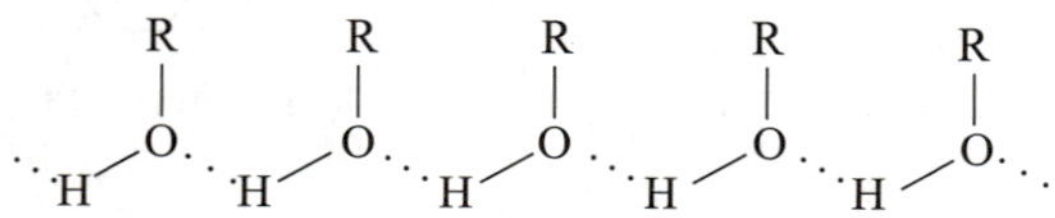

所以醇的沸点比分子量相近的烃类化合物高得多。例如：

化合物	bp/℃	化合物	bp/℃
CH_3OH	65.0	CH_3CH_3	−88
C_2H_5OH	78.5	$CH_3CH_2CH_3$	−42.2
$CH_3(CH_2)_2OH$	117.3	$CH_3(CH_2)_2CH_3$	−0.5
$CH_3(CH_2)_{15}OH$	344.0	$CH_3(CH_2)_{15}CH_3$	302.6

支链的存在也影响醇分子间的相互接近，使分子间作用力降低，沸点也降低，而且支链越多，醇的沸点越低。骨架相同时，沸点按伯醇、仲醇、叔醇的顺序依次降低。

化合物

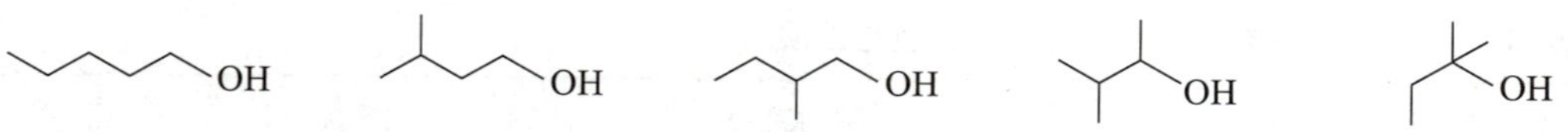

bp/℃	137.3	128.5	128	112	102

氢键的存在，以及羟基给醇分子带来的极性，使得分子的内聚力比烷烃高，所以脂肪醇的相对密度比烷烃大，但仍然小于1，而芳香醇的密度通常大于1。由于醇有极性，分子间作用力也与水相似，因此，小分子的醇（甲醇、乙醇、丙醇、异丙醇和叔丁醇）能与水以任意比例混合。然而，在室温下，正丁醇、异丁醇在水中的溶解度约为8%，C_5以上的醇在水中溶解度小于1%或不溶。这是因为烃基的体积增加，阻碍了氢键的形成。

多元醇能形成更多的氢键，分子间作用力更高，所以其沸点和相对密度比一元醇都高很多。部分醇的熔点、沸点和相对密度列于表3-10。

表3-10　部分醇的熔点、沸点和相对密度

化合物	熔点 /℃	沸点 /℃	相对密度	化合物	熔点 /℃	沸点 /℃	相对密度
甲醇	−97	64.7	0.7915	正戊醇	−79	138	0.8146
乙醇	−114.5	78.3	0.7850	正己醇	−52	157	0.8200
正丙醇	−126.4	97.2	0.8053	环戊醇	−19	141	0.9488
异丙醇	−88.5	82.5	0.7851	环己醇	24	161	0.962
烯丙醇	−50	97.1	0.8540	苯甲醇	−15	205	1.046
正丁醇	−88.6	118	0.8060	2- 苯乙醇	−27	219	1.020
仲丁醇	−114.7	99.6	0.8080	乙二醇	−16	197	1.118
异丁醇	−108.8	107.7	0.8020	丙三醇	18	290	1.261
叔丁醇	25.8	82.4	0.7887				

3.4.2　酚的物理性质

苯酚及很多苯酚的取代衍生物有刺鼻的气味和强烈的腐蚀性，会灼伤皮肤。苯酚及其部分衍生物有很强的杀菌作用，来苏儿就是约50%的三种甲基苯酚异构体的混合物乳化液，常用作医疗器械等的杀菌剂，使用时稀释至约5%。

酚也能形成氢键。多数酚呈结晶固体，极少数在室温下为液体，但沸点很高。能够形成分子内氢键的邻位取代酚要比其他异构体的熔点和沸点低，如氯代苯酚和硝基苯酚。酚在水中有一定的溶解度。部分酚类化合物的熔点、沸点及在水中的溶解度列于表3-11。

表3-11　部分酚类化合物的熔点、沸点及在水中的溶解度

化合物	熔点 /℃	沸点 /℃	溶解度 / (g/100g 水)	化合物	熔点 /℃	沸点 /℃	溶解度 / (g/100g 水)
苯酚	43	181.8	8.2	间硝基苯酚	97	278	1.3
邻甲基苯酚	30.9	191	2.5	对硝基苯酚	115	279	1.6
间甲基苯酚	11.3	203	0.5	邻苯二酚	105	246	45.1
对甲基苯酚	34.3	202	1.8	间苯二酚	110	276	147.3
邻氯苯酚	7	174.9	2.8	对苯二酚	170	285	6
间氯苯酚	32	219.8	2.6	1- 萘酚	96	279	
对氯苯酚	42	214	2.7	2- 萘酚	122	285	0.1
邻硝基苯酚	46	216	0.2				

3.4.3 醚的物理性质

醚没有活泼氢，不会形成氢键，分子间作用力比分子量相当的醇弱得多。所以醚的沸点比分子量相当的醇低得多，与分子量相当的烃的沸点更接近。除甲醚和甲乙醚在常温下为气体外，很多醚为无色、有特殊气味的易挥发易燃液体。

醚在水中的溶解度比分子量相当的烃大，因为醚能与水形成氢键，且有极性。乙醚在水中的溶解度约为8%。醚常用作溶剂，常见的有乙醚、乙二醇单甲醚或乙二醇二甲醚、乙二醇单乙醚及乙二醇二乙醚（能溶解纤维素，故又叫溶纤剂）、四氢呋喃（THF）、二噁烷等。部分醚类化合物的熔点、沸点和相对密度列于表3-12。

表3-12 部分醚类化合物的熔点、沸点和相对密度

化合物	熔点 /℃	沸点 /℃	相对密度	化合物	熔点 /℃	沸点 /℃	相对密度
甲醚	−140	−24.8	—	乙二醇二甲醚	−58	84	0.8665
甲乙醚	−139.2	10.8	—	环氧乙烷	−113	11	—
乙醚	−116	34.6	0.7410	四氢呋喃	108.6	66	0.8892
丙醚	−122	90.5	0.7360	1,4- 二氧六环	11.8	101.3	1.0336
丁醚	−98	143	0.7704	苯甲醚	−37.5	155.5	0.9943

3.4.4 醛、酮、醌的物理性质

在室温下，甲醛为气体，其他小分子醛、酮为液体，高级醛、酮为固体。小分子醛、酮有刺激性气味，而C_8～C_{13}的醛以及一些中级酮有特殊香味，尤其是一些天然醛、酮可作为香料而广泛应用于食品和化妆品行业，如香酮（3- 甲基环十五烷酮）有甘甜的浓香，茴香醛（对甲氧基苯甲醛）有山楂的香气等。

醛、酮分子间无氢键，但羰基的存在使其具有极性，所以醛、酮的沸点比分子量相当的醇低得多，但比分子量相当的烃高，而且比分子量相当的醚还高。

醛、酮在水中有一定溶解度，比分子量相当的醇小。例如，丙酮与水互溶，甲醛在水中溶解度约为40%，而苯甲醛在水中溶解度约为3%。部分醛、酮的熔点、沸点和相对密度列于表3-13。

表3-13 部分醛、酮的熔点、沸点和相对密度

化合物	熔点 /℃	沸点 /℃	相对密度	化合物	熔点 /℃	沸点 /℃	相对密度
甲醛	−92.2	−19.3	—	丙酮	−95.4	56.2	0.7899
乙醛	−121	20.8	0.7834	丁酮	−86.3	79.6	0.8054
丙醛	−81.2	48.8	0.8058	戊 -2- 酮	−77.8	102	0.8089

续表

化合物	熔点 /℃	沸点 /℃	相对密度	化合物	熔点 /℃	沸点 /℃	相对密度
丁醛	−99	75.5	0.8170	戊 -3- 酮	−39.8	101.7	0.8138
戊醛	−92	103.4	0.8095	苯乙酮	20.5	202.6	1.0281
丙烯醛	−86.5	52.5	0.8389	环戊酮	−58.2	130.7	0.9509
苯甲醛	−26.2	178.7	1.0450	环己酮	−16.4	155.6	0.9478

醌是一种特殊的酮，在室温下为固体，有一定颜色。例如，对苯醌为黄色结晶，熔点为115 ℃；邻苯醌为红色片状晶体，熔点为60~70 ℃(分解)；1,4-萘醌为黄色针状结晶，熔点为126 ℃；9,10-蒽醌也是黄色针状结晶，熔点为286 ℃。

3.4.5　羧酸及其衍生物的物理性质

室温下，C_{10}以下的羧酸为液体，有刺激性。C_{10}以上的羧酸为固体。多元酸和芳香酸常温下都是固体。羧酸的沸点比分子量接近的醇还要高，如甲酸、乙酸和丙酸的沸点分别为101 ℃、117.9 ℃和141 ℃；而分子量相当的乙醇、正丙醇和正丁醇的沸点分别只有78.5 ℃、97.2 ℃和118 ℃。这是因为羧酸分子间通过两个氢键形成了双分子缔合体。二聚分子中的氢键以二聚甲酸［$(HCOOH)_2$］中的氢键最为典型，它是由一分子甲酸中的羟基氢原子和另一分子羧基中羰基氧原子彼此结合而成的环状结构。

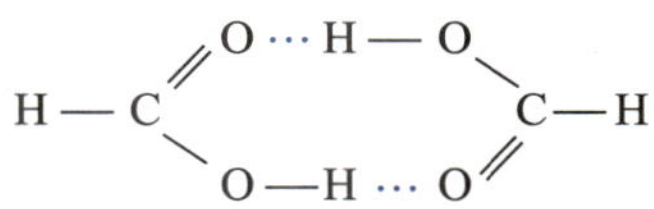

二聚甲酸

由于二聚体没有可供再缔合的氢原子，所以不能形成三聚体分子。一般如CH_3COOH、C_6H_5COOH等都能借氢键结合成二聚分子$(RCOOH)_2$。

羧酸有极性，又能和水形成氢键，在水中的溶解度大于相应的醇。C_5以下的羧酸能与水互溶，C_{12}以上的羧酸几乎不溶于水。直链羧酸的沸点随碳原子数目的增加而升高，但相对密度逐渐降低。部分羧酸的熔点、沸点、相对密度和在水中的溶解度列于表3-14。

表3-14　部分羧酸的熔点、沸点、在水中的溶解度和相对密度

化合物	熔点 /℃	沸点 /℃	相对密度	溶解度 /(g/100g)
甲酸	8.4	100.7	1.220	互溶
乙酸	6.6	118	1.027	互溶
丙酸	−21.5	141	0.993	互溶
丁酸	−7.9	164	0.959	互溶

续表

化合物	熔点 /℃	沸点 /℃	相对密度	溶解度 /(g/100g)
戊酸	−35	187	0.939	3.7
己酸	−3.4	205	0.927	1.0
庚酸	−7.5	223.5	0.918	0.24
辛酸	16.5	239.7	0.910	0.07
壬酸	12.5	254.8	0.907	—
癸酸	31.5	270		0.015
十二烷酸	44	225		—
十六烷酸	63	390		—
乙二酸	189.5			10
丁二酸	188			5.8
己二酸	153			1.5
苯甲酸	122.4			0.34
邻苯二甲酸	231			0.7
间苯二甲酸	349			0.01
对苯二甲酸	300(升华)			0.002
3-苯丙烯酸	133			0.001
α-萘乙酸	135.5			0.04

羧酸的碱金属盐都是固体，水溶性较好，脂溶性较差。长碳链羧酸的碱土金属盐水溶性很差，所以在硬水中用肥皂（高级脂肪酸钠）洗衣效果不好。

酰卤的主要代表是酰氯。低级的酰氯常温下为液体，一般都具有强烈刺激性，其沸点比相应的羧酸低（如乙酰氯的沸点为51 ℃）。甲酰氯在常温下不稳定，容易分解成一氧化碳和氯化氢；高级的酰氯常温下为固体。酰氯不溶于水，然而，小分子的酰氯遇水剧烈水解，若产物溶于水，则看起来好像酰氯溶解一样。酰氯的相对密度一般大于1。

酸酐也有强烈刺激性。低级酸酐为液体（如乙酸酐的熔点为−73 ℃），高级酸酐为固体（如苯甲酸酐的熔点为42 ℃）。酸酐的水溶性也很小，遇热水会缓慢水解。

羧酸酯中，常见的酯为液体，不溶于水，有香味。乙酸丁酯（玫瑰味）、乙酸异戊酯（香蕉味）、戊酸异戊酯（苹果味）等许多酯是配制香精的原料。

酰胺也可以通过氢键缔合，而且缔合程度更高，除甲酰胺为液体外，其他酰胺为固体。C_1～C_5酰胺可溶于水，其他酰胺不溶。*N*-取代酰胺或*N*,*N*-二取代酰胺分子中，因氮原子上的氢被取代，氢键缔合作用减小或消失，所以熔点、沸点降低。如*N*,*N*-二甲基甲酰胺（DMF）和*N*,*N*-二甲基乙酰胺（DMAC）常温下为液体，有氨味，沸点分别为

153.4 ℃和165.3 ℃，是良好的溶剂。

小分子腈一般为液体，氰基是高度极化的，所以腈有较大的偶极矩和较高的沸点。例如，乙腈的沸点为81.6 ℃，偶极矩为4.03 D，能和水互溶，是良好的溶剂；苯甲腈的沸点为190.7 ℃，偶极矩为4.39 D。

部分羧酸衍生物的熔点和沸点列于表3-15。

表3-15 部分羧酸衍生物的熔点和沸点

化合物	熔点/℃	沸点/℃	化合物	熔点/℃	沸点/℃
乙酰氯	−112.2	51.0	乙酸酐	−73	139.6
丙酰氯	−94	80	丙酸酐	−45	169
丁酰氯	−89	102	苯甲酸酐	42	360
苯甲酰氯	−1.1	197.0	丁二酸酐	119.6	261
甲酸甲酯	−100	32	顺丁烯二酸酐	53	202
甲酸乙酯	−80	54	邻苯二甲酸酐	131	—
乙酸甲酯	−98	57.5	甲酰胺	3.3	200(分解)
乙酸乙酯	−84	77	乙酰胺	82.2	221.2
乙酸丁酯	−77.1	126.1	丙酰胺	80	213.4
乙酸异戊酯	−78.4	142.1	丁酰胺	116.3	216.2
苯甲酸乙酯	−32.7	213.2	苯甲酰胺	130.3	290.1
苯甲酸苄酯	18.8	324.6	乙酰苯胺	114.5	305.6
甲基丙烯酸甲酯	−50	100	邻苯二甲酰亚胺	238	—
丙二酸二乙酯	−50.3	199	*N*,*N*-二甲基甲酰胺	−61	153.4
邻苯二甲酸二丁酯	34	340	*N*,*N*-二甲基乙酰胺	—	165.3

3.5 含氮化合物的物理性质

3.5.1 胺和季铵的物理性质

在室温下，甲胺、二甲胺、三甲胺和乙胺为气体，有氨的气味，其他低级脂肪胺为液体，很多有难闻的臭味。胺有极性，其偶极矩比结构相似的醇小。芳胺的偶极矩方向由氮原子指向苯环，因为氮原子和苯环有p-π共轭效应。例如：

化合物	$EtNH_2$	EtOH	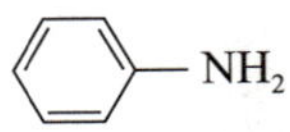	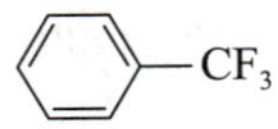	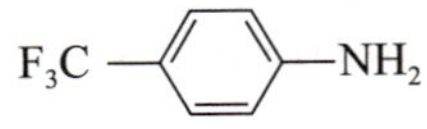
偶极矩(μ)	1.2 D	1.7 D	1.3 D	2.9 D	4.3 D

由于N原子的电负性较小，极性较弱，因此，胺的沸点比分子量相当的醇低。分子量相当时，胺的沸点按伯胺、仲胺、叔胺的顺序依次降低。

脂肪族伯胺在水中的溶解度与结构相似的脂肪醇相近，小分子的胺较易溶于水，若分子量增加，在水中的溶解度降低。

芳胺与酚相似，多数为高沸点液体或低熔点固体。芳胺有较大毒性，能通过皮肤吸收，有致癌作用。

部分胺的熔点、沸点和相对密度列于表3-16。

表3-16 部分胺的熔点、沸点和相对密度

化合物	熔点 /℃	沸点 /℃	相对密度	化合物	熔点 /℃	沸点 /℃	相对密度
甲胺	−93.5	−6.3	—	乙二胺	8.5	116.5	0.899
二甲胺	−93	7.4	—	1,6-己二胺	42	205	—
三甲胺	−117.2	2.9	—	苯胺	−6.5	184	1.022
乙胺	−81	16.6	—	*N*-甲基苯胺	−57	196.5	0.989
二乙胺	−48	56.3	0.705	*N,N*-二甲基苯胺	2.5	194	0.956
三乙胺	−114.7	89.3	0.756	二苯胺	54	302	—
正丙胺	−83	47.8	0.719	三苯胺	127	365	—
异丙胺	−101	34	0.689	α-萘胺	50	300.8	—
正丁胺	−49.1	77.8	0.740	β-萘胺	113	306.1	—

季铵盐在常温下是固体，具有盐的特点，易溶于水，也易溶于有机溶剂，所以，一些含有长碳链的季铵盐（如氯化二甲基苄基十二烷基铵等）可以作为阳离子表面活性剂，具有很好的去污效果，而且有强的杀菌能力。季铵碱是强碱，在水中可以完全电离，也能溶于有机溶剂。

3.5.2 硝基化合物的物理性质

由于硝基的强吸电子作用，硝基化合物都有较大的极性。所以多数脂肪族硝基化合物为高沸点液体或低熔点固体，而且密度大、水溶性差。芳香族硝基化合物也多是高沸点液体或低熔点固体，且毒性高，几乎都有颜色（因为它们有较大的共轭体系），如硝基苯为淡黄色，对硝基甲苯为黄色。多硝基化合物受热时易分解而爆炸，如2,4,6-三硝基

甲苯（TNT）是烈性炸药。使用硝基化合物时要注意安全。部分硝基化合物的熔点、沸点和相对密度列于表3-17。

表3-17　部分硝基化合物的熔点、沸点和相对密度

化合物	熔点 /℃	沸点 /℃	相对密度	化合物	熔点 /℃	沸点 /℃	相对密度
硝基甲烷	−28.5	100.8	1.137	1,3,5- 三硝基苯	122.2	315	—
硝基乙烷	−50	115.6	1.053	邻硝基甲苯	−9.5	221.7	1.163
1- 硝基丙烷	−108	131.5	1.001	对硝基甲苯	54.5	238.3	—
2- 硝基丙烷	−93	120.2	0.992	2,4- 二硝基甲苯	71.2	300	—
硝基苯	5.7	210.8	1.204	2,4,6- 三硝基甲苯	82.3	280(爆炸)	—
间二硝基苯	89.8	约 300	—				

3.5.3　重氮化合物的物理性质

脂肪族重氮盐（$RN_2^+X^-$）在水中很不稳定，容易分解放出氮气。而某些脂肪族重氮化合物在非质子溶剂中比较稳定，如重氮甲烷（CH_2N_2）可以存放于乙醚中。若分子内存在共轭效应，则重氮化合物稳定性提高，如重氮乙酸乙酯（$N_2CHCO_2C_2H_5$），在常温下为黄色液体，但低温保存更安全。

芳香族重氮化合物（$ArN_2^+X^-$）有共轭结构，稳定性也较高，而且有颜色。但其水溶液即使在低温下一般也不能长期存放。大多数重氮盐可溶于水，但氟硼酸重氮盐水溶性很差，在干燥情况下稳定，甚至可以在常温存放，温度高时也会发生分解放出氮气。

3.5.4　偶氮化合物的物理性质

偶氮化合物对热稳定，尤其是偶氮苯衍生物。偶氮化合物在光照下容易发生互变异构。例如，偶氮苯在光照下发生顺反异构体的互变，互变的能垒约30～100 kJ·mol^{-1}。

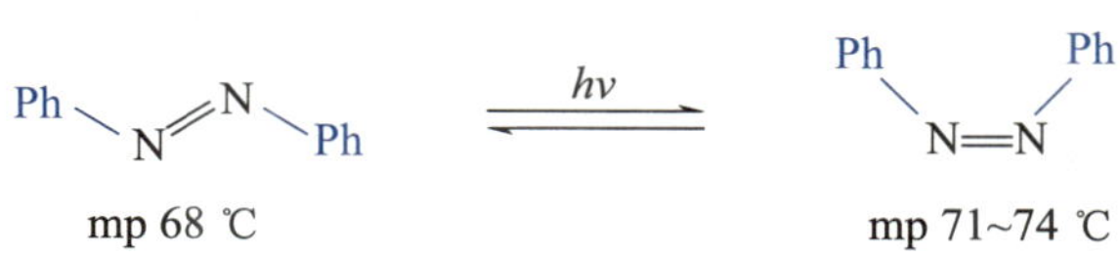

偶氮苯衍生物都有颜色，是染料的重要类型之一。有些偶氮苯衍生物还随酸碱的改变而发生颜色变化，因为共轭体系发生了改变。例如，甲基橙在碱性条件下显橙色，而在酸性条件下为红色，所以是一种常用的酸碱指示剂，变色pH值范围在3.1～4.5。

3.6 杂环化合物的物理性质

3.6.1 五元杂环化合物的物理性质

（1）呋喃及其衍生物

呋喃（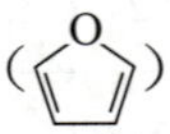）存在于松木焦油中，常温下为无色液体，有特殊气味，有麻醉和弱刺激作用，吸入后可引起头晕、恶心，熔点为 − 85.6 ℃，沸点为31.4 ℃，相对密度为0.9336，不溶于水，易溶于有机溶剂，易挥发、易燃。呋喃蒸气遇到被盐酸浸泡过的松木片时呈现绿色，这种现象称为松木片反应，可以用于检验呋喃的存在。呋喃的一种重要衍生物是2-呋喃甲醛（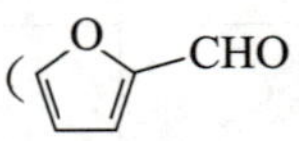），又名糠醛，它是由一些农副产品（如玉米芯、谷糠等）中存在的五碳糖在酸性条件下转化而成的一种重要化学品。糠醛为无色而有特殊气味的液体，熔点为 − 36.5 ℃，沸点为161.7 ℃，微溶于水，能溶于醇、醚等有机溶剂，久置易被空气氧化而变色。

（2）吡咯及其衍生物

吡咯（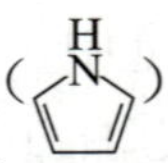）存在于煤焦油中，常温下为无色油状液体，熔点为 − 23 ℃，沸点为131 ℃，相对密度为0.9691，不溶于水，易溶于乙醇、乙醚等有机溶剂。在长期贮存过程中易受光的作用而聚合并转为棕色。吡咯蒸气遇到被盐酸浸泡过的松木片时呈现红色，可用以检验吡咯及其低级衍生物的存在。吡咯衍生物广泛存在于自然界中，在叶绿素、血红素以及维生素B_{12}中都含有吡咯环。

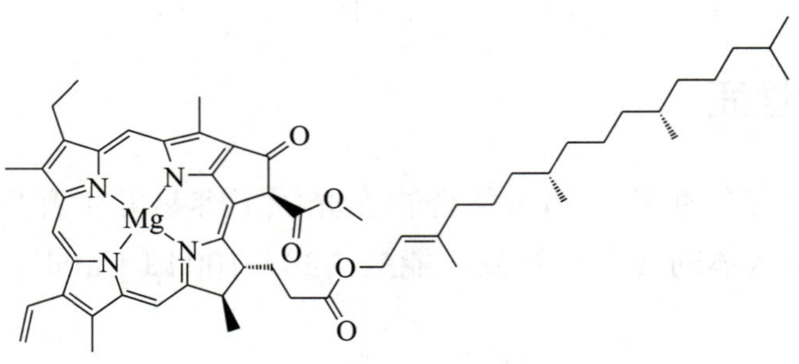
叶绿素A

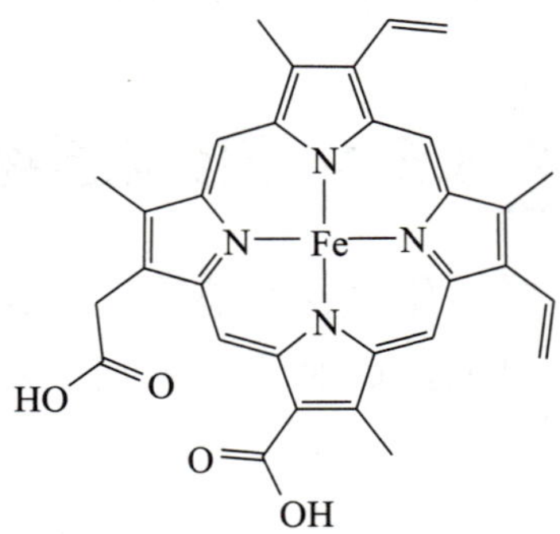
血红素

（3）噻吩及其衍生物

噻吩（）天然存在于石油中，含量可高达数个百分点，在煤焦油蒸馏所得粗苯中噻吩约占0.5%，常温下为无色有恶臭的液体，熔点为 − 38.3 ℃，沸点为84.1 ℃，相对密度为1.064，不溶于水，可溶于乙醇、乙醚等多数有机溶剂。在浓硫酸存在下与靛红共热

显示蓝色，可用于检验噻吩。噻吩衍生物广泛存在于合成医药、农药、染料、高分子助剂等中。

(4) 咪唑和吡唑

咪唑（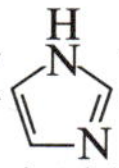）在常温下为固体，熔点为89 ℃，沸点为255 ℃。易溶于水及乙醇、乙醚、氯仿等极性有机溶剂，微溶于苯，难溶于石油醚。

吡唑（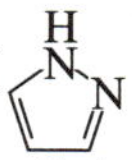）在常温下为无色针状或棱形结晶，熔点为70 ℃，沸点为188 ℃，能溶于水、醇、醚和苯等，有类似吡啶的臭味和刺激性苦味。

咪唑、吡唑及其衍生物都是重要的有机合成原料，广泛应用于医药、农药等的合成中。

(5) 噁唑和异噁唑

噁唑（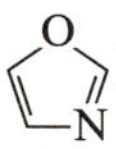）在常温下为无色或淡黄色液体，熔点为－86 ℃，沸点为70 ℃，相对密度为1.050。

异噁唑（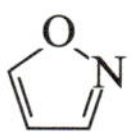）在常温下是液体，熔点为－86 ℃，沸点为95 ℃，相对密度为1.080。

噁唑和异噁唑都微溶于水，易溶于有机溶剂，虽在自然界几乎不存在，但在很多合成医药和农药中存在，如磺胺甲噁唑、异噁唑草酮等。

(6) 噻唑和异噻唑

噻唑（）在常温下为具有腐败臭味的无色或淡黄色液体，沸点为116.8 ℃，相对密度为1.200，微溶于水，易溶于乙醇、乙醚及丙酮。

异噻唑（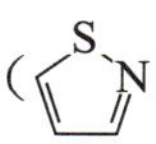）在常温下为无色液体，沸点为114 ℃。微溶于水，易溶于乙醇、苯等有机溶剂。

噻唑和异噻唑环主要存在于一些合成药物、除草剂、杀菌剂等中。

3.6.2 六元杂环化合物的物理性质

(1) 吡啶及其衍生物

吡啶（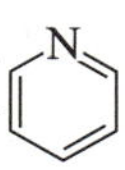）主要存在于煤焦油及页岩油中。常温下为无色具有强烈臭味的液体，熔点为－42 ℃，沸点为115.3 ℃，相对密度为0.9820，能溶于水以及很多有机溶剂。吡啶衍生物在自然界分布较广泛，维生素B_6及辅酶中都含有吡啶环。

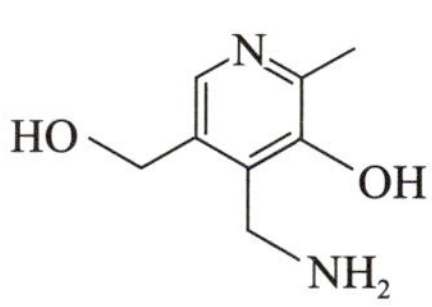

维生素B_6

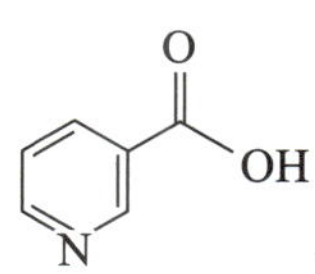

维生素B_3（烟酸）

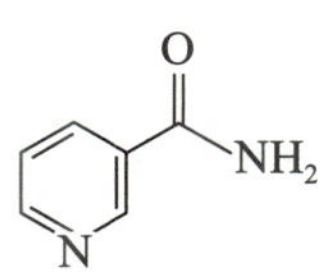

烟酰胺

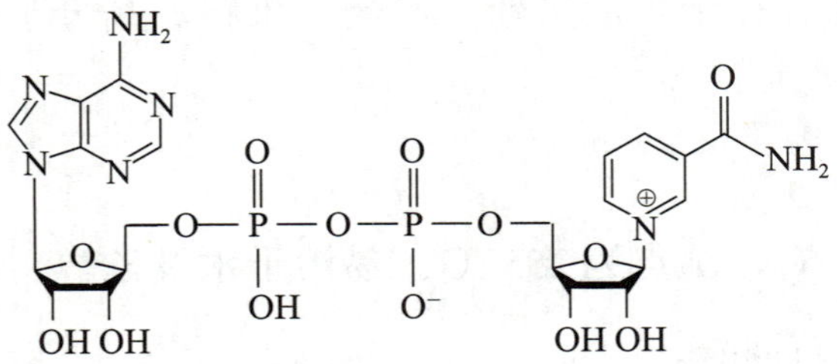

烟酰胺腺嘌呤二核苷酸氧化形式
(NAD^+)

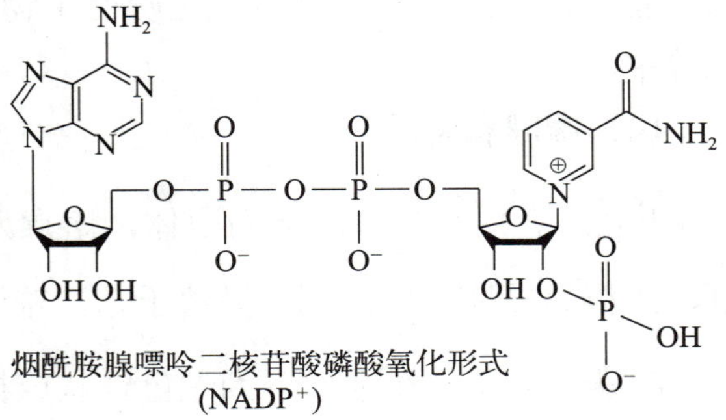

烟酰胺腺嘌呤二核苷酸磷酸氧化形式
($NADP^+$)

(2) 嘧啶及其衍生物

嘧啶（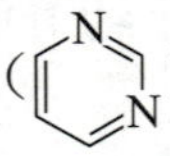）在常温下为具有特殊气味的无色固体，熔点为22 ℃，沸点为124 ℃，能溶于水以及很多有机溶剂。重要的嘧啶衍生物有胞嘧啶（白色晶体，熔点为325 ℃）、尿嘧啶（白色晶体，熔点为335 ℃）和胸腺嘧啶（白色晶体，熔点为317 ℃），它们都是核酸的重要组成物质。

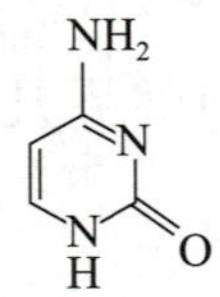

胞嘧啶

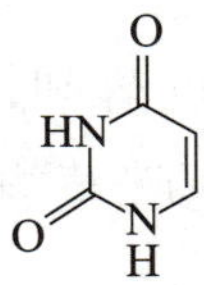

尿嘧啶

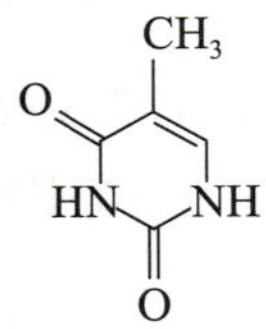

胸腺嘧啶

(3) 吡嗪、哌嗪、均三嗪及其衍生物

吡嗪（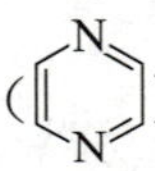）为无色结晶，熔点为57 ℃，沸点为116 ℃，溶于水和很多有机溶剂，在磺胺类药、抗结核菌药、驱蛲虫药等分子中都含有吡嗪环。

哌嗪（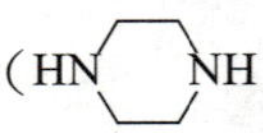）可以看作吡嗪的氢化产物，常温下为白色针状晶体，熔点为109 ℃，沸点为148 ℃，在空气中易吸收水分和二氧化碳，易溶于水，微溶于乙醇，不溶于乙醚，是合成医药、农药等的重要原料。

均三嗪（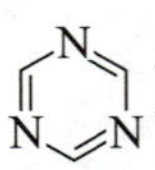）在常温下是无色结晶，熔点为86 ℃，沸点为114 ℃。均三嗪的重要衍生物有三氯均三嗪（又称为三聚氯氰，白色晶体，熔点为146 ℃，沸点为194 ℃）和三氨基均三嗪（又称为三聚氰胺，白色晶体，熔点＞300 ℃）。三聚氯氰微溶于水，易溶于有机溶剂，是合成医药、农药等的重要原料。三聚氰胺易溶于热水，微溶于冷水和乙醇，不溶于乙醚、苯等。三聚氰胺的主要用途之一是和甲醛作用制造三聚氰胺甲醛树脂。

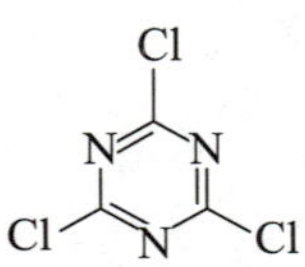

三聚氯氰

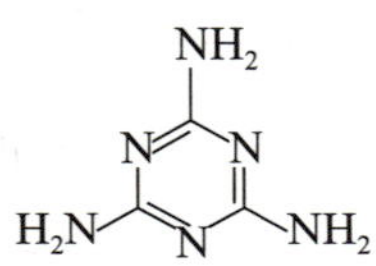

三聚氰胺

3.6.3　稠杂环化合物的物理性质

（1）吲哚及其衍生物

吲哚（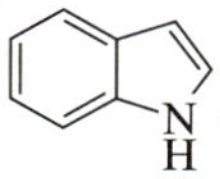）、异吲哚（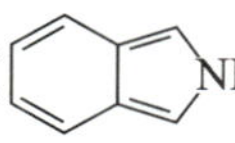）及其同系物也存在于煤焦油内，可分离煤焦油的220～260 ℃馏分得到。吲哚常温下为无色液体，熔点为－53 ℃，沸点为254 ℃，能溶于水以及很多有机溶剂，能随水蒸气挥发。吲哚及其衍生物广泛存在于自然界中，如茉莉花、苦橙花、水仙花等的花油成分中都含有吲哚衍生物，色氨酸也是吲哚的衍生物。

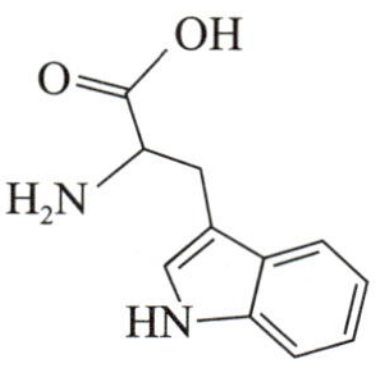

色氨酸

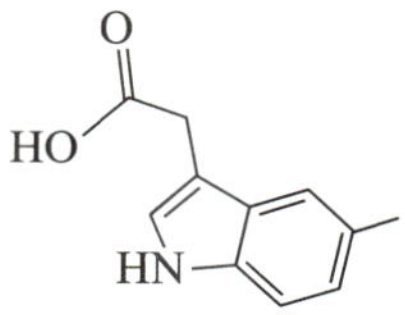

3-吲哚乙酸

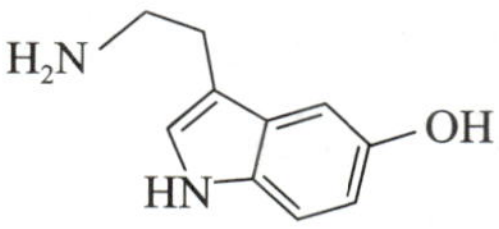

5-羟色胺

（2）喹啉和异喹啉衍生物

喹啉（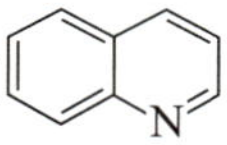）在常温下为有强烈臭味的无色吸湿性液体，熔点为－15.6 ℃，沸点为238 ℃，相对密度为1.0929，微溶于水，易溶于乙醇、乙醚等有机溶剂。异喹啉（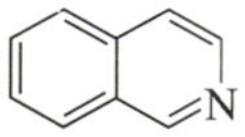）的熔点为26.5 ℃，沸点为242.2 ℃，相对密度为1.0986。

喹啉的重要衍生物有阿托方（又名辛可芬，治疗风湿病）、奎宁（又名金鸡纳霜，抗疟药）、氯喹（抗疟药，抗炎药）、喜树碱（抗癌药）。异喹啉的重要衍生物有罂粟碱、小檗碱。

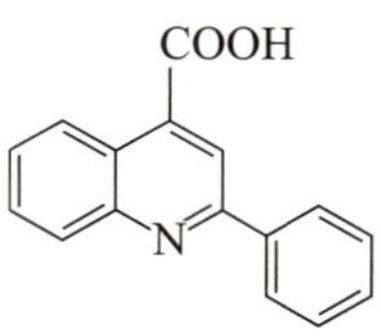

阿托方

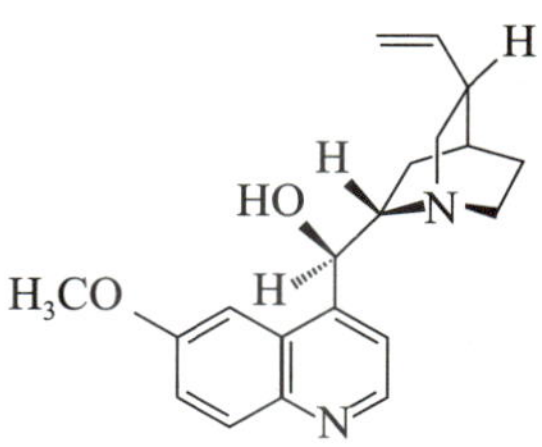

奎宁

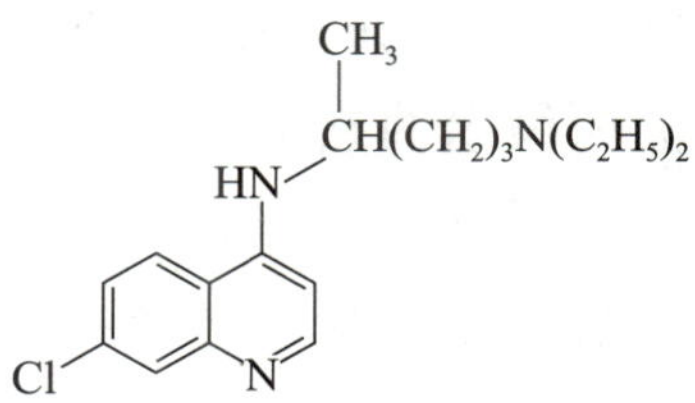

氯喹

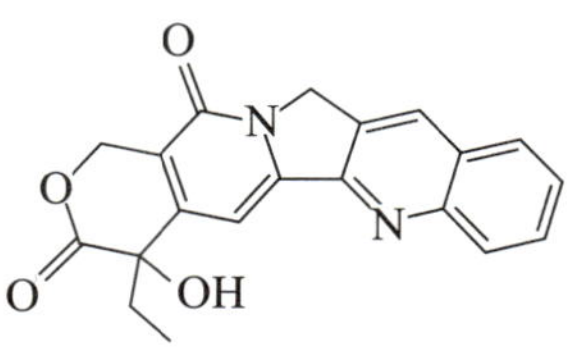

喜树碱

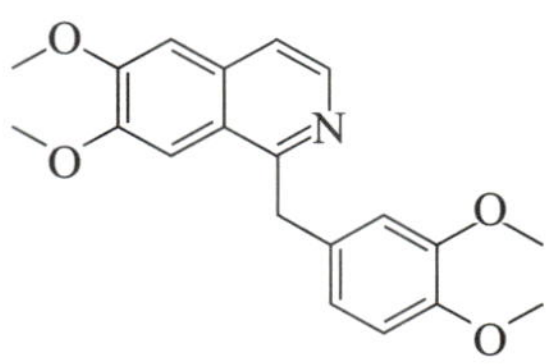

罂粟碱

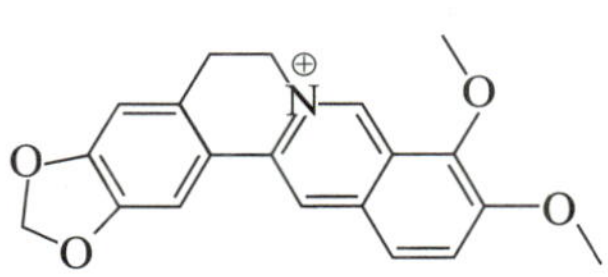

小檗碱

第4章 有机活性中间体

研究有机反应机理时，通常需要用一组基元反应来解释反应过程。反应通常经过一个或多个基元反应才能形成反应活性中间体，随后再经过一个或多个基元反应形成最终产物。在复杂反应中，沿着反应能线图常出现多个高能垒，在每两个能垒之间有一个低能垒，具有这种低能垒的结构即称为反应中间体。中间体通常是高度活泼的，寿命较短，形成后立即参与反应而迅速转变为更稳定的分子，所以常称为活性中间体。很多有机化学反应的进行是通过生成某些中间体完成的，了解中间体的性质是理解有机反应的关键。有机反应活性中间体主要有：碳正离子、碳负离子、自由基、双自由基、苯炔等。

4.1 碳正离子中间体

碳正离子通常指带有正电荷的中心碳原子周围含有六个价电子的缺电子活性中间体。1994年10月12日，瑞典皇家科学院宣布授予美国南加利福尼亚大学乔治·安德鲁·欧拉（George Andrew Olah）教授1994年度诺贝尔化学奖，以表彰他在碳正离子化学研究方面所做出的杰出贡献。

碳正离子可分为两大类：一类为经典碳正离子，其中带正电荷的中心碳原子周围有六个价电子，形成三个共价键，这就是通常所指的碳正离子，如$^+CH_3$、$CH_3\overset{+}{C}H_2$、Me_3C^+等。另一类为非经典碳正离子，为了与经典碳正离子区别，将其称为碳鎓阳离子。在非经典碳正离子中，带正电荷的中心碳原子周围有八个电子，但其中一对电子为三中心键，如$^+CH_5$（甲鎓离子）：

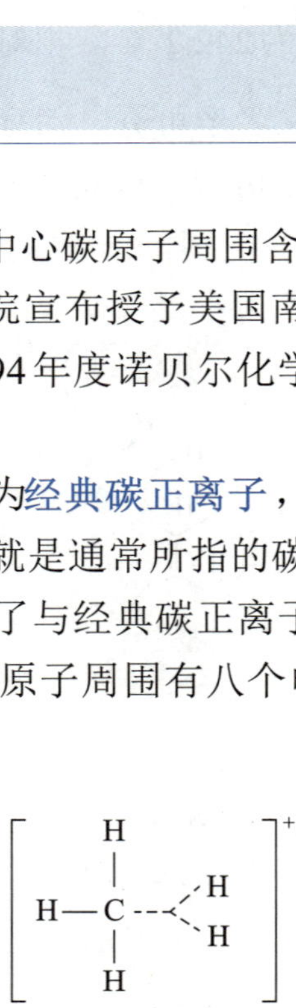

本节讨论的对象为经典碳正离子。碳正离子在溶液中可以游离形式存在，也可以离

子对形式存在。在亲核取代、亲电取代、亲电加成、消除反应以及分子重排等反应中都涉及活泼中间体碳正离子。

4.1.1　结构及稳定性

碳正离子的形状有平面构型和角锥构型两种。碳正离子的中心碳原子周围仅有六个价电子，因此无论哪种构型都有一个空的p轨道，正电荷集中于此。有少数情况例外，如在炔基正离子或苯基正离子中，正电荷不处于p轨道。平面构型的碳正离子在能量上较为有利，因而比较稳定。原因有两个：其一是平面构型中与中心碳原子相连的三个基团相距最远，空间位阻最小；其二是sp^2杂化的s成分较多，电子更靠近原子核，故更稳定。特别是在溶液中，平面构型的碳正离子空p轨道两瓣都能发生溶剂化而更加稳定。常见碳正离子的稳定性顺序如下：

$$Ph_3C^+ > Ph_2\overset{+}{C}H > Ph\overset{+}{C}H_2 \approx R_3C^+ > CH_2{=}CH{-}\overset{+}{C}H_2 \approx R_2\overset{+}{C}H > R\overset{+}{C}H_2 > \overset{+}{C}H_3$$

影响碳正离子稳定性的因素主要有以下几个。

4.1.1.1　电子效应

碳正离子的中心碳原子是缺电子的，给电子基团能使中心碳原子电子密度增大而分散正电荷导致碳正离子的稳定性增加，吸电子基团能使中心碳原子的正电荷更为集中导致碳正离子的稳定性减小。例如，以下碳正离子的稳定性顺序由小到大为：

$$CF_3C^+ < {}^+CH_3 < CH_3\overset{+}{C}H_2 < (CH_3)_2\overset{+}{C}H < (CH_3)_3C^+$$

烯丙基正离子（$CH_2{=}CH{-}\overset{+}{C}H_2$）和苄基正离子（$H_5C_6{-}\overset{+}{C}H_2$）也比较稳定，因共轭效应可使电子离域而显著地分散正电荷。随着共轭体系的增大，正电荷沿共轭体系得以分散，碳正离子稳定性增加。例如，以下碳正离子的稳定性顺序由大到小为：

$$(CH_2{=}CH)_3C^+ > (CH_2{=}CH)_2\overset{+}{C}H > CH_2{=}CH{-}\overset{+}{C}H_2$$

当碳正离子直接与杂原子相连时，如果杂原子有未共用电子对，碳正离子稳定性增强。例如，碳正离子与氧原子相连时，氧上孤电子对所占p轨道与中心碳原子上的空p轨道侧面重叠，孤电子对离域，正电荷分散，使尽量多的原子达成八隅体。相似的，碳正离子与氯原子相连时，氯的孤电子对的离域，使碳正离子稳定。由此可以理解为什么氯乙烯与卤化氢发生亲电加成时尽管反应速率降低，但仍然遵循马氏规则。

环丙甲基碳正离子也具有较强的稳定性，甚至比苄基正离子还要稳定。因为碳正离子的中心碳原子及其取代基所在的平面与环丙基所处平面垂直，中心碳原子上空的p轨道与环丙基中的弯曲轨道进行侧面重叠，发生共轭离域的效应分散了正电荷。

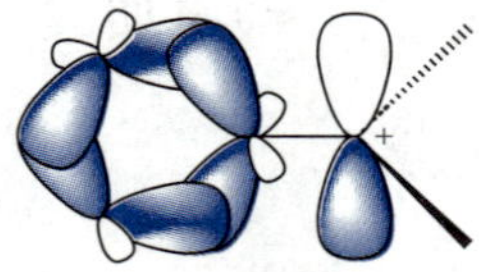

环丙甲基碳正离子

随着环丙基的数目增多，碳正离子稳定性提高。

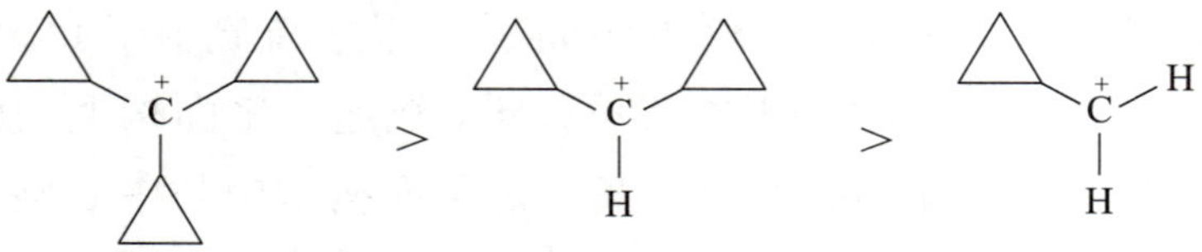

由此可以看出，共轭效应对碳正离子的稳定作用是非常明显的。而乙烯型碳正离子及苯基正离子的中心碳原子虽然也是sp^2杂化，但p轨道用于形成π键，空的是sp^2杂化轨道，与π键或苯环不能形成共轭体系，正电荷集中，碳正离子稳定性较差。

4.1.1.2 空间效应

除电子效应外，碳正离子的稳定性也受到空间效应的影响。当中心碳原子由sp^3杂化变成sp^2杂化时，键角变大，张力变小，空间拥挤程度减小。空间拥挤程度减小得越多的碳正离子越易生成，越稳定。例如，$(CH_3)_3C^+$比$(CH_3)_2\overset{+}{C}H$稳定，空间拥挤程度的减小是其原因之一。三异丙基正离子（$(Me_2CH)_3C^+$）由于空间拥挤程度减小更多，因而稳定。

4.1.1.3 芳香性

环状碳正离子的稳定性取决于其是否具有芳香性，具有芳香性的碳正离子都比较稳定。例如，环丙基正离子、环庚三烯正离子，其π电子数符合**休克尔（Hückel）［4*n*+2］规则**，正电荷沿着共轭体系得以分散，所以都比较稳定。

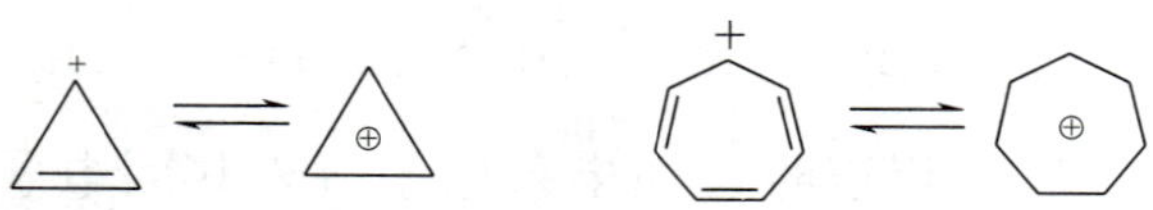

4.1.1.4 溶剂效应

溶剂效应对碳正离子稳定性的影响很大，大多数碳正离子是在溶液中生成并发生反应的，只有少数反应中间体能被分离或在没有溶剂存在下进行反应。溶剂化在碳正离子形成中起着重要的作用。例如，叔丁基溴在水溶液中离子化只需要83.72 kJ·mol^{-1}能量，而在气相中离子化则需要837.22 kJ·mol^{-1}能量。

4.1.1.5 pK_{R^+}

将三苯甲醇加入酸性介质中，很容易得到三苯甲基正离子。可用下式描述碳正离子的稳定性：

$$pK_{R^+}=\lg\frac{[R^+]}{[ROH]}+H_R$$

式中，H_R为介质的酸度，在稀溶液中H_R＝pH；pK_{R^+}是ROH和R^+浓度相等时的pH值。利用pK_{R^+}可以比较碳正离子的相对稳定性。一般而言，芳环上连有给电子基团时，相应的碳正离子有较大的pK_{R^+}；芳环上连有吸电子基团时，相应的碳正离子有较小的pK_{R^+}。

4.1.1.6　氢负离子的亲和势

氢负离子的亲和势也可以描述碳正离子的稳定性。通常使用质子在气相中与烯烃形成碳正离子的方法测定与氢负离子的亲和势（表4-1）。

$$R^+ + H^- \longrightarrow RH \qquad -\Delta G\text{（氢负离子的亲和势）}$$

表4-1　常见碳正离子与氢负离子的亲和势

碳正离子	$-\Delta G$/kcal·mol^{-1}	碳正离子	$-\Delta G$/kcal·mol^{-1}
$^+CH_3$	314	$CH_3\overset{+}{C}H_2$	274
$(CH_3)_2\overset{+}{C}H$	247	$(CH_3)_3C^+$	230
$CH_2{=}\overset{+}{C}H$	287	环丁烯正离子	223
环戊二烯正离子	258	环庚三烯正离子	200
$CH_2{=}CH\overset{+}{C}H_2$	256	$CH_2{=}CH\overset{+}{C}HCH_3$	237
$CH_3CH{=}CH\overset{+}{C}HCH_3$	225	$CH_2{=}CH\overset{+}{C}(CH_3)_2$	225
Ph^+	298	$Ph\overset{+}{C}H_2$	233
$Ph\overset{+}{C}HCH_3$	226	$Ph\overset{+}{C}(CH_3)_2$	220

说明：

1. 此数据摘自Carey F A. Advanced Organic Chemistry.4th ed.2000：279。

2. 1 cal＝4.186 J。

4.1.1.7　桥头碳

带有正电荷的中心碳原子应采用sp^2杂化，如不能满足这一条件，生成的碳正离子能量较高。桥头溴代物形成桥头碳正离子的难易程度与环的大小有关，表4-2给出了各种桥头溴代物溶剂解反应的速率常数对数值和桥头碳正离子的生成焓。

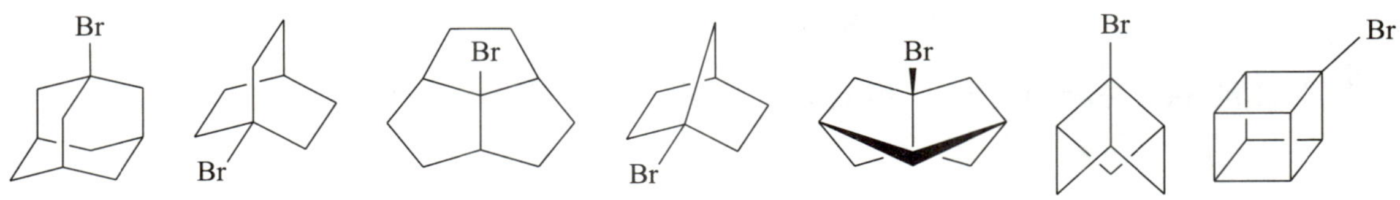

1　2　3　4　5　6　7

表4-2 桥头溴代物的桥头碳正离子生成焓（$\Delta H^{\ominus}$）和EtOH溶剂解反应速率常数对数值（lg*k*）

参数	桥头溴代物						
	1	**2**	**3**	**4**	**5**	**6**	**7**
$\Delta H^{\ominus}$/kJ·mol^{-1}	672.0	743.6	764.9	789.6	790.8	1093.6	1497.6
lg*k*（70 ℃，80% EtOH）	−0.41	−4.00	−6.16	−10.45	−7.28		−7.39

从表4-2可以看出，环的张力越大，生成焓越大。

4.1.2 来源与去向

4.1.2.1 来源

（1）直接裂解

与碳原子直接相连的原子或原子团带着一对成键电子裂解，即共价键发生异裂，形成碳正离子。

$$R—X \longrightarrow R^{+} + X^{-}$$

一般情况下叔碳正离子较容易通过直接裂解形成，而且介质的极性越大，解离时所需要的能量越小。离去基团越容易离去，也越有利于碳正离子的形成。

① X＝H时，烃基本不能自动失去氢负离子，只有在强亲电试剂（如Lewis酸）或其他稳定正离子的因素存在下才能发生这一反应。例如：

$$(CH_3)_3CH + AlCl_3 \longrightarrow (CH_3)_3C^{+} + HAlCl_3^{-}$$

② X＝F、Cl、Br、I时，发生S_N1型异裂反应。反应物在溶剂中分解时首先形成紧密离子对，最后生成溶剂化的离子，Lewis酸可加速这种解离。例如：

$$(CH_3)_3CCl + AlCl_3 \longrightarrow (CH_3)_3C^{+} + AlCl_4^{-}$$

③ X＝OTs（酯类衍生物）时，OTs是一个好的离去基团，这类酯很易解离。例如：

$$(CH_3)_3COTs \longrightarrow (CH_3)_3C^{+} + {}^{-}OTs$$

④ X＝OCOY（其中Y＝Cl、Br、I）时，反应的动力是释放二氧化碳，熵增。例如：

$$(CH_3)_3COCOCl \longrightarrow (CH_3)_3C^{+} + CO_2\uparrow + Cl^{-}$$

氯亚磺酸酯（X＝OSOCl）也具有相似性质，反应的动力是释放二氧化硫，熵增。

$$(CH_3)_3COSOCl \longrightarrow (CH_3)_3C^{+} + SO_2\uparrow + Cl^{-}$$

⑤ X＝OH或OR，共价键的断裂是由醇羟基或醚键的氧原子质子化引起的。例如：

$$ROR' \xrightarrow{H^+} R^+ + R'OH$$

⑥ X＝N_2^+，亚硝酸和伯胺反应生成的重氮离子很容易分解成碳正离子，反应的动力是释放氮气，熵增。例如：

$$PhN_2^+ \longrightarrow Ph^+ + N_2\uparrow$$

⑦ X＝CO_2H，反应的动力是羧酸脱羧生成碳正离子和CO_2。

(2) 官能团质子化

质子或其他阳离子与不饱和体系的加成，加成反应后的邻碳原子带正电荷。

① 亲电试剂与烯烃加成。例如，$RCH=CH_2$与H^+、$Br^+(Br_2)$、H_3O^+、RCO^+、RCH^+OH、R^+等反应分别生成$R\overset{+}{C}HCH_3$、溴鎓离子、$R\overset{+}{C}HCH_2OH$、$R\overset{+}{C}HCH_2COR$、$R\overset{+}{C}HCH_2CHOHR$、$R\overset{+}{C}HCH_2R$。

② 亲电试剂与炔烃加成。例如，$RC\equiv CH$与H^+、$Br^+(Br_2)$、Hg^{2+}等反应分别生成$RC^+=CH_2$、溴鎓离子、汞鎓离子。

③ 小环在酸性介质中开环。例如，

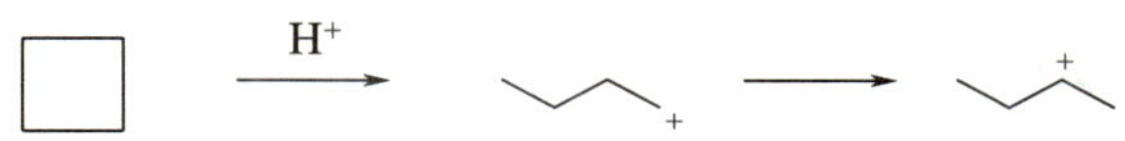

④ 环氧化合物在酸性介质中开环。例如，

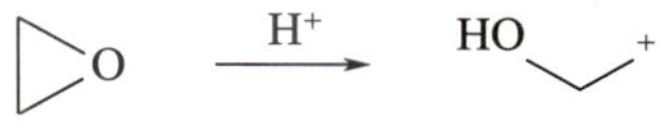

⑤ 羰基质子化。例如，

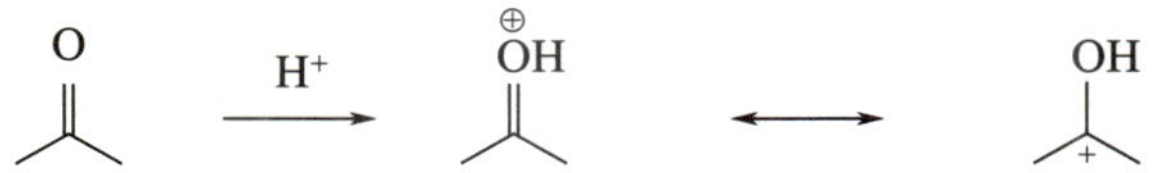

⑥ 卡宾质子化。例如，

$$:CH_2 + H^+ \longrightarrow CH_3^+$$

⑦ 亲电取代反应中间体。例如，

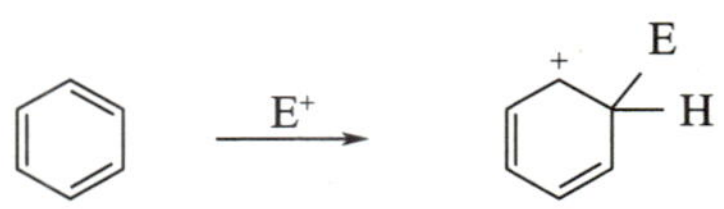

⑧ 非经典碳正离子。例如，

(3) 由其他正离子生成

① 重排反应。

② 离子交换反应。

4.1.2.2　去向

(1) 结合亲电试剂

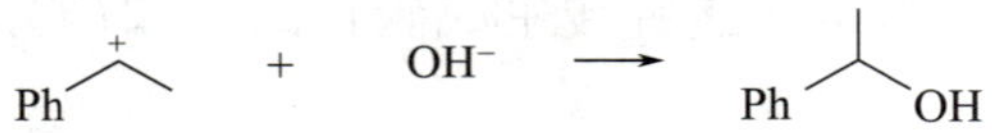

碳正离子也可从烷烃中夺取负氢：

(2) 形成不饱和键

碳正离子可由相邻的原子失去一个氢原子形成不饱和键，此过程是烯烃质子化的逆过程。

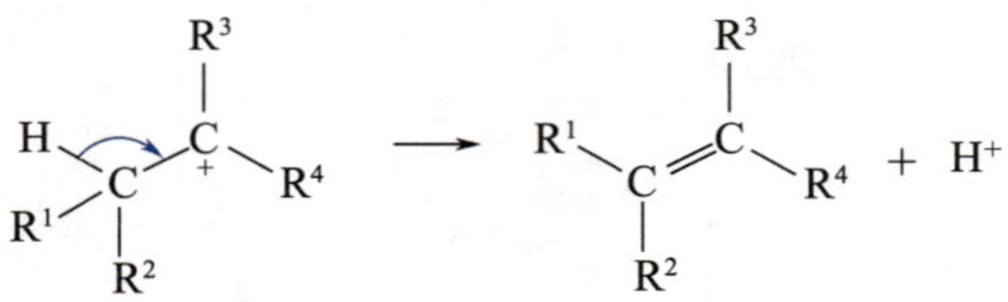

(3) 与双键加成

碳正离子可与双键加成形成新的碳正离子。

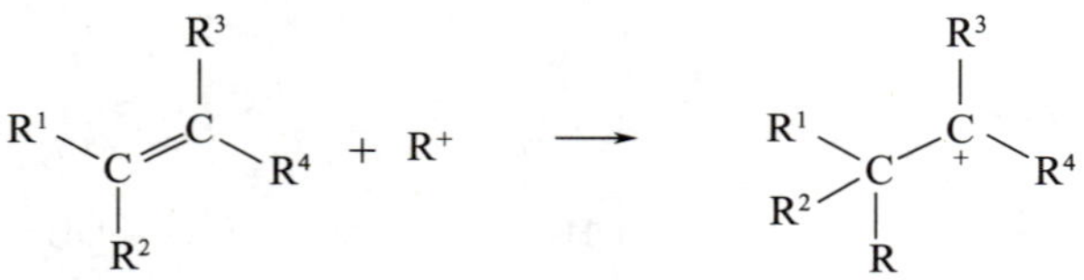

形成的新的碳正离子还可以进一步与双键加成，如此反复加成下去，实际就是正离子型聚合反应。如：

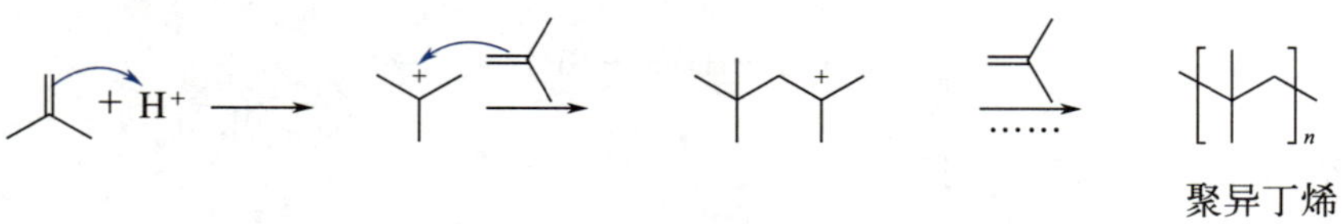

(4) 重排

不稳定的碳正离子可通过重排形成更加稳定的碳正离子。

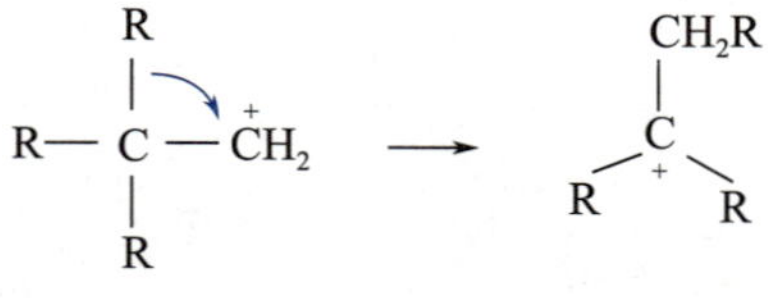

迁移的基团可以是烷基、芳基、氢或其他原子团，迁移时带着一对成键电子至带正

电荷的碳原子上，形成新的正电荷中心。

4.2 碳负离子中间体

碳负离子是最早被确认的一种活性中间体。许多有机反应，包括E1cb消除反应、芳香亲核取代反应、烯醇负离子的互变异构等反应中都有碳负离子产生。碳负离子是有机分子中的C—H键发生异裂将质子转移给碱后形成的具有负电荷的三价碳原子体系。与饱和碳原子相连时，碳负离子采取sp^3杂化；与不饱和碳原子相连时，碳负离子采取sp^2杂化。碳负离子是含有一对未成键电子的碱，是典型的碳亲核试剂，容易与各种亲电试剂进行反应。碳负离子与亲电型碳的反应，是重要的构建碳碳键的反应。

4.2.1 结构及稳定性

碳负离子带有负电荷，价电子层充满8个电子，具有一对孤电子对。许多实验支持碳负离子具有两种构型：与饱和碳原子相连时，碳负离子的构型为sp^3杂化的角锥构型；与不饱和碳原子相连时，碳负离子的构型为sp^2杂化的平面构型。

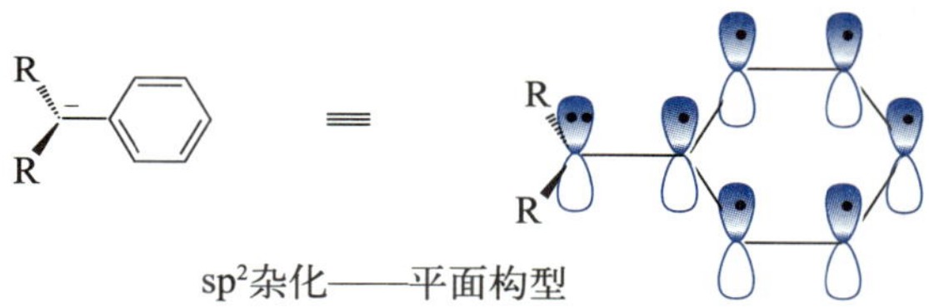

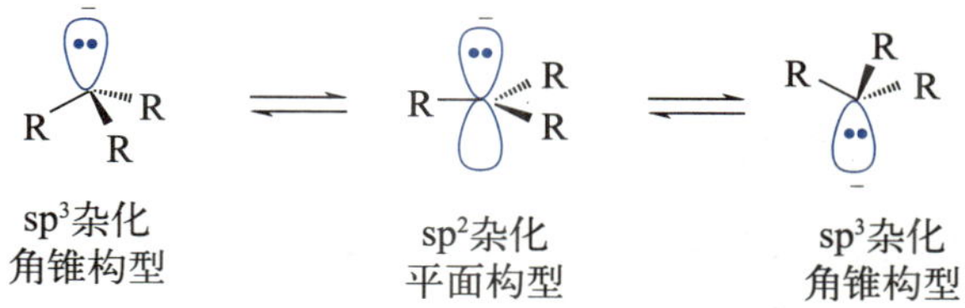

一般认为碳负离子多以角锥构型存在，是因为角锥构型比平面构型稳定。在角锥构型中，孤电子对与三对成键电子之间的排斥作用最小。

碳负离子的角锥构型可以用下列反应证明。连有卤素的桥头碳原子容易与锂反应生成碳负离子有机锂化合物，在这种结构中，由于双环的张力，该桥头碳不太可能采用平面结构的sp^2杂化，只能采用角锥构形的sp^3杂化。碳负离子有机锂化合物能进一步与亲电试剂发生反应，如与二氧化碳加成，最后水解成羧酸。

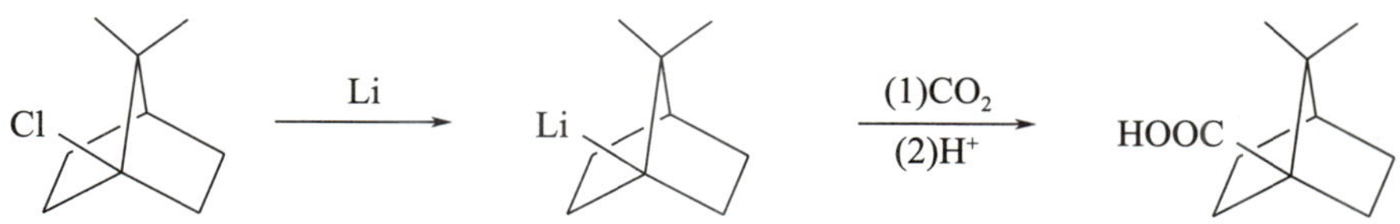

N-二氰基甲基吡啶的单晶衍射实验表明，该离子是非平面的。这为碳负离子的存在及采用角锥型 sp^3 杂化构型提供了一个有力证据。

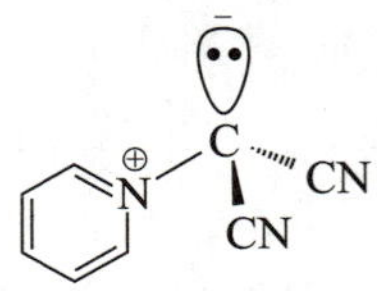

N-二氰基甲基吡啶

碳负离子中的孤电子对如与邻近不饱和基团（如C═C或苯环）发生共轭，则呈平面构型，如苄基负离子即呈平面构型。

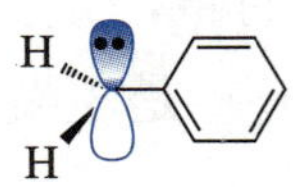

苄基负离子

碳负离子在溶液中不稳定，为研究碳负离子的稳定性，根据有机金属化合物的碳金属键中稳定性大的碳负离子总是与活泼金属更易结合这一规律，对以下平衡进行研究。

$$R-Li + R'-I \rightleftharpoons R-I + R'-Li$$

从而确定了一些碳负离子的相对稳定性顺序：

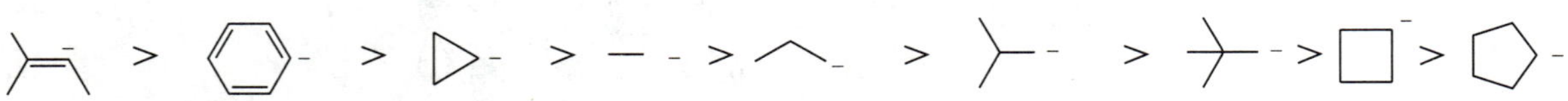

影响碳负离子稳定性的主要因素有以下几点。

4.2.1.1 杂化效应

C—H键中的碳原子s成分越多，成键电子越靠近原子核，受核的约束力越大，使C—H键的极性增大，所以氢原子更容易以质子形式离去，酸性越强，其相应的碳负离子的稳定性就越强。下列化合物的s成分与酸性情况（pK_a）：

化合物	HC≡CH	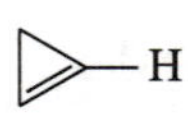	$H_2C═CH_2$			CH_3CH_3
s成分/%	50	44	33	33	30	25
pK_a	25	29	36.5	37	39	42

所以碳负离子的稳定性顺序为：

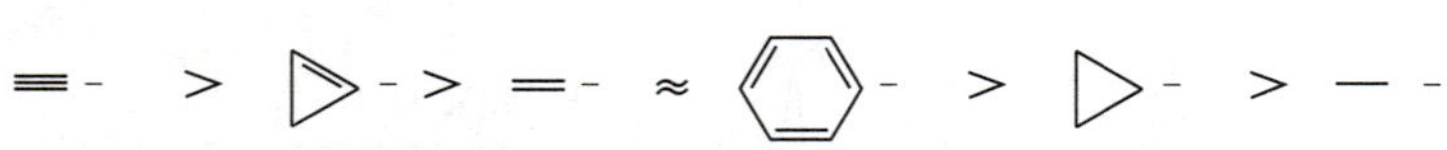

4.2.1.2 共轭效应

碳碳双键或三键与带负电荷的碳原子相连，能起到分散负电荷从而稳定碳负离子的作用，因此具有吸电子共轭效应的基团与带有负电荷的碳原子相连，有利于未共享电子对的离域，使负电荷得到分散，从而能使碳负离子稳定。若连有吸电子共轭效应很强的基团（如碳氧双键等），则使负电荷分散程度加大，使碳负离子更加稳定。例如，脂肪酮类、亚甲基二酮类、硝基烷类表现出一定的酸性，就是因为形成了稳定的碳负离子的缘故。

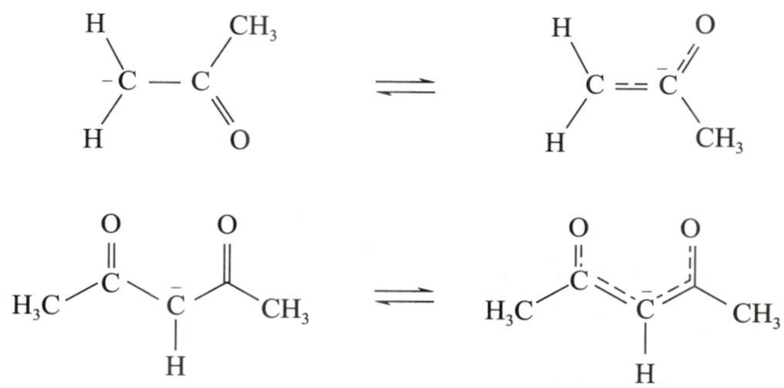

下列碳负离子的稳定性顺序为：

$$Ph_3C^- > Ph_2CH^- > PhCH_2^- > RCH=CH—CH_2^- > RCH_2^-$$

4.2.1.3 诱导效应

具有吸电子诱导效应的基团与碳负离子相连，能分散负电荷使碳负离子稳定；具有给电子诱导效应的基团与碳负离子相连则会降低碳负离子的稳定性。故烷基碳负离子稳定顺序为：

$$CH_3^- > RCH_2^- > R_2CH^- > R_3C^-$$

4.2.1.4 芳香性

对于环状的碳负离子，如果为共平面的共轭体系，π 电子数符合［$4n$+2］规则，则具有芳香性，碳负离子很稳定，如环戊二烯负离子、环辛四烯双负离子。

环戊二烯负离子　　环辛四烯双负离子

4.2.1.5 溶剂效应

水既可以溶剂化正离子，也可以溶剂化负离子。正离子是通过与溶剂分子的未共用电子对偶极作用溶剂化，而负离子则通过氢键作用溶剂化。但极性非质子性溶剂（如DMSO等）可以溶剂化正离子，但因为没有活泼氢可以形成氢键，不能有效地溶剂化负离子，因此负离子在极性非质子性溶剂中更加活泼。例如醇钠，钠离子被DMSO很好地溶剂化，释放出烷氧负离子，从而有很好的稳定性和反应性。

4.2.1.6 d轨道的稳定化作用

处在元素周期表中第三周期的元素，特别是硫和磷，当它们与碳负离子相连时，对碳负离子有特殊的稳定化作用。这些原子（硫或磷）有能量较低的尚未占有的3d轨道，负电荷可分散到3d轨道上形成p-d重叠，从而起到稳定化作用。

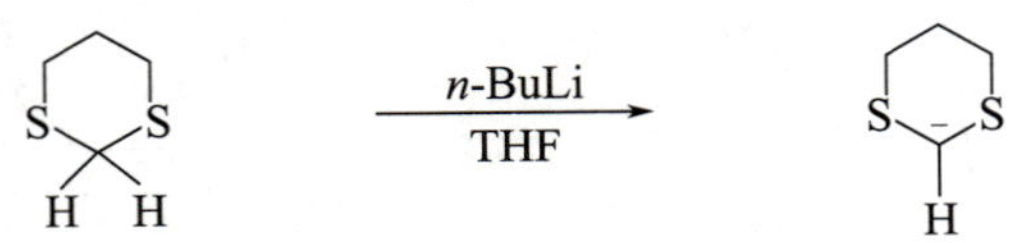

但将硫换成氧，相应的反应就较难发生，因为尽管诱导效应对稳定碳负离子有一定的贡献，但不是主要因素，关键是氧原子没有类似硫原子的d轨道稳定化效应。如果只考虑诱导效应，三氟甲基碳负离子应该比三氯甲基碳负离子稳定，但恰恰相反，原因就是Cl原子有对碳负离子的d轨道稳定化效应。

4.2.1.7 邻位正电荷的稳定化作用

磷、硫、砷、锑、铋、硒的内鎓盐，即叶立德，是一类重要的碳亲核试剂，它们是一些相邻两原子带相反电荷的基团，其中带负电荷的原子具有八隅体结构的分子。磷叶立德、硫叶立德和砷叶立德是三种最重要的叶立德。结构研究显示，在叶立德的两种共振结构中，偶极叶立德的贡献是主要的，非极性的叶林共振结构也有贡献。叶立德中带正电荷的基团对邻位负碳中心具有类似吸电子的诱导稳定作用。

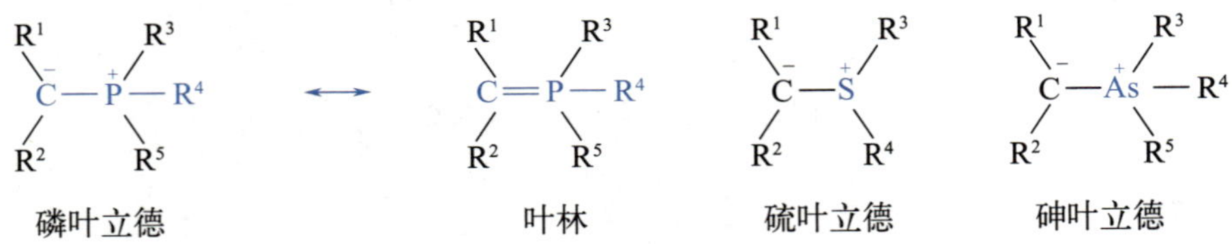

叶林共振结构中的磷和硫原子外层均含有10个电子，意味着这些杂原子的d轨道参与成键。分子轨道计算验证了相对于第二周期元素氮，第三周期磷和硫对叶立德具有d轨道稳定化效应。

4.2.2 来源与去向

4.2.2.1 来源

（1）直接裂解

在碱性条件下，从碳原子上离去一个质子或其他带正电荷的原子或原子团，形成碳负离子。例如：

$$R—C\equiv CH + NaNH_2 \xrightarrow{NH_3(l)} R—C\equiv CNa + NH_3$$

$$(C_6H_5)_3CH + KNH_2 \xrightarrow{NH_3(l)} (C_6H_5)_3CK + NH_3$$

$$(C_6H_5)_3CCl + 2\,Na \longrightarrow (C_6H_5)_3CNa + NaCl$$

从碳原子上移去一个质子是最常用的一种方法。在E1cb反应中，第一步通常为此类反应。但当没有能使碳负离子稳定的基团时，从C—H键夺质子比较困难。碱夺氢是一个简单的酸碱反应。选用什么样的碱需要比较其pK_a，反应总是由较强的酸与较强的碱作用生成较弱的酸与较弱的碱。

Me^-、NH_2^-等碱有较强的亲核性，它们作碱夺取氢时易发生亲核加成等副反应，*t*-BuO^-、H^-的亲核性较弱。(*i*-Pr)$_2N^-Li^+$（LDA）、$(Me_3Si)_2N^-Li^+$（LHMDS）、$(Me_3Si)_2N^-K^+$（KHMDS）、异丙基环己基氨基锂（LICA）等碱，自身体积较大，亲核性弱，称为非亲核性碱，在有机合成上有广泛的应用。

共轭的碳负离子再质子化时，可能出现双键移位。如果产物比原来的底物稳定，则反应容易进行。例如：

在碱的作用下，三键也可以移位，一般是通过连二烯进行转化。

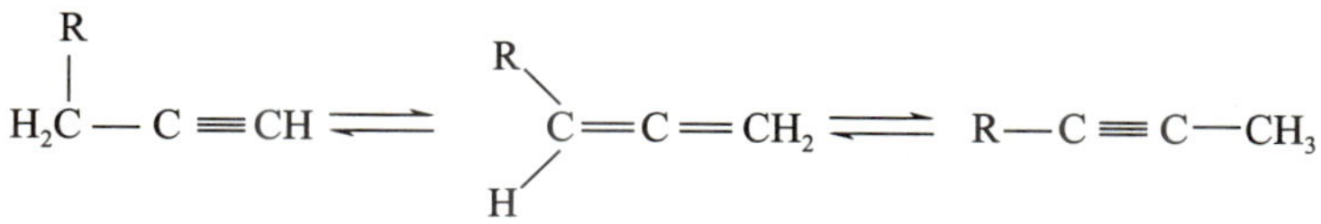

(2) 金属-卤素交换

$$F_2C=CFBr + BuLi \longrightarrow F_2C=CFLi + BuBr$$

(3) 负离子与碳碳重键加成

反应物的重键碳原子上连有吸电子基（如—CHO、—COR、—COOR、—CN、—C_6H_5等），才容易发生这一类反应。负离子与碳碳重键发生亲核加成即生成碳负离子，碳负离子接受质子成烃。例如：

$$H_2C{=}CHCN + C_6H_5O^- \xrightarrow{OH^-} C_6H_5OCH_2\bar{C}HCN \xrightarrow{H^+} C_6H_5OCH_2CH_2CN$$

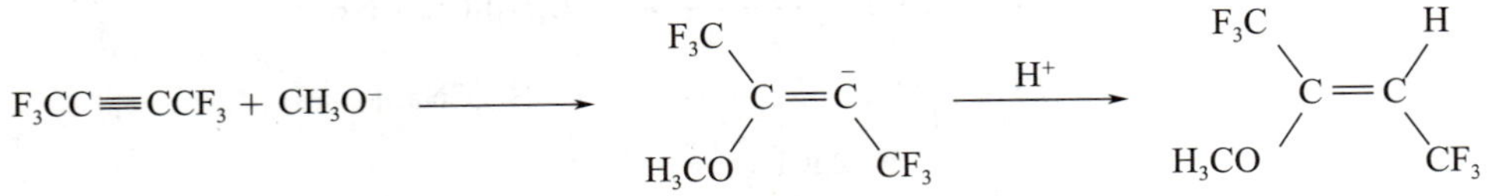

$$H_2C{=}CHC_6H_5 + NH_2^- \longrightarrow H_2NCH_2\bar{C}HC_6H_5 \xrightarrow{H^+} H_2NCH_2CH_2C_6H_5$$

4.2.2.2 去向

（1）对羰基化合物亲核加成

碳负离子对羰基化合物的亲核加成反应涉及很多重要反应，例如：①羟醛缩合等多种缩合反应；②有机金属化合物与羰基化合物的加成；③维蒂希（Wittig）反应；④迈克尔（Michael）加成反应等。

（2）与碳碳重键加成

$$BuLi + CH_2{=}CHPh \longrightarrow BuCH_2CHPhLi$$

（3）脂肪族亲核取代

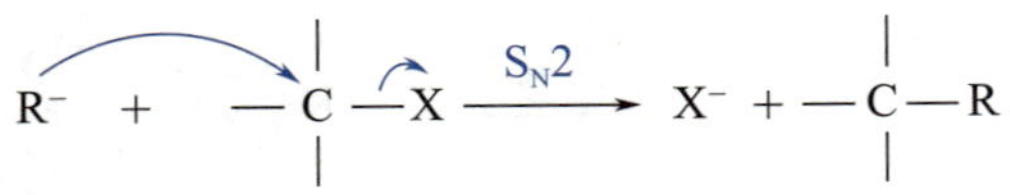

脂肪族亲核取代反应包括乙酰乙酸乙酯与丙二酸酯的亚甲基上的烷基化反应、炔化物及卤代烷与有机金属化合物发生的偶联反应等。例如：

$$EtO^- + CH_2(COOEt)_2 \longrightarrow EtOH + \bar{C}H(COOEt)_2$$

$$\bar{C}H(COOEt)_2 + PhCH_2Cl \xrightarrow{S_N2} Cl^- + PhCH_2CH(COOEt)_2$$

$$RC{\equiv}CNa + RX \xrightarrow{S_N2} NaX + RC{\equiv}CR$$

$$R'X + R_2CuLi \xrightarrow{S_N2} LiX + RCu + RR'$$

（4）碳负离子与CO_2加成

亲核性强的碳负离子（通常为烷基金属形式）和CO_2加成形成羧酸盐，酸性条件下水解生成多一个碳原子的羧酸。

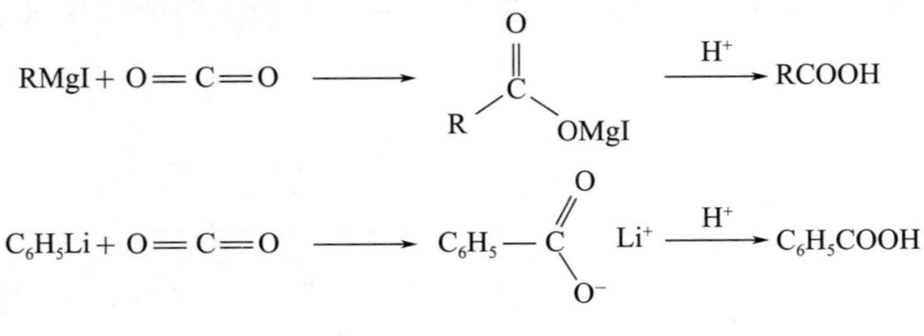

（5）重排

共轭的碳负离子再质子化，双键迁移，这一过程称为质子移变。如果产物比原来的物质稳定，此过程易于进行。如β,γ-不饱和腈在碱的作用下重排生成更加稳定的化合物。

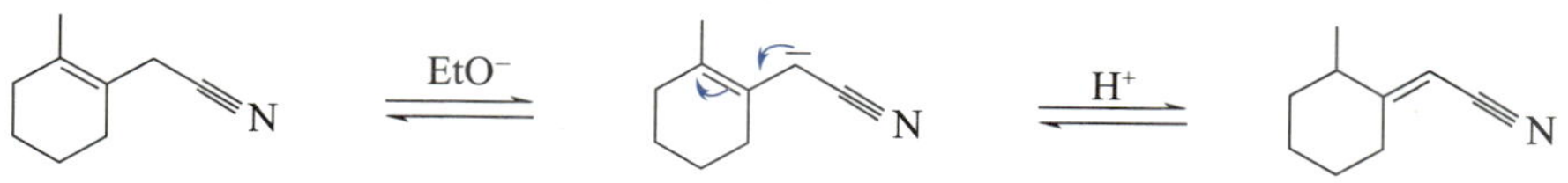

4.3 自由基中间体

自由基一般指不带电荷、中性单电子的原子、原子团或分子。“自由基”术语于1789年由“现代化学之父”、法国化学家拉瓦锡（Lavoisier）首先提出，1900年美国化学家摩西・冈伯格（Moses Gomberg）首次通过反应发现了三苯甲基自由基。

常见的自由基可分为**原子自由基**、**分子自由基**、**离子自由基**或**双自由基**、**多自由基**等。分子轨道理论认为氧分子具有两个三电子π键，每个三电子π键有两个电子在成键轨道，一个电子在反键轨道，即存在两个未配对电子，故可以看作是双自由基。

4.3.1 结构及稳定性

自由基也有两种可能结构，即**平面构型**和**三角锥构型**。利用化学诱导动态核极化作用（CIDNP）也可以检测自由基，单电子在磁场中引起极化作用，反映在NMR图谱中会出现负峰。自由基可以产生电子自旋共振谱，由此可以检测自由基，并确定其浓度。采用自旋捕捉技术，电子自旋共振谱（ESR）可检测出10^{-9} mol・L^{-1}低浓度的自由基。自旋捕捉技术可以检测和识别短暂存在的自由基。将自旋捕捉剂（一种不饱和的抗磁性化合物）加入反应体系，与活泼自由基反应，生成相对稳定的自旋化合物。目前应用得较多的自旋捕捉剂是亚硝基化合物和硝酮化合物。简单的碳自由基是平面构型还是三角锥构型，或者介于这两种构型之间，可以通过ESR测定。例如，甲基自由基（$\cdot CH_3$），其未配对电子所处轨道s成分为零或者极少，即未配对电子基本处于p轨道，因而甲基自由基（$\cdot CH_3$）实际呈平面构型，紫外光谱与红外光谱测定也支持了上述论断。ESR还证明了其他烷基自由基也是平面构型。而有些自由基如$\cdot CF_3$、$\cdot C(CH_3)_3$实际上呈三角锥形，其未配对电子处在sp^3轨道上。许多事实表明，平面构型的自由基比三角锥型构型稳定，但平面构型和三角锥型在能量上相差不大。与碳负离子类似，互为对映异构关系的两个三角锥型构型是迅速地相互转变的。

三苯甲基自由基在室温下能够稳定存在，与三苯甲基正离子一样具有明显的稳定性。但是，由于三个苯环的邻位氢之间的空间效应所致，不能采取平面结构，而是相对于由三根σ键组成的平面扭转一定的角度，形成**螺旋桨结构**。但此扭转并不影响相互重叠作用。邻位二甲氧基取代的三苯甲基自由基偏离平面的倾向更大。若将邻位通过醚键连接起来以消除邻位氢的位阻效应后，可使该自由基成为稳定的平面结构。

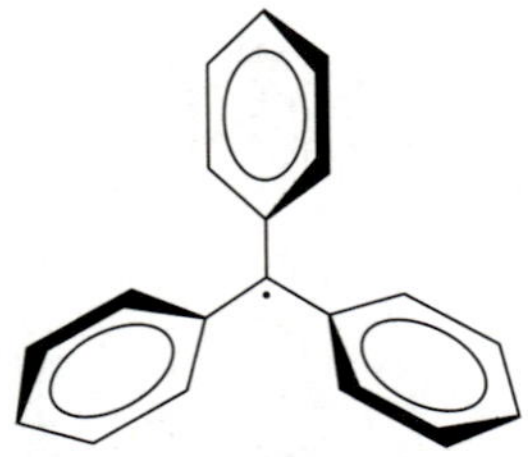

螺旋桨结构

桥头自由基由于环的刚性，很难呈平面构型，顺磁共振谱也证明了桥头自由基是角锥形的。例如，1-金刚基、1-双环［2.2.2］辛基及脱甲樟脑基的结构如下：

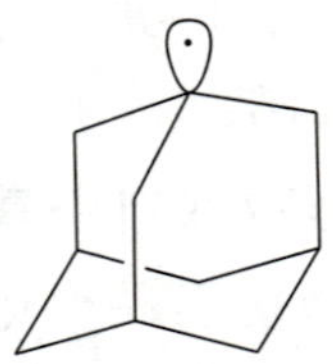

1-金刚基

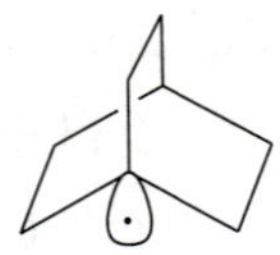

1-双环[2.2.2]辛基

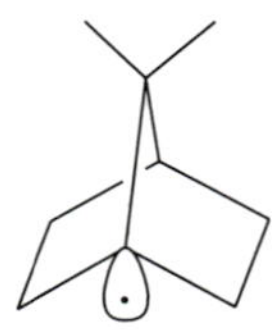

脱甲樟脑基

实验证明，这类桥头自由基比碳正离子易于生成，所需能量没有碳正离子高。

常见碳自由基的稳定性顺序如下：

$$\cdot CPh_3 > \cdot CHPh_2 > \cdot CH_2Ph \geqslant \cdot CH_2CH{=}CH_2 > \cdot C(CH_3)_3 > \cdot CH(CH_3)_2 > \cdot CH_2CH_3 > \cdot CH_3 > \cdot CH{=}CH_2$$

影响自由基稳定性的主要因素有以下几个。

4.3.1.1 单电子的离域

单电子通过共轭效应离域而稳定，这种离域程度越大的自由基越稳定。如苄基自由基、烯丙基自由基、二苯甲基自由基、三苯甲基自由基等由于p-π共轭造成电子离域而稳定，三烷基自由基则由于σ-p超共轭而稳定。

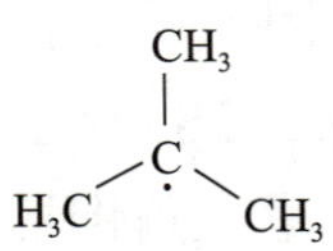

叔丁基自由基

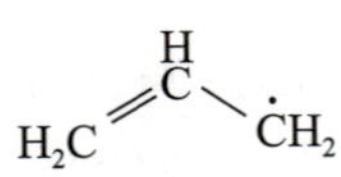

烯丙基自由基

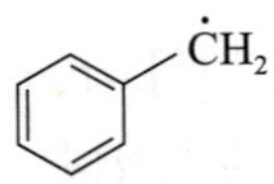

苄基自由基

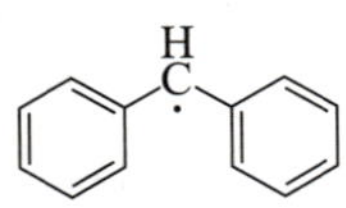

二苯甲基自由基

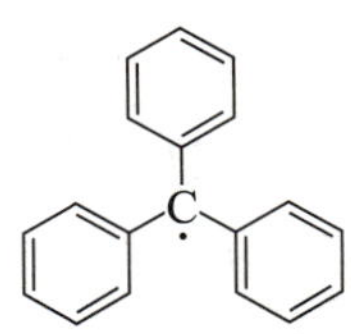

三苯甲基自由基

少数自由基由于特殊的空间因素及共振效应，化学活性很低，甚至室温下在溶液中也很稳定，称为**稳定自由基**。如三苯甲基自由基在溶液中能稳定存在。*N*, *N*二苯基-*N*-苦味基肼基自由基（DPPH）是紫色晶体，由于三个硝基的吸电子诱导作用以及空间位阻作用，在固态时可长期稳定保存，无二聚趋势。在生物化学及医学研究中作为自旋标记物的氨氧自由基（4-羟基-2,2,6,6-四甲基-4-哌啶基氧自由基）是橘红色结晶，熔点为67～72 ℃，已经是市售的化学试剂，也是由于空间效应而成为稳定的自由基，常用作阻聚剂（ZX-172），对丙烯酸酯类、甲基丙烯酸酯类、丙烯酸、丙烯腈、苯乙烯、丁二烯等有较好的阻聚效果，甚至可以在分子中的羰基上与格氏（Grignard）试剂发生加成，而不影响自由基的结构。

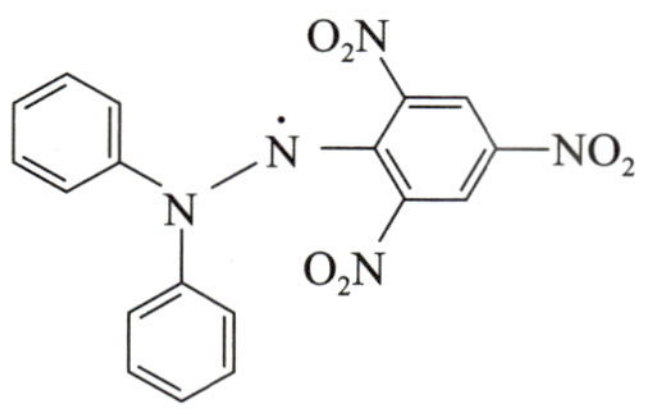

N,*N*-二苯基-*N*-苦味基肼基自由基(DPPH)

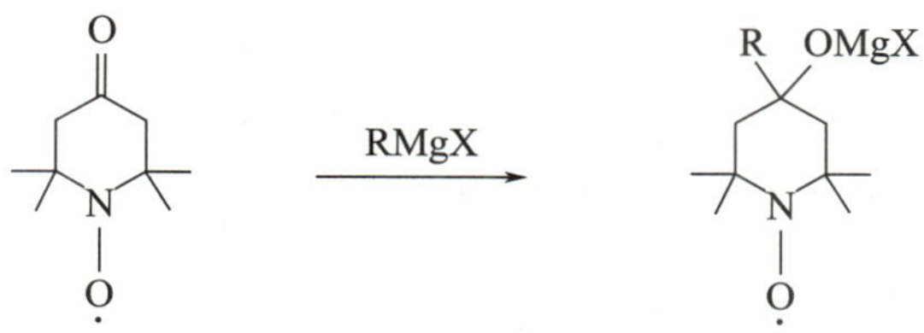

4-羟基-2,2,6,6-四甲基-4-哌啶基氧自由基

4.3.1.2　空间效应

芳香环（简称芳环）上连有体积较大的叔丁基产生的空间效应，可以阻止自由基发生二聚，从而使自由基稳定。例如，2,4,6-三叔丁基苯氧自由基比较稳定，空间效应起了很大作用。

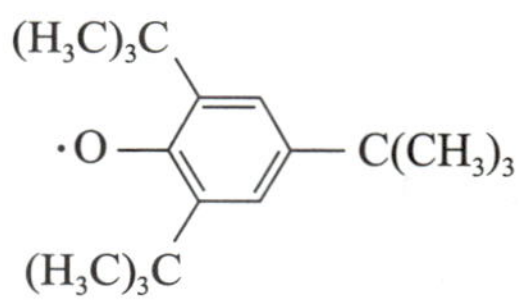

2,4,6-三叔丁基苯氧自由基

4.3.1.3　键的解离能

自由基是由共价键均裂产生的，键的解离能越大，产生的自由基越不稳定，容易二聚生成原来的化合物。键的解离能小，如含有—O—O—、C—N═N—C等弱键的化合物，产生的自由基比较稳定。

4.3.1.4　螯合作用

某些自由基可以通过螯合作用而稳定，如锂和2,2-联吡啶作用形成深色固体A和B。

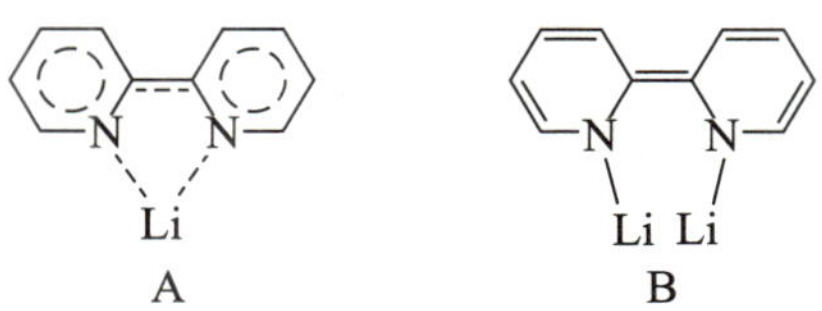

实际上还存在比三苯甲基自由基稳定得多的自由基，如多个芳核的自由基和氮的氧化物自由基。例如：

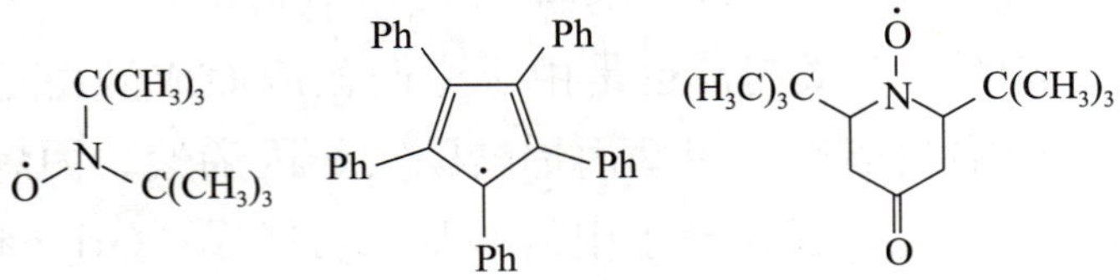

4.3.1.5 溶剂效应

溶剂效应对自由基的影响比较小。若溶剂能够与自由基配位，则不但可以提高自由基的稳定性，而且会改变它们的某些性质。例如，下列反应的选择性，在CS_2中进行时，叔卤代物与伯卤代物的比例为106∶1，而当溶剂为苯时这一比例降至49∶1。

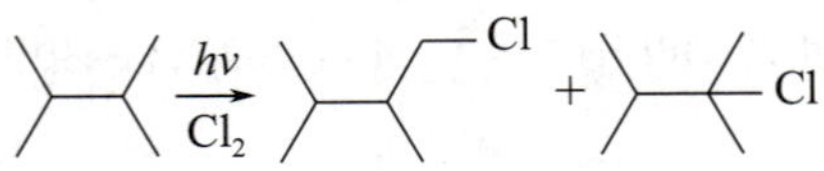

4.3.2 来源与去向

4.3.2.1 来源

（1）热解

热解是产生自由基的主要方法。$Pb(CH_3)_4$、$Bi(CH_3)_3$、$Pb(C_2H_5)_4$等烷基金属化合物在受热时可以裂解产生烷基自由基，例如Paneth铅镜实验，1929年帕内思（Paneth）和霍菲迪茨（Hofeditz）将在气相中热解的四甲基铅蒸气流过一根导管时，不仅在管壁上沉积出铅镜，而且还产生了一种短寿命的中间体，这种中间体能把前边顺流沉积下的铅镜除掉，这证明了甲基自由基的存在。

利用热解可以使键能小的化合物（含弱键的化合物）产生自由基，如过氧化物、偶氮化合物、卤素单质、硝酸酯中所含的O—O、—N═N—、X—X、O—N等键，其键的均裂能多为120～210 kJ•mol^{-1}，稍加热即容易发生键的均裂产生自由基。例如：

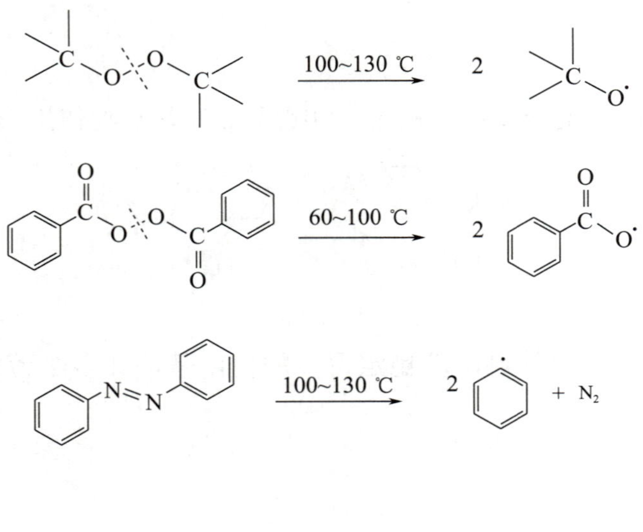

（2）光解

如果分子能吸收紫外线与可见光，则可使解离能为167.5～293 kJ•mol^{-1}较弱的键发生均裂，产生自由基，这是分子中的电子吸收光能后，激发到反键轨道的结果。如：

$$Cl_2 \xrightarrow{h\nu} 2Cl\cdot$$

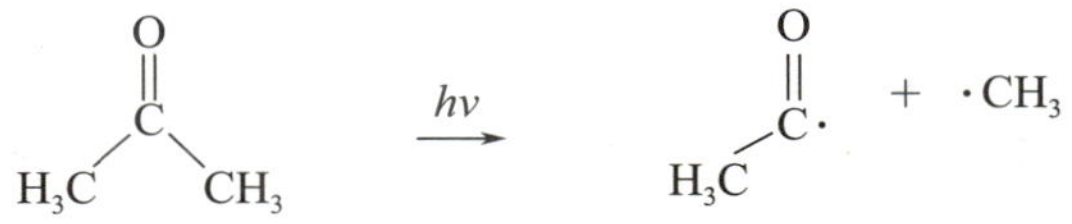

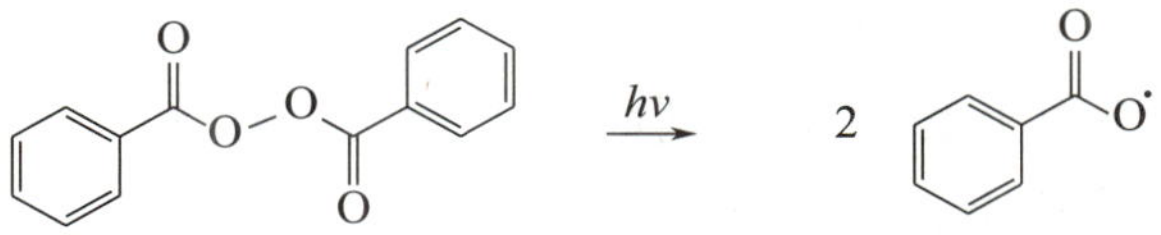

（3）氧化还原反应

通过电子的转移发生氧化还原反应可产生自由基。如：

$$H_2O_2 + Fe^{2+} \longrightarrow OH^- + HO\cdot + Fe^{3+}$$
$$RCOOH + Fe^{2+} \longrightarrow OH^- + RCO\cdot + Fe^{3+}$$
$$PhCHO + Fe^{3+} \longrightarrow H^+ + PhCO\cdot + Fe^{2+}$$

采用电解法进行氧化还原反应也可产生自由基，如羧酸盐电解、丙酮类电解等。

$$RCOO^- \xrightarrow[-e^-]{\text{电解}} R\cdot + CO_2$$

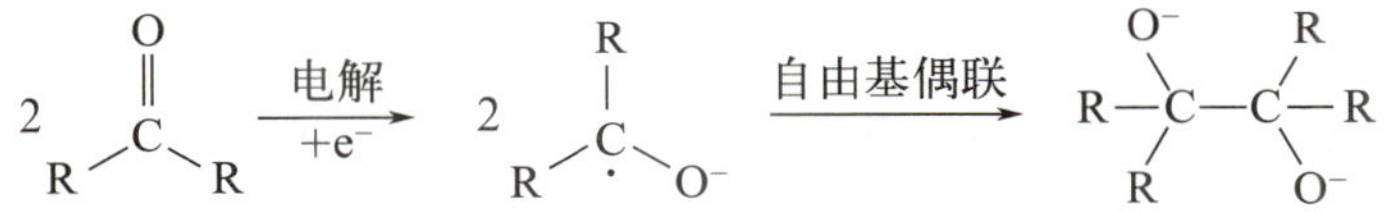

4.3.2.2　去向

自由基具有很高的活性，可进行多种类型的反应。许多自由基反应具有链反应的特征，即包括**链引发**、**链增长**和**链终止**三步。20世纪80年代以来，科学家对自由基的反应有了更深刻的认识，因而其在有机合成中的作用日益重要。从反应类型看，自由基反应主要有以下几种类型。

（1）偶联或二聚

自由基一般可以直接偶合形成化学键，得到偶联或二聚产物。这一过程可看成是均裂产生自由基的逆反应。

（2）歧化反应

一个自由基可以通过夺取另一个自由基的β-H，同时生成烷烃和烯烃。例如：

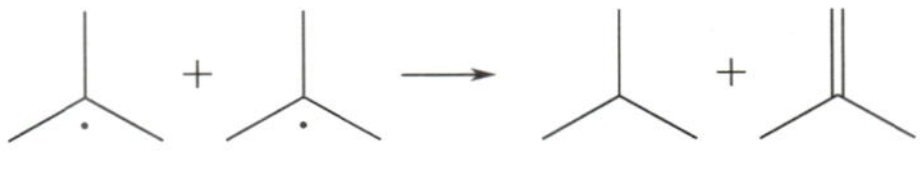

二聚、偶联以及歧化反应都导致未配对电子的失去，是自由基反应主要的淬灭形式，

即使自由基链反应终止。除非存在空间因素或其他因素，自由基反应的链终止一般以偶联为主，而歧化反应较少。例如，正丙基自由基以偶联为主，叔丁基自由基以歧化为主。

（3）重排

自由基的稳定性比相应的碳正离子小，与碳正离子相比，自由基的重排不容易发生。根据分子轨道分析，1,2-重排经由三中心过渡态，与环丙基类似，两个碳原子的p轨道与迁移基团的p轨道重叠，形成三个分子轨道，其中一个为能级较低的成键轨道，而另外两个为能级较高的简并反键轨道。对于碳正离子重排，涉及两个电子，全部填充在成键轨道上，重排容易发生，非常常见。而对于碳负离子重排，涉及四个电子，其中两个填充在成键轨道上，而另外两个必须填充到简并的反键轨道上，能量很高，重排不容易发生。实际上，涉及碳负离子的1,2-重排极为罕见。而对于自由基1,2-重排，将涉及三个电子，除填充在成键轨道上的两个电子外，将有一个电子填充在反键轨道上，不利于转移。虽然能量上不如碳正离子重排有利，但比碳负离子重排要有利些。当存在有利的条件，如空间因素或重排后能够使单电子更好地离域时，则重排有可能发生。另外，高温有利于重排的发生，而低温或有其他竞争反应时则不利于重排的发生。此外，伯自由基与仲自由基以及仲自由基与叔自由基之间的能量差别远比相应的碳正离子之间的差别小，因而自由基重排的驱动力比较小。

能够发生1,2-迁移的基团主要是苯基。乙烯基、醛基、卤素的转移偶尔也会遇到，但饱和烷基氢等几乎不会转移。

① 苯基1,2-重排。第一个公认的自由基重排是苯基自由基的重排，从一级自由基重排为三级自由基。

以下反应中重排产物的比例约占60%。如果反应体系中存在较强的氢供体苄硫醇时，1,2-重排受到抑制，重排产物的比例降至6%。

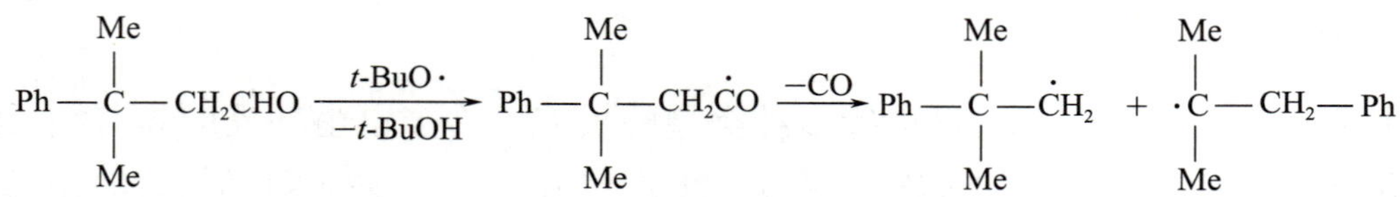

实验表明，1,2-苯基重排可能经由螺环桥式中间体 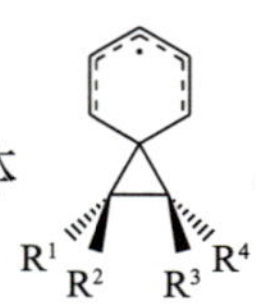 。1,2-苯基重排的程度取决于重排前后的相对稳定性。

② 乙烯基1,2-重排。乙烯基的1,2-重排比较常见，反应经历三元环状过渡态。例如：

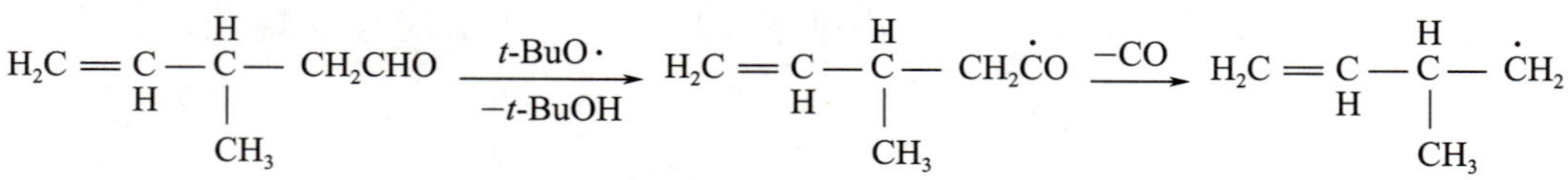

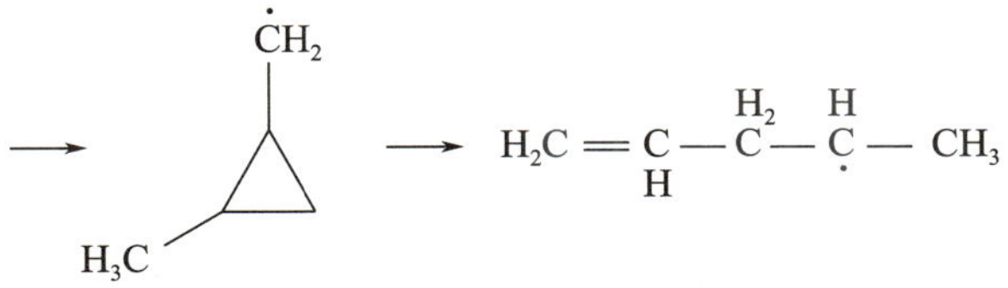

③ 卤素1,2-重排。卤素也能发生1,2-自由基重排。例如：

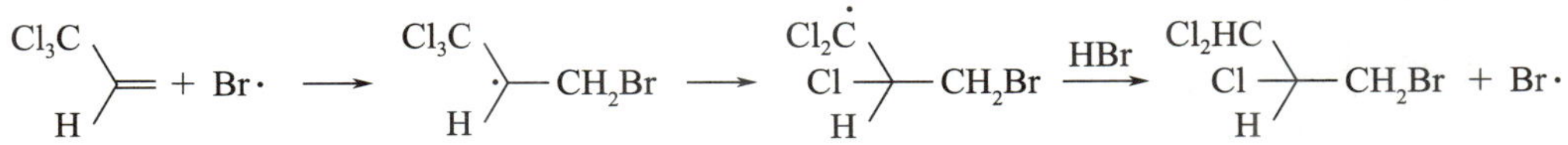

重排可能经由对称或非对称的桥连中间体而进行：

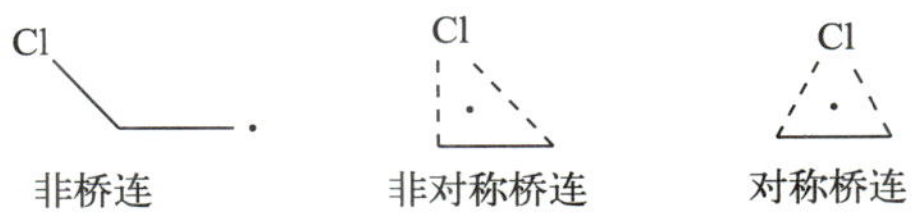

许多实验表明，氯原子更可能采取非对称的桥连方式，氯的1,2-重排与中心C—C键的旋转及与溴的偶联不构成竞争。

此外，OAc基团也能发生重排。

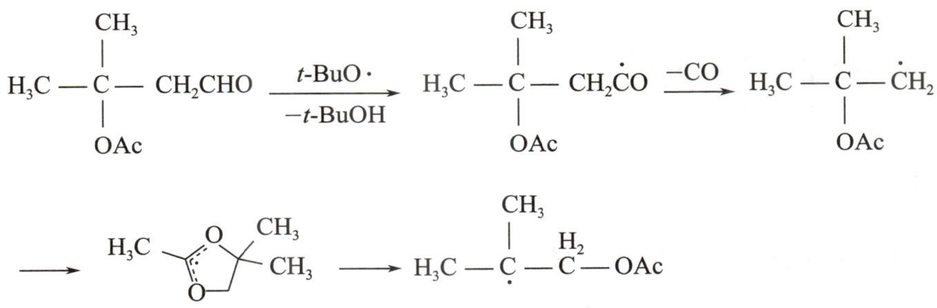

自由基的1,4-、1,5-等远程重排比1,2-重排更普遍。当自由基中心与芳基相隔4～5个碳原子时，芳基可发生重排，通过*ipso*取代生成重排产物，或经历邻位取代得到苯并双环产物。

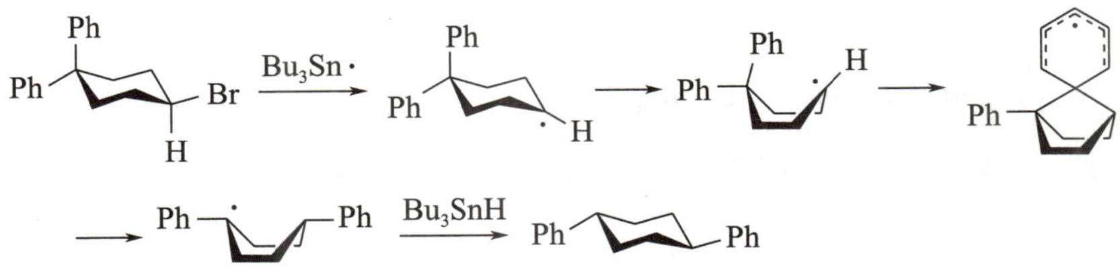

④ 1,5-氢迁移。在自由基中氢原子处于合适位置可发生重排，机理为分子内S_H2。

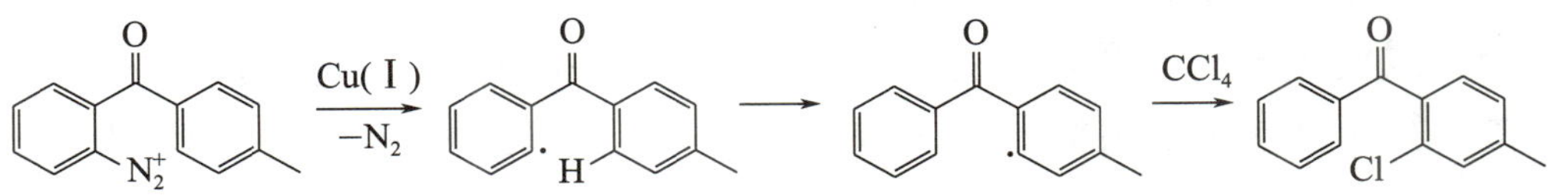

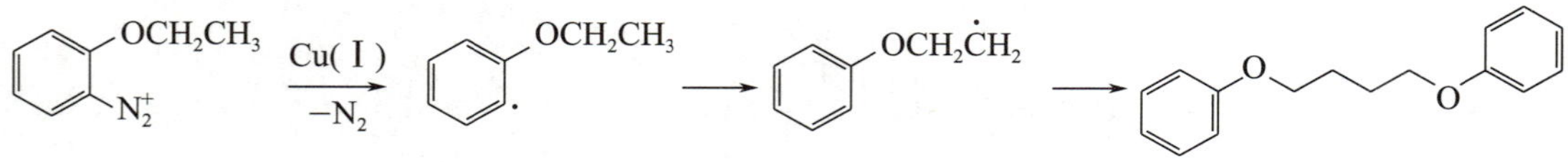

中等大小的环容易发生跨环氢转移，1,5-氢迁移重排还常见于氧、氮等杂原子上。

(4) 其他反应

除上述反应外，自由基还可以发生以下反应：

① 碎片化反应。

② 氧化还原反应。

③ 取代反应（自由基还原脱卤、卤代反应、芳香自由基取代）。

④ 加成反应（加卤化氢、加多卤代烷、加醛、加硫醇、羧酸及其衍生物对烯烃加成）。

⑤ 分子内加成反应与消除反应。

4.4 双自由基中间体

4.4.1 卡宾（Carbene）

4.4.1.1 结构

卡宾是含有二价碳的电中性中间体，在另外两个非键轨道中还存在两个价电子。一般来说，卡宾只能瞬间存在，具有很高的反应活性，比一般的离子及自由基更不稳定，但也发现了许多可以在常规条件下稳定存在的卡宾。

最简单的卡宾是亚甲基卡宾（$:CH_2$），其他卡宾可以看作取代的亚甲基卡宾。常见的卡宾主要有以下几种：

① 烷基及其他烃基取代的卡宾：$:CH_2$、$:CHR$、$:CRR'$（R、R'＝烷基、烯基、炔基、芳香基等）。

② 卤代卡宾：$:CHX$、$:CRX$、$:CXX'$（X、X'＝F、Cl、Br、I）。

③ 其他杂原子或官能团取代的卡宾：$:CHY$、$:CRY$、$:CYY'$（Y、Y'＝OR、SR、CN、COOR等）。

④ 烯碳卡宾：$R_2C{=}C:$（R＝烷基、芳香基等）。

卡宾用两个成键分子轨道形成两个化学键，剩下的两个非键轨道容纳两个未成键电子，这两个未成键电子有两种填充方式：①两个电子占据同一轨道，自旋方向相反，即单线态卡宾；②两个电子各占据一个轨道，自旋可以相同或相反，即三线态卡宾。

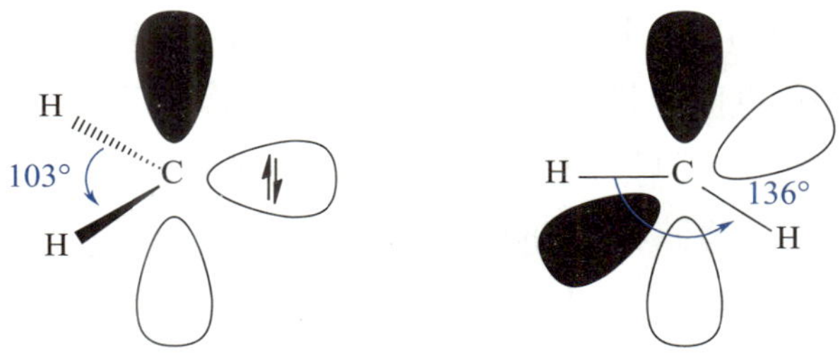

单线态(S)　　　　三线态(T)

单线态卡宾具有弯曲的sp^2杂化结构，成对电子占据了空的sp^2轨道，还有一个空的p轨道。而三线态卡宾相当于一个双自由基，具有两个可能的电子状态：一种是弯曲的sp^2杂化结构，两个电子分别占据一个未占轨道；另一种是线形的sp杂化结构，两个电子各占用一个空的p轨道。采用介于后两种情况中间的结构也有可能存在。实验观察和分子轨道计算的结果均显示，多数卡宾具有非线形三线态的基态结构，键角约为136°。单线态的卡宾中HCH的键角为103°。

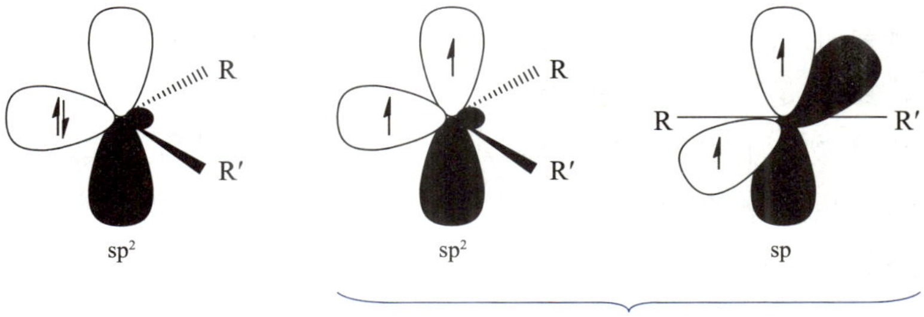

单线态卡宾　　　　三线态卡宾

重氮甲烷光解产生单线态和三线态卡宾的混合物。在惰性气体存在下，单线态与惰性气体分子碰撞而去活化，转变为三线态卡宾。这反映出单线态卡宾的能量较高，相当于卡宾的激发态，而三线态卡宾较单线态卡宾稳定，相当于基态。三线态的卡宾比单线态的卡宾在能量上低33.5～41.9 $kJ \cdot mol^{-1}$。如有光敏剂存在，单线态卡宾也容易变为三线态。三线态卡宾寿命较长，所以上述条件下反应主要以三线态进行。在液相中，初生成的单线态卡宾在失去能量之前就发生了反应，因此主要是以单线态进行反应。

当卡宾的两个取代基具有未共享电子对（α-电子对供体，如Br、OR、NR_2等）时，p-p共轭使卡宾的p轨道能量升高，导致卡宾的两个非键电子成对填充在σ轨道中，因此为单线态。例如，二氯卡宾（∶CCl_2）是单线态卡宾。一般认为，卡宾上的取代基的电负性越大，σ轨道中的s成分越多，σ轨道与p轨道之间的能量差越大，越有利于单线态结构。

4.4.1.2　来源

（1）α-消除反应

在同一碳原子上进行α-消除反应，脱去一个简单分子来制备卡宾。

$$CHCl_3 + OH^- \longrightarrow :\bar{C}Cl_3 \longrightarrow :CCl_2 + Cl^-$$

$$CHCl_3 + (CH_3)_3COK \longrightarrow :CCl_2 + (CH_3)_3COH + KCl$$

从卤仿制卡宾的难易程度依卤素不同而不同。卤素的电负性越大，α-H的酸性越强，相应的三卤代甲基负离子的稳定性也越强，卡宾就越容易形成。然而，影响碳负离子稳定性的因素除诱导作用外，还包括卤素通过d-π作用接受负电荷的能力。卤素的d轨道与碳原子的p轨道侧面相互交盖，可以将碳负离子上的电荷分散，降低体系的能量，使碳负离子稳定。碘的这种作用更为有效。诱导与共轭共同作用的结果，使卤仿制卡宾反应生成碳负离子的活性次序为：$CHI_3 > CHBr_3 > CHCl_3 > CHF_3$。后续碳负离子失去卤素负离子形成二卤卡宾。二卤卡宾是高度缺电子的物种，其稳定性与卤素的给电子能力有关。卤素给电子共轭效应能力大小为F > Cl > Br > I。因此生成卤卡宾的这一步碳负离子含有氟原子时更为有效。考虑到离去能力是I > F，因此综合作用的结果是CHF_2I比CHF_3更容易形成$:CF_2$。

影响卤仿产生二卤卡宾的因素很多。在某些情况下，反应也可能不经生成碳负离子，而是协同地消除卤化氢直接生成二卤卡宾。

偕二卤代烷烃通过与有机金属锂化合物或金属的作用消除卤素得到卡宾。在很多此类反应中，人们怀疑是否确实存在游离的卡宾。更为可能的是，卡宾以与金属配位的形式存在于反应中，或者是与盐一起束缚于溶剂笼中，也可能反应中的活泼中间体事实上不过是有机金属化合物而并非所谓的卡宾。这些不同于游离的卡宾，但在反应中能形成与卡宾相同产物的有机金属化合物或配合物中间体被称为金属化卡宾或卡宾体、类卡宾。

(2) 光解或热解

烯酮和重氮甲烷通过光解或热解即可生成卡宾。

$$H_2C{=}C{=}O \xrightarrow[\text{或}170\ ^\circ\text{C}]{h\nu} :CH_2 + CO\uparrow$$

$$Ar_2C{=}C{=}O \xrightarrow[\text{或}\triangle]{h\nu} :CAr_2 + CO\uparrow$$

$$CH_2N_2 \xrightarrow[\text{或}\triangle]{h\nu} :CH_2 + N_2\uparrow$$

当某些重氮化合物的处理有困难时，可以首先产生重氮化合物的前体，然后将其转化为重氮化合物，不经分离直接使其分解得到卡宾。例如，腙类化合物或二氮缩酮经氧化、分解后得到卡宾。

$$R_2C{=}N{-}NH_2 \xrightarrow{HgO} R_2C{=}N_2 \xrightarrow{h\nu} :CR_2 + N_2\uparrow$$

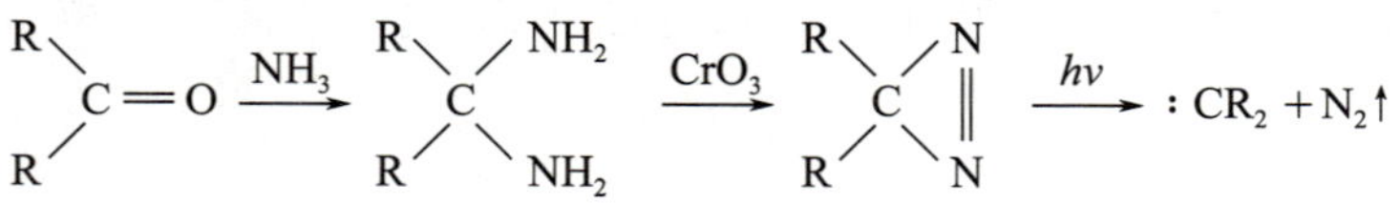

三卤代乙酸的盐通过加热也可以制得卤代卡宾。

$$Cl_3CCOONa \xrightarrow{\text{乙二醇二甲醚}} :CCl_2 + CO_2\uparrow + NaCl$$

$$Cl_3CCOOAg \xrightarrow{\triangle} :CCl_2 + CO_2\uparrow + AgCl$$

$$F_3CCOONa \xrightarrow{\triangle} :CF_2 + CO_2\uparrow + NaF$$

(3) 三元环化合物的消除反应

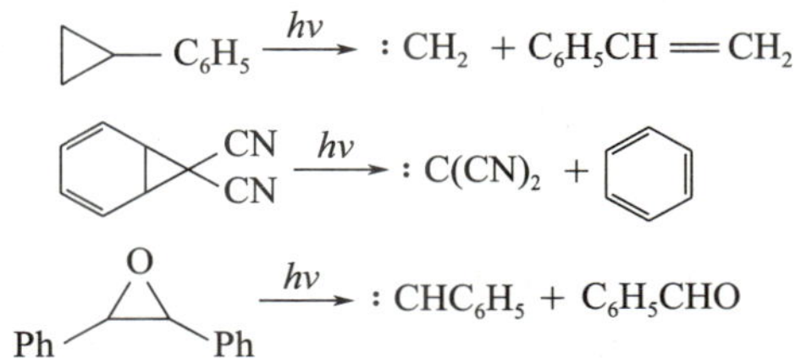

(4) 西蒙斯-史密斯(Simmons-Smith)反应

利用有机锌化合物将亚甲基在碳碳双键上进行加成是形成环丙烷衍生物的好方法，此反应称为西蒙斯-史密斯(Simmons-Smith)反应。在铜催化下，用二碘甲烷与锌反应得到ZnI_2和CH_2的配合物，再与烯反应，实际上反应中产生的不是游离的卡宾，而是具有卡宾特性的类似物，故称为类卡宾。

$$CH_2I_2 + Zn \xrightarrow[(C_2H_5)_2O]{Cu} ICH_2ZnI$$

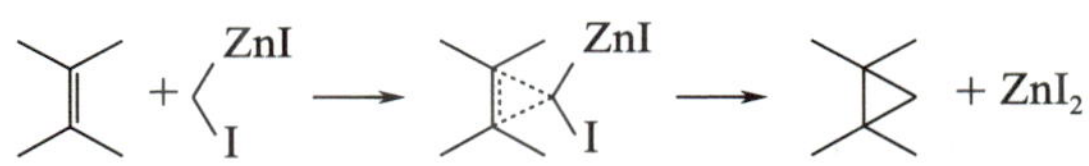

类卡宾比卡宾活性低，反应温和，副反应少，产率高，且立体选择性较好。例如：

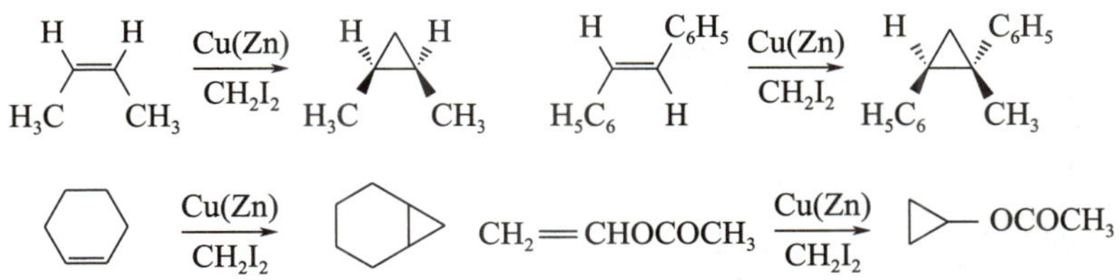

(5) 硫叶立德

从形式上看，硫叶立德与磷叶立德类似，也是两性离子。通常是先制备合适的锍盐，再用适当的碱脱质子制得硫叶立德。例如，三甲基碘化砜可以方便地通过DMSO和碘甲烷制备，用NaH等在THF溶剂中处理后，得到一种常用的非常有效的亚甲基转移试剂硫叶立德(DMSY)。类似地，甲硫醚代替DMSO可以得到三甲基碘化锍，在强碱作用下脱除HI得到硫叶立德$Me_2S^+—CH_2^-$。这两种硫叶立德相当于是被DMSO及二甲硫醚捕获的卡宾。

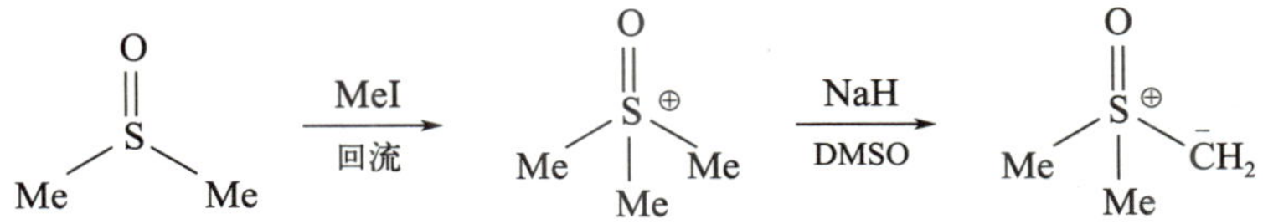

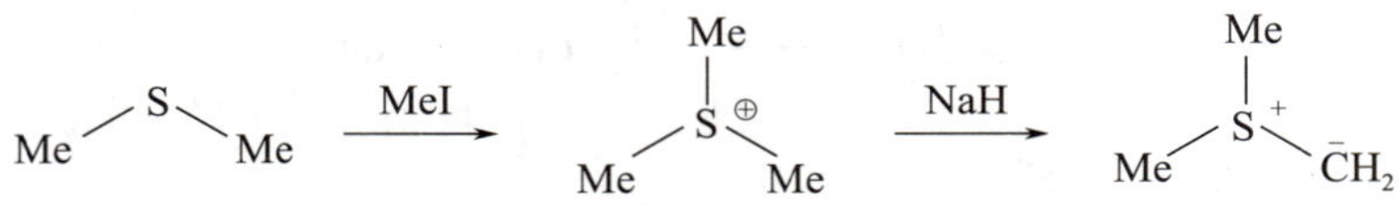

DMSY在反应中主要表现为亲核性卡宾。它们与醛、酮的羰基作用，生成环氧化产物。DMSY可使亚胺转化为氮丙啶，也可将烯基砜转变为环丙基砜。α,β-不饱和羧酸酯在用DMSY进行环丙烷化时，除生成环丙烷产物外，还会产生大量的六元环状化合物。DMSY与苄基卤、烯丙基卤、炔丙基卤、伯卤代烷及甲磺酸酯作用，生成端烯类化合物。

$Me_2S^+—CH_2^-$也是一种常用的亚甲基转移试剂，但稳定性比DMSY低。它可使醛、酮转化为相应的环氧化产物。使用离子液体作为反应的介质，酮的环丙烷化产率可以大为提高。$Me_2S^+—CH_2^-$与DMSY和α,β-不饱和酮的反应方式不同，前者生成环氧化物，而后者以Micheal加成方式反应，使碳碳双键进行环丙烷化，得到热力学上更加稳定的环丙基酮。

4.4.1.3 去向

从卡宾的结构可以看出，单线态卡宾具有孤电子对，类似于碳负离子，同时还有空轨道，因此兼具碳正离子的特征。三线态的卡宾有两个自旋平行的电子，相当于一个双自由基。一般来说，由于卡宾碳原子价电子层仅有六个电子，因此属于缺电子物种，其反应主要表现为亲电性。但是，当卡宾中心碳原子直接连有O、N等可以发生p-p共轭的原子或基团时，即有电子离域到卡宾的空的p轨道，会使卡宾的亲电性特征降低，甚至消失，从而表现出亲核性。按照反应特征可将卡宾分为三类：

① 亲电性卡宾，如：$:CCl_2$、:CClPh、:CClMe、:C(EtOCO)Br等；

② 亲核性卡宾，如：$:C(OMe)_2$、$:C(OMe)[N(Me)_2]$等；

③ 两亲性卡宾，如：:C(OMe)Cl、:C(OMe)F等。

卡宾具有很高的反应活性，活性次序大致为：$:CH_2>:CR_2>:CAr_2>:CX_2$。

(1) 插入反应

卡宾可以插入单键C—H之间，也可以插入C—O、C—X、Si—H、Ge—H之间，但不插入C—F和C—C之间，研究最多的是插入C—H之间。

插入C—H间活性：叔氢>仲氢>伯氢。分子间插入反应往往得到混合物，因此在有机合成上没有意义。

卡宾也可以发生分子内插入，特别是烷基卡宾，优先发生分子内插入。

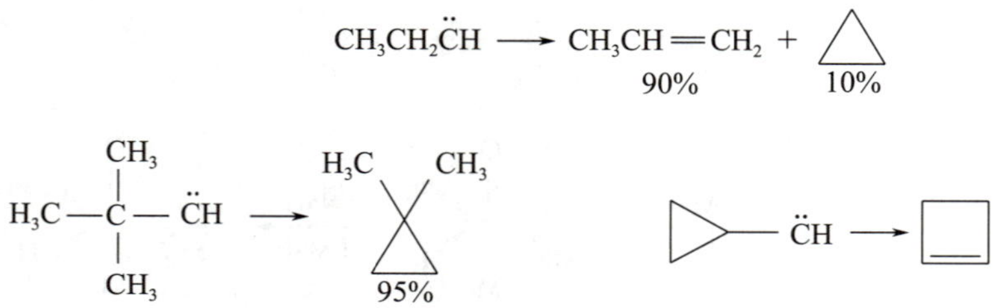

分子内插入反应，对制取有较大张力的环状化合物具有一定意义。例如：

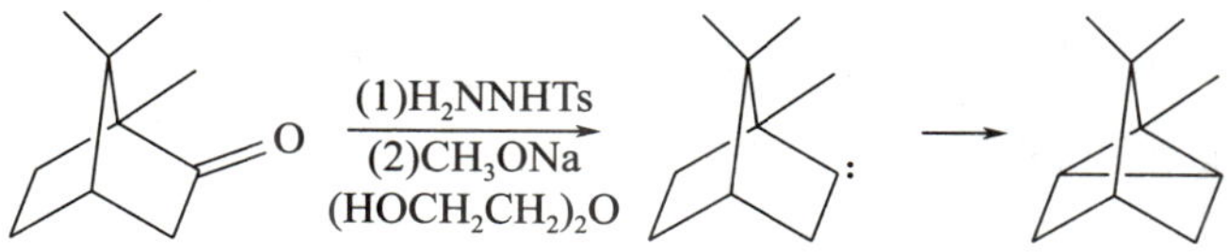

（2）加成反应

卡宾可与不饱和键进行加成反应，在反应中表现出亲电性，烯烃双键电子密度越高，反应活性越大，如二氯卡宾与下列烯烃加成相对反应活性：

$$Me_2C{=\!=}CMe_2 > Me_2C{=\!=}CHMe > Me_2C{=\!=}CH_2 > ClCH{=\!=}CH_2$$

卡宾与双键加成可发生在分子间，也可发生在分子内。

分子间：

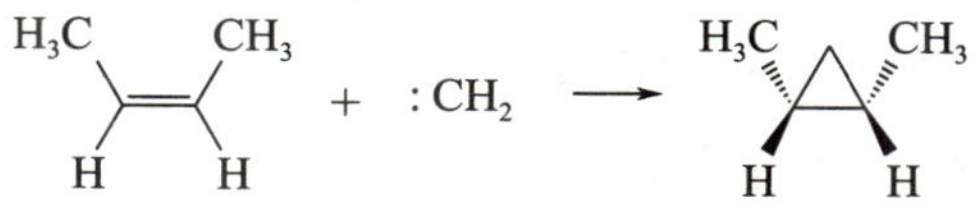

分子内：

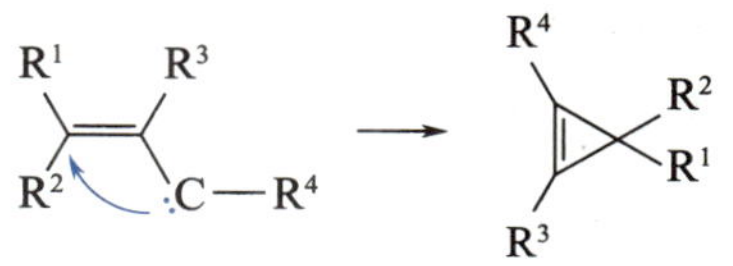

单线态卡宾比较活泼，除加成反应外，往往发生许多副反应，如插入反应等。为了制得高产率立体专一产品，常采用西蒙斯-史密斯方法。

乙烯酮的C═C也能与卡宾加成生成环丙酮衍生物。

活泼性较强的卡宾能与芳烃进行加成得到环扩大的产物。

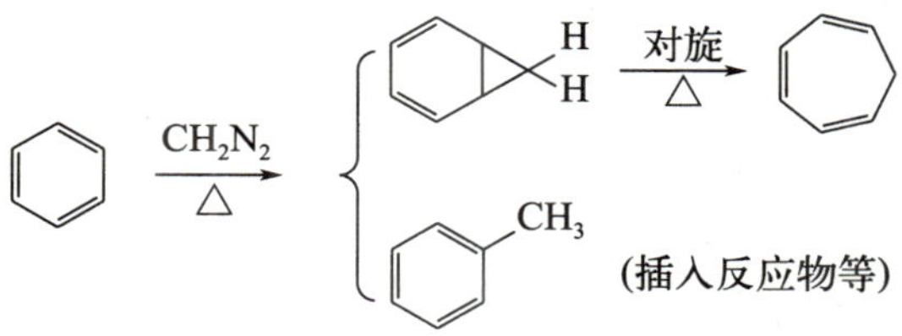

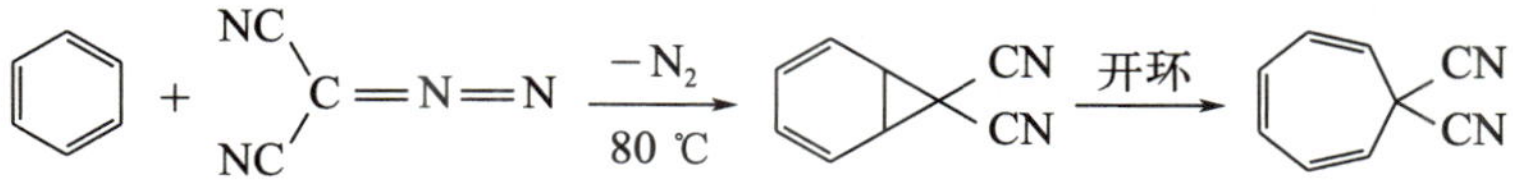

此外，卡宾也可与碳碳三键发生加成反应，形成双环化合物。

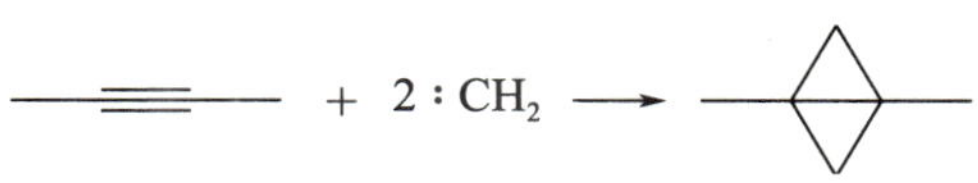

(3) 重排反应

卡宾发生重排，伴随着α-H、烷基或芳基的迁移。其迁移难易顺序为H＞芳基＞烷基，与在碳正离子中的重排活性顺序（芳基＞烷基＞H）不同。

通过芳基、烷基迁移的重排：

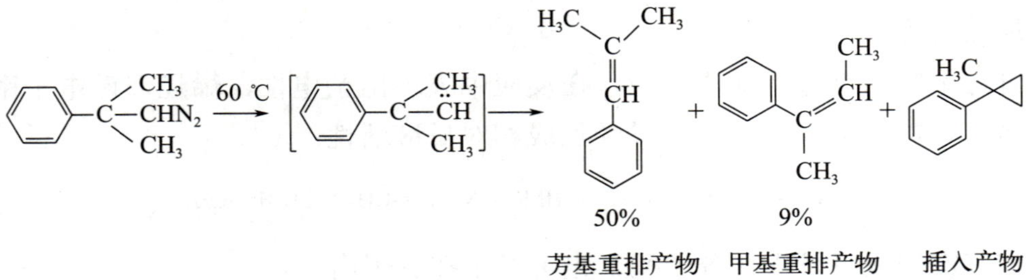

沃尔夫（Wolff）重排就是一种很重要的卡宾重排反应。

单线态卡宾与三线态卡宾在卡宾的反应中有以下不同：

①反应性能不同。单线态卡宾有一空轨道，显示出亲电性；而三线态卡宾两个未成键电子分别占据两个轨道，表现出双游离基特性。

②反应活性不同。单线态卡宾寿命短，反应活性高，选择性差；而三线态卡宾选择性则较高。以插入C—H的反应为例，单线态卡宾对三种不同种类H的插入比例为叔氢∶仲氢∶伯氢＝1.5∶1.2∶1.0；三线态卡宾的插入比例则为叔氢∶仲氢∶伯氢＝7∶2∶1。

③反应历程不同。单线态卡宾为一步协同反应，产物具有立体专一性；三线态卡宾为双游离基，分步进行反应，产物无立体专一性。例如，单线态卡宾与顺-丁-2-烯加成得到顺式加成产物，与反-丁-2-烯加成则得到反式加成产物。三线态卡宾与顺或反-丁-2-烯加成，得到顺式和反式产物的混合物。这是由于在加成过程中生成了双自由基，单键旋转使立体专一性消失，故可得到两种加成产物。

单线态卡宾加成：

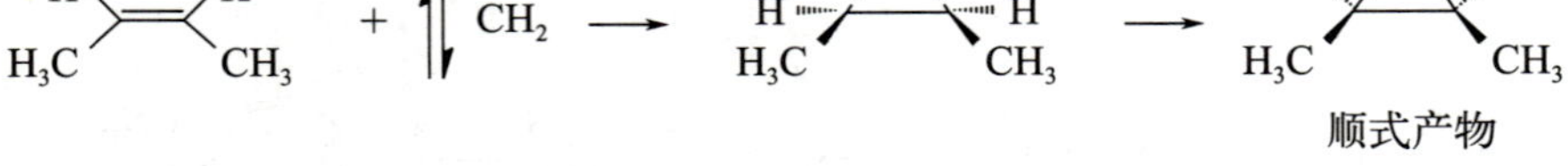

顺式产物

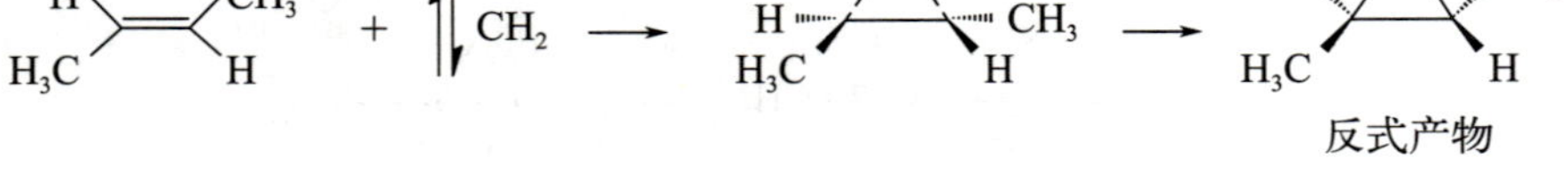

反式产物

三线态卡宾加成：

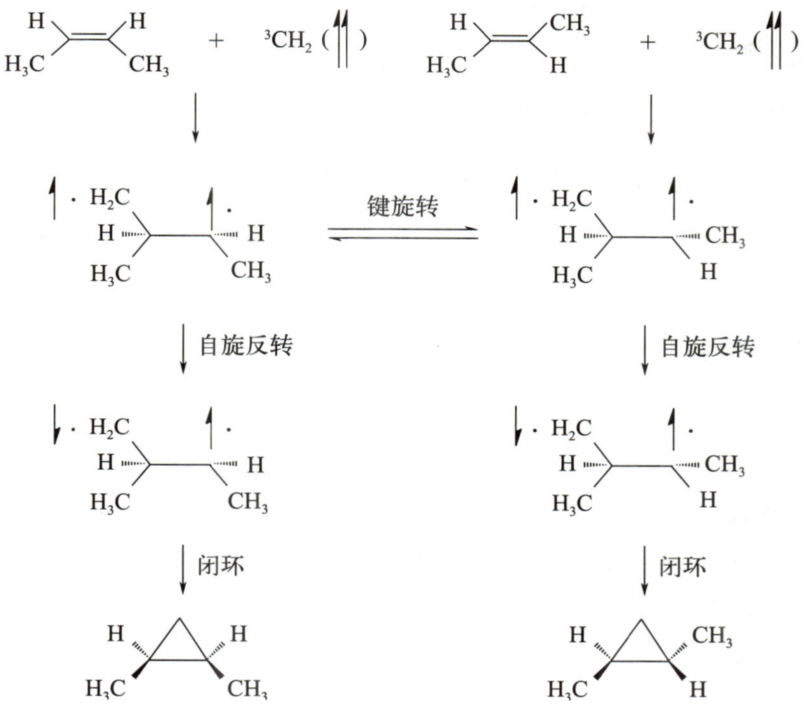

4.4.2　氮宾（Nitrene）

氮宾又称乃春，相当于是氮卡宾，是不带电荷的缺电子体系。氮原子只连有一个基团，价层有六个电子。在Hofmann重排、Schmidt重排、Lossen重排等重排反应中可能有氮宾的生成。

4.4.2.1　结构

氮宾有单线态和三线态两种结构，单线态氮宾采取sp^2杂化，三线态氮宾采取sp杂化。单线态氮宾比三线态氮宾的能量高约154.8 $kJ \cdot mol^{-1}$。

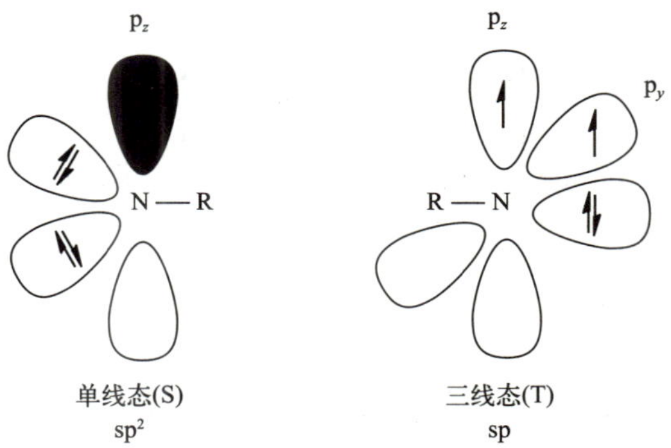

4.4.2.2 来源

氮宾与卡宾同为六隅体活性物种，形成方法类似。

（1）光解或热解

叠氮化合物在光照条件下分解释放出氮气形成氮宾：

$$\mathrm{EtOCO{-}N_3 \xrightarrow[-N_2]{h\nu} EtOCO{-}\ddot{N}:}$$

$$\mathrm{(Me)_3C{-}N_3 \xrightarrow[-N_2]{h\nu} (Me)_3C{-}\ddot{N}:}$$

异氰酸酯光解也能得到氮宾：

$$\mathrm{Ph{-}N{=}C{=}O \xrightarrow[-CO]{h\nu} Ph{-}\ddot{N}:}$$

（2）一级氨基氧化

一级氨基氧化脱去两个氢原子即形成氮宾。例如，肼类化合物用四乙酸铅（LTA）氧化形成氨基氮宾，其可与烯烃进行加成。

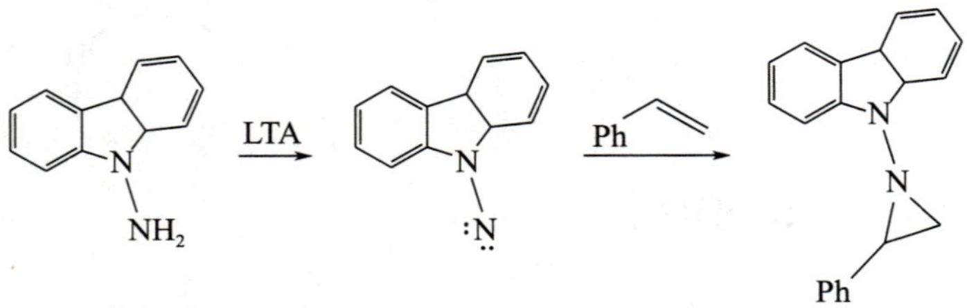

（3）硝基化合物及亚硝基化合物脱氧

硝基化合物与亚磷酸三乙酯共热，可将氧原子转移到磷上，形成磷酸三乙酯，并产生氮宾。反应产物与相应的叠氮化物相同，表明在反应过程中有氮宾的生成。

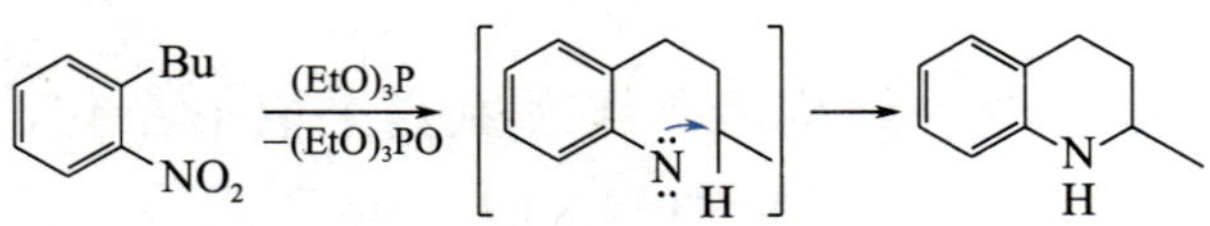

（4）酰胺降解

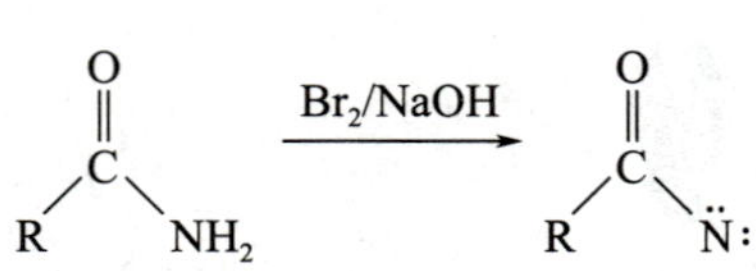

（5）羟基磺胺酯分解

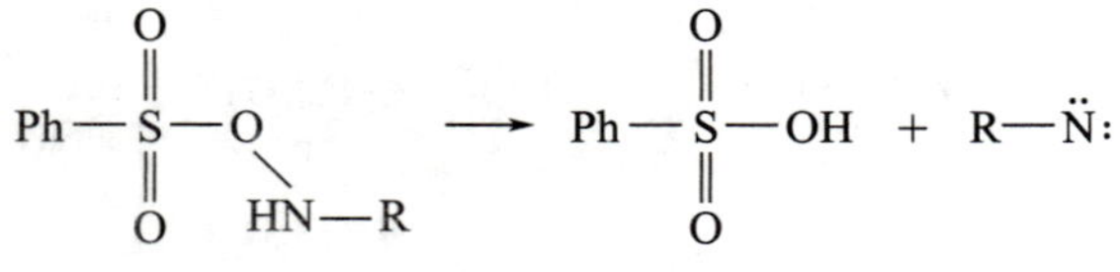

4.4.2.3　去向

氮宾的典型反应包括与重键的加成反应以及C—H插入反应。

（1）与重键的加成

单线态氮宾和烯烃类化合物双键的加成是协同的，具有立体专一性，而三线态则是通过双自由基方式分步进行的，为非立体专一反应。这与卡宾相似。例如：

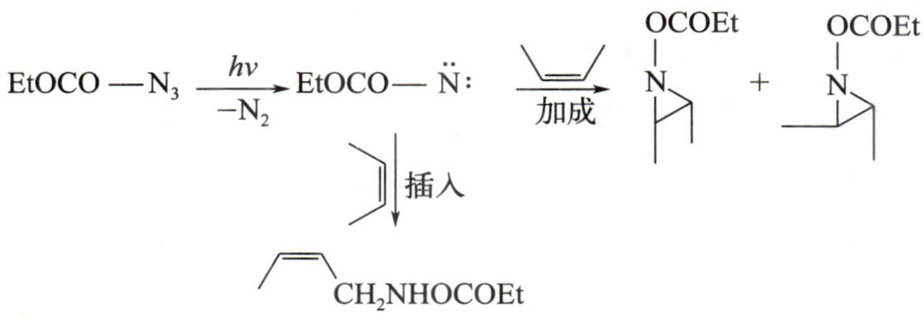

单线态氮宾和烯烃类化合物的加成是合成氨丙啶（氮杂环丙烷）的主要方法，但该反应产率低且副反应多。

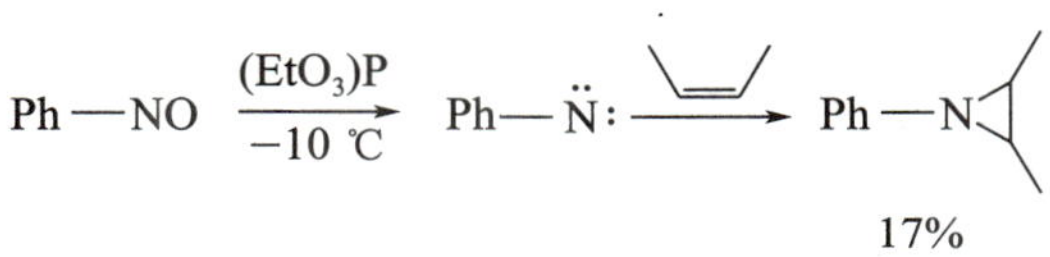

（2）插入反应

氮宾的分子内插入反应可用来合成五元及六元含氮杂环化合物。

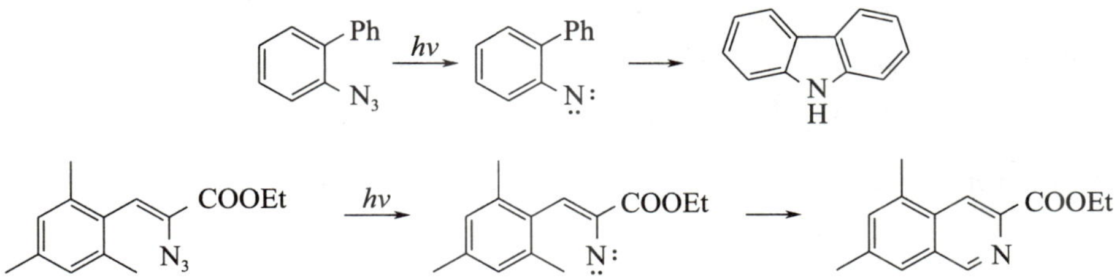

（3）重排及二聚作用

烷基氮宾因其重排更为迅速而通常得不到插入产物或加成产物。例如，氮宾插入C—Ph键之间，类似于1,2-苯基迁移生成亚胺。

$$Ph_3C-\ddot{\underset{\cdot\cdot}{N}} \longrightarrow Ph_2C=N-Ph$$

由于氮宾极易发生重排，有时难以确定在反应中是否有真正的氮宾生成。例如Curtius重排反应中，酰基叠氮分解放出氮气与迁移很可能是协同进行的。

与卡宾不同，氮宾容易发生二聚。由于芳基氮宾具有足够长的半衰期，所以可以发生交叉偶联得到混合偶氮化合物。

4.5 苯炔中间体

苯炔是苯环上发生亲核取代反应的重要中间体。芳环上比较容易发生亲电取代反应，发生亲核取代反应比较困难（在被取代基团的邻、对位含有硝基等强吸电子基除外）。在强碱作用下，不活泼的芳卤化物也能发生亲核取代反应，例如卤苯与氨基钠共热可生成芳胺。使用^{14}C标记的氯苯进行反应，可以观察到产物中不仅有正常位置发生亲核取代的产物，同时还有邻位取代的异构产物存在且比例为1∶1，可推测反应中间体为苯炔。若卤苯中卤原子的邻位没有氢原子，则不能发生消除形成苯炔，卤苯的氨解反应不能发生。

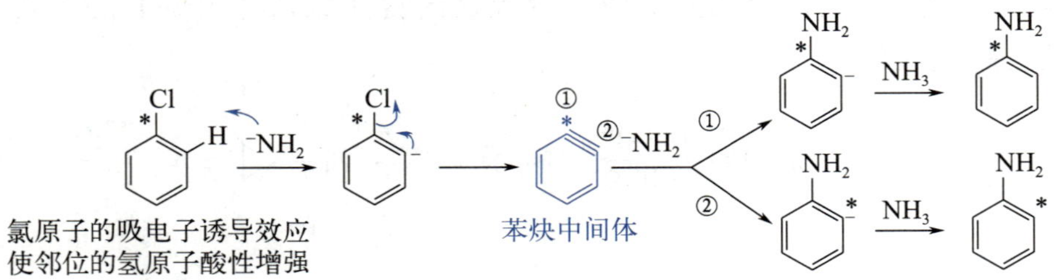

苯炔因其含三键的六元环结构具有极大张力而高度活泼，迄今未能成功分离，但光谱研究可以证明苯炔的存在。苯炔的存在还可以通过活性中间体捕集的方法得到证实，这也是苯炔的生成和存在的有力证据。例如，在碘苯与氨基钠的反应中加入呋喃或环己二烯等活泼的双烯体，则与捕集分子形成加合产物，证明碘苯的氨解不是简单的亲核取代反应，是先消除后加成的苯炔机理，证明苯炔中间体的存在。

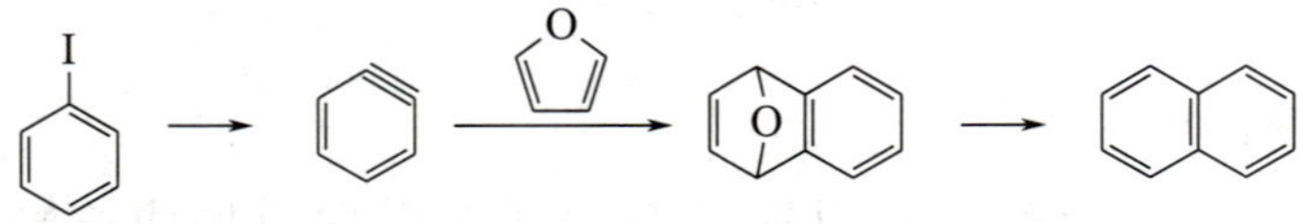

非苯芳香化合物也可以形成苯炔类似物，其制备及反应都与苯炔相似。

4.5.1 结构及稳定性

苯炔中的三键与乙炔不同，苯炔的三键碳原子不是sp杂化，而是sp^{2}杂化。苯炔的三键由σ键、参与苯环共轭体系的π键和由2个sp^{2}杂化轨道通过侧面交盖重叠形成的π键（该π键与苯环处在同一个平面内，与苯环上原有的大π体系垂直，故不影响芳环的芳香性）组成。两个sp^{2}杂化轨道的重叠程度远比苯环上的6个p轨道的重叠弱，因此苯炔的这个定域π键很弱极易断裂。

苯炔的前线分子轨道及能量

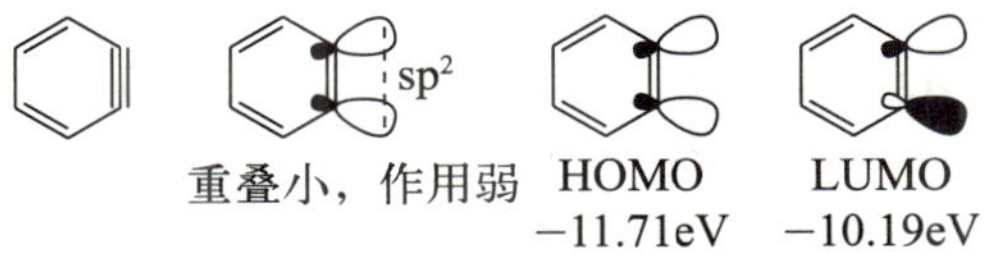

理论计算得出苯炔的三键键长0.1209 nm，比正常的芳核键（0.1395 nm）短。苯炔的LUMO轨道能量很低。在苯炔的反应中，LUMO常常起主要作用，表现为亲电性，易与电子给予体作用。

4.5.2　来源与去向

4.5.2.1　来源

（1）脱卤化氢

芳香卤代物用强碱处理可形成芳炔。

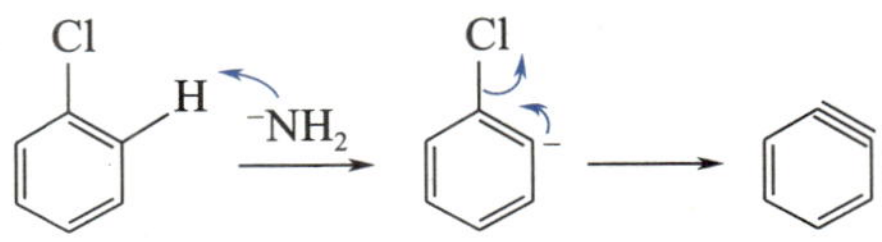

（2）邻二卤代芳烃脱卤

邻二卤代芳烃通过有机锂或者有机镁化合物极易形成苯炔，这是制备苯炔非常方便的方法。邻氟溴苯为常用原料，氟的强吸电子诱导作用导致相邻的碳-金属键削弱而有利于消除，升温即可快速生成苯炔。

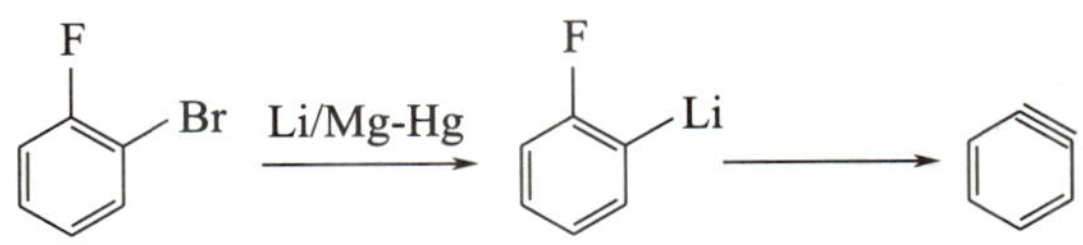

（3）邻重氮基羧酸脱去中性分子

重氮羧酸（盐）可以在温和的条件下通过热分解形成苯炔。

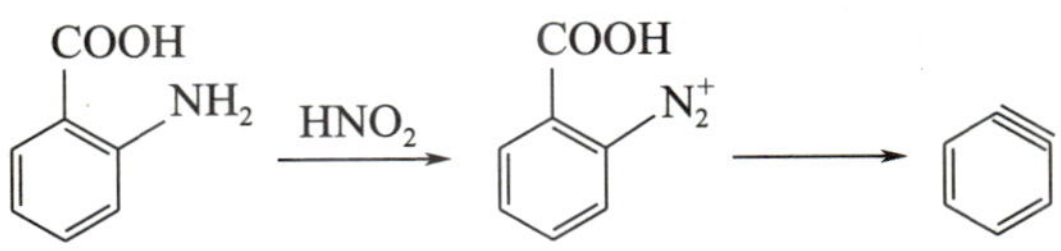

（4）环状化合物分解

用四乙基铅氧化1-氨基苯并三唑生成苯炔。

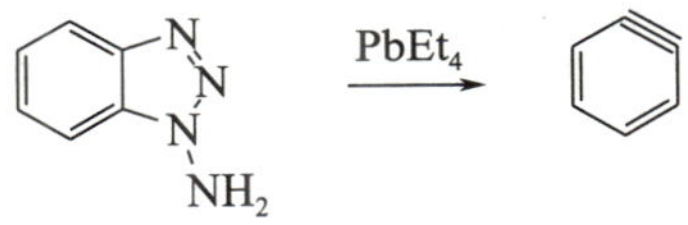

（5）热解

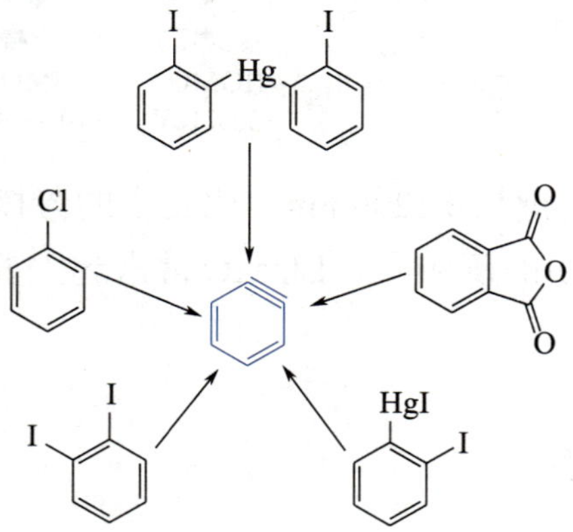

4.5.2.2 去向

苯炔的反应总是涉及对三键的加成，在产物中恢复芳香性结构。

（1）亲核加成

氨基负离子、卤素负离子、烷氧基负离子、氰化物、烷基负离子及芳基负离子都极易与苯炔发生亲核加成反应。

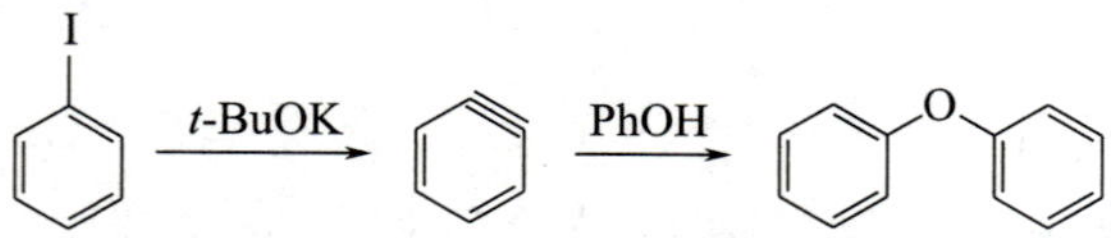

溴苯在强碱作用下形成苯炔，苯炔再与丙二酸二乙酯反应得到苯基丙二酸二乙酯。在一般条件下，芳基卤的活性很低，不能直接对丙二酸二乙酯进行芳基化。

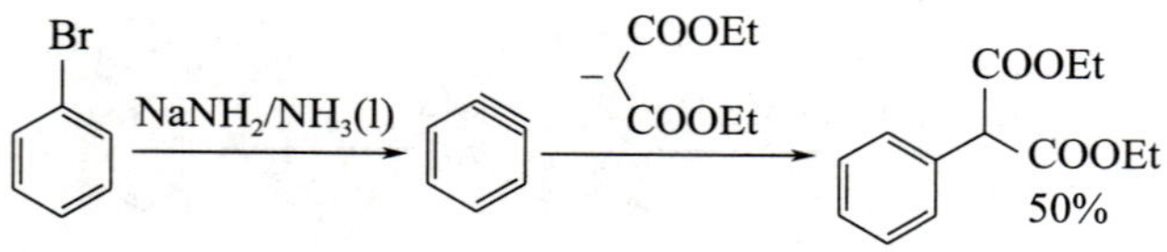

分子内亲核加成更容易进行，得到苯并双环化合物。

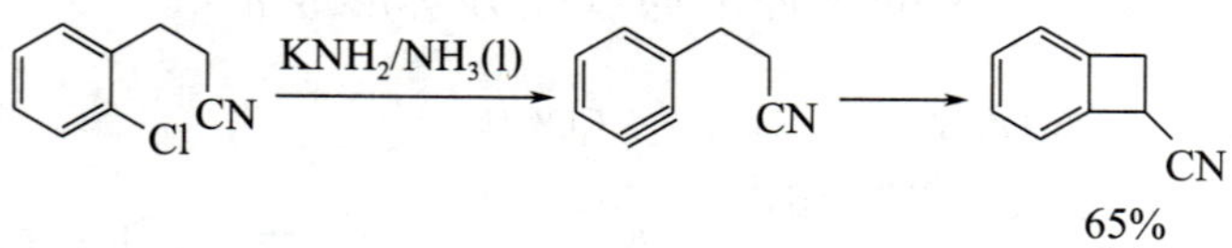

苯环上原有的取代基也可以产生定位效应。下列反应中体现了不同的取代基G产生不同比例的间位和对位氨基取代产物。

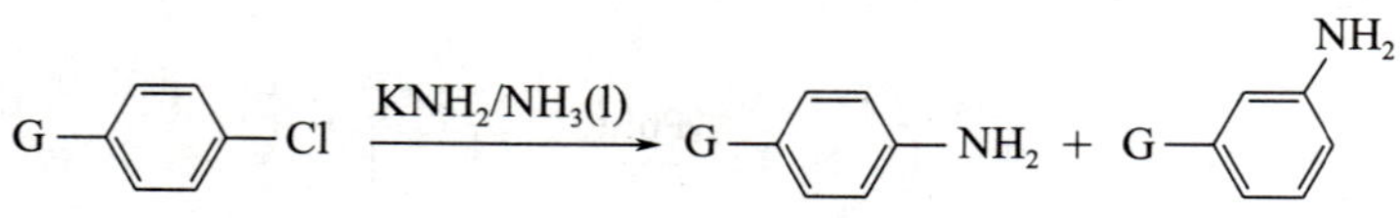

G	—CN	—Me	—O⁻
p- : *m-*	95 : 5	2 : 3	0 : 100

氨基进入的位置受到取代基诱导效应的影响。氨基进攻苯炔所产生的负离子，以能量上最低的异构体为主。这里基团的共轭效应影响很小，因为负电荷处于sp^2轨道中，不能与芳环的大π轨道进行重叠。

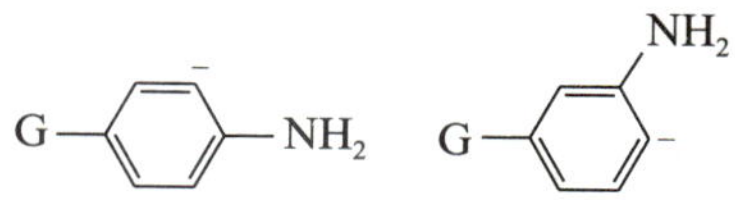

从中间体的结构进行分析，当G是一个吸电子基时，氨基进入对位，负电荷出现在间位，这比氨基进入间位得到的负电荷处于对位的中间体的距离更近，有利于能量的降低。当G是一个推电子基时，氨基进入间位更为有利。

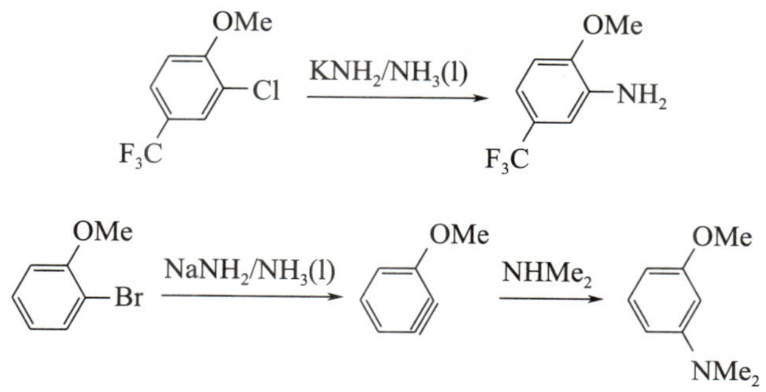

(2) **亲电加成**

芳炔也容易和亲电试剂加成。例如，与卤化汞、卤素等亲电试剂的加成。

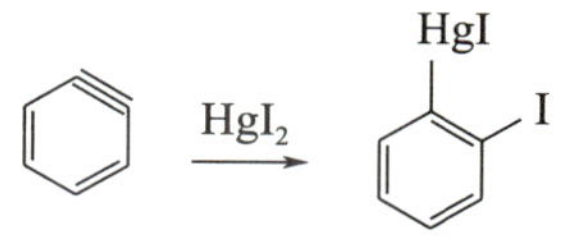

(3) **与Lewis酸作用**

三烷基硼是典型的Lewis酸，苯炔可以与其加成，消除烯烃后得到芳基取代的硼烷。

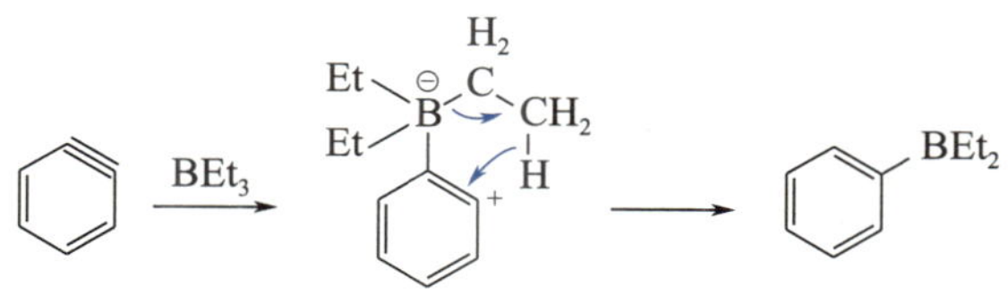

(4) **环加成反应**

苯炔在Diels-Alder反应中表现为高度活性的亲双烯体，能与环戊二烯、呋喃等许多1,3-二烯类化合物反应得到加成产物。苯炔中间体的捕集即为此原理。

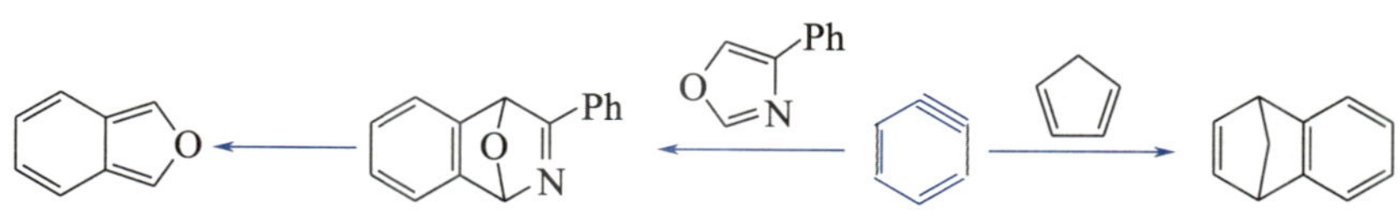

苯炔与蒽的Diels-Alder反应可以形成三蝶烯及其异构体，这是鉴定苯炔的标准反应。

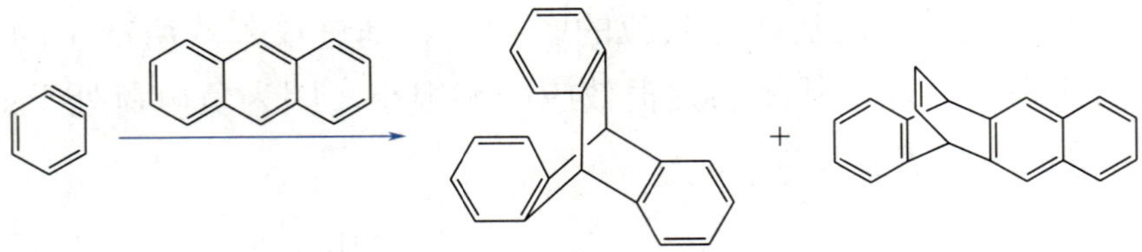

苯炔与1,3-偶极化合物的反应是合成杂环化合物的有用方法。

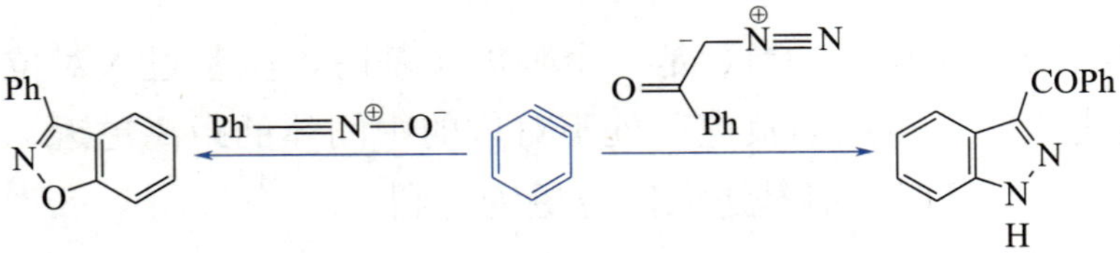

苯炔还可以与带有吸电子基的烯烃发生［2+2］环加成得到苯并环丁烷衍生物。

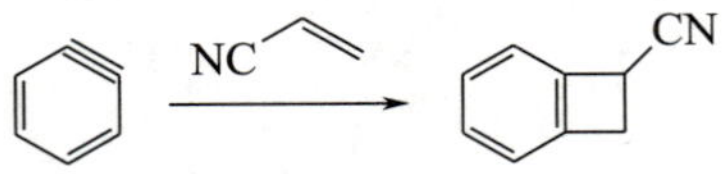

(5) 二聚

苯炔自身二聚生成联苯撑。

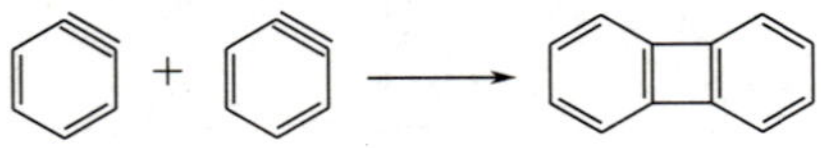

第2部分
有机化学反应

第5章 碳碳重键的加成反应

碳碳重键的加成反应有四种：亲电加成、亲核加成、自由基加成和环加成。其中前三种反应都经历两步，首先是亲电试剂、亲核试剂或自由基进攻重键碳原子，分别生成碳正离子、碳负离子或自由基中间体；其次是中间体进行后续反应完成加成。环加成则是试剂同时进攻两个重键碳原子，一步完成的协同反应。

5.1 碳碳重键的结构与反应活性

乙烯是平面型结构，碳原子发生sp^2杂化，双键由σ键和π键组成；σ键来自两个sp^2杂化轨道的重叠，π键来自两个未参与杂化的p轨道的平行重叠。高π电子密度分布于分子平面的上方和下方。乙烯和其他烯烃的多数反应涉及这些π电子。乙烯的结构及其双键的轨道杂化模型如下：

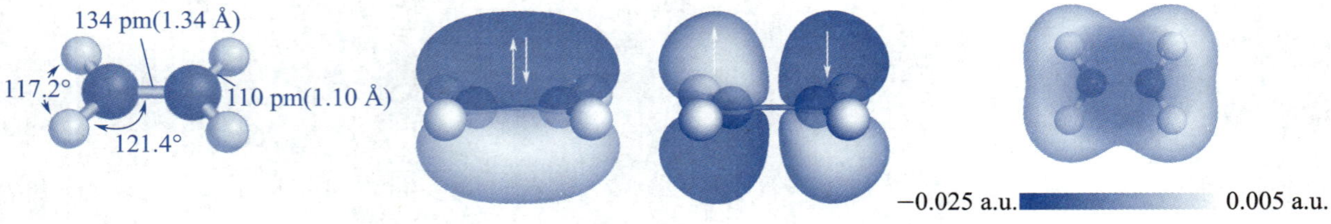

(a)　(b)　(c)　(d)

注：(a) 为乙烯中σ键的平面骨架、键长和键角。(b)、(c) 为两个sp^2杂化碳的半填充p轨道重叠产生π键。(d) 为静电势图，显示π电子产生的高负电位区域分布于原子平面上、下方。

分子轨道（MO）理论为理解烯烃的结构提供了价键理论的替代方案。分子轨道的数量等于结合形成它们的原子轨道（AO）的数量。

当我们将两个2p AO结合在一起时，每个2p AO来自乙烯的sp^2杂化碳，形成两个

π MO。最高被占据的分子轨道HOMO（π_1）被双电子占据，最低未被占用的分子轨道LUMO（π_2）未被占据。由于HOMO的σ键上、下方的两个波瓣相同，因此形成了π键。

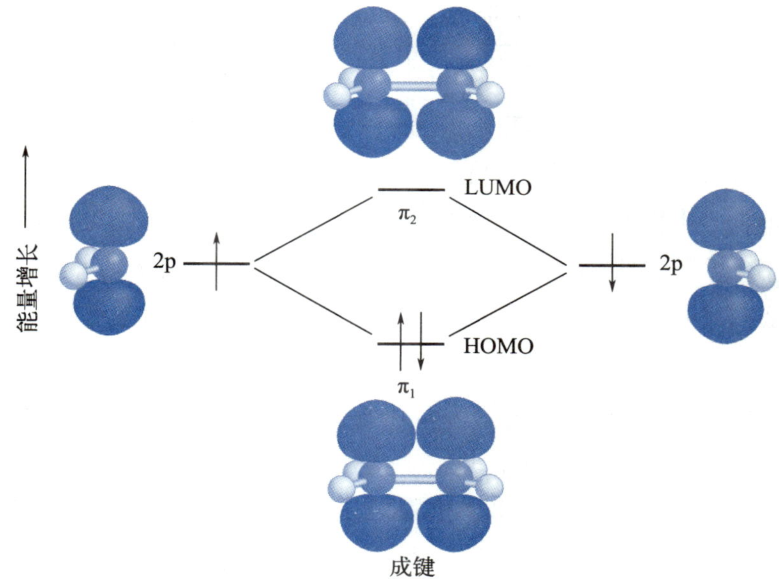

注：两个2p AO结合产生两个分子轨道（MO）。成键MO的能量低于AO，反键MO的能量高于AO。

乙炔是线性结构，C≡C键长为120 pm（1.20 Å），C—H键长为106 pm（1.06 Å）。碳碳三键的sp杂化模型如下图所示：

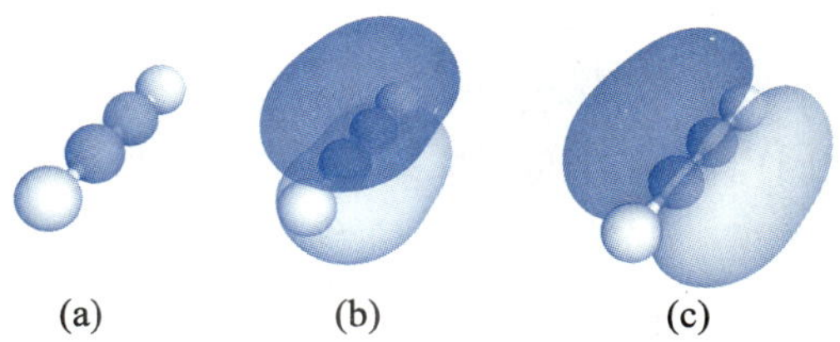

注：乙炔的两个碳原子通过1个σ键和2个π键组成的三键连接。(a)中两个碳原子都是sp杂化，每个碳原子都通过σ键与氢结合。(b)和(c)显示两个π键相互垂直。

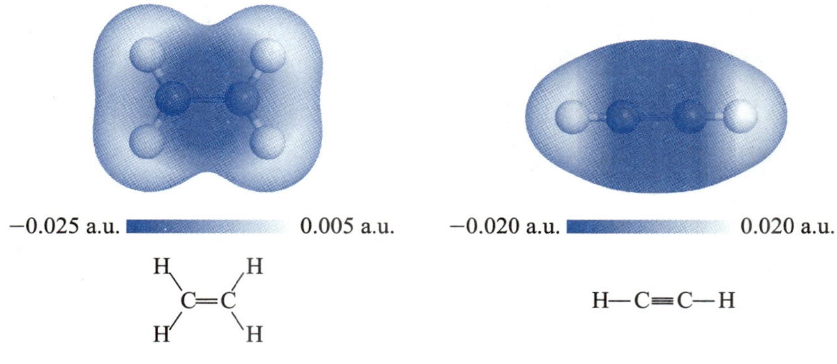

注：上图为乙烯和乙炔的静电势图。最高负电荷区域（深蓝色）与π键有关，位于两者中的两个碳之间。富电子区域位于乙烯中分子平面的上方和下方。因为乙炔有两个π键，所以一个高电子密度的能带环绕着分子。

π键电子云处于形成共价键原子的平面上下两方，即在分子的平面上下有一个比较弥散的富电子区域，容易接受亲电试剂的进攻。不饱和键的加成反应多为亲电加成反应。

含有π键的碳碳双键和碳碳三键碳原子分别发生sp^2和sp杂化，其电负性比sp^3杂化碳原子大，对π键电子云的吸引力比较强。因此，不饱和碳碳键并不十分活泼，往往需要比较强的亲电试剂才能引发加成反应。亲电试剂主要是质子酸或Lewis酸。当亲电试剂的活性不够时，则需要质子酸催化。例如，水和醇不是好的亲电试剂，它们与不饱和碳碳键的加成往往需要质子酸的催化。含有不饱和碳碳键的化合物有烯烃、炔烃和芳香烃。它们进行亲电加成的活性顺序是：烯烃＞炔烃＞芳香烃。芳香烃的环内有多个π键，实际上形成了一个十分稳定的芳香共轭体系，因此在温和条件下它们难以发生加成反应。烯烃比炔烃容易进行亲电加成反应，如烯烃在室温下与溴水混合能立即进行加成反应使溴水褪色，而炔烃则几分钟后才能见到褪色现象。同时，含有碳碳双键和碳碳三键的分子，碳碳双键优先与溴反应。烯烃与水的加成反应在酸催化条件下即可进行，炔烃则需要金属汞离子催化。炔烃的催化氢化难以停留在烯烃阶段也间接说明了烯烃比炔烃活泼。

然而，烯烃和炔烃的键能数据显示，碳碳双键中的π键平均键能为255 $kJ \cdot mol^{-1}$，碳碳三键中的每个π键平均键能为232 $kJ \cdot mol^{-1}$。简单从键能数据判断，碳碳三键中的每个π键强度要弱于烯烃中的π键，似乎反应活性要高于烯烃。

对于键能数据的平均值与实验事实的矛盾，可以从以下几个方面进行理解：第一，炔烃中的两个π键存在相互作用。^{1}H NMR数据说明圆筒形电子云环流是存在的，炔氢化学位移（δ）在1.7～3.5之间，烯氢的化学位移在4.5～6之间。因此，不能简单地认为炔烃的加成只需断裂一个π键。所以，用炔烃两个π键的平均键能与烯烃的π键相比并不准确。第二，不饱和碳碳键的加成反应的实质是烯烃或炔烃提供π电子与亲电试剂成键，而sp杂化的碳原子电负性高于sp^2杂化的碳原子，即碳碳三键的碳原子对电子的吸引力较大，从而降低了其给出π电子的能力，加成反应活性也相应降低。第三，烯烃或炔烃与卤化氢、水、卤素单质的亲电加成反应都经过碳正离子历程，炔烃形成的乙烯型碳正离子相对不稳定。因为乙烯型碳正离子中的碳原子是sp杂化，电负性较高，缺电子状态使其能量升高。而烯烃形成的烷基碳正离子中的碳原子是sp^2杂化，电负性相对较低，相对较稳定。以上三个原因都使炔烃的反应活性降低。

5.2 烯烃与卤化氢的亲电加成

5.2.1 反应机理与反应活性

烯烃与质子型亲电试剂HX的反应分两步进行。第一步是亲电试剂中的质子首先与π键的碳原子结合形成碳正离子，第二步是碳正离子与亲电试剂的卤素负离子结合形成加成产物。

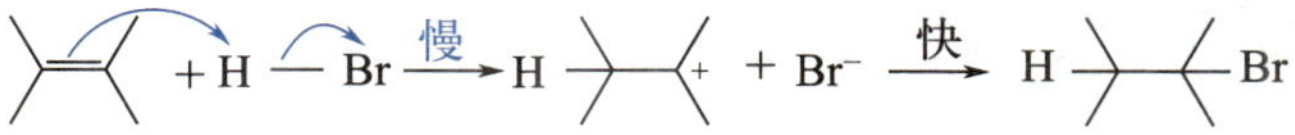

以烯烃与溴化氢加成为例，由于溴原子的电负性较大，H—Br键的电子云偏向溴原子。反应中带部分正电荷的氢原子与烯烃的π键结合，H—Br键断裂形成碳正离子和溴负离子，碳正离子与溴负离子结合形成加成产物。第一步反应是吸热反应，反应中需要断裂两个共价键——C—C π键和H—Br σ键，形成一个C—H σ键，是整个亲电加成的限速步骤（决速步）；第二步反应形成一个C—Br键，放出大量热量，是整个加成反应中的快反应步骤。两步反应的总结果是放出热量。

碳正离子的形成是反应的关键步骤，因此反应活化能的高低决定于所形成碳正离子的稳定性，即反应的活性与形成碳正离子的稳定性顺序一致。乙烯与溴化氢的加成经过一级碳正离子中间体，丁-2-烯与溴化氢的加成经过二级碳正离子中间体，二级碳正离子的稳定性高于一级碳正离子，故丁-2-烯与溴化氢的加成活性高于乙烯。

反应活化能的高低除了决定于碳正离子的稳定性，还决定于断裂H—X键的难易程度。因H—X键的键能不同，各种卤化氢的H—X键发生断裂的容易程度不同。H—X键的键能规律为HF＞HCl＞HBr＞HI，实际由于H—F键键能太高，在气相中不容易发生亲电加成反应，故卤化氢与烯烃的亲电加成反应活性为HI＞HBr＞HCl＞HF。

5.2.2 气相与溶液相中的反应

烯烃与HCl和HBr的反应既可以在气相中进行，也可以在溶液中进行。在气相中，极性分子卤化氢的带部分正电荷的氢原子逐渐接近烯烃的π键，先形成C—H σ键，另一个双键碳原子成为碳正离子。碳正离子和卤素负离子形成后，由于在气相中没有任何溶剂化稳定作用，很快结合生成加成产物。例如，丁-2-烯与HCl在气相中的反应经过碳正离子得到2-氯丁烷。

HCl和HBr在水溶液中主要是以H^+（或H_3O^+）和卤素负离子的形式存在。因此，亲电加成反应的第一步反应在水溶液中的速率远大于在气相中的速率，因为气相中需要断裂H—X σ键才能加成形成碳正离子和卤素负离子，所需能量较高，而在水溶液中已经形成的H^+容易与双键发生加成反应，并且水的存在还能通过溶剂化作用稳定加成后形成的碳正离子和卤素负离子。

不过在水溶液中反应也带来了竞争问题。在烯烃与质子加成形成碳正离子后，碳正离子既可以与卤素负离子反应，也可以与水反应，从而分别生成卤代烃和醇两种加成产物。尽管卤素负离子带负电荷，其亲核性比水强，但是在水溶液中水是大量存在的，且卤素负离子的外层有溶剂化的水分子包围，也会阻碍卤素负离子与碳正离子的结合。如果希望制备的主要产物是卤代烃，可以使用中等极性溶剂（如醋酸），避免水的存在。例如，在醋酸中HX的反应活性为HI＞HBr＞HCl。

5.2.3 区域选择性与立体化学

5.2.3.1 区域选择性

不对称烯烃与卤化氢或水发生亲电加成有两种区域选择性。如丙烯与氯化氢反应可能得到1-氯丙烷和2-氯丙烷，实验结果是以2-氯丙烷为主要产物。根据烯烃与卤化氢亲电加成的反应机理可知，生成碳正离子的步骤为决速步，碳正离子的稳定性不仅决定反应速率的快慢，同时也决定反应的区域选择性。形成主要产物2-氯丙烷的活性中间体为二级碳正离子，其稳定性高于一级碳正离子。

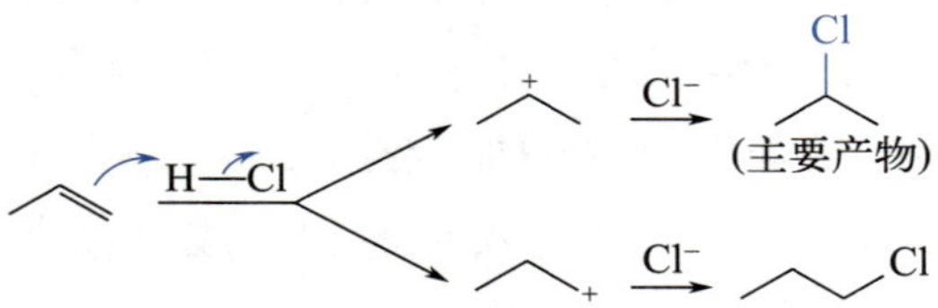

1870年，俄国化学家马尔科夫尼科夫（Markovnikov）根据大量实验事实提出了一条重要的经验规律：不对称烯烃与卤化氢等极性试剂加成时，试剂中带负电荷的部分加在烯烃含氢较少的碳原子上，试剂中带正电荷的部分加在烯烃含氢较多的碳原子上。这就是亲电加成反应区域选择性的马氏规则（Markovnikov rule）。了解了碳正离子及其稳定性规律，可以从本质上更好地理解马氏规则，即亲电试剂中带正电荷的部分加成到含氢较多的双键碳上形成更加稳定的碳正离子。

在不对称烯烃与卤化氢加成的反应中，也存在一些反马氏规则加成的例子，例如：

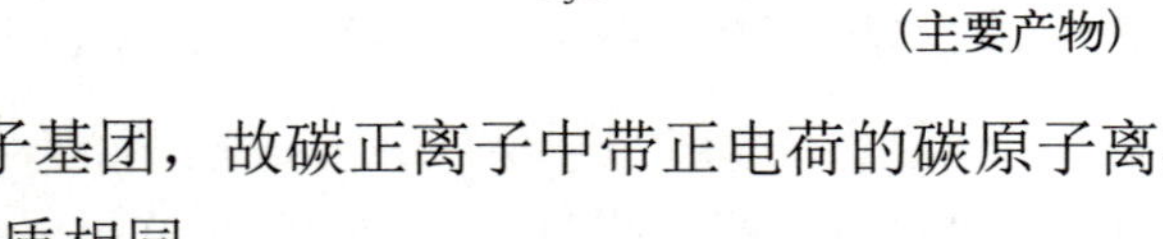

因—CF_3是强吸电子基团，故碳正离子中带正电荷的碳原子离其越远越稳定。此现象的实质与马氏规则的实质相同。

5.2.3.2 立体化学

丁-2-烯与卤化氢的加成经过碳正离子中间体，碳正离子的平面结构使卤素负离子可以从碳正离子平面的两个方向进攻，因此最终产物是外消旋产物(*R*)-2-氯丁烷和(*S*)-2-氯丁烷。这是一般烯烃的亲电加成反应的立体化学特征。

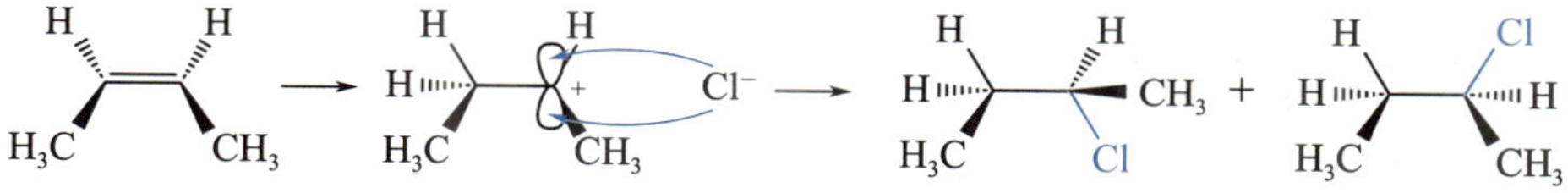

环己烯衍生物的加成反应一般得到以反式为主的产物。这是因为在形成碳正离子时，氢原子往往处在*a*键上，将对卤素负离子进攻碳正离子产生位阻影响，从而使得卤素负离子更多地从*a*键氢的相反的方向进攻，得到以反式为主的产物。

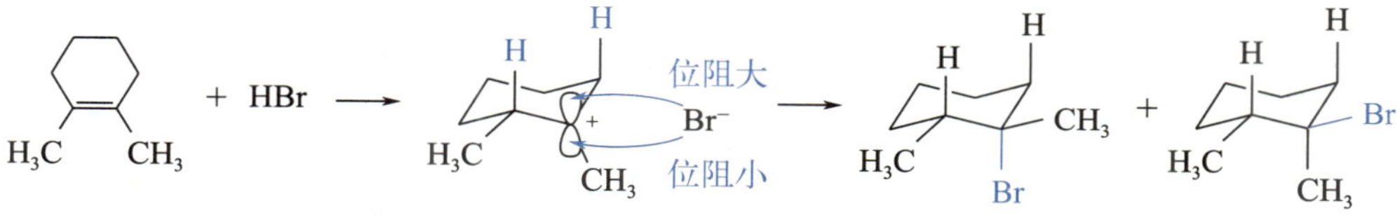

5.2.4　反应中的分子重排

烯烃与卤化氢的亲电加成反应过程需要经过碳正离子，因此反应过程可能发生重排反应。例如，3,3-二甲基-丁-1-烯与氯化氢的反应中甲基迁移的重排产物是主要产物，3-甲基-丁-1-烯与氯化氢的反应中负氢迁移的重排产物是主要产物。

5.3　烯烃与卤素单质和次卤酸的亲电加成

卤素单质和次卤酸可以作为亲电试剂与烯烃发生亲电加成反应。次卤酸（XOH）由卤素单质溶解在水中形成，故反应条件也经常表示为卤素加水（X_2+H_2O）。容易与烯烃发生亲电加成的卤素单质主要是溴单质和氯单质，次卤酸则包括次溴酸和次氯酸。碘单质不够活泼，难以与烯烃加成；氟单质太活泼，不仅发生加成，还会与C—H键发生反应，形成复杂的混合物。亲电试剂卤素单质或次卤酸与烯烃反应分别形成邻二卤代烃和邻卤代醇。

5.3.1　反应机理与反应活性

5.3.1.1　反应机理

烯烃与溴水的反应在室温下就可迅速发生，而与干燥的溴单质的四氯化碳溶液的反应很慢；将烯烃和溴单质置于内壁涂有石蜡的容器中反应很难发生，向反应体系中加入少量水等极性试剂后反应迅速进行。此实验结果说明该反应需要极性条件。

将乙烯通入含氯化钠的溴水中，除主要生成1,2-二溴乙烷外，还生成1-氯-2-溴乙烷和2-溴乙醇。此实验结果说明该反应是分步进行的。

当Br_2接近烯烃分子时，烯烃分子中的π电子诱使溴分子发生极化，其中一个溴原子带部分正电荷，另一个溴原子带部分负电荷。受极化的Br_2以$Br^{\delta+}$进攻烯烃，烯烃则提供π电子与之结合生成环状溴鎓离子，同时Br_2发生异裂产生Br^-。在这一步反应中，烯烃分子中π键的断裂以及溴分子中σ键的断裂都需要较高能量，反应速率较慢，是整个反应的决速步。溴鎓离子本质上是被邻位碳原子上的溴原子稳定的碳正离子，不稳定，易受到反应体系中的亲核试剂从环的背面进攻开环，此步反应速率较快，形成反式加成产物，即产物中新加上的两个原子或基团是分别从碳碳双键的两面加到两个双键碳原子上的。

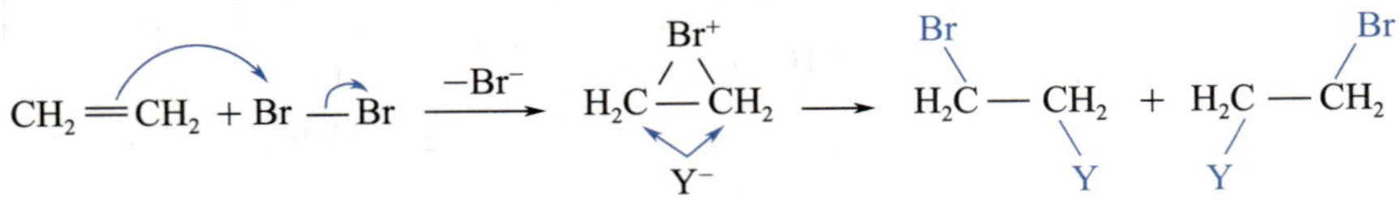

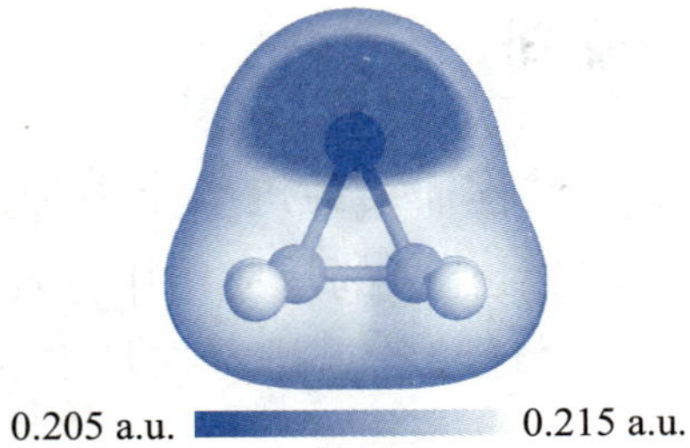

溴鎓

上述机理可以解释将乙烯通入含氯化钠的溴水中除主要生成1,2-二溴乙烷外，还生成1-氯-2-溴乙烷和2-溴乙醇的现象。这是因为在反应的第二步，带正电荷的溴鎓离子既能与Br^-反应，也能与Cl^-和H_2O反应。

同样，烯烃与次卤酸的加成反应实际反应时并不是先制得次卤酸再与烯烃加成，而是同样经历环状卤鎓离子中间体。反应的第一步与加卤素单质时相同，烯烃与卤素单质（次卤酸存在分解平衡，烯烃与平衡体系中卤素反应）作用生成一个环状卤鎓离子中间体。第二步是水分子从环状卤鎓离子的背面进攻，形成锌盐（羟基氧上的孤电子对结合质子形成的盐），最终锌盐脱去质子生成卤代醇。

注：研究者最初认为烯烃与卤素单质或次卤酸加成的中间体为碳正离子，但环戊烯与溴单质的加成结果是碳正离子机理无法解释的。1937年，美国哥伦比亚大学的化学家金博尔（Kimball）和柯布茨（Koberts）提出了环溴鎓离子为反应活性中间体的反应机理。1967年，美国凯斯西储大学的化学家欧拉（Olah）通过2-氟-2-甲基-3-溴丁烷在超酸（SbF_5/SO_2）中获得了环溴鎓离子。

5.3.1.2　反应活性

不同的烯烃与溴单质加成的反应速率不同。一般而言，双键碳原子上连接的烷基或苯基越多则烯烃发生加成反应的速率越快。这可以从两个方面进行理解：一是由于烷基和苯基的给电子作用，双键碳原子上连有的烷基或苯基越多，π键电子云密度越高，亲核性越强，反应速率就越快；二是由于烷基和苯基的给电子作用，反应中形成的活性中间体的稳定性增强，反应需要的活化能较低，反应速率加快。

双键碳原子上连接的烷基和苯基增多时，虽然加成反应的空间位阻也会增加，但是实验证明，在烯烃与卤素单质的加成反应中，反应活性主要取决于电子效应，而不是空间效应。当双键碳原子上连有溴时，反应速率减慢。这是因为溴原子电负性较大，对双键碳原子具有吸电子诱导作用，虽然溴原子同时对双键具有给电子的共轭作用，但前者占优势，因此总体表现为吸电子效应。这种吸电子作用降低了π键电子云密度，使反应速率降低。

5.3.2　区域选择性与立体化学

5.3.2.1　区域选择性

实验结果显示，不对称烯烃与次卤酸加成时，卤素原子加在含氢较多的碳原子上，符合马氏规则。在次卤酸中，溴或氯的电负性不及氧。X—O键中的卤素原子带部分正电荷，因此首先与双键发生加成的亲电试剂是次卤酸中的卤素原子。与烯烃和卤化氢或水的反应类似，第一步反应所形成碳正离子的稳定性是决定反应区域选择性的关键。例如，1-甲基环己烯与次氯酸反应中，带正电荷的氯原子加成到双键上，有两种加成方向：一种是加成到含氢较多的双键碳原子上形成三级碳正离子，另一种是加成到含氢较少的双键碳原子上形成二级碳正离子。三级碳正离子比二级碳正离子稳定，故卤素原子加成到含氢较多的双键碳原子上的产物为主要产物。

5.3.2.2　立体化学

烯烃与Br_2反应，往往得到反式加成产物。例如，环戊烯与Br_2加成只得到*trans*-1,2-二溴环戊烷的一对对映异构体，而没有发现有*cis*-1,2-二溴环戊烷生成。

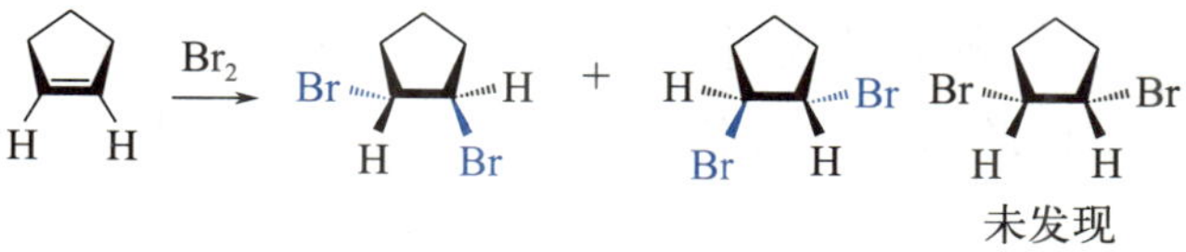

溴𬭩离子是在烯烃与溴分子靠近时引起溴极化后加成得到的。形成溴𬭩离子中间体后，亲核试剂溴负离子或氯负离子、水或醇等均只能从溴𬭩离子的背面进攻，反应通常得到一对对映异构体。溴𬭩离子机理能很好地解释烯烃与溴加成的立体化学特征，可见立体化学证据对于化学反应机理研究的重要性。在溴𬭩离子提出很多年后，欧拉（Olah）为溴𬭩离子的存在提供了有力的实验证据，制备了稳定的溴𬭩离子二氧化硫溶液。

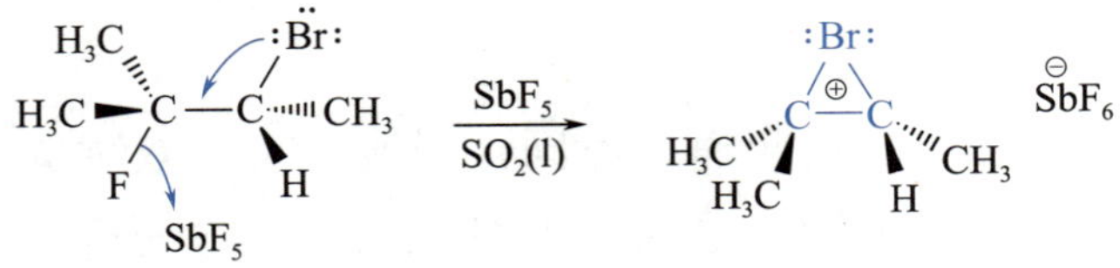

例如，*cis*-丁-2-烯与溴加成得到一对对映体，而*trans*-丁-2-烯与溴加成得到一个内消旋体。

氯分子与烯烃的加成也能经过氯鎓离子，得到反式加成产物，但选择性不高。例如，1-苯丙烯与氯加成得到68%的顺式加成产物和32%的反式加成产物。这可能是由于氯原子的电负性比溴大，且原子半径又比溴小，相应的环氯鎓离子的稳定性不及环溴鎓离子，当底物如1-苯丙烯可以形成较稳定的碳正离子时，与氯的反应更倾向于以碳正离子历程进行。此时，形成的氯负离子与碳正离子形成离子对，使得反应以顺式加成的方式进行。

5.3.3 环己烯类化合物与溴的加成反应：构象最小改变原理

环己烯类化合物的较稳定构象为半椅式构象，与溴的加成同样经历环溴鎓离子，生成反式加成产物。此外，环己烯类化合物与溴的加成还具有其他环状化合物或开链化合物所不具有的特殊规律。

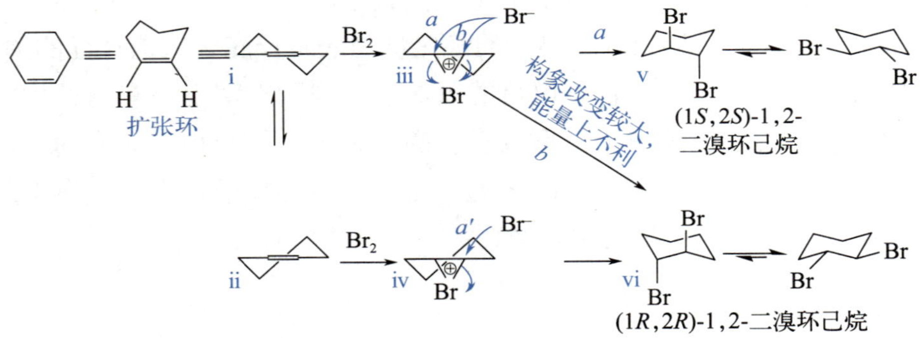

环己烯的较稳定构象是两个互为对映异构的半椅型构象i和ii，当与溴发生加成反应时，首先形成环溴鎓离子iii和iv，随后溴负离子从环溴鎓离子的背面进攻。与一般开链烯烃不同，iii和iv接受溴负离子进攻时只能是一个方向，即朝着能转化为椅型构象且两个溴原子在*a*键的碳原子进攻（图中*a*和*a′*方向），分别得到两个互为对映异构的二溴代环己烷v和vi。若溴负离子按照*b*方向进攻iii生成iv，则加成过程需要做较大的构象改变，能量上不利，反应中一般不采用这种方式。这一现象称为构象最小改变原理。

环己烯没有手性，其稳定构象i和ii互为对映异构体，从i和ii出发分别经过环溴鎓离子得到的产物iii和iv也是一对对映异构体。这是立体选择性的一个规律：在没有手性的条件下，只能得到没有手性的产物或者外消旋体。

如果是特定构型的取代环己烯与溴加成，结果将生成不等量的非对映异构加成产物。

这是因为反应物的特定构型影响了不同构象的稳定性，从而使得加成反应具有一定的立体选择性，优先生成非对映异构产物中的一个。这种反应选择性称为非对映异构选择性。

例如，(*S*)-4- 甲基环己烯与溴加成得到主要产物 i 和次要产物 ii；(*R*)-4- 甲基环己烯与溴加成得到主要产物 iii 和次要产物 iv。

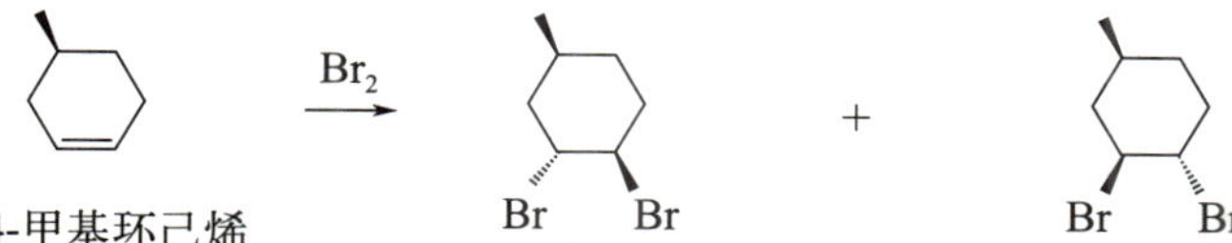

(*S*)-4-甲基环己烯　　主要产物i (1*R*,2*R*,4*S*)-4-甲基-1,2-二溴环己烷　　次要产物ii (1*S*,2*S*,4*S*)-4-甲基-1,2-二溴环己烷

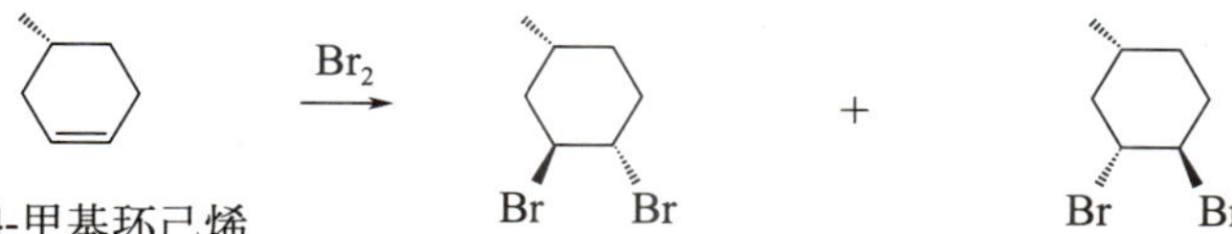

(*R*)-4-甲基环己烯　　主要产物iii (1*S*,2*S*,4*R*)-4-甲基-1,2-二溴环己烷　　次要产物iv (1*R*,2*R*,4*R*)-4-甲基-1,2-二溴环己烷

由于反应物具有特定的构型，反应物中原有的手性中心使得反应中经过的两种过渡态具有不同的能量，从而得到不等量的非对映异构体，这种现象在有机化学反应中是普遍存在的。

在非对映异构体的立体选择性合成中，常用方法之一就是利用反应物中已有的手性中心，对反应中新的手性中心的产生起到一个诱导作用，这种合成称为手性诱导合成。

5.4 烯烃与其他亲电试剂的反应

5.4.1 烯烃与水和醇的反应

因为H—O键的键能较高，断裂比较困难，所以烯烃与水或醇的加成反应在第一步需要的活化能比烯烃与卤化氢加成反应高。例如，烯烃与水加成的第一步反应焓变为+305.2 kJ•mol^{-1}，比烯烃与氯化氢加成的焓变值（+271.8 kJ•mol^{-1}）高23.4 kJ•mol^{-1}。

实践中，烯烃与水或醇的加成反应需要质子酸催化，硫酸是常用的酸催化剂。因为HSO_4^-是很弱的亲核试剂，反应主要朝着与水加成形成醇或与醇加成形成醚的方向进行。

一般在水或醇与烯烃的加成反应中，不采用氢卤酸作催化剂。如果采用氢卤酸作催化剂，则卤素负离子会参与反应竞争，产物将是卤代烃与醇的混合物。如果使用较高浓度的硫酸在低温下与烯烃反应，可得到硫酸氢酯，加水稀释和加热可得到醇，这是烯烃的间接水合法。

烯烃与水或醇的加成反应的机理、区域选择性以及立体化学特征类似于烯烃与卤化氢的加成反应。由于反应经过碳正离子，如果在反应中形成新的手性碳原子，则将得到一对对映异构体。例如，苯乙烯与水的加成反应得到外消旋的1-苯基-1-乙醇。

5.4.2 烯烃的羟汞化-脱汞反应

烯烃的羟汞化-脱汞反应如下：

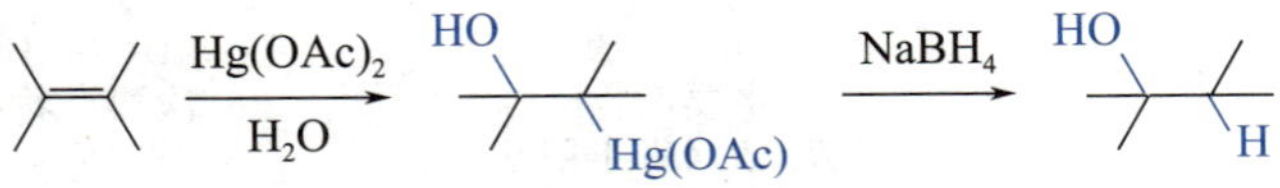

醋酸汞在水中解离形成$^{+}Hg(OAc)$，在上述第一步的羟汞化反应中，由$^{+}Hg(OAc)$作为Lewis酸加成到烯烃碳碳双键上形成一个类似于溴鎓离子的三元环汞鎓离子，随后亲核试剂水从汞鎓离子的背面进攻含氢较少的碳原子生成符合马氏规则的羟汞加成产物。

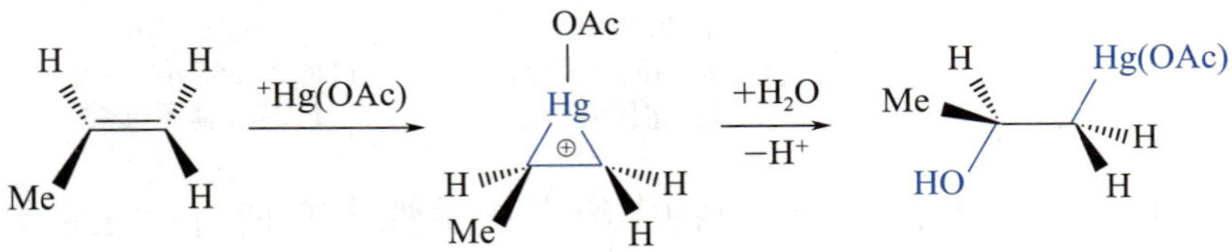

得到的羟汞化产物在硼氢化钠作用下脱汞得醇。

> 注：关于脱汞机理，提供两篇文献供阅读参考。
>
> [1] 杨占会，许家喜.烯烃的羟汞化脱汞：还原脱汞机理[J].化学教育(中英文)，2023,44(02)：117-122.DOI：10.13884/j.1003-3807hxjy.2021090184.
>
> [2] 肖佳，聂晶，杨琦武，等.烯烃羟汞化反应机理的探讨[J].大学化学，2012,27(03)：71-75.

由于亲电试剂$^{+}Hg(OAc)$可以从双键平面的上下两方进行加成，因此，实际得到的加成产物是一对对映异构体。

烯烃通过羟汞化-脱汞反应可以得到与酸催化反应区域选择性相同的醇。但是由于反应中没有碳正离子形成，因此避免了重排副反应的发生。如3,3-二甲基-丁-1-烯直接酸催化加水只能得到2,3-二甲基-丁-2-醇，得不到预期的3,3-二甲基-丁-2-醇，但改用羟汞化-脱汞方法就可以得到单一的3,3-二甲基-丁-2-醇。

3,3-二甲基-丁-1-烯　　　　(单一产物)

5.4.3 烯烃的硼氢化-氧化反应

烯烃与乙硼烷加成后在碱性双氧水作用下氧化生成醇的反应称为硼氢化-氧化反应。

这是另一个从烯烃合成醇的途径。

$$3\ CH_3CH{=}CH_2 + BH_3 \xrightarrow{THF} (CH_3CH_2CH_2)_3B$$

$$(CH_3CH_2CH_2)_3B \xrightarrow{H_2O_2,\ H_2O,\ OH^-} 3\ CH_3CH_2CH_2OH$$

这一反应可以获得用其他方法得不到的反马氏规则加成的醇，并且在立体化学上显示出顺式加成特征。如1-甲基环己烯经过硼氢化-氧化反应得到顺式加成产物*cis*-2-甲基环己醇。由于双键是平面结构，顺式加成可以从平面上方或下方进行加成，且进攻概率相等，因此得到的产物是一对对映异构体。

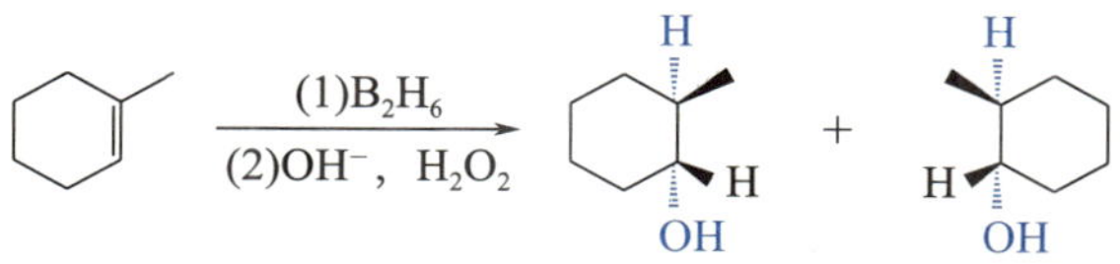

硼氢化-氧化反应的区域选择性和立体化学特点表明该反应的机理不同于以上所讨论的各种加成反应。

乙硼烷是能独立存在的最简单的硼烷。甲硼烷（BH_3）分子中硼原子只有6个价电子，不稳定，故甲硼烷不能独立存在。正是由于这种缺电子特点，甲硼烷通常以二聚体乙硼烷的形式存在。两个甲硼烷分子通过各自的一个B—H σ键与另一个硼烷分子中硼原子的空轨道重叠，形成两个B—H—B桥键，结合成乙硼烷分子。这种B—H—B桥键是由三个原子共享两个电子形成的，因此又称为三中心二电子键。

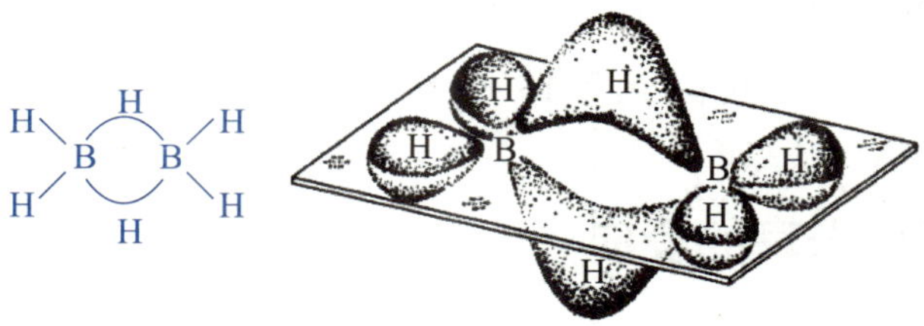

在硼氢化反应中，常用乙硼烷的无水四氢呋喃（THF）溶液，在THF中乙硼烷解离为甲硼烷的THF络合物。实际上进行硼氢化的是以络合物形式存在的甲硼烷。

在硼烷分子中，硼的电负性（2.0）比氢（2.2）略小，在烯烃的硼氢化反应中，首先是缺电子的硼进攻电子云密度较高的双键碳原子，形成一个四元环过渡态，随后负氢迁移到双键碳上。

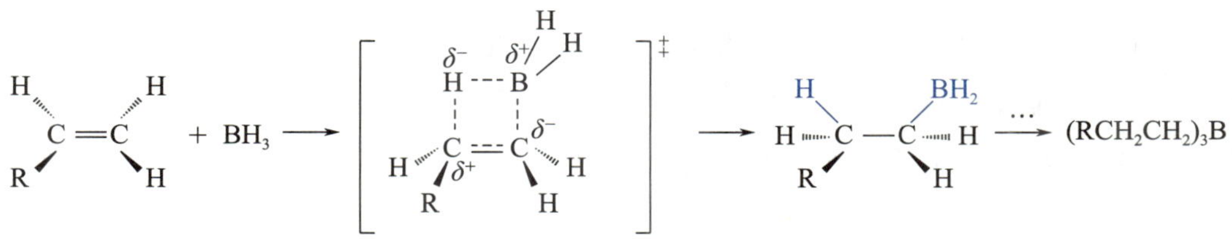

不对称烯烃经硼氢化-氧化反应得到的是反马氏规则的加成产物（反应时硼原子进攻的是空间位阻较小的双键碳原子，顺式加成且没有重排产物）。

简单的烯烃与甲硼烷加成时，可能生成三烷基甲硼烷，但随着碳碳双键上取代基的增多或体积增大，由于空间立体障碍的影响，生成二烷基甲硼烷［$(RCH_2CH_2)_2BH$］或一烷基甲硼烷［$(RCH_2CH_2)BH_2$］。

对于结构不对称的烯烃，由于甲硼烷中硼原子的缺电子性和相对体积较大，硼原子总是加到烯键中电子云密度较大而取代位阻较小的双键碳原子上。这样形成的过渡态中，落在原双键取代基较多的碳原子上，过渡态相对比较稳定。例如，丙烯与甲硼烷发生加成反应，可形成Ⅰ和Ⅱ两种过渡态，而过渡态Ⅰ的稳定性比Ⅱ高，因此反应经过过渡态Ⅰ转变为相应的烷基硼烷。

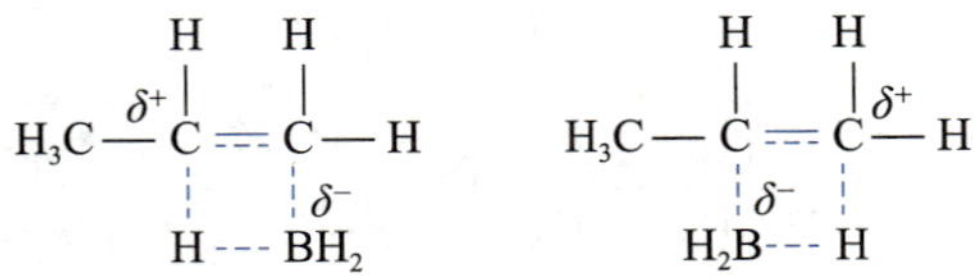

Ⅰ　　　　　Ⅱ

末端烯烃经硼氢化-氧化后可以得到伯醇。

烯烃的硼氢化-氧化反应的区域选择性很高。例如，在2-甲基-丁-1-烯和2-甲基-丁-2-烯与甲硼烷的反应中，硼原子加在空间位阻较小的双键碳原子上的比例大得多。

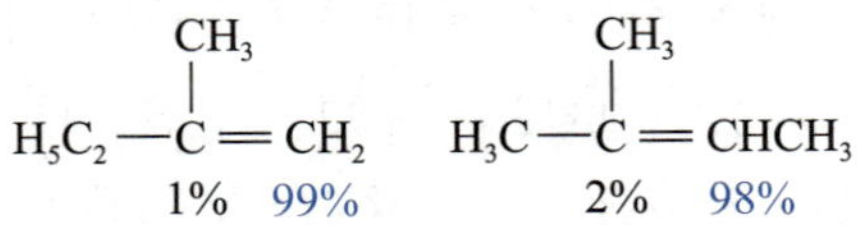

烯烃的硼氢化-氧化反应由美国普渡大学的化学家布朗（H. C. Brown）首先发现，实现了在不对称烯烃上以反马氏规则加入一分子水。烯烃与甲硼烷的反应引起了化学家对硼化学领域的广泛研究，布朗也因此在1979年获得Nobel化学奖。

5.4.4 烯烃与卡宾的反应

卡宾的碳原子价层只有六个电子，是好的亲电试剂，可以与烯烃加成形成环丙烷，这是形成环丙烷类化合物的重要方法。

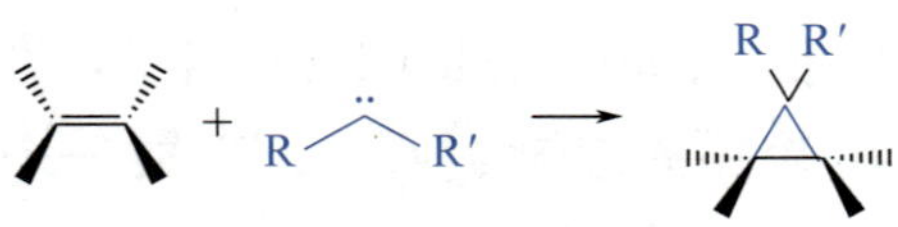

卤仿在碱的作用下发生α-消除是制备二卤卡宾的主要方法。二卤卡宾一般为单线态结构，中心碳原子是sp^2杂化，其中两个sp^2杂化轨道与卤原子成键，一个sp^2杂化轨道被孤电子对占据，垂直于sp^2杂化轨道平面的空p轨道与相邻卤原子的p轨道平行重叠。二卤卡宾与烯烃的加成是立体专一的顺式加成，例如：

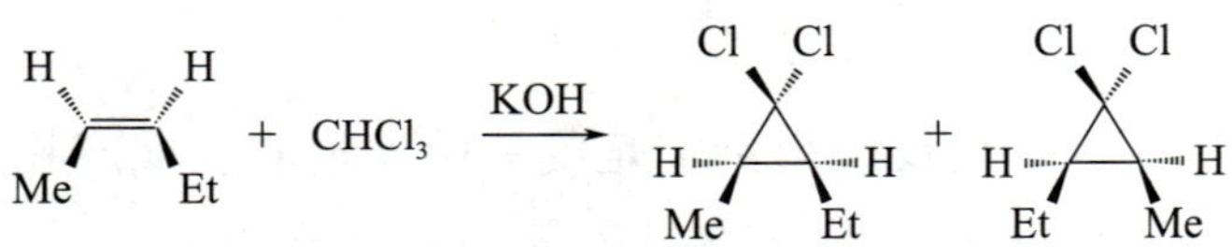

制备无卤代环丙烷的最好方法是利用西蒙-史密斯（Simmons-Smith）反应。这个反应中并不形成亚甲基卡宾，而是形成类卡宾中间体——具有类似卡宾反应活性的金属试剂。如二碘甲烷在Zn作用下生成类卡宾试剂碘化碘甲基锌（I—CH_2—Zn—I）。碘化碘甲基锌将亚甲基转移到双键上形成环丙烷。

5.5 烯烃的自由基加成反应

不对称烯烃与溴化氢加成的取向一般遵循马氏规则，但光照或有过氧化物（ROOR）存在时，加成遵循反马氏规则，这种现象于1933年被美国芝加哥大学教授卡拉斯（M. S. Kharasch）发现，称为过氧化物效应或卡拉斯效应。例如：

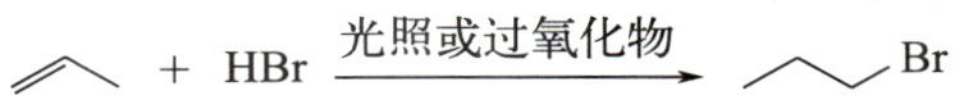

后续研究发现，烯烃与溴化氢在光照或过氧化物存在时按自由基反应历程进行加成。反应机理如下：

① 链引发。

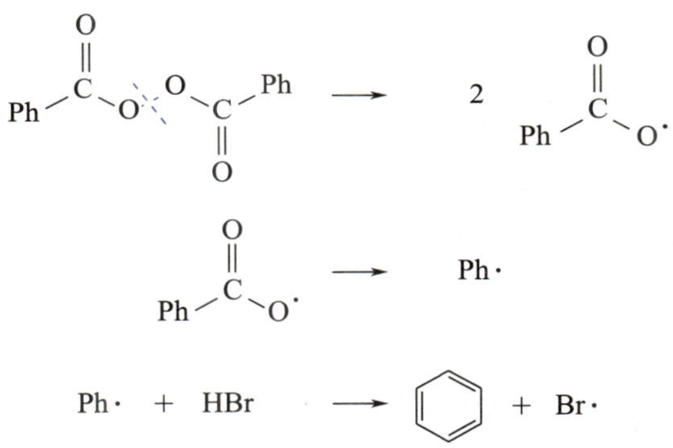

② 链增长。

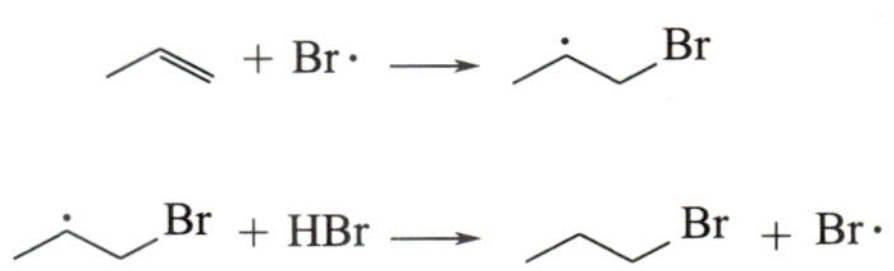

③ 链终止。

HX均裂需要能量，而HCl、HI不能发生类似的反应，多卤代烃CCl_3Br、CCl_4、CF_3I等能发生自由基加成反应。这是因为HCl中的H—Cl比H—Br强得多，较高的活化能才能使HCl均裂成自由基；而HI均裂的解离能不大，但碘自由基活性较低，无法与双键反应。

此反应加成取向由自由基稳定性决定，判断哪根键先断裂应考虑两点：①生成最稳

定的自由基；②最弱的键首先断裂。

活性中间体碳自由基的形成是反应的关键步骤。由于自由基的稳定性顺序是3°＞2°＞1°，因此溴优先加在含氢较多的双键碳原子上得到反马氏规则的加成产物。立体化学反应特性则由双键和碳自由基的平面结构所决定，加成试剂可以从平面的两面进攻，因此当反应中只形成一个新的手性碳原子时，则将得到一对对映异构体（外消旋体）。如果反应中形成两个手性碳，则可能产生顺式（*syn*）和反式（*anti*）两种加成产物，且两种加成产物都是一对对映异构体。

烯烃与溴化氢的亲电加成和自由基加成的区域选择性不同为有机合成提供了两种选择。但这类反应的立体选择性差，在合成上应用价值不大。因H—Cl键强度较大，烯烃与氯化氢不能发生自由基加成。

炔烃与溴化氢在过氧化物存在下也可以进行自由基加成，得到反马氏规则加成产物溴代烯烃。

类似于碳正离子，碳自由基也可以与烯烃加成，得到聚合物。自由基聚合是合成聚合物的重要方法之一。

5.6 炔烃的亲电加成反应与亲核加成反应

炔烃亲电加成反应的活性不及烯烃，因此在与亲电试剂的反应中往往需要加入催化效果更好的催化剂或更剧烈的反应条件。

炔烃碳碳三键的亲电加成反应与烯烃碳碳双键类似，都由π键电子云进攻亲电试剂引发。

碳碳三键由一个σ键和两个互相垂直的π键组成。两个π键的电子云分布像是围绕两个碳原子核心的圆柱状的电子云。其示意图如下：

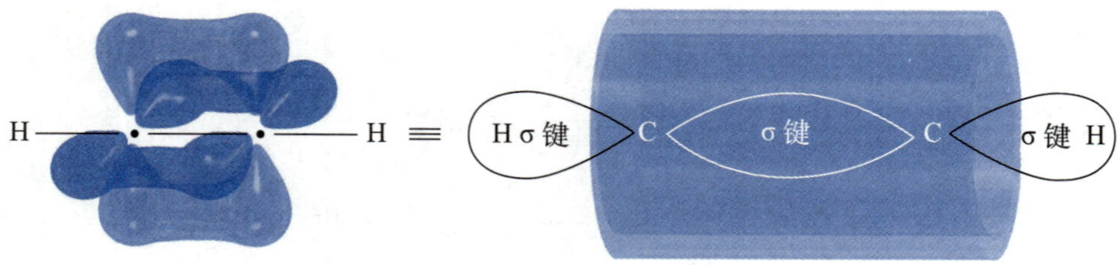

炔烃碳碳键的键长较短，对π电子的束缚力强，进攻的亲电试剂不容易获得一对电子，故炔烃的亲电加成比烯烃慢。

5.6.1 炔烃与卤化氢的反应

炔烃可与两分子卤化氢分步发生加成反应，通过控制条件可以使反应停留在只与一分子卤化氢反应的阶段，这是制备卤代烯烃的方法。**炔烃与卤化氢的加成反应符合马氏规则**。

炔烃与卤化氢的加成要经过不稳定的乙烯型碳正离子，因此加成速率比烯烃慢，且乙烯型碳正离子是线性结构，与卤素负离子的结合可以形成顺式加成和反式加成卤代烯烃的混合物。

卤代烯烃双键碳原子上卤原子的吸电子诱导作用使其π键电子云密度比一般烯烃低，导致其与卤化氢进行亲电加成反应时活性也随之降低。

卤代烯烃继续与卤化氢发生加成反应时，与卤素相连的双键碳原子的电子云密度较低，质子主要是加在不与卤素相连的双键碳原子上，形成相对稳定的碳正离子中间体，最后得到偕二卤代物。

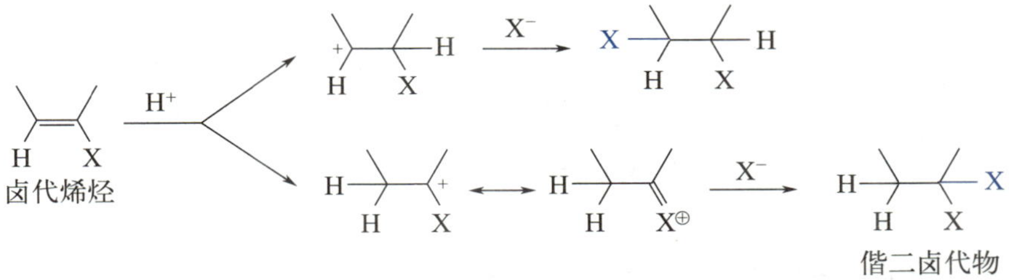

5.6.2 炔烃与卤素单质的反应

炔烃与卤素单质的加成反应分步进行，第一步反应生成二卤代烯烃，第二步反应生成四卤代烷烃。卤素单质与炔烃反应比与烯烃反应困难，需要加入FeX_3、SnX_2等催化剂。

通常炔烃与卤素单质发生反式加成，与烯烃相似，首先形成三元环溴鎓离子，随后溴负离子从背面进攻溴鎓离子得到加成产物。例如：

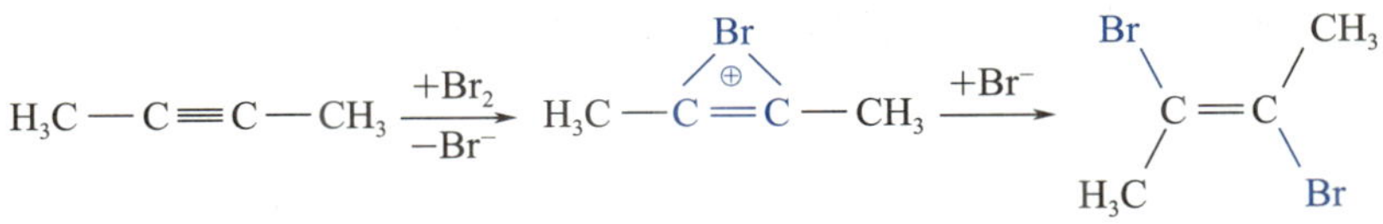

上述溴鎓离子含有双键，环角张力进一步增大，导致炔烃形成的三元环中间体不及烯烃生成的三元环中间体稳定，故炔烃与卤素单质的加成反应速率比烯烃慢。当分子中同时含有碳碳双键和碳碳三键时，加成反应首先发生在双键上。

5.6.3 炔烃的水合反应

炔烃的水合反应机理与烯烃的羟汞化过程类似。$^{+}$Hg(OAc)作为亲电试剂，与炔烃形成一个环汞鎓离子，水分子从背面进攻环汞鎓离子中含氢较少的碳原子生成羟汞化烯烃。在酸作用下$^{+}$Hg(OAc)离去生成烯醇。烯醇在酸性条件下发生互变异构转化成较稳定的酮式产物，因此炔烃与水的加成反应一般都停留在与一分子水加成的阶段。

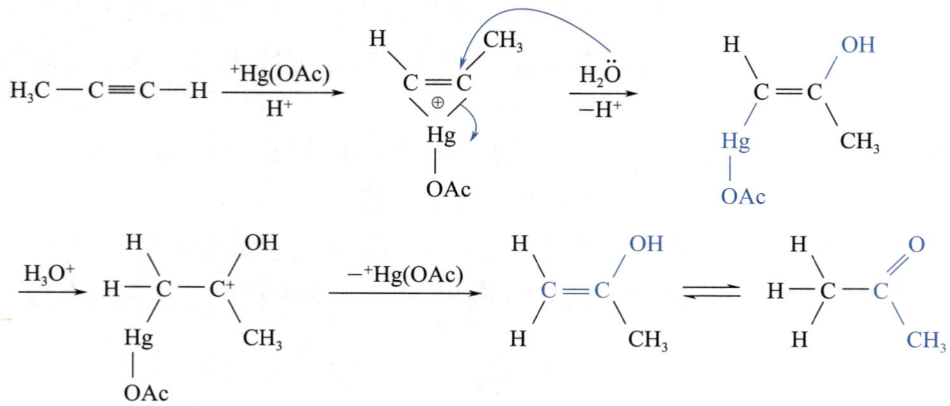

此加成反应符合马氏规则。除乙炔的水合物生成乙醛外，其他末端炔烃均形成甲基酮，三键在中部的不对称炔烃则形成两种酮的混合物，若三键两侧连接的烃基体积差异较大，则空间位阻使汞离子主要加成到与小体积烃基相连的三键碳原子上。

5.6.4　炔烃的硼氢化-氧化反应

炔烃与乙硼烷加成生成烯基硼烷，其在碱性条件下被 H_2O_2 氧化得到烯醇，烯醇经互变异构得到醛或酮。该反应的区域选择性满足反马氏规则，故末端炔烃经过硼氢化-氧化可以得到醛。此法与炔烃在汞盐或酸催化下的水合反应互补。因此，可以通过选用不同的方法从同一起始炔烃出发获得不同的产物。

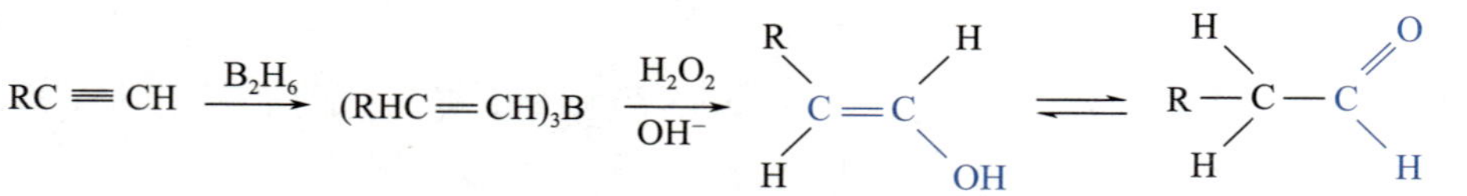

三键在中部的不对称炔烃与乙硼烷反应没有特定的选择性，因此一般只能得到两种酮的混合物。

炔烃与乙硼烷形成的烯基硼烷还可以在醋酸作用下生成顺式烯烃，这是一个很好的从炔烃得到顺式烯烃的方法。

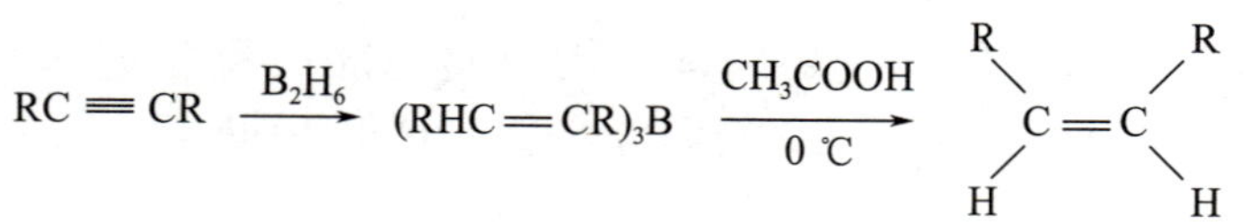

顺式烯烃

5.6.5　炔烃的亲核加成反应

亲核试剂进攻炔烃的不饱和键而引起的加成反应称为炔烃的亲核加成。常用的亲核试剂有 ROH（RO^-）、HCN（^-CN）、RCOOH（$RCOO^-$），反应机理是亲核试剂进攻不饱和碳原子，形成碳负离子，随后捕获质子实现加成。当两个不饱和碳不对称时，以优先生成稳定的碳负离子体现区域选择性。

（1）RO^-作亲核试剂

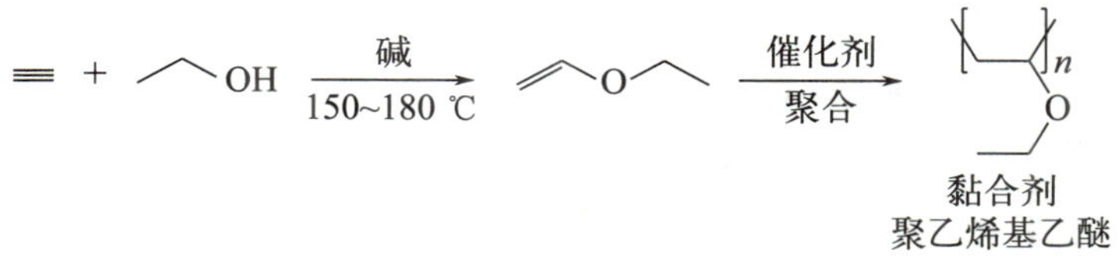

（2）$RCOO^-$作亲核试剂

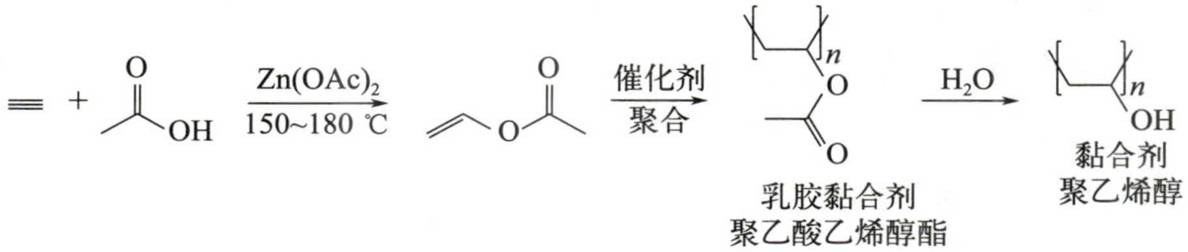

（3）HCN 作亲核试剂

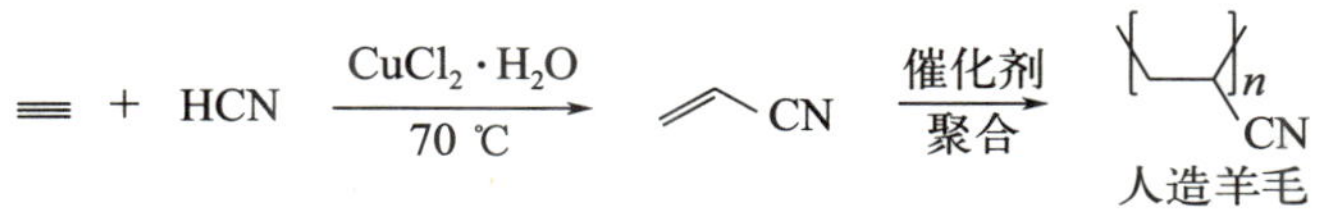

5.7 共轭二烯烃的加成反应

5.7.1 共轭二烯烃的结构

两个碳碳双键被同一个单键相连的二烯烃称为共轭二烯烃，因其结构上的特殊性，共轭二烯烃具有与一般烯烃不同的化学性质。孤立二烯烃的性质与烯烃没有明显差异。

5.7.2 1,2-加成与1,4-加成

共轭二烯烃与亲电试剂1∶1加成时，分子中只有一个双键发生加成，但可以得到两种加成产物。例如，丁-1,3-二烯与等量氯气或溴化氢反应结果如下：

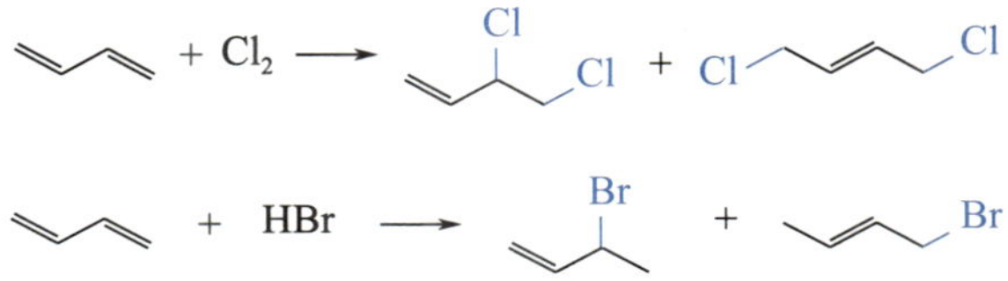

上述反应结果表明，共轭二烯烃与亲电试剂加成时有两种方式。试剂在一个双键上加成，试剂的两部分加在相邻的两个碳原子上，这种加成方式称为1,2-加成；试剂的两

部分加在共轭体系的两端，结果使共轭双键原有的两个双键变成了单键，而在原来的共轭双键之间生成一个新的双键，这种加成方式称为**1,4-加成**。

在丁-1,3-二烯分子中，四个π电子形成了π-π共轭体系，当分子的一端受到试剂进攻时，这种作用可以通过共轭链传递到分子的另一端。在1,4-加成中，共轭体系作为一个整体参与反应，因此称为**共轭加成**。

丁-1,3-二烯与溴化氢加成时，首先生成二级烯丙型碳正离子中间体，此中间体可共振产生一级烯丙型碳正离子，因二级烯丙型碳正离子较稳定，故1,2-加成速率较快，对应产物为**动力学产物**。一级烯丙型碳正离子对应的加成产物为多取代烯烃，能量较低更加稳定，故为1,4-加成产物为**热力学产物**。1,2-加成和1,4-加成是同时发生的，两种产物的比例取决于反应物的结构、产物的稳定性等，也与反应条件如反应温度、反应时间、溶剂有关。通常情况下，在较高的反应温度（40 ℃）下反应产物以1,4-加成产物为主，在较低的反应温度（－80 ℃）下反应产物以1,2-加成为主。1,2-加成产物随温度的升高可以重排成1,4-加成产物。

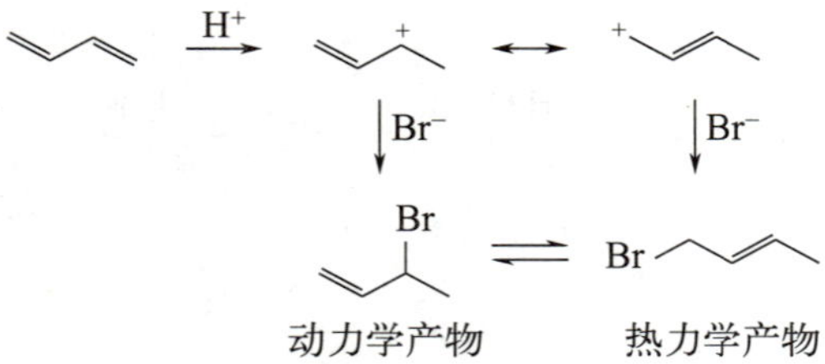

当反应温度较低时，反应可逆程度小，反应受动力学因素控制，动力学产物为主要产物。当反应温度较高时，反应可逆程度大，反应受热力学因素控制，热力学产物为主要产物。需要注意的是，只有可逆反应存在热力学因素控制的情况，不可逆反应由动力学因素控制。

有些反应在温和的条件下不可逆，而在较激烈的条件下可逆。这类反应通常有一个温度转化点，低于此温度反应不可逆，高于此温度反应可逆。

实际上，并非所有共轭二烯烃的1,2-加成产物都是动力学产物，也并非所有共轭二烯烃的1,4-加成产物都是热力学产物。究竟哪个产物受动力学因素控制，哪个产物受热力学因素控制，主要决定于共轭二烯烃的结构。

4-甲基-戊-1,3-二烯与溴化氢反应的1,2-加成产物为热力学产物，而1,4-加成产物为动力学产物。

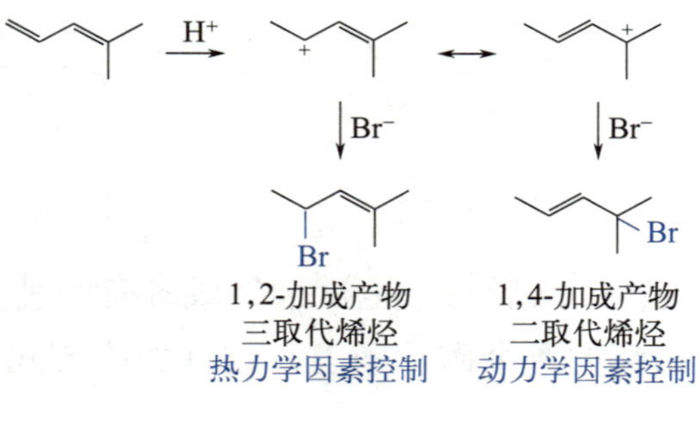

己-2,4-二烯与溴化氢的加成反应，1,2-加成产物和1,4-加成产物稳定性基本相同，且碳正离子中间体的两个极限共振式能量也相等，所以无论反应条件怎样改变，都得到等量的两种加成产物。

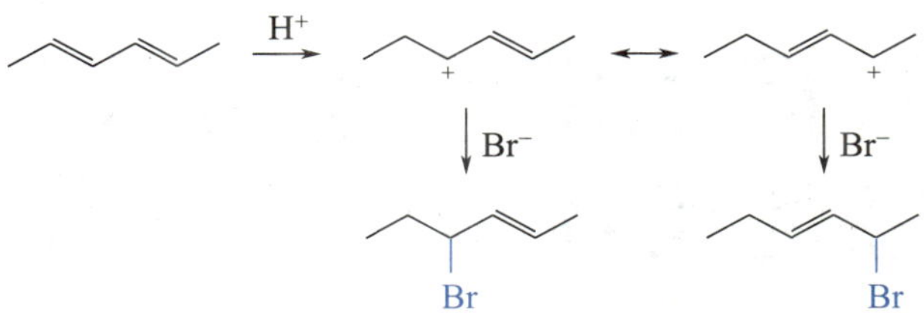

5.7.3 D-A（Diels-Alder）反应

共轭二烯烃可以与某些具有碳碳双键或三键的不饱和化合物发生反应生成环状化合物，此类反应称为双烯合成。例如，最简单的双烯合成反应为：

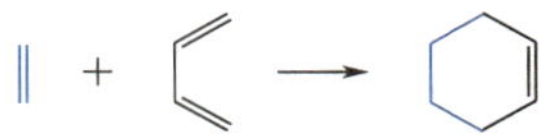

双烯合成是德国化学家狄尔斯（O. Diels）和阿尔德（K. Alder）于1928年发现的，故名为Diels-Alder反应（D-A）反应。当时有机化学只有少数几种方法可以合成环系分子，Diels-Alder反应是其中一种。正是由于合成环系分子的重要性，该反应的发现者狄尔斯和阿尔德分享了1950年诺贝尔化学奖。双烯合成是共轭二烯烃特有的反应，是将链状化合物转变为六元环化合物的重要方法，在有机合成中已被广泛应用。

双烯合成中，提供共轭双键的化合物称为双烯体，提供重键的化合物称为亲双烯体。研究表明，双烯体上连有给电子基团（—CH_3、—OCH_3）、亲双烯体上连有吸电子基团（—CN、—COR、—CHO、—COOR、—NO_2等）时，反应更容易进行。

D-A反应过程中，旧键的断裂与新键的形成在同一步骤中协同完成，经过一个环状过渡态。这就要求共轭二烯烃以*s*-顺式构象（*s*表示单键）参与反应，如果双烯体的两个双键被固定在反式位置，则不能发生环加成反应。

s-顺式　　*s*-反式

第6章 芳环上的亲电取代反应、亲核取代反应及芳环取代基的反应

6.1 苯环的结构与芳香性

苯的分子式为C_6H_6，不饱和度$\Omega = 4$，分子中6个H原子等同。苯分子为平面正六边形，C—C键键长均为139 pm（1.39Å，介于单、双键之间），键角为120°。苯在一定条件下可以与H_2加成生成环己烷，其氢化热约为208.5 kJ•mol^{-1}，比环己烯氢化热值的三倍［119.5×3＝358.5（kJ•mol^{-1}）］少150 kJ•mol^{-1}，比1,3-环己二烯加氢还原为环己烷的氢化热少23.3 kJ•mol^{-1}。这说明苯分子是非常稳定的。

苯的C原子均采用sp^2杂化，故苯环是平面结构；每个C原子均有一个未参与杂化的（单电子）半满p轨道垂直于分子平面，6个单电子形成一个大π键。正是由于苯分子中存在这种闭合的大π键共轭体系，电子充分离域，使苯分子具有相当好的热力学稳定性（离域能约为150 kJ•mol^{-1}）及不易氧化和不易加成的化学特征，这些特征性质被称为芳香性。

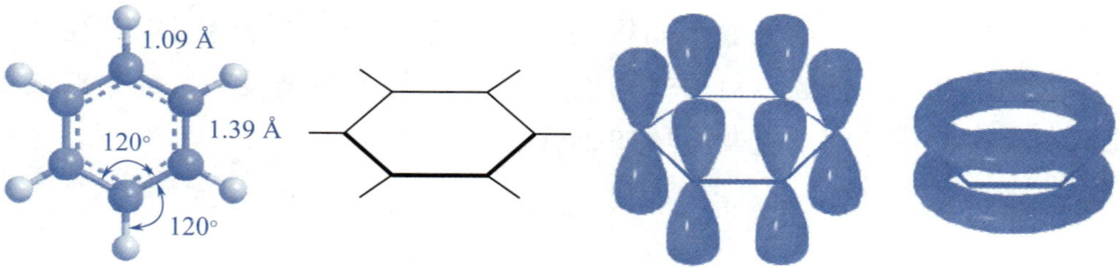

一般采用休克尔规则来判定一个分子有无芳香性。判定单环化合物是否具有芳香性的规则是：含有$4n+2$（n＝0，1，2，…）个π电子的封闭平面的连续共轭单环多烯具有芳香性。

以下结构虽满足$4n+2$个π电子，但不满足连续共轭的特征，因此不具有芳香性。

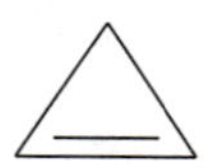

但对于如下结构，它的一个共振式中，三元环中含两个双键碳原子，和一个碳正离子，符合连续共轭的特征，因此其具有芳香性。

此外，共振论则认为：苯的芳香性是两个等同的极限结构的共振引起的。

从分子轨道理论的观点来描述苯环中π键的形成则是：苯环6个碳原子的6个p轨道经线性组合后形成6个π分子轨道，记为ψ_1、ψ_2、ψ_3、ψ_4、ψ_5、ψ_6；碳原子所在平面是它们共同的对称面。各个π分子轨道能量大小为$\psi_1<\psi_2=\psi_3<\psi_4=\psi_5<\psi_6$。苯分子处于基态时，6个p电子两两成对分别填充在$\psi_1$、$\psi_2$、$\psi_3$三个成键轨道中，$\psi_4$、$\psi_5$、$\psi_6$是空的反键轨道。$\psi_2$和$\psi_3$是能量相同的简并轨道，属于HOMO轨道；$\psi_4$和$\psi_5$是能量相同的简并轨道，属于LUMO轨道。填充了π电子的ψ_1、ψ_2、ψ_3相互叠合、均匀对称地分布在苯环平面上下两侧。

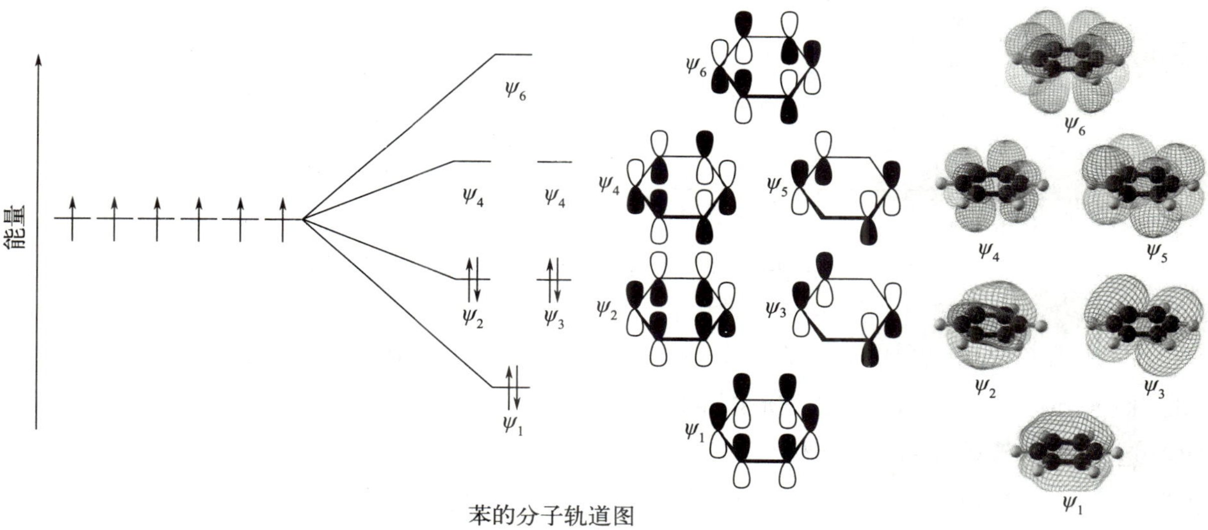

苯的分子轨道图

6.2 苯的亲电取代反应与烯烃的亲电加成反应的对比

与烯烃类似，苯的π电子云分布在分子平面的上下方，故苯环的反应特性也与烯烃类似，苯与烯烃都是好的电子供体，易受到亲电试剂进攻。但苯受到亲电试剂进攻形成碳正离子会破坏芳香性，因此反应的活化能很高，需要使用催化剂或高活性亲电试剂。

多数情况下，为了恢复芳香性，苯与亲电试剂形成碳正离子后会脱去一个质子形成取代产物。

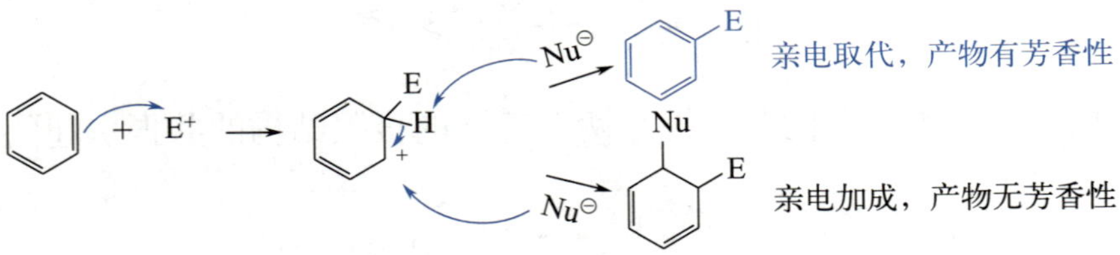

以溴单质与苯的反应为例，亲电取代焓变为 $-49\ kJ \cdot mol^{-1}$，亲电加成焓变为 $+8.5\ kJ \cdot mol^{-1}$。由于亲电加成反应由两分子反应物生成一分子产物，熵变为负，因此该反应是热力学不利的反应。亲电取代反应的焓变为负，且熵变较小，因此该反应是一个热力学有利的反应。图6-1为芳香亲电取代反应与亲电加成反应的势能曲线对比图。

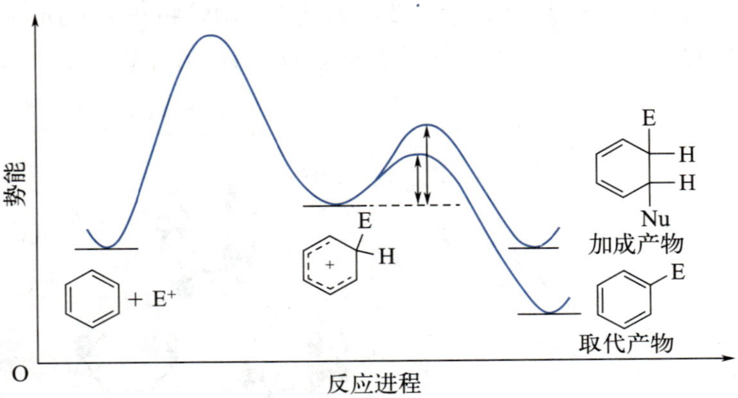

图6-1　芳香亲电取代反应与亲电加成反应的势能曲线图

环己烯与溴单质加成的焓变值为 $-121\ kJ \cdot mol^{-1}$，苯与溴单质加成的焓变值为 $+8.5\ kJ \cdot mol^{-1}$。可见，烯烃的π键容易发生亲电加成反应，而苯不易发生亲电加成反应，这是苯的芳香稳定性体现。

虽然苯与亲电试剂的反应需要较高的活化能，但是由于形成的环碳正离子与环内两个双键共轭，一般可以写出三个共振结构，因此形成的碳正离子有一定的稳定性。

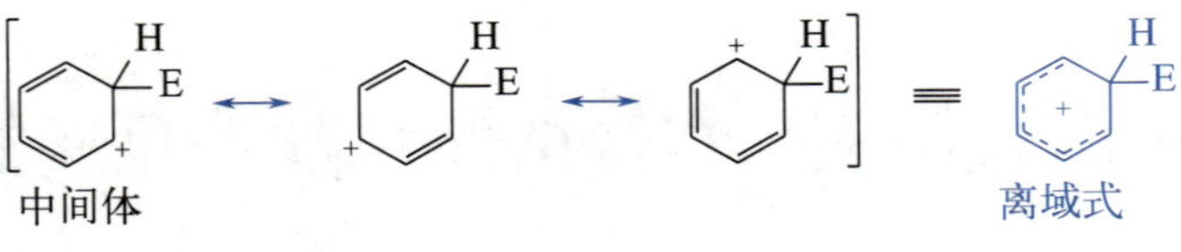

事实上，当苯环上的取代基可以稳定该碳正离子时（如苯酚、苯胺、烷基苯等），反应活性较高，不使用催化剂反应也可进行，甚至形成多取代产物。可见，在苯及其衍生物的亲电取代反应中，分析比较该反应中间体的稳定性是判断反应活性高低和反应方向的一个重要依据。

6.3 苯环的亲电取代

6.3.1 反应机理

苯的离域π电子使苯分子平面的上、下方集中着带负电荷的电子云，对苯环碳原子的屏蔽作用导致亲核试剂不易进攻苯环，但亲电试剂的进攻较为容易，从而发生亲电取代反应。

在亲电取代反应中，亲电试剂进攻苯不是与某一特定碳原子结合，而是与离域π电子相互作用，生成π络合物，这可被实验验证。在π络合物的形成过程中，苯作为电子供体，亲电试剂作为电子受体，它们通过电荷转移的结合是非常松弛的。多数情况下，它们之间的结合很弱，生成的络合物不稳定，会迅速分解。

例如，苯与碘生成的π络合物呈棕色，在500 nm处有吸收峰，而苯在297 nm处吸收峰消失；芳烃与苦味酸也能生成π络合物，是一种有色的晶体，由于其较稳定且有固定的熔点，故可用于鉴定芳烃。苯与HCl生成π络合物在－78 ℃时很快达到平衡，若用DCl代替HCl，在相当长的时间内并未发现D与H的交换，说明亲电试剂并没有与环上任何一个碳原子发生作用，即没有生成C—D键。

在Lewis酸的存在时，亲电试剂与苯作用生成不同于π络合物的另一种中间体。例如，在$AlCl_3$存在时，用DCl代替HCl与苯作用，发现DCl中的D与苯环上的H迅速发生交换，生成了一种σ络合物中间体，也称作威兰德（Wheland）中间体，即苯正离子。该σ络合物是环己二烯正离子，性质活泼，不能长时间存在。在苯环的亲电取代反应中，一些σ络合物已被分离了出来。

－80 ℃时，将均三甲苯与乙酰基氟、三氟化硼共同作用，可分离出熔点为－15 ℃的中间体。

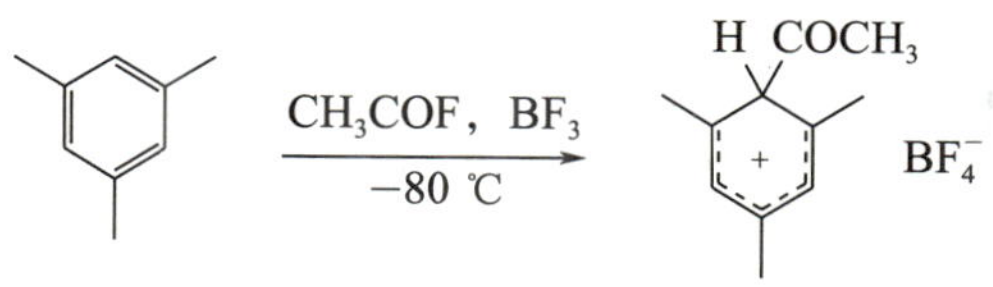

－134 ℃时，将苯溶解在HF-SbF_5中，苯正离子的存在已被光谱研究所证实。σ络合物可以通过失去H^+或D^+变得稳定。在$AlCl_3$作用下，苯与DCl反应确实得到上述两种产物的混合物。

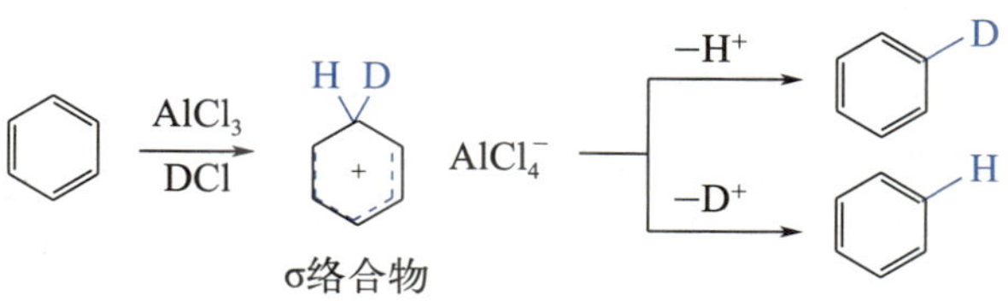

σ络合物失去H^+或D^+，使环状共轭体系重新出现，补偿了C—H键或C—D键断裂所需要的能量。σ络合物也可以通过另一种方式变得稳定，即它与$AlCl_4^-$中的Cl^-发生亲核加成，像碳碳双键所发生的反应一样。加成后的产物是环己二烯的衍生物，而并非6个π电子的环状共轭体系，故稳定性差。因此，σ络合物主要通过失去质子或其他正离子的方式以恢复苯环的芳香体系，生成取代产物。

对π络合物和σ络合物稳定溶液的研究结果表明，这两种络合物的性质是不同的。例如，甲苯与HCl生成的π络合物溶液无颜色变化，无明显的导电性。给予体和接受体之间的结合很弱，没有形成稳定的化学键。π络合物的稳定性很差，苯环上甲基的增多或位置不同虽对稳定性有影响，但影响很小。

与此相反，如甲苯与HCl在$AlCl_3$作用下生成的σ络合物溶液呈绿色，能导电（说明有正、负离子的存在）。在σ络合物中，亲电试剂与芳环的某一原子生成σ键。因为甲基通过超共轭效应可以分散σ络合物的正电荷，所以σ络合物的稳定性随苯环上甲基数目或位置的不同变化较大，甲基越多或位置合适则稳定性增强。

苯环上的亲电取代反应机理：反应物与亲电试剂首先形成π络合物，然后转变成σ络合物，σ络合物失去质子形成取代产物。

反应过程的决速步依具体反应而定。若反应的相对速率与π络合物的相对稳定性相似，则π络合物的生成是反应的决速步，也说明此反应首先生成π络合物。苯系芳烃与$NO_2^+BF_4^-$硝化、与Br_2-$FeCl_3$-CH_3NO_2溴化，反应的相对速率与π络合物的相对稳定性相似，说明反应首先生成π络合物，且是决速步。若反应的相对速率与σ络合物的相对稳定性相似，则σ络合物的生成是反应的决速步。此时反应物与亲电试剂首先生成π络合物，遂迅速转变成σ络合物，或者没有形成π络合物而直接生成σ络合物。苯系芳烃与HNO_3硝化、与Cl_2氯化属于此类。

通常苯环上的亲电取代反应的关键是σ络合物的生成，只有通过它才能解释反应物的相对活性和取代基的定位效应。所以芳环上的亲电取代反应机理可以概括为加成-消除机理。

6.3.2 反应分类

6.3.2.1 卤代反应

苯的卤代反应包括氯代、溴代和碘代，其中氯代和溴代反应需要Lewis酸催化，常用的催化剂主要是三卤化铁。Lewis酸与卤素分子作用形成配合物，从而削弱卤素分子的X—X键。实际进攻苯的亲电试剂是$X_2 \cdot FeX_3$而非X_2。亲电试剂进攻苯形成环碳正离子的同时，也产生了帮助脱去质子所需要的碱FeX_4^-，在帮助脱去质子形成取代产物的同时产生卤化氢并还原为三卤化铁。催化剂易与空气中水结合而降低甚至失去催化活性，操作中应注意保持干燥。实际操作中通常直接向反应体系中加入还原铁粉与卤素反应生成三卤化铁，从而避免称量三卤化铁时吸水。

Cl_2 与苯的反应机理：

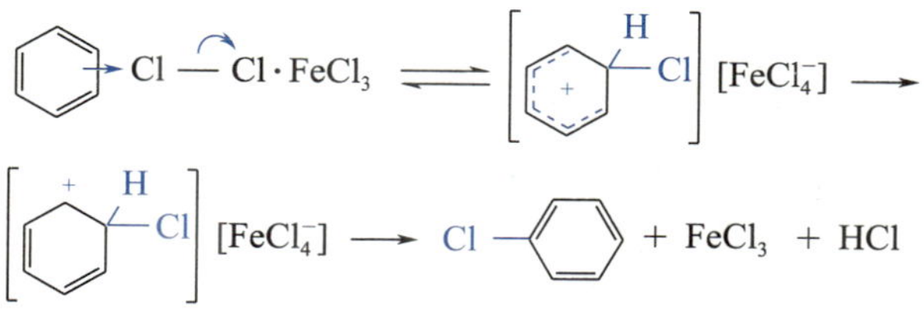

溴代反应中，Br—Br 容易极化，所以反应不需要催化剂可以直接发生。Br_2 与苯形成 π 络合物后，在另一分子 Br_2 的作用下发生 Br—Br 异裂进而产生活性碳正离子中间体，此过程依然是决速步，随后离去 H^+ 生成产物溴苯。此反应可用乙酸作溶剂。如果在反应体系中加入 I_2，可以加快反应速率，因为 I_2 比 Br_2 更容易使 Br—Br 异裂生成 I_2Br^-。

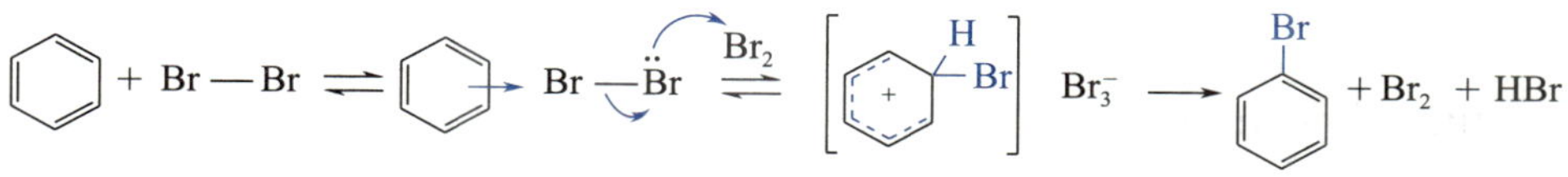

苯的碘代反应中需要加入氧化剂先将 I_2 氧化成 I^+，再以 I^+ 作为亲电试剂参与反应。常用硝酸或二价铜盐作氧化剂。

常用的卤化试剂如下：氟化物（XeF_2、XeF_4、XeF_6，不用氟单质是因为氟单质太活泼不宜直接反应）；氯化物（Cl_2+$FeCl_3$、HOCl）；溴化物（Br_2、Br_2+Fe、Br_2+I_2、HOBr、CH_3COOBr）；碘化物（ICl、I_2+HNO_3、I_2+HgO、I_2+$CuCl_2$）。

6.3.2.2　硝化反应

苯与浓硫酸和浓硝酸组成的混合酸作用可以生成硝基苯。

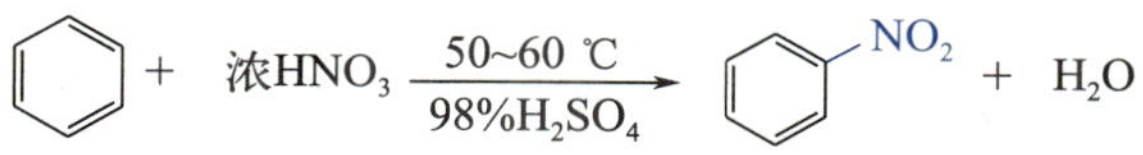

该反应中，硝酸的羟基被质子化，失去水分子后生成硝基正离子；随后硝基正离子进攻苯，形成碳正离子中间体。最后碳正离子中间体被 HSO_4^- 脱去一个 H^+，从而恢复苯环结构，产物稳定。反应机理如下：

$$2H_2SO_4 + HNO_3 \rightleftharpoons NO_2^+ + 2HSO_4^- + H_3O^+$$

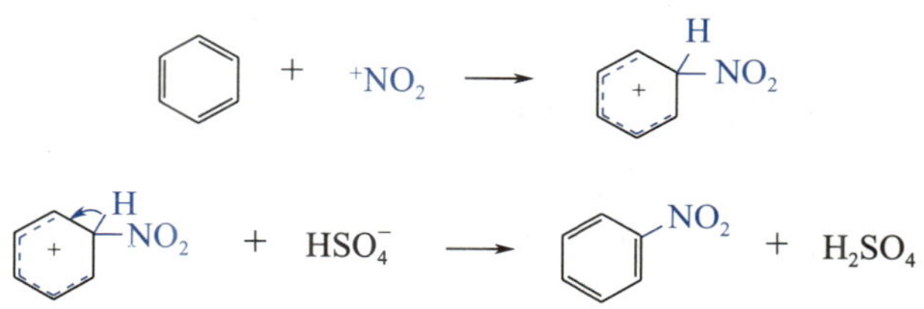

在生产生活实际中，苯甲醛的硝化产物间硝基苯甲醛是生产强心急救药物阿拉明（间羟胺）的重要原料，为防止氧化反应发生，以下反应常在低温下进行。

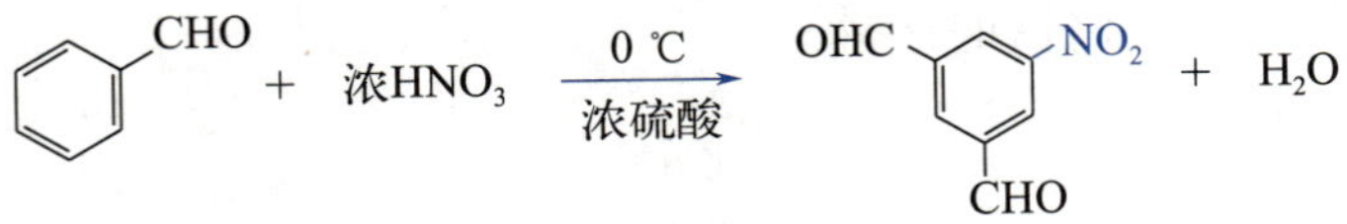

此外，高中教材里提到的TNT炸药（三硝基甲苯）也是由甲苯通过硝化反应合成的，可见硝化反应在生产生活实际中有着重要的价值。

6.3.2.3 磺化反应

苯及其衍生物与浓硫酸作用可以发生磺化反应生成苯磺酸。

反应机理为：

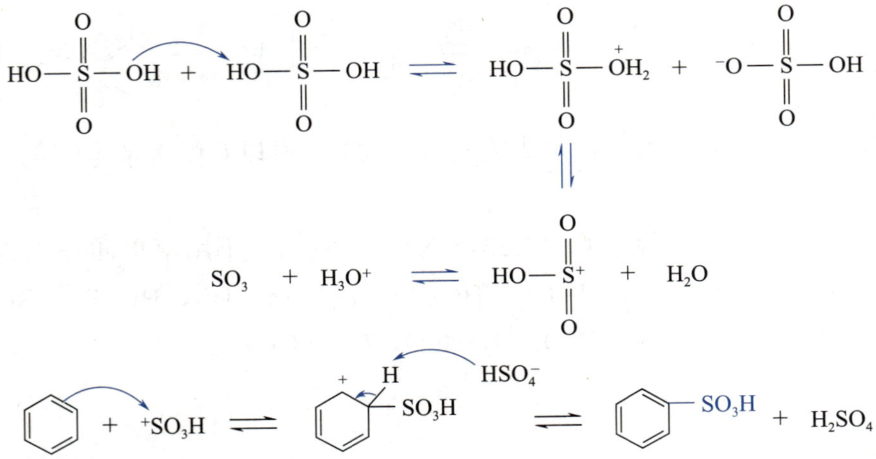

苯与SO_3发生磺化反应的机理为：

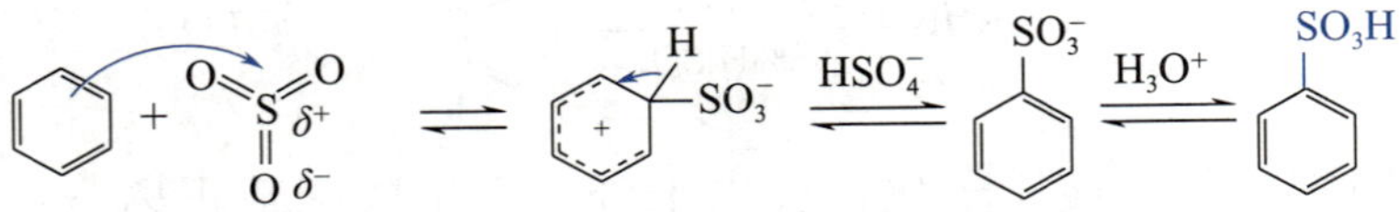

机理表明，磺化反应是可逆的，苯磺酸在加热条件下与稀硫酸或盐酸反应，会失去磺基恢复原来的苯环结构。

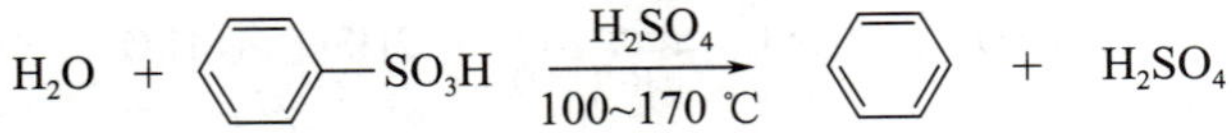

因为—SO_3H可以在高温或大量水存在的条件下电离产生H^+，H^+可以对苯环进行亲电取代，苯环失去SO_3生成苯。由平衡的特点可知，为了使反应不断向正反应方向进行，需要使用过量的苯，反应时不断蒸出苯水共沸物。

磺化反应有以下作用：

① 可以利用该反应的可逆性在合成时保护芳环上的某一位点，待其他位点发生反应后，再用稀酸将磺基除去，实现保护某一位点不参与反应的目的。比如制备邻卤甲苯，用

磺基先保护对位（磺基体积较大，不易在邻位引入），再在邻位发生反应，最后脱去磺基。

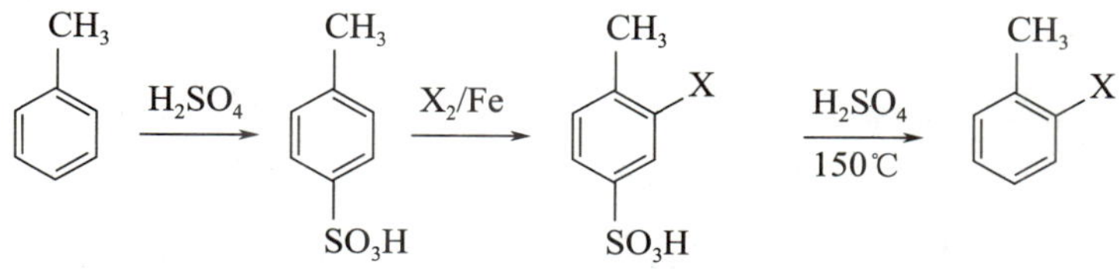

② 通常利用磺化反应来制备酚类化合物。具体过程如下：

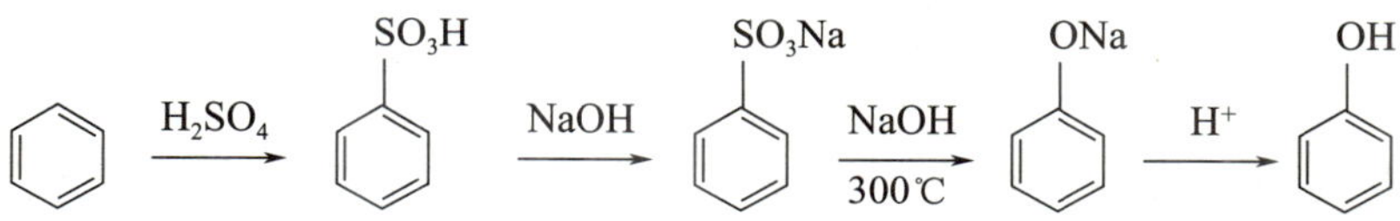

③ 可以利用磺化反应合成洗涤剂，如十二烷基苯磺酸钠（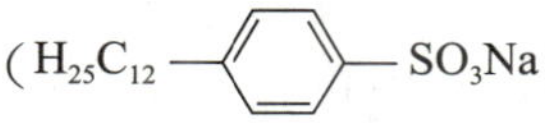）。

6.3.2.4　傅-克反应

1877年，法国化学家傅列德尔（Charles Friedel）与美国化学家克拉夫茨（James Mason Crafts）在巴黎矿业学院合作研究，共同发现了傅-克烷基化反应和傅-克酰基化反应。

（1）傅-克烷基化反应

苯环上的氢原子被烷基取代的反应称为傅-克烷基化反应。卤代烃在催化剂的作用下产生烷基碳正离子中间体，烷基碳正离子中间体进攻苯环形成新的碳正离子中间体，随后离去一个质子，最终实现苯环上的氢原子被烷基所取代。傅-克烷基化反应通式如下：

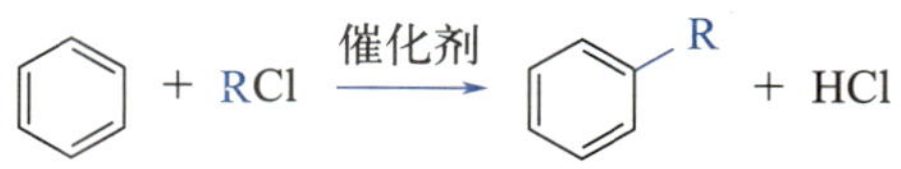

RX作烷基化试剂时，通常用Lewis酸作催化剂，用量为催化量即可。反应过程中，催化剂（如$AlCl_3$）先与RX形成络合物，随后生成碳正离子中间体R^+，碳正离子中间体R^+再进攻苯环发生反应。值得一提的是，活性低于卤代苯的芳香化合物（含硝基、磺基、氰基等致钝基团）不能发生烷基化反应。

$$RCl+AlCl_3 \longrightarrow [RCl\cdot AlCl_3]\text{（络合物）} \longrightarrow R^+ + [AlCl_4]^-$$

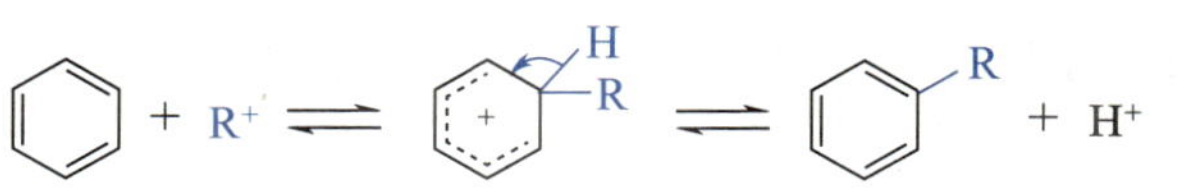

此外，$FeCl_3$、$ZnCl_2$、HF、H_2SO_4等均可作为傅-克烷基化反应的催化剂。

由反应机理可见，傅-克烷基化反应有碳正离子中间体生成，因此不同烃基结构的卤代烃烷基化反应的活性顺序为3°RX＞2°RX＞1°RX；若烃基结构相同，不同卤代烃的活性顺序为RF＞RCl＞RBr＞RI，这与卤代烃的一般反应活性相反；也正因反应有碳正离子中间体生成，所以可能会发生碳正离子重排，故此法不适合制备长的直链烷基苯。例如：

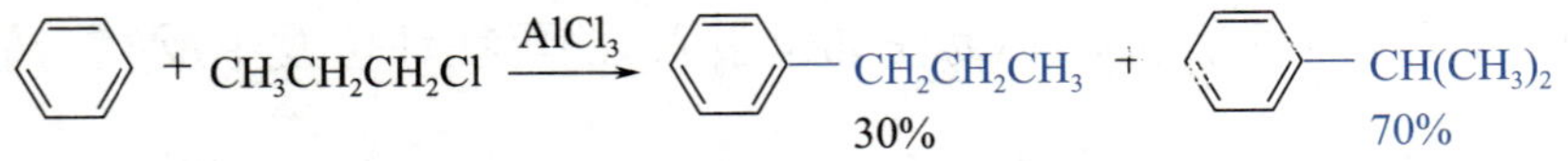

$CH_3CH_2\overset{+}{C}H_2$是一级碳正离子，会发生重排生成更稳定的二级碳正离子$(CH_3)_2\overset{+}{C}H$。

因为烷基是推电子基团，苯环上引入一个烷基以后，环电子云密度会增大，更容易进攻下一分子的亲电试剂，因此反应不易控制在一元取代阶段，而常常得到一元、二元、多元取代产物的混合物。除此之外，反应是可逆的，所以经常发生烷基移位、移环。例如：

H^+作为亲电试剂取代甲基正离子，使其离开苯环，甲基正离子作为亲电试剂进攻另一分子甲苯生成二甲苯。

除了卤代烃可以作为烷基化试剂之外，醇、烯、环氧化合物也可以作烷基化试剂，烯烃作烷基化试剂时和卤代烃一样只需要催化量的Lewis酸即可，但是醇和环氧化合物则至少需要等量的Lewis酸催化剂才行。醇、烯、环氧化合物作烷基化试剂且用质子酸催化时，只需要催化量即可。

（2）傅-克酰基化反应

苯环上的氢原子被酰基取代的反应称为傅-克酰基化反应。酰基化试剂在Lewis酸（最常用的是$AlCl_3$）的催化作用下产生酰基正离子中间体，随后酰基正离子中间体进攻苯环，苯环失去一个质子，发生亲电取代反应，生成酰基取代的苯环。苯与酰卤的反应通式如下：

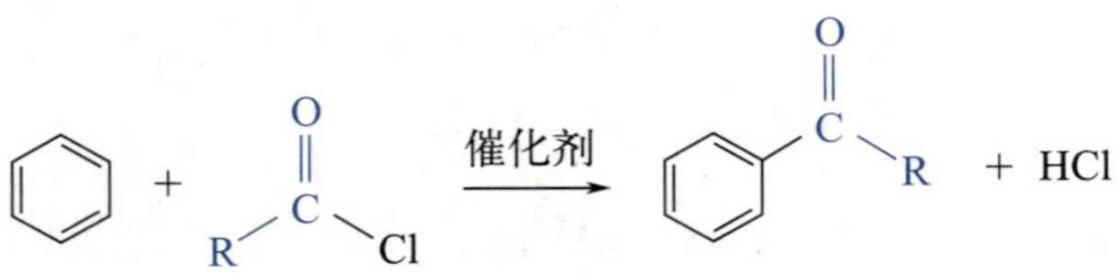

需要注意的是，活性低于卤代苯的芳香化合物也不能发生酰基化反应。

常见的酰基化试剂有酰卤和酸酐。使用1 mol酰卤作酰化试剂时，催化剂用量要大于1 mol；使用1 mol酸酐作酰化试剂时，催化剂用量要大于2 mol。这是因为反应时酰基会先与Lewis酸生成配合物，超过催化量的催化剂再发挥催化作用使反应发生，而1 mol酰卤含有1 mol酰基，因此催化剂用量要大于1 mol，同理酸酐反应时催化剂用量要大于2 mol。

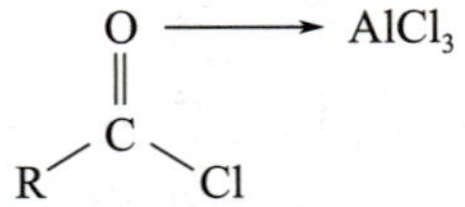

反应时，Lewis酸先与酰基氧原子结合形成配合物，随后酰氯的氯原子进攻Lewis酸，氯原子变成氯离子后离去，形成酰基碳正离子中间体（亲电试剂），取代苯环上的氢原子完成反应。具体机理如下：

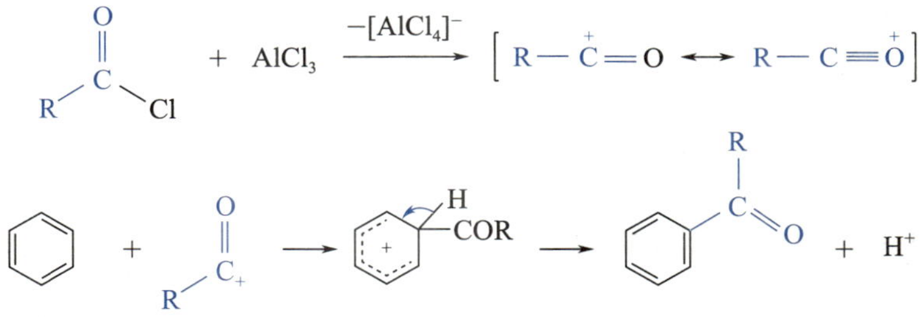

酰基是吸电子基团，当苯环上引入一个酰基后，环电子云密度减小，苯环发生亲电取代反应的活性降低，因此不发生多元取代反应。不同于傅-克烷基化反应的是，傅-克酰基化反应不可逆，不会有取代基的移位和移环。并且酰基正离子不同于烷基碳正离子，酰基化反应没有重排产物。

因为酰基化反应存在以上特点，所以工业生产中常用酰基化反应来制备芳香酮，再将羰基还原为亚甲基（还原方法有三种：克莱门森还原、乌尔夫-黄鸣龙还原、缩硫酮氢解还原）来制备长直链烷烃，从而避免因直接烷基化反应而带来的碳正离子重排的可能。

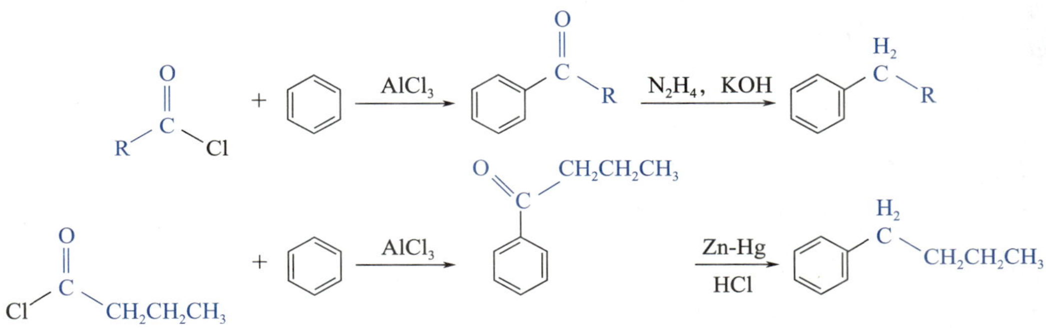

6.3.2.5　氯甲基化反应

苯与甲醛、氯化氢在无水氯化锌的作用下生成氯化苄，该反应称为苯的氯甲基化反应。

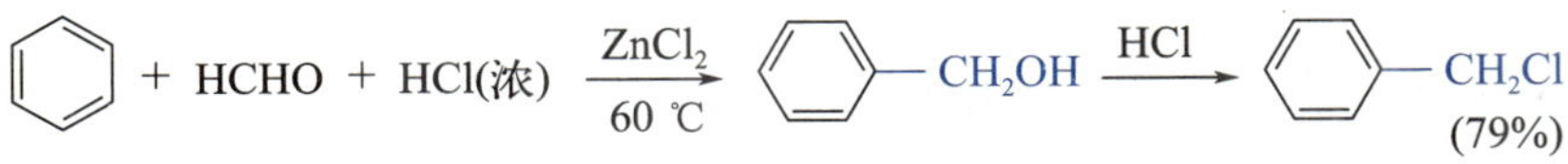

反应中甲醛与氯化氢作用产生有效亲电试剂：

$$[H_2C{=}\overset{\oplus}{\ddot{O}}H]\ Cl^- \longleftrightarrow [H_2\overset{+}{C}{-}OH]\ Cl^-$$

醛基的氧原子被质子化后，C═O键打开得到连有羟基的碳正离子中间体，这个碳正离子中间体可与苯环发生芳香亲电取代反应生成苯环取代的醇，在HCl作用下羟基质子化后离去，产生碳正离子中间体后被Cl^-进攻，形成羟基被氯取代的产物，最终在芳环上引入—CH_2Cl，氯甲基化反应完成。反应机理如下：

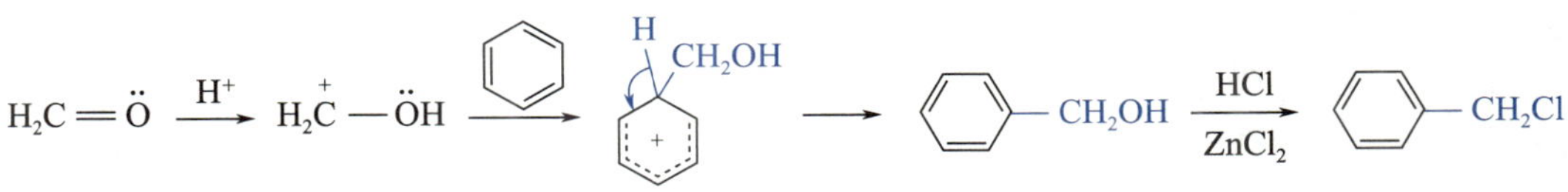

氯化苄中的氯原子非常活泼，可被置换为—OH、—CN、—NH_2、—$N(CH_3)_2$、—SO_3H等官能团，在有机合成中有很多应用。

6.3.2.6 加特曼-科赫反应（Gattermann-Koch反应）

加特曼-科赫反应是在Lewis酸及加压的条件下，芳烃与等量的CO和HCl的混合气体发生作用，生成相应芳香醛的反应。在实验室中常使用加入CuCl的方法代替工业的加压方法：

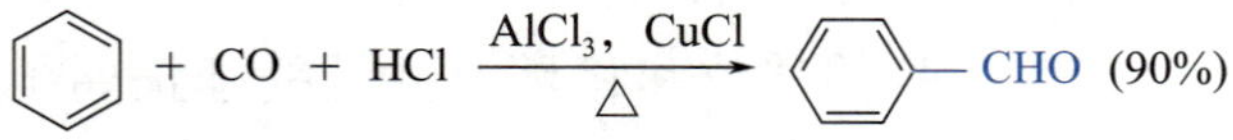

反应中的有效亲电试剂：[$H\overset{+}{C}=O$] $AlCl_4^-$。

6.4 取代基对苯环亲电取代的影响：反应活性与定位规律

当苯环上已有一个取代基时，若再发生亲电取代反应，原有的不同取代基将对苯环产生不同的影响。一方面，有的取代基会降低苯环的电子云密度，有的则会增加苯环的电子云密度，致使反应速率明显不同，由此可将取代基分为致活基团和致钝基团。另一方面，第二个取代基进入苯环的位置与苯环上原有取代基的性质有关，或者说环上原有取代基对新进入的基团有定位作用，由此可将取代基分为邻对位定位基和间位定位基。

6.4.1 定位基分类

根据基团对苯环的影响以及它们的定位情况，可将取代基分为三类（表6-1）。

表6-1 取代基的定位效应

定位	邻对位定位基					间位定位基	
强度	最强	强	中	弱	弱	强	最强
取代基	—O^-	—NR_2 —NHR —NH_2 —OH —OR	—OCOR —NHCOR	—NHCHO —C_6H_5 —CH_3 —CR_3	—X —CH_2Cl —CH = CHCOOH —CH = $CHNO_2$	—COR —CHO —COOR —$CONH_2$ —COOH —SO_3H —CN，—NO_2 —CF_3，—CCl_3	—N^+R_3

续表

定位	邻对位定位基					间位定位基	
强度	最强	强	中	弱	弱	强	最强
电子效应	$+C$ $+I$	$—CR_3$ 只有 $+I$，$—CH_3$ 具有给电子超共轭效应，其余基团 $-I<+C$			$-I>+C$	$—CX_3$ 有 $-I$，其余基团有 $-I$ 和 $-C$	$-I$
性质	活化基				钝化基		

从表 6-1 中基团的结构可以看出，邻对位定位基与苯环相连的原子上一般不含重键，多数带有孤电子对；间位定位基与苯环直接相连的原子上一般连有重键或带正电荷（$—CF_3$、$—CCl_3$ 除外）。

6.4.1.1　第一类定位基

第一类定位基是**致活的邻对位定位基**，它们使苯环活化，并使新引入的取代基主要进入原取代基的邻位和对位。属于第一类定位基的有：$—NR_2$、—NHR、—OH、—NHCOR、—OR、—OCOR、—R、—Ar 等。

6.4.1.2　第二类定位基

第二类定位基是**致钝的间位定位基**，它们使苯环钝化，并使新引入的取代基主要进入原取代基的间位。属于第二类定位基的有：$—N^+R_3$、$—NO_2$、$—CCl_3$、—CN、$—SO_3H$、—CHO、—COR、—COOH、—COOR 等。

6.4.1.3　第三类定位基

第三类定位基是**致钝的邻对位定位基**，它们使苯环钝化，并使新引入的取代基主要进入原取代基的邻对位。属于第三类定位基的有：—X、$—CH_2Cl$、$—CH═CHNO_2$ 等。

因此，苯环上如果已经含有取代基，那么取代基的给电子或吸电子效应则会影响苯环的电子云密度，从而影响苯环亲电取代反应的活性。例如，由前面的学习已经知道烷基是给电子基团，当苯环上已经有烷基取代基时，其活性增强，更容易发生下一次亲电取代反应，因此烷基化反应通常是多元取代。

6.4.2　定位规律的解释

关于定位规律，可以从以下三个方面来解释这个问题：①电子效应对苯环上电子云密度分布的影响；②反应中活泼中间体的结构与稳定性；③苯环上电子云密度分布的理论计算结果。本节重点分析前两点。

6.4.2.1 电子效应对苯环上电子云密度分布的影响

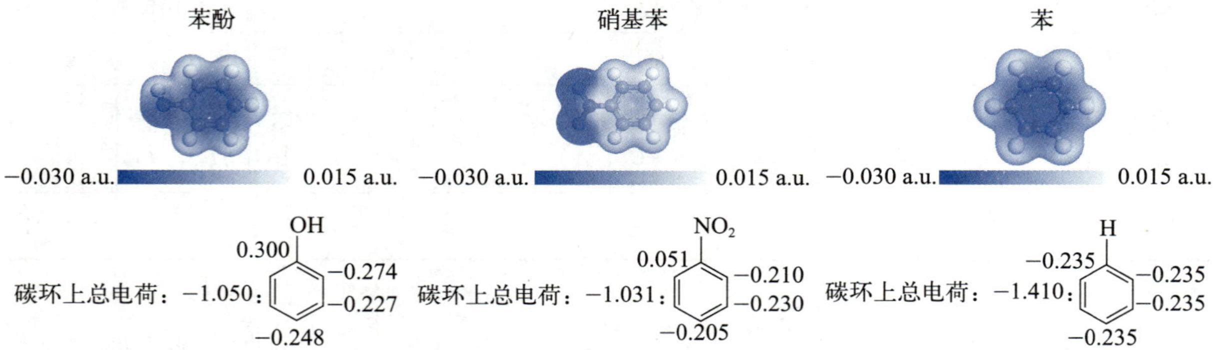

（1）致活基团

如—NH_2、—NHR、—NR_2、—OH、—OR 等，均具有相似的给电子共轭效应和吸电子诱导效应，并且其总结果以给电子共轭作用为主，从而使得苯环上的电子云密度增加，亲电反应速率增大，为强活化基。

由以下共振结构可以看出给电子共轭作用使邻对位电子云密度增加得更多，故苯环的亲电取代反应发生在邻对位。

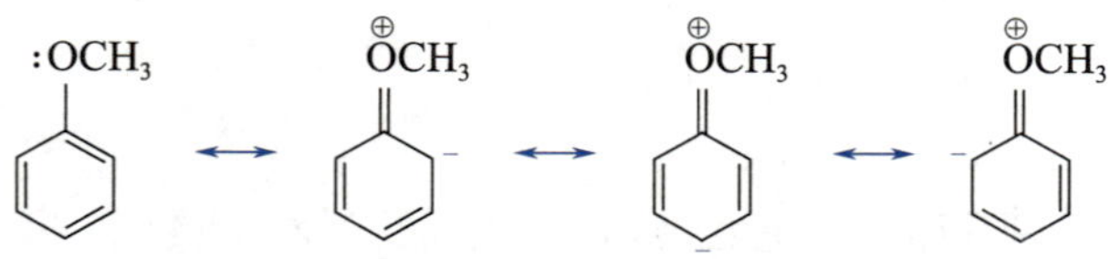

（2）致钝基团

如—CHO、—COR、—COOR、—CONHR、—SO_3H、—NO_2 等，均具有吸电子共轭效应和吸电子诱导效应，从而使得苯环上的电子云密度降低，亲电反应速率降低，为强钝化基。

由以下共振结构可以看出吸电子共轭作用使邻对位电子云密度降低得更多，因此反应发生在间位。

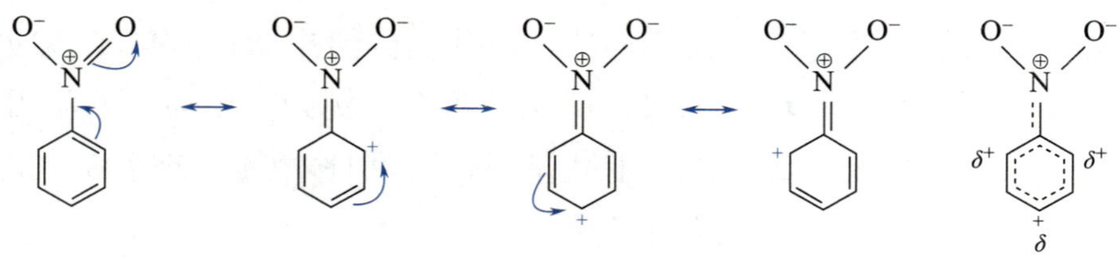

（3）弱致钝基团

如卤原子等，均具有吸电子诱导效应和给电子共轭效应，并且其总结果以吸电子作用为主，从而使得苯环上的电子云密度略微降低，亲电反应速率降低，为弱钝化基。

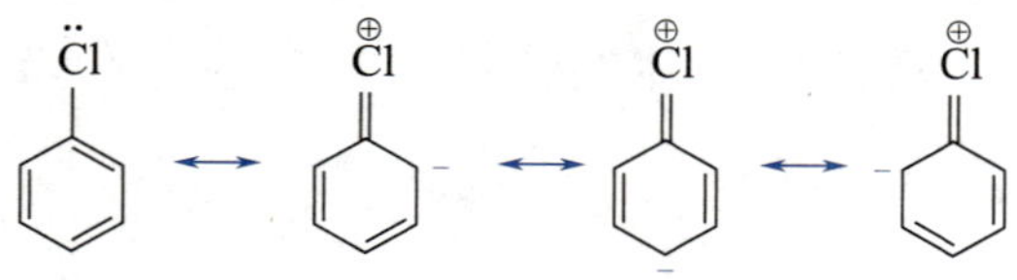

虽然卤原子以吸电子诱导效应为主，但仍有给电子共轭效应，并且共轭效应作用在邻对位，使得邻对位电子云密度得到补充，减弱程度小于间位，因此卤原子为邻对位弱致钝基团。由上述共振结构也可以看出，给电子共轭效应使得邻对位电子云密度降低得较少，因此反应发生在邻对位。

6.4.2.2　反应中活泼中间体的结构与稳定性

(1) 以甲氧基为例

甲氧基具有吸电子诱导效应和给电子共轭效应，并且给电子共轭效应更强。E^+进攻已经被甲氧基取代的苯环，若E^+连接到邻位，会形成以下中间体：

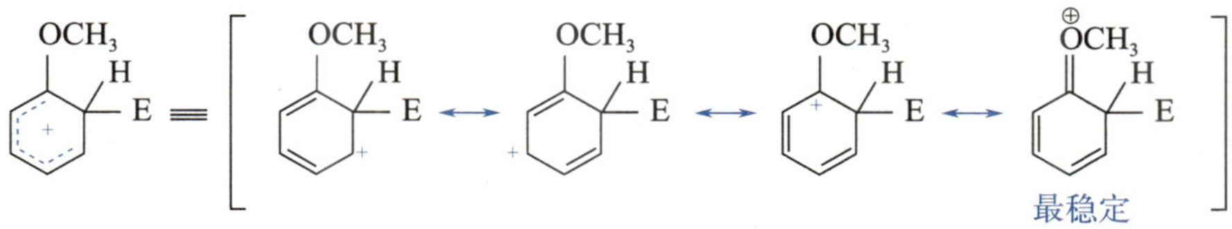

由上述共振结构可以看出，若E^+连在甲氧基的邻位则可以得到稳定的中间体，故反应发生在邻位较为容易，对位分析方式同理。而如果E^+连接在间位，则形成以下中间体：

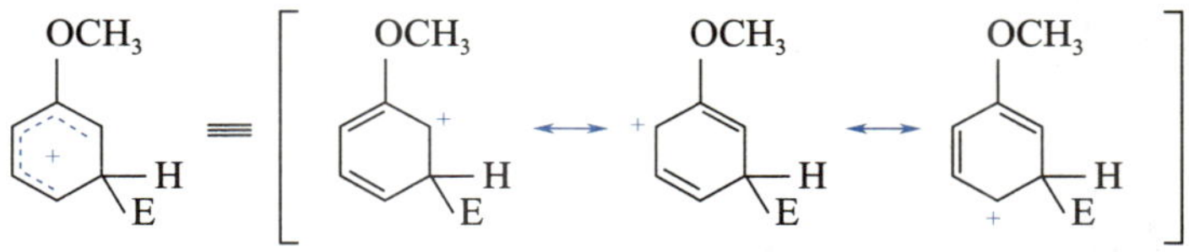

以上几个共振式均不稳定，所以反应发生在间位不可取。

(2) 以硝基为例

接下来，再来看致钝基，如—CHO、—COR、—COOR、—CONHR、—SO_3H、—NO_2等基团，均具有吸电子共轭和吸电子诱导作用，从而使得苯环上的电子云密度降低，亲电反应速率降低，为强钝化基。

E^+进攻已被硝基取代的苯环，若在邻位发生反应，会形成以下中间体：

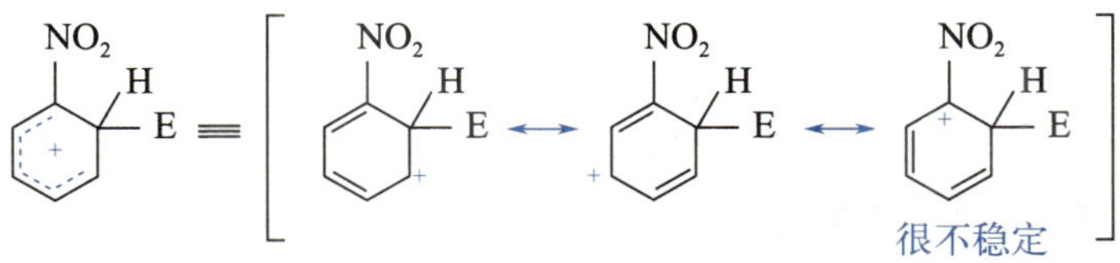

在上述几个共振式中，可以看到最不稳定的共振式也就是强吸电子基团和碳正离子直接相连的共振式，该中间体稳定性差，因此亲电试剂进攻邻位不合理，对位的分析过程同理。

若亲电试剂连接在间位，中间体的共振结构如下：

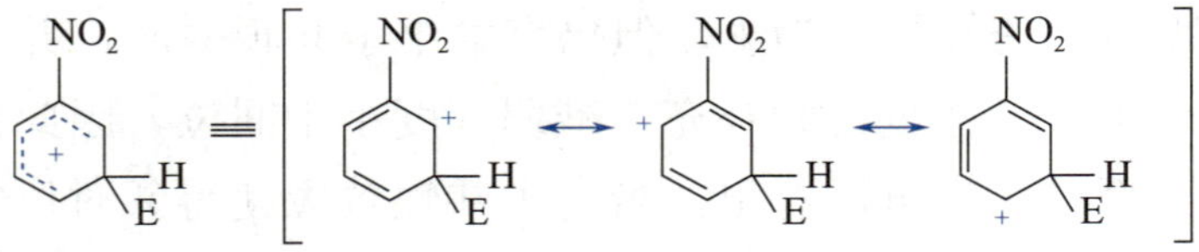

以上是亲电试剂连接在间位时形成的中间体的几个共振式，这几个共振式均比较稳定（吸电子基没有与碳正离子直接相连），因此反应在间位发生。

（3）以卤素为例

如果卤素原子作为取代基参与反应，仍然可以用亲电试剂进攻苯环之后的中间体共振式的稳定性来分析其反应的合理性，若亲电试剂进攻邻位，中间体的共振结构如下：

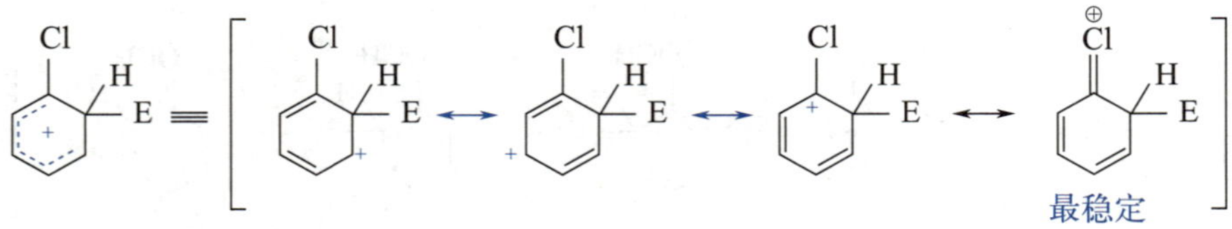

可见亲电试剂在卤原子邻位发生反应时，可以得到稳定的中间体，因此反应位点合理。同理，可以分析得知亲电试剂在对位反应合理，而间位反应不合理。

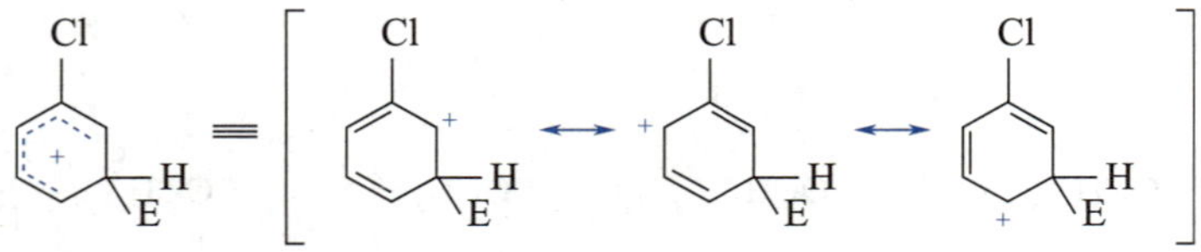

6.4.3 邻位与对位的取代比例

邻对位定位基控制的苯环亲电取代反应得到的邻位与对位产物的比例，随定位基的不同而不同。一般的规律是：**邻位与对位取代产物比例主要取决于取代基的空间位阻作用**。例如，甲苯硝化得到的邻位与对位产物的比例是61∶39，乙苯的为50∶50，而叔丁苯则为18∶82。显然，随着烷基的体积增大，邻位产物的占比下降，叔丁苯的磺化反应只能得到对位产物。由此可见，磺基比硝基的体积大，导致叔丁基与磺基这两个大体积基团处于邻位时的空间位阻太大，反应活化能太高，反应难以进行，因此只形成对位取代产物。

6.4.4 二取代苯的定位规律

当苯环上有两个取代基时，可以根据这两个取代基的定位效应预测第三个取代基进入苯环的位置。

① 当两个取代基定位作用一致时，则由原定位规则决定第三个取代基进入苯环的位置。当原有的两个取代基处于间位时，由于空间位阻，第三个取代基很难进入原有两个取代基之间。

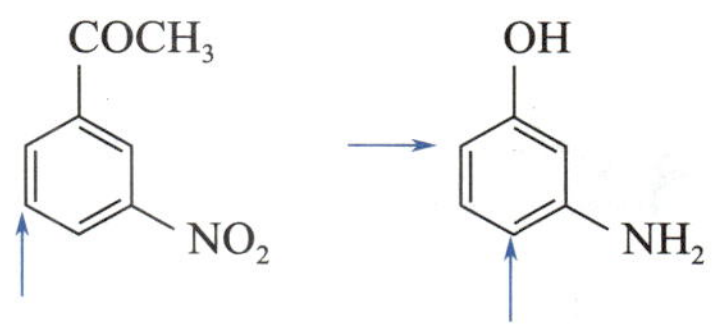

② 两个取代基属同一类，但定位作用不一致时，第三个取代基的位置主要由定位效应强的取代基决定。两个取代基强弱相差不大时，得混合物。

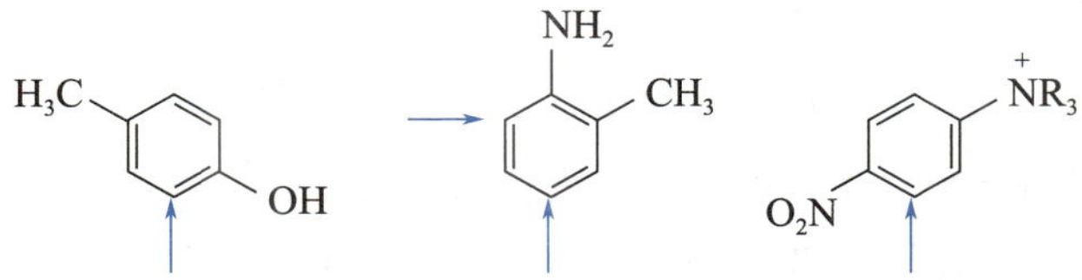

③ 两个取代基属不同类，由第一类定位基定位，但取代基主要在第二类定位基的邻位，这种现象称为邻位效应。

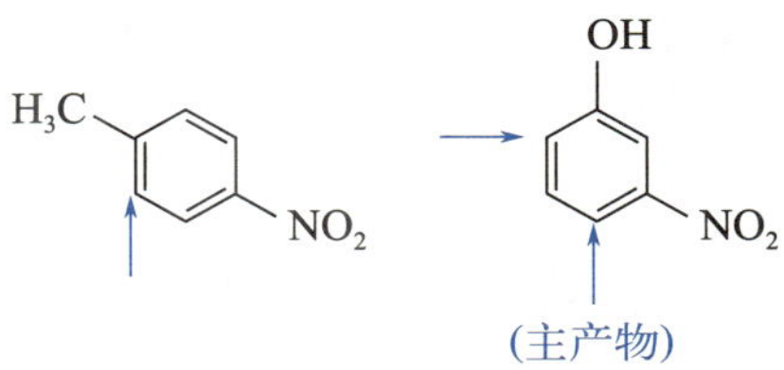

6.4.5　合成应用

设计苯的衍生物的合成路线时，必须全面考虑基团的活化/钝化效应和定位效应，合理安排基团的引入顺序和反应条件。

合成*m*-溴苯磺酸和*p*-溴苯磺酸，可以采用两种不同的合成路线。因磺基是间位定位基，溴为邻对位定位基，因此。前者可采取先磺化后溴代的方法，后者则要采用先溴代后磺化的合成路线。

从甲苯出发合成*m*-氯苯甲酸和*p*-氯苯甲酸，需要分别采用先氧化后氯代和先氯代后氧化两条不同的合成路线。

合成*m*-硝基苯乙酮时，硝基和乙酰基均为间位定位基。如果只考虑定位效应，可以先硝化后酰化，或者先酰化后硝化。但是由于傅-克反应在苯环上有强致钝基时难以进行，因此合成路线就只能采用先引入乙酰基再硝化的路线。

合成*p*-丁基苯磺酸时，磺基要在最后引入。而正丁基苯则要先引入酰基后再还原。

苯酚中的羟基是邻对位定位基，因此2,6-二溴苯酚可以从苯酚直接二溴代合成得到。但这种方法将得到两种反应产物：2,6-二溴苯酚和2,4-二溴苯酚，且由于空间位阻效应，目标产物2,6-二溴苯酚的产率很低。通常可以利用磺化反应的可逆性解决这个问题。首先在苯酚羟基的对位引入磺基，然后进行二溴代反应，此时溴代必然发生在羟基的两个邻位，水解脱去磺基后可以得到单一的2,6-溴苯酚。

6.5 稠环芳烃的亲电取代反应

稠环芳烃比苯更易进行亲电取代反应，**反应活性为：蒽＞萘＞苯**。

萘、蒽、菲是典型稠环芳烃，三者均为平面形分子，碳原子均采取 sp^2 杂化，都具有芳香性，热力学稳定性很好，化学性质与苯相似。

萘的结构与苯相似，是闭合的π-π共轭体系，离域能约为255 kJ • mol^{-1}，比独立的两个苯环的离域能之和约低45 kJ • mol^{-1}。X射线衍射测定结果表明，萘分子中碳碳键的键长不完全相等。萘的芳香性小于苯，从键长的平均化程度可以看出萘分子中π电子离域不完全。

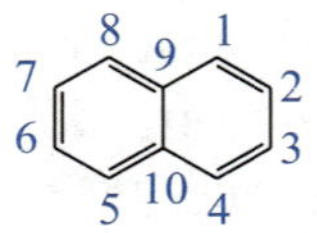

萘

键长数据	
C(1)－C(2)	0.136 nm
C(2)－C(3)	0.140 nm
C(1)－C(9)	0.142 nm
C(9)－C(10)	0.139 nm

萘环上碳原子的编号从两环并合处第一个含氢的碳开始，依次编为1、2、3、4、5、6、7、8，其中1、4、5、8又称α-位，2、3、6、7又称β-位。

在萘的1、2两个位置或2、3两个位置再并合一个苯环的化合物是菲或蒽。它们也具有闭合的π-π共轭的平面结构，但碳碳键键长不完全相等，电子云的分布不完全平均化。虽然它们也具有芳香性，但比萘的芳香性差，表现为二者在9、10位较易发生氧化和加成反应。

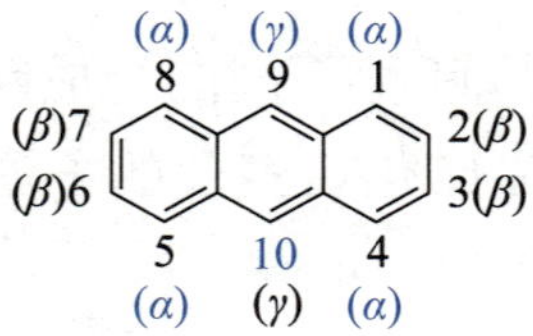

蒽
离域能349 kJ · mol^{-1}

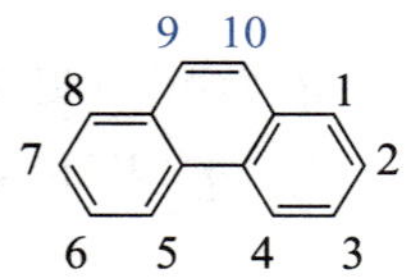

菲
离域能381.6 kJ · mol^{-1}

萘环上10个π电子离域使得α-位上有更高的电子云密度，所以萘的亲电取代反应易发生在α-位。从反应生成的中间体看，萘在α-位取代生成的中间体中有两个含有独立苯环的共振极限结构，而β-位取代生成的中间体只有一个含有独立苯环的共振极限结构，所以α-位取代的中间体稳定性较好，反应易在α-位进行。

α-位取代中间体的共振极限结构：

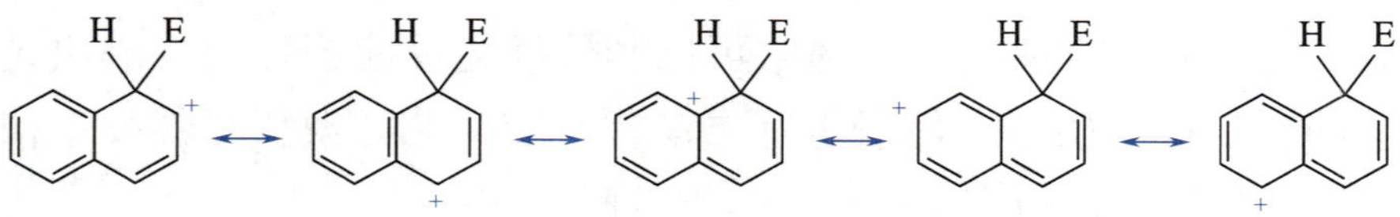

β-位取代中间体的共振极限结构：

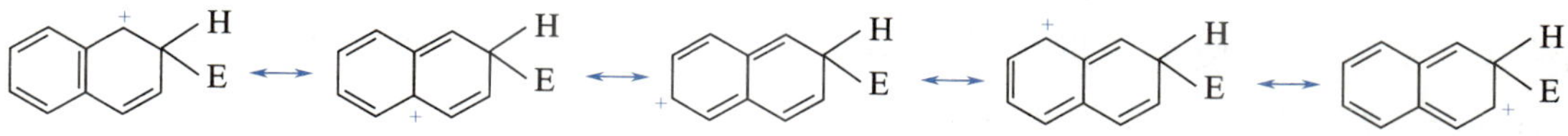

萘亲电取代反应的中间体的稳定性明显大于苯亲电取代反应的中间体，因此萘的亲电取代反应活性大于苯。

蒽和菲的亲电取代反应一般在9、10位。蒽的磺化发生在1位上，在9位上的磺化产物不稳定。

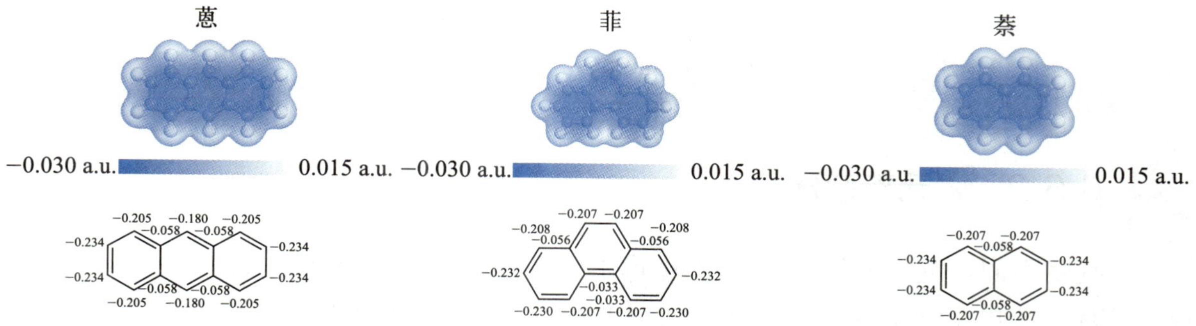

6.6 杂环芳烃的亲电取代反应

6.6.1 五元芳杂环

五元芳杂环吡咯、呋喃、噻吩的亲电取代活性均强于苯，归因于杂环上氮、氧、硫原子的给电子共轭作用增大了环上的电子云密度。在这三个五元杂环化合物中，吡咯活性最高，噻吩最低，因为吡咯中氮原子给电子共轭作用最强。

五元杂环与苯的相对反应活性可以在多种反应中体现。如在傅-克酰基化反应中，苯需要强的Lewis酸三氯化铝催化，噻吩可换用弱的Lewis酸四氯化锡催化，呋喃则使用更弱的Lewis酸三氟化硼催化，吡咯则不需要催化剂即可进行酰基化反应。

吡咯、呋喃、噻吩的硝化反应只需要弱的硝化试剂在温和的条件下即可进行。如果使用硝酸则不能得到预期的硝化产物。常用的弱硝化试剂有硝酸乙酸酐。

吡咯的反应活性与苯酚类似，很容易发生卤代反应且常得到多卤代产物。呋喃与溴反应十分剧烈，通常得不到正常的取代产物。2-溴呋喃的制备需要使用弱的溴化试剂

（二氧六环的溴化物）。

吡咯、呋喃和噻吩在亲电取代反应中以α-取代产物为主，其原因在于杂原子氮、氧、硫的给电子共轭作用使α-位取代的中间体更加稳定。如果两个α-位（2位和5位）均被取代基占据，则亲电取代反应会发生在β-位。

吡咯α-位取代中间体的共振极限结构：

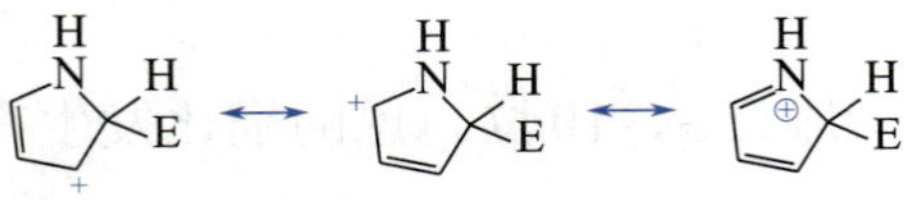

吡咯β-位取代中间体的共振极限结构：

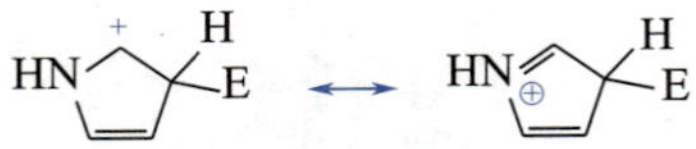

6.6.2 六元芳杂环

与吡咯不同，吡啶氮原子上的孤电子对未参与共轭，氮原子较强的吸电子诱导效应使吡啶环上的电子云密度比苯环低，其亲电取代反应活性较苯低，介于硝基苯和二硝基苯之间。

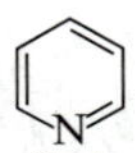
吡啶

在较强烈条件下吡啶的亲电取代反应才能进行。吡啶的溴代、磺化和硝化均需在200 ℃以上进行，且产率很低。例如，吡啶的磺化反应在硫酸和硫酸汞的共同作用下220 ℃才能顺利进行，而吡啶的硝化反应即使在300 ℃下与浓硫酸和浓硝酸作用一天，产物3-硝基吡啶的产率也仅为6%。

因吡啶氮原子的吸电子作用比硝基强，故表现间位定位效应，即新引入基团优先进入吡啶环的3位和5位。这是因为亲电试剂进攻2位、4位形成的活泼中间体均含有一个相对不稳定的极限共振结构，反应活化能较高。

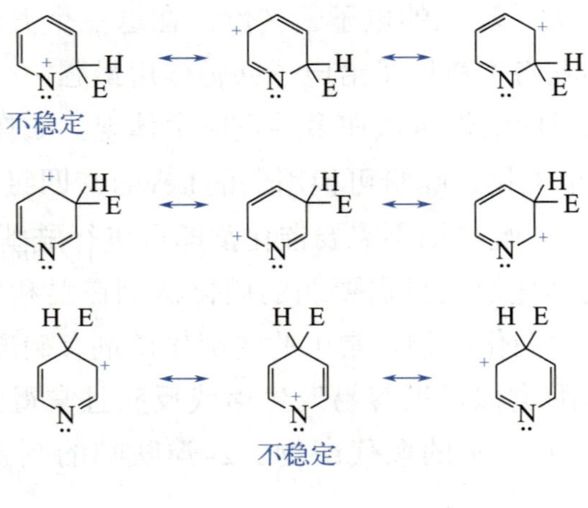

吡啶不能进行傅-克烷基化和傅-克酰基化反应。但是吡啶与酰卤作用可以形成*N*-酰基吡啶盐。因为吡啶氮原子在sp^2杂化轨道上有一对未成键电子，具有较强的碱性和亲核性，形成*N*-酰基吡啶盐的反应实际上是吡啶环氮原子表现为亲核试剂进攻酰卤中的缺电子碳的结果，也可以看成是吡啶环上氮原子接受亲电试剂进攻的结果。反应过程中，吡啶氮原子使用的是sp^2杂化轨道上的未成键电子对，因此产物*N*-酰基吡啶盐仍然具有芳香性。这种盐常温下为固体，是一种温和的酰基化反应试剂，可以使醇酰化形成酯。

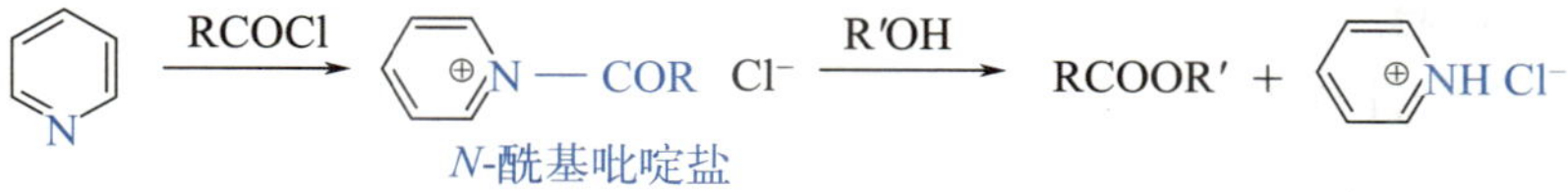

吡啶也能形成具有芳香性的*N*-硝基吡啶盐、*N*-磺基吡啶盐，它们是温和的硝化和磺化试剂。

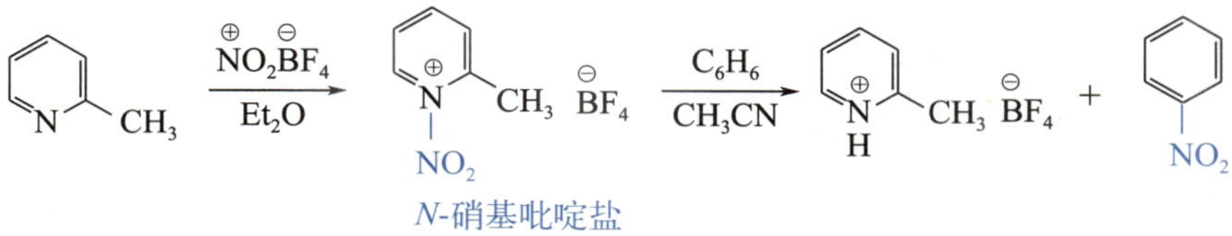

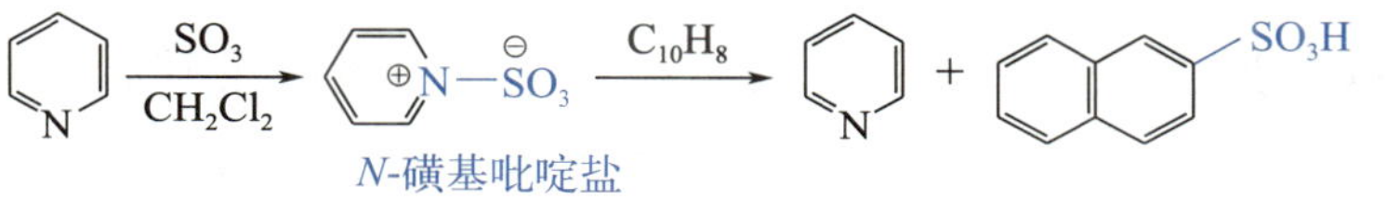

吡啶氮原子的碱性和亲核性还表现在可以与多种酸成盐，以及与其他亲电试剂如卤代烃反应形成*N*-烷基吡啶盐。

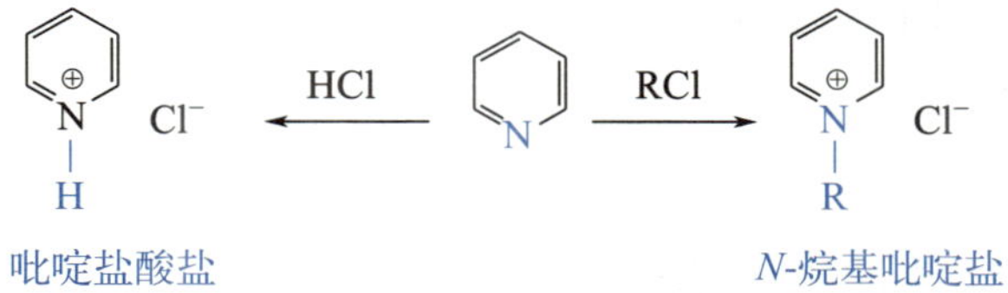

在许多有机反应中，吡啶常用于帮助去除反应中形成的酸。由于吡啶是一种比较温和的碱，在一些复杂化合物的碱催化反应中，它不仅可以有效地促进反应的进行，而且可以避免不必要的副反应。例如，含有内酯环的醇与卤代烃的成醚反应中，可以使用吡啶作为碱促进反应进行，同时又能保持内酯环的稳定。

6.7 芳环与芳杂环的亲核取代反应

6.7.1 芳环的亲核取代反应

苯难以发生亲核取代反应主要有两个原因：一是苯的π电子云会在亲核的负离子接

近时产生排斥作用；二是在亲核试剂与苯环加成形成了环状负离子后，氢负离子比亲核试剂更难离去。

然而，当苯环上有一个或多个强的吸电子基团存在，并且有一个比较好的离去基团时，亲核取代反应可以在不太剧烈的条件下发生。例如，4-硝基氯苯、2,4-二硝基氯苯和2,4,6-三硝基氯苯可以分别在强碱性、中等碱性和中性条件下发生亲核取代反应，生成4-硝基苯酚、2,4-二硝基苯酚和2,4,6-三硝基苯酚。

（1）S_NAr AE机理

以硝基卤代苯为例说明。

第一步，亲核试剂进攻芳环，连接到芳环卤原子所在的碳原子上，形成一个被共振稳定的碳负离子中间体，这是反应的决速步。第二步，卤原子以X^-形式离去，恢复芳环的稳定结构，生成产物。

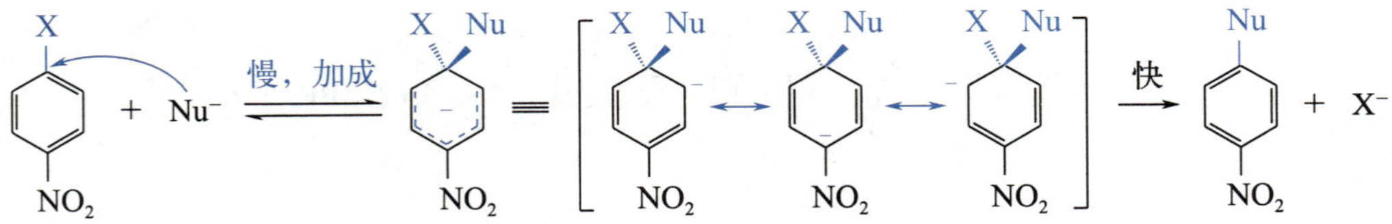

这种反应历程称为S_NAr AE历程。当芳环上连有强吸电子基时，尤其是取代基在卤原子的邻位和（或）对位上时，由于吸电子共轭效应和诱导效应的影响，能更好地分散负电荷，使碳负离子中间体更稳定，反应更容易进行。当硝基（或其他吸电子基）处于间位时，因为只有诱导效应的影响，故影响较小。当芳环上连有给电子基时，负电荷更加集中而使碳负离子不稳定，故反应不易进行。

（2）S_NAr EA机理（苯炔机理）

以氯苯的氨解为例说明。

该历程也分两步：第一步，在极强碱KNH_2的液氨溶液中，卤代苯可以发生消除反应，氯苯消除一分子氯化氢，生成苯炔中间体；第二步，苯炔进一步与氨加成，在碳碳三键上加一分子氨，使之恢复芳环的稳定结构。

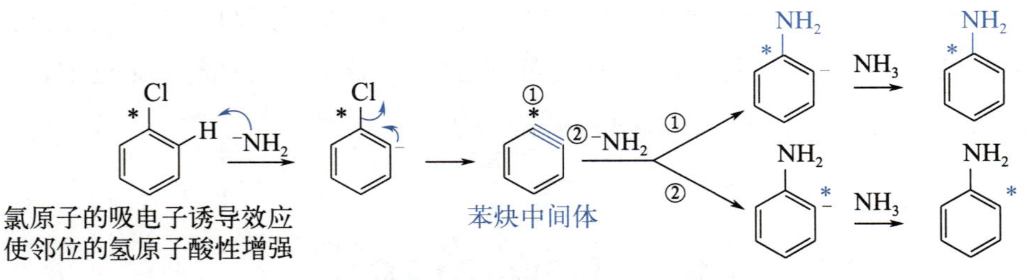

该历程称为消除-加成历程，又因该类反应是经过苯炔中间体完成的，故又称苯炔历程。

芳炔是具有高度反应活性的中间体，苯炔中存在一个特殊的碳碳三键。苯炔中的碳原子仍为sp^2杂化，在碳碳三键中，有一个π键是由sp^2轨道通过侧面微弱重叠形成的，并与苯炔环的大π体系相互垂直。这两个sp^2轨道重叠形成的π键很弱且有张力，容易发生反应，因此，苯炔是合成多种化合物的有用中间体。此外，该π键与苯环中的共轭π键体系相互垂直，故苯环上连接的所有取代基对苯炔的生成与稳定，只存在诱导效应，而不存在共轭效应。

6.7.2 芳杂环的亲核取代反应

芳环上连有吸电子基团（即亲电取代反应的致钝基团）时，容易发生亲核取代反应。由此可以推测，吡啶应该比苯容易发生亲核取代反应。事实上，当吡啶的2位或4位上连有好的离去基团时，容易发生亲核取代反应。例如：

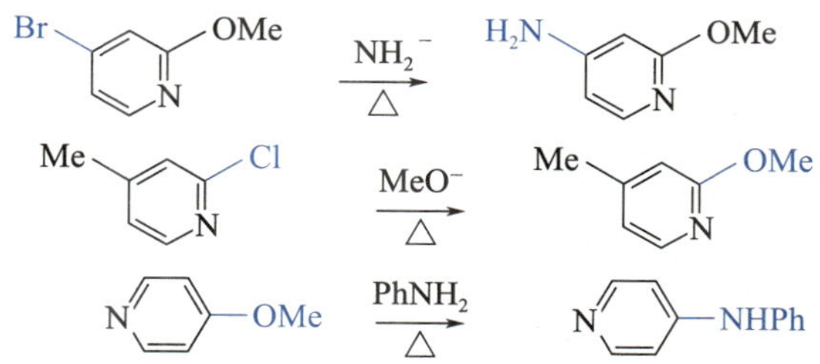

吡啶的3位连有好的离去基团时，如3-卤代吡啶，其反应性与卤代苯类似，反应要求条件较强烈且需在铜盐催化下进行。

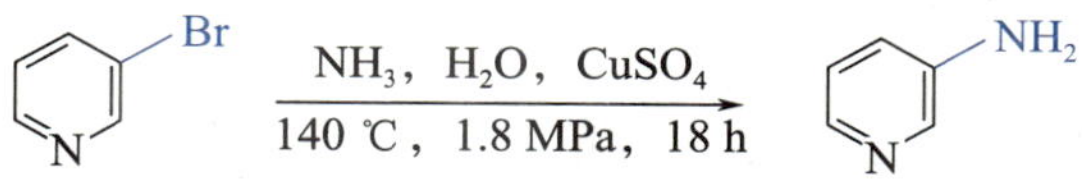

吡啶的2、3、4位进行亲核取代反应的活性不同，是因为它们各自在反应中形成的负离子中间体稳定性不同。其中，亲核反应发生在2位或者4位形成的负离子中间体比较稳定。

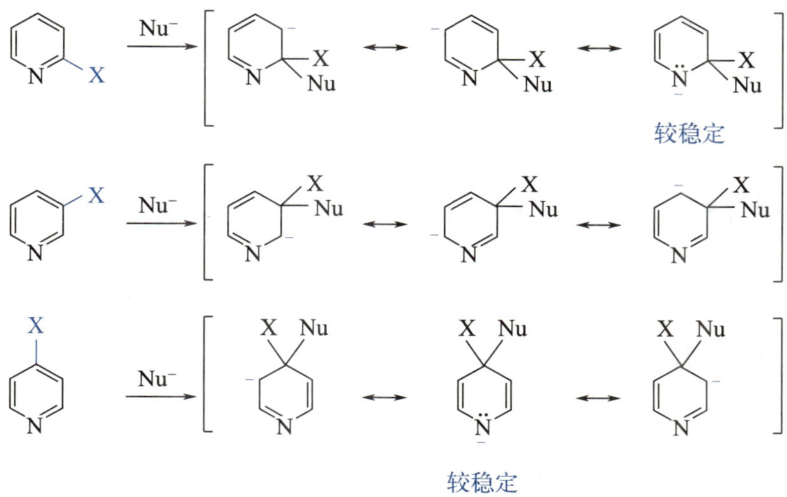

芳香亲核取代反应还包括亲核加成-开环-关环机理（ANRORC机理）和间接芳香亲核取代机理（VNS机理），此处不作介绍。

6.8 芳环上取代基的反应

芳环上取代基主要发生以下反应：自由基卤代反应；亲核取代反应；侧链消除反应与加成反应；侧链氧化反应。

6.8.1 自由基卤代反应

苄基型自由基具有较好的稳定性，芳环上的烷基容易在苄位发生自由基卤代反应。

6.8.2 亲核取代反应

芳环侧链烷基上如果有卤素存在，即可发生亲核取代反应。与含O、S、N、P、C的亲核试剂作用，可以生成多种芳基取代的腈、炔、醇、醚、硫醇、胺、膦和烃等各种类型的化合物，其中，腈还可以水解得酰胺、羧酸，或还原为胺。

6.8.3 侧链消除反应与加成反应

芳环侧链烷基上有羟基、卤素或季铵单元，则可以发生消除反应生成双键，通过进一步的加成反应，可以引进其他官能团。

6.8.4 侧链氧化反应

芳环侧链α-碳上含有H原子时，在强氧化剂作用下，芳环侧链将被氧化断链生成芳甲酸。

6.9 芳香胺的制备与反应

6.9.1 芳香胺的制备

6.9.1.1 芳环的亲核取代反应

参看6.7.1和6.7.2。

6.9.1.2　还原硝基化合物

（1）金属还原

还原硝基常用的金属或金属盐有 Fe、Zn、Sn 和 $SnCl_2$。$SnCl_2$ 不能还原羰基但可以还原硝基，是一种常用的选择性还原剂。二硝基化合物可以使用 $(NH_4)_2S$、NaHS 或 Na_2S 还原其中一个硝基，但选择性无法预测，只能通过实验探索。

例如，2,4- 二硝基甲苯在 $SnCl_2$ 作用下生成 2- 硝基还原的产物，而在 NH_4HS 作用下则得到 4- 硝基还原的产物。2,4- 二硝基苯胺在 H_2S 和 $NH_3 \cdot H_2O$ 作用下生成 2- 硝基还原的产物。

（2）其他还原

① 催化氢化：Pd、Ni、Pt/H_2（1~4 atm）[1]。

② 选择性催化还原：Pd-C/$HCOONH_4$ 条件下，羧基、酯基、氰基、酰氨基均不受影响。

③ 亚硫酸盐和连二亚硫酸钠：可以将硝基、亚硝基、羟氨基、偶氮基还原为氨基。

④ 氢化铝锂可以将硝基烷烃还原为胺，但只能将芳香硝基化合物还原为偶氮衍生物。硼氢化钠和硼烷不能还原硝基。

6.9.2　芳香胺的反应

6.9.2.1　芳香重氮化反应

芳香伯胺在低温酸性介质中与亚硝酸盐反应生成重氮盐的反应称为芳香重氮化反应。芳香重氮化反应中常用的酸为盐酸或硫酸，胺与酸的用量比为（1∶2.5）～（1∶3），过量的酸可以保证反应的强酸性环境。在中性或弱酸性介质中，重氮盐会与芳香伯胺发生偶联反应。芳香仲胺在低温酸性介质中与亚硝酸盐反应生成 *N*- 亚硝基芳胺，芳香叔胺在低温酸性介质中与亚硝酸盐反应则在苯环上引入一个亚硝基。

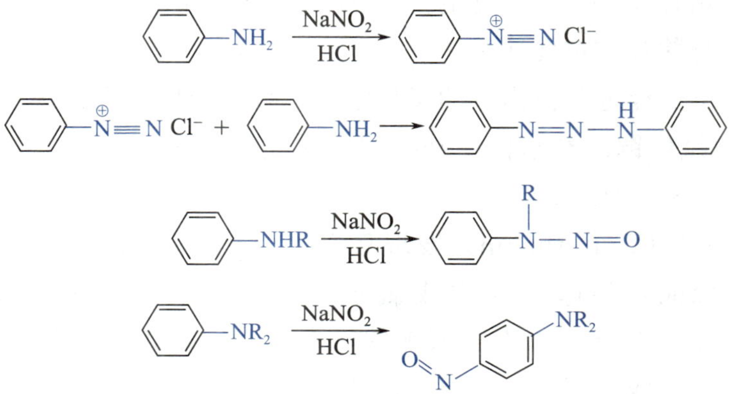

芳香重氮盐比较稳定，不溶于醚，可溶于水，其水溶液呈中性。芳香重氮盐比脂肪

[1] 1 atm ＝ 101325 Pa。

重氮盐稳定的原因在于，重氮正离子可以与苯环体系共振离域，分散其正电荷。当温度大于50 ℃时，重氮盐会分解释放出氮气，形成非常活泼的苯基正离子。

芳香伯胺的重氮化机理为：芳香伯胺氮原子上的孤电子对进攻亚硝酸质子化后脱水形成的亚硝酰正离子，生成的*N*-亚硝基芳香胺经质子化脱水形成重氮盐。例如：

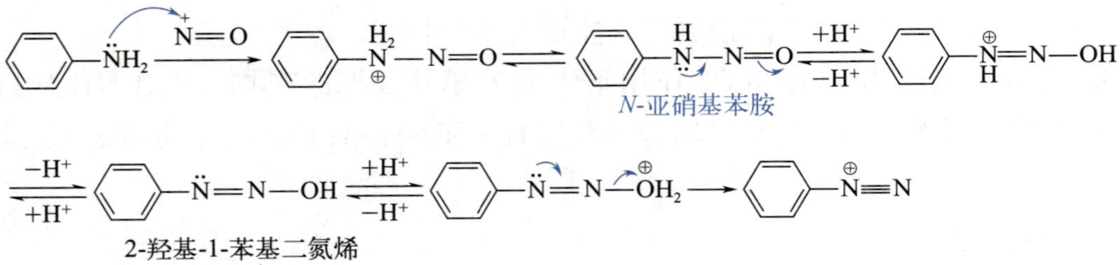

6.9.2.2 重氮盐的反应

重氮盐是离子化合物，重氮正离子可以作为亲电试剂进攻芳环上电子云密度高的位置（如苯酚中羟基的邻、对位），重氮正离子又能发生亲核取代反应（被卤素、氰基、羟基等取代）失去氮气。因此，重氮盐的反应主要分为去氮反应（取代反应）和保氮反应（偶联反应、还原反应）。

（1）去氮反应

① 桑德迈尔（Sandmeyer）反应。重氮盐在亚铜盐（CuCl、CuBr、CuCN）的催化下被氯、溴或氰基取代去氮。

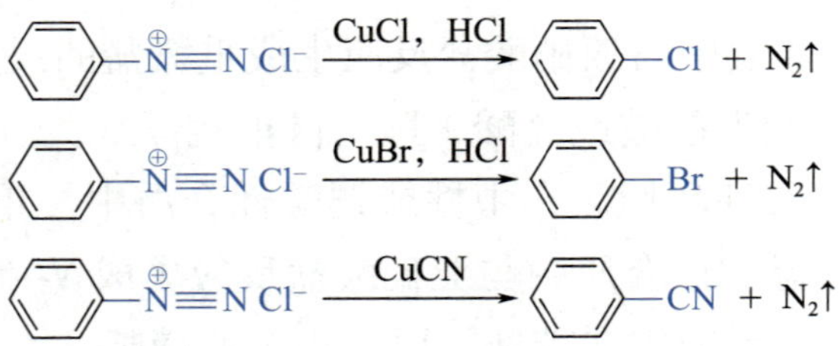

苯甲腈的生成常在中性条件下进行，以避免剧毒气体氰化氢的产生。桑德迈尔反应制备芳腈是制备芳香羧酸的重要途径。

桑德迈尔反应可能经过苯自由基的氧化还原过程。反应中重氮离子被亚铜离子还原，生成苯基自由基和氯化铜；苯基自由基夺取氯化铜中的氯，使氯化铜还原为氯化亚铜。由此可见亚铜离子发挥催化作用。

1890年，加特曼（Gattermann）发现直接用少量金属铜代替亚铜盐作催化剂，芳基重氮盐能与盐酸或氢溴酸反应生成氯苯和溴苯。该反应称为加特曼-桑德迈尔（Gattermann-Sandmeyer）反应。在金属铜催化下，芳基重氮盐还能与亚硝酸钠、亚硫酸钠、硫氰酸钾反应，生成硝基苯、苯磺酸、苯硫氰化物。

② 希曼（Schiemann）反应。芳基重氮盐与氟硼酸盐反应可以生成氟代芳烃。

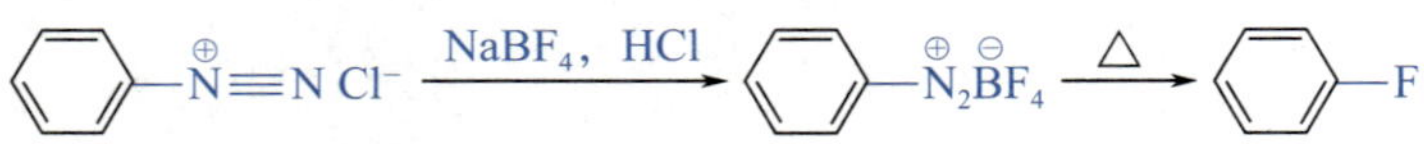

③ 碘代反应。I^-的亲核能力比Cl^-、Br^-强，因而在芳香重氮盐的水溶液中加入KI，即可脱去N_2生成碘代苯。

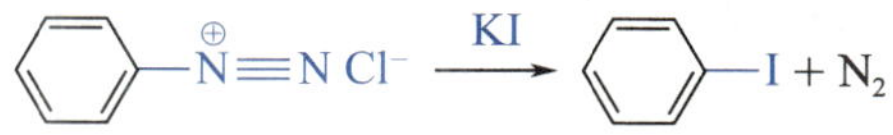

④ 水解反应。芳香重氮盐在稀酸水溶液中不够稳定，会缓慢水解放出N_2生成酚。实质上是经过芳基正离子的羟基取代重氮基的反应。这是在芳环上引入羟基的一种方法。

⑤ 还原反应。芳香重氮盐与次磷酸（H_3PO_2）或乙醇反应，重氮可以被氢取代还原。此反应可以在次磷酸、硼氢化钠等条件下进行。通过这个反应，可以将硝基或氨基从芳环上去除，是有机合成中常用的方法。

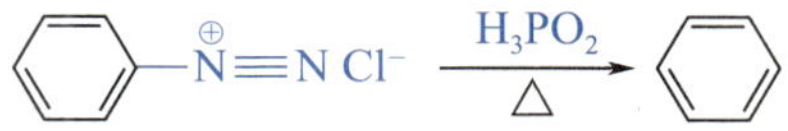

此反应可以利用氨基的活化作用与定位效应，把在合成中想引入芳环的取代基导入指定位置后再脱去氨基，从而合成出一般方法难以制得的化合物，即通过这种间接方法可以向芳环引入一些重要基团。例如，间溴甲苯与1,3,5-三溴苯的合成。

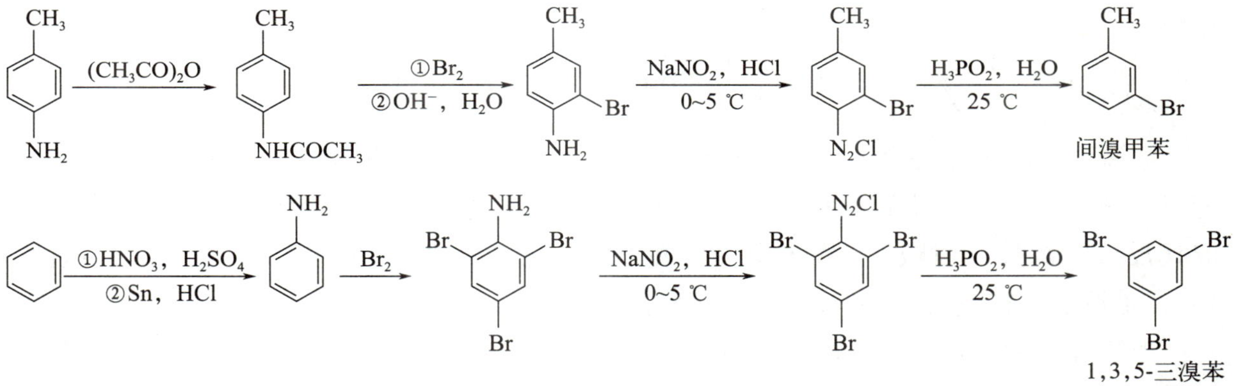

如果要合成1,2,3-三溴苯，可以从乙酰苯胺出发，通过硝化使硝基将对位占据，随后直接溴化引入两个溴原子，再用桑德迈尔反应引入第三个溴原子，最后将对位硝基转化为氨基而脱去。

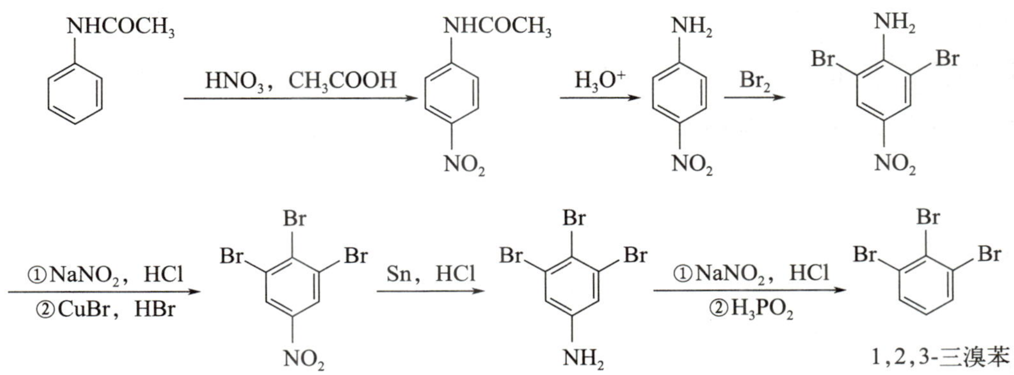

(2) **保氮反应**

① 偶联反应。重氮盐作为亲电试剂与含有酚羟基的酚类或叔氨基叔胺类发生偶联反应，偶联的位置优先发生在酚羟基或取代氨基的对位。偶联反应是制备偶氮化合物如偶氮染料的基本反应。

重氮盐与芳香叔胺偶联一般要求在弱酸性条件（pH≈6）下进行，因为弱酸性条件下重氮正离子的浓度大，且芳胺呈游离态有利于偶联。

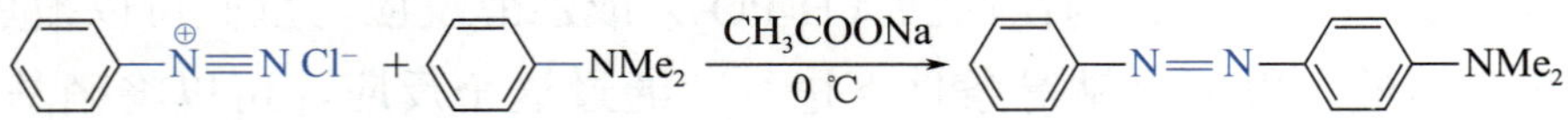

偶联反应实质上是亲电取代反应，反应机理可表示为：

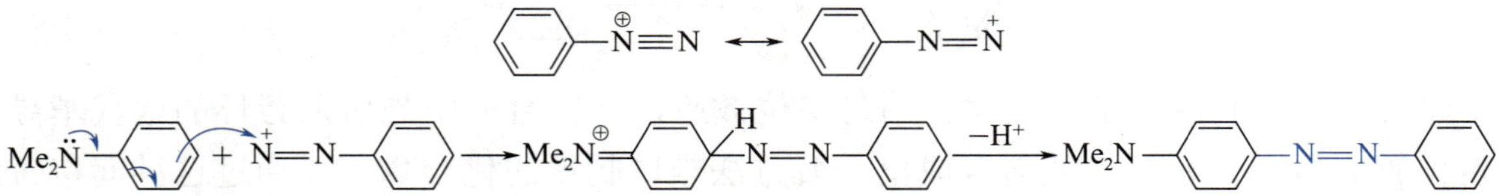

重氮盐与酚在碱溶液中很容易发生偶联：

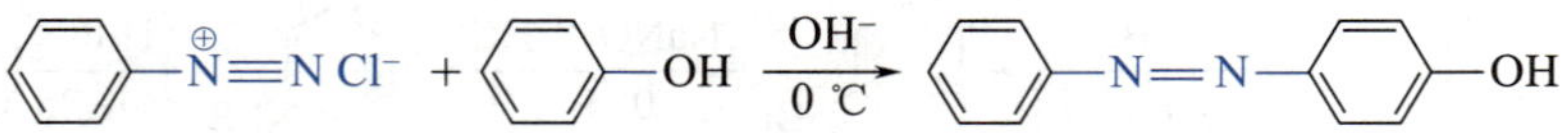

重氮盐与酚偶联要求在弱碱性环境（pH≈8）中进行，因为酚在弱碱性条件下产生芳氧负离子，带负电荷的氧原子比酚羟基供电子能力更强，更能活化苯环，有利于亲电取代反应，此外，弱碱性介质也增加了酚的溶解度。如果反应体系的碱性太强（pH>10），重氮盐会转变成不能偶联的重氮酸与重氮酸盐。

当酚羟基的对位被占据时，偶联反应则在邻位上进行。萘酚参加偶联的情况稍复杂一些，*α*-萘酚主要是在同环的另一*α*-位处发生偶联，若该*α*-位被占据，则偶联位置在同环的*β*-位。*β*-萘酚参加偶联反应，重氮基主要进入同环的*α*-位。

② 还原反应。重氮盐能被Sn-HCl、Na_2SO_3或$NaHSO_3$等还原，得到苯肼。

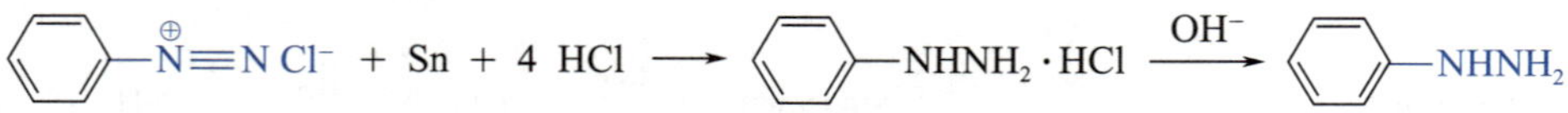

苯肼为无色液体，有毒，熔点19.8 ℃，沸点243 ℃，常用作有机农药、医药、染料合成的中间体，也是一种重要的羰基鉴别试剂，用于鉴别醛、酮和糖类。

第7章 饱和碳原子上的亲核取代反应

卤代烃是烃分子中一个或多个氢原子被卤原子取代形成的化合物。因C—X键是极性键，性质较活泼，能发生多种化学反应转化成各种其他类型的化合物，所以卤代烃是有机合成的重要中间体，在有机合成中起着桥梁的作用。同时卤代烃在工业、农业、医药和日常生活中都有广泛的应用。

由于卤代烃分子中的C—X键为极性共价键，碳原子带部分正电荷，故α-C易受带负电荷或孤电子对的亲核试剂的进攻。实验数据表明：分子中C—X键（C—F除外）的键能都比C—H键小。所以C—X键比C—H键更易断裂从而发生各种化学反应。

有机化合物分子中的原子或原子团被亲核试剂取代的反应称为亲核取代反应。亲核取代反应包括中心碳原子与离去基团相连的键断裂和亲核试剂与中心碳原子形成新键。反应过程如下：

$$\underset{\text{底物}}{R—CH_2—L} + \underset{\text{亲核试剂}}{Nu:^-} \longrightarrow \underset{\text{产物}}{R—CH_2—Nu} + \underset{\text{离去基团}}{L:^-}$$

亲核试剂通常包括两类：①负离子，即OH^-、RO^-、HS^-、RS^-、CN^-、NO_3^-、$RCOO^-$等；②含孤电子对的分子，即H_2O、ROH、NH_3、R_3N等。

在亲核取代反应中，反应底物可以是中性的或带正电荷的，亲核试剂可以是中性的或带负电荷的，则亲核取代反应通常有四种类型：

Ⅰ. 中性底物+中性亲核试剂　$RL + Nu: \longrightarrow RNu^+ + L:^-$

Ⅱ. 中性底物+负离子亲核试剂　$RL + Nu:^- \longrightarrow RNu + L:^-$

Ⅲ. 正离子底物+中性亲核试剂　$RL^+ + Nu: \longrightarrow RNu^+ + L:$

Ⅳ. 正离子底物+负离子亲核试剂　$RL^+ + Nu:^- \longrightarrow RNu + L:$

无论是中性亲核试剂还是负离子亲核试剂，均为Lewis碱；若亲核试剂本身是反应的溶剂，此类反应称为溶剂解反应。

进攻底物卤代烃的亲核试剂不同，对应的亲核取代产物也不同。当亲核试剂为H_2O或OH^-时，产物为醇；当亲核试剂为ROH或RO^-时，产物为醚；当亲核试剂为RSH或RS^-时，产物为硫醚；亲核试剂为HS^-时，产物为硫醇；当亲核试剂为CN^-时，产物为腈；当亲核试剂为$RCOO^-$时，产物为酯；当亲核试剂为NO_3^-时，产物为硝酸酯；当亲核试剂为NH_3或RNH_2时，产物为胺或铵盐。常见亲核试剂及其对应的产物总结如下：

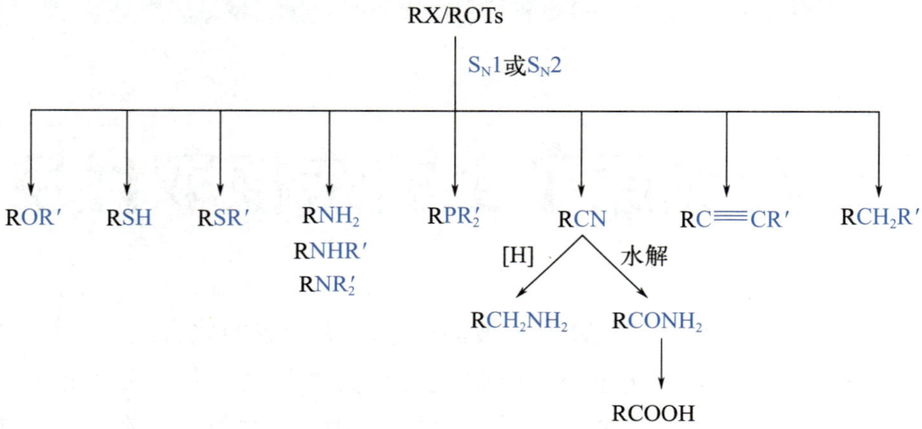

化学动力学的研究及许多实验表明，卤代烷的亲核取代反应是按两种历程进行的，即双分子亲核取代反应（S_N2 反应）和单分子亲核取代反应（S_N1 反应）。反应速率只取决于一种反应物浓度的反应，即与反应物浓度的一次方成正比的反应，称为一级反应，$v=k[A]$；反应速率取决于两种反应物浓度乘积的反应，即与反应物浓度的二次方成正比的反应，称为二级反应，$v=k[A][B]$。

7.1 亲核取代反应的酸碱判据

判断一个反应能否进行的热力学判据是反应的自由能变化（$\Delta G=-RT\ln K$）。

在熵变较小的情况下，可以直接利用反应的键能或解离能数据计算焓变值进行判断。不过这种方法基本上只适用于气相反应。当反应在溶液中进行时，由于溶剂分子与反应物、中间体以及生成物之间存在复杂的相互作用，从而难以直接用通过键能数据计算得出的焓变值来判断一个反应能否进行。这种情况下，一个较为简便可行的方法就是利用反应物的酸碱性强弱来判断反应能否进行。因为化合物的酸碱性强弱是在相关溶剂中的行为，基本可以体现溶剂与反应物、中间体及生成物之间的相互作用。

利用酸碱性判断反应能否进行的一般原则是：强碱可以置换弱碱，强酸可以置换弱酸。对于饱和碳原子上的亲核取代反应而言，亲核试剂是碱，离去基团离去后形成的负离子也是碱。比较两者的碱性强弱即可判断反应能否进行。例如，OH^-的碱性强于Cl^-，因此CH_3Cl可以与KOH或NaOH的水溶液反应，生成CH_3OH和Cl^-；反过来，CH_3OH与Cl^-（由氯化物提供Cl^-）的反应则不能进行。

7.2 亲核取代反应的机理

根据亲核试剂作用的时机，可以将亲核取代反应的机理划分为S_N1反应机理和S_N2反应机理。

7.2.1 S_N1反应机理

S_N1反应是单分子亲核取代反应的简称，“S”表示取代反应（substitution），“N”表示亲核（nucleophilic），“1”表示单分子反应。

S_N1反应分两步进行。首先，底物分子中的中心原子与离去基团之间的价键断裂，生成碳正离子中间体和离去基团（负离子），此步骤为反应的决速步；随后，碳正离子中间体与亲核试剂结合生成产物。反应总速率只与底物浓度成正比，与试剂浓度无关。

实验证明：3°RX、烯丙型卤代烃（$CH_2{=}CHCH_2X$）和苄卤的水解是按S_N1历程进行的。反应速率v与速率常数k和底物浓度有关。叔丁基溴的水解反应如下：

$$C(CH_3)_3Br + OH^- \longrightarrow C(CH_3)_3OH + Br^- \qquad v=k[C(CH_3)_3Br]$$

反应机理如下：

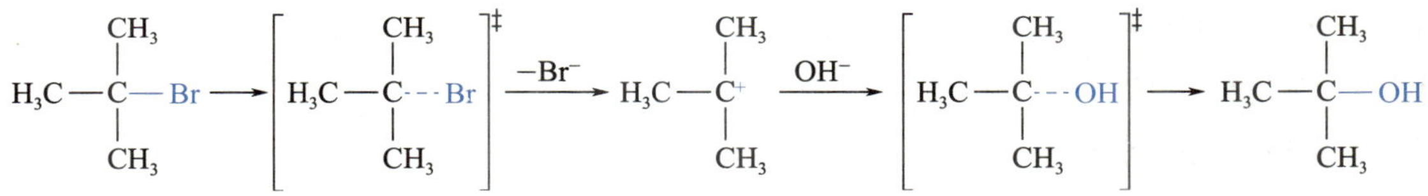

由以上机理可以看出，碳正离子中间体的生成是反应的关键步骤，稳定的碳正离子往往是容易生成的碳正离子。由于三级碳正离子、烯丙型碳正离子、苄基碳正离子稳定性很好，因此3°RX、烯丙型卤代烃（$CH_2{=}CHCH_2X$）和苄卤的水解是按S_N1历程进行的。

（1）S_N1反应中的立体化学

碳正离子呈平面构型，其中的碳原子采取sp^2杂化，空p轨道垂直于该平面，亲核试剂从该平面两侧进攻的概率相等，所以若S_N1反应中心为手性碳原子，反应将得到外消旋产物。

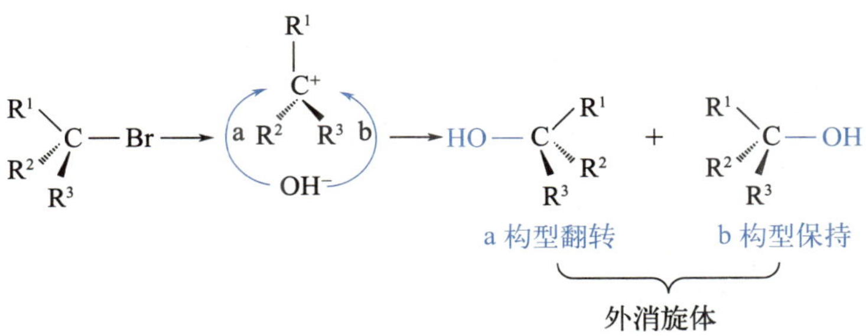

但实验数据表明，(−)-2-溴辛烷在S_N1条件下水解，得到67%构型翻转的(+)-辛-2-醇、33%构型保持的(−)-辛-2-醇，其中有33%构型翻转的(+)-辛-2-醇与(−)-辛-2-醇组成外消旋体，还剩余34%的(+)-辛-2-醇。可见，S_N1反应在有些情况下，往往不能完全外消旋化，而是构型翻转多于构型保持，因而其反应产物具有旋光性。

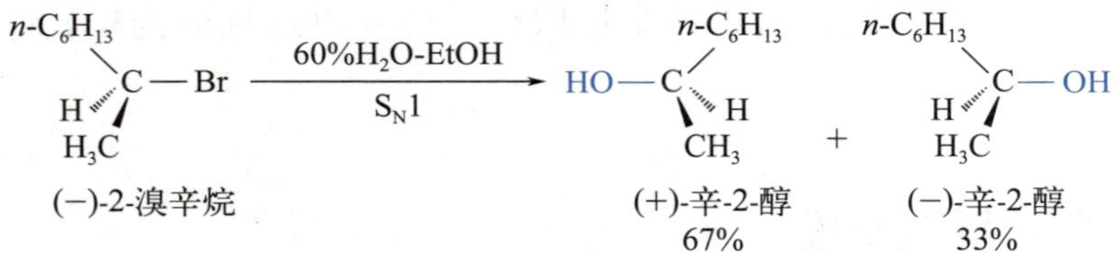

对此现象的理论解释，温斯坦（S.Weinstein）提出了紧密离子对机理。该观点认为，反应物在溶剂中的解离是分步进行的，可表示为：

RX ⇌	R^+X^- ⇌	$R^+\|\|X^-$ ⇌	R^++X^-
	紧密离子对	溶剂分隔离子对	游离离子对
	此时进攻得构型转化产物	此时进攻产物构型转化占多数	此时进攻得消旋产物

在紧密离子对中R^+和X^-之间尚有一定作用力，因此亲核试剂只能从背面进攻，导致构型翻转。在溶剂分隔离子对中，离子被溶剂隔开，若亲核试剂介入溶剂的位置进攻中心碳，则产物保持原构型，若亲核试剂从背面进攻，则发生构型翻转。当反应物全部解离成离子后再进行反应，就只能得到外消旋产物。因此S_N1反应的立体化学结果其实是部分外消旋化（构型翻转多于构型保持）。但如果反应物分子中存在邻基参与效应，则产物构型应该完全保持。邻基参与是指分子内中心碳原子邻近带负电荷的基团（如羧基负离子等）同亲核试剂一样从离去基团的背面进攻中心碳形成环状八隅体，进行分子内的类似于S_N2的反应，生成不稳定的内酯。例如：

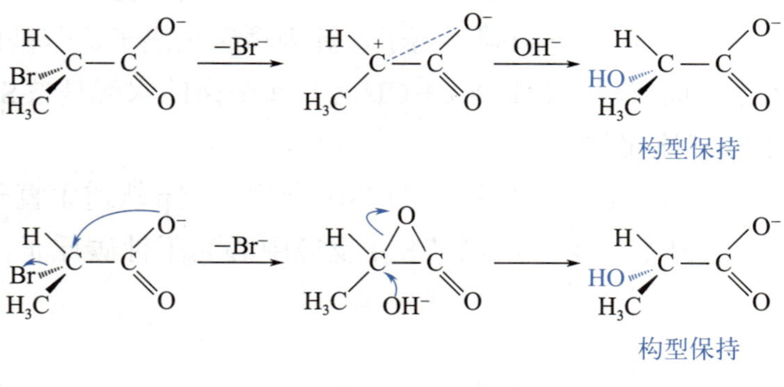

此反应中，Br^-离去之后，碳正离子α-C上的羧基的氧负离子会进攻碳正离子形成三元环内酯。在内酯中手性碳原子的构型发生了翻转，随后亲核试剂（OH^-）从原来Br^-离去的方向进攻内酯，手性碳原子的构型再一次发生翻转。如此两次翻转的结果便是完全保持原来的构型。

在有机化学反应中，有很多与此类似的邻近基团参与的亲核取代反应，若反应物分子内中心碳原子邻近有—COO^-、—O^-、—OR、—NR_2、—X、碳负离子等基团存在且空间距离适当时，这些基团就可以借助它们的负电荷或孤电子对参与分子内的亲核取代反应。反应产物中除亲核取代产物外，还常常含有环状化合物。

（2）S_N1 反应伴随的重排和消除反应

因 S_N1 反应经过碳正离子中间体，所以反应过程中会伴随重排反应生成较稳定的碳正离子。例如，2,2-二甲基溴丙烷中，Br 的 α-C 是一级碳而 β-C 是四级碳，因此反应仍然可以按 S_N1 机理进行；反应时，C—X 键断裂产生的一级碳正离子不够稳定，但由于其邻碳是四级碳，因此可以发生甲基迁移重排产生稳定的三级碳正离子，产物②是重排后的取代产物，产物③是重排后的消除产物。

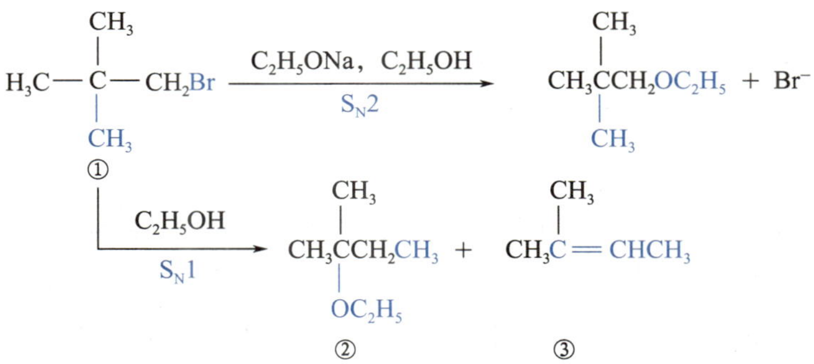

具体反应机理如下：

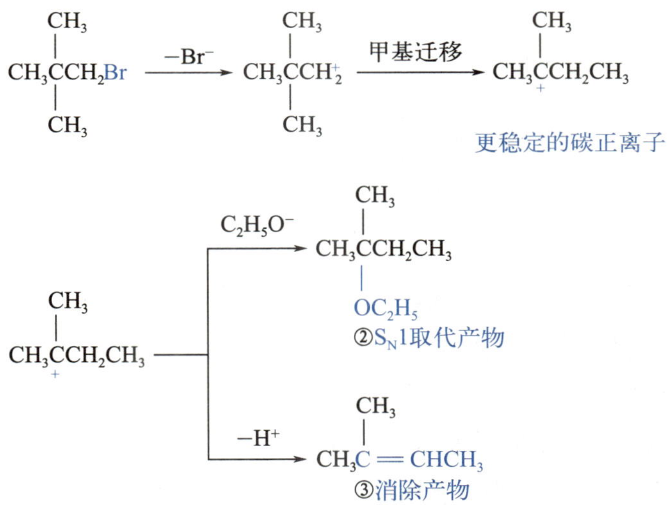

7.2.2　S_N2 反应机理

S_N2 反应是双分子亲核取代反应的简称，“S”表示取代反应，“N”表示亲核，“2”表示双分子反应。

S_N2 反应协同一步完成。亲核试剂进攻底物分子中中心原子与离去基团的反键轨道形成五价过渡态，随后离去基团离去得到产物。形成过渡态的步骤为反应的决速步，反应总速率与底物浓度和试剂浓度相关。

实验证明，伯卤代烷的水解为 S_N2 历程。反应速率 v 与速率常数 k 和底物浓度及亲核试剂的浓度有关。

$$RCH_2Br + OH^- \longrightarrow RCH_2OH + Br^- \quad v=k[RCH_2Br][OH^-]$$

反应机理如下：

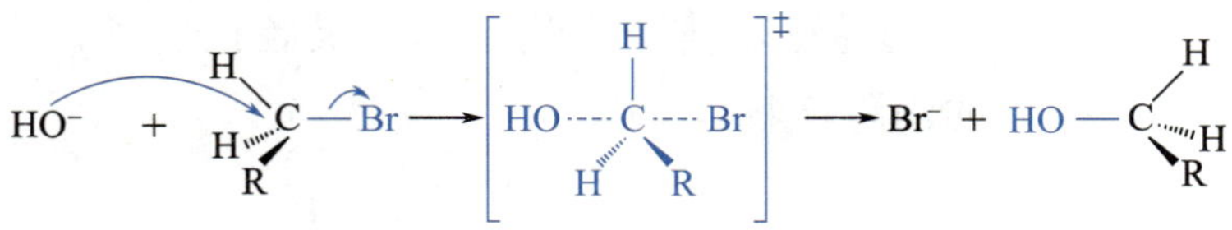

过渡态

反应时，亲核试剂 OH^- 进攻 C—Br 键的反键轨道，受溴原子的空间效应和电子效应影响最小。

此反应为一步反应，只有一个过渡态。过渡态的结构特点为：中心碳采取 sp^2 杂化，它与五个基团相连，与中心碳相连又未参与反应的三个基团与中心碳原子处于同一平面，亲核试剂与离去基团的轨道处在与该平面垂直、通过中心碳原子的一条直线上，分别与中心碳的 p 轨道的两侧重叠。过渡态中，中心原子与其他五个原子或基团连接，空间拥挤，其热力学稳定性差，易断键使中心碳原子恢复 sp^3 杂化。

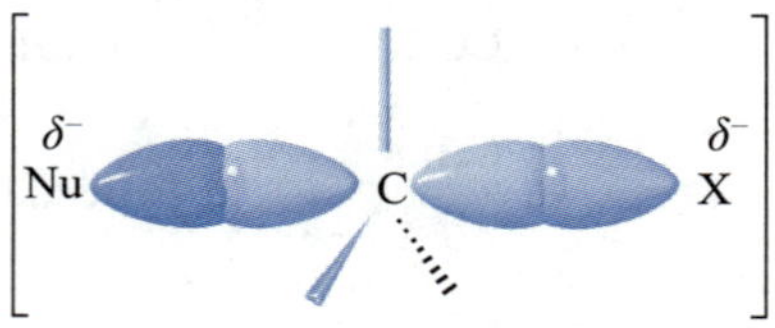

S_N2 反应中间体

因此反应发生异面进攻（亲核试剂从离去基团的背面进攻反应中心），故产物会发生构型翻转，即产物的构型与底物的构型相反，此现象称为瓦尔登（Walden）转化。按双分子历程进行的亲核取代反应，总是伴随着构型的翻转。也就是说，完全的构型转化往往可作为双分子亲核取代反应的标志，即构型翻转是 S_N2 反应的立体化学特征。例如，被亲核试剂进攻的底物的手性碳原子构型如果是 S 型，那么在完成反应之后会生成构型为 R 型的产物，具体过程如下：

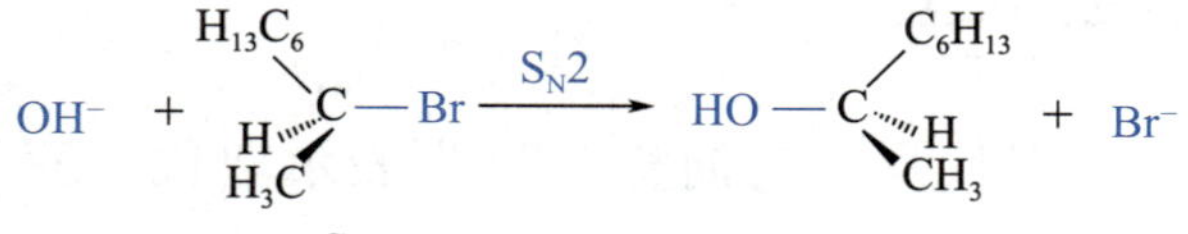

当分子内存在烯丙基时，可能会发生 S_N2' 反应，即亲核试剂没有进攻中心原子，而是进攻双键。例如：

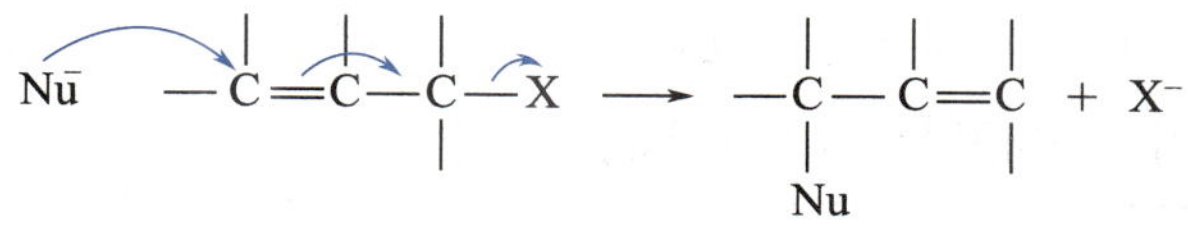

7.3 影响S_N1和S_N2反应的因素

7.3.1　离去基团

亲核取代反应无论按哪种机理进行，离去基团总是带着一对电子离开中心碳，因此离去基团的离去能力强，对S_N1反应和S_N2反应均能产生促进作用，但对S_N1反应的影响更为显著。

离去基团的离去形式可以是负离子，也可以是中性分子。离去基团的离去倾向由离去基团离去形式的稳定性决定。一般而言，离去形式为分子的离去倾向较大，例如水、二氧化硫、氮气等；离去形式为负离子的，稳定性与负离子的碱性和电荷分散程度相关，离去基团形成的负离子碱性越强或负电荷集中，则越难离去。负离子碱性常用其共轭酸的pK_a作为参照，共轭酸的pK_a小于5的离去基团是好的离去基团。

离去基团的离去能力在多数情况下与亲核试剂的亲核能力相反。但从基团的可极化性考虑，可极化性越大，在反应过程中价电子云越容易发生形变而离去，即断键时的过渡态变得更稳定，其离去能力越强。在这种情况下，离去基团的离去能力与亲核试剂的亲核能力一致。

迄今，没有一个可以根据单一参数就能确定基团离去能力的方法，通常都是将一些常见的离去基团的相对速率概括起来进行比较，得到一个近似的活性顺序（在极性质子溶剂中），见表7-1。

表7-1　离去基团离去能力及活性顺序

离去基团离去能力	离去基团活性顺序
好的	$N_2 > CF_3SO_3^- > RSO_3^- > ROSO_3^- > I^- > Br^- > H_2O > Me_2S > Cl^-$
较好的	$CF_3COO^- > H_2PO_4^- > NO_3^- > F^- > RCOO^-$
较差的	$CN^- > NH_3 > PhO^- > R_3N > RS^-$
差的	$OH^- > MeO^- > NH_2^- > CH_3^-$

上述排序只是一个近似顺序，并非在所有反应中都一成不变；另外，也不能仅靠简单地比较它们共轭酸的pK_a就来预测离去基团的反应活性，还要考虑溶剂、亲核试剂及离去基团所连的烃基等因素的影响。但上述顺序在指导实际工作中有重要的参考价值。

强碱性基团（如—NH_2、—OH、—OR、—SR等）都不是好的离去基团，然而将它们质子化转变为带有正电荷的基团后，其离去能力将会大幅增加。

> **提示：** 满足下列条件之一即是好的离去基团。
> ① 断弱键；
> ② 形成负电荷分散的稳定负离子；
> ③ 形成弱碱。

7.3.2 底物的烃基结构

（1）对S_N1反应的影响

S_N1反应的决速步是底物解离产生碳正离子中间体，故反应底物解离的难易程度与解离生成的碳正离子的稳定性相关。稳定的碳正离子易生成，对S_N1反应有利。

实验表明，卤代烃S_N1反应活性顺序为：叔卤＞仲卤＞伯卤＞甲基卤。碳正离子中心碳原子是sp^2杂化的，有一个空p轨道，三级碳正离子有较多的C—H键与空p轨道发生σ-p超共轭效应分散正电荷，因此三级碳正离子稳定性高，容易形成，二级碳正离子次之，一级碳正离子最不易生成。电子效应的影响使三级卤代烃S_N1反应活性最高。

从空间效应看，三级卤代烃中心碳原子是sp^3杂化碳，其为四面体构型，连有的三个烷基比较拥挤，彼此相互排斥，空间张力大，而形成平面结构的碳正离子后，三个基团成120°键角，相互距离较远，彼此排斥作用小，空间张力得到大幅缓解。空间效应有利于三级卤代烃解离，形成碳正离子并按S_N1机理进行反应。

不同类型的卤代烃和磺酸酯的S_N1反应活性顺序为：

$$3° > 2° \approx \text{苯甲型} \approx \text{烯丙型} > 1° > \text{甲基型}$$

卤原子直接连在双键或苯环碳原子上的卤代烃分别称为乙烯型卤代烃和卤代芳烃。由于它们形成的乙烯型正离子或芳基碳正离子很不稳定，一般情况下不发生S_N1反应。

乙烯型卤代烃和卤代芳烃的结构中，卤原子上的孤电子对与π体系共轭增强了C—X键的强度，降低了C—X键的极性，使其难以发生亲核取代反应。

当中心碳原子与具有未共用电子对的杂原子（如O、N、S）相连时，也有利于S_N1反应的进行，且反应速率显著增大。原因在于杂原子上的未共用电子对所在的轨道与碳正离子空的p轨道从侧面相互重叠形成离域轨道，使正电荷得到分散而稳定。此时杂原子虽然有吸电子诱导效应，但其影响较小，共轭效应产生的影响是主要因素。例如，下列物质的S_N1反应活性为：

$$CH_3OCH_2Cl > CH_3CH_2CH_2CH_2Cl > CH_3OCH_2CH_2Cl$$

（2）对S_N2反应的影响

S_N2反应是协同反应，反应过程中亲核试剂从离去基团的背面进攻中心碳原子形成五价过渡态，随后生成产物。所以，任何有利于过渡态形成的因素，都将促进反应按S_N2机理进行。

实验表明，**卤代烃S_N2反应活性顺序为：甲基卤>伯卤>仲卤>叔卤**。S_N2反应是一步反应，反应速率取决于过渡态的稳定性。反应进程中，中心碳原子是由基态的sp^3杂化形成五价过渡态，空间拥挤程度提高，过渡态中非键基团之间的相互作用比基态要大，因此随卤代烃分子中α位取代的烃基数目增多，体积增大，过渡态能量提高，稳定性下降，S_N2的反应活性降低。

如果溴乙烷卤原子的β-H由不同数目的甲基取代，随甲基取代数目的增加，反应速率明显下降，这是因为S_N2机理进攻基团是从离去基团的背面进攻中心碳原子，β-位取代基的增加使空间位阻增大，进攻基团难以与中心碳原子接触，反应速率明显减小。不论考虑过渡态的稳定性，还是从反应过程中进攻基团所受到的空间阻碍作用分析，空间效应都是影响S_N2反应活性的主要因素。

7.3.3　亲核试剂

S_N1反应的反应速率只取决于离去基团的解离，与亲核试剂无关，所以亲核试剂性能的改变对反应速率不产生明显的影响。

S_N2反应中亲核试剂从反键轨道方向进攻中心碳原子形成过渡态，试剂亲核性的改变对反应速率有明显的影响。而试剂亲核能力的强弱取决于两个因素：

① **试剂的可极化性**。可极化性是指分子电子云在外电场的影响下发生形变的难易程度，易形变者，可极化性大。在亲核取代反应中，可极化性大的原子或基团，因形变而易于接近反应中心，从而降低了达到过渡状态所需的活化能，亲核性强。

② **试剂的碱性**。碱性是指试剂对质子的亲和能力；而亲核性则是指试剂在形成过渡态时对碳原子的亲和能力。**试剂的碱性与亲核性是两个不同的概念，二者的强弱可能一致，也可能不一致**。还要综合考虑亲核试剂的可极化性以及溶剂的影响，但一般来说，在偶极溶剂中对于同族元素或同种原子形成的亲核试剂，亲核性可用其碱性的强弱来判断（从上到下逐渐减弱），除非碱性很强但位阻很大，此时亲核试剂亲核能力会减小，如CH_3O^-、$CH_3CH_2O^-$、$(CH_3)_2CHO^-$、$(CH_3)_3CO^-$的碱性依次增强但亲核能力依次减弱。而在质子性溶剂中，对于同族元素形成的亲核试剂，碱性强弱则用可极化性的大小来判断（从上到下逐渐增强）。对于同周期元素，从左到右碱性与可极化性均逐渐减弱，故亲核能力也减弱。出现以上现象的原因是可极化性受溶剂影响不大，但是碱性大小与溶剂关系密切。

对于亲核性的定量描述，斯文（C. G. Swain）和斯科特（C. B. Scott）提出了取代速率与亲核能力之间关系的经验方程——**Swain-Scott方程**，并以溴甲烷和水为标准，测定了25 ℃时常见亲核试剂的亲核常数（n），见表7-2。

1968年，皮尔逊（Pearon）继续斯文和斯科特的工作，以25 ℃时碘甲烷和甲醇反应为标准，给出了另外一套数据，其中n（CH_3I）＝1.4n（CH_3Br）。

表7-2 常见亲核试剂的亲核常数（25 ℃）

亲核试剂	H_2O	NO_3^-	F^-	CH_3COO^-	$HCOO^-$	Cl^-
亲核常数（n）	1.00	1.02	10	52.5	56.5	102
亲核试剂	PhO^-	C_5H_5N	Br^-	N_3^-	$CO(NH_2)_2$	OH^-
亲核常数（n）	316	400	755	1000	1250	1600
亲核试剂	$PhNH_2$	SCN^-	I^-	RS^-/SH^-	CN^-	SO_3^{2-}
亲核常数（n）	3100	5900	10200	12600	12600	12600

如果亲核试剂在亲核原子相邻的原子上有孤电子对时，亲核原子的亲核能力明显增强，这种影响称为α-效应。例如，HOO^-的亲核能力强于HO^-。这种效应同样出现在中性亲核试剂中，如NH_2NH_2和NH_2OH虽然都是较弱的碱，但两者的亲核能力都比NH_3强。对于α-效应的解释，主流观点认为：孤电子对之间的排斥作用使亲核体的基态变得不稳定，而这种排斥作用在达到过渡状态时被削弱了。具备α-效应的亲核试剂对羰基碳、不饱和碳及碳正离子的取代可以显著增强亲核性，而对饱和碳上的取代影响则较小。

I^-是常见的亲核试剂，因为在质子溶剂中，I^-的碱性弱，所以溶剂化作用小；并且I^-的体积大，电负性小，核对外层电子控制差，所以可极化性大。同时，C—I键键能低，因此I^-是一个好的离去基团。I^-的这种双重反应性能可使它成为亲核取代反应的“中转站”，当亲核能力较弱的试剂进攻RCl反应较难发生，那么向体系中加入少量碘即可促进反应，因为I^-首先作为好的亲核试剂取代掉较难离去的Cl^-生成中间产物RI，随后亲核试剂进攻RI，I^-易离去，因此可以较快地生成RNu。

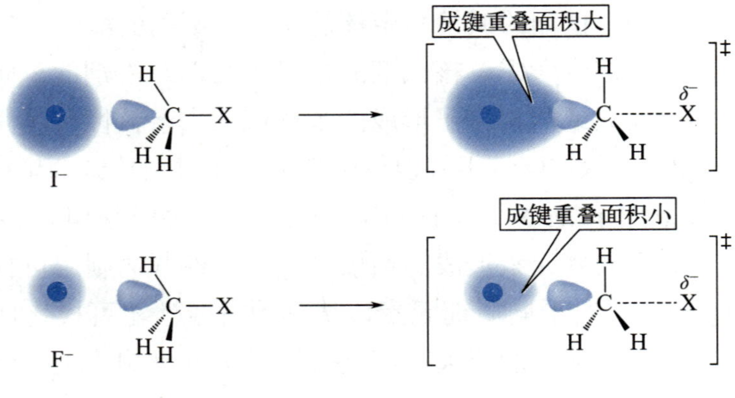

7.3.4 溶剂

在S_N1反应中，极性溶剂可以通过溶剂化作用稳定活性中间体碳正离子和离去基团形成的负离子，因此增大溶剂极性有利于S_N1反应。质子型极性溶剂对S_N1反应更为有利，因为质子型溶剂可以同时稳定正离子和负离子。例如，叔丁基氯的醇解反应中，增加乙醇-水混合溶剂中水的含量，溶剂极性增加，S_N1 反应活性增大。

S_N2 反应通常由亲核性较强的负离子亲核试剂发起进攻。若反应在质子型溶剂中进行，负离子亲核试剂将被溶剂化作用稳定，亲核性降低，不利于反应进行。若 S_N2 反应在非质子型极性溶剂中进行，负离子亲核试剂不受溶剂化作用影响，反应活性远高于在质子型溶剂中的反应。

溶剂对亲核试剂亲核性的影响主要限于那些体积较小，容易与质子型溶剂形成氢键而溶剂化的亲核试剂。其他不易形成氢键而溶剂化的亲核试剂如I^-、HS^-、SCN^-等，在两种类型溶剂中的亲核性强弱相差不大。

为了加速亲核取代反应进行，减少亲核试剂的溶剂化作用，反应常常在非质子性溶剂中进行，如DMF、DMSO和HMPA（六甲基磷酰胺）均是好的非质子性溶剂。这类溶剂有较大的偶极，其正端被烷基包围，而负端裸露在外，只缔合正离子。因此亲核试剂溶剂化程度小，活性高。

使用不同的溶剂，不仅影响 S_N1 与 S_N2 反应的反应活性，而且还有可能改变反应机理。例如，氯化苄水解生成苄醇的反应，在丙酮中按 S_N2 机理反应，而在水中则按 S_N1 机理反应。

7.3.5 S_N1 和 S_N2 反应的共存

S_N1 反应和 S_N2 反应是饱和碳原子的亲核取代反应的两种典型机理，实际上某一具体反应并不是单一的 S_N1 反应或单一的 S_N2 反应，在反应所处的具体条件下，两种类型共存，但对某一机理具有倾向性。

离去基团的离去能力强、烃基碳正离子电荷分散稳定性高、在质子溶剂中，倾向于发生 S_N1 反应。亲核试剂的亲核性强、过渡态的空间位阻小稳定性高、在偶极溶剂中，倾向于发生 S_N2 反应。

亲核取代反应不仅有反应机理的共存，反应类型上还与消除反应共存。

7.4 分子内亲核取代反应（S_Ni 反应）

若一个分子内同时存在着亲核基团和离去基团，且它们在空间的距离合适时，在适当的条件下可能发生分子内亲核反应，形成环状产物。并且，由于分子内反应的熵减比较小，速率一般大于分子间的反应。常见的分子内亲核取代反应主要有形成三元环、五元环或六元环的反应。五元环和六元环是比较稳定的环系结构，容易形成。例如：

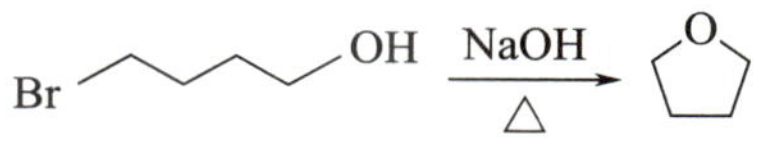

三元环结构虽然不够稳定，但当亲核基团处于离去基团的β-位时，空间上十分靠近，也容易发生分子内亲核取代反应形成三元环。

此外，有些反应（如饱和醇与二氯亚砜作用生成氯代烷）的立体化学特征是α-C的构型保持，这表明该反应既不按S_N2机理（得到构型反转产物）进行，也不按S_N1机理（得到外消旋化或部分消旋化产物）进行。

$$ROH + SOCl_2 \longrightarrow ROSOCl \longrightarrow RCl + SO_2$$

醇与二氯亚砜反应生成氯代亚磺酸烷基酯，氯代亚磺酸烷基酯分解为氯代烷。分解反应分两步进行，第一步与S_N1机理相似，生成紧密离子对中间体。

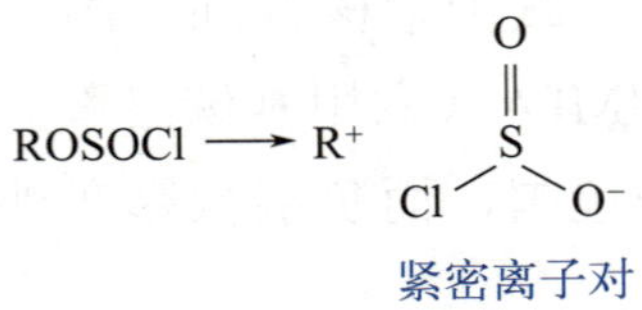

随后离去基团从正面进攻碳正离子，保持构型不变。

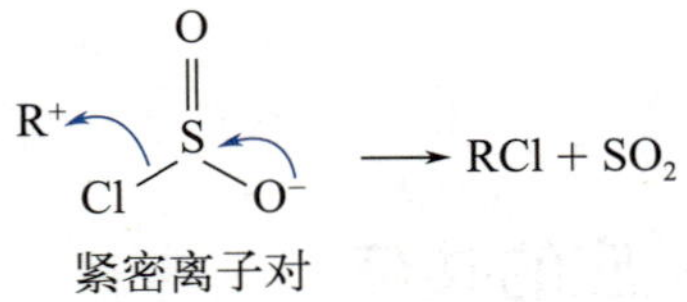

支持这一机理的实验依据是，丁-2-醇与$SOCl_2$在二氯甲烷（DCM）中反应得到的氯代烷构型保持，在吡啶中反应得到的氯代烷构型翻转。

DCM极性较弱，第一步反应生成的HCl逸出，不以离子状态存在。第二步取代反应中Cl^-来自氯代亚磺酸烷基酯的分解，同样因为DCM极性弱，不利于电荷分离，在紧密离子对中，Cl^-从正面进攻烷基正离子的中心碳原子，得到构型保持的产物。

吡啶作为溶剂时，第一步反应生成的HCl会与吡啶反应生成盐，使Cl^-游离在反应体系中成为较强的亲核试剂，从离去基团的背后进攻氯代亚磺酸烷基酯的中心碳原子发生S_N2反应，得到构型翻转的产物。

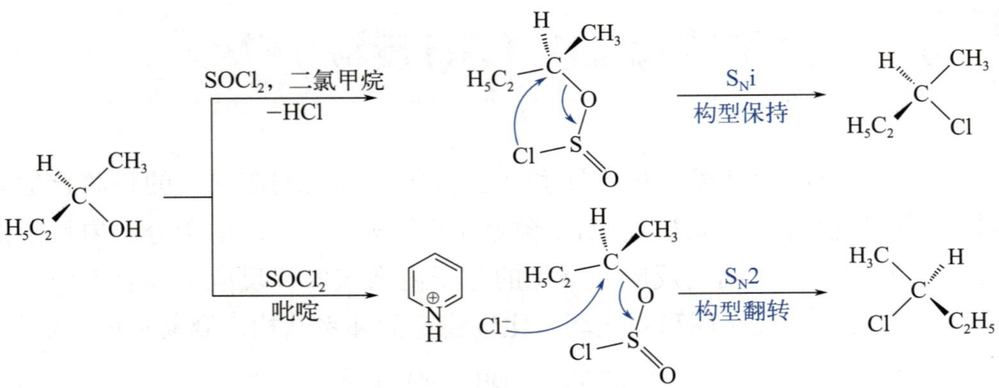

ROSOCl 的分解是通过离子对进行的一级反应，实验依据为：$(CH_3)_2CHCH(CH_3)OSOCl$ 受热分解生成 $(CH_3)_2CClCH_2CH_3$。显然，重排步骤是在离子对中进行的。

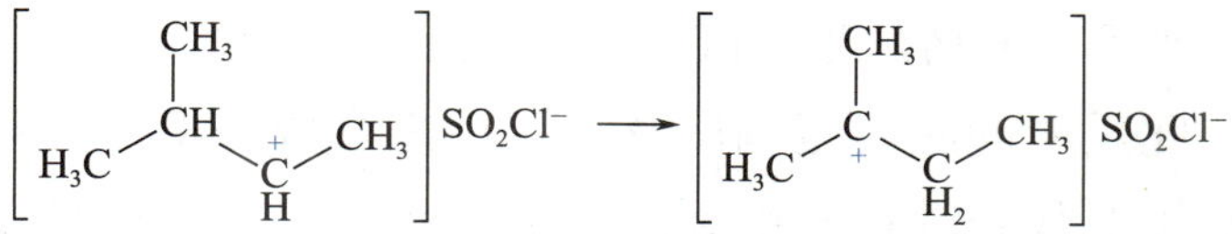

7.5 通过亲核取代反应实现物质转化

7.5.1 碳作为亲核试剂

7.5.1.1 伍兹（Wurtz）反应

惰性溶剂或干醚中，在金属钠的作用下两分子卤代烃的烷基发生偶联生成高级烷烃的反应，称为伍兹（Wurtz）反应，此反应可用于制备对称的烷烃。

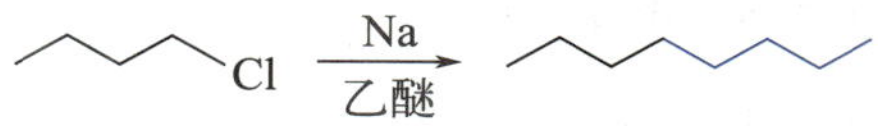

反应使用的还原剂除第一主族的金属之外，Mg、$Ni(CO)_4$、*t*-BuLi 等均可。主要副反应是消除反应。分子间反应发生的底物是一级卤代烃，尤其是碘代烃产率最高，二级、三级卤代烃的产率非常低。

法国化学家巴比耶（Barbier）指导研究生格林尼亚（F. A. V. Grignard）研究用镁来代替钠进行伍兹反应，结果反应没有成功，却引发了格氏试剂的发明。

两种卤代烃的混合物与金属钠作用时，生成的偶联产物很复杂，在合成上没有实际意义。但卤代烷烃和卤代芳烃的混合物与金属钠作用时生成有用的烷基芳烃，产物的产率虽然不是很高，但容易分离提纯。该反应称为伍兹 - 费提希（Wurtz-Fittig）反应。

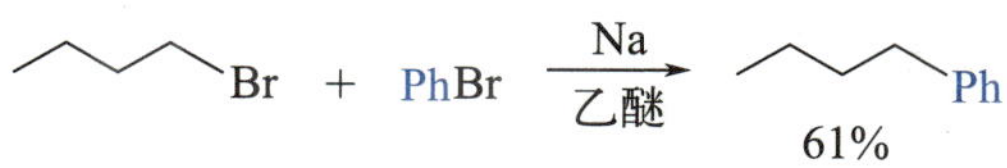

二卤代烃与金属钠作用可以生成环状产物，如 1- 溴 -3- 氯环丁烷与金属钠在二噁烷中回流反应，生成产率约 94% 的桥环化合物。

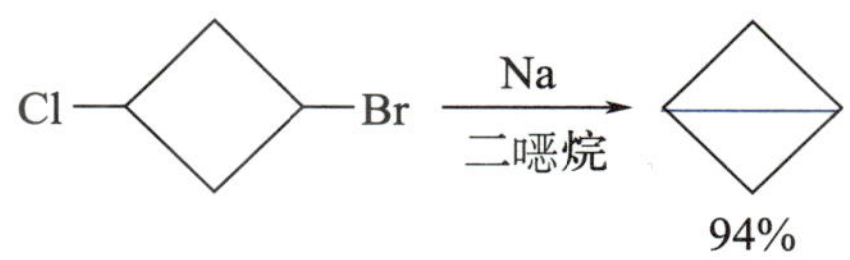

7.5.1.2 乌尔曼（Ullmann）反应

卤代芳香族化合物与Cu共热生成联芳类化合物的反应称为乌尔曼（Ullmann）反应。该反应由德国化学家弗里茨·乌尔曼（Fritz Ullmann）于1901年发现，是形成芳-芳键的最重要的方法之一。此反应的应用范围广泛，可用来合成许多对称和不对称的联苯类化合物。芳环上有吸电子取代基存在时能促进反应的进行，尤其以硝基、烷氧羰基在卤素的邻位时影响最大，邻硝基碘苯是参与乌尔曼反应最活泼的试剂之一。

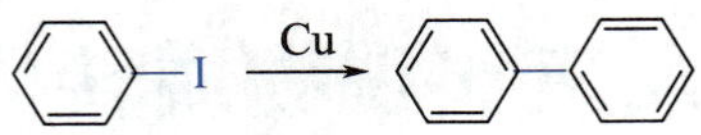

如果不同的卤代芳烃之间发生这个反应，则理论上有3种新的联芳类产物，所以在合成上一般都只采用相同的卤代芳烃来实现这个反应。

经典的乌尔曼反应一般需要剧烈的条件（高于200 ℃和过量铜粉催化）。随着金属有机化学的发展，乌尔曼反应的条件和适用范围得到了扩展。比如，除了最常用的碘代芳烃，溴代芳烃、氯代芳烃也可用于反应。催化剂除了Cu外，Ni催化的偶联也有报道。

7.5.1.3 科里-豪斯（Corey-House）反应

二烃基铜锂（吉尔曼试剂）与卤代烃作用可以使其偶联为烷烃，此反应称为科里-豪斯（Corey-House）反应，又称科里-波斯纳-怀特塞德斯-豪斯（Corey-Posner-Whitesides-House）反应。反应的名称源于对反应研究做出较大贡献的四位美国化学家。

$$R'X \xrightarrow{R_2CuLi} RR'$$

卤代烃中的烃基可以是一级、二级烷基，也可以是乙烯基、芳基、烯丙基和苄基，三级卤代烷烃几乎不发生上述反应，三级卤代烷烃的偶联可使用烃基锂试剂或格氏试剂。二烃基铜锂中的烃基可以是一级烷基，也可以是其他烃基如乙烯基、芳基和烯丙基等，因此这个偶联反应底物范围很广。

7.5.1.4 RX与NaCN的反应

$$RX \xrightarrow{NaCN} RCN$$

腈可以加氢还原为胺，控制水解生成酰胺，完全水解生成羧酸，是有机合成中的重要中间体。

7.5.1.5 RX与炔钠的反应

$$R'C \equiv C^- \ Na^+ + RX \longrightarrow R'C \equiv CR$$

7.5.1.6　RX 与活泼亚甲基的反应

7.5.1.7　羰基化合物的烷基化反应

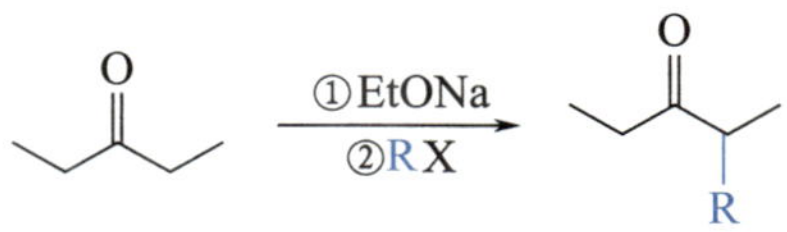

7.5.1.8　硼烷作烷基化试剂的反应

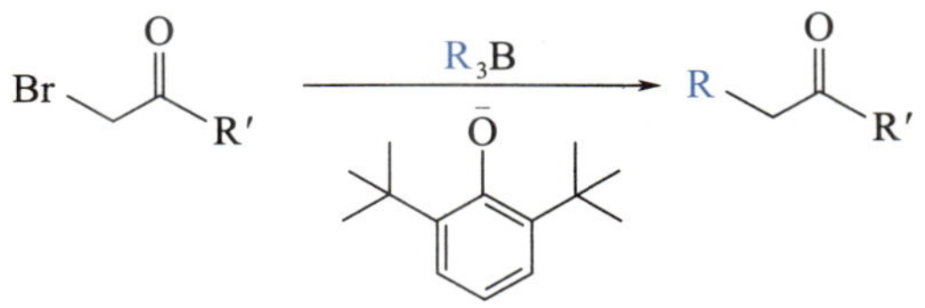

7.5.2　氮作为亲核试剂

7.5.2.1　霍夫曼（Hoffmann）烷基化反应——卤代烃与胺（氨）的反应

卤代烷与氨或胺的反应，称为霍夫曼烷基化反应，反应最后产物是复杂的混合物；如胺（氨）过量，主要得到一取代物，若卤代烃过量，主要得到四取代物。叔卤代烃主要生成烯烃。如果混合物的沸点有一定的差异，可用分馏的方法将其一一分离，这适用于工业上大规模的制备。也可利用原料摩尔比不同，控制反应温度、时间和其他条件，使其中某一种胺为主要产品。

$$R—Cl + NH_3 \longrightarrow R\overset{\oplus}{N}H_3Cl^- \xrightarrow{NH_3} RNH_2 + NH_4Cl$$

$$R—Cl + RNH_2 \longrightarrow R_2\overset{\oplus}{N}H_2Cl^- \xrightarrow{RNH_2} R_2NH$$

$$R—Cl + R_2NH \longrightarrow R_3\overset{\oplus}{N}HCl^- \longrightarrow R_3N$$

$$R—Cl + R_3N \longrightarrow R_4\overset{\oplus}{N}Cl^-$$

脂肪卤代烷的反应速率：RI > RBr > RCl。芳香卤化物一般不易与氨或胺发生反应，只有在高温高压及催化剂存在时或卤素的邻、对位有一个或多个强吸电子基团存在时，才可发生此反应。

7.5.2.2　卤代胺关环反应

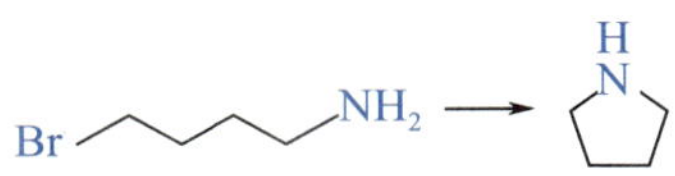

7.5.2.3 氨基置换羟基的反应

羟基腈用氨处理可方便地转化为氨基腈。

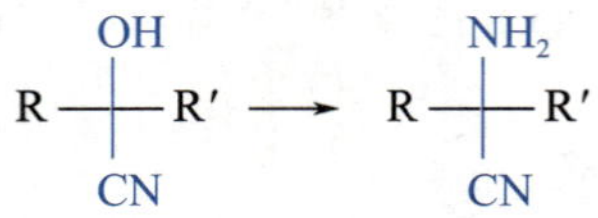

7.5.2.4 环氧烷氨解

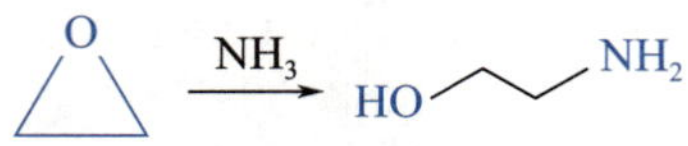

7.5.2.5 烷烃氨解

烷烃与三卤化氮反应可直接生成胺类。

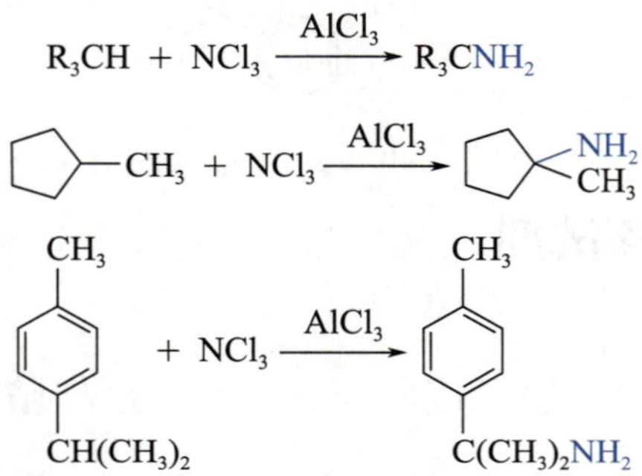

7.5.2.6 卤代烃与亚硝酸钠的反应

$$RX \xrightarrow{NaNO_2} RNO_2$$

7.5.2.7 卤代烃与异氰酸钠的反应

$$RX \xrightarrow{NaNCO} RNCO$$

7.5.2.8 卤代烃与叠氮酸钠的反应

$$RX \xrightarrow{NaN_3} RN_3$$

7.5.3 氧作为亲核试剂

7.5.3.1 卤代烷水解

卤代烷水解是实验室少量制备伯醇或仲醇的方法，叔卤代烃在碱性介质中主要发生消除反应。

$$RX \xrightarrow{OH^-} ROH$$

7.5.3.2　偕二卤代烷水解

偕二卤代烷水解是制备醛、酮的好方法，但芳香醛不适合在强碱性介质中水解，以免发生康尼查罗（Cannizzaro）反应。

$$PhCHCl_2 \xrightarrow[②OH^-/H_2O]{①H^+/H_2O} PhCHO$$

7.5.3.3　偕三卤代烷水解

偕三卤代烷水解是制备羧酸的特殊方法。

$$PhCH_2CCl_3 \xrightarrow[②OH^-/H_2O]{①H^+/H_2O} PhCH_2COOH$$

7.5.3.4　伯胺重氮盐水解

该法可产生重氮盐，重氮盐放氮可用于伯胺的定量分析。

$$RNH_2 \xrightarrow{NaNO_2/HCl} RN_2^+Cl^- \xrightarrow{H_2O} ROH + N_2$$

7.5.3.5　乙烯醚水解

该法可用于制备醛酮。

$$RHC{=}CHOR' \xrightarrow{H^+} RH_2C-\overset{+}{C}HOR' \xrightarrow[-H^+]{H_2O} RH_2C-\overset{OH}{\overset{|}{C}}HOR' \xrightarrow[-R'OH]{H^+} RCH_2CHO$$

7.5.3.6　环氧化合物水解、醇解

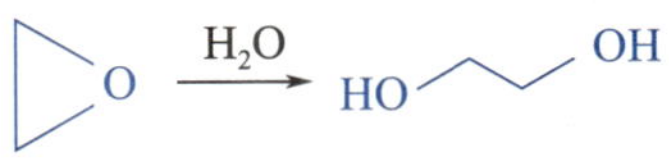

7.5.3.7　威廉姆森（Williamson）醚合成——卤代烷醇解

1851 年，英国化学家威廉姆森（W. Williamson）通过乙醇钠和氯乙烷反应制备了乙醚。此类由脂肪烷氧盐或芳香酚盐和烷基卤代烃、烯丙基卤代烃或苄基卤代烃反应生成相应的醚的反应称为**威廉姆森（Williamson）醚合成**。此法是合成混醚的有效方法，也可以合成对称醚。

$$CH_3CH_2Cl + CH_3CH_2ONa \longrightarrow C_2H_5OC_2H_5$$

醇的碱金属盐可以通过NaH、KH、双（三甲基硅烷基）氨基锂（LHMDS）或二异丙基氨基钾（LDA）等强碱制备；醇也可以直接和金属钠或钾在较高的温度下发生NEAT反应（无溶剂反应）或在低温液氨下反应制备醇的碱金属盐。反应溶剂一般使用DMF、DMSO等非质子极性溶剂，若使用乙醇一类的质子极性溶剂则卤代烃非常容易发生消除反应。

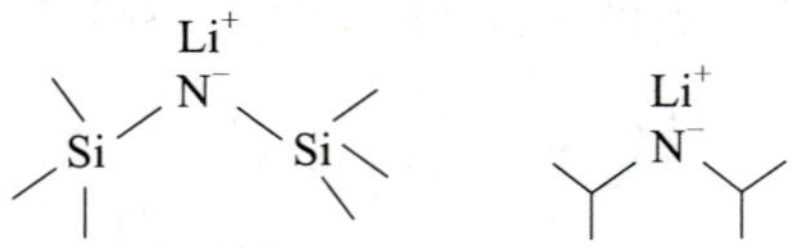

LHMDS　　　LDA

卤代烃一般选用较为活泼的伯卤代烃、仲卤代烃以及烯丙型、苄基型卤代烃。卤代烃的活性顺序与烷基有关：甲基卤代烃＞烯丙基卤代烃＞苄基卤代烃＞伯烷基卤代烃＞仲烷基卤代烃，三级卤代烃主要发生消除反应生成相应的烯烃。活性顺序同时也受到离去基团的影响：—OTs ～ —I＞—OMs＞—Br＞—Cl。当底物中含有两个卤原子时，取代离去性好的化学位点。

当有酚盐和惰性的芳香卤代物制备二芳香基醚的时候，威廉姆森醚合成不能进行，但当反应进程中有Cu以及其盐（比如CuI）参与时，就可以合成芳香醚类（乌尔曼反应）。当芳香卤代物上存在强吸电子基团的时候，烷氧盐可进行取代。

威廉姆森醚合成也有一些缺点：①三级卤代物或空间位阻较大的一级或二级卤代物在碱性的烷氧基盐存在下倾向于发生E2消除反应；②一些酚的碱金属盐可能发生*C*-烷基化反应。

7.5.3.8 卤代烷酸解

利用此法可制备特殊的酯。

$$RX \xrightarrow{R'COONa} R'COOR$$

7.5.4 硫作为亲核试剂

7.5.4.1 卤代烃与硫氢化钠和硫脲的反应

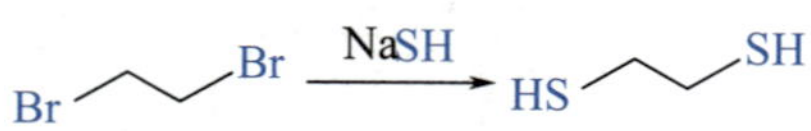

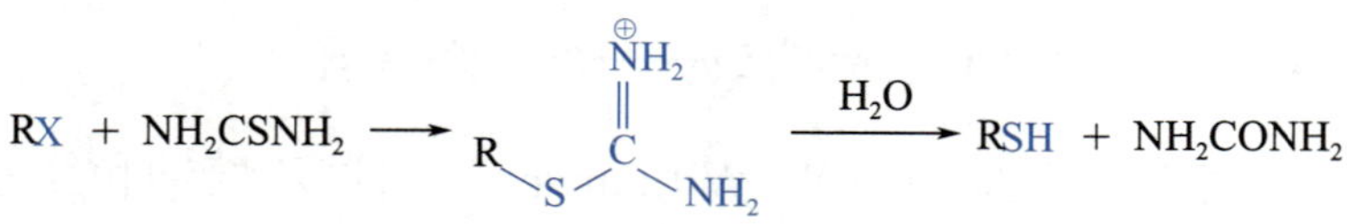

7.5.4.2 卤代烃与硫醇钠的反应

$$RX \xrightarrow{R'SNa} RSR'$$

7.5.4.3　卤代烃与硫氰化钠的反应

$$RX \xrightarrow{NaSCN} RSCN$$

7.5.5　卤素作为亲核试剂

7.5.5.1　芬克尔斯坦（Finkelstein）反应——卤素交换反应

德国化学家芬克尔斯坦（Finkelstein）在丙酮中用NaI将氯代烷或溴代烷转变为碘代烷。NaI可溶于丙酮，但反应生成的NaCl或NaBr却是不溶的，会从反应液中沉淀出来，从而促使氯代烷或溴代烷不断地转化为碘代烷。亦可用KI、CaI_2、AlI_3代替NaI。反应在丙酮、乙醇或水中进行。

$$RCl + NaI \xrightarrow{CH_3COCH_3} RI + NaCl$$

溴代烷比氯代烷容易发生取代反应。一级卤代烷活性高于二级；二级卤代烷又高于三级。烯丙基卤代烃、苄基卤代烃和α-卤代羰基化合物效果也较好。但乙烯基卤代烃、芳基卤代烃和三级卤代烷一般不反应。

在卤代烷中，碘代烷成本较溴代烷及氯代烷高，但是Br^-、Cl^-的离去能力不如I^-好。故反应时常用成本低的溴代烷或氯代烷为原料，在反应混合物中加入少量NaI作催化剂，使溴代烷或氯代烷先发生交换反应产生碘代烷，碘代烷再与其他亲核试剂反应，以提高反应速率。

7.5.5.2　磺酸酯与卤化钠的反应

$$ROH \xrightarrow{H_2SO_4} ROTs \xrightarrow{NaBr} RBr$$

7.5.5.3　醇与HX的反应

此法是将醇转化成卤代烃的通用方法。

$$ROH \xrightarrow{HBr} RBr$$

7.5.5.4　醇与卤化磷或无机酰卤的反应

此法也是将醇转化成卤代烃的通用方法。可使用的卤化磷或无机酰卤有PCl_3、PCl_5、PBr_3、$POCl_3$、$SOCl_2$、SO_2Cl_2等。

$$ROH \xrightarrow{PBr_3} RBr + H_3PO_3$$

$$ROH \xrightarrow{POCl_3} RCl + H_3PO_4$$

$$ROH \xrightarrow{SOCl_2} RCl + HCl + SO_2$$

7.5.5.5 阿佩尔（Appel）反应——醇与三苯基膦和四卤化碳的反应

三苯基膦、四卤化碳（CCl_4、CBr_4）与醇在温和条件下转化为相应卤代烷的反应称为阿佩尔（Appel）反应。此反应的产率较高，反应在中性条件下进行，所以对在酸碱条件下不稳定的醇非常有用，手性醇反应后会发生构型翻转。此反应最早于1966年被报道，后来阿佩尔对此反应进行了系统的研究。

$$CH_3CH_2CH_2OH + PPh_3 + CCl_4 \longrightarrow CH_3CH_2CH_2Cl + Ph_3PO + HCCl_3$$

三苯基膦与四卤化碳反应被活化，随后醇的氧原子进攻卤代三苯基膦得到氧膦鎓盐中间体。卤离子进行S_N2反应，三苯氧膦作为离去基团离去，在此过程中构型翻转。反应的推动力是生成含有键能较大的P=O键的三苯基氧膦。

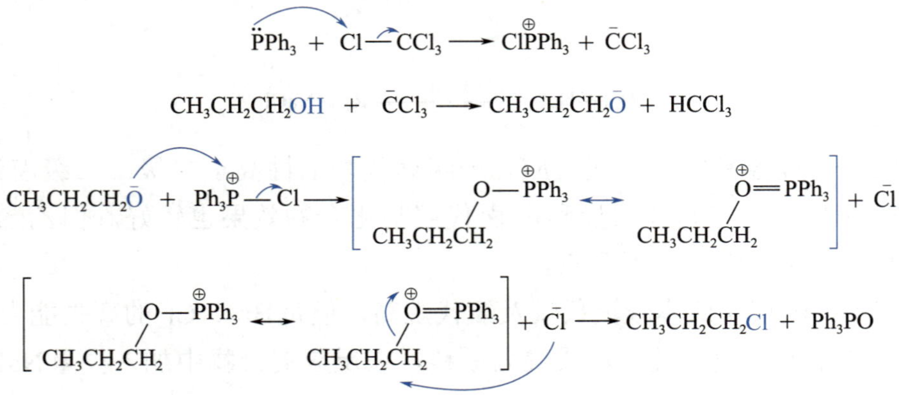

7.5.5.6 醚与碘化氢的反应

$$R—O—CH_3 \xrightarrow{HI} ROH + CH_3I$$

7.5.5.7 胺的脱烷基反应

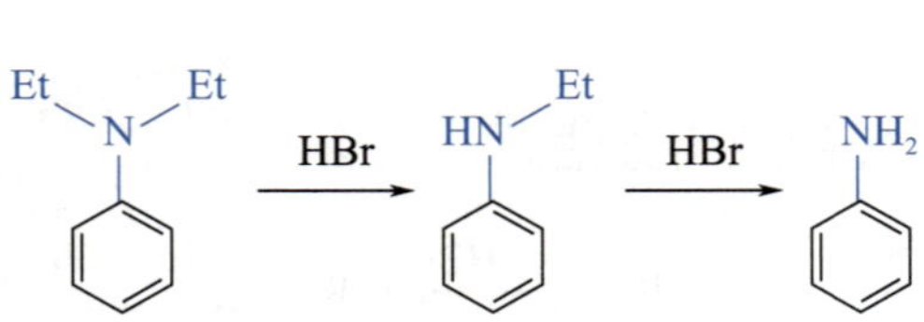

7.6 醚（环醚）的亲核取代反应

7.6.1 醚与HBr、HI的亲核取代反应

醚类化合物的化学性质比较稳定，常用作有机反应的溶剂。比如，乙醚、四氢呋喃、

三氧六环和乙二醇二甲醚等常用于多种有机化学反应中。

在酸催化下，醚氧原子质子化，难离去的烷氧基转化为碱性较弱且容易离去的醇分子，继而发生亲核取代反应。典型的反应条件是高浓度的HI或HBr存在下加热。

质子化的醚脱去醇分子后，形成的碳正离子稳定性较好则发生S_N1反应，反应的区域选择性取决于参与反应的醚分子中哪个烃基能够生成比较稳定的碳正离子。形成的碳正离子稳定性不好则发生S_N2反应，HI比HBr具有更高的反应活性，反应的区域选择性取决于断键时的空间位阻。

$$t\text{-Bu}-\text{O}-\text{Me} \xrightarrow[S_N1]{\text{HI}} t\text{-BuI} + \text{MeOH}$$

$$n\text{-Pr}-\text{O}-\text{Me} \xrightarrow[S_N2]{\text{HI}} n\text{-PrOH} + \text{MeI}$$

7.6.2　1,2-环氧化合物的开环反应

在醚类化合物中，1,2-环氧化合物的结构和性质比较特别，在合成中应用十分广泛。虽然1,2-环氧化合物发生亲核取代反应时的离去基团也是烷氧基，但是环氧部分的三元环结构具有较大的环张力，因此发生亲核取代反应的活性比一般的醚类化合物高。

结构不对称的环氧化合物开环时，区域选择性在酸性介质中和碱性介质中有所不同。用酸作催化剂时，亲核试剂进攻含取代基较多的环碳原子，这主要是由电性因素决定的。因为当酸催化时，由于氧原子的质子化，碳氧键进一步削弱，环氧环中碳原子带有部分正电荷，碳氧键距离增大。由于取代基较多的碳正离子更稳定，因此该碳原子更易受到亲核试剂的进攻。

利用$H_2^{18}O$与2-甲基-1,2-环氧丙烷在酸催化下反应，得到多取代碳原子上连接了^{18}O的开环产物，从而证实了以上机理分析。可见，在1,2-环氧化合物的酸催化亲核取代开环反应中，电子效应是决定反应的区域选择性的关键因素。

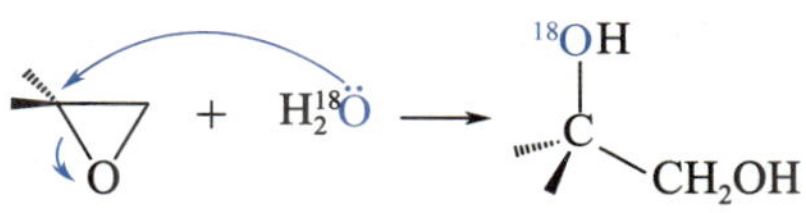

用碱作催化剂时，亲核试剂主要进攻含取代基较少的碳原子，此时主要由立体因素控制。因为在碱催化下，亲核试剂的亲核能力得到增强。此时碳环上的电荷本身较弱，对亲核试剂进攻的影响较小，亲核试剂进攻受环碳周围位阻的影响较大。因此在碱催化下，连有较少取代基的碳原子容易受亲核试剂的进攻。

(*S*)-2-甲基-1,2-环氧丁烷与甲醇钠反应得到手性碳构型保持不变的产物，充分说明在碱性条件下亲核试剂进攻的是空间位阻较小的碳原子，反应不影响手性中心的构型。

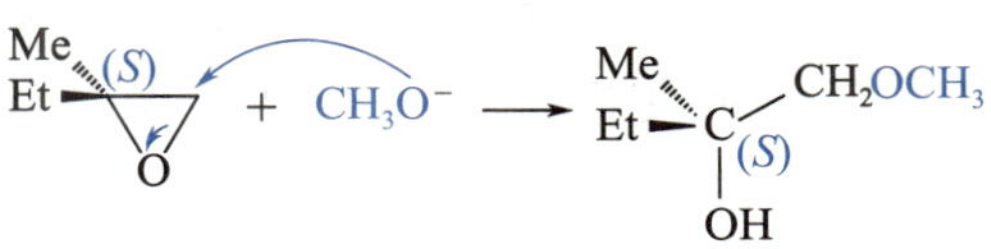

第8章 消除反应

有机分子失去部分原子或基团而增大不饱和度的反应称为消除反应，又称脱去反应或消去反应。从离去基团的相对位置来看，消除反应一般分为以下三类。

（1）*α*-消除

从同一个碳原子上消除两个原子或基团，形成卡宾。

$$CHCl_3+NaOH \longrightarrow \ddot{C}Cl_2+NaCl+H_2O$$

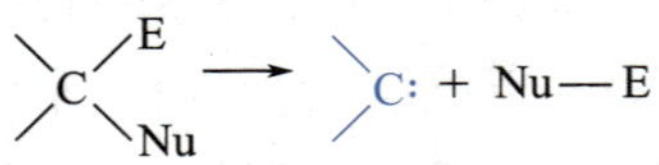

（2）*β*-消除

从两个相邻碳原子上消除两个原子或基团，形成不饱和键。

$$R—\overset{\beta}{C}H_2—\overset{\alpha}{C}H_2X \xrightarrow{OH^-} RCH{=}CH_2 + X^- + H_2O$$

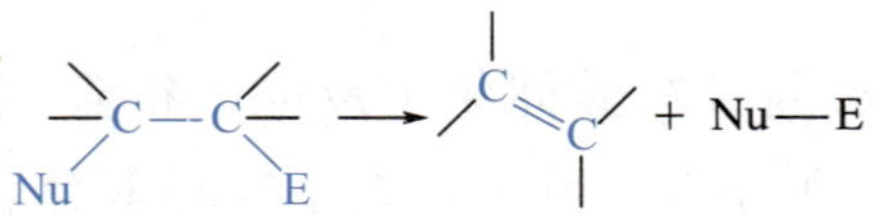

（3）*γ*-消除

从1、3位碳原子上消除两个原子或基团，形成三元环。

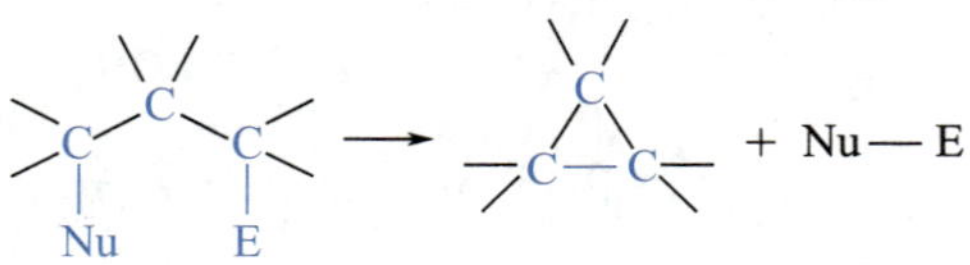

本章主要研究*β*-消除（1,2-消除），最典型的卤代烷脱HX消除反应、醇脱H_2O消除反应均属于*β*-消除，其消除机理通常包含：单分子消除反应（E1）、双分子消除反应（E2）、单分子共轭碱消除反应（E1cb）。

亲核试剂通常也是碱，除了可以发起亲核进攻外，还可以结合质子发生酸碱反应。卤代烷、醇和季铵碱等化合物中，受到卤素原子、羟基以及季铵正离子等基团较强的吸电子诱导作用影响，其*β*-H具有一定酸性，具有碱性的亲核试剂也能进攻*β*-H从而发生消除反应。所以亲核取代反应最常见的副反应就是消除反应。

8.1 消除反应的机理

以卤代烷的β-消除为例，根据断键的先后顺序，共有三种常见机理：E2机理、E1机理和E1cb机理。

8.1.1　E2反应机理

大多数卤代烷在碱性条件（如NaOH醇溶液）下失去卤化氢的反应，是按照双分子消除机理（E2）进行的。

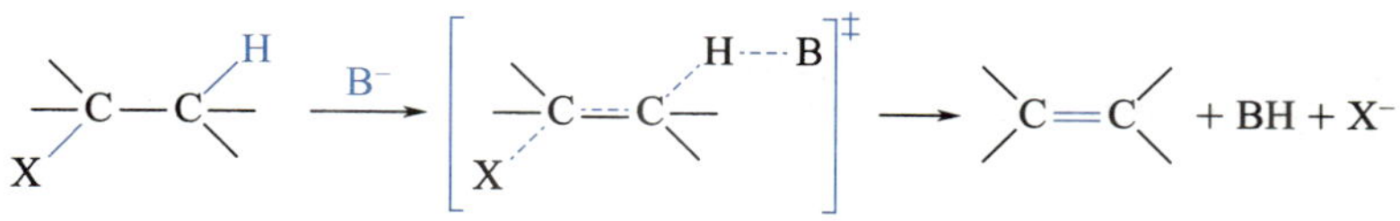

E2反应，“E”表示消除反应（elimination），“2”表示双分子反应。E2反应同S_N2反应一样，一步完成，不同之处在于由碱进攻β-H，夺走质子，并与离去基同时离去，生成烯烃。因此，反应速率与两种反应物浓度皆有关，在反应动力学上属于二级反应，故称为“双分子消除反应”。

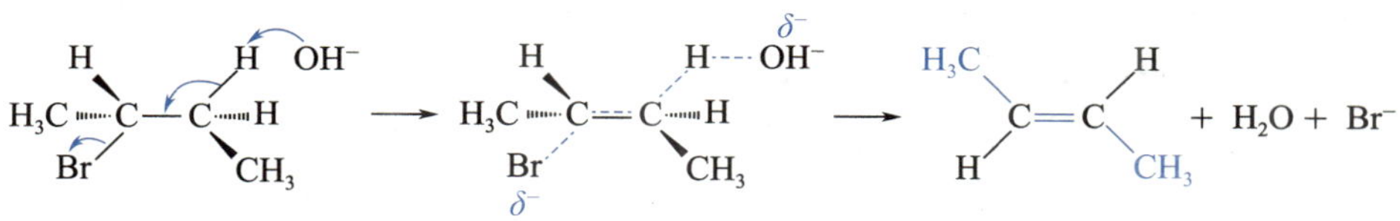

如上图所示E2反应机理，反应经历过渡态。碱在进攻卤代烷的β-H时，C—H键和C—Br键被削弱，α-C和β-C由sp^3杂化逐渐变为sp^2杂化。因生成物中两个碳原子及其四个取代基必须处于同一平面，这样两个垂直于此平面的p轨道才能平行重叠形成π键，故H—C—C—Br必须处于同一平面。而这又分为两种情况，即顺式消除与反式消除。

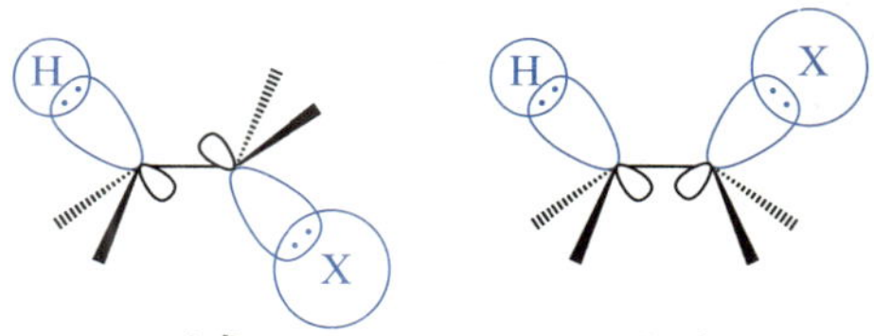

反式　　　　顺式

顺式共平面采用重叠式构象，能量较高；反式共平面采用交叉式构象，能量较低。因此反式共平面消除更容易进行。

若C—C键发生旋转，处于反式共平面的氢原子发生变化，可能得到顺反异构体。

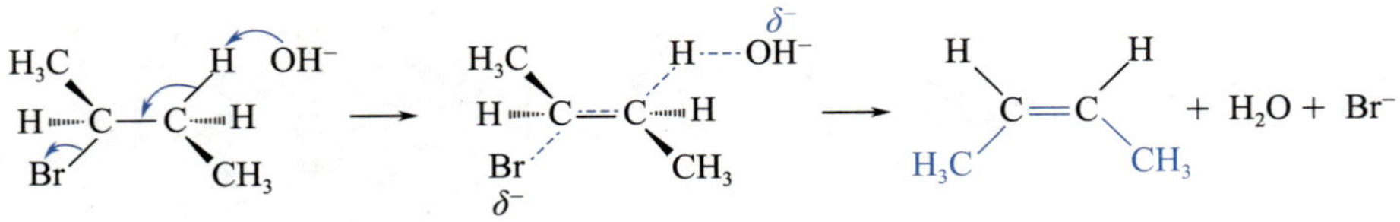

当卤代烷分子中含有多种β-H时，消除过程涉及区域选择性。根据札依采夫规则（Zaitsev rule），在β-消除反应中，主要产物是由含氢较少的β-C提供氢原子，生成的取代基较多的稳定烯烃。同时，由于E2反应无须克服位阻进攻中心碳原子，因此底物的空间位阻并无显著影响，因此在一级、二级、三级卤代烃上皆可发生反应。以下两例均是按照札依采夫规则进行的消除反应。

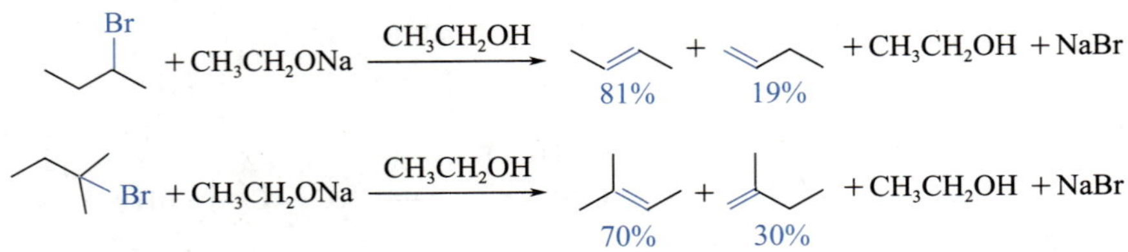

又如，不同立体构型的1,2-二溴-1,2-二苯基乙烷在发生消除反应时，根据反式共平面消除的原则，将得到不同的几何构型产物。

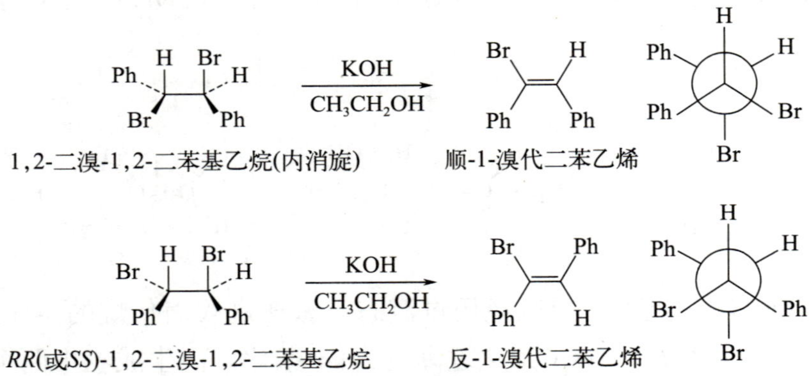

卤代环己烷的E2反应，同样可以用反式共平面原则来解释。如下例中，由于叔丁基较大，其位于e键是稳定构象。

间位反式氯代环己烷中，Cl处于a键上，其2个β-H均处于反式共平面位置，易发生反式消除，形成环己烯化合物。

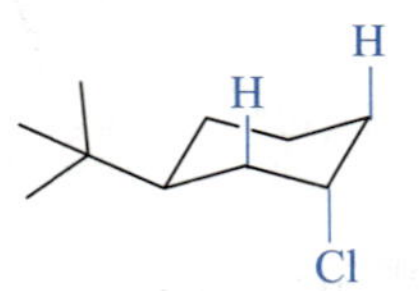

间位顺式氯代环己烷中，Cl处于e键上，其2个β-H均不处于反式共平面位置，不易发生反式消除，一般需要构象转化，转变成a键后才能发生消除反应。

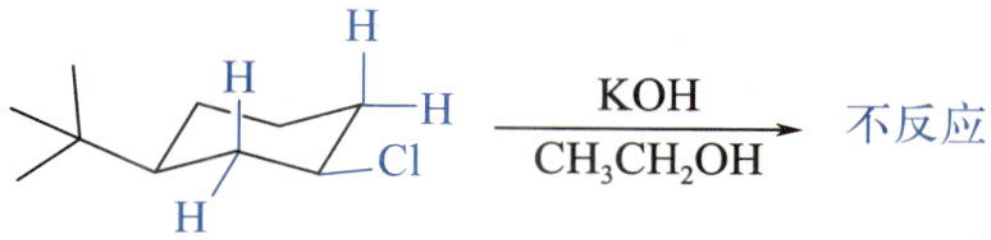

8.1.2　E1反应机理

三级卤代烃在无碱存在时的消除反应按单分子消除机理进行。

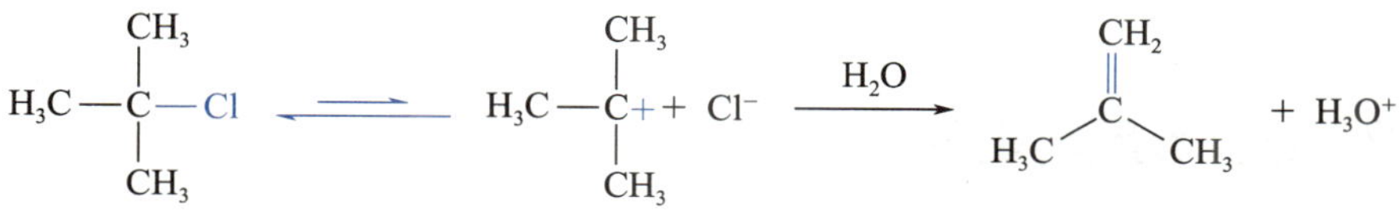

E1 反应，“E”表示消除反应，“1”表示单分子反应。E1 反应同 S_N1 反应一样，首先 X^- 离去生成碳正离子中间体，随后水分子夺取碳正离子中间体的 β-H 生成烯烃。反应的决速步只与一个底物分子有关，是单分子过程，在化学动力学上是一级反应，故称为“单分子消除反应”。

由于两步反应中第一步反应比较慢，而第二步反应比较快，所以整体的反应速率几乎只与第一步反应的反应速率有关，而第一步反应的反应速率由碳正离子稳定性决定，即碳正离子越稳定，反应速率越快，故其反应速率顺序为：苄基卤＞烯丙基卤＞叔卤＞仲卤＞伯卤（β-碳上带有推电子基团，如烃基、氨基、羟基等，有利反应的进行）。同时，由于反应中生成碳正离子中间体，有可能发生重排生成更为稳定的碳正离子并形成相应的不饱和产物，符合札依采夫规则。如下例中，H 迁移重排的动力是为了形成更为稳定的三级碳正离子。

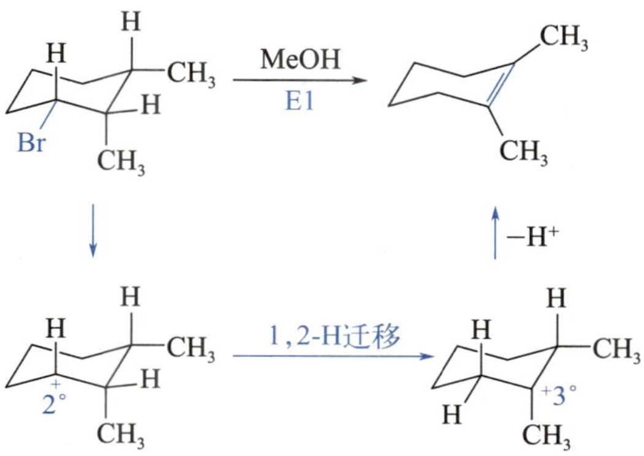

与 E2 反应必须遵循反式共平面消除不同的是，E1 反应既可以反式消除，又可以同面消除。对于 E1 反应，选择何种消除方式，主要取决于反应条件：

① 若碳正离子中间体为紧密离子对且 X^- 作碱，那么同面消除反应易进行。

② 若碳正离子中间体为高度溶剂化离子，那么发生同面和反式消除均有可能。

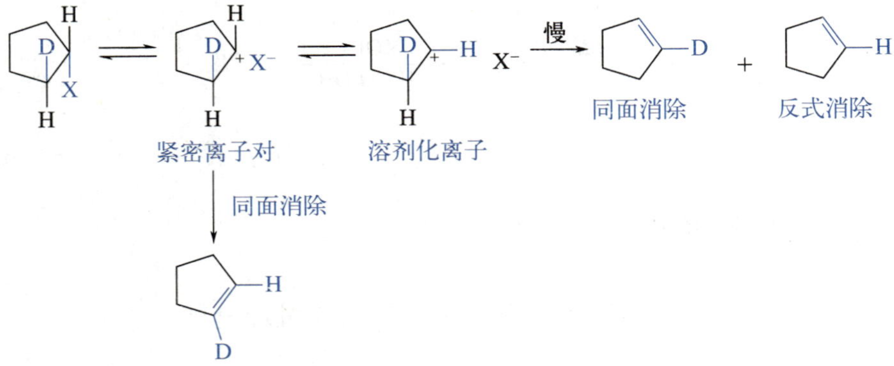

8.1.3 E1cb反应机理

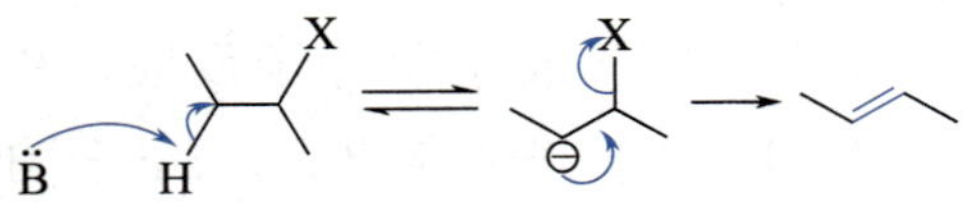

E1cb反应，“E”表示消除，“1”表示单分子反应，“c”表示共轭（conjugate），“b”表示碱（base）。E1cb反应中，先由碱夺取底物β-H，生成碳负离子中间体（共轭碱），随后该共轭碱的X^-离去生成烯烃。第一步反应速率较快，底物很快与其共轭碱形成平衡；第二步反应为决速步。总反应的速率控制步骤只与一个分子有关，是单分子过程，在反应动力学上是一级反应，因此称为E1反应。但是与E1反应相比，此类反应中发生消除的不是底物分子，而是底物的共轭碱，因此称为单分子共轭碱消除反应。

E1cb反应的过程也可描述如下：

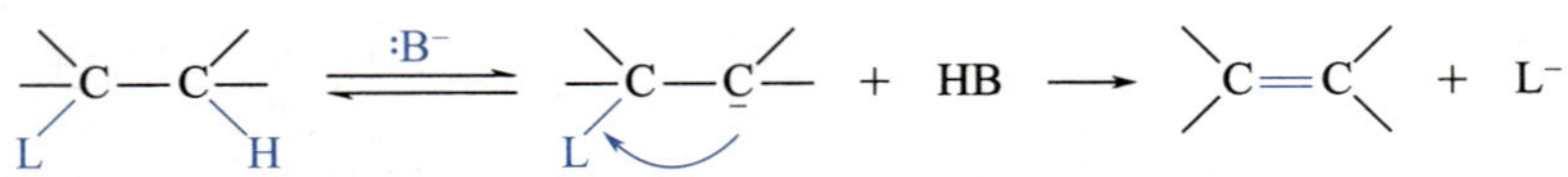

同位素交换可以证明碳负离子中间体的存在。如下反应进行到一半时测定，产物中有（2）生成，表明存在H与D的交换，即说明碳负离子中间体的存在。

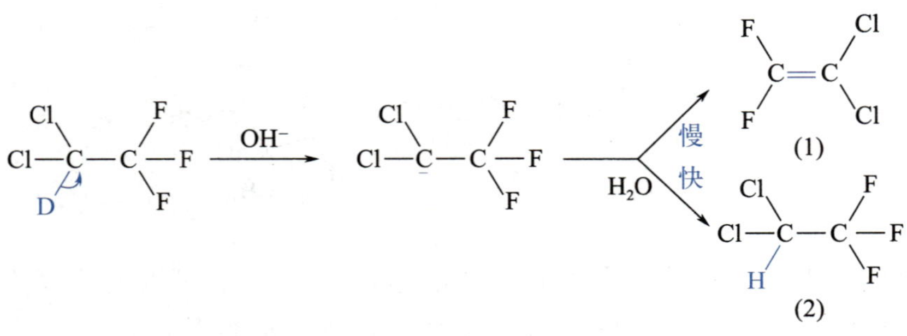

E1cb反应，底物存在如下特征：

① β-H被吸电子基团（如—NO_2、—$COCH_3$、—N^+Me_3等）活化，具有较强酸性。

② L为难离去基团。

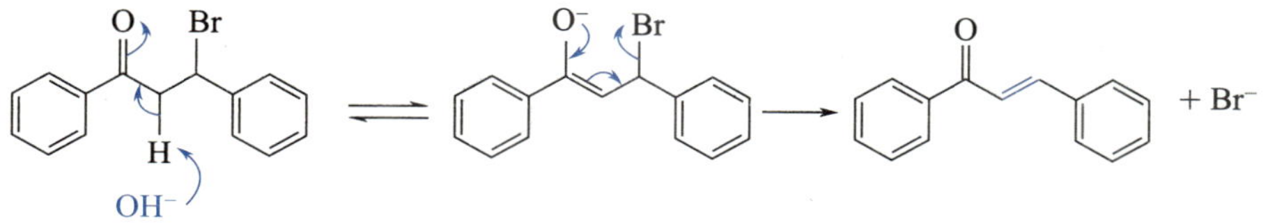

β-位含有吸电子基团的酯和醇也能发生类似于卤代烃的消除反应，同样为反式共平面消除。

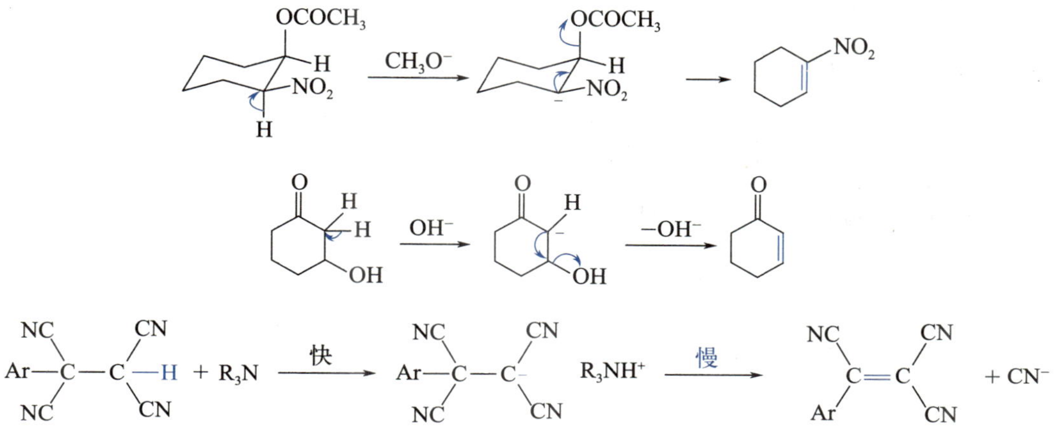

除如上结构之外，邻二卤代烷在金属锌和镁或碘化物的条件下，也可发生E1cb反应，脱去两个卤原子，生成烯烃，其机理为反式共平面消除机理。

季铵碱的Hofmann消除反应也具有类似E1cb的历程，因为季铵阳离子强烈的吸电子作用，其β-H具有较强的酸性容易离去，反应得到以反札依采夫规则为主的烯烃。

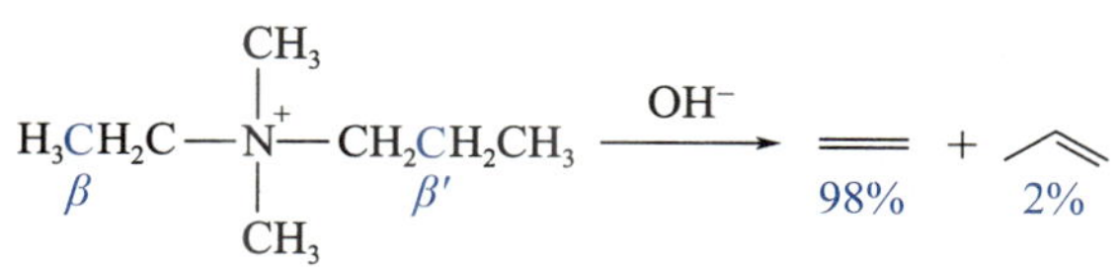

上例中，从过渡态中的β-H的活性考虑，失去β-H生成伯碳负离子；失去β'-H生成仲碳负离子。伯碳负离子的稳定性较仲碳负离子强，故乙烯是主要产物。

以下反应优先失去β-H，因为生成了稳定的共轭型碳负离子。

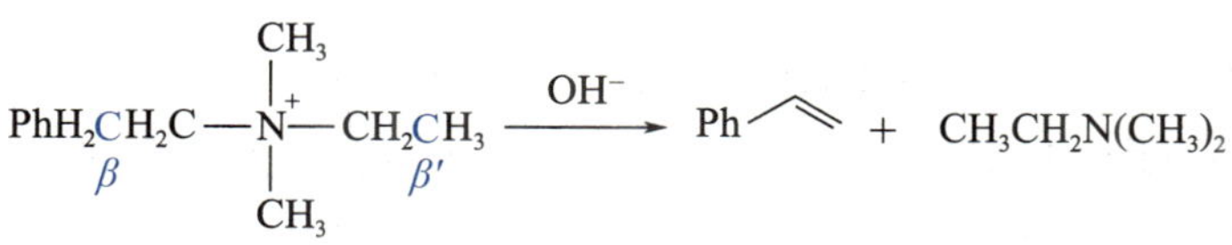

利用季铵碱的Hofmann消除反应，可以测定含氮杂环的分子结构。例如，鉴别2-甲基四氢吡咯和3-甲基四氢吡咯，可先将底物甲基化形成季铵盐，后转化成季铵碱进行Hofmann消除，根据产物结构判断底物的结构。2-甲基四氢吡咯经过两次甲基化和Hofmann消除得到戊-1,4-二烯；3-甲基四氢吡咯经过两次甲基化和Hofmann消除得到2-

甲基 - 丁 -1,3- 二烯。

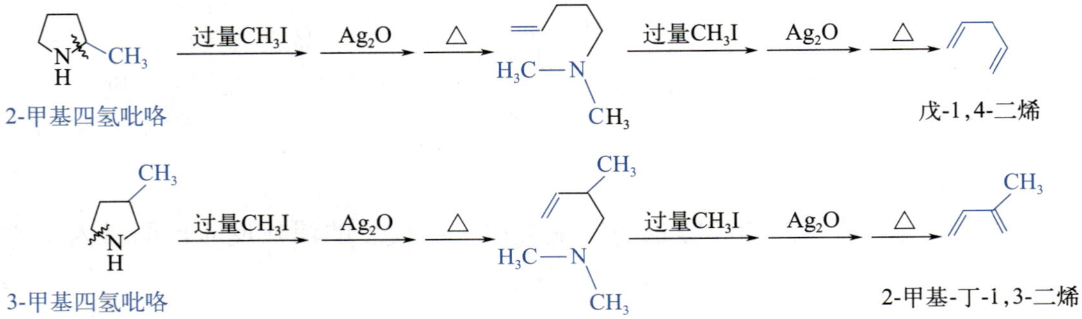

该消除反应的机理如下：

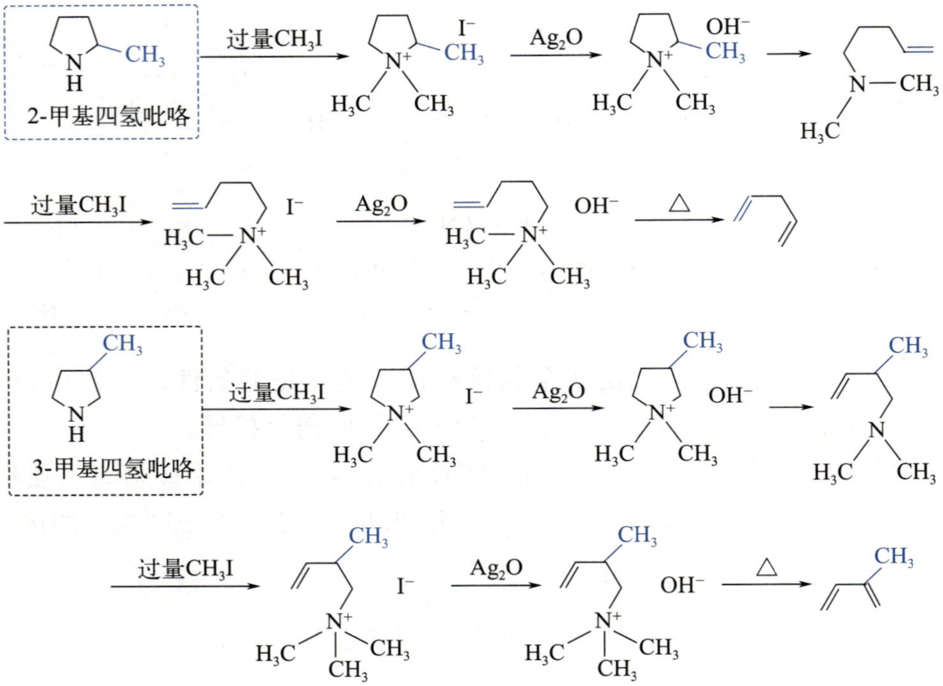

8.1.4 消除反应的可变过渡态理论

E2 机理、E1 机理、E1cb 机理所代表的只是机理可能性连续变化的三种极限情况。事实上，许多消除反应机理处于极限机理之间，这种观点称为可变 E2 过渡态理论。

容易发生离去基团（LG）离去生成碳正离子的反应底物易于按 E1 机理进行消除；而在另一种极端情况下，容易发生 C—H 键断裂生成碳负离子的反应底物则有利于按 Elcb 机理进行消除；介于两种极端情况之间的反应底物就应该按 E2 机理进行消除。但 E2 机理，C—H 键断裂与 LG 离去并不一定完全均等，一种情况是 C—H 键的断裂多于 LG 离去，这种 E2 机理很像 E1cb 机理，称为“类 E1cb”的 E2 机理；另一种情况是 LG 离去多于 C—H 键断裂，这种 E2 机理很像 E1 机理，称为“类 E1”的 E2 机理。可变过渡态理论使我们有可能根据极限机理的类型来研讨通过中间性质的过渡态进行的反应。

8.2 影响消除反应的因素

8.2.1 反应底物结构的影响

8.2.1.1 对E1及E2反应活性的影响

反应底物中连有芳基或碳碳双键时，无论其位于α-C还是β-C，对E1和E2反应都有利。当β-C上有—Br、—Cl、—Ts、—NO、—CN、—SR等吸电子基团时，将使β-H的酸性增强，因而对E2反应有利，但其位于α-C时则影响不大。

8.2.1.2 对E1、E2及Elcb反应比例的影响

反应底物的α-C上有烷基或芳基时，能稳定碳正离子中间体，反应将倾向于按E1机理进行。β-C上有烷基时，因其减弱了β-H的酸性，也将使反应向E1机理转移；β-C上有芳基时，能稳定碳负离子，使反应向E1cb机理转移。同理，当β-C上连有吸电子基团时，不仅可以增强β-H的酸性，而且还能稳定碳负离子，故反应更倾向于按E1cb机理进行。

8.2.1.3 对消除和取代反应比例的影响

在二级反应条件下，α-C上支链增多，消除反应的占比增大。原因有三：

① α-C上支链增多，相应的β-H的数目增多，碱进攻β-H的概率增加；

② α-C上支链增多，过渡态初始双键碳原子上的烷基数目增多，过渡态的相对稳定性增强；

③ α-C上支链增多，空间位阻增大，不利于S_N2反应。

在一级反应条件下，α-C上支链增多，消除反应的占比增大，但增幅不大，通常情况下还是以取代反应为主。例如，叔丁基溴的溶剂解反应，消除产物仅占19%。

β-C上支链增多，虽然也会增加E2消除产物的占比（相对于S_N2反应），但这并不是因为消除反应速率增加，而是由于S_N2取代反应速率极大减慢所致。然而，在一级反应条件下，β-C上支链增多，对E1消除更为有利（相对于S_N1反应），这是空助效应的结果，例如：

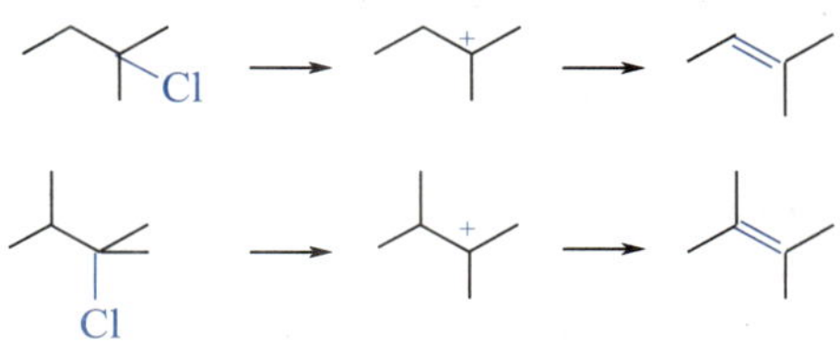

一级反应的中间体为碳正离子。对于消除反应而言，在消除前后中心碳原子的杂化方式、键角都不发生变化，因此在过渡态中烷基的大小和数目对消除反应的影响不大。对于取代反应来说则不同，取代前后中心碳原子由sp^2杂化转变为sp^3杂化，键角缩小，烷基之间的拥挤程度增加，过渡态的能量升高，不利于取代反应的发生。显然，β-C上的支链越多、支链体积越大，对消除反应就越有利。

8.2.2 进攻试剂的影响

8.2.2.1 对E1、E2及E1cb反应比例的影响

E1反应通常无须额外加碱，E2反应必须加碱，因此当增加外来的碱时，反应机理将由E1转变成E2。

例如，叔丁基溴和叔戊基溴两个化合物在乙醇溶液中于25 ℃下进行溶剂解反应，分别生成19%和36%的烯烃，但加入10%的乙醇钠后，烯烃含量分别升至93%和99%。此实验结果说明，加入10%的乙醇钠后，反应机理显著转变为双分子反应。因为只有强碱才有足够的能力在离去基团离去的同时从反应底物中夺取β-H，即碱的加入促使反应按E2进行。

增加碱的强度和碱的浓度能够促使消除反应机理按E1、E2、E1cb次序转变。

8.2.2.2 对消除和取代反应比例的影响

碱性弱亲核性强的试剂对S_N2反应有利，例如，2-溴丙烷与乙醇钠作用时消除取代比约为4∶1，与乙硫醇钠作用时基本只发生取代反应。

高浓度的强碱在非离子溶剂中反应时，双分子反应占优，且E2反应比S_N2反应占优。低浓度的碱甚至完全不用碱，单分子反应占优，且S_N1反应比E1反应占优。

碱的体积大小不同，对消除反应和取代反应的比例也有一定的影响。通常是碱的体积增大，消除反应占比增加，因为碱的体积增大，进攻β-H的空间位阻比进攻α-C的空间位阻小。

8.2.3 离去基团的影响

8.2.3.1 对E1、E2及E1cb反应比例的影响

底物有好的离去基团，反应机理E1占优。差的离去基团或带正电荷的离去基团，其强吸电子诱导和场效应导致β-H的酸性增强，反应机理向E1cb过渡。中等离去基团反应一般经历E2历程。

8.2.3.2 对消除和取代反应比例的影响

对于一级反应，离去基团通常对E1消除和S_N1取代反应比例的影响不大。按单分

子机理进行的反应，消除或取代发生在LG离去后，因此消除和取代的比例取决于碳正离子中间体。然而，当反应过程中涉及离子对时，离去基团的性质将会对反应产物产生影响。

对于二级反应，不同的离去基团会对消除和取代反应的比例产生一定的影响。在E2和S_N2反应的过渡态中都涉及LG离去。对于卤素而言，不同的卤素对消除和取代的比例的影响较小，其消除产物按下列次序略有减少：I＞Br＞Cl。

带有正电荷的离去基团将会增加消除产物的比例，有利于消除反应的离去基团的大致顺序是：—$(CH_3)_3N^+$＞—$(CH_3)_2S^+$＞—Br＞—OTs。当离去基团为—OTs时，通常是取代反应占优势。例如，n-$C_{18}H_{37}Br$用$(CH_3)_3COK$处理得到85%的消除产物，而n-$C_{18}H_{37}OTs$在同样条件下却得到99%的取代产物。

8.2.4 溶剂的影响

对于一级反应，尽管反应的决速步是第一步（LG离去），但后续反应是消除还是取代则与第二步的过渡态的电荷分散程度有关。E1比S_N1过渡态电荷分散程度大，故溶剂极性减弱对消除反应有利。

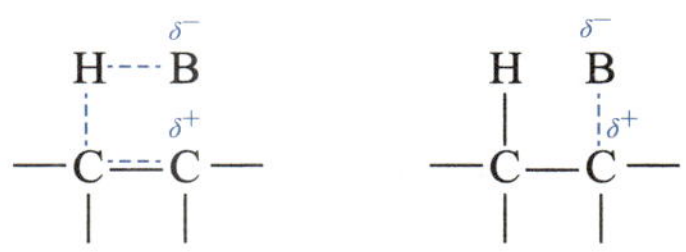

E1过渡态　　S_N1过渡态

以2-氯-2-甲基丁烷与氢氧化钠反应为例，溶剂为60%EtOH-H_2O时，消除/取代比约为16∶84；溶剂为80%EtOH-20%H_2O时，消除/取代比约为33∶67。

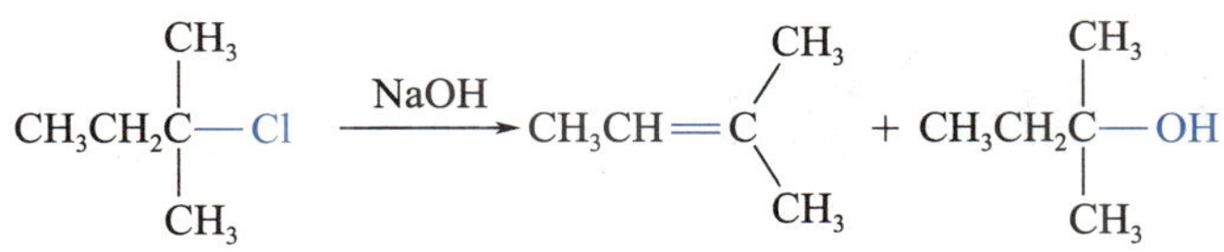

消除产物　　取代产物

对于二级反应，E2和S_N2的比例与溶剂的离子化能力有关。一般说来，增加溶剂的极性有利于反应按S_N2机理进行；降低溶剂的极性有利于反应按E2机理进行。因为当反应按双分子机理进行时，S_N2过渡态中电荷分散在三个原子上，而在E2过渡态中电荷是分散在五个原子上，电荷的分散程度是E2＞S_N2。因此，溶剂极性增大不利于电荷的分散，其过渡态难以形成，不利于消除反应。

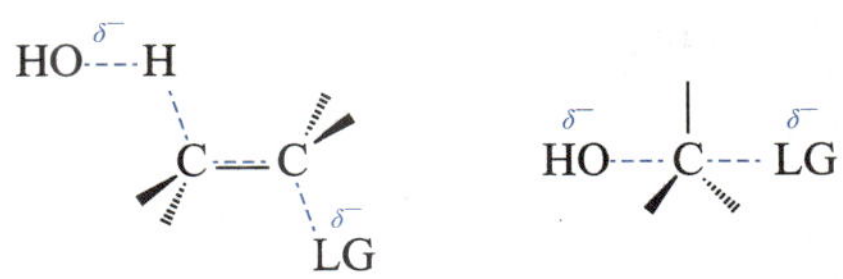

E2过渡态　　S_N2过渡态

以2-溴丙烷与氢氧化钠反应为例，溶剂为60%EtOH-H_2O时，消除/取代比约为54∶46；溶剂为无水乙醇时，消除/取代比约为71∶29。

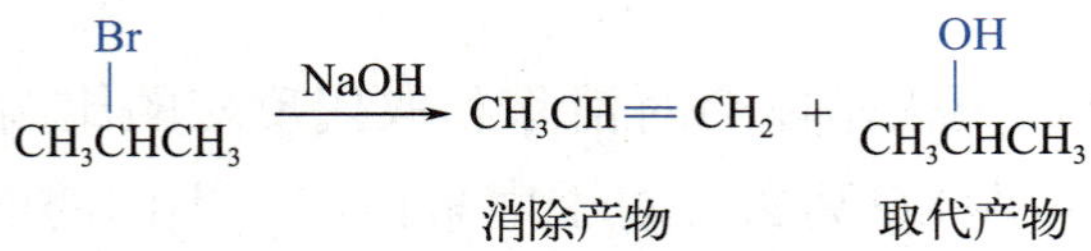

8.2.5 温度的影响

无论反应是按双分子机理进行还是按单分子机理进行，一般来说，温度升高，消除反应的比例均会增加。由于消除反应比取代反应多断裂一个共价键，所需活化能较大，因此较高的反应温度有利于消除反应的进行。

单分子机理：

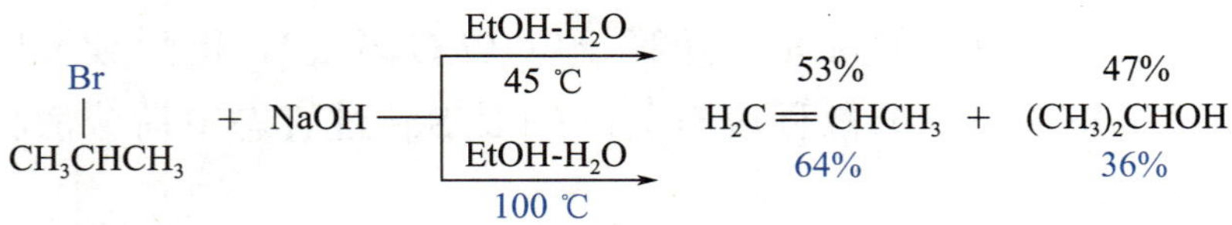

双分子机理：

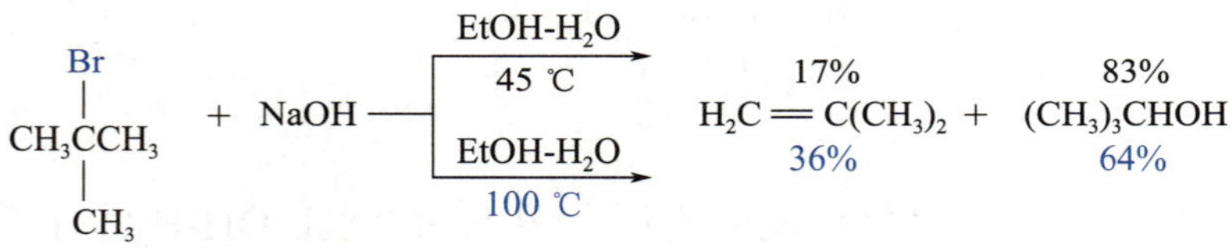

8.3 消除反应的区域选择性

当反应底物分子中有两种可供消除的β-H时，可能生成两种互为异构体的烯烃。消除较少的β-H生成多取代烯烃称为机依采夫规则；消除较多的β-H生成少取代烯烃称为霍夫曼规则。

消除反应的区域选择性与反应底物中烃基的结构、离去基团的性质、碱和反应条件等因素有关，而这些因素都将影响到过渡态。

8.3.1 E1反应的区域选择性

E1反应的区域选择性取决于碳正离子的结构和碱的性质。E1反应中消除β-H所需的活化能很低，不必额外加碱溶剂，自身的碱性足够，因此当存在两种可供消除的β-H时，区域选择性主要取决于产物的相对稳定性。消除少的β-H生成多取代烯烃所需的活化能低于生成少取代烯烃所需的活化能，且多取代烯烃中，超共轭效应更强，稳定性更好，因此反应遵循札依采夫规则，即E1反应的区域选择性由**热力学因素**控制。

与卤素相比，虽然—N^+R_3、—S^+R_2是不好的离去基团，但当季铵碱等按E1机理进行消除时，因β-H的消除发生在离去基团离去之后，与离去基团无关，故区域选择性仍遵循札依采夫规则。例如：

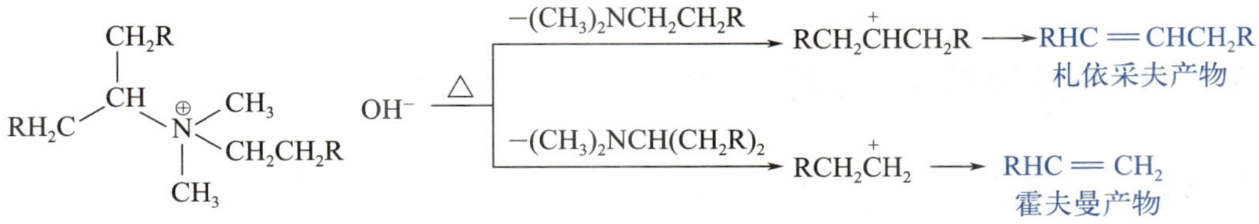

在E1消除中，尽管电子效应是影响消除取向的主要因素，但在某些反应中空间效应也有着重要的影响。例如，2-氯-2,4,4-三甲基戊烷按E1机理进行消除的主要产物却是霍夫曼产物。

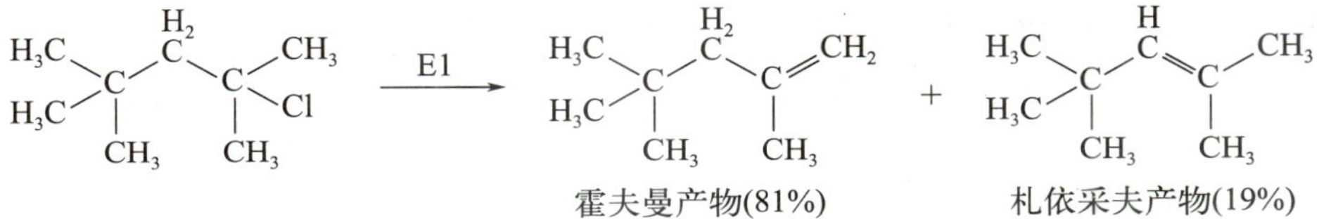

该反应的区域选择性之所以遵循霍夫曼规则，是因为在札依采夫产物中，处于双键同侧的甲基与叔丁基之间具有较大的非键张力，致其稳定性较差。

8.3.2　E1cb反应的区域选择性

E1cb反应的区域选择性取决于β-H的酸性强弱、碳负离子的稳定性、反应底物和碱的空间效应等因素。E1cb反应的区域选择性大多受控于**动力学因素**，一般遵循霍夫曼规则，主要产物为少取代烯烃。

一般而言，当有难离去基团或消除后可形成较稳定的共轭烯烃时，易发生E1cb反应。

β-羟基酮在碱性条件下的消除反应是典型的E1cb反应。羰基的吸电子作用不仅使其β-H的酸性增强（$pK_a \approx 20$），而且通过吸电子共轭作用稳定反应中形成的碳负离子。此外，羟基是不好的离去基团，导致β-羟基酮在碱作用下先脱质子而后羟基才离去。

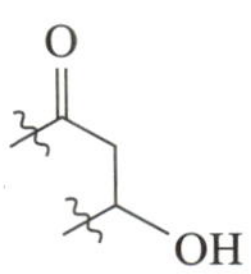

β-羟基酮

氟代烃的消除反应也按E1cb机理进行。卤素的吸电子诱导效应不仅增强了β-H的酸性，而且对碳负离子起到了稳定作用；F是难离去基团，碳负离子作为与碳原子轨道匹配程度最高的亲核试剂可以协助差的离去基团离去。

同理，α-C上连有带正电荷的基团时，由于其既是难以离去的基团，又能增强β-H的酸性，因此也有利于反应按E1cb机理进行，例如季铵盐和锍盐。

8.3.3 E2反应的区域选择性

E2反应的区域选择性比较复杂，有的遵循札依采夫规则，有的遵循霍夫曼规则。反应底物的结构、离去基团的性质和反应条件等都会显著影响E2反应的区域选择性。

① 不带电荷的反应底物，如卤代烃（RCl、RBr、RI）、磺酸酯等进行E2反应时，无论反应底物结构如何，其区域选择性在大多数情况下都遵循札依采夫规则。

② 带正电荷的反应底物，如—N^+R_3、—S^+R_2等，其区域选择性一般遵循霍夫曼规则。例如，三甲基仲丁基季铵碱发生消除反应，霍夫曼产物占95%。

③ 在𬭩盐中，β-H从不同的烷基中消除时，也遵循霍夫曼规则生成少取代烯烃。例如：

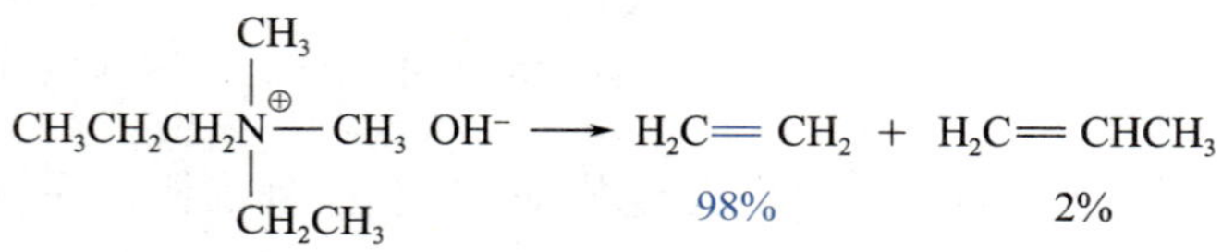

④ 按E2机理进行的反应，除受电子效应的影响外，空间效应也将影响区域选择性。实验结果表明：反应底物相同时，碱的体积增大，霍夫曼产物占比增加；反应底物的烃基相同时，离去基团体积增大（特别是支链增多），霍夫曼产物占比增加；离去基团和碱一定时，反应底物的烃基支链增多，霍夫曼产物占比增加。

8.4 热消除反应

部分化合物不需要酸碱催化，甚至不需要溶剂，只需加热就可以消除生成烯烃，这类反应称为热解消除反应，简称热消除反应。可发生热消除反应的化合物主要有羧酸酯、黄原酸酯、叔胺氧化物。

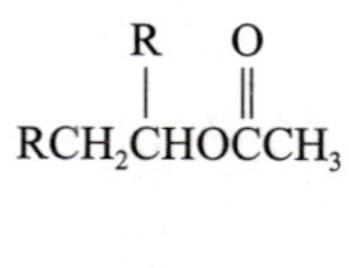

羧酸酯

黄原酸酯

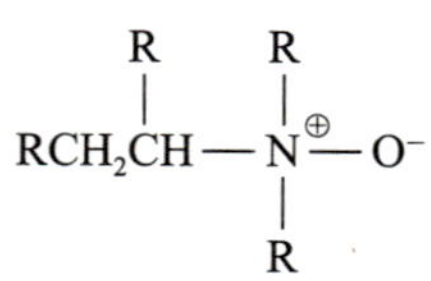

叔胺氧化物

热消除反应主要经过自由基机理或环状过渡态机理。

8.4.1　热消除反应机理

热消除反应的环状过渡态机理类似于麦氏（McLafferty）重排机理：

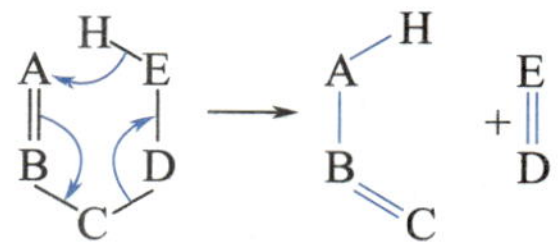

只要A、B之间有双键，E上有H，反应即可发生，形成B、C之间有双键和E、D之间有双键的化合物。例如，丙二酸分解、*N*-甲氧羰乙基苯胺热分解。

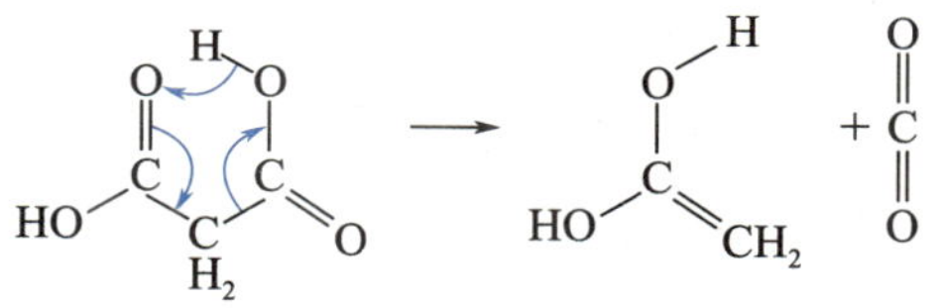

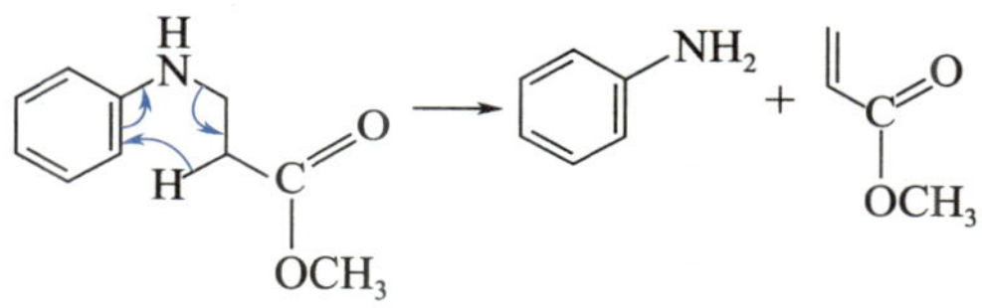

羧酸酯、黄原酸酯、叔胺氧化物的热消除机理可分别表示为：

羧酸酯：

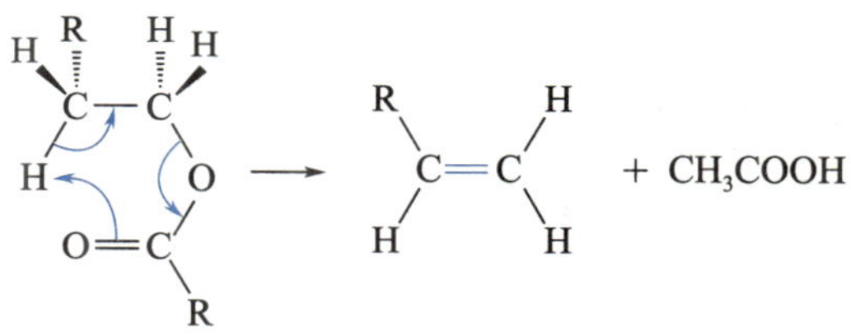

黄原酸酯：

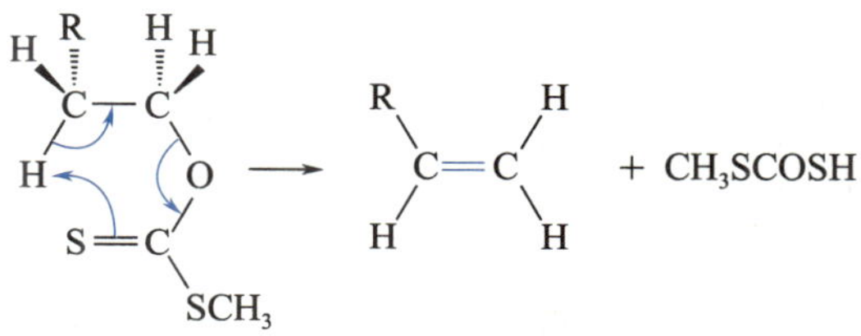

叔胺氧化物：

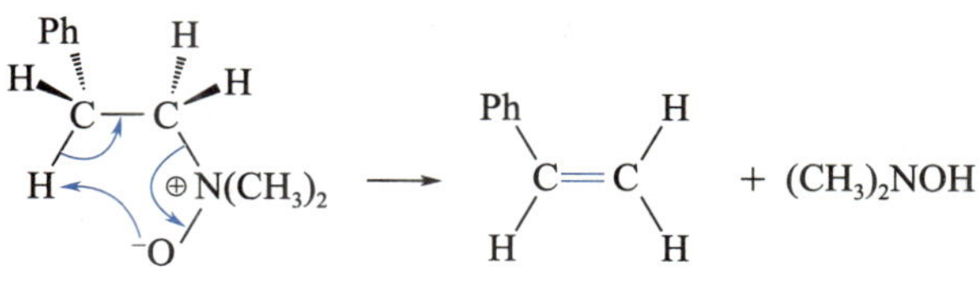

在环状过渡态机理中，被消除的β-H和离去基团在它们离开的同时彼此形成新的键，因此这种消除必定为顺式消除。在五元过渡态中的五个原子处于同一平面上（或接近共

平面），这种过渡态对顺式消除具有极大的立体选择性。然而，在六元环状过渡态中，由于环的柔韧性，六个原子不一定在同一平面上，因此顺式消除的立体选择性下降。

8.4.2 热消除反应的区域选择性

① 热消除反应的区域选择性取决于**可供消除的有效β-H的数目**，即**遵循霍夫曼规则**。

② 若反应底物为环状化合物，当离去基团两侧只有一侧的β-H可供消除时，消除即按此方向形成双键。然而，当过渡态为六元环时，由于过渡态不是完全共平面的，因此并不需要离去基团和β-H彼此一定要处于顺式。如果离去基团处于a键，则被消除的β-H就应该位于e键，只有这样才能与离去基团处于顺式，因为离去基团和被消除的β-H都处于a键的那种过渡状态是不会出现的。

以下反应中，反应底物的离去基团（—OAc）位于a键，不可能沿着—$COOC_2H_5$方向形成双键，因为在与—$COOC_2H_5$相连的碳原子上没有可供消除的处于顺式的β-H，即使形成的双键与—$COOC_2H_5$共轭也不行，在这种情况下消除产物只有一种。

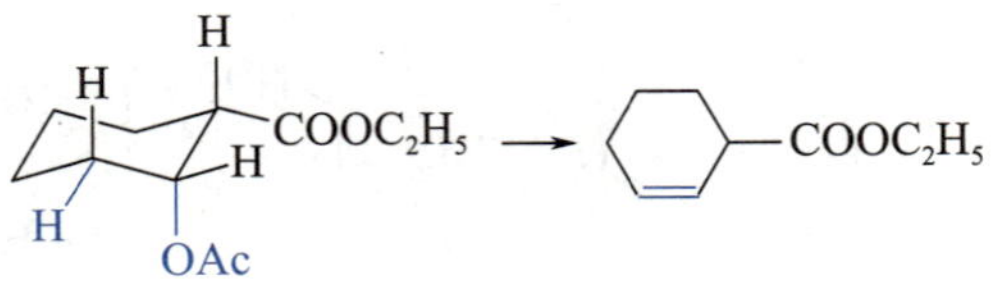

如果离去基团处于e键，则它既可以与位于a键的β-H（呈顺式）形成过渡态，也可以与位于e键的β-H（呈反式）形成过渡态，反应将得到顺式消除产物和反式消除产物的混合物。

以下反应中，反应底物的离去基团（—$OCSSCH_3$）位于e键，它能与相邻两个碳原子上的H发生消除得到顺式消除产物和反式消除产物，且两种消除产物的比例大约各为50%。

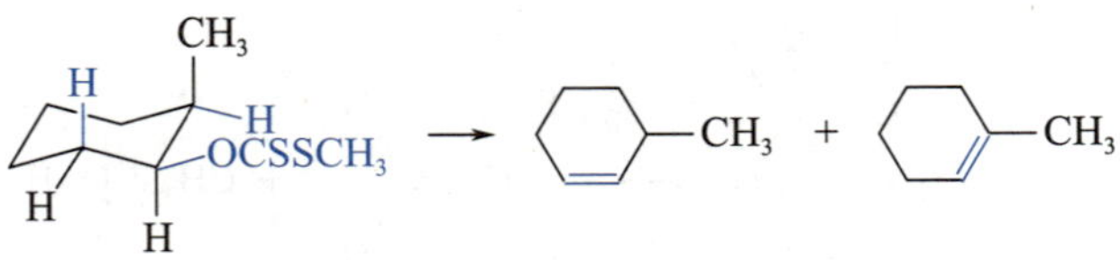

③ 在开链体系中，若构象中的β-H与离去基团处于顺式，则存在重叠效应。例如，2-乙酰氧基-3-甲基丁烷的消除反应，得到80%的3-甲基-丁-1-烯和20%的2-甲基-丁-2-烯。这是因为在过渡态中构象i的重叠要小于构象ii，而且构象i中有三个可供消除的β-H，而构象ii中只有一个可供消除的β-H，其比例为75∶25，很接近80∶20的产物比。

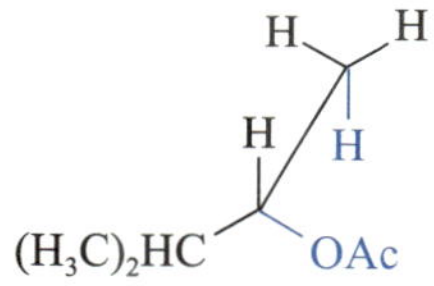

构象i

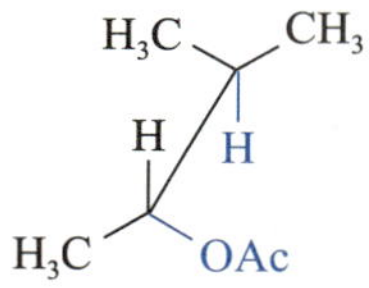

构象ii

8.4.3　热消除反应实例

(1) 柯普（Cope）消除反应

叔胺与过氧化氢作用可以得到叔胺氧化物，叔胺氧化物经加热生成少取代烯烃的反应称为柯普（Cope）消除反应。

柯普消除反应的区域选择性遵循霍夫曼规则，即从含氢较多的β-C上消去β-H，得到少取代烯烃。这是因为分子内的氧负离子作为碱帮助脱质子时，将优先夺取酸性更强的含氢较多的β-C上的β-H。

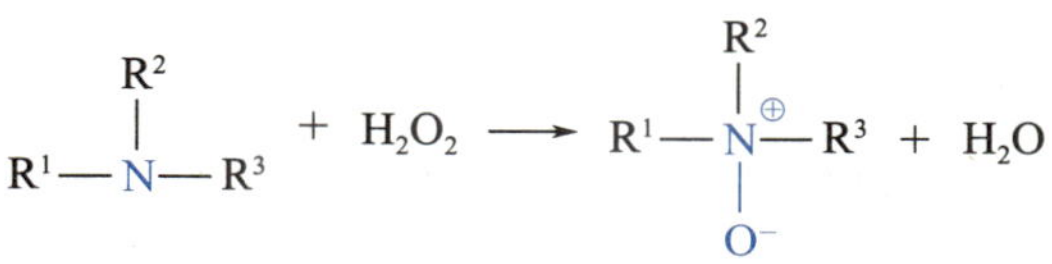

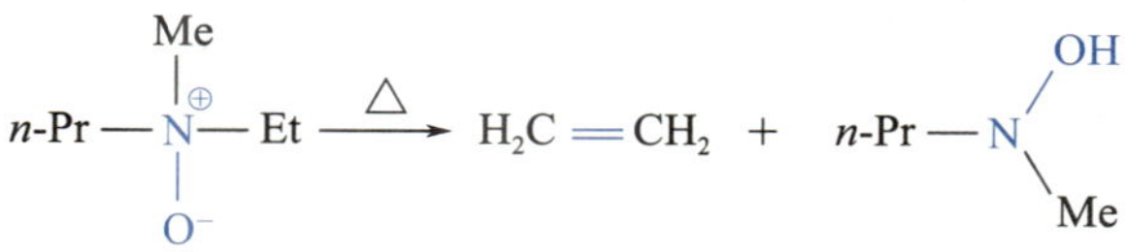

(2) 楚嘉耶夫（Chugaev）消除反应

黄原酸酯热解生成烯烃、羰基硫化物和硫醇的反应称为楚嘉耶夫（Chugaev）反应。此反应是由醇制备不发生重排的烯烃的好方法。

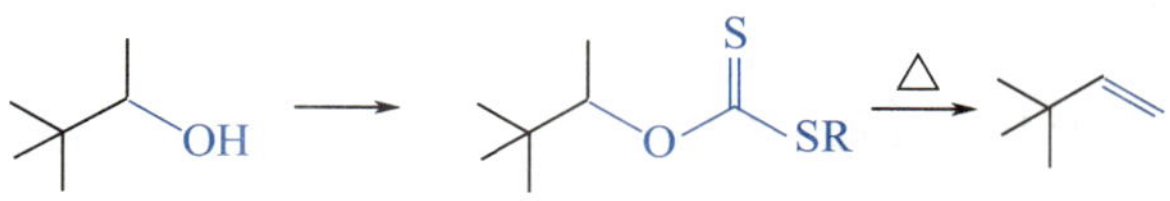

黄原酸酯是将醇类化合物（仲醇和叔醇为好）在乙醚或四氯化碳等中性溶剂中用NaOH（或KOH）及CS_2处理生成黄原酸盐，后者再经CH_3I或$(CH_3)_2SO_4$甲基化制备得到。

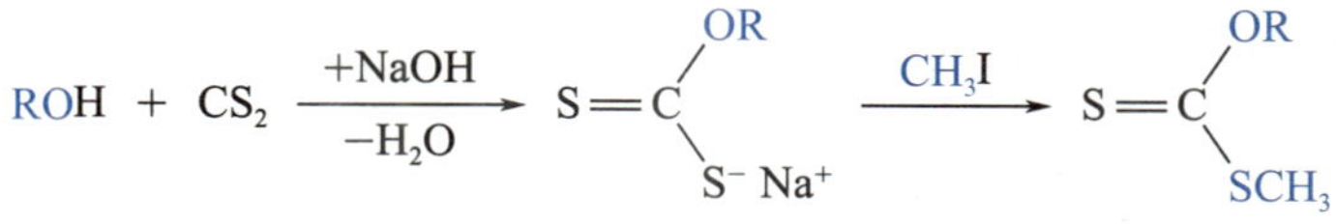

黄原酸酯

(3) 羧酸酯的裂解反应

在较高温度下，羧酸酯发生裂解生成烯烃，反应是顺式消除。

$$CH_3COOCH_2CH_2CH_3 \longrightarrow CH_3COOH + H_2C=CHCH_3$$

(4) 羧酸加热脱羧反应

在α-C上有吸电子基团的羧酸加热可发生脱羧反应，该类反应大多数经过类似麦氏（McLafferty）重排的反应。

$$F_3CCH_2COOH \longrightarrow CH_3CF_3 + CO_2$$
$$HOOCCH_2COOH \longrightarrow CH_3COOH + CO_2$$
$$CH_3COCH_2COOH \longrightarrow CH_3COCH_3 + CO_2$$

8.5 消除反应实例

8.5.1 醇脱水反应

在质子酸催化剂（H_2SO_4、HX、H_3PO_4、RSO_3H）或Lewis酸催化剂（$AlCl_3$、$SnCl_4$）的催化下，醇易脱水成烯，同时伴随重排反应发生，一般情况下，叔醇脱水活性大于仲醇和伯醇。例如，治疗乳腺癌的药物托瑞米酚的合成步骤中，烯键的生成反应如下：

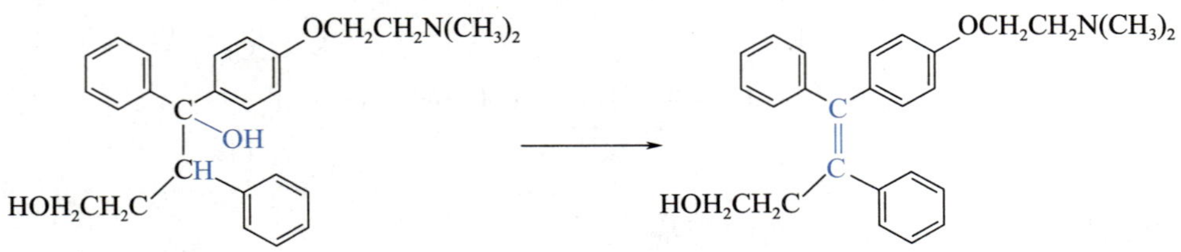

8.5.2 醚脱醇反应

在强碱作用下，醚脱醇可以得到烯烃。

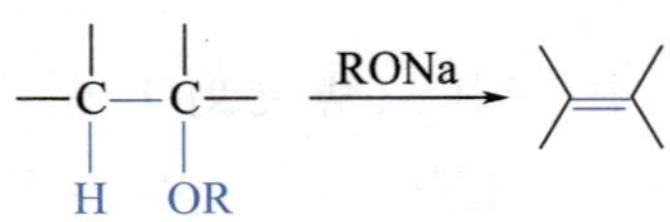

例如，可使核糖体解聚、抑制癌细胞蛋白质生长的抗癌药三尖杉酯碱中间体的合成：

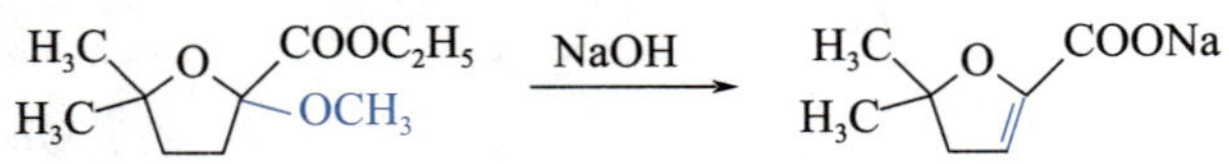

8.5.3 脂肪重氮盐分解

脂肪胺用HNO_2处理，放出氮气，得到烯烃。

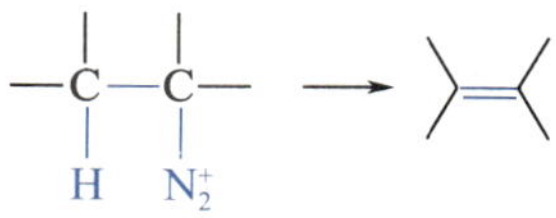

8.5.4　对甲苯磺酰腙分解

用强碱处理对甲苯磺酰腙可生成烯烃。

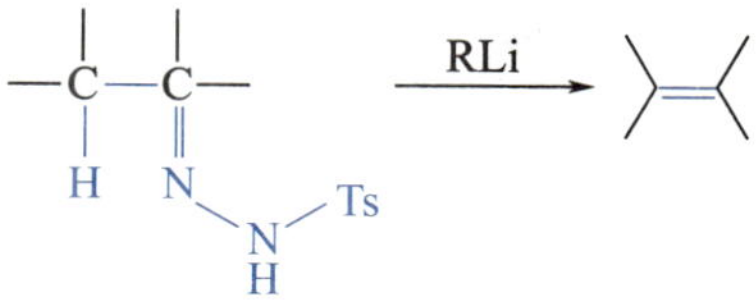

8.5.5　氢氧化锍盐分解

与铵盐相似，加热氢氧化锍盐可生成烯烃。

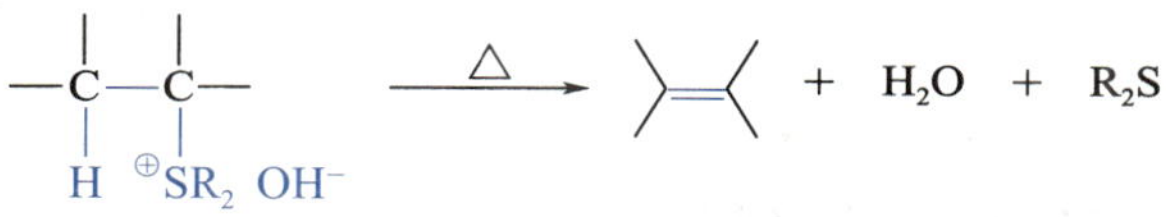

8.5.6　砜分解

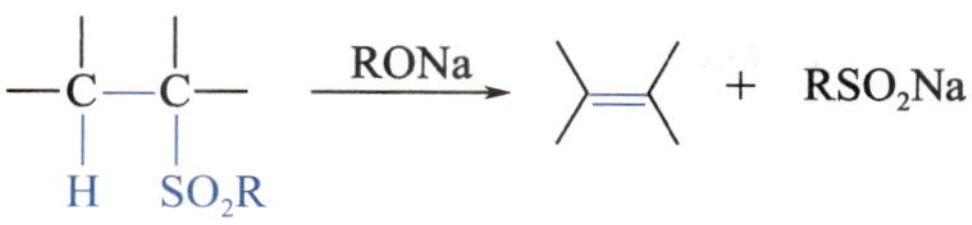

8.5.7　卤代烷脱卤化氢

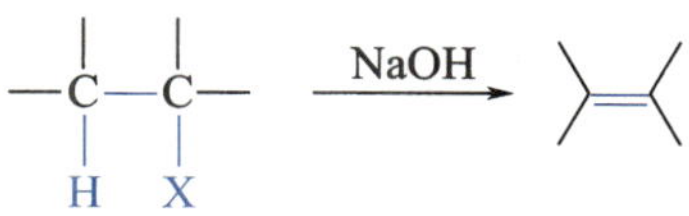

8.5.8　酰卤脱卤化氢

有 α-H 的酰卤在碱的作用下，可制得烯酮。这是制备烯酮的常用方法。

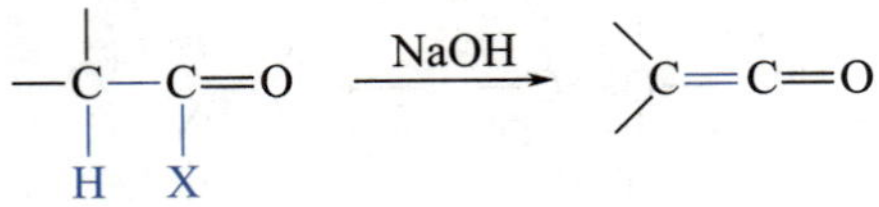

8.5.9 邻二卤化物脱卤

在碱作用下，迈克尔加成产物加热可分解成烯烃。例如：

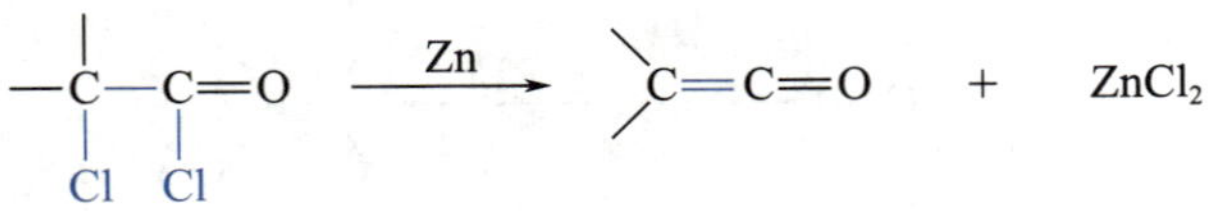

8.5.10 羟基磺酰胺分解

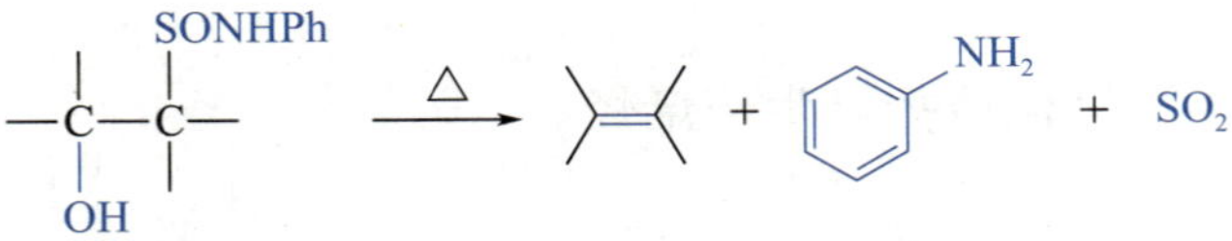

8.5.11 消除卤素与烷氧基团

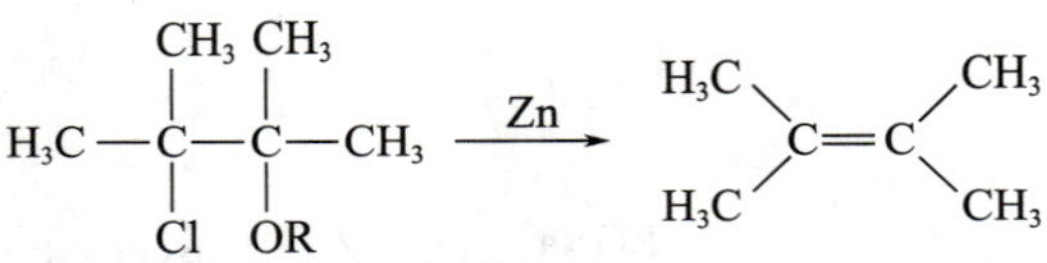

第9章

羰基化合物的亲核加成反应与亲核取代反应

羰基化合物包括醛、酮、羧酸及羧酸衍生物（酰卤、酸酐、酯、酰胺等）。羰基是极性的C═O键，结构中的缺电子碳原子是亲核试剂进攻的位点，因此羰基化合物均能发生亲核加成反应。醛、酮与某些亲核试剂加成后继而发生消除反应，产物表现为羰基氧原子被取代，最终形成C═N键或C═C键。例如，羰基氧原子被氮原子“取代”是羰基与胺类化合物先加成后脱水的结果、羰基氧原子被碳原子“取代”是先与磷叶立德加成后脱去三苯基氧磷的结果。羧酸及其衍生物具有可离去的基团，在亲核试剂进攻羰基后可以发生离去基团的离去，最终表现为经加成-消除机理的亲核取代反应。

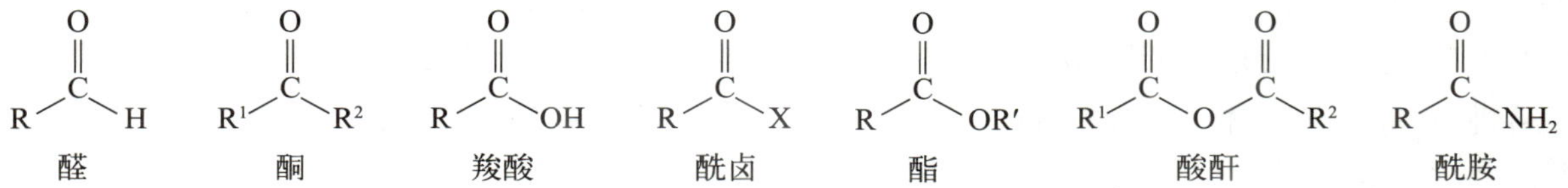

9.1 羰基化合物的结构与反应活性

羰基化合物的基本反应特征由羰基所含的极性C═O键决定。羰基化合物在进行亲核反应时，亲核试剂对缺电子羰基碳原子的进攻是核心步骤。不同的羰基化合物，与羰基相连的基团不同使得羰基碳原子上的电子云密度不同，因此其与亲核试剂反应的活性不同。同时，羰基碳原子接受亲核试剂进攻的难易程度也受到羰基α-位基团空间位阻的影响。

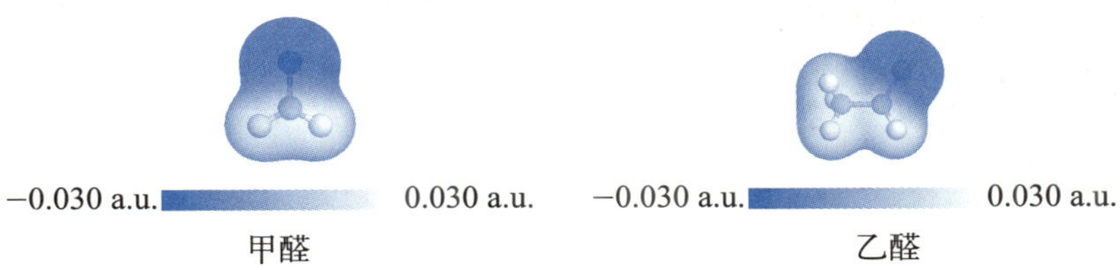

−0.050 a.u. 0.020 a.u.

丙酮

−0.035 a.u. 0.015 a.u.

丁酮

−0.003 a.u. 0.010 a.u.

戊酮

对比醛与酮的结构，烷基的给电子作用及其具有较大的空间位阻，致使酮的反应活性不及醛，其他醛的反应活性也不及甲醛。

酮羰基的α-C上取代基越多，接受亲核试剂进攻酮羰基的空间位阻越大，相应的酮羰基的亲核反应活性就越小。比如，2,4-二甲基-戊-3-酮的反应活性明显低于3-甲基丁-2-酮，且二者的反应活性都低于丙酮。

醛、酮羰基的反应活性与羧酸及其衍生物有较大的差异。从结构上看，它们之间的差异主要在于与羰基相连的基团不同。羧酸及其衍生物的羰基分别与含卤原子、含氧原子和含氮原子的基团相连，由于卤原子、氧原子和氮原子的电负性大于碳原子，同时又给出未成键电子对，因此，当它们与羰基双键相连时，将同时表现出吸电子的诱导效应和给电子的共轭效应。羧酸、羧酸酯和酰胺都是平面结构，这是羟基、烷氧基以及氨基具有给电子共轭效应的证据。这种共轭效应能给体系提供60～80 $kJ \cdot mol^{-1}$的稳定能。其综合结果是：酰卤中的卤素主要表现为吸电子诱导效应；酸酐中的酰氧基主要表现为吸电子诱导效应和共轭效应，二者都将使羰基碳原子的电子云密度进一步降低；羧酸中的羟基、羧酸酯中的烷氧基及酰胺中的烷氨基则主要表现为给电子的共轭效应，使羰基碳原子上的电子云密度升高。因此，酰卤和酸酐的亲核反应活性高于醛、酮，其中又以酰卤活性为高。而羧酸、羧酸酯和酰胺，亲核反应活性不及醛、酮，其中羧酸与酯相当，酰胺的活性最低。

综上，**羰基化合物的亲核反应活性顺序为：酰卤＞酸酐＞醛＞酮＞羧酸≈酯＞酰胺**。此活性顺序与它们被金属氢化物还原的活性顺序基本一致（因为金属氢化物的还原反应实质上是负氢对羰基的亲核加成）。

不同的羰基化合物具有不同的结构特点，羧酸及其衍生物在结构上较醛、酮多一个潜在好的离去基团，所以它们在接受亲核试剂进攻时除反应活性不同外，还具有不同的反应特征。**醛、酮主要发生亲核加成反应，羧酸及其衍生物主要发生亲核取代反应（加成-消除机理）**。

各种羰基化合物发生亲核取代反应的活性顺序为：酰卤＞酸酐＞羧酸≈酯＞酰胺＞醛＞酮。这一顺序与上述羰基化合物接受亲核试剂进攻发生亲核加成反应的活性明显不同，即醛、酮难以发生亲核取代反应，因为离去基团氢负离子和烷基负离子的碱性太强。当乙醛或甲基酮的三个α-H均被卤素原子取代时，形成的三卤甲基是好的离去基团，可以在碱的进攻下发生离去，这是**卤仿反应**的原理。

9.2 羰基化合物的亲核加成反应概述

9.2.1 与羰基加成的亲核试剂

常见的亲核试剂有水、醇、硫醇、氨、胺、氰基负离子、炔基负离子及有机金属试剂等。

含碳亲核试剂一般为负离子形式（有机金属试剂除外），含氧、含硫和含氮亲核试剂在不同酸碱条件下可以以负离子形式或中性分子形式存在。

负离子亲核试剂：HO^-、RO^-、RS^-、H^-、NC^-、$RC\equiv C^-$、R_3C^-。

中性分子亲核试剂：H_2O、ROH、RSH、NH_3、RNH_2、R_2NH、R—M。

负离子亲核试剂多存在于碱性条件下，中性分子亲核试剂多存在于中性或酸性条件下。不同亲核试剂的亲核活性不同，同类亲核试剂负离子形式的亲核性高于中性分子形式。高活性亲核试剂和低活性亲核试剂的反应机理也有所不同。

9.2.2 羰基亲核加成反应的机理

当亲核试剂的活性足够强时（一般是碱性条件下亲核试剂以负离子形式存在），羰基的亲核加成反应分两步进行：第一步，亲核试剂进攻羰基碳原子，负电荷转移到氧原子上，这是反应的决速步；第二步，氧负离子在反应体系中结合亲电试剂形成加成产物。

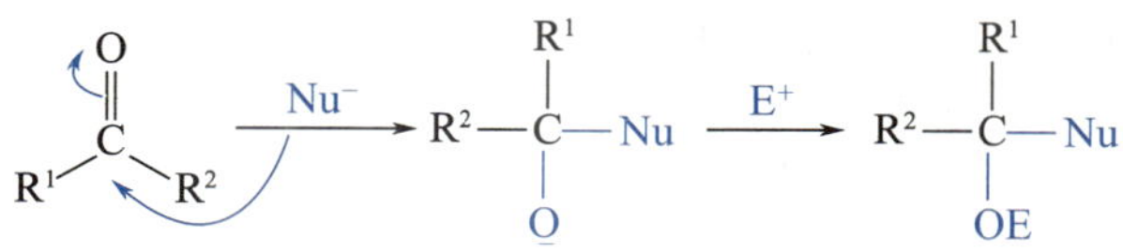

当亲核试剂（如水和醇）的活性比较低时，亲核加成反应需要酸（Lewis酸）催化。在酸性条件下，羰基氧原子与Lewis酸配位，进一步降低羰基碳原子的电子云密度，从而提高亲核加成反应速率。以H^+催化反应为例，该反应分三步进行：首先是羰基氧原子快速质子化，随后亲核试剂进攻活化的羰基碳原子，得到正离子中间体，最后该正离子中间体脱去一个质子得到最终的加成产物。在这三步反应中，第一步质子化和第三步脱质子的反应均为快反应，第二步亲核试剂的进攻为慢反应，是整个加成反应的决速步。酸催化条件下的反应多为可逆反应。

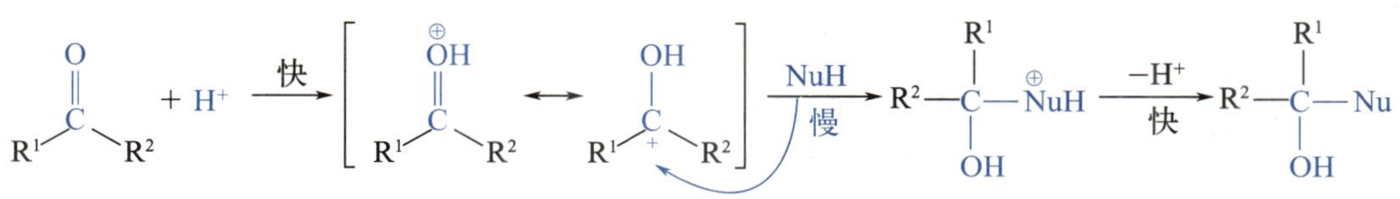

9.2.3 羰基亲核加成反应的立体化学

羰基亲核加成反应过程中，羰基碳原子由sp^2杂化状态转变为sp^3杂化状态，分子形状则由平面形转变为四面体形。这一过程中，羰基碳原子可能转变为手性碳。因为亲核试剂从羰基所在平面的上方或下方进攻的概率均等，所以通常反应形成的手性碳是两种构型的等量混合物。例如，丁-2-酮被$NaBH_4$还原将得到50%的(*R*)-丁-2-醇和50%的(*S*)-丁-2-醇。

如果羰基的*α*-C是一个特定构型的手性碳原子，情况就不同了。*α*-C原有的构型将诱导新形成的手性碳以某种构型为主。因为，这时亲核试剂从羰基平面两面进攻的空间位阻不同，从而导致进攻的概率不同。

克拉姆（Cram）经验规则规定：将*α*-*C上除羰基外的另外三个基团按体积大小编为大（L）、中（M）和小（S），羰基上的R基团与大的基团处于重叠式构象，羰基氧原子则处于中等基团与小基团中间，亲核试剂主要从小基团所在的一侧进攻。

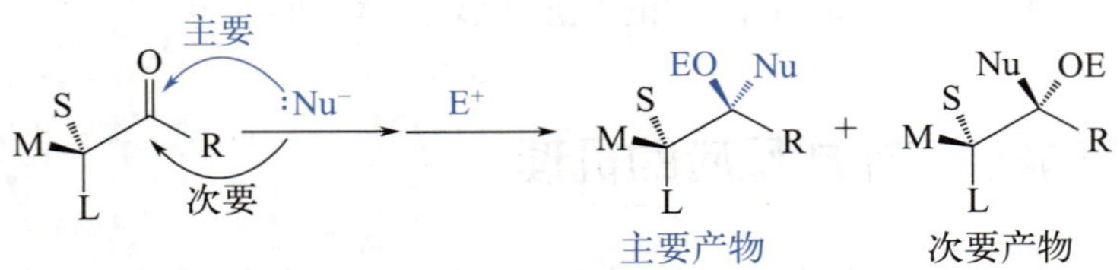

例如，(*R*)-2-甲基丁醛与溴化苄基镁反应，主要产物为(2*R*,3*R*)-3-甲基-1-苯基戊-2-醇。

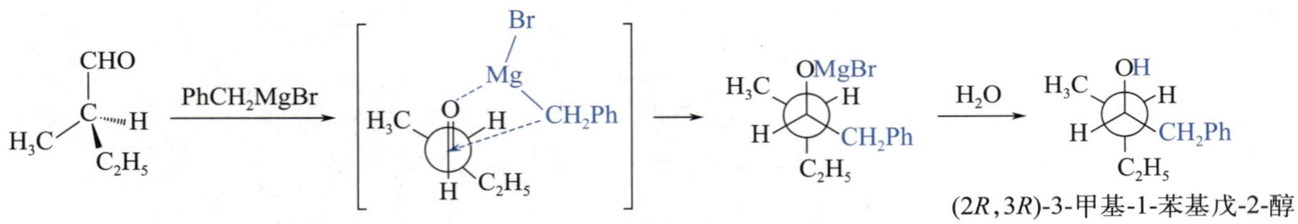

1968年，法国化学家菲尔金（Felkin）与旅法越南化学家阮仲英（Anh）提出了**菲尔金-安（Felkin-Anh）模型**，认为羰基碳原子上的烷基不应与*α*-*C上的体积最大基团处于重叠式构象，最大基团L应离羰基平面最远，C—L键对羰基反键轨道超共轭，亲核试剂仍然从小基团一侧进攻。该模型得到的最终主要产物的立体构型与上述克拉姆规则分析得到的结果是一致的。该模型从势能角度分析更加合理，一般也将该模型称为**克拉姆-菲尔金-安模型**。

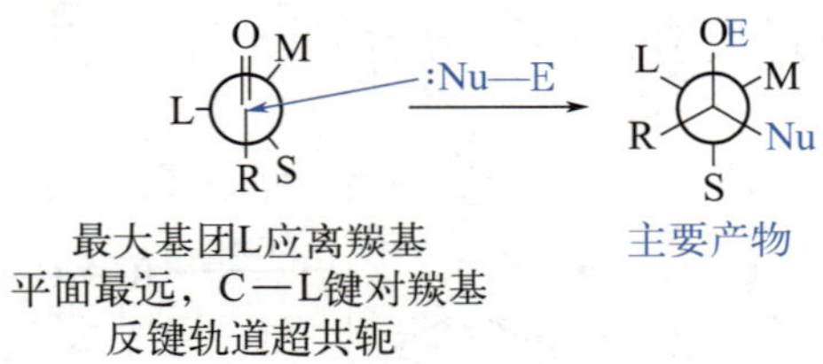

1974年，瑞士苏黎世大学布尔吉（H. B. Burgi）教授和瑞士苏黎世联邦理工学院杜尼茨（J. D. Dunitz）教授在共同研究中指出，亲核试剂一般沿着与羰基呈107°的角度进攻羰基碳原子，这样，亲核试剂的HOMO（孤电子对所在的p轨道）可以最有效地与羰基的LUMO（π^*轨道）重叠形成σ键。这样也使得亲核试剂的负电荷与氧上的孤电子对的排斥作用尽可能小。此角度称为布尔吉-杜尼茨角（Burgi-Dunitz角，B-D角）。

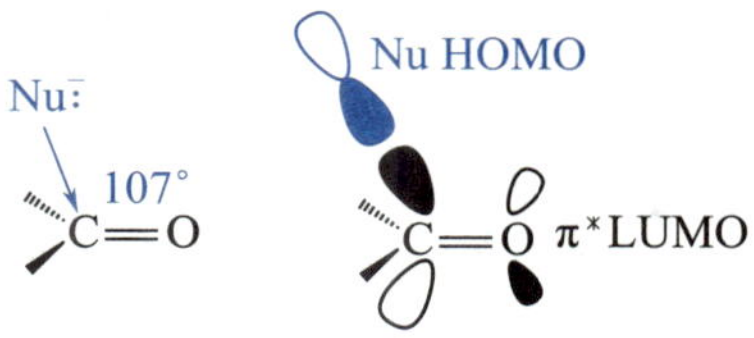

布尔吉-杜尼茨角的提出，使羰基亲核加成反应的立体化学特征（克拉姆-菲尔金-安模型）有更为合理且全面的解释。

9.3 与含碳亲核试剂的加成反应

羰基化合物与含碳亲核试剂的反应是形成新的C—C键的重要方法，也是合成一些特定官能团化合物的重要途径。含碳亲核试剂主要有氰基负离子、炔基负离子、有机金属试剂、叶立德试剂及羰基化合物自身形成的烯醇负离子，其中烯醇负离子的形成与反应将在后续章节系统讨论。

9.3.1 与氰基负离子的加成反应

醛、酮与氰基负离子加成得到α-羟基腈。该反应在弱碱性条件下进行。首先是氰基负离子进攻羰基碳原子，随后氧负离子从体系中夺取质子生成加成产物α-羟基腈。

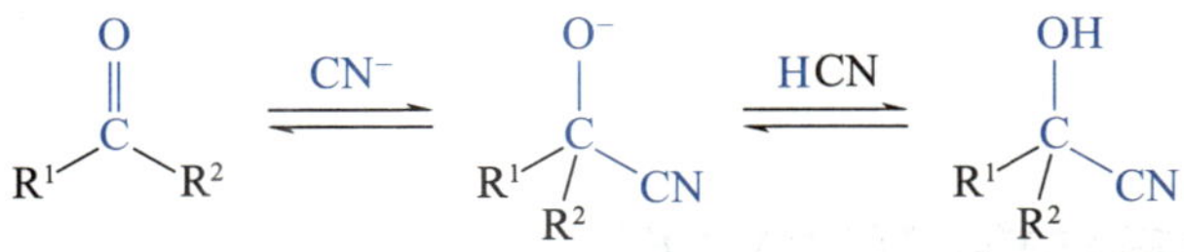

氰化氢是有毒气体，反应通常将醛或酮与过量氰化钠混合并向体系中逐滴加入稀盐酸。反应过程中应严格控制酸碱性，若碱性太弱则无法保证氰基负离子有效进攻羰基碳原子，同时可能释放有毒气体氰化氢；若碱性太强会导致羰基氧原子无法转化为羟基，反应的可逆程度增大，难以形成加成产物。

α-羟基腈的形成是可逆的，反应活性和平衡常数受醛、酮结构的影响很大。当连接在羰基碳原子上的烃基体积增大时，空间位阻增大，反应活性降低。一般来说，甲醛的反应活性最高，且可以定量地形成α-羟基腈。除甲醛外的大多数醛，其反应平衡倾向于形成加成产物。例如，丁醛基本上可以定量地形成加成产物。

酮的反应活性随羰基α-C上基团的体积增大而降低，且平衡逐步转向有利于逆反应方向。例如，丁酮可以与氢氰酸反应高产率（约95%）地形成加成产物2-甲基-2-羟基丁腈；2,4-二甲基戊-3-酮（二叔丁基酮）与氢氰酸的反应很慢，且加成产物的产率很低（约5%）。

由氰化氢对丙酮亲核加成制备丙酮氰醇，随后在酸催化下，经氰基水解、酯化、脱水等反应得到有机玻璃单体α-甲基丙烯酸甲酯，此法又称“丙酮氰醇法”。

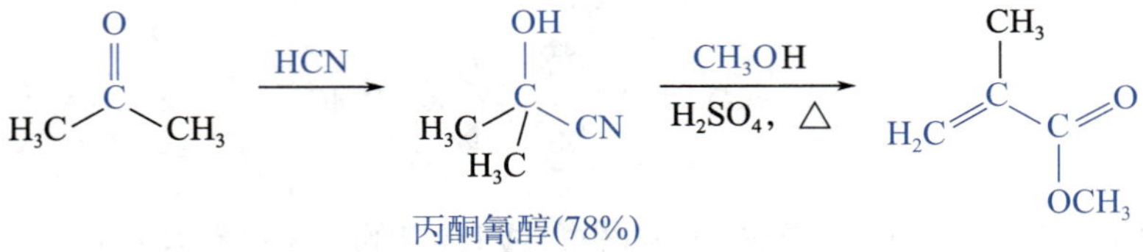

醛、酮与氰基负离子加成的产物α-羟基腈比原有醛、酮多了一个碳。腈控制水解可以生成酰胺，完全水解可以生成羧酸，加氢还原生成胺。所以通过醛、酮与氰基负离子的加成再水解或加氢还原是得到α-羟基酸和β-氨基醇的主要合成方法。

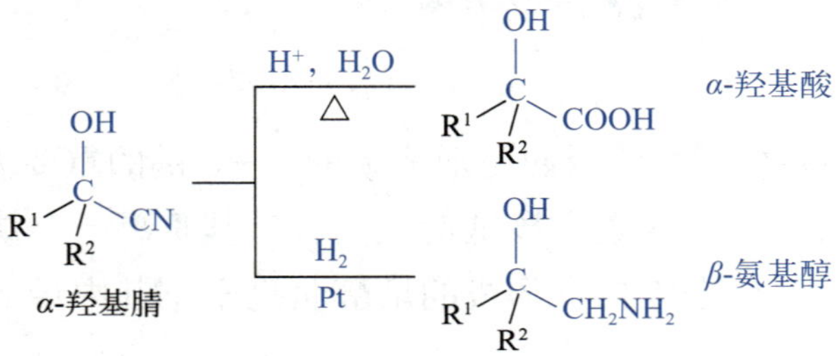

与上述反应类似的是斯特雷克（Strecker）氨基酸合成反应，醛在氯化铵和氰化钾作用下形成α-氨基腈，水解后可以得到外消旋的α-氨基酸。

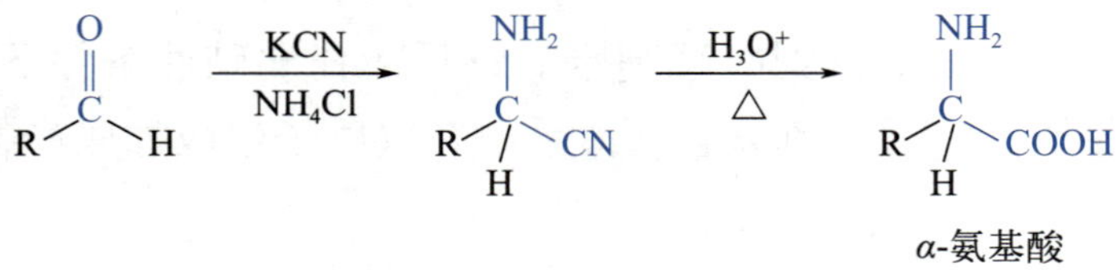

9.3.2 与炔基负离子的加成反应

末端炔烃具有显著酸性，在强碱作用下可以脱质子形成炔基负离子，炔基负离子可以与醛、酮加成，经水解得到炔丙基醇。

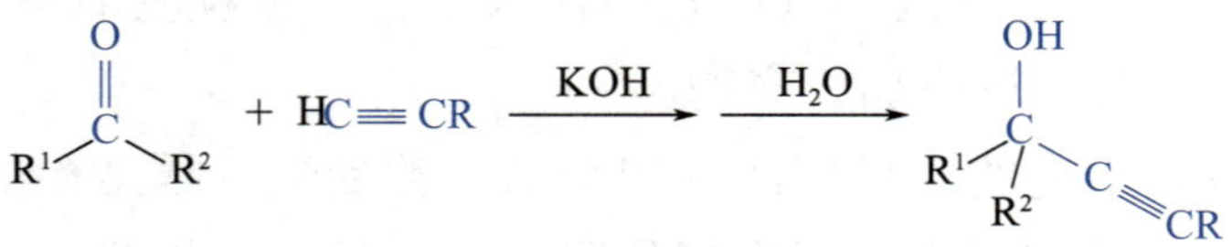

通过炔丙基醇选择性加氢、脱水，可以得到共轭二烯烃。例如：

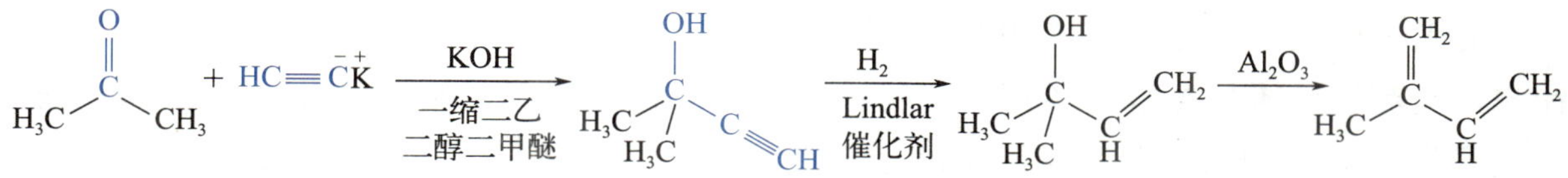

炔基负离子还可以与酰卤反应生成炔酮。

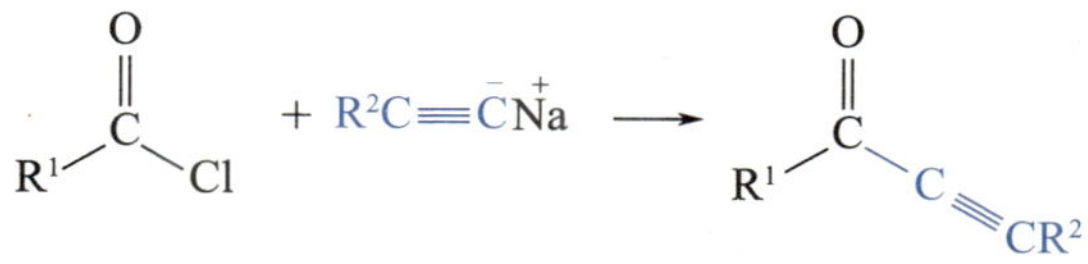

9.3.3　与有机金属试剂的加成反应

有机金属试剂如格氏试剂、有机锂试剂等，可以与醛、酮加成生成醇。有机金属试剂也可以与羧酸衍生物反应，生成的酮可以进一步发生亲核加成得到碳链增长的醇。

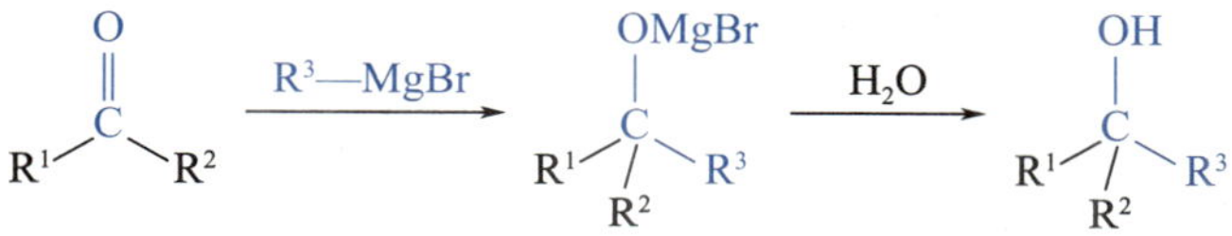

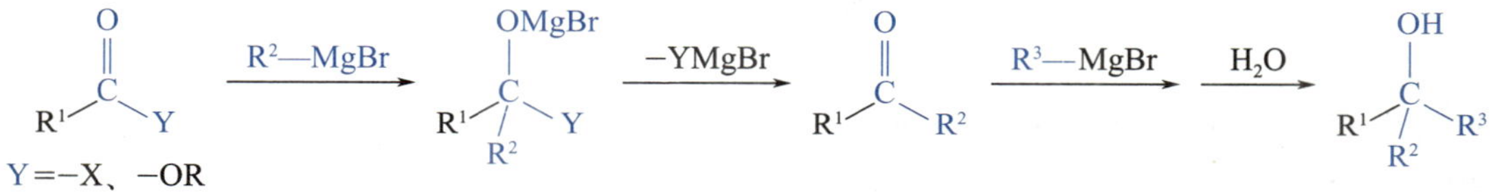

以上反应是由醛、酮及羧酸衍生物合成醇的重要方法，在有机合成中应用很广。以格氏试剂和有机锂试剂为例，醛、酮及各种羧酸衍生物与之反应可以得到不同结构的醇。

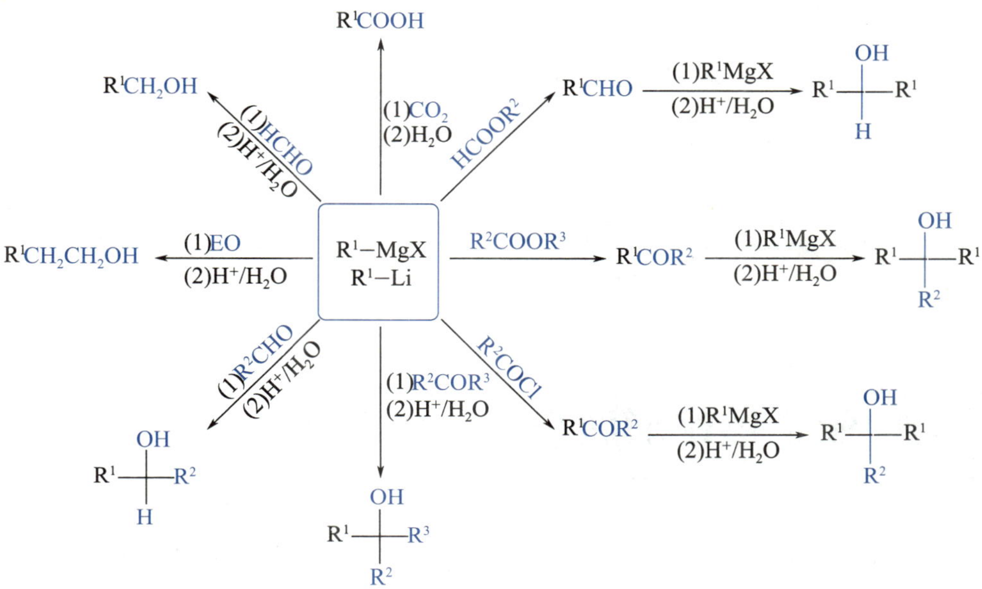

格氏试剂或有机锂试剂与甲醛反应得到增加一个碳原子的伯醇，与其他醛反应得到仲醇，与酮反应得到叔醇。类似地，格氏试剂或有机锂试剂还能与环氧乙烷（EO）进行亲核开环加成得到增加两个碳原子的伯醇。此外，格氏试剂或有机锂试剂与二氧化碳反应得到增加一个碳原子的羧酸。

格氏试剂或有机锂试剂与酰卤或酯反应，首先形成酮，但酮很容易进一步与第二分子有机金属试剂反应生成叔醇，通过此途径得到的叔醇具有两个相同的烃基。一般酮与有机金属试剂加成得到的叔醇可以有三个不同的烃基。如果有机锂试剂与甲酸酯反应，则将首先得到醛，继而得到一个对称的仲醇。

羧酸衍生物与有机金属试剂的反应也是合成醛、酮的重要方法之一，关键问题是如何有效地控制反应进行的程度。事实上，反应如果在低温下进行，或者采用空间位阻较大的反应物，都有可能使酰卤或酯与格氏试剂的反应停留在生成酮的阶段。例如：

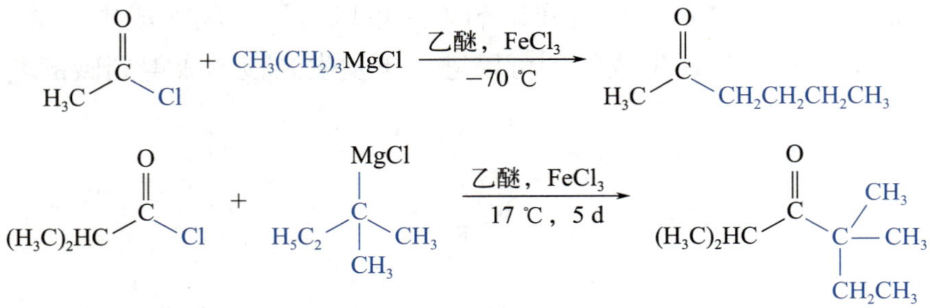

另外，使用较不活泼的有机金属试剂，如有机镉试剂或有机铜锂试剂等，也是有效地控制反应停留在生成酮这一阶段的好方法。

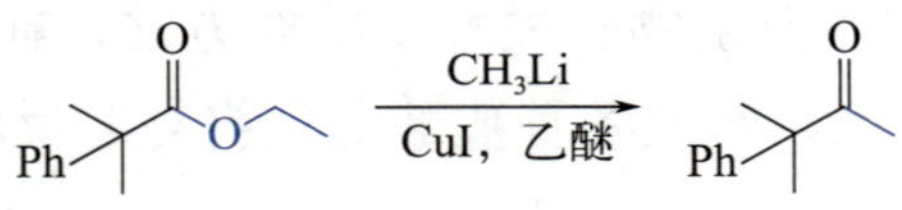

$$PhMgCl + x\,CdCl_2 + CH_3COCl \longrightarrow CH_3COPh$$

x=1时　　　　反应产率约为83%

x=0.5时　　　反应产率约为85%

此外，腈与格氏试剂反应，一般停留在生成亚胺盐的阶段，亚胺盐水解可以得到酮。

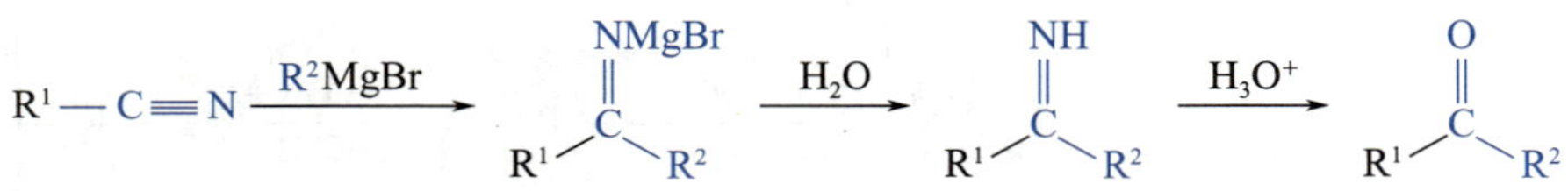

9.4 与含氮亲核试剂的亲核加成反应

能与醛、酮进行亲核加成反应的含氮亲核试剂主要有伯胺、氨基衍生物（Y—NH_2）和仲胺，而叔胺不能反应，这与卤代烃的亲核取代反应不同。胺与醛、酮的反应通常在加成后还会发生脱水反应，结果是伯胺和氨基衍生物与醛、酮的反应生成亚胺类化合物（从C═O键转化为C═N键），仲胺则生成烯胺（具有C═C—N结构的化合物）。

9.4.1　与伯胺和氨基衍生物的加成反应

醛、酮与伯胺及各种氨基衍生物（Y—NH_2）反应生成亚胺类化合物。

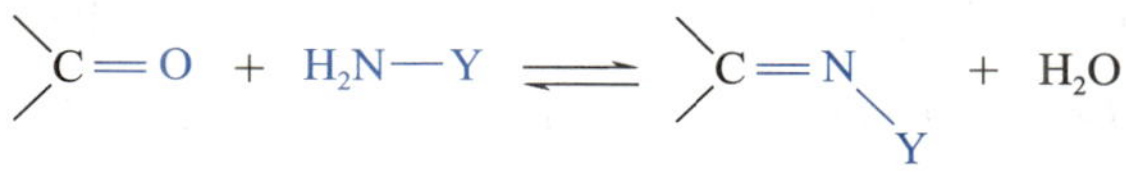

含氮亲核试剂的结构不同，生成的产物结构不同，名称也各不相同。由伯胺（RNH_2）与醛、酮反应生成的产物称为席夫（Schiff）碱；由羟胺（NH_2OH）与醛、酮反应生成的产物称为肟；由肼（N_2H_4）与醛、酮反应生成的产物称为腙；由氨基脲（$NH_2NHCONH_2$）与醛、酮反应生成的产物称为缩氨脲。各种氨基衍生物与醛、酮的加成产物见表9-1。

表9-1　伯胺和氨基衍生物（NH_2—Y）与醛、酮的加成

反应物		生成物	
基团 Y	名称	结构	名称
R	1° 胺	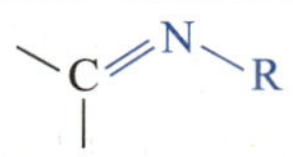	席夫碱
OH	羟胺	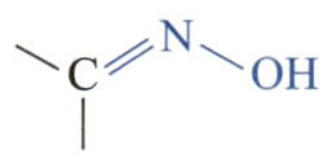	肟
NH_2	肼	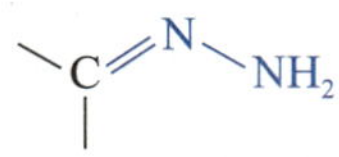	腙
NHC_6H_5	苯肼	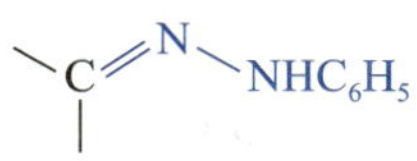	苯腙
$NHCONH_2$	氨基脲	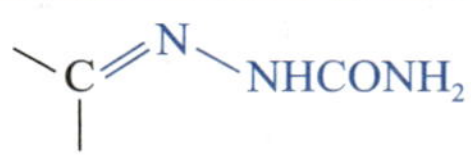	缩胺脲

亚胺的形成经过了亲核加成和脱水两个反应。第一步是氨基进攻羰基碳原子，经过质子迁移得到中性的加成中间体。该中间体不稳定，易脱水形成亚胺产物。整个反应结果相当于羰基氧原子被氮原子取代了。亚胺具有顺反异构体，在一定条件下可以转化，一般情况下反式较稳定。其他氨基衍生物的反应机理与此类似。

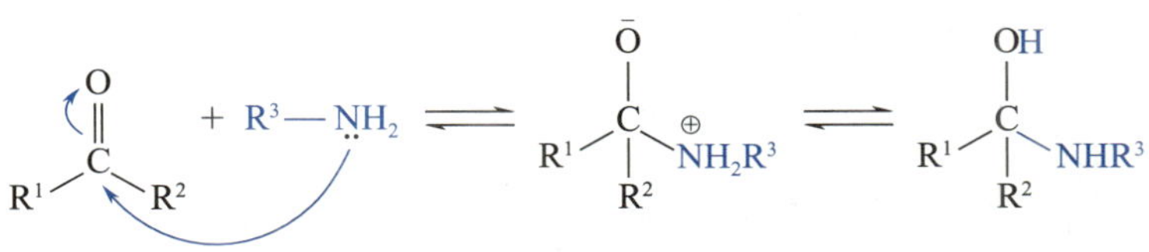

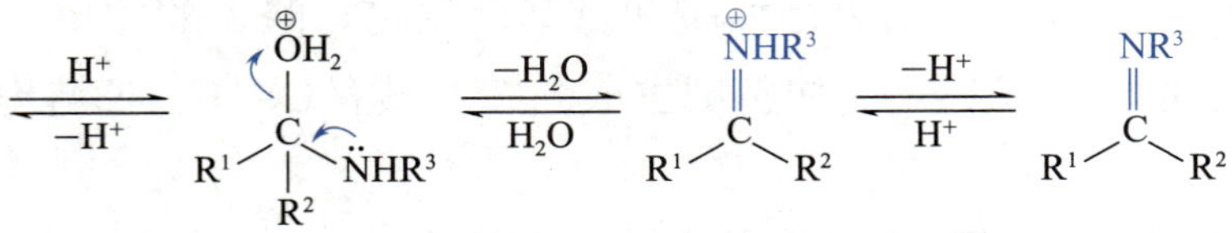

因为氮的碱性和亲核性均强于氧，反应平衡有利于加成产物的形成。此外，由于亚胺类化合物沉淀析出或可移去反应中生成的水，反应不断向生成亚胺类产物方向进行。反应中需要小心控制pH，适量的酸将有利于脱水反应进行，但若酸性太强，则将导致亲核试剂的氨基质子化而丧失亲核活性；反应的最适宜的pH可以通过测定不同pH下的反应速率而确定；一般情况下，pH值控制在4.5左右较为合适。

醛、酮与伯胺及其他氨基衍生物的反应也是可逆的。例如，在酸性水溶液中亚胺可以水解生成原来的醛、酮。

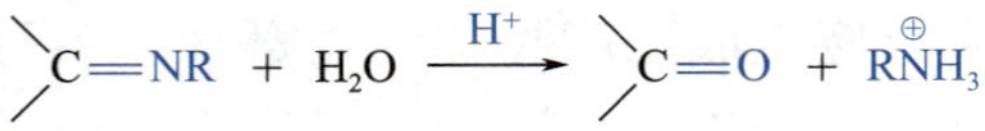

9.4.2 与仲胺的加成反应

醛、酮与仲胺的反应也经过亲核加成与脱水过程。由于仲胺的氮原子上只有一个氢原子，亲核加成后得到的中性α-羟基胺中间体的氮原子上没有氢原子，因此，脱去水分子后，首先形成亚铵正离子，随后再从原羰基的α-C上脱去质子，最终形成烯胺。

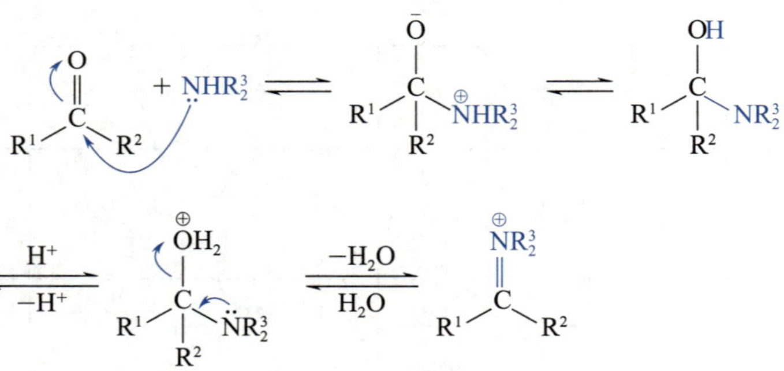

若R^1或R^2为$R^4-\underset{R^5}{\overset{H}{C}}-$，则：

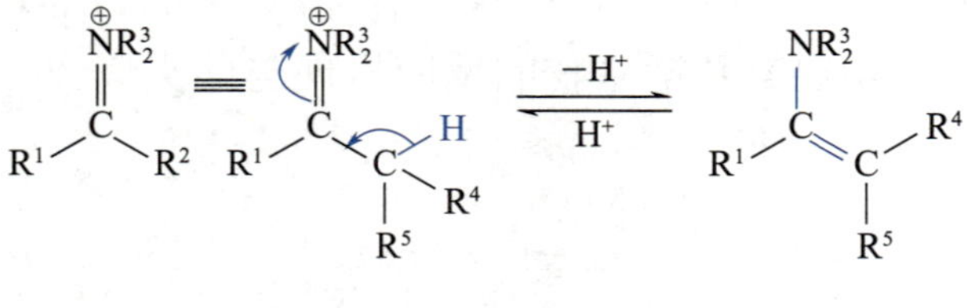

这个反应也是可逆的。烯胺在酸性条件下水解可以生成原来的醛、酮。例如：

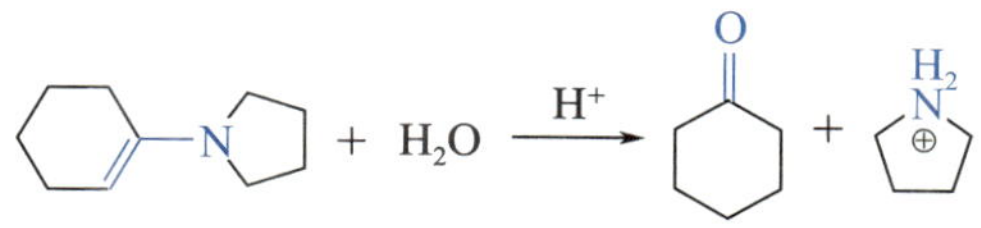

醛、酮可以通过烯胺进行α-烷基化和α-酰基化反应，在合成中应用很广。

9.5 与含氧、含硫亲核试剂的亲核加成反应

9.5.1 与水的加成

醛、酮与水的加成形成水合物。水合醛、酮分子在同一个碳原子上有两个羟基，因此水合醛、水合酮又可称为偕二醇。

水是一个弱的亲核试剂，与羰基的加成需要酸或碱催化。酸碱催化的反应机理不同：酸催化下，羰基氧原子首先质子化以提高羰基碳原子的正电性，随后水分子中的氧原子对羰基碳原子发起亲核进攻，脱去质子后形成偕二醇；碱催化下，氢氧根离子中的氧原子对羰基碳原子发起亲核进攻，形成的氧负离子夺取水中的氢原子形成偕二醇。

醛、酮的水合反应是可逆反应。酸碱催化虽然可以加快反应达到平衡的速率，但不能改变可逆反应的平衡常数。大多数醛、酮的水合物不稳定，它们的水合反应平衡常数很小。例如，丙酮水合反应达到平衡时只有0.2%的丙酮转化为水合物。目前普遍认为空间位阻和电子效应是水合物不稳定的主要原因。从甲醛到乙醛再到丙酮，分子中的烷基增多，烷基的给电子作用使得羰基的亲核活性降低，形成水合物的难度也增加。此外，醛、酮转变成水合物，羰基碳原子从sp^2杂化状态转变成sp^3杂化状态，羰基上的烷基增多也使水合物中的各基团空间位阻增大，不利于水合物的稳定。因此，从甲醛到乙醛再到丙酮，水合平衡常数逐渐减小。带有强吸电子基的醛（如三氟乙醛、三氯乙醛）则可以形成稳定的水合物。

$$HCHO + H_2O \rightleftharpoons CH_2(OH)_2 \quad 100\%$$

$$CH_3CHO + H_2O \rightleftharpoons CH_3CH(OH)_2 \quad 约58\%$$

$$(CH_3)_2CO + H_2O \rightleftharpoons (CH_3)_2C(OH)_2 \quad 约0.2\%$$

$$Cl_3CCHO + H_2O \rightleftharpoons Cl_3CCH(OH)_2 \quad 三氯乙醛水合物(安眠药)$$

丙酮的水合反应平衡常数特别小，水合物的存在难以测定，但是可以通过同位素实验测定证实水合反应的发生。具体实验为：将丙酮加入^{18}O标记的水中，待反应平衡后，分离丙酮。如果不存在水合反应平衡，就不可能测定出^{18}O标记的丙酮。

乙醛的水合反应是可逆的，形成的水化物很不稳定，只能存在于稀水溶液中。而三氯乙醛的水合反应则比较容易进行，能生成稳定的水合物并能离析和长期存在。这主要是三氯甲基强烈的吸电子诱导效应使羰基碳原子成为较强的正电荷中心，亲核试剂更易进攻，同时水合三氯乙醛因形成氢键也增加了其稳定性。

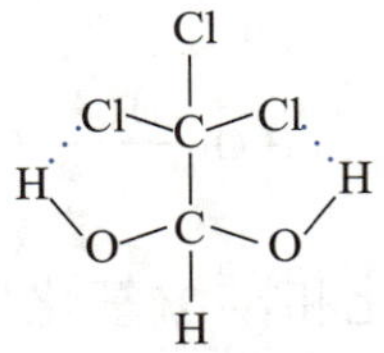

9.5.2 与醇的加成

醛、酮与等物质的量的醇反应生成半缩醛或半缩酮，随后可以继续与另外等物质的量的醇反应生成缩醛或缩酮：

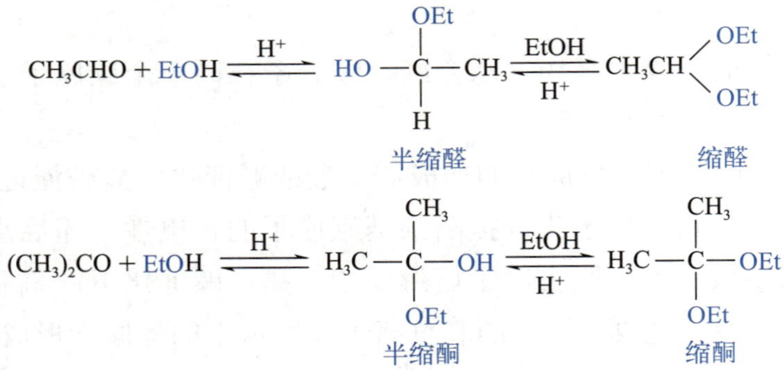

这个反应需要在固体酸或无水酸催化条件下进行。反应机理与酸性条件下水合反应类似。以下以形成半缩酮和缩酮的反应为例说明：

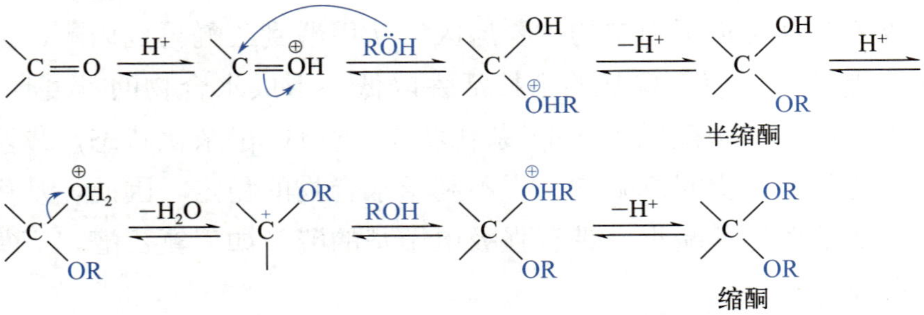

首先是羰基的氧原子质子化，质子化后的羰基碳原子的电子云密度进一步降低，从而容易接受中性亲核试剂醇分子的进攻，然后脱去质子生成半缩酮。半缩酮的羟基在酸性条件下质子化脱水，形成碳正离子，再接受第二分子醇的进攻，最后脱质子生成缩酮。醛、酮与醇的反应是可逆反应。为提高缩醛（酮）的产率，常采用将反应产生的水从体系中移去的方法，如使用回流和油水分离器装置移去反应中生成的水。反应一般采用固体酸（如对甲苯磺酸），或无水酸（如干燥氯化氢气体）作催化剂。例如：

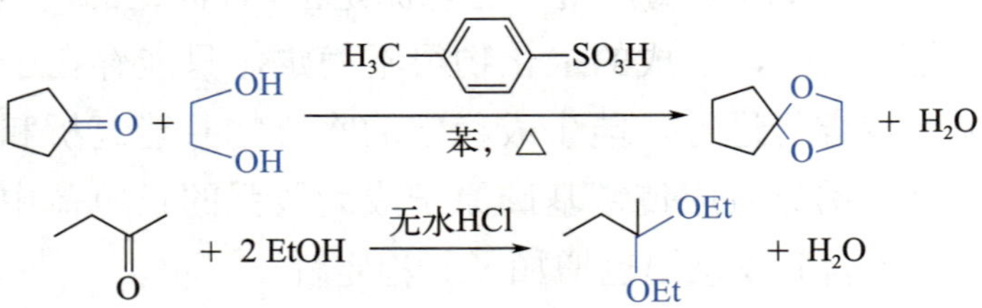

缩醛和缩酮在碱性条件下稳定，但在酸性水溶液中加热又恢复到醛、酮。因此，可以利用该反应保护醛、酮的羰基。例如，要还原β-羰基酯中的酯基而不还原酮羰基，很难用直接还原的方法实现，因为酮羰基的反应活性比酯基更高，只能得到两个羰基同时还原的产物或者酮羰基还原的产物。

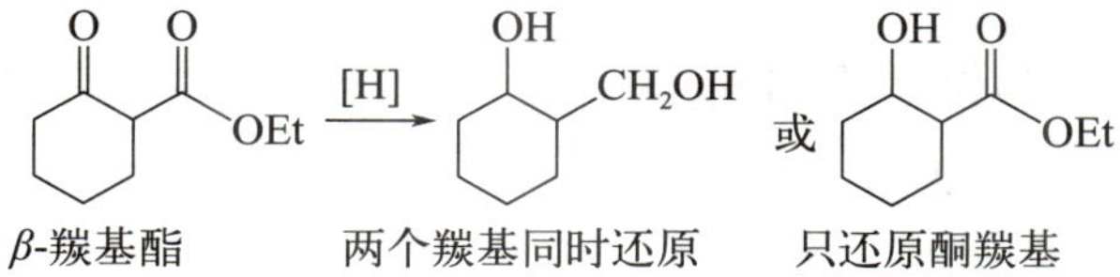

若采用先将酮羰基转化为缩酮，再还原酯基，最后水解恢复酮羰基的合成路线，就可以实现选择性还原酯基而不还原酮羰基。

选择性还原β-羰基酯的酯基

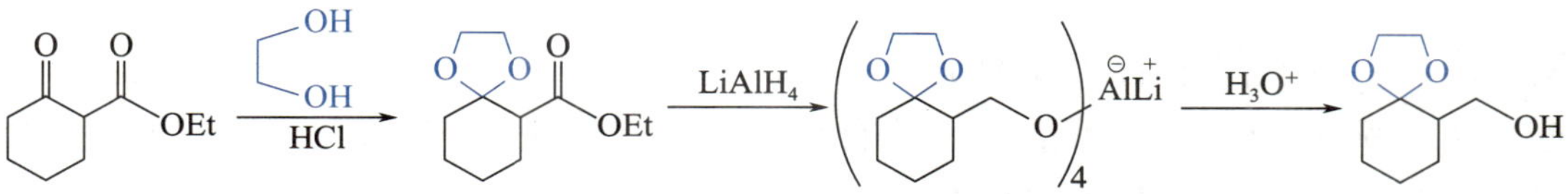

缩醛（酮）可以用于产品的改性。例如，聚乙烯醇中含有许多亲水的羟基，不能作为合成纤维使用，为了提高其耐水性，在酸催化下用甲醛使其部分缩醛化，就能得到性能优良的合成纤维——“维尼纶”。

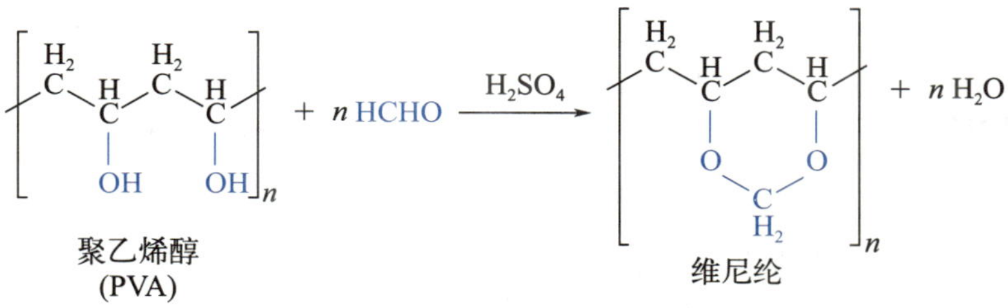

9.5.3　与硫醇的加成

与醇的反应类似，醛、酮与硫醇反应可以生成缩硫醛和缩硫酮。

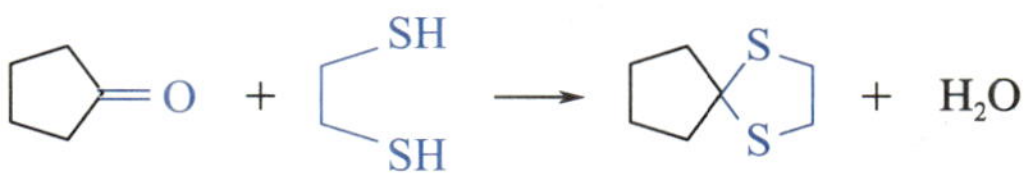

缩硫醛和缩硫酮水解为醛和酮较困难，但可以在Raney Ni催化下氢解还原，从而将C—S键还原成C—H键。

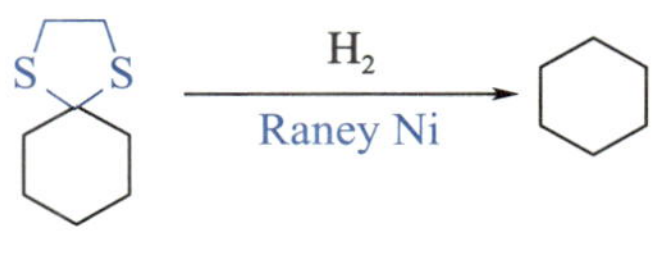

以上两个反应的组合为羰基还原成亚甲基提供了一个新的方法，此法可在中性条件

下将羰基还原成亚甲基，是克莱门森（Clemmensen）还原法和沃尔夫-凯惜纳-黄鸣龙（Wolff-Kishner-黄鸣龙）还原法的补充。

9.5.4　与饱和亚硫酸氢钠溶液的反应

醛和某些活泼酮可以与饱和亚硫酸氢钠溶液反应生成稳定的加成物。通常采用过量的饱和亚硫酸氢钠溶液与醛或酮一起振荡，可以较完全地得到醛或酮与亚硫酸氢钠的加成物。

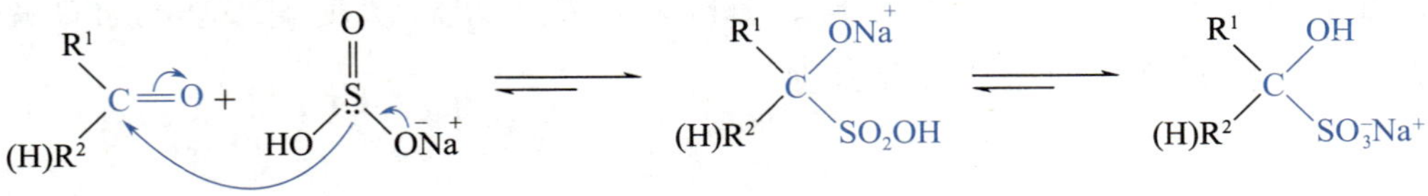

醛或酮与亚硫酸氢钠的加成物是α-羟基磺酸钠盐。它溶于水，不溶于乙醚。利用这个反应可以将醛或酮与其他不溶于水的有机物分离。这个反应是可逆的，当用酸或碱处理时，亚硫酸氢钠不断转化为亚硫酸或亚硫酸钠，平衡逆向移动，加成物分解成原来的醛或酮。

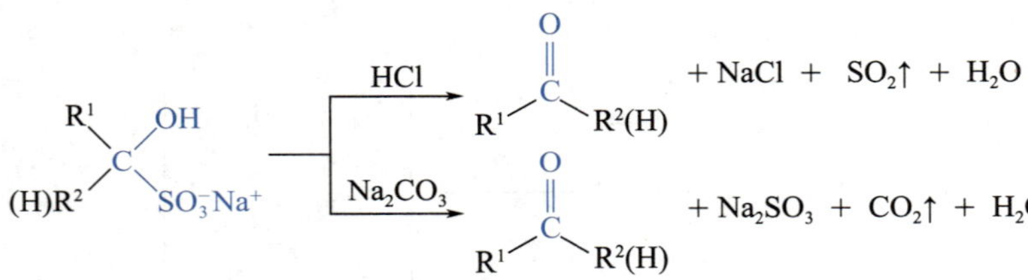

空间位阻较大的酮难以发生这类加成反应。一般只有脂肪甲基酮、C_8以下环酮较容易反应。苯乙酮虽然也是甲基酮，但因苯基体积大，加成产物的产率很低。

香茅油中约有40%的香茅醛（用于配制柑橘味型和樱桃味型香精），其粗产品提纯过程如下：

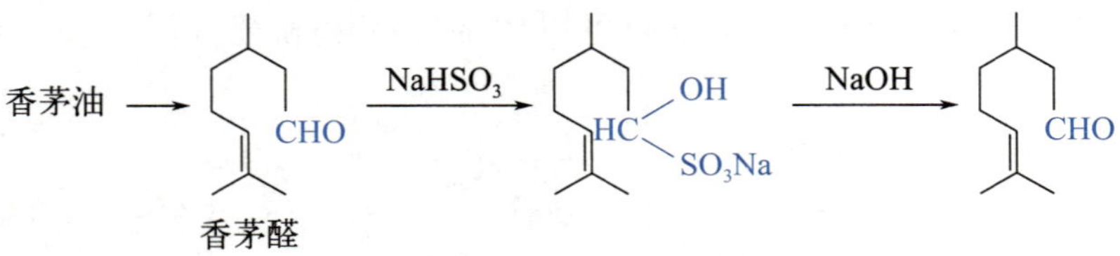

将α-羟基磺酸钠盐与等物质的量NaCN混合，可以生成α-羟基腈，工业上用这种方法由醛、酮间接合成α-羟腈，避免使用剧毒的HCN。

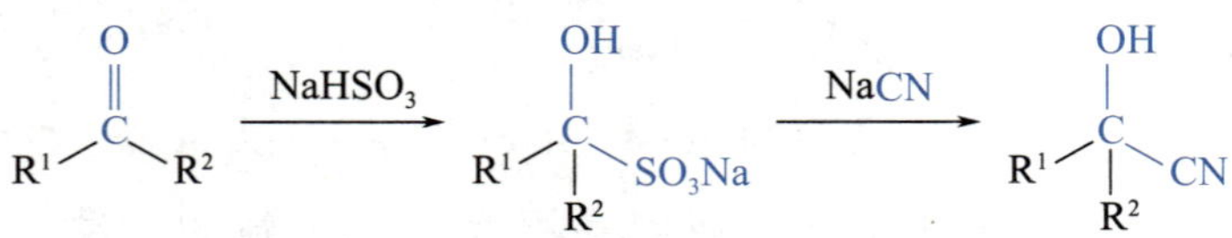

9.6 α, β- 不饱和羰基化合物的亲核加成反应

由于共轭烯烃的亲电加成反应生成的碳正离子中间体与双键共轭，可能得到1,2- 和1,4- 两种加成产物。通常一个为动力学因素控制产物，一个为热力学因素控制产物。究竟哪一个是动力学产物，哪一个是热力学产物，则由共轭烯烃的结构决定。如丁 -1,3- 二烯的1,2- 加成产物是动力学因素控制产物，而4- 甲基 - 戊 -1,3- 二烯与HBr反应的1,2- 加成产物为热力学产物。

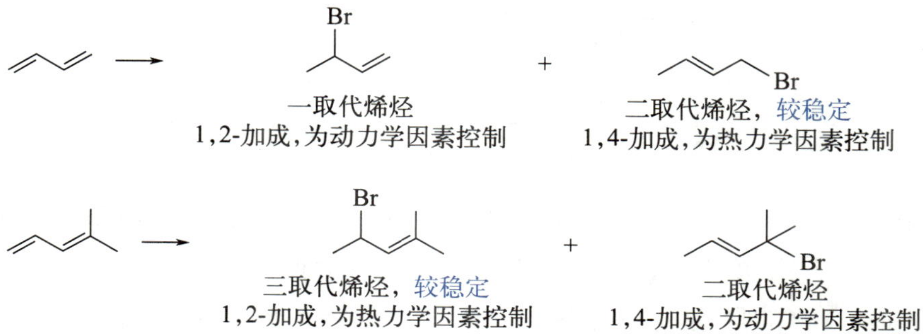

α,β- 不饱和羰基化合物具有类似的共轭结构特征，它们的共振结构式显示具有两个亲电中心，即羰基碳原子和β-C。这就意味着亲核试剂既可以进攻羰基碳原子，也可以进攻β-C。

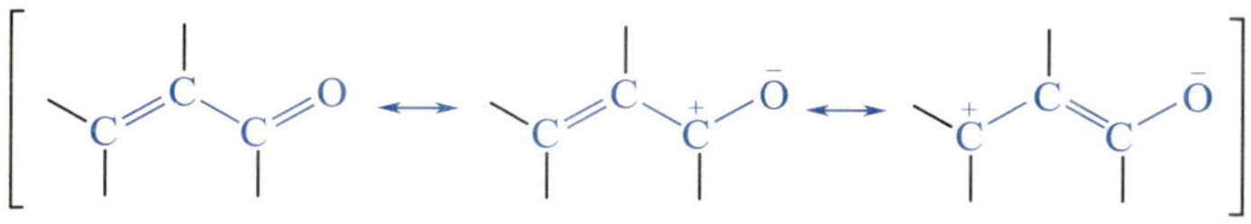

亲核试剂进攻羰基碳原子的加成反应称为直接加成或1,2- 加成。亲核试剂进攻β-C的加成反应称为共轭加成，也称为1,4- 加成。

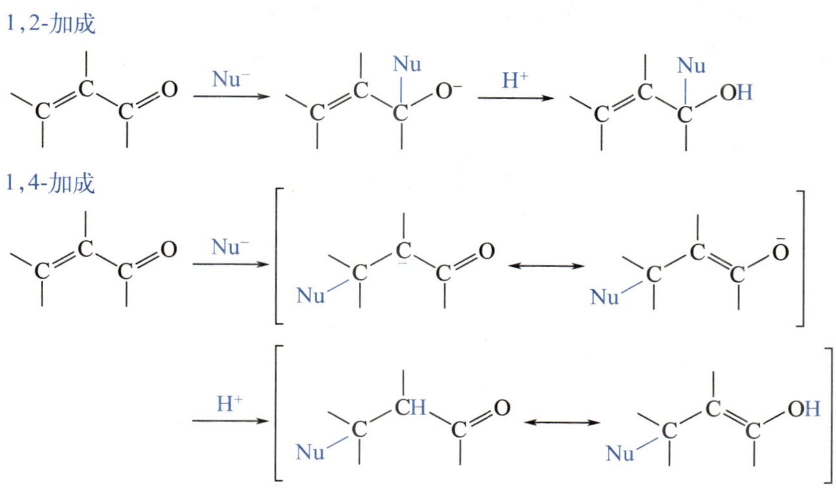

一般而言，强碱性的亲核试剂倾向于生成1,2-加成产物，弱碱性的亲核试剂则倾向于生成1,4-加成产物。例如，有机锂试剂和负氢试剂一般得到1,2-加成产物，而有机铜锂试剂、氰基负离子、胺和硫醇的加成则以1,4-加成产物为主。

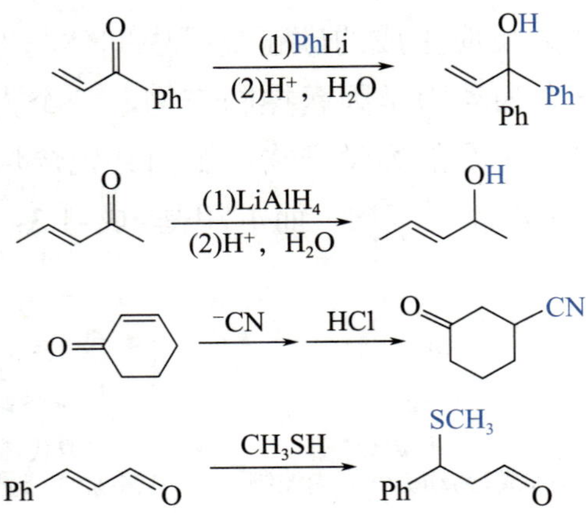

为什么强碱性亲核试剂容易形成直接加成产物，而弱碱性亲核试剂则容易形成共轭加成产物？原因在于亲核试剂直接进攻羰基碳原子的速率高于进攻β-C的速率，而进攻β-C形成1,4-加成产物的反应是不可逆的。因此，最终形成1,2-加成产物还是1,4-加成产物将取决于1,2-加成的可逆程度。亲核试剂碱性强，加成后不易离去，使1,2-加成为不可逆过程，此时的反应产物以形成速率较快的1,2-加成产物为主。相反，如果亲核试剂的碱性弱，它们往往又是较好的离去基团，此时1,2-加成为可逆反应，最终因1,4-加成的不可逆而成为主要反应。

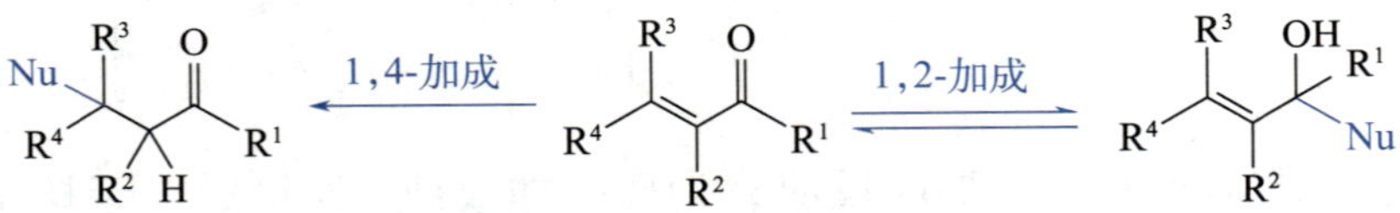

除了亲核试剂的碱性会影响1,2-加成和1,4-加成的选择性外，空间位阻对1,2-加成和1,4-加成选择性也有影响。格氏试剂是强碱，它们与α,β-不饱和醛、环状α,β-不饱和酮加成时，因醛羰基和环酮羰基位阻较小，主要得到1,2-加成产物。例如：

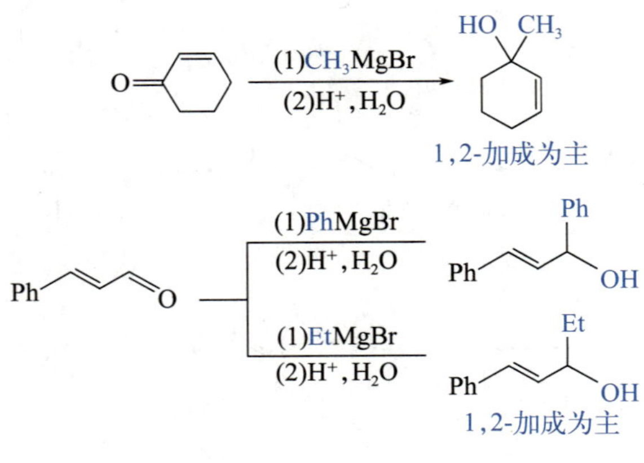

但是，当格氏试剂与α,β-不饱和酮加成时，酮羰基位阻较大，则以1,4-加成为主。例如：

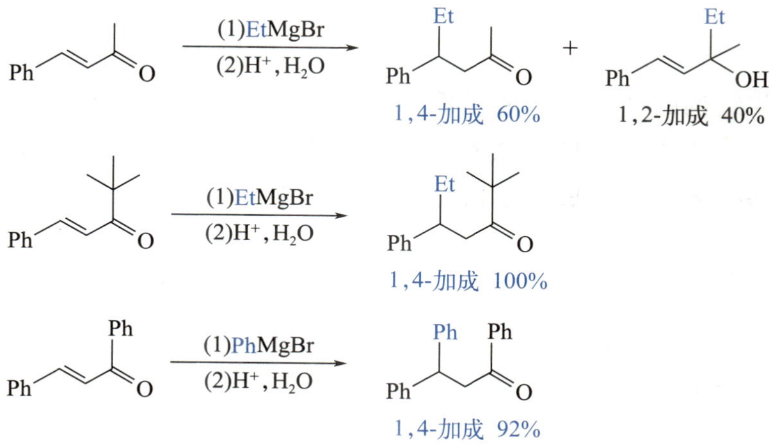

若β-C上烃基较大，且格氏试剂的烃基也大，则主要产物以1,2-加成为主。例如：

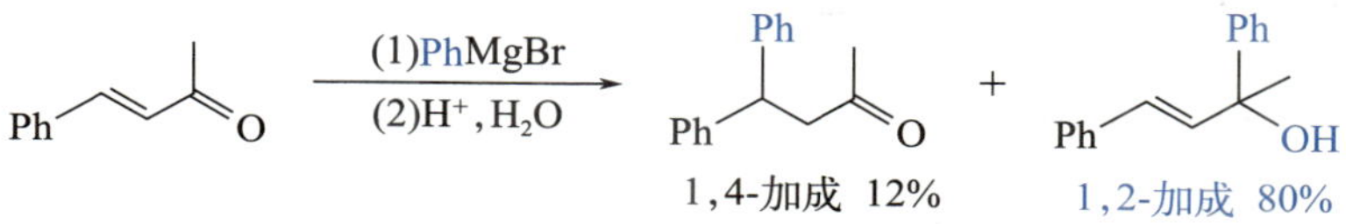

不同有机金属试剂的1,2-加成和1,4-加成选择性不同。**有机锂试剂的反应以1,2-加成为主，烷基铜锂试剂则以1,4-加成为主。**

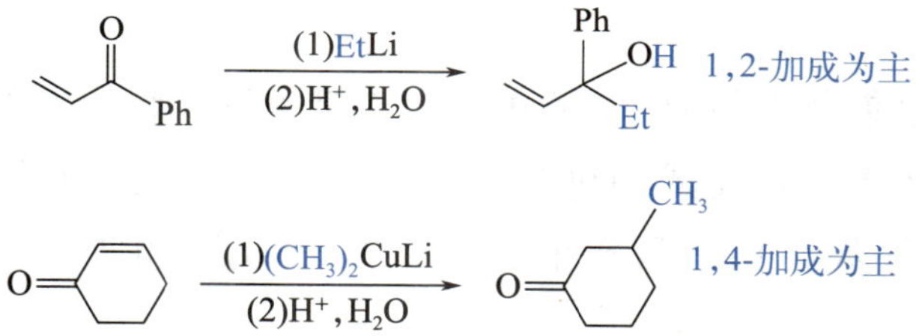

醌实质上是α,β-不饱和酮，因此它也能发生亲核加成反应。例如：

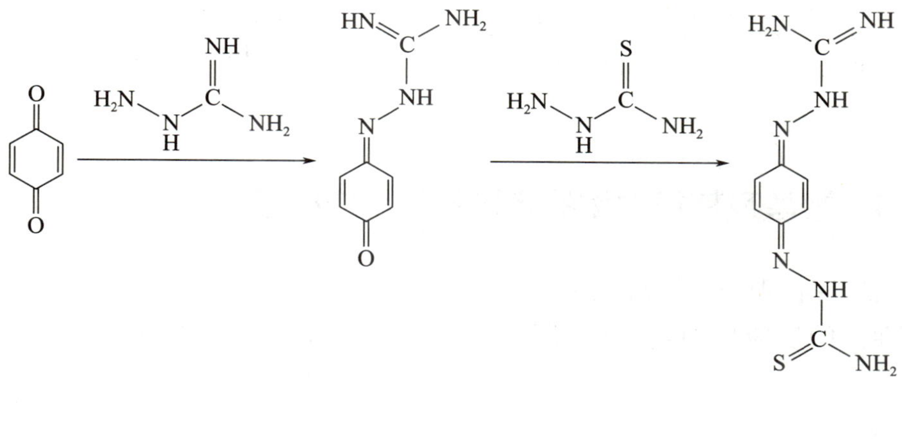

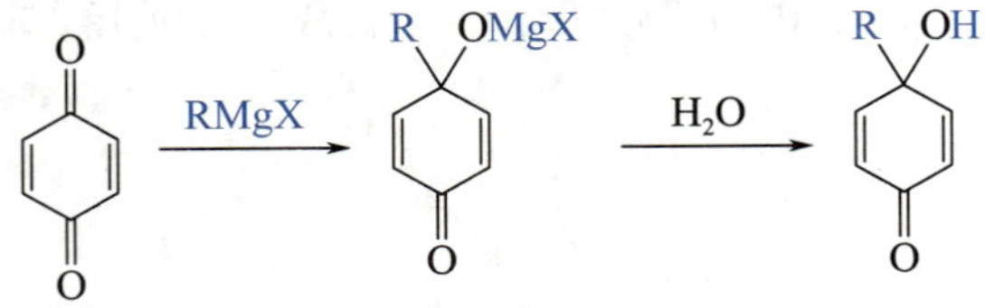

不过，由于醌结构的特殊性，通过烯醇-酮式互变即可转化为酚（具有芳香性）。例如，上述对苯醌与一当量羟胺的加成物以及与一当量格氏试剂的加成物都可能进行互变异构或重排分别转化为对亚硝基苯酚和取代对苯二酚。

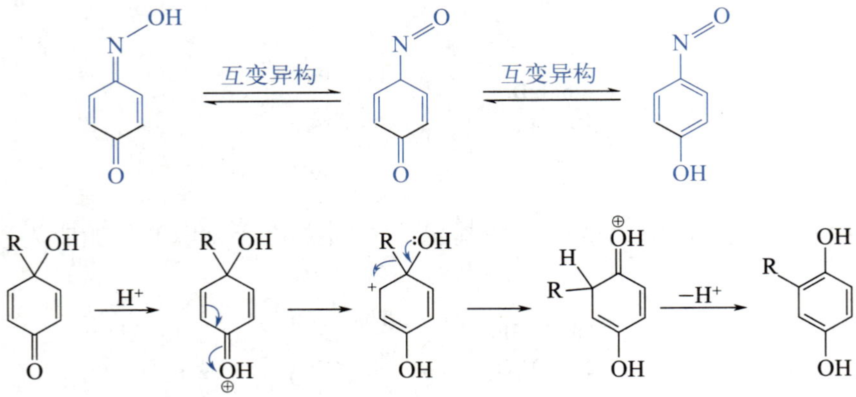

9.7 羧酸及羧酸衍生物的亲核取代反应

相比于醛、酮，羧酸及羧酸衍生物的羰基上连接了碱性较弱的基团（—X、—OCOR、—OH、—OR 或—NR_2），亲核试剂进攻羰基碳原子后，这些基团可以以阴离子或分子的形式离去并恢复羰基结构。反应的最终结果是经过加成-消除机理得到亲核取代产物。

酰卤和酯与有机金属试剂形成酮的反应也是一种亲核取代反应。

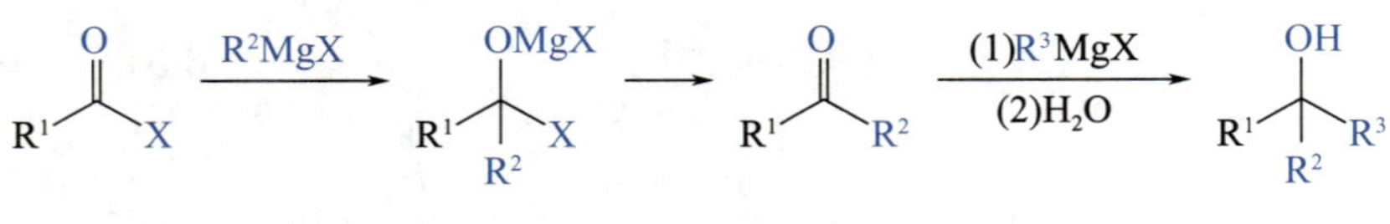

9.7.1 羧酸及其衍生物的亲核取代反应机理

亲核取代反应机理在不同酸碱性条件下有所不同。

碱性条件下的反应机理是：负离子亲核试剂进攻羰基碳形成四面体结构后，离去基团随即离去。

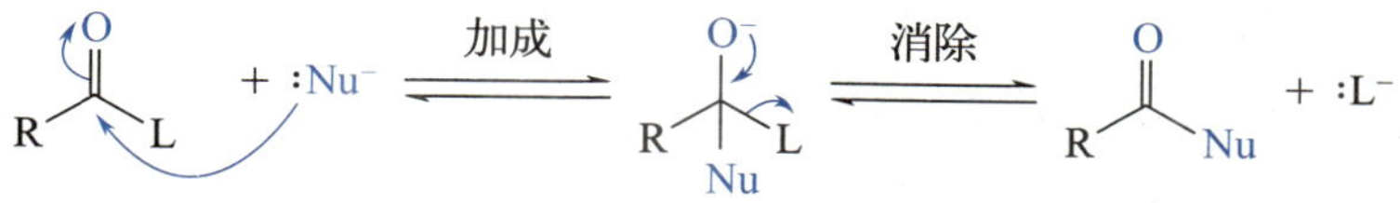

酸性条件下的反应机理是：羰基首先质子化，随后中性（弱）亲核试剂对羰基进行亲核加成，得到的四面体加成产物再在酸催化下发生消除反应，最终得到取代产物。

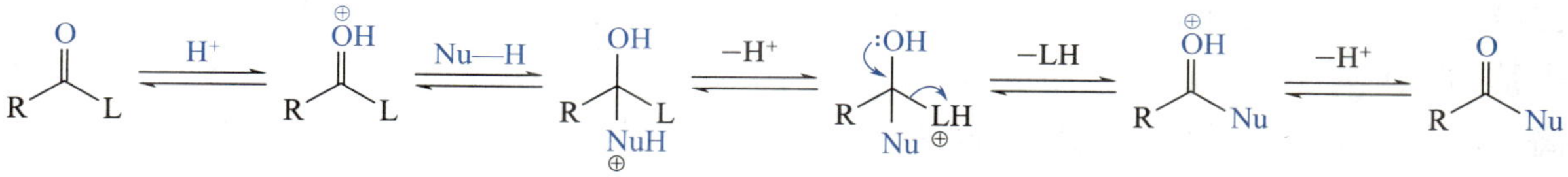

9.7.2　羧酸及其衍生物的亲核取代反应活性

羰基化合物的结构对亲核取代反应活性具有重要影响。根据羰基碳原子的缺电子程度，可以得出羰基化合物接受亲核试剂进攻的反应活性顺序为：酰卤＞酸酐＞羧酸酯≈羧酸＞酰胺。

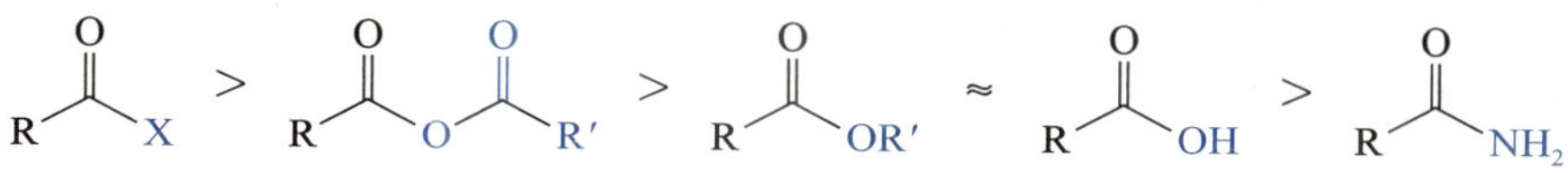

此外，离去基团的离去能力大小也将影响亲核取代反应活性。常见几类化合物的酸性强弱顺序是 HX＞RCOOH＞ROH≈H_2O＞R_2NH，因此它们的共轭碱碱性强弱顺序为：X^-＜$RCOO^-$＜RO^-≈OH^-＜R_2N^-。碱性越弱的亲核试剂，离去倾向越大。由此得出的羧酸及其衍生物发生亲核取代反应的活性顺序与上述顺序一致。另外，硫醇酯（RCOSR′）的反应活性与酸酐相当，而羧基负离子的活性最低。

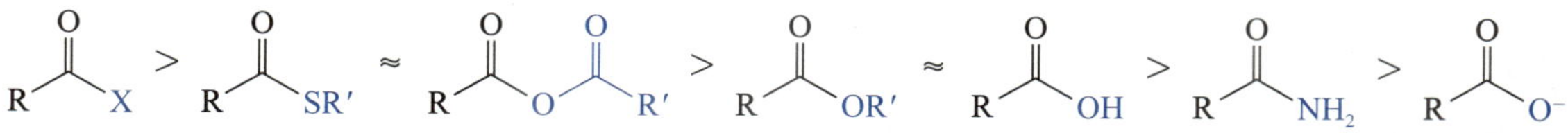

在羧酸及其衍生物的亲核取代反应中，一般是反应活性高的转化为反应活性低的，同样条件下，反应活性低的则较难逆转为反应活性高的。例如，酰胺可以很容易地从酰卤通过亲核取代反应制得，但酰氯却无法由酰胺直接转化而得。不过羧酸衍生物均可以在碱性或酸性条件下水解得到羧酸或羧酸根负离子。而羧酸又可以在一定条件下转化为酰卤或酸酐。最终，羧酸衍生物可以通过羧酸进行相互转化。

9.7.3　羧酸衍生物的相互转化——通过酰基的亲核取代反应

9.7.3.1　羧酸衍生物的水解

所有的羧酸衍生物及腈均可以在碱性或酸性条件下的水解转化为羧酸。其中，酰卤的反应活性最高，酸酐次之，一般不需要酸碱催化即可进行，并且多数酰卤和酸酐在空气中湿气的作用下即可水解，因此它们需要在干燥的条件下保存。相比之下，酯、酰胺及腈的反应活性不够高，它们的水解需要在酸碱催化和加热条件下进行。

下面以酯的水解反应为例，分析碱性或酸性条件下的水解机理。

在碱性条件下，氢氧负离子进攻羰基碳原子形成四面体中间体。这个中间体可能发生两个反应：一是断裂C—OH键恢复到起始物，二是断裂C—OR键生成羧酸。由于离去基团RO^-是一个比羧酸根负离子强的碱，所以几乎可以定量地将羧酸转化为羧酸根负离子，推动平衡向着水解反应方向进行。总的结果是，这个反应中需要等物质的量的碱将羧酸转化为羧酸根负离子。

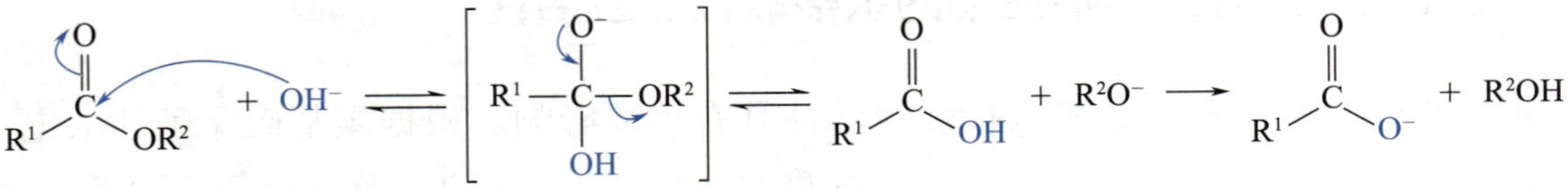

在酸性条件下，酯的水解是可逆反应。与碱性条件的反应机理相比，主要的不同之处在于羰基将首先质子化，以增加羰基碳原子接受亲核试剂进攻的活性。此外，反应过程中出现了多次质子转移过程。

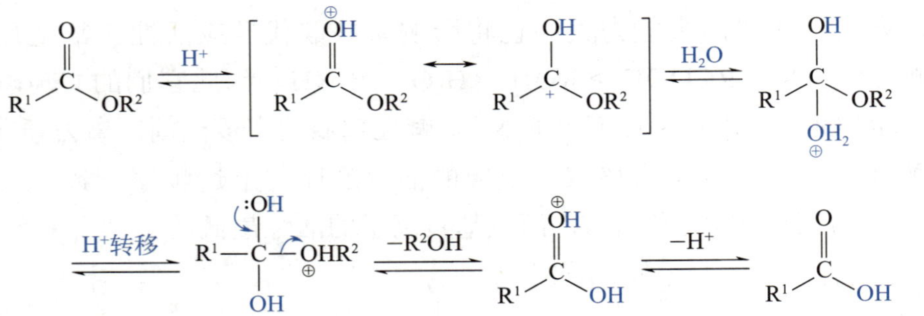

酰胺和腈的水解反应机理与此类似。

试写出酰胺和腈在酸性条件和碱性条件下水解的反应机理。

9.7.3.2 羧酸及其羧酸衍生物与醇和氨（胺）的反应

几乎所有羧酸和羧酸衍生物均可与醇或氨（胺）反应生成酯或酰胺。

与水解反应相似，酰卤和酸酐与醇或氨（胺）的反应很容易进行，这是合成酯和酰胺的重要方法。由于反应中有盐酸或羧酸生成，常在反应中加入一些碱，如吡啶、三级胺等，一方面中和酸，另一方面也起到一定的催化作用。

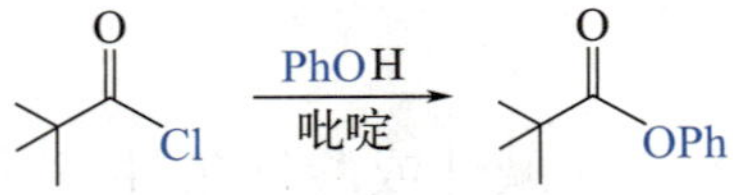

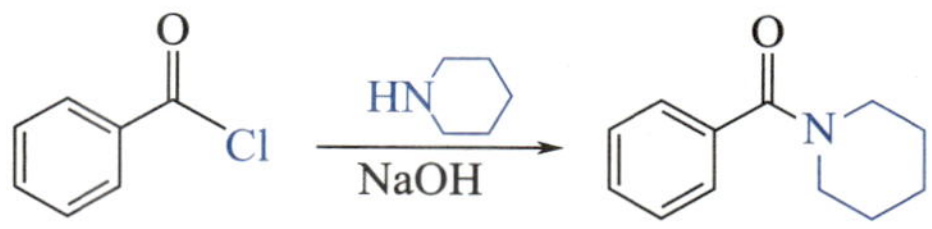

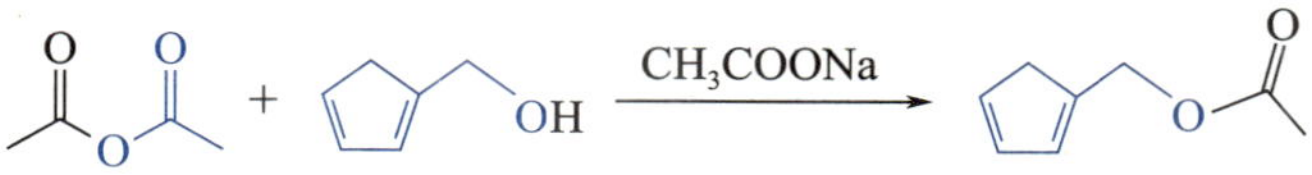

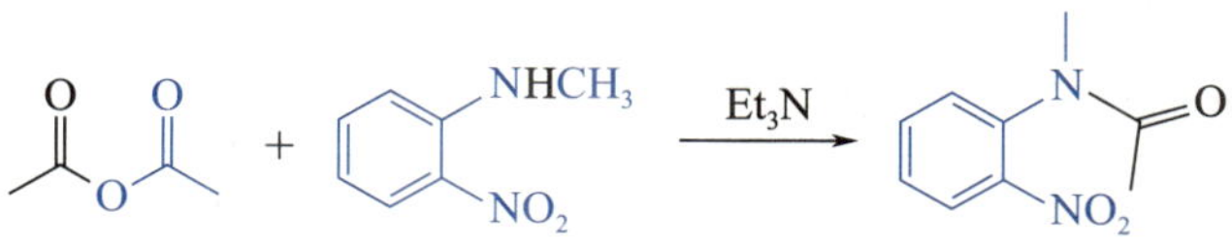

羧酸与醇的反应是可逆的，常需要酸催化，并不断从体系中移除产物水或酯以促使平衡向形成酯的方向进行。

$$CH_3COOH + CH_3(CH_2)_3OH \xrightleftharpoons[\triangle]{H^+} CH_3COO(CH_2)_3CH_3 + H_2O$$

羧酸与氨（胺）的反应首先形成铵盐，经加热脱水得到酰胺。

$$R^1COOH + NHR^2R^3 \longrightarrow R^1CO\overset{-}{O}\overset{\oplus}{N}H_2R^2R^3 \xrightarrow{\triangle} R^1CONHR^2R^3$$

由于羧酸活性不够高，合成中更多采用酰卤或酸酐与醇或胺反应来制备酯或酰胺。

酯与醇发生酯交换反应，实现了酯中烷氧基的转化。例如：

$$RCOOCH_3 + C_2H_5OH \xrightleftharpoons{H^+} RCOOC_2H_5 + CH_3OH$$

当两种酯的反应活性及稳定性相当时，影响上述平衡的关键因素在于醇的浓度。可以采用增加或降低某种醇的浓度的方法促使平衡向预期的方向进行。若其中一种醇的沸点较低，可以通过蒸馏的方法移去，使平衡向高沸点醇的方向进行。合成中常用甲酯进行酯交换反应就利用了此原理。

酯可以与氨或胺反应，也可以与肼和羟胺反应。

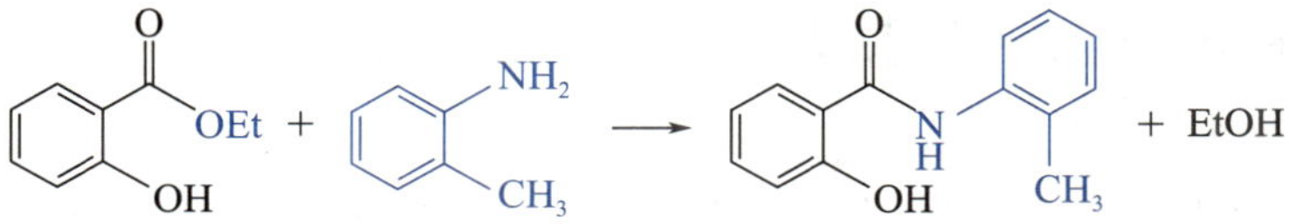

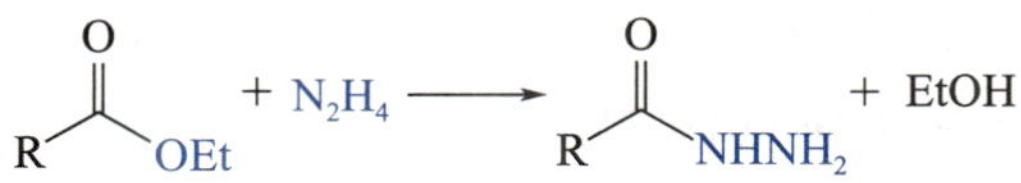

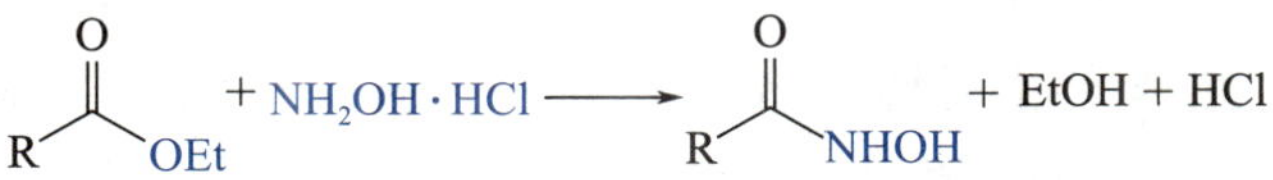

腈在无水氯化氢存在下与醇反应，可以得到亚胺酯的盐酸盐，进一步水解可以得到

羧酸酯。例如：

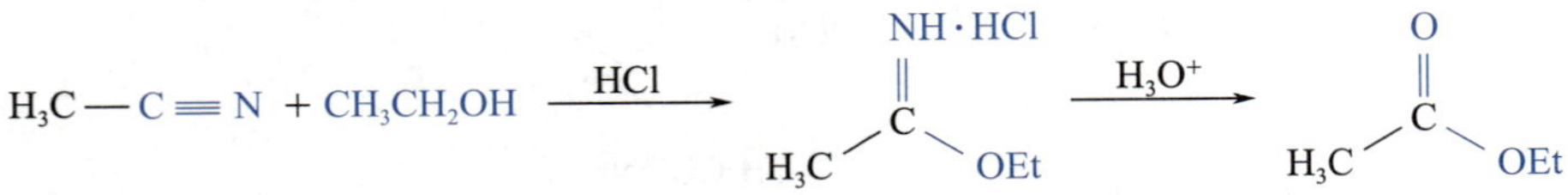

酰胺也可进行胺交换反应。例如：

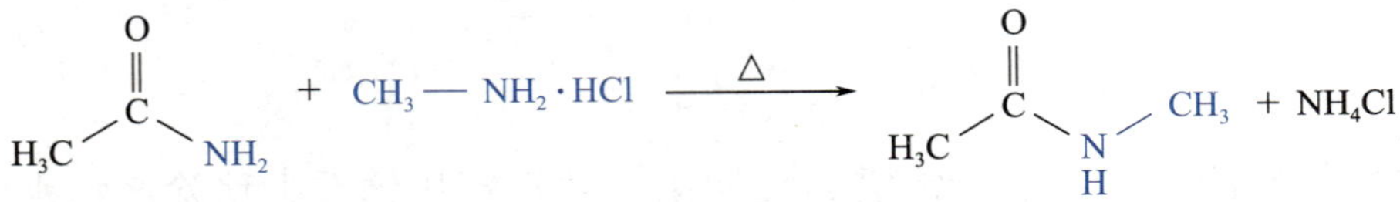

9.7.4 酰氯的制备

酰卤是所有羧酸衍生物中反应活性最高的，故不能通过羧酸、酸酐、酯或酰胺等直接与卤负离子的亲核取代反应制备。故 OH^-、$RCOO^-$、RO^-、RNH^- 等基团的离去倾向均弱于 X^-。

羧酸与二氯亚砜（$SOCl_2$）、三氯化磷（PCl_3）或五氯化磷（PCl_5）反应是制备酰卤的常用方法。

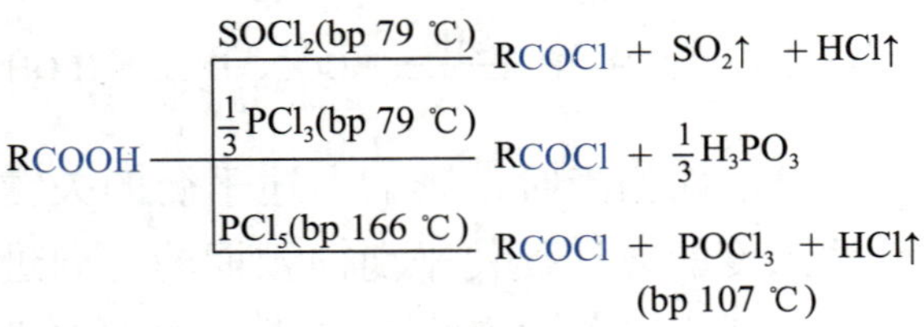

上述反应中，羧酸与二氯亚砜的反应应用最广泛。因为反应产物中除酰卤外均为气体，且二氯亚砜自身沸点很低，反应可以直接在过量二氯亚砜中进行，随后通过蒸馏除去二氯亚砜即可得到酰氯，进而制备酯和酰胺。酰氯如需进一步纯化，只能采取减压蒸馏的方法。因为酰卤不稳定，易水解，很多常用的分离纯化方法如萃取法、色谱分离法都不能使用。

羧酸与二氯亚砜、三氯化磷或五氯化磷反应的结果表现为羧酸的羟基被氯原子取代，但是实际反应并不是氯负离子直接对羧基碳原子进行亲核取代。例如，羧酸与 $SOCl_2$ 反应，首先是羧酸中羟基氧作为亲核试剂进攻二氯亚砜的硫原子，形成四价硫中间体，随后脱质子、脱去氯负离子得到氯代亚硫酸与羧酸的混合酐。经过这个转化，原来羧酸中不好的离去基团羟基转化成容易离去的氯代亚硫酰氧基（ClSOO—）。此时，体系中的氯负离子再进攻该混合酐的羰基碳原子，随后失去二氧化硫和氯负离子，得到产物酰氯。

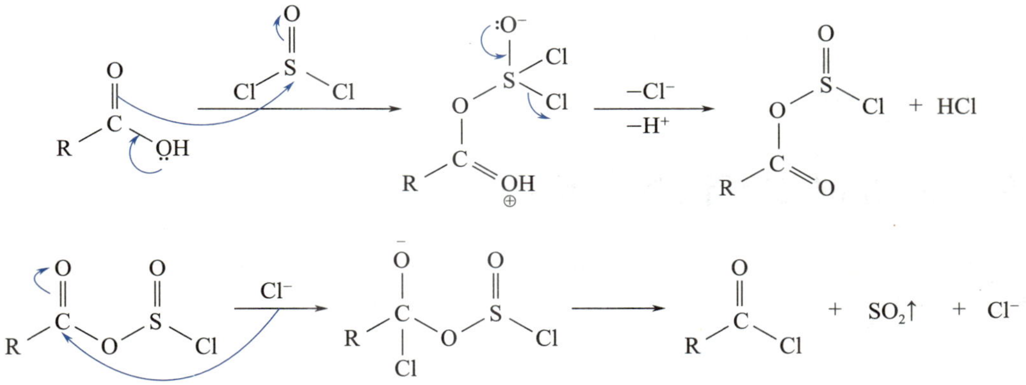

9.7.5　酸酐的制备

酸酐的反应活性也很高，常用于制备酯和酰胺。酸酐的制备主要有两种方法：其一为酰氯与羧酸钠盐反应，其二为羧酸失水。

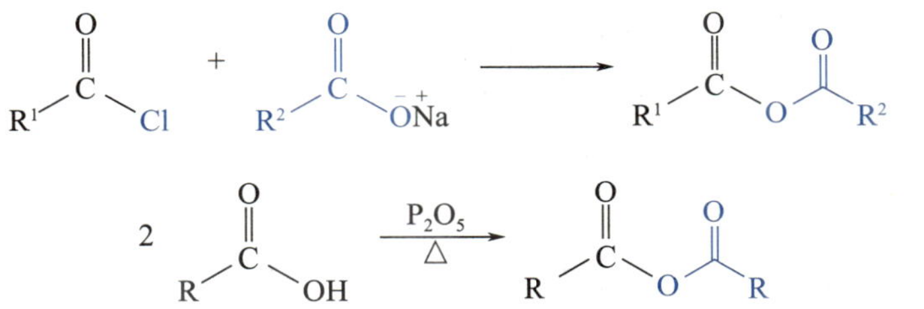

第一种方法适用于混合酸酐的制备，第二种方法适用于同种酸的反应或部分二元酸形成五元环、六元环的环状酸酐。在羧酸失水生成酸酐的反应中，除了加热的方法外，还可以在加热的同时，使用一定量的脱水剂，如五氧化二磷（P_2O_5）等。例如，丙酸钠与乙酰氯反应生成乙丙酐，顺丁烯二酸在加热条件下可以脱水成酐，戊二酸在五氧化二磷作用下加热脱水成酐。

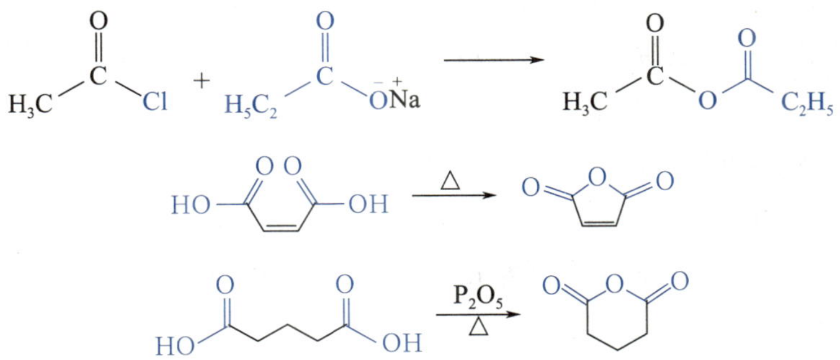

沸点比乙酸高的酸酐还可以通过羧酸与乙酸酐加热转化而制得。

$$2\,RCOOH + (CH_3CO)_2O \xrightleftharpoons{H_3PO_4} (RCO)_2O + 2\,CH_3COOH$$

工业上通过乙烯酮与乙酸反应生产乙酸酐。

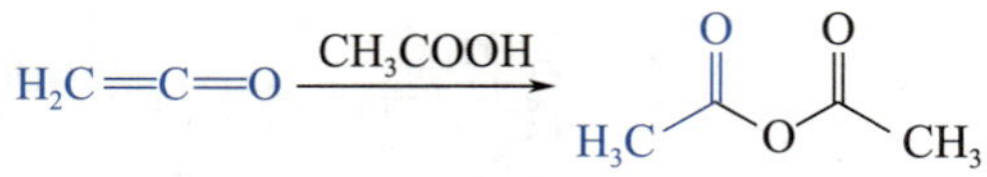

9.7.6 羧酸及其衍生物的相互转化小结

综上所述，羧酸及其衍生物可以相互转化。图9-1所示为羧酸及其衍生物相互转化关系。

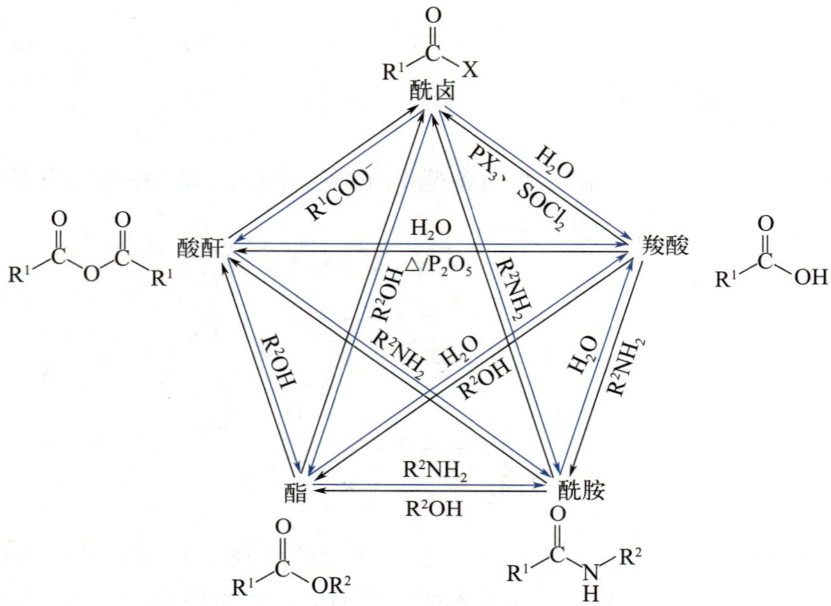

图9-1 羧酸及其衍生物相互转化关系

一般来说，高活性羧酸衍生物可以通过亲核取代反应直接转化为较低活性形式。酰卤最活泼，因此酰卤容易转化为酸酐、羧酸、酯和酰胺，常用于制备酸酐、酯和酰胺。酸酐活性仅低于酰卤，一般容易水解成羧酸，同时也是常用的制备酯和酰胺的方法。羧酸转化成酯的反应常常是可逆的，需要酸催化并不断移走产物以促进平衡的移动。酯交换反应，以及酯与酰胺的相互转化反应往往也是可逆的，为促使平衡朝着生成目标产物的方向进行常采用移走产物的方法。因此常用甲酯进行酯交换反应，因为生成的产物甲醇具有较低的沸点，可以方便地通过蒸馏从反应体系中移去。利用平衡移动方法也可能使活性最低的酰胺与醇反应得到酯。

活性居中的羧酸是各种形式衍生物相互转化的中心纽带。酯和酰胺均能在酸或碱作用下水解为羧酸，而酰卤则常常是通过羧酸与二氯亚砜等试剂作用得到，酸酐则可以通过两分子羧酸在脱水剂存在下加热脱水得到。

第10章 羰基化合物的α-取代反应与缩合反应

羰基化合物除羰基自身接受亲核试剂进攻发生亲核加成反应或亲核取代反应外，还可以在羰基的α-位发生α-取代反应。因羰基自身具有较强的吸电子效应，导致其α-H具有显著酸性，脱去α-H后可以形成与羰基共轭的稳定的碳负离子，此碳负离子可共振为烯醇负离子。

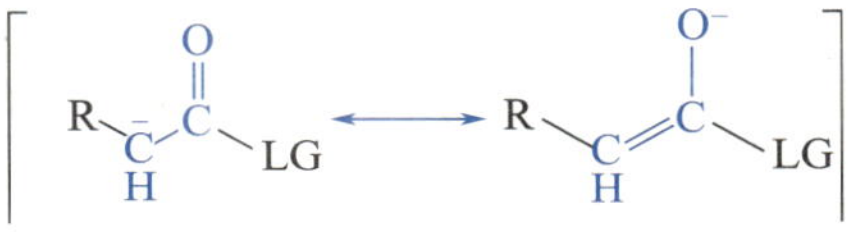

烯醇负离子是富电子基团，可以进行亲核取代反应、亲核加成反应或缩合反应。除羰基化合物外，强吸电子基（如氰基、硝基）的α-H也具有明显的酸性，同样能进行类似的亲核取代反应、亲核加成反应或缩合反应。此类反应均可用于构造C—C键。

10.1 羰基化合物α-H酸性及烯醇（烯醇负离子）的结构与形成

10.1.1 羰基化合物及类似化合物α-H的酸性

羰基、氰基、硝基及其他吸电子基团的α-H比较活泼，具有一定的酸性。通常邻位碳原子的吸电子诱导效应和共轭效应可以使饱和碳原子上氢的酸性增强。

烷烃的pK_a为46～50，烯丙型烃的pK_a为42～44；烯丙型烃酸性增强的原因是其对应碳负离子可与双键共轭分散负电荷而稳定。

醛、酮α-H的pK_a为16～20，因其脱去α-H后形成的碳负离子不仅与羰基双键共轭，且受到羰基的吸电子诱导作用，其负电荷被较大程度地分散，比烯丙型碳负离子更加稳定。

表10-1中的数据表明，硝基的吸电子作用最强、氰基的吸电子作用与酯基相当。因

此，硝基化合物的α-H的酸性很强。例如，硝基乙烷的亚甲基氢的酸性与戊-2,4-二酮相当，二硝基甲烷的pK_a仅有3.6，比乙酸的酸性还强。

表10-1 部分化合物α-H的pK_a值

化合物	pK_a值	化合物	pK_a值
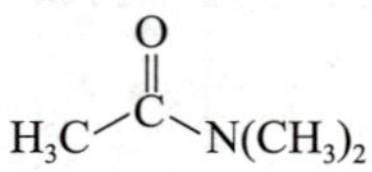	30	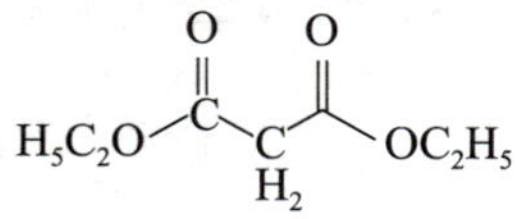	13
$N\equiv C—CH_3$	25	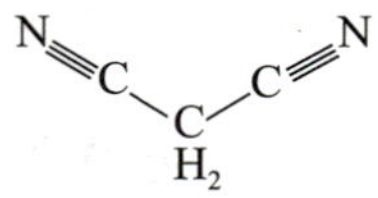	12
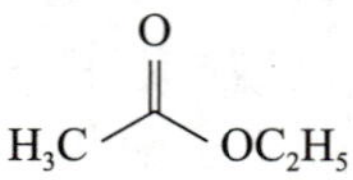	25	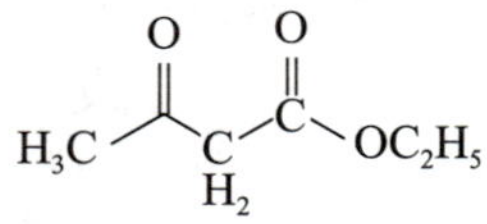	11
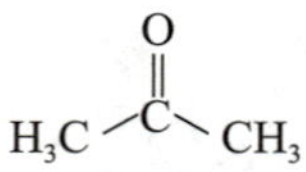	20	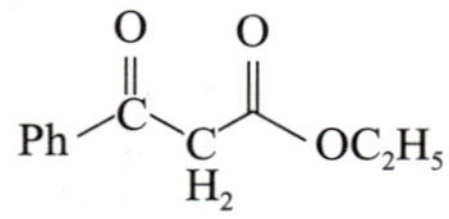	9.4
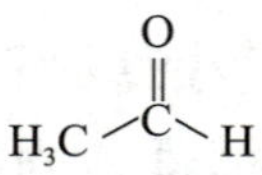	17	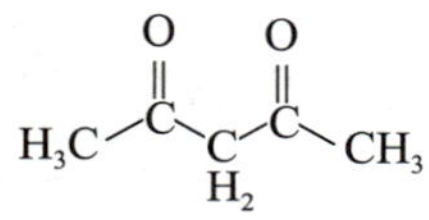	8.9
$H_3C—NO_2$	10	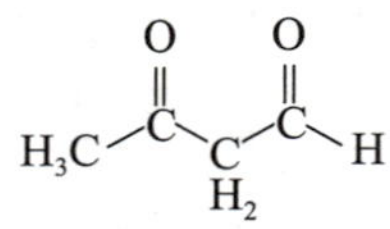	5.9
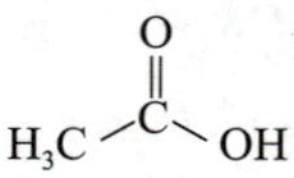	4.7	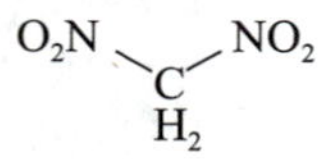	3.6

10.1.2 酮式-烯醇式互变异构

羰基的α-H具有酸性，在一定条件下可以从碳原子迁移到羰基氧原子，同时双键从羰基移位到羰基碳原子与α-C间形成烯醇式结构，这种异构化现象称为羰基化合物的**酮式-烯醇式互变异构**。对于一般的醛、酮，酮式结构比较稳定，因此烯醇式异构体含量很低，烯醇式-酮式的平衡常数很小。例如，对比丙酮的酮式结构和烯醇式结构可知：破坏酮式结构中的C—H σ键和C—O π键共需791 $kJ\cdot mol^{-1}$能量，而破坏烯醇式中的C—H σ键和C—C π键共需728 $kJ\cdot mol^{-1}$能量，这说明丙酮的酮式结构确实比烯醇式结构稳定。但是随着α-H的活泼性增大，失去氢后形成的碳负离子的稳定性增大，烯醇式也可能成为平衡体系中的主要存在形式。

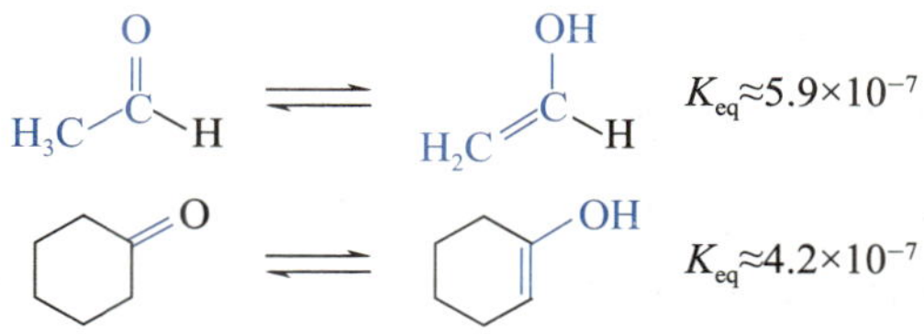

若羰基的α-C上再连一个羰基，此时α-H酸性显著增强，形成的烯醇具有α,β-不饱和酮的结构。由于碳碳双键与羰基共轭，分子内的羰基与羟基间可以形成较稳定的六元环氢键结构，溶液中的烯醇含量大大增加。此时，可以用$FeCl_3$与烯醇（或酚）的络合显色反应检测到烯醇的存在。具有这种结构的化合物通常称为**1,3-二羰基化合物**，又称为**β-二羰基化合物**。由于它们的α-H酸性强，容易形成烯醇或烯醇负离子，是很好的亲核试剂，广泛应用于有机合成中。

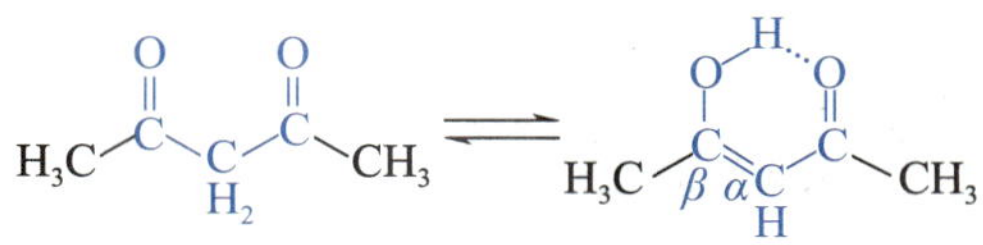

醛、酮的pK_a值越小，对应烯醇式含量越高。

酯和酰胺的α-H活性较低，不易形成烯醇结构。例如，乙酸乙酯的烯醇式-酮式的平衡常数仅为10^{-20}。

酚类化合物是一类特殊的烯醇，若异构为酮式结构会破坏芳香性，故其酮式结构不稳定。苯酚的烯醇式-酮式互变异构平衡常数仅为10^{-14}。

10.1.3　烯醇或烯醇负离子的形成

在中性条件下，酮式与烯醇式的相互转化速率很慢；微量的酸或碱能促进酮式与烯醇式的相互转变。在碱性条件下，通过碱夺去羰基α-H形成烯醇负离子中间体。而在酸性条件下，羰基氧原子发生质子化增强羰基的吸电子作用，促进α-H的离去，加速酮式-烯醇式互变异构平衡的达成。

由此可见，酸或碱催化的互变异构机理是不同的。正因如此，它们的反应特点也不同。酸催化一般不改变酮式-烯醇式互变异构的平衡常数。碱催化情况则不同，如果使用较大量的强碱，主要形成烯醇负离子，从而可以改变酮式-烯醇式互变异构的平衡常数，使平衡向烯醇负离子方向移动。事实上，这是由于醛、酮的α-H与加入的碱发生了酸碱反应。当使用足够强的碱时，可以使醛、酮完全转化成烯醇负离子。碱的强度是否足够，可以通过对比其共轭酸的酸性与羰基化合物的酸性强弱来确定。

醛、酮α-H的pK_a一般在16～20，水和醇的pK_a分别为15.7和15～18，即醛、酮α-H的酸性略弱于水和醇。因此，其共轭碱烯醇负离子的碱性略强于氢氧根负离子或烷氧基负离子。在氢氧化钠（或氢氧化钾）或醇钠（醇钾）作用下，醛、酮转化为烯醇负离子的反应是一个可逆过程，平衡体系中烯醇负离子含量很低。例如，环己酮在氢氧化钠作用下形成的烯醇负离子含量低于0.1%。

二异丙基氨基锂（LDA）或烷基锂是很强的碱，它们的共轭酸的pK_a分别为35和50，是很弱的酸。因此，在LDA或烷基锂的作用下，醛、酮可以定量转化为烯醇负离子。

LDA常用于使醛、酮定量转化为烯醇负离子。因其强碱性，且在四氢呋喃（THF）等常用有机溶剂中具有良好的溶解性，及其结构中两个异丙基的位阻作用，其不易作为亲核试剂与羰基化合物进行亲核加成反应，并且在不对称酮的烯醇化过程中有较好的区域选择性。LDA的脱质子作用在－78 ℃的低温下也能顺利进行。另一种常用的具有类似特性的强碱是三苯基甲基锂。

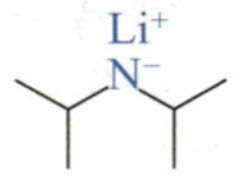

LDA

10.1.4 烯醇负离子形成的区域选择性

对于不对称的酮，羰基两侧的α-H不等价，此时夺氢存在区域选择性。以2-甲基环己酮为例，C-2和C-6上的α-H不等价，脱去不同的α-H会得到2种结构不同的烯醇负离子。

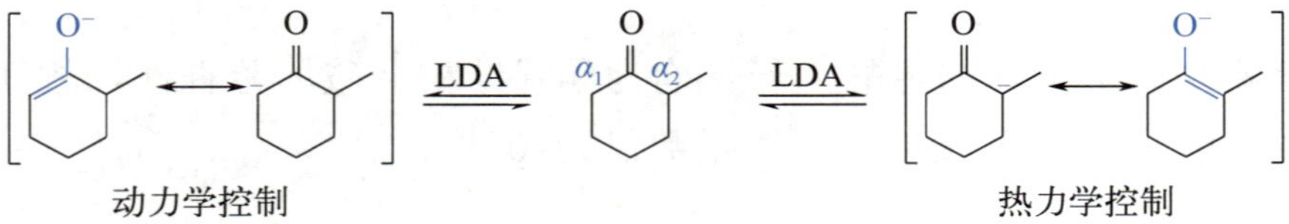

α_1-H酸性较强，反应活性较高，动力学有利；α_2-H酸性较弱，但脱去后形成的烯醇式中碳碳双键受到的超共轭效应更为显著，稳定性更强，热力学有利。

在酸催化或碱催化的条件下，酮式与烯醇式或烯醇负离子之间处于可逆平衡时，主要生成热力学控制产物，即脱去多取代的α-H，生成多取代的烯醇或烯醇负离子。

在较大体积的强碱作用下，且酮式形成烯醇负离子的反应不可逆时，主要脱去较少取代的α-H。常用的此类大体积强碱主要有LDA和三苯基甲基锂等；反应需要控制在强碱过量以及低温反应条件下（－78 ℃）。

在利用LDA转化醛、酮成烯醇负离子的过程中，如果使用过量的醛、酮，则已经形成的烯醇负离子与过量的醛、酮可以进行质子交换，使得形成烯醇负离子的反应成为可逆反应，导致热力学控制产物与动力学控制产物的竞争。反应在达到平衡后最终将转向形成热力学控制的多取代产物。

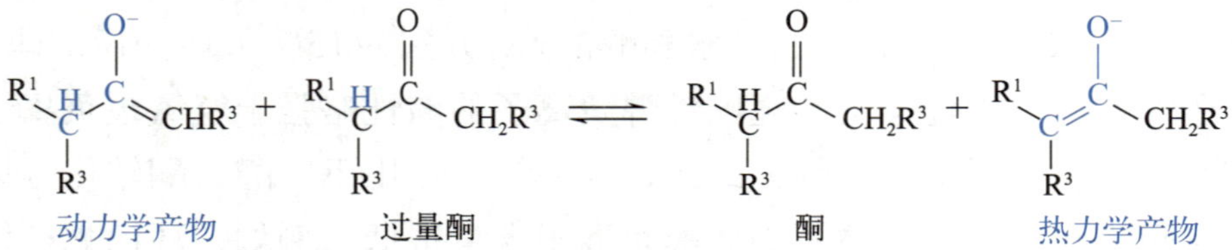

酯的α-H酸性较醛、酮弱，在氢氧化钠或醇钠作用下，烯醇负离子含量很低，但在LDA作用下能定量地转化成烯醇负离子。

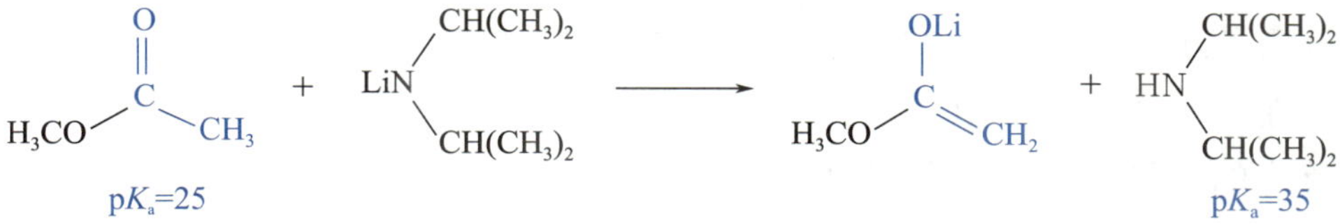

氘氘交换是一种检测烯醇中间体是否形成的方法。在氘代盐酸（DCl）或氘代氢氧化钠（NaOD）催化下，醛、酮可以在重水作用下进行α-H的氘氘交换。

醛、酮溶解于含有氘代盐酸或氘代氢氧化钠的重水中时，所有的α-H都可以发生氘氘交换。在稀溶液中，重水过量将促使氘氘交换进行完全。例如：

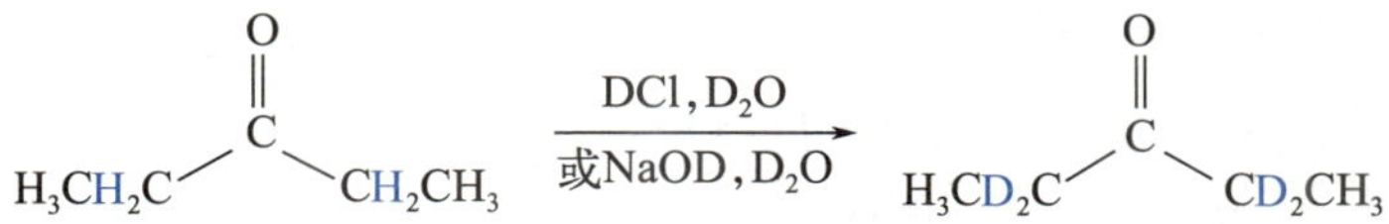

水溶性不好的醛、酮通过充分的搅拌振荡也可以发生氘氘交换。例如：

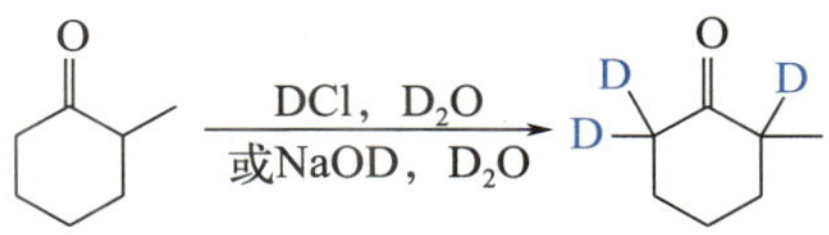

氘氘交换的速率不仅受到醛、酮浓度和酸碱浓度的影响，同时也受到醛、酮α-H活性的影响。因此，测定醛、酮α-H的氘氘交换的速率，有助于判断醛、酮α-H的活性。

下面列出几种酮进行氘氘交换的相对反应速率。

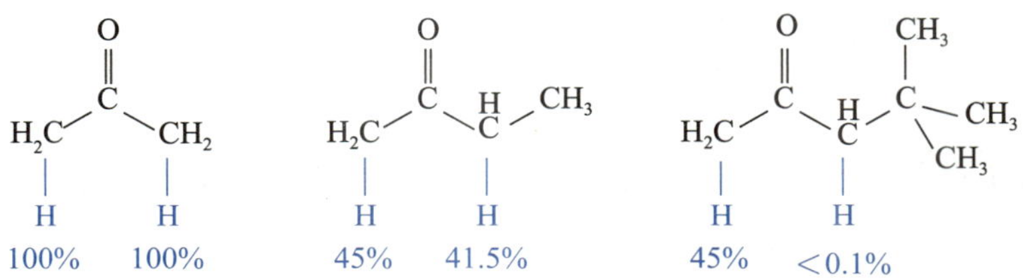

数据表明：4,4-二甲基-丁-2-酮的3-H的氘氘交换速率比较慢，说明其邻近的叔丁基阻碍了碱接近该氢原子。丁-2-酮的1-H较3-H活泼，可能有两方面原因，一是3-H受甲基的给电子作用影响，酸性较弱；二是1-H邻近没有其他基团不存在空间位阻。

10.1.5　烯醇和烯醇负离子的结构及反应特性

烯醇（或烯醇负离子）中碳碳双键受羟基（或氧负离子）的给电子共轭作用，其电子云密度增加，自身亲核性增强，与亲电试剂反应活性增强。可以发生一系列相关反应，如：与卤素反应生成α-卤代醛、酮；与卤代烃发生亲核取代生成α-烷基取代的羰基化合物；与羰基化合物发生亲核加成得到β-羟基酮并进一步脱水形成α,β-不饱和羰基化合物（羟醛缩合）；与α,β-不饱和羰基化合物发生共轭加成形成1,5-二羰基化合物（Michael反应）并进一步发生分子内亲核加成与缩合反应成环（Robinson环合反应）。

烯醇负离子还是一种典型的二位亲核试剂，碳端和氧端均具有亲核性，致其反应具有区域选择性。例如，烯醇负离子的烷基化反应，既可以发生*C*-烷基化，也可以发生*O*-烷基化。反应的区域选择性可以简单视为由软硬酸碱决定，碳端为软碱中心、氧端为硬碱中心，故与软酸碘甲烷反应时发生*C*-烷基化，与硬酸三甲基氯硅烷反应时发生*O*-烷基化。

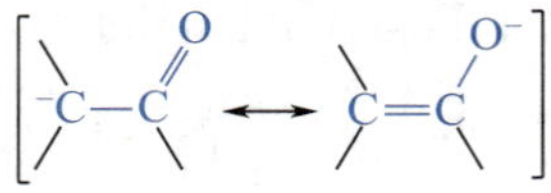

值得注意的是，烯醇或烯醇负离子均为平面结构，若羰基的α-H连接的是手性碳原子，则伴随着烯醇化过程，原sp^3杂化的手性碳原子转化为sp^2杂化的平面碳原子，继而发生加成或取代反应都将得到外消旋化的产物。这是所有通过烯醇或烯醇负离子反应的立体化学特征。

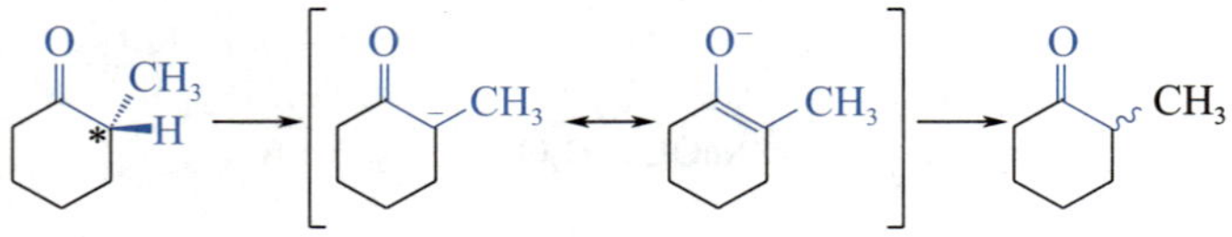

外消旋化

10.2 羰基化合物的α-卤代反应

羰基化合物的α-卤代反应主要发生在醛、酮、羧酸和酰卤的α-H上。

10.2.1 醛、酮的α-卤代反应

醛、酮的α-卤代反应通过烯醇或烯醇负离子进行。酸、碱催化的机理不同，取代反应进行的程度也不同。

10.2.1.1 碱催化机理

碱催化的核心是形成烯醇负离子，随后与卤素单质反应生成α-卤代醛、酮。

以甲基酮为例，甲基酮在完成一次α-卤化后，卤原子的引入使α-H的酸性进一步增强，更易形成烯醇负离子，进而快速进行二卤代、三卤代，故在卤素单质足够的情况下，往往得到多卤代产物。

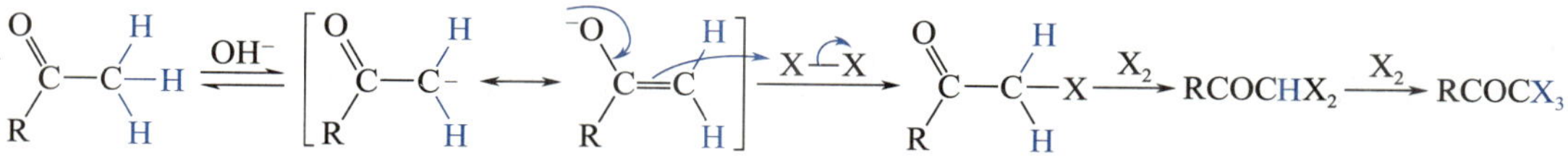

甲基酮的三卤代产物中，三卤甲基具有较强的吸电子作用，使羰基接受亲核试剂进攻的反应活性增加，同时也由于三卤甲基负离子比较稳定，使得三卤甲基成为一个好的离去基团，最终体系中的碱进攻羰基，引发脱去三卤甲基负离子，发生亲核取代反应，使三卤代醛、酮转化为卤仿和羧酸。该反应称为卤仿反应。若使用碘进行卤仿反应，将析出黄色沉淀碘仿，称为碘仿反应，是鉴别甲基酮结构的特征反应。事实上，碘仿反应是卤仿反应中最容易进行的，因为I—I键容易断裂，并且三碘甲基负离子是所有三卤甲基负离子中最稳定的，离去倾向最大。

$$RCOCX_3 + OH^- \longrightarrow RCOO^- + HCX_3$$

碱性条件下，不同α-H的反应活性为：—CH_3 > 2° H > 1° H。多烷基取代的α-H受到烷基的超共轭给电子作用，酸性减弱；同时多烷基取代的α-H有较大的空间位阻，阻碍碱的进攻。

10.2.1.2　酸催化机理

酸性环境中，羰基氧原子质子化增强羰基的吸电子作用，促进α-H离去形成烯醇。随后卤素与烯醇双键进行加成，烯醇羟基氧原子上的孤对电子进行同步转移，再次形成质子化羰基的结构，最后脱去质子得到α-卤代醛、酮。

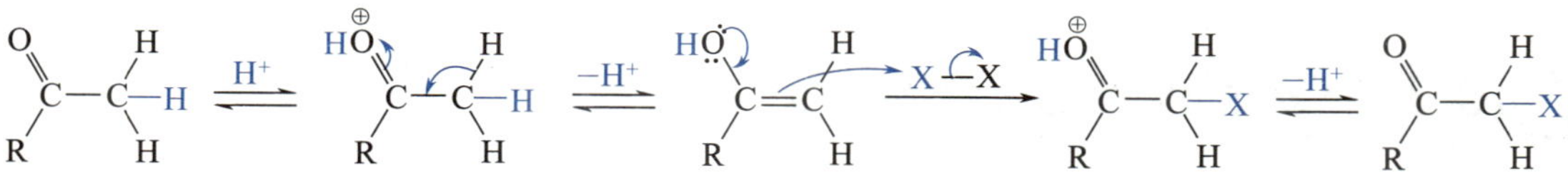

一卤代产物中卤素原子的吸电子诱导作用使羰基氧原子的电子云密度降低，质子化变难，降低了二卤代反应的活性。因此，酸催化卤代反应可以停留在一取代阶段。

10.2.2　羧酸及酰卤的卤代反应

羧酸及其衍生物中，只有酰卤的羰基受卤素的吸电子诱导作用使α-H的酸性增强，容易烯醇化并发生α-卤代反应。羧酸、酯和酰胺由于羟基、烷氧基和烷氨基的给电子共轭作用使得α-H的酸性减弱，不易烯醇化，故酯和酰胺不能发生α-卤代反应；羧酸可以先转化为酰卤，再进行α-卤代反应。

羧酸在催化量的磷（三卤化磷）作用下与卤素反应可以生成α-卤代羧酸，此反应称为赫尔-乌尔哈-泽林斯基反应（Hell-Volhard-Zelinsky反应，HVZ反应）。

$$CH_3CH_2CH_2CH_2COOH + Br_2 \xrightarrow[70\ ^\circ C]{P} HBr + CH_3CH_2CH_2CH(Br)COOH \quad 80\%$$

反应的实质是借助P将羧基转化为酰卤，达到活化羰基α-H的目的，继而发生α-卤代反应得到α-卤代酰卤，α-卤代酰卤与羧酸发生交换反应得到α-卤代羧酸。

$$2P + 3\,Br_2 \longrightarrow 2\,PBr_3$$

$$3\,RCH_2COOH + PBr_3 \longrightarrow 3\,RCH_2COBr + H_3PO_3$$

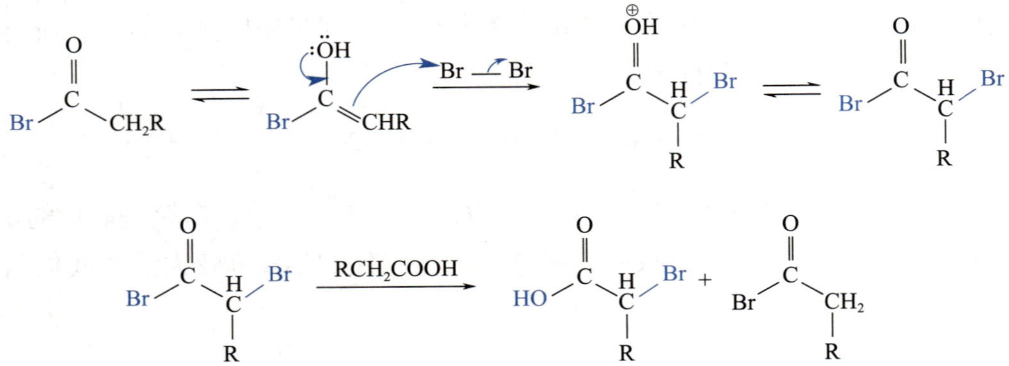

生成的α-溴代酰溴与体系中的羧酸进行交换得到一分子α-溴代羧酸和一分子酰溴，该酰溴可以继续进行α-溴代反应。因此，在这个反应中，只需要催化量的磷或三卤化磷。

赫尔-乌尔哈-泽林斯基反应可以用于鉴别脂肪酸中α-H的存在。

10.2.3 α-卤代羰基化合物的反应

当醛、酮发生α-卤代反应生成α-卤代醛、酮后，α-C同时受到羰基和卤素原子的吸电子作用成为缺电子中心，加之卤素是一个好的离去基团，可以与亲核试剂发生饱和碳上的亲核取代反应，也可以发生卤代烃的消除反应。

利用羧酸的α-卤代反应和进一步的亲核取代反应，可以合成α-氨基酸和α-羟基酸。例如，3-苯基丙酸经α-溴代再氨化可以合成α-苯丙氨酸；丁酸经α-溴代再水解可以合成α-羟基丁酸。

α-卤代酮的亲核取代反应或消除反应通常需要在强碱条件下进行，反应前需要对羰基进行保护，以避免因为碱（也是亲核试剂）进攻羰基碳原子，引发不必要的副反应。消除反应如果在弱碱（如吡啶）存在的加热条件下进行，则不需要保护羰基。

10.3 酮和酯的烷基化反应

10.3.1 通过烯醇负离子的烷基化反应

酮、酯和腈可以在强碱LDA作用下定量转化为烯醇负离子，该烯醇负离子可以作为亲核试剂与卤代烃发生亲核取代反应得到α-烷基化的酮和酯，这个反应称为酮和酯的烷基化反应，是构建碳碳键的重要方法。

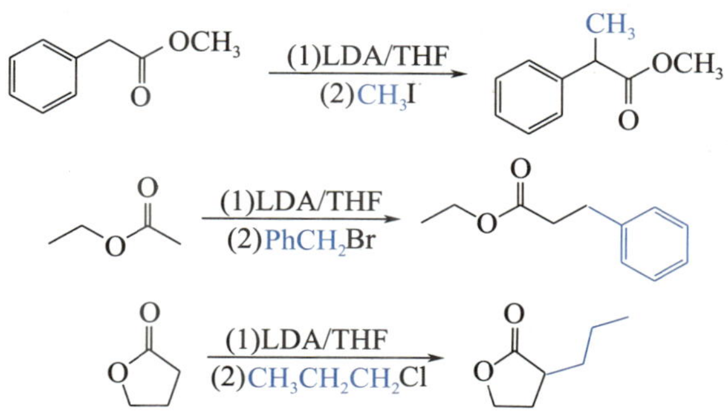

由于反应按S_N2机理进行，当卤代烃为甲基卤代烃和伯卤代烃时，反应较容易进行。

醛羰基的碳原子接受亲核试剂进攻的反应活性较高，在碱性条件下容易发生羟醛反应，因此其α-烷基化反应产率较低。

酮和酯直接与LDA反应进行烷基化，还可能发生卤代烃的消除、多烷基化反应和*O*-烷基化等副反应。

10.3.2 通过亚胺或烯胺的烷基化反应

含氮亲核试剂胺与醛、酮加成可以形成亚胺或烯胺。亚胺的结构与酮类似，其C═N的α-H也具有一定的酸性，在强碱烷基锂的作用下，也能脱去质子形成碳负离子继而与卤代烃发生亲核取代反应，再经水解可以得到α-烷基酮。

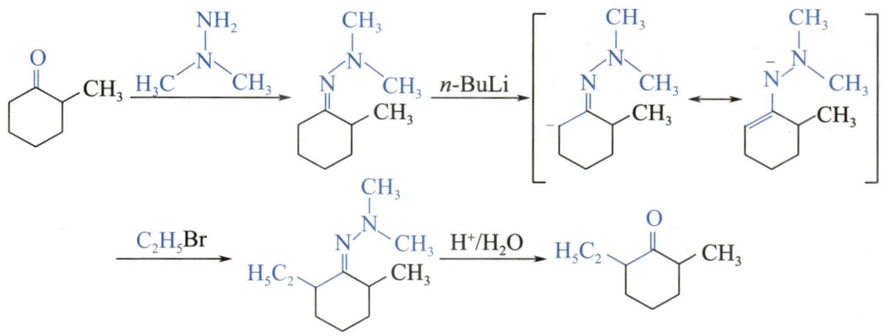

与亚胺不同，烯胺的结构与烯醇类似，可以直接与卤代烷反应形成*C*-烷基化产物。

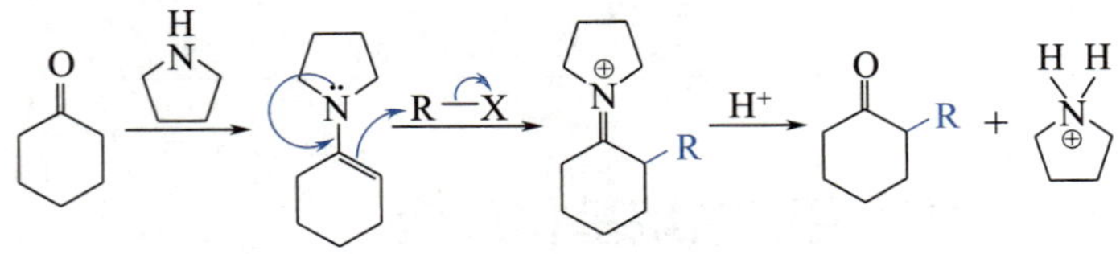

烯胺中氮原子的亲核性强于烯醇中的氧原子，烯胺与卤代烃反应时，除了可以发生*C*-烷基化反应外，还可能发生*N*-烷基化反应，即烯胺的氮原子作为亲核试剂与卤代烃发生亲核取代反应形成季铵盐。该产物不稳定，且反应可逆。而*C*-烷基化反应产物较稳定，是热力学控制产物。因此，可以通过提高反应温度使之成为主要产物。例如，环戊酮与六氢吡啶形成的烯胺与碘甲烷反应可以得到*C*-烷基化产物和*N*-烷基化产物，当反应在室温条件下进行时，两种产物的比例为65∶35，升高温度使*N*-烷基化产物比例大大降低，两种产物的比例为95∶5。

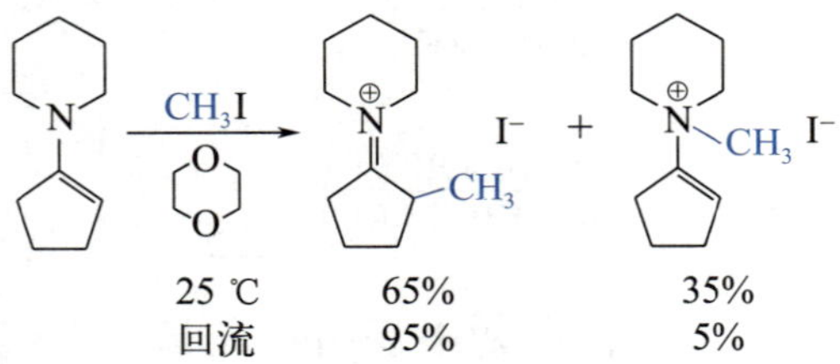

α-卤代酯可以替代卤代烷发生类似的烷基化反应，从而得到*γ*-羰基酯。

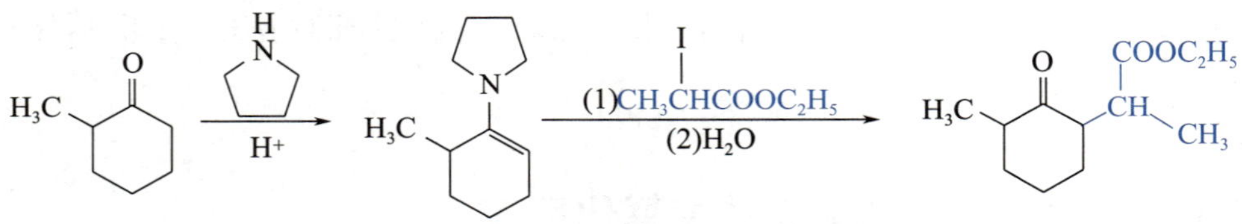

10.3.3 *β*-二羰基化合物的烷基化反应

β-二羰基化合物中，两个羰基共用一个*α*-C，此*α*-H的酸性较一般的醛、酮、酯的*α*-H更强，因此*β*-二羰基化合物比普通醛、酮、酯更容易形成烯醇负离子，也就更容易发生烷基化反应。它们的烷基化反应在氢氧化钠或醇钠作用下就可以进行。例如，丙二酸二乙酯的pK_a为13，而水的pK_a为15.7，因此，在氢氧化钠的作用下就可以进行烷基化反应。又如，乙酰乙酸乙酯的pK_a为11，而醇的pK_a为16～18，在醇钠作用下可以发生烷基化反应。

1. 试写出丙二酸二乙酯与溴乙烷在氢氧化钠作用下反应的主要产物与反应机理。
2. 试写出乙酰乙酸乙酯与溴乙烷在乙醇钠作用下反应的主要产物与反应机理。

类似上述β-二羰基化合物的反应是十分重要的建构碳碳键的反应，后续将对有关化合物的反应特性以及在有机合成中的应用进行小结。

10.4 羟醛加成和羟醛缩合反应

10.4.1 分子间的羟醛加成反应和羟醛缩合反应

烯醇化的醛、酮可以对未烯醇化的醛、酮发起亲核进攻，构建碳碳键，生成β-羟基醛、酮，此反应称为羟醛加成。β-羟基醛、酮进一步脱水生成α,β-不饱和醛、酮，此类反应称为羟醛缩合。

以乙醛的羟醛缩合为例，碱性条件下：

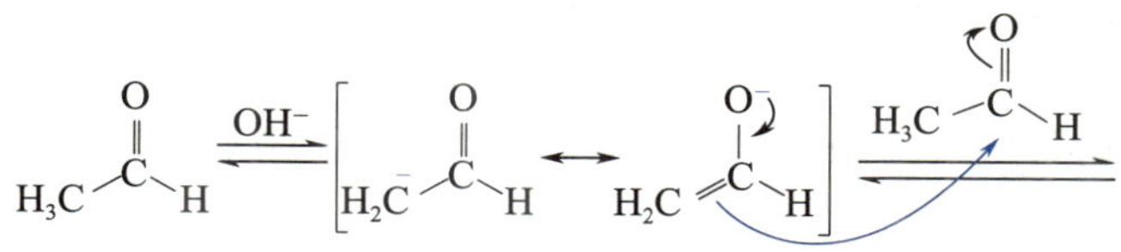

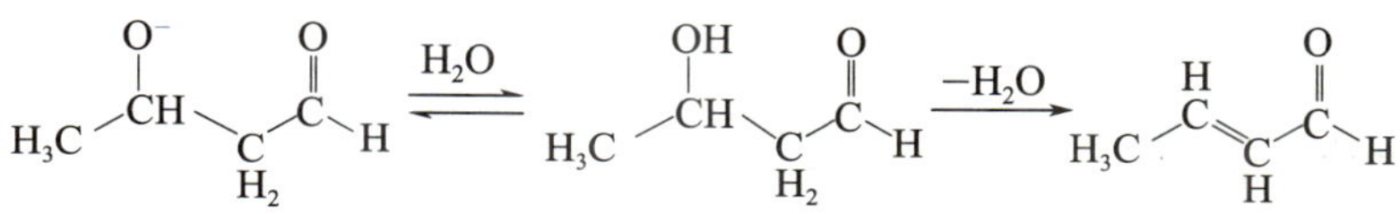

酸性条件下：

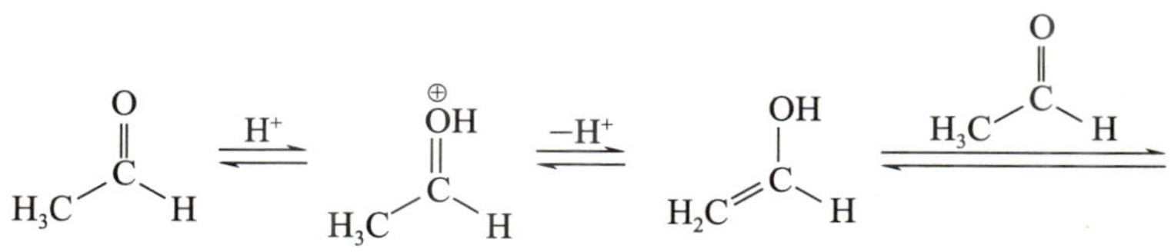

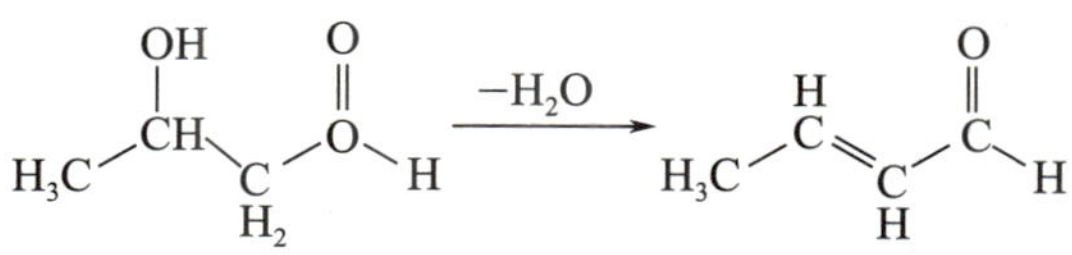

羟醛加成反应是可逆反应。一般来说，醛的反应活性较高，可以获得较满意的产率；对于酮的反应，通常需要通过移去产物的方式使平衡向着产物方向移动，提高反应的产率。如果生成的加成产物特别容易形成稳定的α,β-不饱和醛或酮，则往往不易停留在羟醛反应阶段，而是很快发生E1cb消除脱水反应，形成缩合产物。例如苯乙酮的反应：

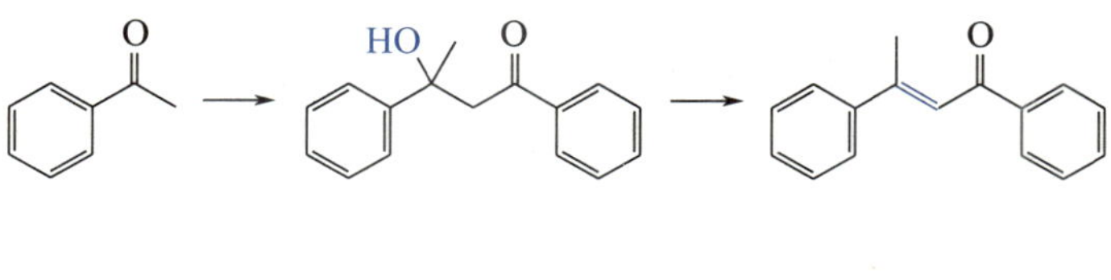

10.4.2　分子内的羟醛加成反应和羟醛缩合反应

具有α-H且距离适当的双羰基化合物，可发生分子内的羟醛加成反应或羟醛缩合反应，以生成五元环或六元环的β-羟基醛、酮或α,β-不饱和醛、酮为佳。一般来说，五元环的β-羟基醛、酮更容易发生脱水缩合。

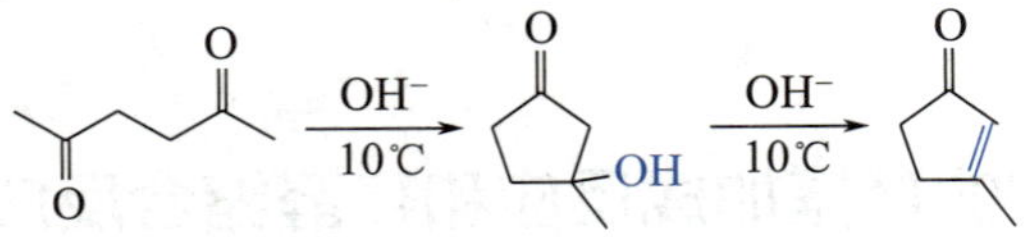

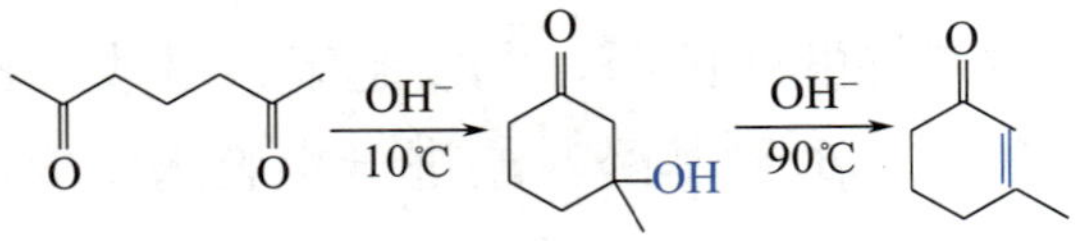

10.4.3　交叉羟醛加成反应和羟醛缩合反应

若将同时具有α-H的不同的醛、酮混合进行羟醛加成反应或羟醛缩合反应，理论上两者交叉反应可以得到4种不同产物，选择性差。以乙醛和丙酮为例：

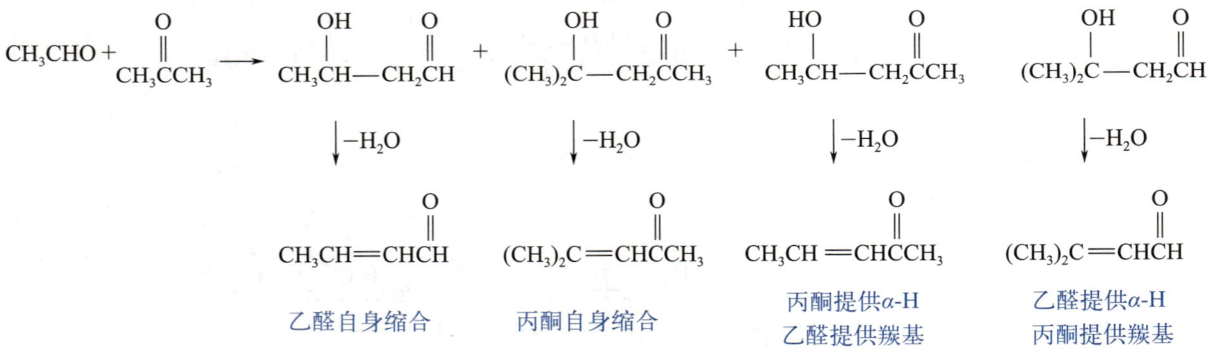

若使用不对称酮，则可能得到更多的羟醛加成反应产物。

实现交叉羟醛加成反应有两种常用方法：

① 使无α-H的醛与有α-H的酮进行交叉羟醛加成反应。例如，在苯甲醛与丙酮的反应体系中，只有丙酮形成的烯醇负离子，且醛羰基的活性较强，丙酮自身羟醛反应速率较慢，故主要发生丙酮的烯醇负离子与苯甲醛羰基的羟醛缩合。此方法的局限性是只能应用于其中一种醛或酮无α-H的反应。

试写出苯甲醛与丙酮发生羟醛缩合反应的主要产物与反应机理。

② 使用LDA将其中一种醛或酮定量地形成烯醇负离子，然后再向该体系中慢慢滴加另一种醛或酮，从而保证交叉羟醛反应顺利进行。

10.5 酮和酯的酰基化反应

10.5.1 克莱森（Claisen）缩合反应——酯的酰基化反应

酯的α-H也具有酸性，在碱（醇钠或氢化钠）的作用下可以形成烯醇负离子，对另一分子酯发生亲核加成，进一步消除脱去烷氧基形成β-羰基酯，此反应称为克莱森（Claisen）缩合反应。此反应在酯的α位引入了酰基，因此又称为酯的酰基化反应。

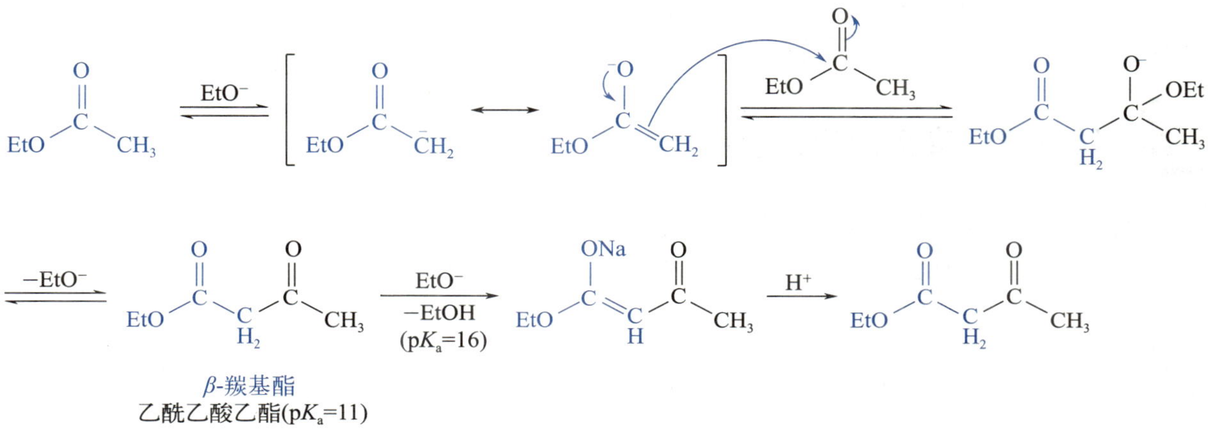

在酯缩合反应中，需要用等物质的量或过量的碱。酯的α-H酸性较醛、酮弱，因此酯与醇钠作用生成β-羰基酯是可逆的，由于产物β-羰基酯的亚甲基氢酸性较强（乙酰乙酸乙酯的 $pK_a = 11$），可以在醇钠（醇的 pK_a 约 16）作用下转化成烯醇钠盐，促使反应正向移动。反应结束后再酸化得到缩合产物。具有两个α-H（分别用于形成烯醇负离子和推动平衡向右进行）的酯才可以在醇钠作用下有效地发生克莱森缩合反应。

酯羰基只有一个α-H时酸性较弱，此时需使用比醇钠更强的碱（如三苯甲基钠、苯基锂、LDA等）才能推动反应进行。使用强碱可以有效地使酯形成烯醇负离子；也只有强碱才能使加成产物转化为烯醇盐，因为在这种情况下，缩合产物中两个羰基间的碳原子上没有氢原子，而只在酮羰基的另一个邻位碳原子上有一个 pK_a 约为19的α-H。例如，2-甲基丙酸乙酯可以与三苯甲基钠作用发生克莱森缩合反应。

> 试写出2-甲基丙酸乙酯与三苯甲基钠作用发生克莱森缩合反应的主要产物与反应机理。

酯缩合反应的产物在适当的条件下，与催化量的醇钠和等物质的量的醇即可发生逆反应。

10.5.2 分子内的克莱森缩合——迪克曼（Dieckmann）缩合

与分子内羟醛加成反应和缩合反应类似，分子内距离适当的两个酯基也可以在醇钠的作用下进行分子内的酯缩合反应，称为迪克曼（Dieckmann）缩合。

对于不对称酯的缩合，反应将有两个可能的方向。

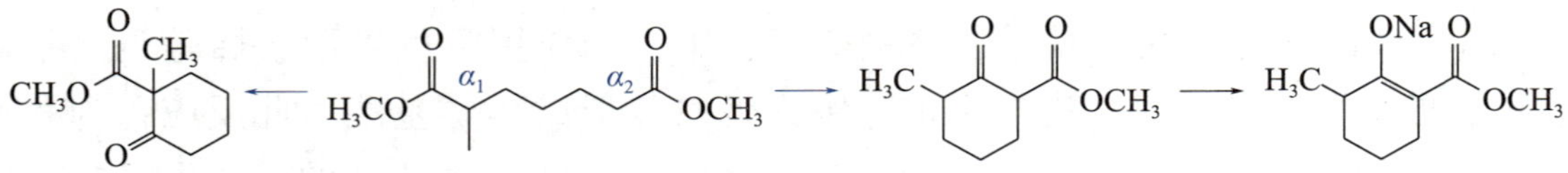

以上反应，α_1烯醇化后反应的产物无法在醇钠的作用下再次形成烯醇盐促使反应移动，故该反应最终以α_2烯醇化后反应的产物为主。

10.5.3 交叉克莱森缩合

无α-H的酯可以与有α-H的酯进行交叉酯缩合。

无α-H的酯主要有甲酸酯、碳酸二酯、草酸二酯、苯甲酸酯和新戊酸酯，分别如下：

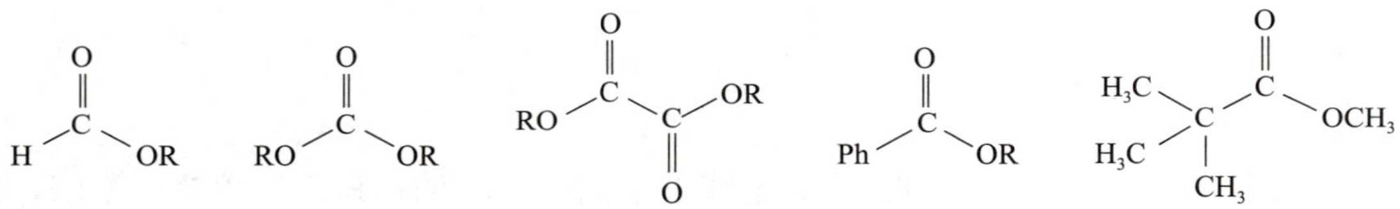

它们与其他酯进行交叉酯缩合的方法在合成上应用很广。例如，使用甲酸酯可以在酯的α-位引入甲酰基：

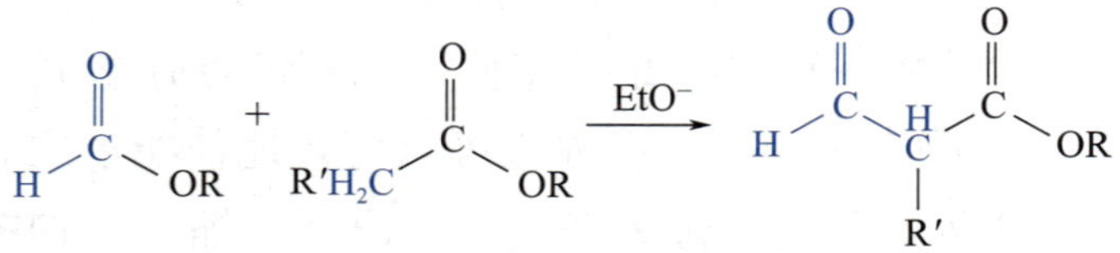

10.5.4 酮的酰基化反应

参照酯的酰基化反应机理，可以利用酯在酮羰基的α-位进行酰基化反应。酮羰基的α-H活性较酯羰基的α-H活性高，将酮、酯与碱一起混合反应时，酮将优先形成烯醇负离子，随后进攻酯羰基生成β-羰基酮。

试写出戊-3-酮与乙酸乙酯在LDA作用下发生反应的主要产物与反应机理。

10.5.5　酮经过烯胺的酰基化反应

酮经过烯胺中间体进行烷基化可以得到α-烷基酮：

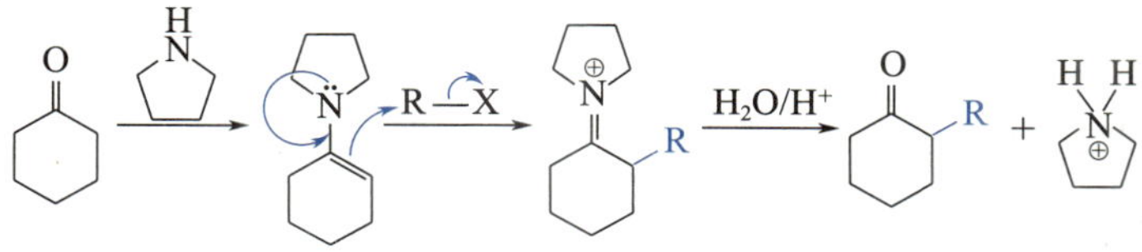

酮也可以在形成烯胺后与酰卤反应而得到α-酰基酮：

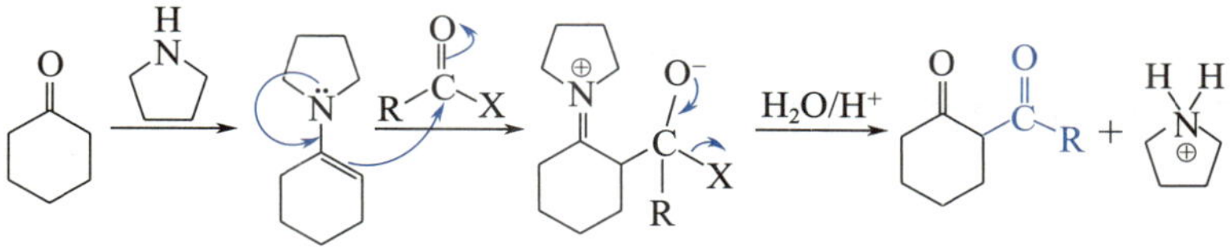

10.6　迈克尔（Michael）反应和罗宾逊（Robinson）环合反应

多种亲核试剂与α,β-不饱和羰基化合物反应时，既可以发生1,2-加成，也可以发生1,4-加成。一般当亲核试剂为弱碱时，反应可逆，产物以热力学控制的1,4-加成产物为主。烯醇负离子作为亲核试剂，与α,β-不饱和羰基化合物发生共轭1,4-加成，形成1,5-二羰基化合物的反应称为迈克尔（Michael）反应。

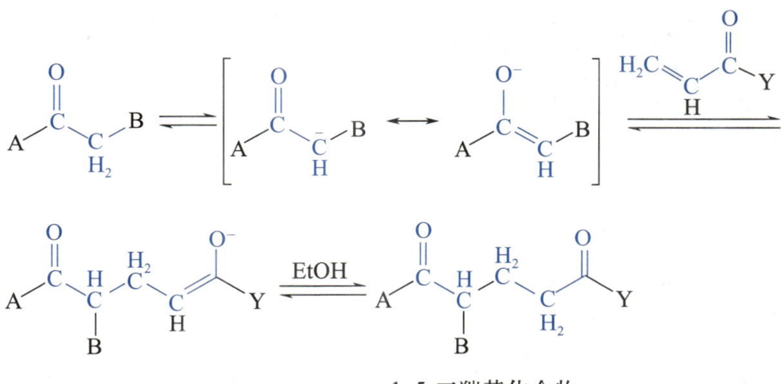

上述反应中的亲核试剂可以是各种能形成烯醇负离子的化合物，即醛、酮、羧酸酯、腈和硝基化合物。

β-二羰基化合物是迈克尔反应最佳的亲核试剂，因为β-二羰基化合物中介于两个羰基间的亚甲基酸性较强，较容易形成烯醇负离子。

试写出丙二酸二乙酯与丁-3-烯-2-酮进行迈克尔反应的主要产物与反应机理。

此类反应中接受亲核试剂进攻的可以是α,β-不饱和羰基化合物，如α,β-不饱和醛、α,β-不饱和酮、α,β-不饱和酯、α,β-不饱和酰胺等，也可以是α,β-不饱和腈和α,β-不饱和硝基化合物。例如：

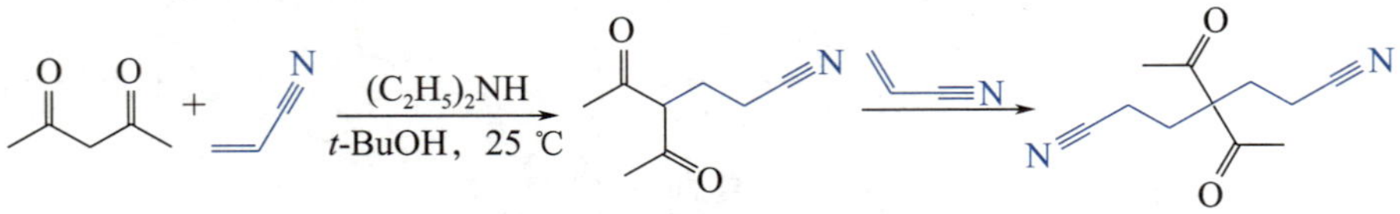

烯胺也可以与α,β-不饱和羰基化合物发生迈克尔反应，加成产物水解后也是得到1,5-二羰基化合物。该反应称为**斯托克（Stork）烯胺反应**。

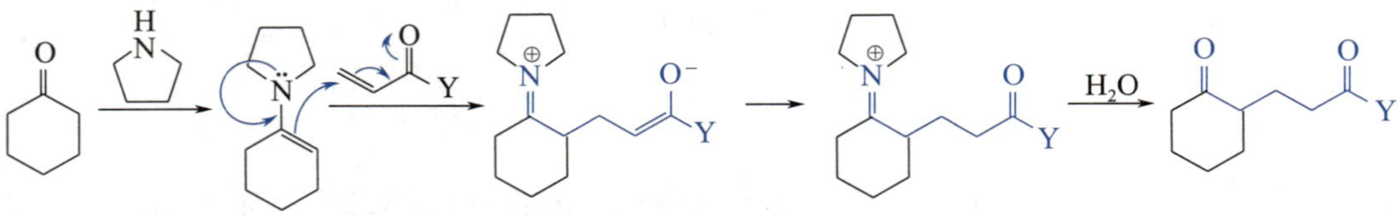

迈克尔反应的产物为1,5-二羰基化合物。如果在合适位置上还有α-H，可以继续发生分子内的羟醛缩合反应形成六元环状化合物，此类反应称为**罗宾逊（Robinson）环合反应**。

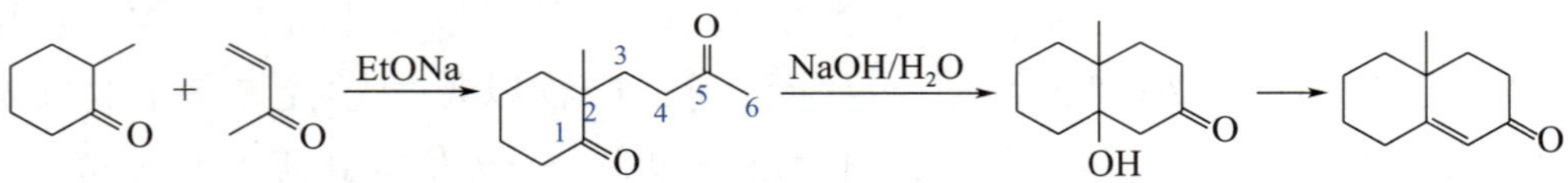

10.7 β-二羰基化合物的反应及其在有机合成中的应用

酮和酯的酰基化反应可以得到β-羰基酮或β-羰基酯。这两类化合物中两个羰基互相处于β-位，因此统称为**β-二羰基化合物**。β-二羰基化合物中处于两个羰基之间的亚甲基氢，由于同时受到两个吸电子基团的影响，酸性强于一般羰基化合物的α-H，因此β-二羰基化合物比普通醛、酮、酯更易形成烯醇负离子，它们在碱性条件下是非常好的含碳亲核试剂。前面章节已经讨论了它们的烷基化反应和迈克尔反应，这些反应都是重要的形成新的碳碳键或构建环体系的反应。

β-二羰基化合物中的β-羰基酸酯和β-二羧酸酯还有一个特殊反应，即它们水解成酸后可以发生脱羧反应，这就进一步扩大了它们在有机合成中的应用。以下先讨论这两类化合物的特性反应，然后对它们在有机合成中的应用进行小结。

10.7.1　β- 羰基酸酯和 β- 二羧酸酯的水解脱羧反应

β- 羰基酸酯和 β- 二羧酸酯是稳定的化合物，但是它们一旦在酸性或稀碱性条件下水解成 β- 羰基酸和 β- 二羧酸或它们的酸根离子，就很容易发生脱羧反应，这是因为中性分子 CO_2 是一个好的离去基团，且熵增对脱羧反应有较大的推动力。

碱性条件下，β- 羰基酸酯水解形成羧酸根，在脱去中性分子片段 CO_2 后形成的负离子可以得到原 β- 羰基的共轭作用而稳定。

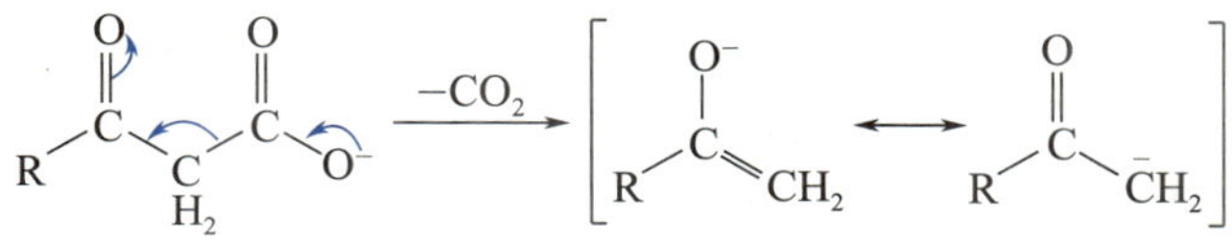

酸性条件下，β- 二羧酸酯水解生成羧酸，比碱性条件下形成的羧基负离子更容易脱羧，因为羧酸中的羧基氢可以经过六元环过渡态迁移到 β- 羰基氧上，促进脱羧的进行；形成的烯醇迅速互变异构为稳定的酮式结构。这个反应过程类似麦氏重排。

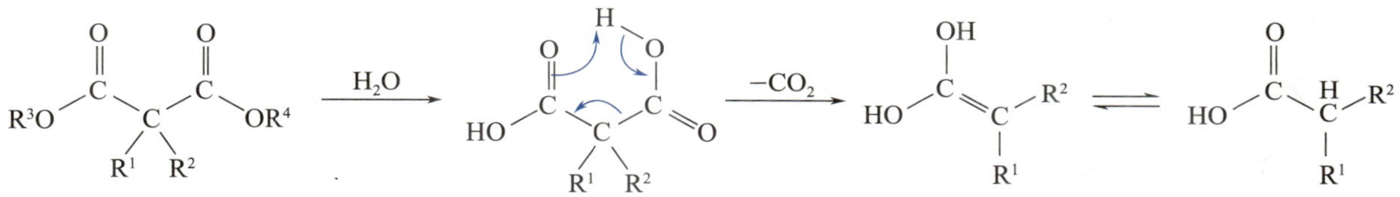

在稀碱或酸性条件下，β- 羰基酸酯的水解反应最终保留酮羰基部分，因此称为**β- 羰基酸酯的成酮分解**。其反应机理如下：

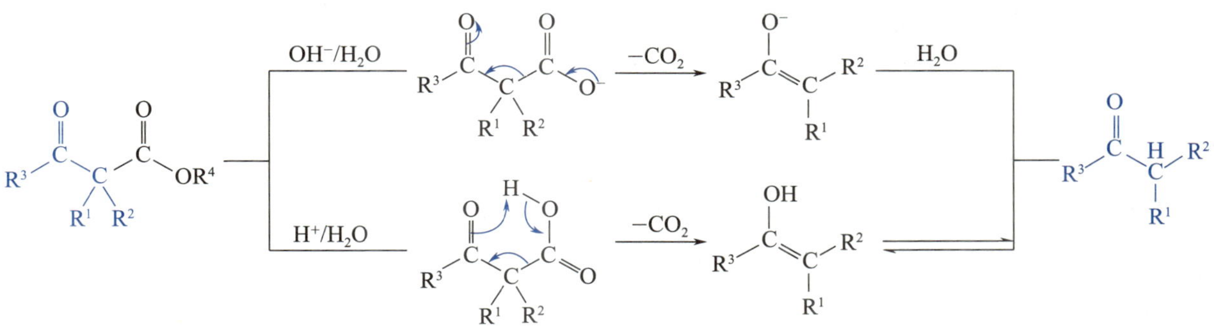

β- 羰基酸酯在浓碱作用下还可以发生逆酯缩合反应，并水解生成两分子羧酸。这一分解反应称为**β- 羰基酸酯的成酸分解**。其反应机理如下：

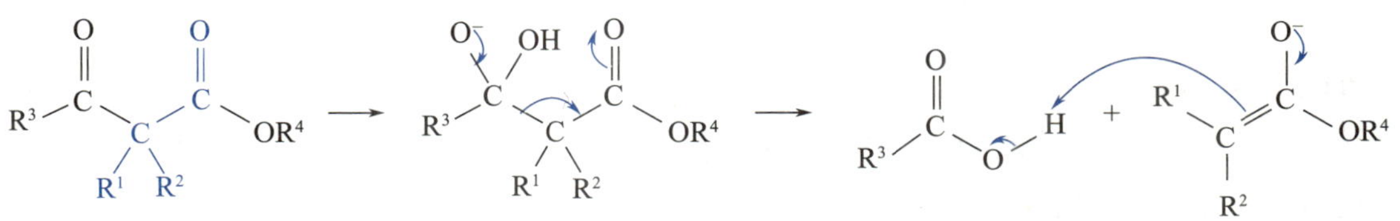

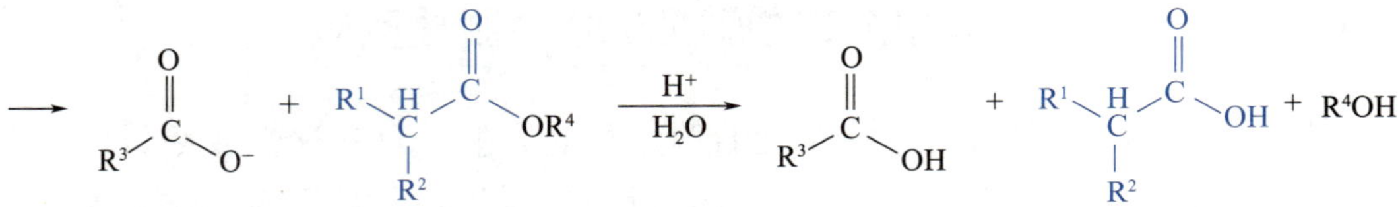

10.7.2 β-二羰基化合物在合成中的应用

β-羰基酯的α-H十分活泼，能进行亲核加成或取代反应，之后又能通过成酮或成酸分解反应，除去部分基团，从而得到所需结构的合成产物。例如：

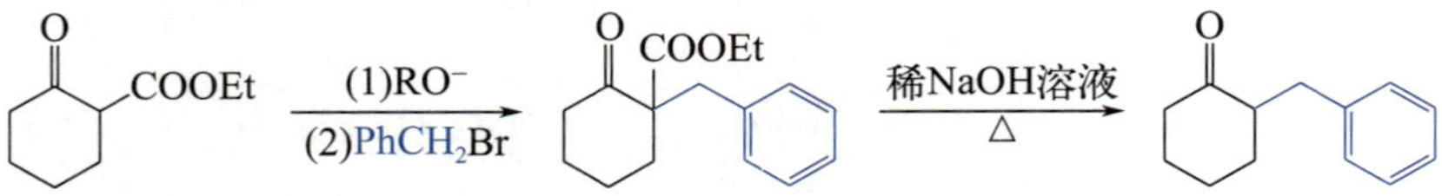

β-二羰基化合物的合成应用很广，适用于各种碳链增长、成环等合成。其中，乙酰乙酸乙酯和丙二酸二乙酯是β-二羰基化合物的两个典型代表化合物，以下将分别介绍它们在合成中的应用。

10.7.2.1 丙二酸二乙酯合成法——取代乙酸的合成

结合丙二酸二乙酯的烷基化反应及上述水解脱羧反应，可以方便地合成所需要的各种取代乙酸。这种合成取代乙酸的方法称为丙二酸二乙酯合成法。

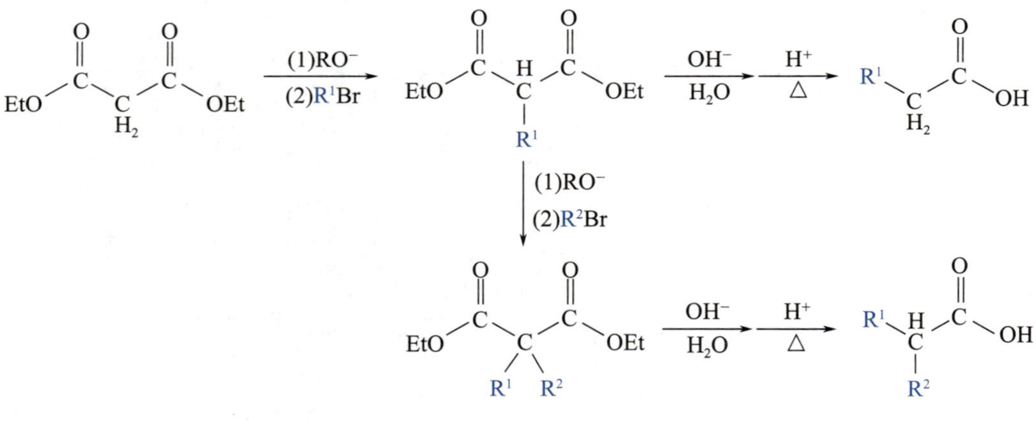

丙二酸二乙酯有两个活泼的α-H，在碱作用下，可以先后两次与两种不同的卤代烃反应引入两个不同的烃基，从而合成多种二取代乙酸。

10.7.2.2 乙酰乙酸乙酯合成法——合成甲基酮和取代乙酸

与丙二酸二乙酯不同，乙酰乙酸乙酯的结构不对称，其水解途径有两种，一种是成酮分解，一种是成酸分解，相应的就有两方面的合成应用，即合成取代甲基酮和取代乙酸。只是由于丙二酸二乙酯合成法可以合成取代乙酸，因此，乙酰乙酸乙酯合成法更多地应用于取代甲基酮的合成。

以下列出了乙酰乙酸乙酯合成甲基酮的路线图：

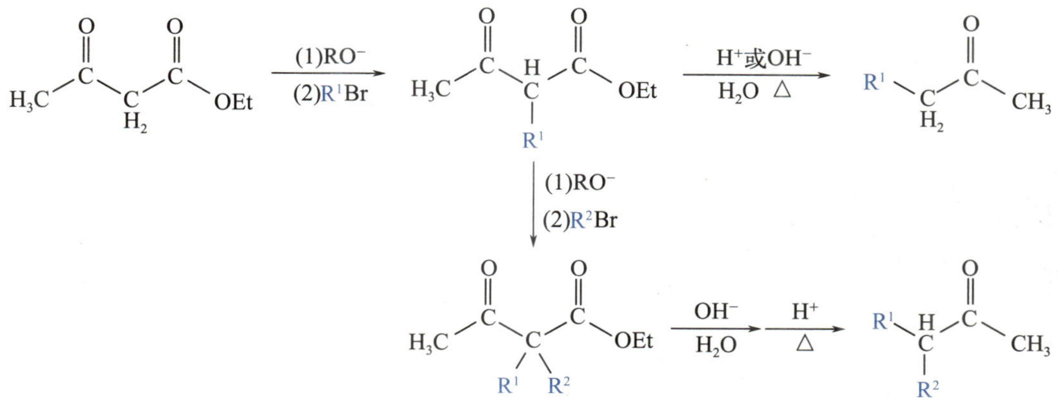

10.7.3 β- 二羰基化合物的 γ- 烷基化及 γ- 酰基化反应

β- 二羰基化合物在一当量强碱（如氨基钾、氨基钠或烷基锂等）作用下，可以形成单负离子，也可以在二当量强碱作用下形成双负离子。因为α-H 酸性强，形成的负离子稳定，所以形成的单负离子一定是在连接两个羰基的活泼亚甲基位置。此时与卤代烃或酰卤反应可以得到α- 烷基化或酰基化产物。双负离子是在α位和γ位同时脱去质子所形成的，由于α位负离子比较稳定，反应活性不及γ位高，与卤代烃或酰卤的亲核取代反应将首先发生在γ位。这就是β- 二羰基化合物的γ- 烷基化及γ- 酰基化反应。

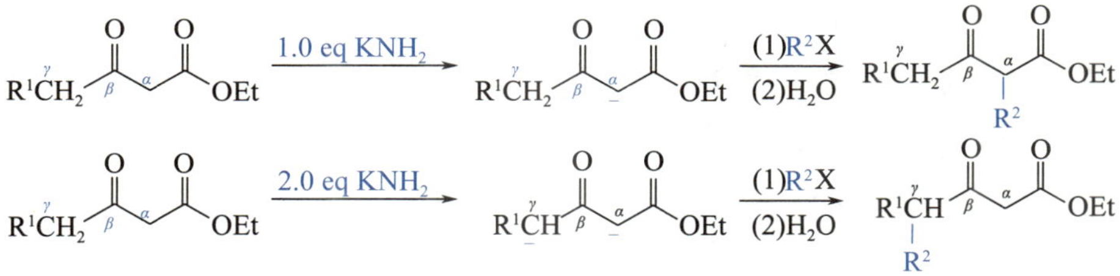

例如，己二酸酯通过克莱森酯缩合可以得到一个五元环的β- 羰基酯。这个环状β- 羰基酯在二当量氨基钾作用下，形成α位和γ位同时脱去质子的双负离子，该双负离子与一当量卤代烃反应时，优先形成γ- 烷基化产物。

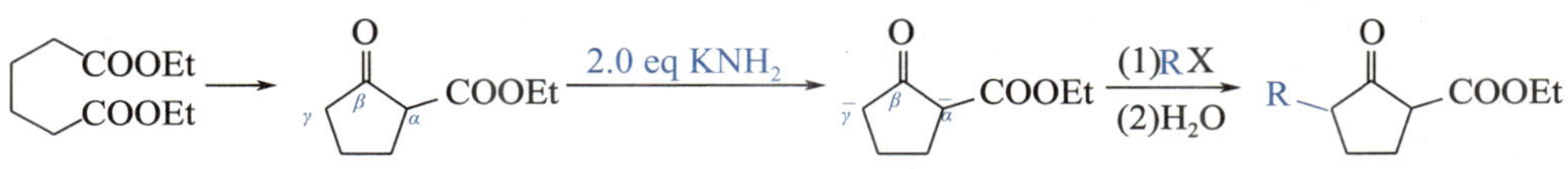

对于不对称的β- 二羰基化合物，反应主要发生在酸性更强的γ位上。例如，1- 苯基 - 戊 -2,4- 二酮在二当量氨基钠作用下，优先形成的是α位以及与苯基相连的γ位脱质子的双负离子，此双负离子较稳定，此时加入卤代烃，则烷基化反应优先发生在此双负离子

相应的γ位上。

10.8 其他缩合反应

10.8.1 达参（Darzens）反应——α-卤代酸酯的缩合反应

酮的α-H酸性比酯强，因此，当酯与酮在碱性条件下混合进行缩合反应时，酮先脱去α-H形成碳负离子，随后进攻酯羰基，生成酮的α-酰基化产物。若使用α-卤代酸酯参与反应，则同时连接酯基和卤素原子的亚甲基氢比一般醛、酮的α-H更加活泼，在碱的作用下α-卤代酸酯首先脱去α-H得到烯醇负离子；该烯醇负离子进攻酮羰基的碳原子后，形成的加成中间体氧负离子的邻位碳上有一个好的离去基团，因此发生了邻位氧负离子参与下的脱卤反应，最终生成α,β-环氧酯，这类反应称为达参（Darzens）反应。

> 试写出β-紫罗兰酮（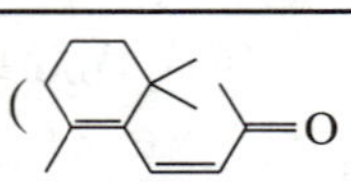）与氯乙酸甲酯（$ClCH_2COOCH_3$）在甲醇钠的吡啶溶液中反应生成环氧羧酸酯的机理。

α-卤代酸酯还可以在锌粉的作用下先脱去卤素，形成的烯醇盐与醛或酮羰基发生亲核加成生成β-羟基酯，这类反应称为瑞福马斯基（Reformatsky）反应。

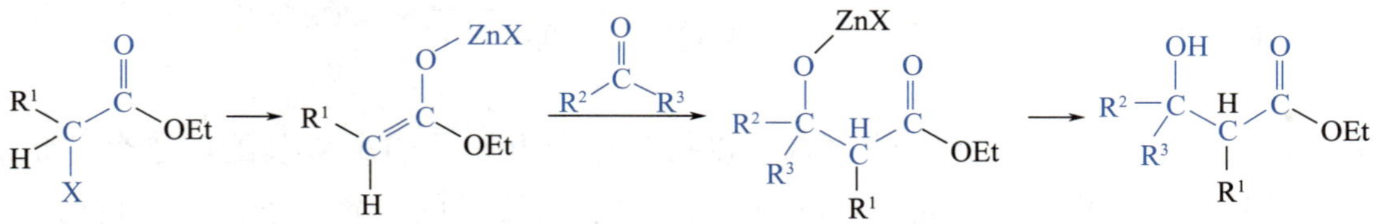

10.8.2 曼尼希（Mannich）反应——酮的α-胺甲基化反应

甲醛、二甲胺和酮混合在弱酸催化下反应，可以得到酮的α-位胺甲基化产物，此反应称为曼尼希（Mannich）反应。

醛羰基与二甲胺反应生成亚胺正离子，同时反应体系中的酮在弱酸催化下互变异构生成烯醇结构，亚胺正离子的双键碳原子受到氮原子的强吸电子作用，具有很强的亲电活性，容易接受亲核试剂（酮的烯醇）进攻发生加成反应，得到α位胺甲基化的产物。

> 试写出丁-2-酮与甲醛、二甲胺发生曼尼希反应的机理。

颠茄酮也称托品酮，是一种生物碱类药物，存在于植物曼陀罗中，用于胃痉挛、肠绞痛的治疗，是合成麻醉剂阿托品的重要原料。1902年德国化学家维尔斯泰特（Willstatter）由环庚酮出发经过20步反应合成了颠茄酮；1917年英国化学家罗宾逊（Robinson）改进了合成路线，以丁二醛、甲胺、1,3-丙酮二羧酸（3-氧代戊二酸）合成了颠茄酮。

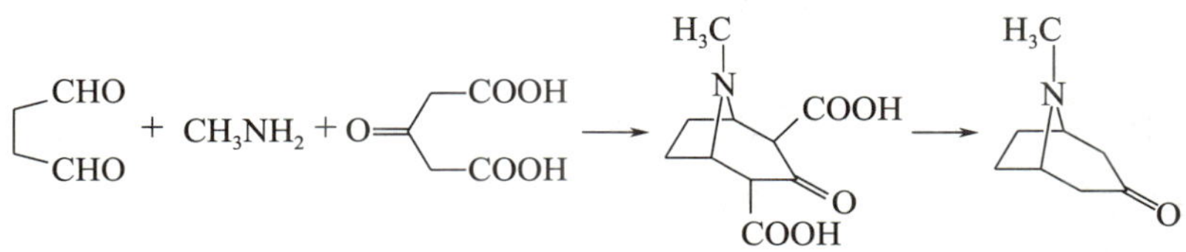

> 试写出罗宾逊合成颠茄酮的机理。

10.8.3 安息香缩合

无α-H的芳醛在含水乙醇中以氰化钠或氰化钾为催化剂，加热后发生自身缩合生成α-羟基酮的反应，称为安息香缩合反应。此反应是1832年维勒（Friedrich Wohler）和李比希（Justus von Liebig）在纯化苦杏仁油时偶然发现的，他们从苦杏仁中提取的粗制苦杏仁油在碱洗涤过程中，意外得到了熔点为132～136 ℃的结晶，即安息香。

在安息香缩合中，氰根负离子首先进攻醛的羰基碳原子，随后连在碳上的质子迁移到相邻氧负离子上，发生羰基碳原子的极性翻转而得到碳负离子，它作为亲核试剂再进攻另一分子苯甲醛。加成产物中的羟基与相邻的氧负离子间形成氢键，可以顺利地进行质子迁移，最后脱去氰根负离子，重新形成羰基结构，生成α-羟基酮。

> 试写出苯甲醛（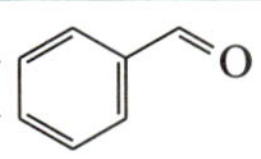）发生安息香缩合的反应机理。

安息香缩合是少数合成α-羟基酮类化合物的方法之一。

10.8.4 普尔金（Perkin）反应

芳醛与脂肪酸酐在相应羧酸碱金属盐或三乙胺催化下，在无水环境中共热，发生缩合反应生成β-芳基-α,β-不饱和羧酸的反应称为普尔金（Perkin）反应。此反应由普尔金在1868年首次报道，他利用水杨醛钠在乙酸酐中加热，成功制备出了香豆素；此后普尔金对这一反应进行了系统的研究，并拓宽了其应用范围，合成了各种肉桂酸类化合物。

这一发现不仅为有机化学领域带来了新的合成方法，也为后续的药物研发、香料合成等领域提供了重要的基础。

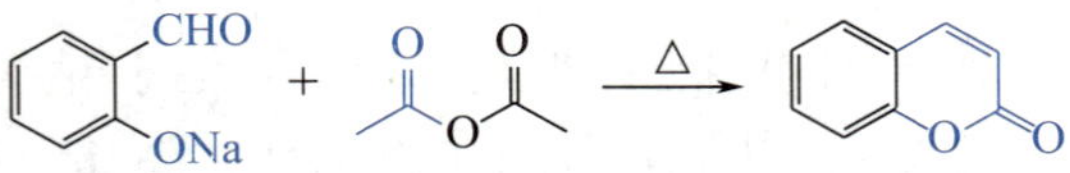

苯甲醛与乙酸酐在乙酸钠催化下缩合得到肉桂酸：

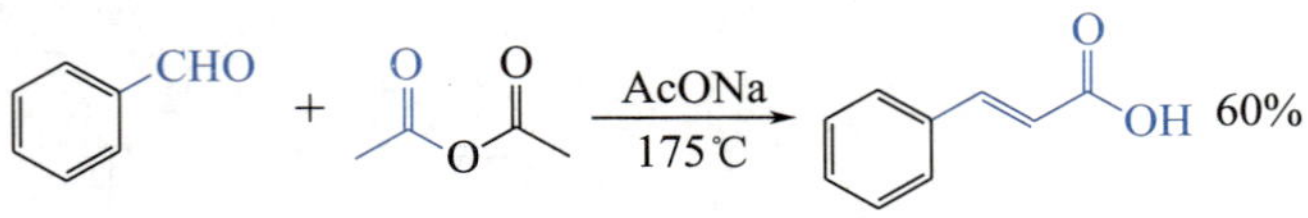

醋酸酐的α-H（pK_a＝25）被醋酸钠夺去生成烯醇负离子，此烯醇负离子亲核进攻醛基碳形成烷氧基负离子，此烷氧基负离子经过六元环状中间体发生分子内的亲核取代生成β-苯基-β-乙酰氧基丙酸（相当于酸酐的醇解），高温下乙酸酯发生热消除得到肉桂酸和醋酸。通常情况下，生成的烯烃以热力学稳定的反式烯烃为主要产物。

试写出苯甲醛与乙酸酐发生普尔金反应的机理。

普尔金反应的底物醛通常是芳香醛，不含α-H的脂肪醛或特殊的α,β-不饱和醛也能进行此反应。芳香醛含有吸电子取代基，更容易发生此反应，产率更高。脂肪醛由于在酸酐存在下很容易生成羧酸烯醇酯，因此不易发生此反应。该反应的主要缺点是反应仅限于芳香醛，且通常反应温度高、产率比较低，但它所用原料便宜、易得，因而在工业上经常使用。

普尔金反应的著名改进反应是埃伦迈尔-普洛赫反应（Erlenmeyer-Plöchl吖内酯合成）和奥格里阿洛若（Oglialoro）改进法。

埃伦迈尔-普洛赫反应（Erlenmeyer-Plöchl吖内酯合成）

在乙酸钠存在下，芳基醛、酮和酰基甘氨酸在乙酸酐中缩合得到5-噁唑酮（吖内酯）的反应，称为埃伦迈尔-普洛赫（Erlenmeyer-Plöchl）反应。

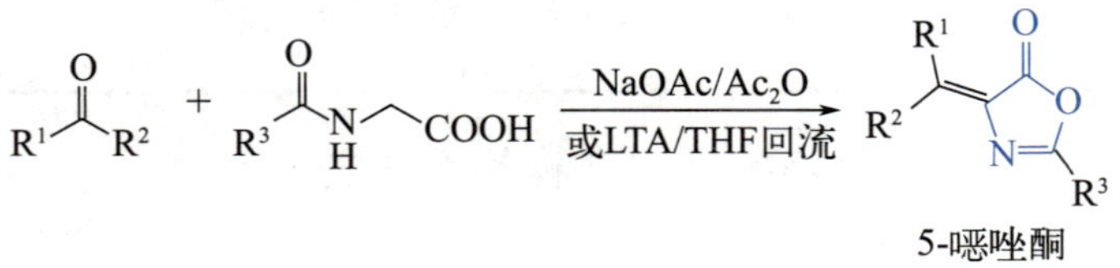

普洛赫在1883年报道了芳醛和马尿酸在乙酸酐中缩合的反应，1892年埃伦迈尔进一步研究了此反应，修正了产物的结构，并创造了一个新的词“azlactone”（噁唑酮）命名这一产物，此反应也常被称为埃伦迈尔-普洛赫吖内酯合成。缩合得到的产物为Z构型。产物噁唑酮还原后水解可得到氨基酸。该反应是一种非常重要的合成α-氨基酸的方法。

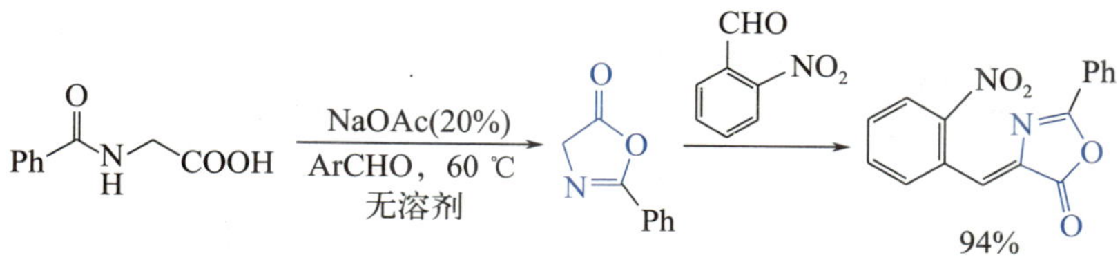

例如，使用此法合成α-苯丙氨酸。首先甘氨酸与苯甲酰氯反应生成苯甲酰甘氨酸（俗称马尿酸），然后在醋酸酐的作用下苯甲酰甘氨酸环化，脱去一个水分子生成噁唑酮，杂环上的亚甲基氢具有一定的酸性，在碱性条件下与苯甲醛进行缩合反应，再进行催化加氢，最后水解得到目标产物α-苯丙氨酸。

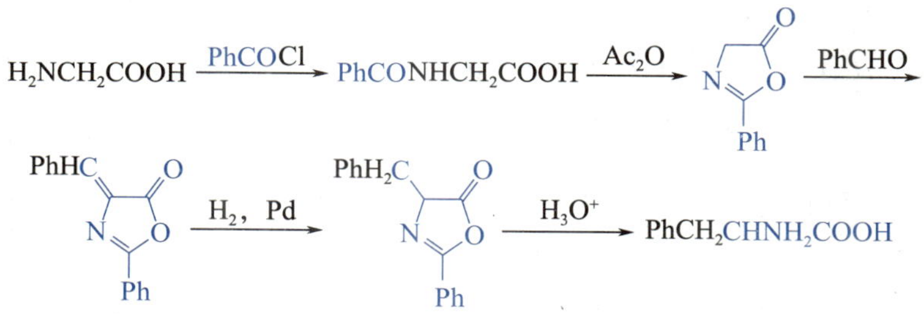

10.8.5 脑文格（Knoevenagel）反应

在弱碱（如吡啶、六氢吡啶、一级胺、二级胺等）的催化作用下，醛、酮和含有活泼亚甲基的化合物发生失水缩合得到α,β-不饱和化合物，这类反应称为**脑文格（Knoevenagel）反应**。该反应一般在苯和甲苯中进行，同时将产生的水分离出去，这个反应温度较低，产率高。

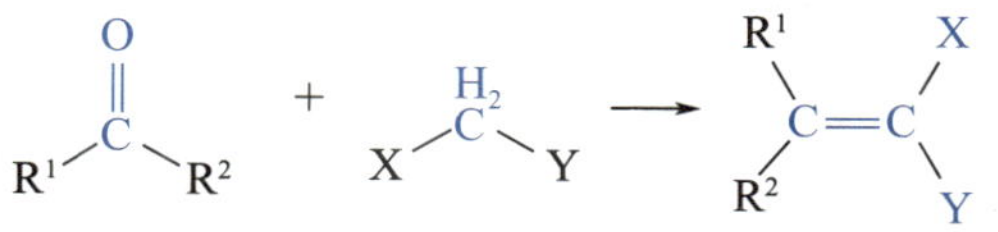

X/Y═ —COR、—COOR、—COOH、—CN、—NO_2、—SOR、—SO_2OR

使用含有羧基的活泼亚甲基化合物进行该反应，其缩合产物在加热的情况下可进一步发生脱羧反应。

脑文格反应是对普尔金反应的改进，它将酸酐改为活泼亚甲基化合物后，由于有足够活泼的氢，因此在弱碱的作用下就可以产生足够浓度的碳负离子进行亲核加成。因为使用了弱碱，可以避免醛、酮的自身缩合，因此除芳香醛外，酮及脂肪醛均能进行反应，扩大了使用范围。

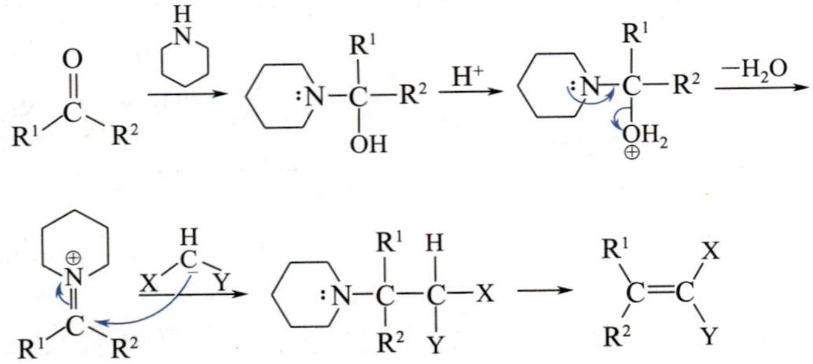

10.8.6 维蒂希（Wittig）反应

维蒂希试剂与醛、酮的羰基发生亲核加成形成烯烃的反应称为维蒂希（Wittig）反应。维蒂希试剂由德国化学家维蒂希（G. Wittig）于1953年发现，他因在此方面的突出贡献获得了1979年诺贝尔化学奖。维蒂希试剂的制备一般是用卤代烷与三苯基膦反应生成季鏻盐，因三苯基膦是弱碱性的好的亲核试剂，多数一级和二级卤代烷可以得到较高产率的季鏻盐，随后在干燥乙醚中，强碱（如*n*-BuLi、PhLi）夺去磷原子*α*-H，形成稳定的磷叶立德（或磷内鎓盐）。例如：

$$Ph_3P + CH_3Br \longrightarrow Ph_3\overset{\oplus}{P}-CH_3\cdot Br^- \xrightarrow[\text{干燥乙醚}]{PhLi} Ph_3\overset{\oplus}{P}-\overset{-}{C}H_2$$

磷叶立德（Ylide）对水或空气均不稳定，因此在合成时一般不将它分离出来，直接进行下一步的反应。在制备磷叶立德时，对于活泼卤代烷形成的鏻盐，可用比较弱的碱（如碳酸钠、氢氧化钠、醇钠等）夺去质子形成磷叶立德。对于不活泼卤代烷形成的鏻盐，则需用强碱（如烷基锂等）处理。

磷可以利用其3d轨道，与碳的p轨道重叠成p-d π键。这个键具有很强的极性，可以和酮或醛的羰基进行亲核加成形成烯烃。

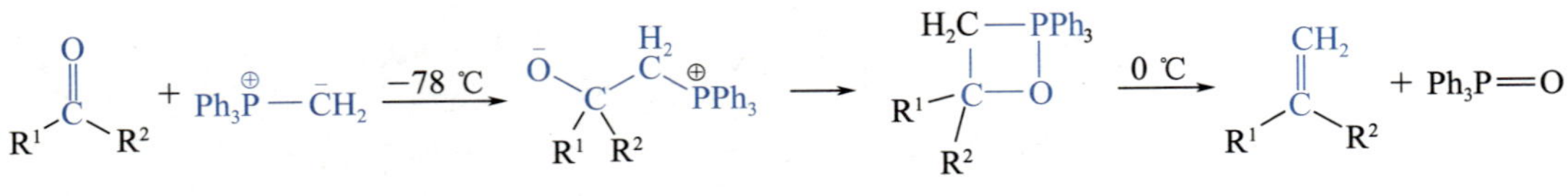

磷叶立德与羰基化合物发生亲核反应时，不同羰基的反应活性有差异，可以利用这种差异进行选择性的反应。

利用维蒂希反应合成的烯烃类化合物，产物中碳碳双键的位置相当于原来碳氧双键的位置，但产物立体化学不能准确地预先判定。一般来说，产物烯烃的构型取决于磷叶立德的活性，当磷叶立德很活泼时总是产生顺反异构体的混合物，当磷叶立德比较稳定时，往往是较大的基团位于反式的位置。

用亚磷酸酯代替三苯基膦制备的磷叶立德称为维蒂希-霍纳尔（Wittig-Horner）试剂。例如，亚磷酸乙酯和溴代乙酸乙酯反应得到膦酸酯，后续在氢化钠的作用下放出氢

气形成维蒂希 - 霍纳尔试剂。

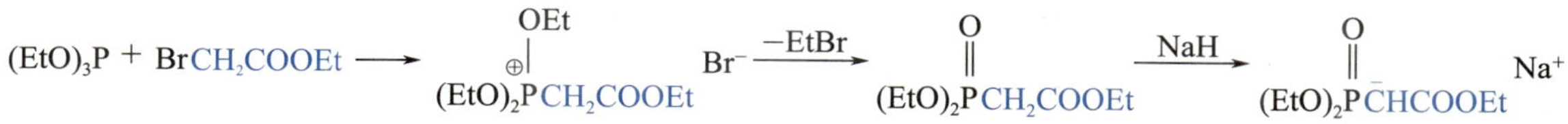

维蒂希-霍纳尔试剂

维蒂希 - 霍纳尔试剂很容易与醛、酮反应生成烯烃，此反应称为维蒂希 - 霍纳尔反应。例如，亚磷酸乙酯和溴代乙酸乙酯反应得到的维蒂希 - 霍纳尔试剂与丙酮反应生成 α,β- 不饱和酸酯，另一个产物 O,O- 二乙基磷酸钠溶于水，很容易与不饱和酸酯分离。

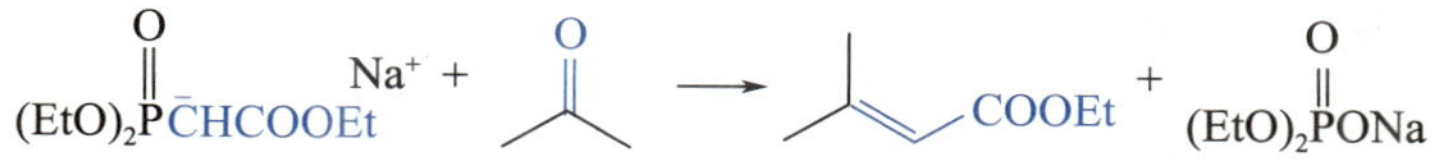

维蒂希 - 霍纳尔试剂提供负碳体系，进攻醛、酮的略带正电性的羰基碳，通过亲核加成形成新的碳碳键。维蒂希 - 霍纳尔反应机理如下：

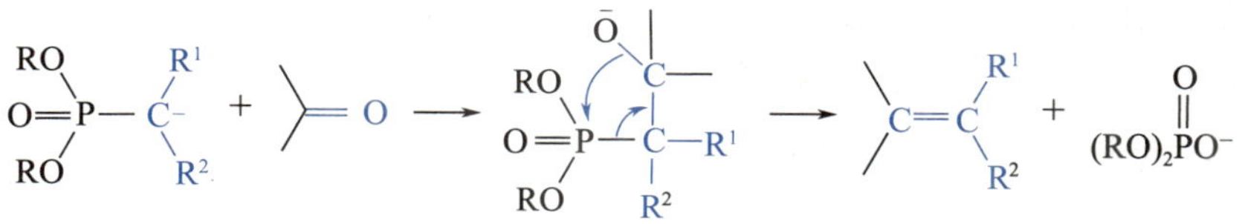

维蒂希 - 霍纳尔反应的立体选择性很强，产物主要是 ***E* 式构型**。

硫醚中的硫具有很强的亲核性，可以与卤代烃反应形成锍盐。锍盐中与锍正离子直接相连的碳受到强的吸电子作用，其相连的氢表现出较强的酸性，在碱的作用下将脱去质子，形成硫叶立德试剂。

$$CH_3SCH_3 + ClCH_2CH{=}CH_2 \xrightarrow[\text{室温}]{H_2O} (CH_3)_2S^+CH_2{=}CHCH_2Cl^-$$

$$(CH_3)_2S^+CH_2{=}CHCH_2Cl^- \xrightarrow{NaOH,\ H_2O} \underset{\text{硫叶立德}}{(CH_3)_2S^+ - {}^-CH - CH{=}CH_2}$$

硫叶立德试剂是一种稳定的两性离子型化合物。除了卤代烃，α- 卤代酸酯也能够与锍盐反应形成硫叶立德试剂，并且所形成的硫叶立德试剂比较稳定。

$$CH_3SCH_3 + BrCH_2COOC_2H_5 \xrightarrow[\text{室温}]{CH_3COCH_3} (CH_3)_2S^+CH_2COOC_2H_5Br^-$$

$$(CH_3)_2S^+CH_2COOC_2H_5Br^- \xrightarrow{NaH} \underset{\text{硫叶立德}}{(CH_3)_2S^+ - {}^-CH - COOC_2H_5}$$

此外，亚砜也能与卤代烃进行亲核取代反应，形成另一种硫叶立德试剂。

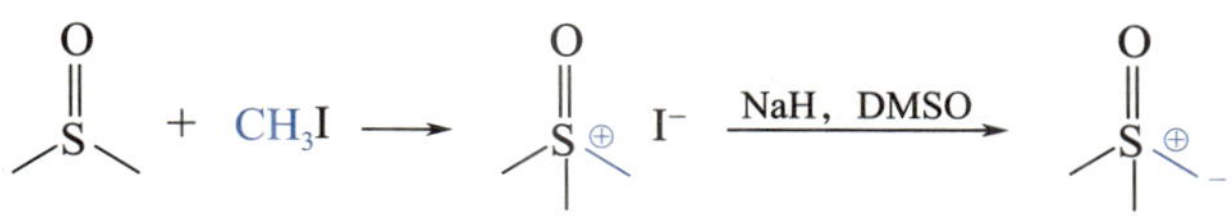

硫叶立德试剂与一般的醛、酮发生加成反应形成 1,2- 环氧类化合物，与不饱和共轭

醛、酮的加成反应则发生在共轭双键上，得到环丙烷类化合物。

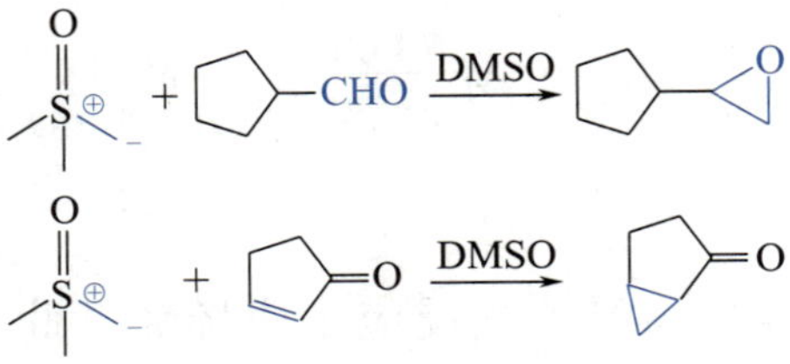

10.9 缩合反应与杂环化合物的合成

利用含氮、氧、硫原子基团的亲核性，与卤代烃发生亲核取代反应，或者与羰基化合物发生亲核加成或取代反应，是得到非芳香杂环化合物的重要途径。

合成芳香杂环化合物，需要在关环的同时发生消除反应，以便得到合适的不饱和度，因此在芳香杂环的合成中更多地应用了缩合反应。

以下将着重介绍一些典型的利用缩合反应合成五元和六元芳香杂环化合物的原理和实例。

10.9.1 利用二羰基化合物作为双亲电试剂合成五元或六元芳香杂环

芳香杂环的建环反应通常是利用两个双官能团片段进行的缩合反应。二羰基化合物是一种双亲电中心试剂，可以同时与两个亲核中心反应，一步关环，因此在五元和六元芳香杂环的合成中经常使用。

常用的二羰基化合物有：

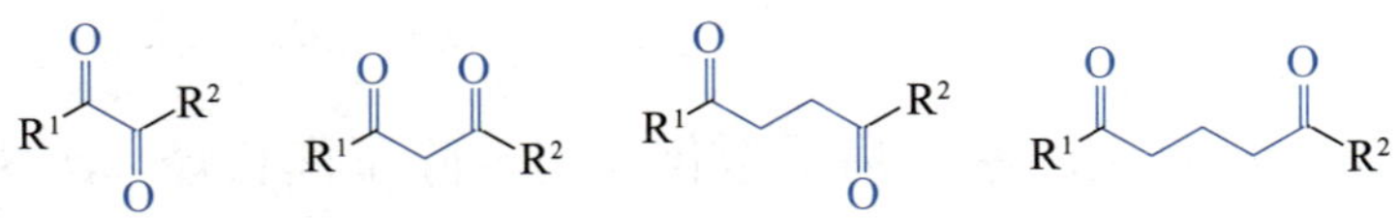

相应地，伯胺或二胺类化合物、脲等是良好的含氮双亲核中心试剂，羟胺是氮氧双亲核试剂，硫化氢则是含硫的双亲核试剂。例如：

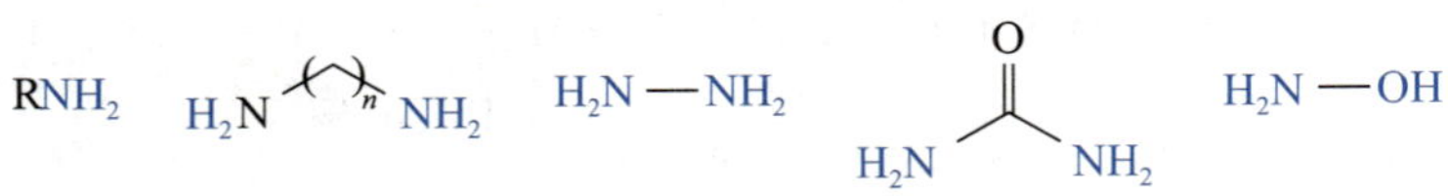

以下是应用这一策略合成五元或六元芳香杂环的实例。

1,4- 二羰基化合物在硫酸、多聚磷酸、五氧化二磷等试剂作用下直接发生脱水关环反应是合成呋喃衍生物的一种常用方法。例如，己-2,5- 二酮在硫酸或五氧化二磷作用下可以合成2,5- 二甲基呋喃。

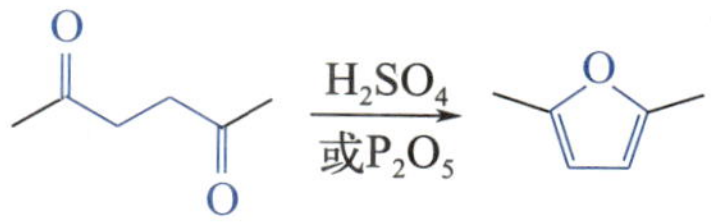

反应机理为：己 -2,5- 二酮分子中的一个羰基氧原子质子化，另一个羰基异构为烯醇，烯醇的羟基氧原子进攻质子化的羰基氧所连的碳原子，关环形成一个环状的烯醇缩酮中间体，随后在酸催化下脱水得到呋喃环结构。这种合成方法称为**帕勒 - 克诺尔（Paal-Knorr）合成法**。

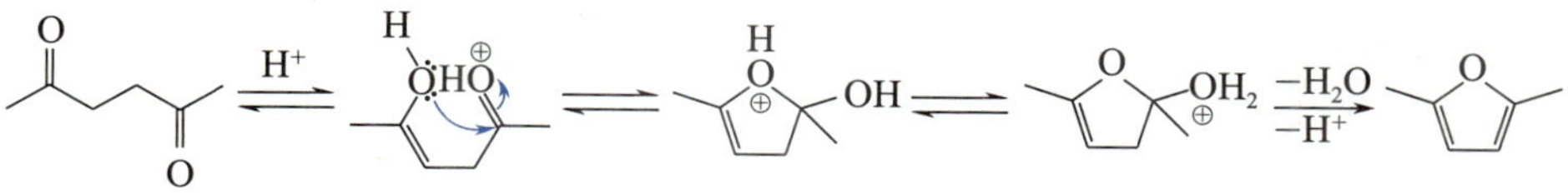

帕勒 - 克诺尔（Paal-Knorr）合成法

1,4- 二羰基化合物，在无水酸性条件下失去水得呋喃及其衍生物，与氨或胺反应制备吡咯及吡咯衍生物，与硫化物（P_4S_{10}）反应制备噻吩及噻吩衍生物。这种合成方法称为帕勒 - 克诺尔（Paal-Knorr）合成法。

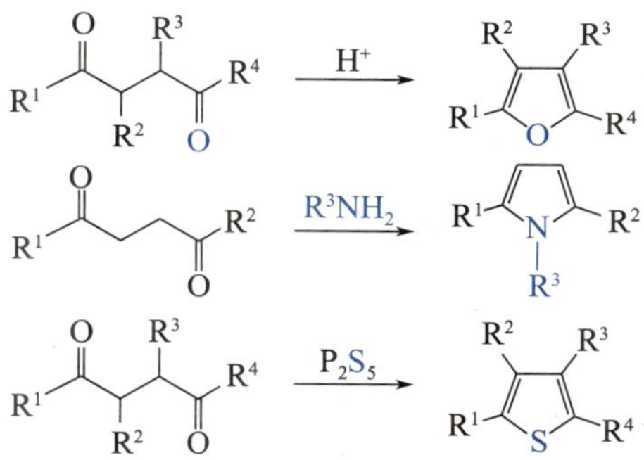

帕勒 - 克诺尔呋喃合成是一个羰基快速质子化，而另一个羰基发生烯醇化，羟基氧原子进攻羰基碳原子成环（决速步），生成的中间体再接受一个质子脱水，最后脱质子生成呋喃环。

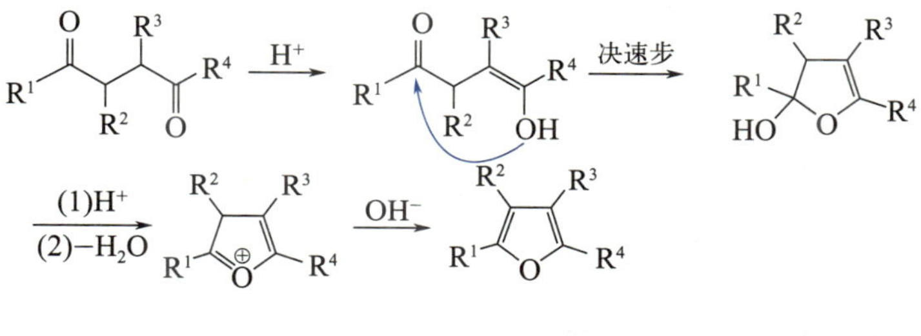

帕勒 - 克诺尔吡咯合成的机理是胺先后进攻两个羰基碳原子成环，最终脱两分子水生成吡咯，成环一步是决速步。

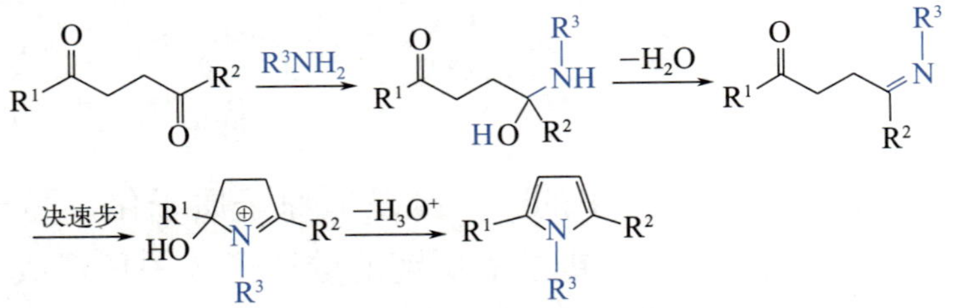

帕勒-克诺尔合成使用得非常广泛，在所有的合成中，几乎所有的二羰基化合物都可以转化为相应的杂环。R^1和R^5可以是H、芳基或烷基，R^3和R^4可以是H、芳基、烷基或酯基。在吡咯（X＝H）合成中，R^1可以是H、芳基、烷基、氨基或羟基。

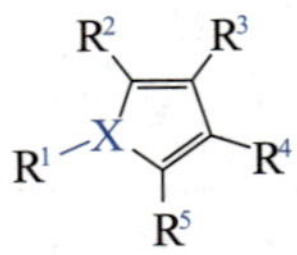

1,4-二羰基化合物与含氮、含硫的亲核试剂发生缩合关环反应是得到五元或六元含氮、含硫芳香杂环的方法之一。例如，己-2,5-二酮分别与H_2S和NH_3反应，然后脱去两分子水，可以得到2,5-二甲基噻吩和2,5-二甲基吡咯。

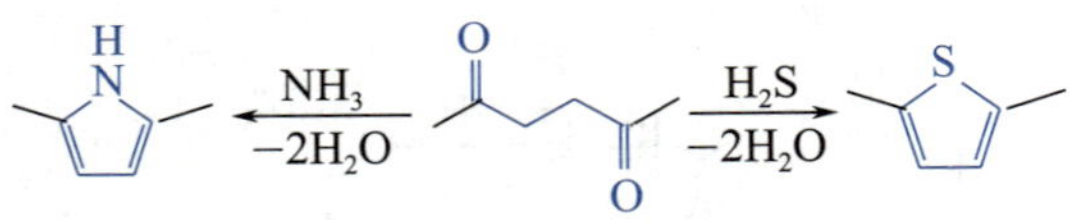

吡啶也可以利用类似的反应合成。由于产物为六元芳杂环，因此需要以1,5-二羰基化合物为原料。通过缩合反应形成的关环产物分子只有两个双键，后续需要经过氧化脱氢才能得到最终的芳香杂环结构。例如：

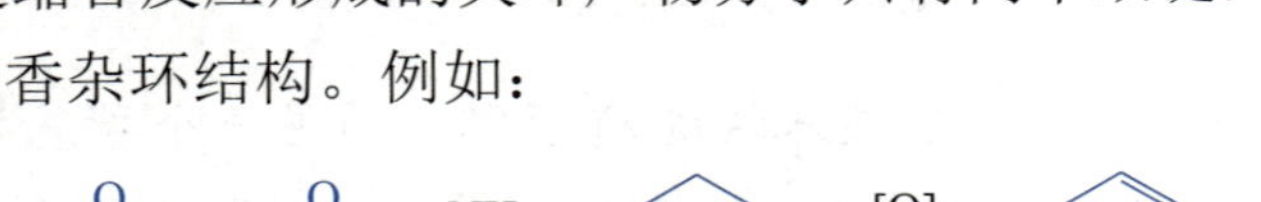

如果使用羟胺代替氨，则提供了另一个可以脱去的水分子，因此可以直接得到吡啶环结构。例如：

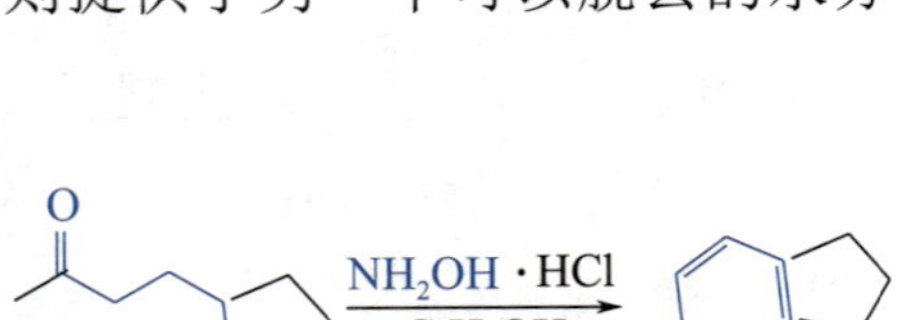

1,4-二羰基化合物与肼反应得到六元环关环产物后，也需要再氧化脱去一分子氢才可以得到哒嗪及其衍生物。例如，己-2,5-二酮与肼在醋酸催化下关环得到3,6-二甲基-4,5-2*H*-哒嗪，随后在金属钯催化下脱氢就得到3,6-二甲基哒嗪。

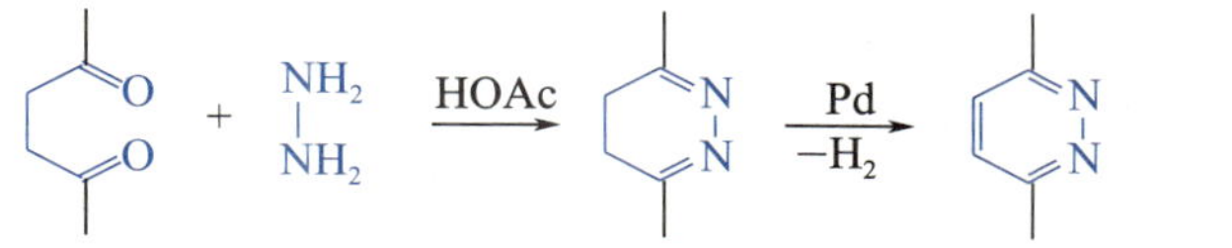

3,6-二甲基-4,5-2*H*-哒嗪 3,6-二甲基哒嗪

如果采用带羟基的1,4-二酮为原料，则可以一步直接得到哒嗪环。例如，使用3-羟基己-2,5-二酮与肼在甲醇中回流可以高产率地得到3,6-二甲基哒嗪。

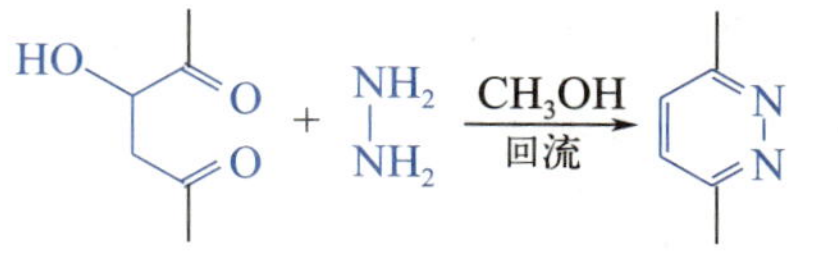

1,2-和1,3-二羰基化合物常用于含多个杂原子的芳香杂环的合成。

例如，丙二醛与肼反应可以得到吡唑，而丙二醛的缩醛与羟胺反应可以得到异噁唑。

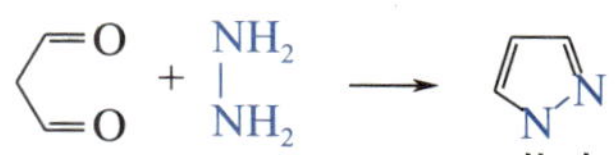

吡唑

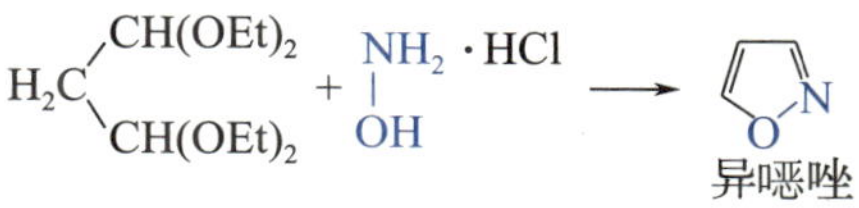

异噁唑

又如，乙二醛与邻苯二胺缩合可以得到苯并二嗪环类化合物喹噁啉。

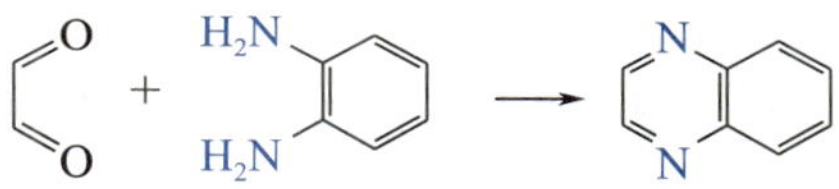

喹噁啉

丙二醛与脲缩合可以得到嘧啶酮，丙醛酸与脲缩合则得到尿嘧啶。

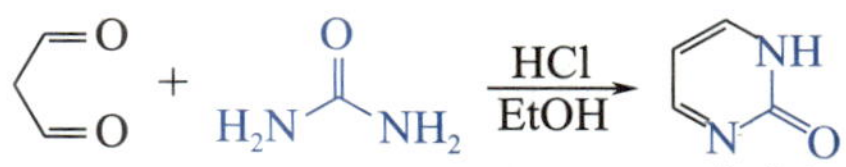

嘧啶酮

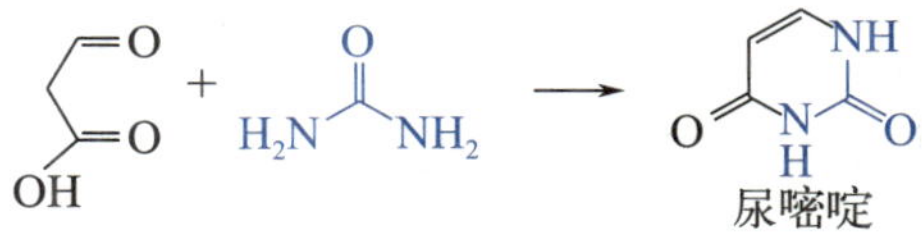

尿嘧啶

10.9.2 利用β-二羰基化合物作为双重反应中心合成五元或六元芳香杂环

β-二羰基化合物具备双重反应性：其一，羰基碳原子是亲电反应中心，可以接受亲核试剂进攻；其二，两个羰基之间的碳原子上的氢原子酸性很强，容易形成负离子的亲核反应中心，作为亲核试剂进攻其他亲电中心。若另有一种具备双重反应中心的含氮、含氧试剂，两者可以进行缩合反应得到五元或六元芳香杂环。

β-羰基酸酯等含活泼亚甲基的化合物与α-氨基酮进行的缩合反应称为**克诺尔**

（Knorr）反应，是合成吡咯环的常用方法。

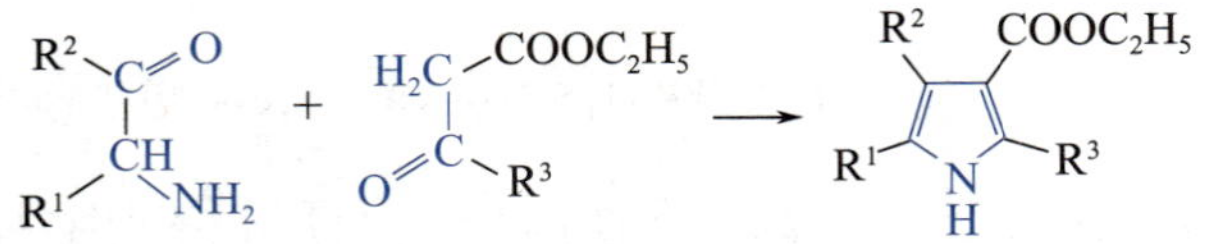

反应机理为：α-氨基酮中的氨基氮原子进攻β-羰基酸酯的酮羰基碳原子并脱去一分子水得到烯胺中间体，随后β-羰基酸酯的活泼亚甲基碳原子进攻α-氨基酮中的羰基碳原子并脱去一分子水，最后互变异构得到吡咯环。

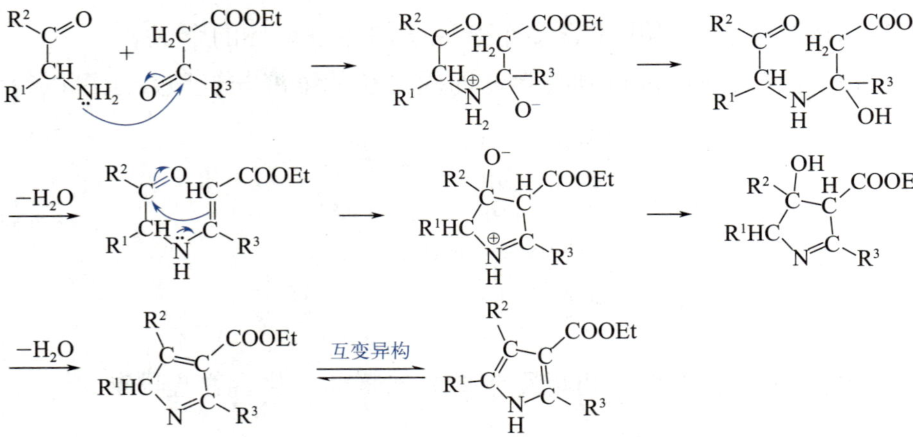

例如，乙酰乙酸乙酯与3-氨基乙酰乙酸乙酯反应可以得到3,5-二甲基-2,4-吡咯二甲酸酯。

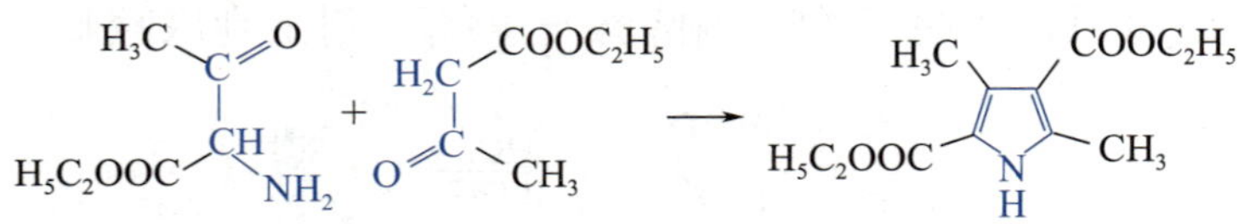

在吡啶的汉奇（Hantzsch）合成法中，采用两分子β-羰基酸酯与一分子醛和一分子氨反应得到关环中间体，再氧化即可得到吡啶衍生物。该反应中的β-羰基酸酯既作为亲核中心（活泼亚甲基碳原子），又作为亲电中心（羰基碳原子）。值得注意的是，吡啶环上连接的烷氧酰基在碱性条件下可以脱去。

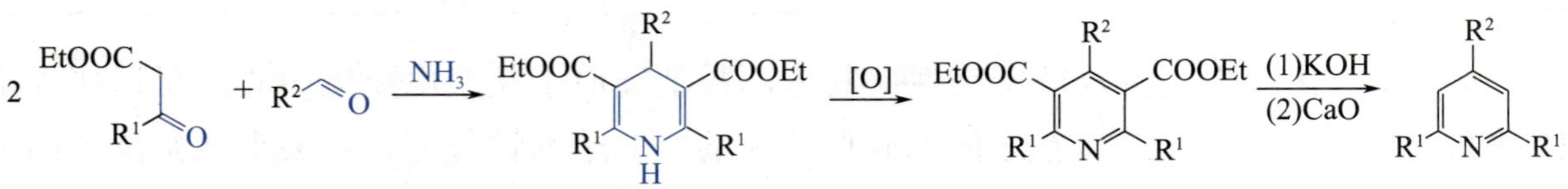

汉奇合成法合成二氢吡啶环的反应机理为：首先β-羰基酸酯与醛缩合形成α,β-不饱和酮，随后与另一分子β-羰基酸酯发生迈克尔反应得到1,5-二羰基化合物，最后与氨缩

合关环得到二氢吡啶环。

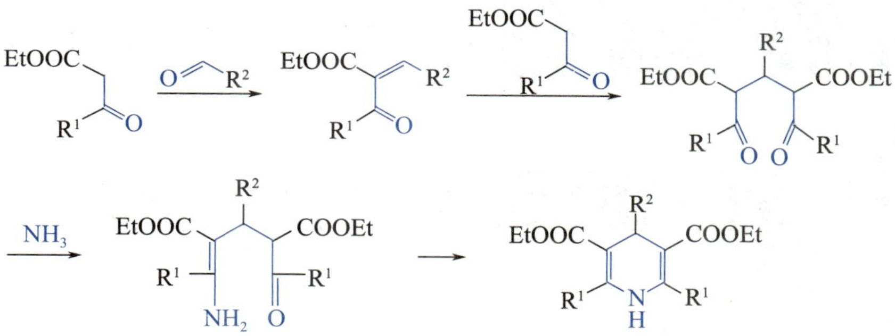

汉奇合成法在合成吡啶环的同时，可以方便地在多个取代位置引入取代基，因此在吡啶衍生物合成中应用十分广泛。例如，治疗心血管疾病的 2*H*- 吡啶类药物硝苯地平等都可以通过汉奇合成法合成。

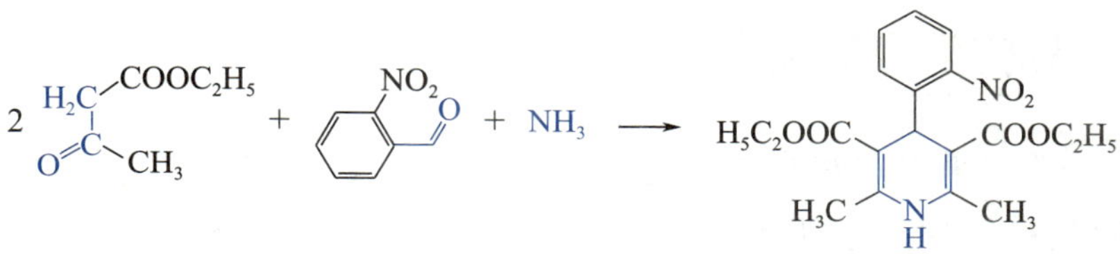

硝苯地平

第11章 氧化反应与还原反应

11.1 氧化反应

11.1.1 氧化反应的概念

氧化反应是一类最普遍、最常用的有机化学反应。氧化的定义有广义与狭义之分。广义的氧化反应可视为被氧化的物质失去电子或仅发生部分电子转移的过程，即碳等原子周围的电子云密度降低。若如此定义，则卤化、硝化、磺化等典型的取代反应亦可列入，故一般指的是氧化反应，即有机物分子中氧原子增加和氢原子减少。一般二者兼而有之，或至少有氧原子的增加。但可以把仅有氢原子减少的反应即脱氢反应视为氧化的一种特殊形式。

11.1.2 无机氧化剂

11.1.2.1 氧气

有机物通常可在不同条件下被空气中的氧气氧化生成复杂的化合物，但在有机合成上有价值的是氧气或空气在高温及催化剂作用下的催化氧化。其具有独有的廉价性和绿色性，因此被广泛地应用于石油化工中，如顺酐（顺丁烯二酸酐）、苯酐（邻苯二甲酸酐）的工业制法。

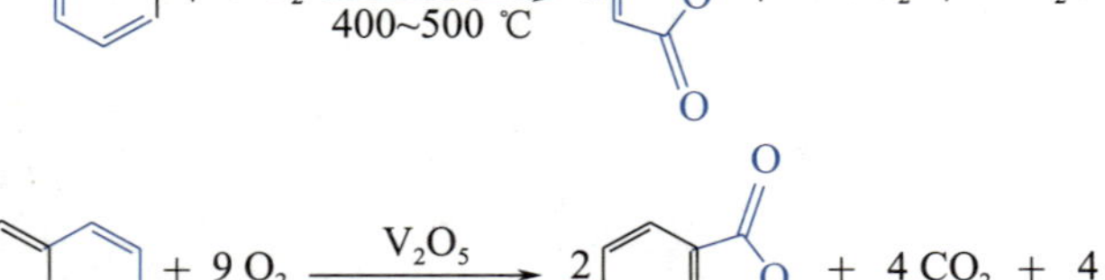

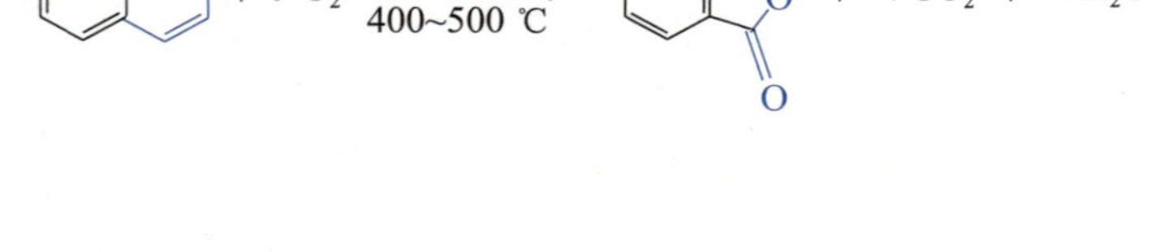

在银或氧化铜的催化下，烯烃可以与氧气发生环氧化反应。

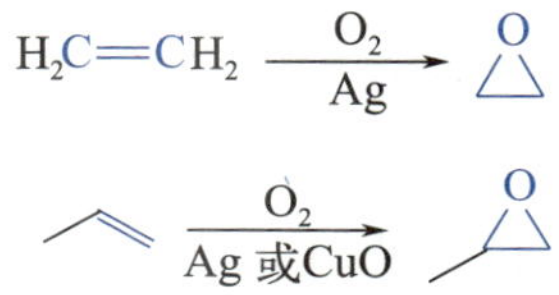

对乙烯、丙烯使用不同的催化剂，可得到不同的产物。其中氯化钯-氯化铜催化的烯烃氧化反应称为瓦克（Wacker）反应，该反应可以将烯烃转化为醛、酮，是最具代表性的实现工业化的过渡金属催化反应。在Wacker氧化反应的工业工艺中，反应在富氧和含有$PdCl_2/CuCl_2$催化剂的盐酸水溶液中进行，产物的产率一般较高。但在相同的条件下，碳数较高的末端烯烃的氧化反应较慢，并且往往伴随一些副反应，例如形成卤代羰基化合物和双键的迁移等。

采用Wacker氧化法生产乙醛在我国乙醛生产工艺中的占比约为45.2%，是行业第一大生产工艺。

$$H_2C=CH_2 \xrightarrow[PdCl_2\text{-}CuCl_2]{O_2} CH_3CHO$$

反应过程可以简单描述为：

$$C_2H_4 + PdCl_2 + H_2O \longrightarrow CH_3CHO + Pd + 2\,HCl$$
$$Pd + 2\,CuCl_2 \longrightarrow PdCl_2 + 2\,CuCl$$
$$O_2 + 4\,CuCl + 4\,HCl \longrightarrow 2\,CuCl_2 + H_2O$$

从上述过程可以知道，氯化亚铜可以被氧气氧化生成氯化铜。因此，可以用氧气预处理的氯化亚铜来作为催化剂。这样不仅可以避免酮类化合物的氯化，还能极大地提高反应的速率。一些不含氯的二价铜试剂也在该反应中得到应用，例如乙腈铜和乙酸铜都给出不错的结果。

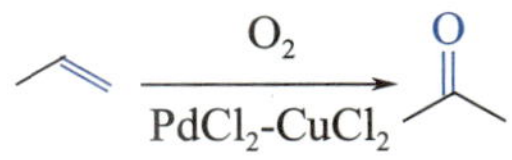

目前，工业上广泛采用$PdCl_2/CuCl_2$体系来催化乙烯氧化制备乙醛。实际生产中乙烯的转化率可达95%，反应的主要副产物为乙酸、草酸、巴豆醛、氯乙醛和氯乙酸等。用$PdCl_2/CuCl_2$体系催化丙烯和丁烯为酮的工艺也很成熟，已经实现了工业化。但是，该方法的缺点在于氯离子对设备有较强的腐蚀性，并易产生氯代副产物。而且$PdCl_2/CuCl_2$催化体系对较高碳数的端烯、内烯和环化合物的氧化速率较慢，产率和选择性并不理想，并且往往伴随一些副反应，例如形成氯代羰基化合物和双键的迁移等。有时用$PdCl_2/CuCl$体系来代替，可以解决部分问题。

瓦克反应的钯催化剂容易聚集并形成钯黑而失活。近来，有研究者应用超临界二氧化碳（$scCO_2$）/聚乙二醇-300（PEG-300）两相体系实现了氯化钯催化苯乙烯的氧化反应。该两相催化系统的优点是：①提高了反应的选择性；②PEG-300能避免催化剂聚集而失活；③产物溶于$scCO_2$，催化剂被固定在PEG相，产物与催化剂分离容易，催化剂可以方便回收、循环使用。

若反应不添加CuCl[1]，苯乙烯主要被氧化为苯甲醛，而添加CuCl作为助催化剂时主要得到苯乙酮。

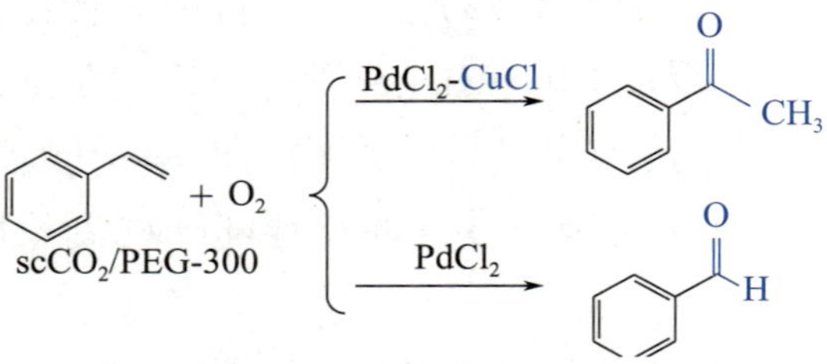

钯催化贫电子烯烃（如丙烯酸酯、丙烯腈等）与醇在氧气存在下的缩醛化反应，也可视为一类Wacker反应，其产物3,3-二烷氧基丙酸酯、β-羰基缩醛和β-氰基缩醛等常被用来合成香豆素、卟啉、精胺代谢物、马钱子苷，以及具有生物活性的环状烯胺酮类等多种化合物，因此对其进行研究有重要意义。

在早期的3,3-二烷氧基丙酸酯类化合物的Wacker反应合成方法中，通常使用有机溶剂，而且需要加入昂贵而有毒的六甲基磷酰胺（HMPA），同时助催化剂氯化铜会生成含氯副产物并对不锈钢反应釜造成腐蚀。但是，如果使用$scCO_2$作溶剂，并以高分子支载苯醌（PS-BQ）替代氯化亚铜，上述问题均可避免。

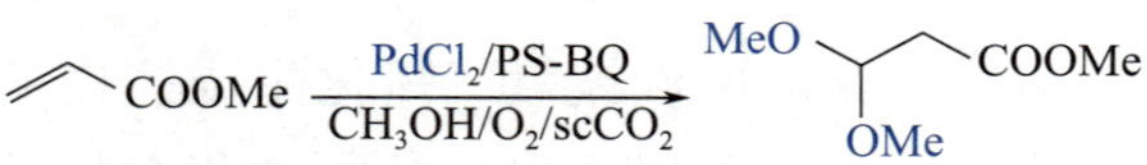

羟甲基也可被氧气催化氧化成醛，如维生素A在PtO_2催化下氧化，五个双键可不受影响。

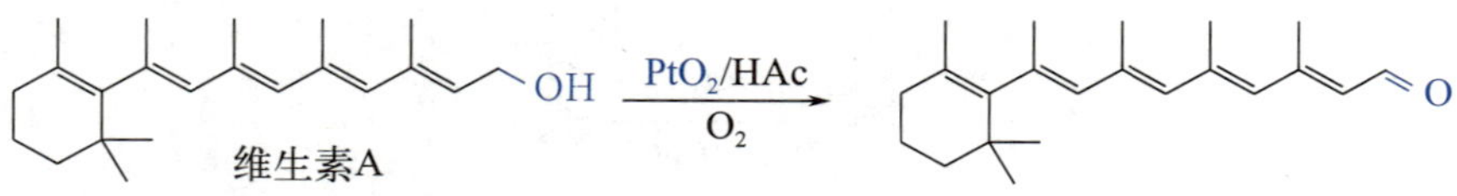

11.1.2.2 臭氧

臭氧的氧化能力略强于氧气，其在有机合成上的应用是烯烃经氧化后还原水解生成醛、酮，如香料胡椒醛的制备。

---

❶ Jin-Quan Wang，Fei Cai，Er Wang，Liang-Nian He. Supercritical carbon dioxide and poly（ethylene glycol）：an environmentally benign biphasic solvent system for aerobic oxidation of styrene［J］. Green Chemistry，2007，9，882-887.

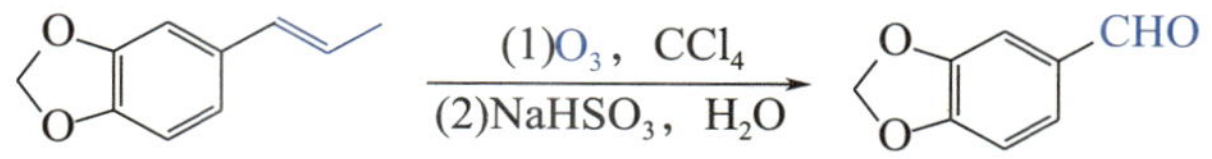

反应过程中之所以要用$NaHSO_3$、Zn、PPh_3等还原性物质进行还原水解，是因为臭氧化物的水解中会有氧化性的H_2O_2产生。

11.1.2.3　过氧化氢

过氧化氢作为一种经济、易得、安全的氧化剂，其在氧化反应中只产生一种副产物水，不污染环境，应用于合成各种环氧化合物（它们是常用于高分子材料合成中的改性剂、稳定剂和稀释剂）。在早期利用过氧化氢生成环氧化物的研究中，通常需要铜系催化剂，为了实现该类反应的进一步绿色化，人们开发了相对安全低毒的钨系、镍系、铁系等催化剂。

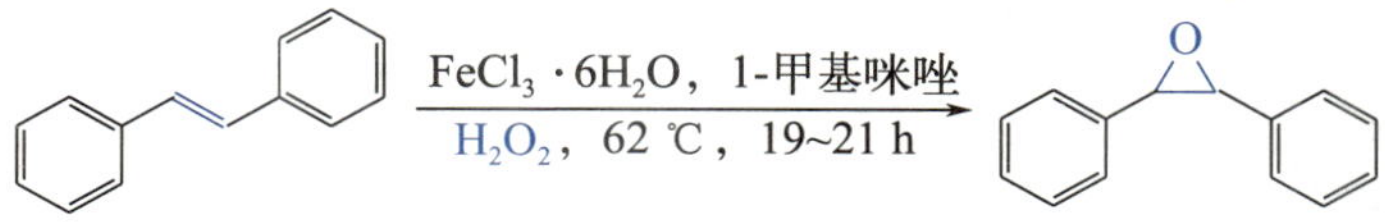

醌类及其环氧化合物具有相当高的生物活性，如抗真菌性、抗炎性及抗癌性等，可用于合成抗肠癌药物。利用过氧化氢的氧化也能制备醌类的环氧化合物。

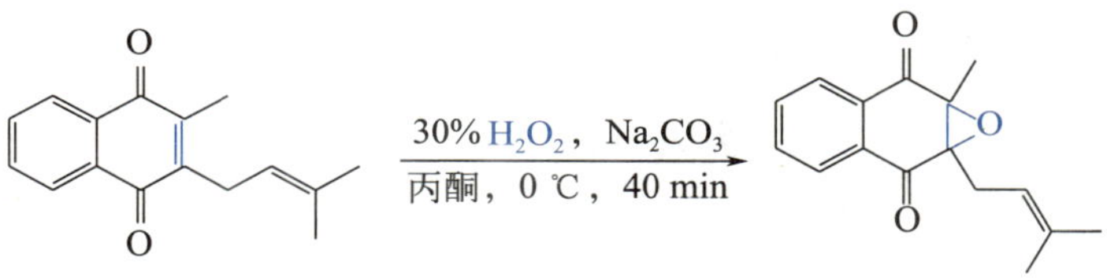

2,3-环氧-1,3-二芳基丙酮是一类重要的有机中间体，可选择性地转化为手性化合物，能广泛用于有机合成和具有生理活性的药物合成。过氧化氢与查尔酮的环氧化反应就是制备2,3-环氧-1,3-二芳基丙酮的一种有效而实际的合成方法。特别是采用KF/碱性Al_2O_3催化剂体系，能避免传统强碱条件引起的副产物生成和分离提纯麻烦的问题，而且反应条件温和、收率高（79%～99%）、对环境友好。

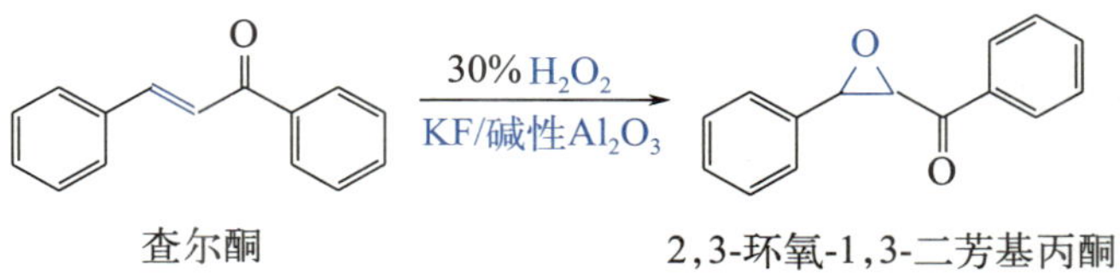

在$scCO_2$体系中，以过氧化氢作氧化剂，以Pd-Au/Al_2O_3作非均相催化剂，也能将苯乙烯选择性氧化得到苯乙酮，转化率为68%，选择性为87%。

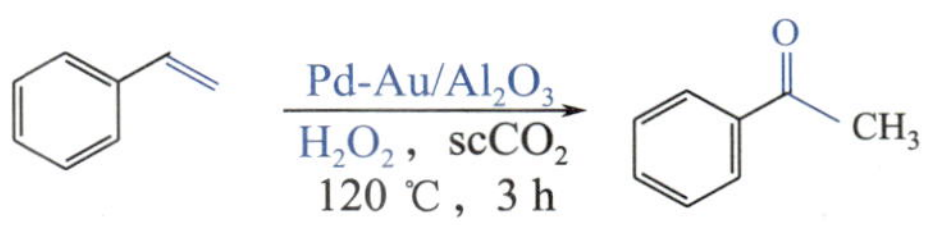

11.1.2.4 硝酸

硝酸为强氧化剂，优点是反应液无残渣，但有硝化、酯化等副反应发生且会溢出氮氧化物。

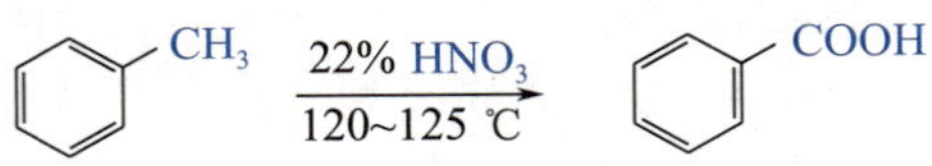

硝酸对环酮或环醇发生破环反应，其产物的唯一性使其具有一定的应用价值。

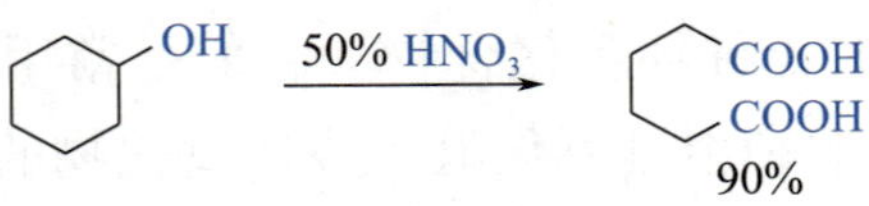

当有碱敏感基团（如卤素）时，氧化成酸宜用硝酸。

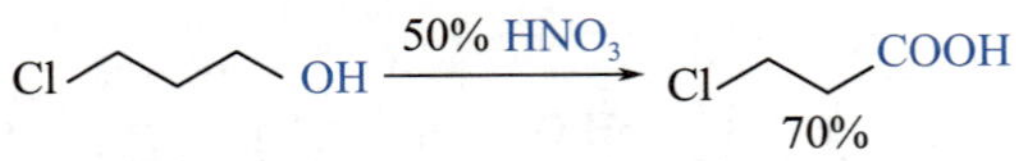

11.1.2.5 二氧化硒

二氧化硒（SeO_2）是一种选择性氧化剂，其特点如下：

① 将羰基化合物的α-位氧化为羰基。此法是合成邻二酮的重要方法，并且不同的原料可以得到相同的产物。

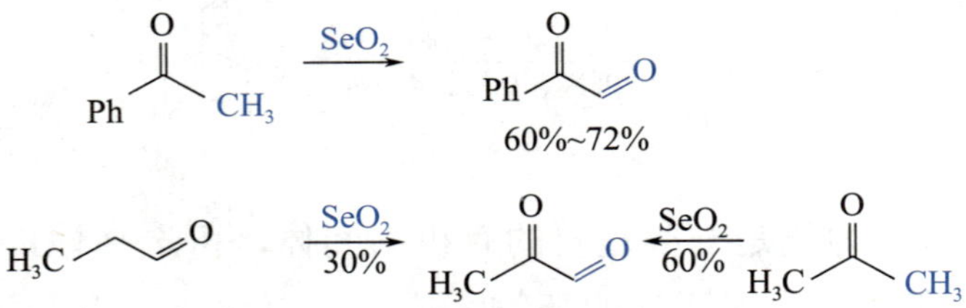

② 将两芳环中间的亚甲基氧化为羰基。

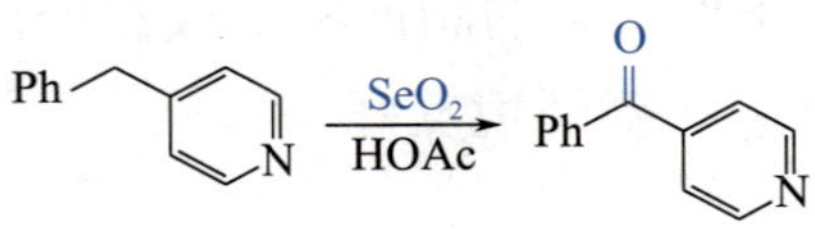

③ 将烯丙位的α-H氧化为羟基，并且一般含较多α-H的碳原子易被进攻。

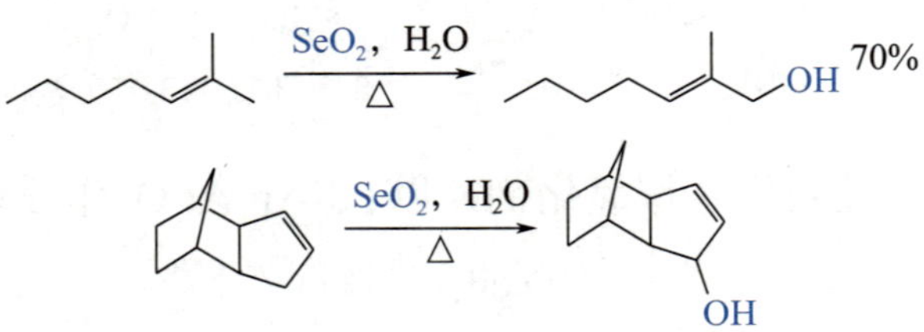

11.1.2.6 次氯酸盐

次氯酸盐是一种很强的碱性氧化剂，主要用于氧化甲基酮（如卤仿反应）来制备某些特殊结构的羧酸。

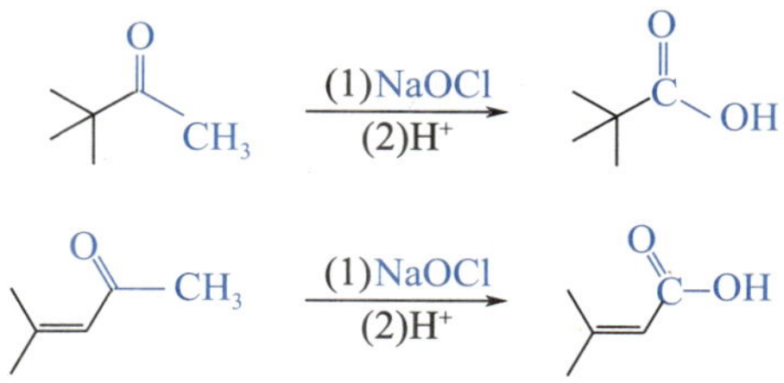

在一定条件下，次氯酸盐与带吸电子基的烯烃反应生成环氧化物，并且不影响吸电子基的双键。

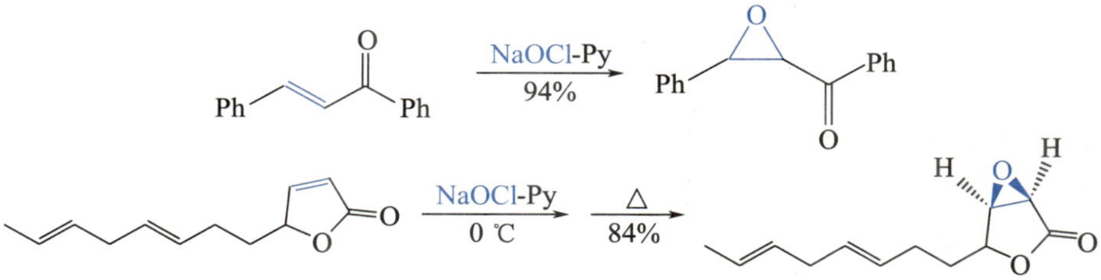

α-烯腈用氧化铝或高岭土吸附，再用NaClO处理，亦能高产率地得到环氧化物。

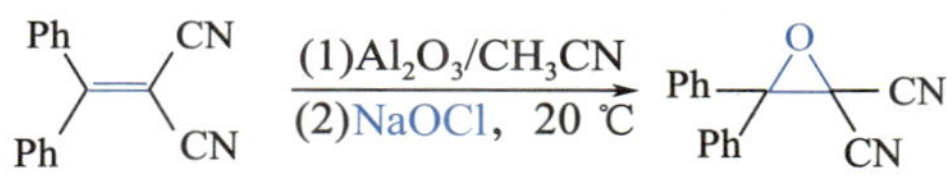

11.1.2.7　高碘酸

高碘酸（HIO_4或H_5IO_6）可使含下列结构单元的化合物发生断键氧化：

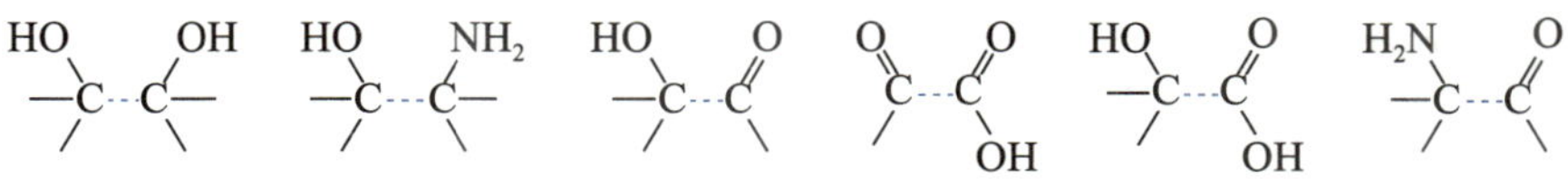

这些氧化通称为玛拉珀瑞德（Malaprade）反应。例如：

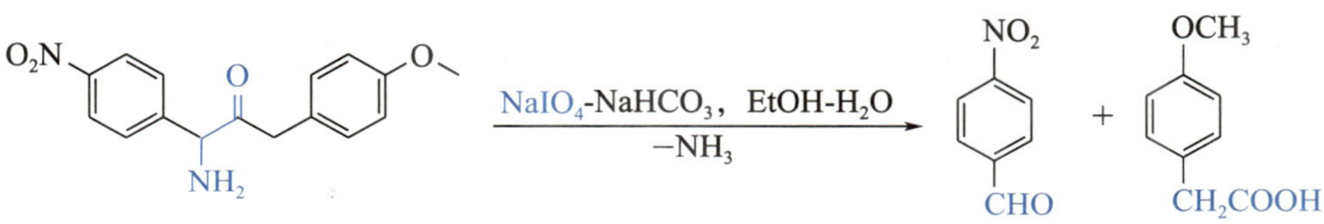

以邻二醇为例，其氧化过程为先形成环状的高碘酸酯，继而氧化分解。

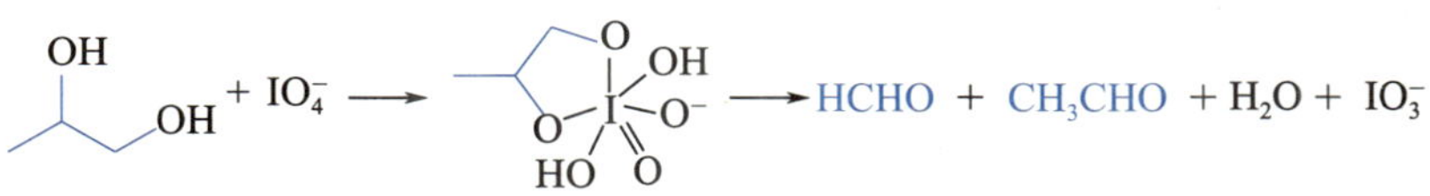

该氧化法广泛用于糖类结构的测定，或合成用其他方法难以制备的羰基化合物（如壬醛酸）。

$$HOCH_2(CHOH)_4CHO + 5\,HIO_4 \longrightarrow HCHO + 5\,HCOOH + 5\,HIO_3$$

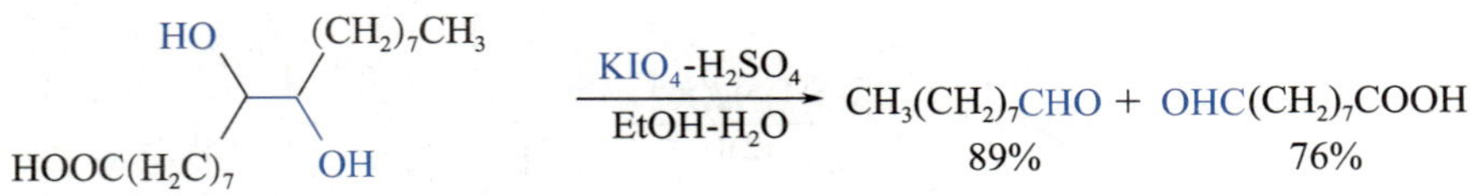

11.1.2.8 二氧化锰

MnO_2是一种较为温和的氧化剂，可将甲苯氧化为苯甲醛，但该反应若无Ac_2O保护则继续氧化生成羧酸。

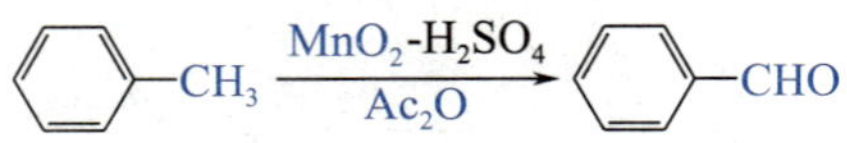

新制的活性MnO_2对烯丙醇类可选择性地氧化，而碳碳双键不被氧化。该方法被广泛应用于甾类中α,β-不饱和酮的合成。

$$CH_2{=}CHCH_2OH \xrightarrow[\text{中性，室温}]{\text{活性}MnO_2} CH_2{=}CHCHO$$

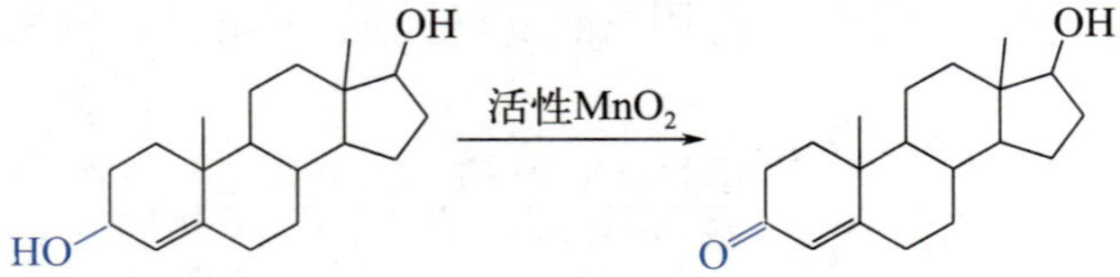

11.1.2.9 铬酐

三氧化铬（CrO_3）俗称铬酐，可将苯环侧链的甲基氧化为羧基，但若选择Ac_2O作为溶剂，可得到芳醛。

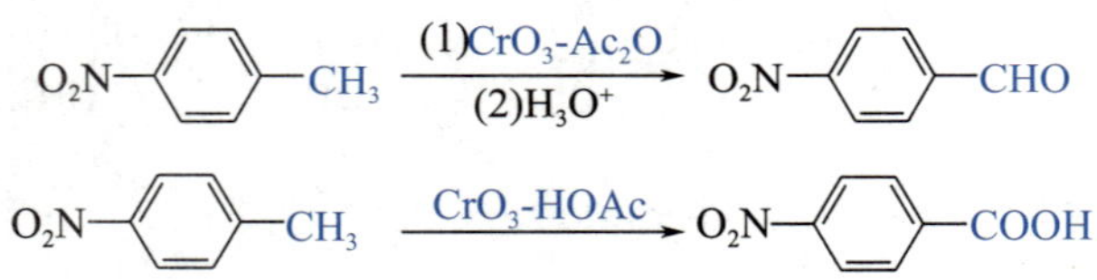

同样，烯烃的α-位可氧化得到羰基，但这种氧化剂进行烯丙位氧化时容易导致双键移位。

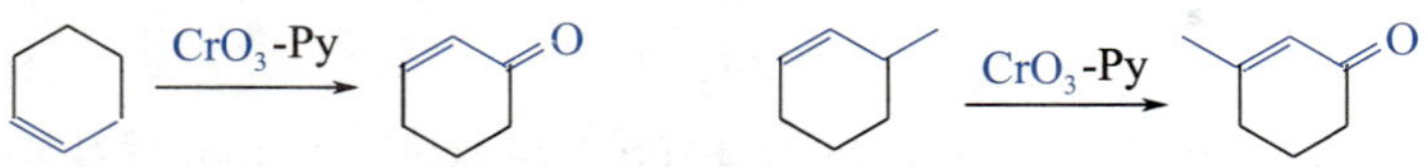

铬酐可氧化稠环成为萘醌，此法可避免使用氧化剂$KMnO_4$产生的副反应。

铬酐也可氧化仲醇生成酮、氧化伯醇生成酸。将铬酐溶于盐酸再加入吡啶即可制得氯铬酸吡啶𬭩盐（PCC），即**沙瑞特（Sarett）试剂**，可使伯醇停留在生成醛阶段，且不影响分子中的双键。

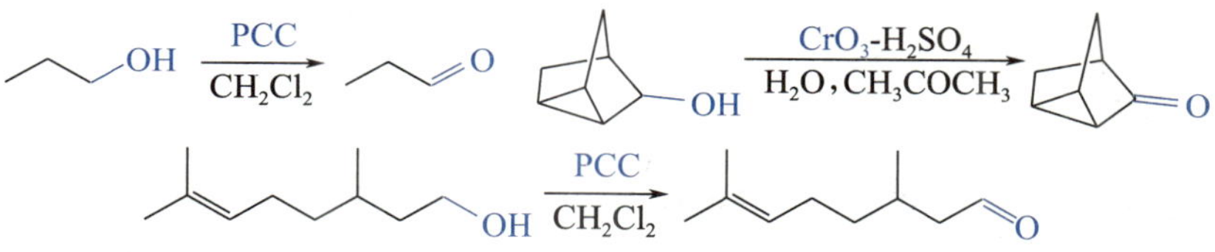

11.1.2.10　四氧化锇

用四氧化锇（OsO_4）氧化烯烃可得顺式邻二醇，选择性高于$KMnO_4$，反应定量发生、产率很高，但其价格昂贵且有毒。为减少用量，氧化时催化量OsO_4与其他氧化剂（如H_2O_2、$NaIO_4$、$NaClO_3$等）共用，使其被重复使用，效果与单独使用时差不多。

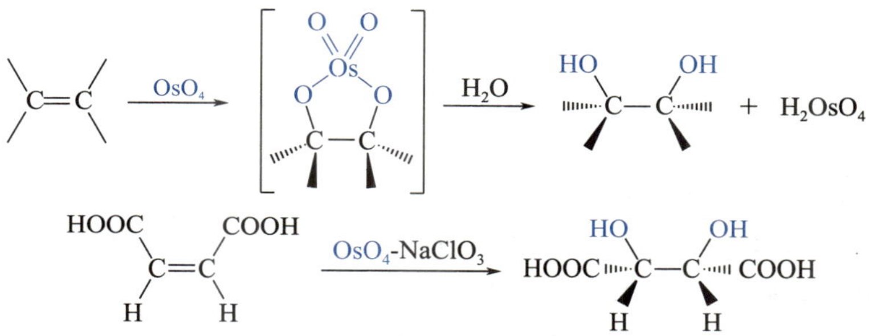

11.1.2.11　高锰酸钾

$KMnO_4$是应用最广泛的氧化剂，在酸、碱、中性介质中均可使用。当芳环上连有卤素、硝基时，芳环是稳定的，而另一个环在$KMnO_4$作用下破裂。

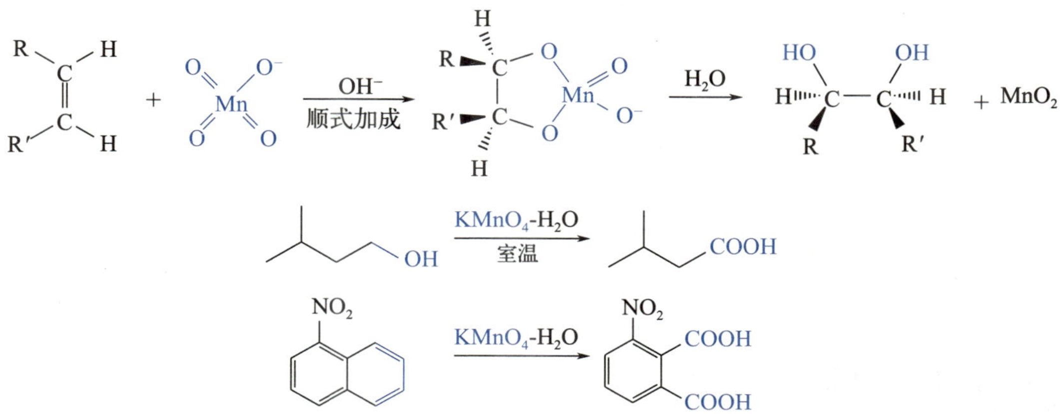

11.1.2.12　重铬酸盐

$Na_2Cr_2O_7$（或$K_2Cr_2O_7$）是常见的重铬酸盐类氧化剂，常用于将芳胺或酚类氧化成醌类。

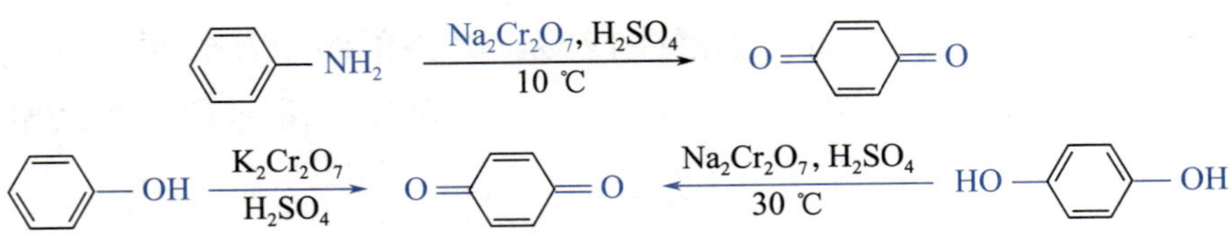

11.1.2.13 铬酰氯

铬酰氯（CrO_2Cl_2）也称艾塔德（Etard）试剂，是由铬酐制备的。它对苯环上甲基的氧化可停在生成醛阶段，并且当有多个甲基时仅氧化其中一个。

$$CrO_3 + 2\,HCl \xrightarrow{H_2SO_4} CrO_2Cl_2 + H_2O$$

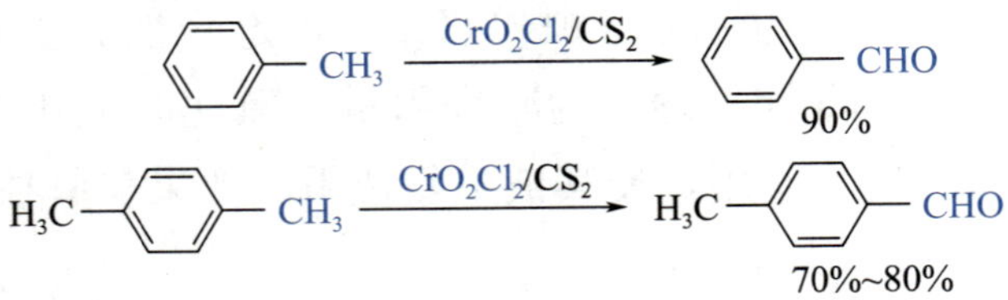

11.1.2.14 其他无机氧化剂

其他的无机氧化剂有Cu(Ⅱ)、Ag(Ⅰ)、Pb(Ⅳ)、Fe(Ⅲ)的化合物，其中应用较多的是Cu(Ⅱ)的化合物和Ag(Ⅰ)的化合物。Cu(Ⅱ)的化合物包括CuO和斐林（Fehling）试剂、班尼迪克（Benedict）试剂，后两者在鉴定反应中应用很多。

Ag(Ⅰ)的化合物包括Ag_2O和土伦（Tollens）试剂，均为弱氧化剂，通常用于醛基和酚羟基的氧化，并且不影响分子中的双键及其他对强氧化剂敏感的基团。由于价格昂贵，为减少其用量，通常采用加入CuO组成混合催化剂且通入空气进行氧化的方法。

$$CH_3CH{=}CHCHO \xrightarrow{Ag_2O} CH_3CH{=}CHCOOH$$

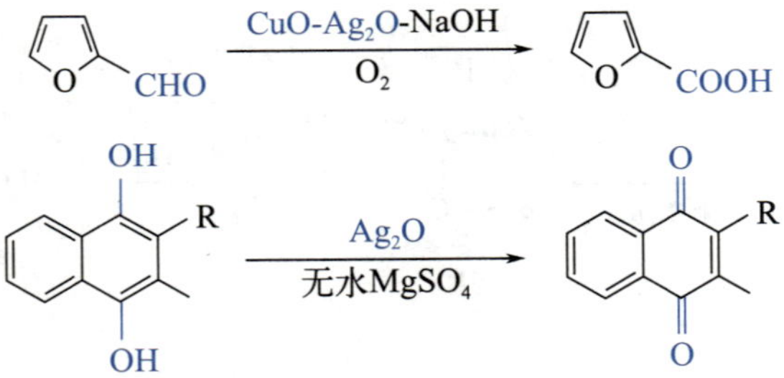

维生素K_1

11.1.3 有机氧化剂

11.1.3.1 有机过氧酸

羧酸中加入H_2O_2，可生成有机过氧酸（RCO_3H），其无须分离即可直接使用。常用的有过氧醋酸、过氧苯甲酸和过氧三氟甲酸。过氧酸一般不稳定，使用前需新配制。但间氯过氧苯甲酸例外，它是稳定的晶体，易于贮存，因而应用较广。

过氧酸主要用于以下两个方面：

① 氧化双键形成环氧化物，其反应机理是过氧酸对碳碳双键的亲电进攻。因而当过氧酸带有吸电子基团时或碳碳双键连有供电子基团时，均可使氧化速率增大。故过氧酸的活性顺序为 $CF_3CO_3H > m\text{-}ClC_6H_4CO_3H > HCO_3H > PhCO_3H > CH_3CO_3H$；而且因烷基取代数的不同，可对同一分子内的不同双键进行选择性环氧化。

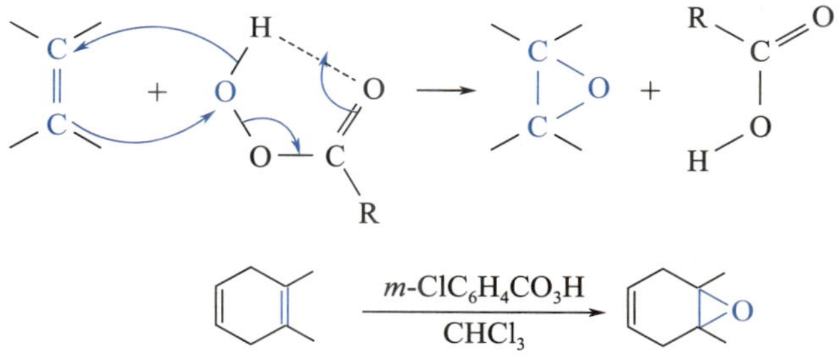

过氧酸对烯烃的环氧化有高度的立体选择性，生成顺式产物且易于从位阻小的一侧进攻。环氧化物可被多种试剂开环，如用稀酸水解可得反式1,2-二醇，故其是重要的有机合成中间体。

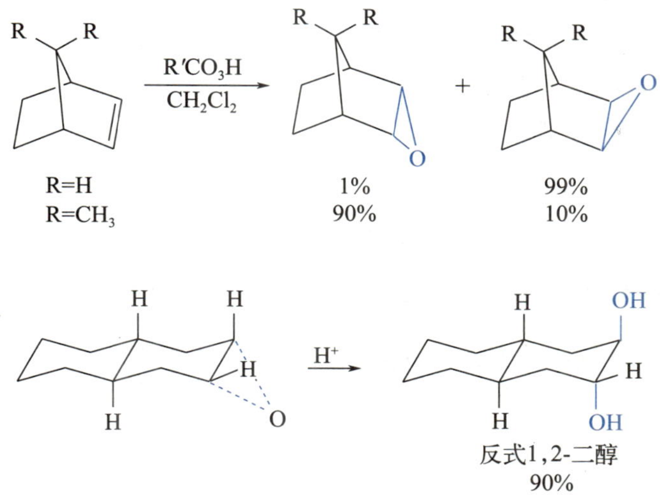

② 氧化羰基化合物成酯或酸（即Baeyer-Villiger重排），其为分子内的亲核重排反应。迁移基团的一般先后顺序为：H > Ph > 3° > 2° > 1° > CH_3。故一般醛类得酸，甲基酮类得乙酸酯。苯系中，对位存在给电子取代基有利于迁移，反之不利。

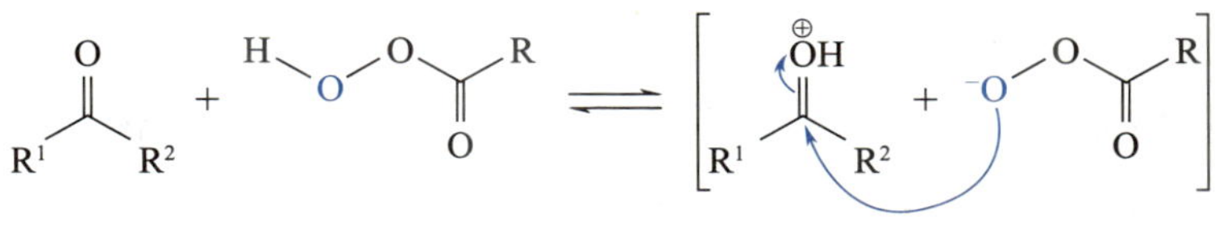

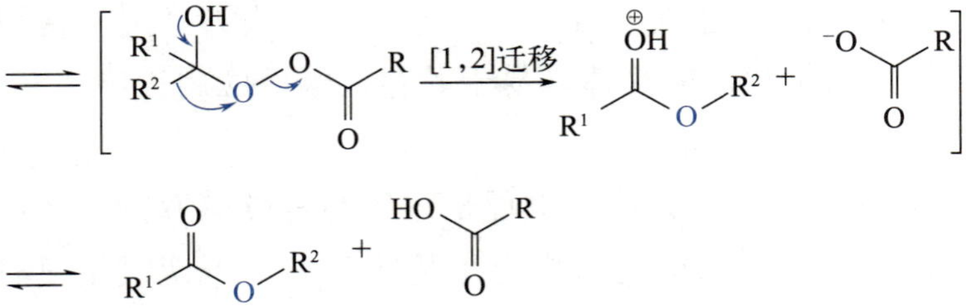

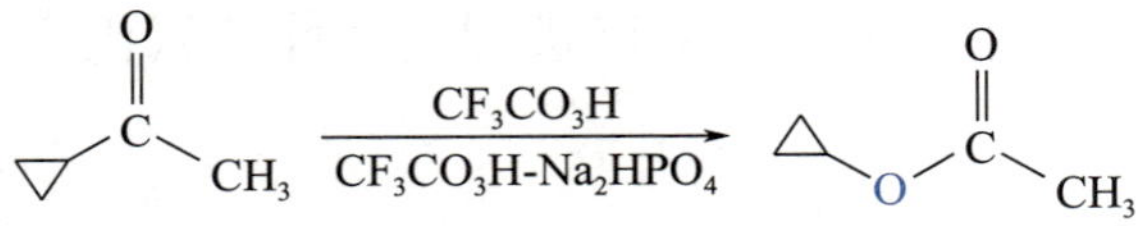

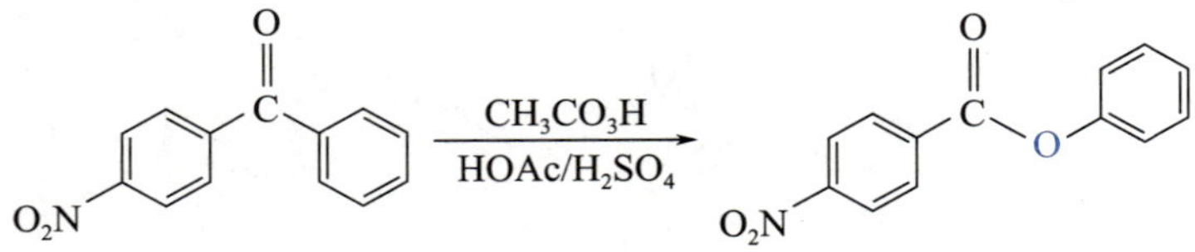

11.1.3.2 二甲亚砜

二甲亚砜［$(CH_3)_2SO$，即DMSO］既是一种非质子化的极性溶剂，又是一种很有价值的缓和型选择性氧化剂。它在多种活化剂存在下可使醇顺利地氧化成羰基化合物，如DMSO与DCC（二环己基碳二亚胺）的合并使用。此法除用于生物碱以外，亦被用于萜类、糖类等许多含羟基的敏感化合物的氧化。

二甲亚砜作氧化剂的另一个重要应用是它可使卤代烃或磺酸酯氧化成羰基化合物。伯碘化烷、苄碘均可顺利反应；但伯氯代烷、伯溴代烷活性较差，氧化产率很低，需先转变为相应的磺酸酯。比较活泼的α-卤代酸、酯、酮亦可发生类似的反应。

$$BrCH_2COOEt \xrightarrow{DMSO} OHCCOOEt$$

$$HC{\equiv}C-(CH_2)_5CH_2I \xrightarrow[(2)NaHCO_3]{(1)DMSO} HC{\equiv}C-(CH_2)_5CHO$$

$$CH_3(CH_2)_5CH_2Br \xrightarrow[CH_3CN]{AgOTs} CH_3(CH_2)_5CH_2OTs \xrightarrow[(2)NaHCO_3]{(1)DMSO} CH_3(CH_2)_5CHO$$

11.1.3.3 四醋酸铅

四醋酸铅［$Pb(OAc)_4$］是一种选择性很强的氧化剂，可由Pb_3O_4制备。$Pb(OAc)_4$遇水发生复分解反应，其氧化多以非水溶剂如冰醋酸、氯仿、苯、二氯甲烷、乙醇等为介质。

（1）邻二醇类氧化裂解

$Pb(OAc)_4$可发生与HIO_4类似的各种裂解反应，并且反应亦是经过环状中间体进行的。因此，在环状体系中，顺式1,2-二醇氧化速率大于反式异构体。但在吡啶为介质的反应中，反式1,2-二醇却可迅速反应，此时可能不是通过环状中间体进行的。

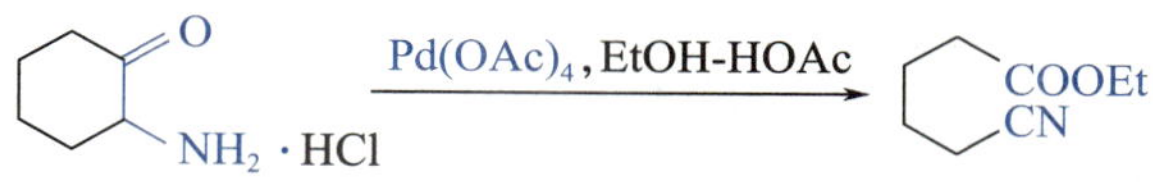

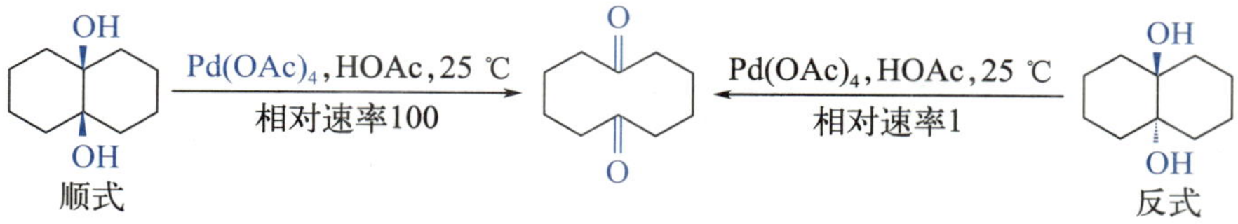

(2) 醇类的氧化

醇与$Pb(OAc)_4$的反应在吡啶中进行，醇可氧化成醛、酮，并且不影响双键，产率均较高。

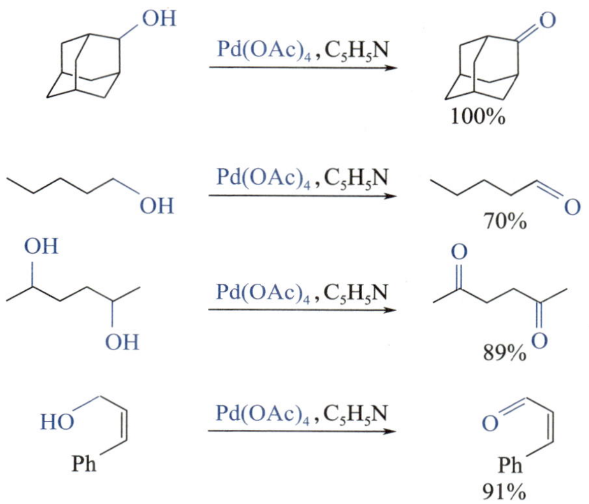

(3) 活泼氢的取代

对β-二酮、β-酮酯、丙二酸酯、芳环侧链的α位等，用$Pb(OAc)_4$作用，其活泼氢均发生氧化反应而被乙酰基取代。

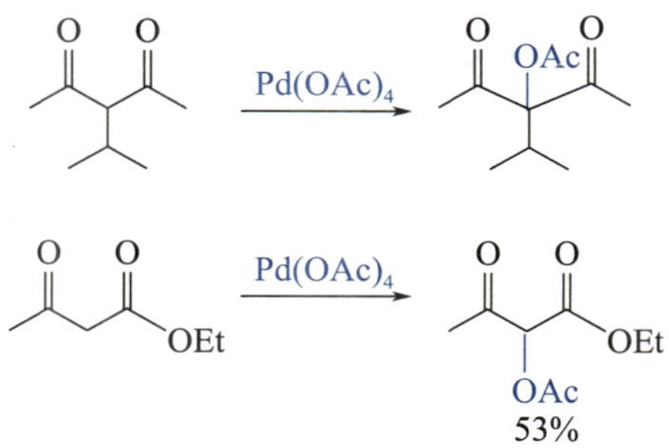

(4) 羧酸的氧化脱羧

在吡啶存在下，羧酸被四醋酸铅氧化裂解形成烯烃。1,2-二羧酸与$Pb(OAc)_4$在吡啶中共热可脱去两个羧基。许多环状1,2-二羧酸易由环加成反应制得，故此法特别适用于环状烯烃的制备。

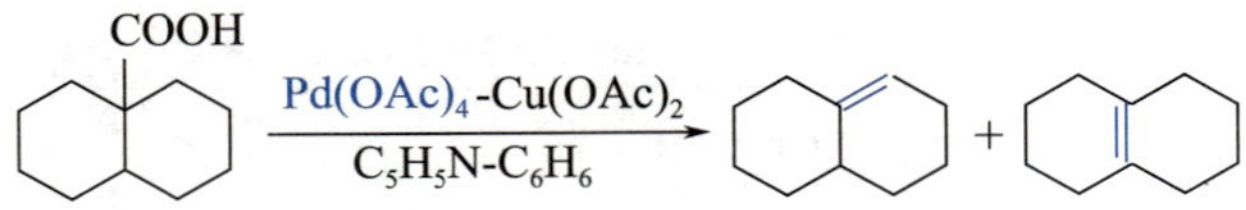

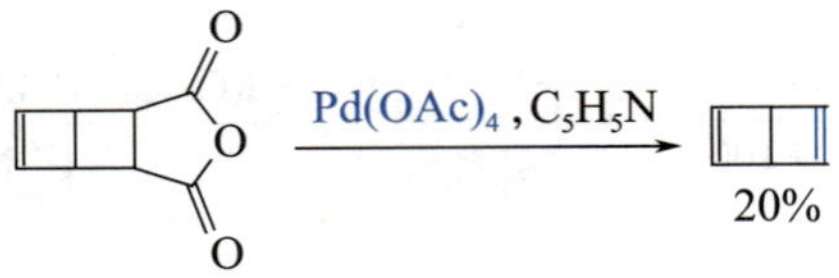

11.1.3.4 叔丁醇铝

伯、仲醇在叔丁醇铝［$(t\text{-BuO})_3Al$］或异丙醇铝存在下，用过量丙酮（或环己酮、二苯甲酮等）氧化为羰基化合物的反应称为欧芬脑尔（Oppenauer）氧化，它是米尔维因-庞多夫-韦尔莱（Meerwein-Pondorff-Verley）还原的逆反应，由于这一反应只是醇和酮之间发生氢原子的转移而不涉及其他部分，故分子中有双键或其他对酸敏感基团时，此法较适宜，如下面的第一个反应用重铬酸盐氧化时要保护酚羟基，第二个反应对酸敏感。由于伯醇氧化产物醛比较活泼，易有羟醛缩合的副反应，故使用时应全面考虑。

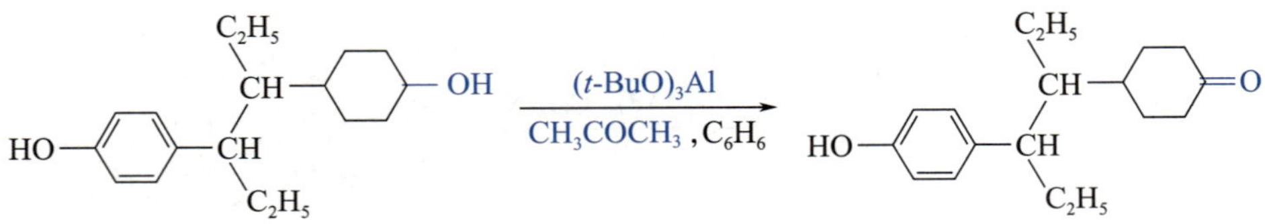

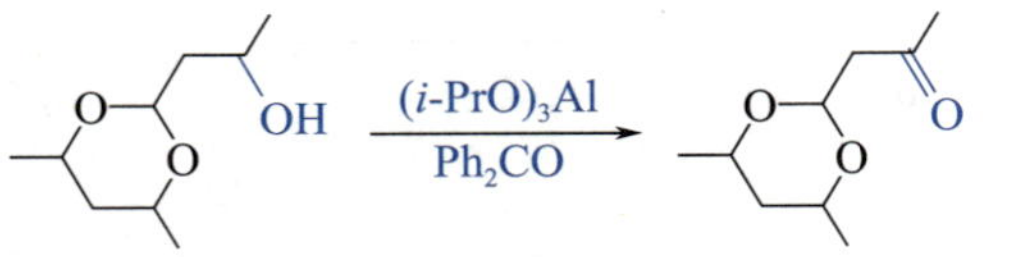

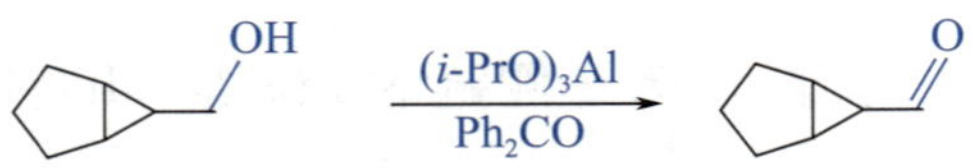

11.1.4 脱氢反应与芳香化

脱氢反应可视为一种特殊的氧化反应形式。许多有机物在催化剂或脱氢剂存在下高温加热分裂出氢分子，同时生成不饱和化合物。脱氢在石油化工中有重要应用，许多化工产品就是通过脱氢获得的。

脱氢反应为可逆反应，脱氢与氢化之间存在着动态平衡，温度和压力会影响平衡的移动。以乙醇脱氢生成乙醛（Cu 催化、275～300 ℃）为例，脱氢为吸热反应，升高温度和降低压力对脱氢有利；反之氢化为放热反应，降低温度和加压对氢化有利。正因如此，许多脱氢的催化剂也是氢化的催化剂，但反应的条件控制不同。

脱氢过程用的催化剂很多，有 Pd、Pt（Pd/C、Pt/C）、Al_2O_3、Cr_2O_3、Cu、Ni 等。Pd/C、Pt/C 具有脱氢温度低、副反应少等优点；Cr_2O_3-Al_2O_3 催化剂脱氢时温度较高，一般在

400～500 ℃时才能进行，可制备共轭烯烃或重排后获得芳烃。Cu 多用于制醛、酮；Ni 及 Pd/C、Pt/C 用于由不饱和环烃制芳烃。非芳香化合物脱氢生成芳香化合物的反应，也称芳香化反应。

$$CH_3CH_2CH_2CH_3 \xrightarrow[580\ ℃,\ 0.3\ atm^{[1]}]{Cr_2O_3\text{-}Al_2O_3} CH_2{=}CHCH{=}CH_2$$

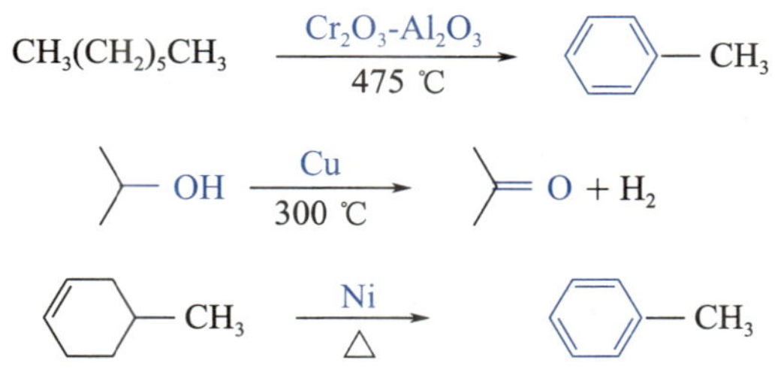

脱氢时也可用脱氢剂，它们往往与脱下的氢相结合而在反应中被不断地损耗。常用的脱氢剂有 S、Se 等。S 的脱氢能力高于 Se，反应温度较低，但副反应较多。Se 的脱氢温度较高（300～330 ℃），反应时间较长，并且副产物 H_2Se 有剧毒，但副反应较少。

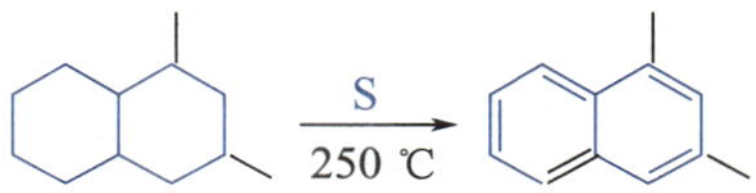

除可用 S、Se 等无机脱氢剂外，芳香化反应中也可用有机脱氢剂。有机脱氢剂一般为醌类，如四氯苯醌和 2,3- 二氯 -5,6- 二氰醌（DDQ），常用的是 DDQ。对于非芳环双键，若脱氢过程中可形成稳定的烯丙式（或苄基式）碳正离子，用 DDQ 脱氢也易于形成。

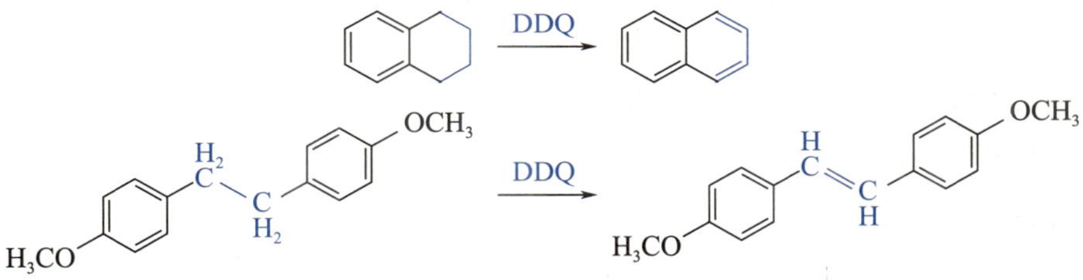

11.1.5　官能团反应

11.1.5.1　烯烃与炔烃的氧化反应

（1）与高锰酸钾的反应

烯烃很容易被 $KMnO_4$ 等氧化剂氧化，若将烯烃通入酸性高锰酸钾溶液，则紫色褪去，这是鉴别不饱和键的常用方法之一。除不饱和烃外，某些有机化合物如醇、醛等也能被 $KMnO_4$ 氧化。

[1] 1 atm ＝ 101325 Pa。

氧化产物决定于反应条件，在温和的条件下，如冷的高锰酸钾溶液，产物为邻二醇。

$$3\,RCH{=}CHR + 2KMnO_4 + 4\,H_2O \longrightarrow 3\,\underset{\displaystyle OH}{\underset{|}{RCH}}-\underset{\displaystyle OH}{\underset{|}{CHR}} + 2\,MnO_2 + 2\,KOH$$

如果在酸性条件或加热情况下，则进一步氧化的产物是于碳碳双键处断裂后生成的羧酸/酮。例如：

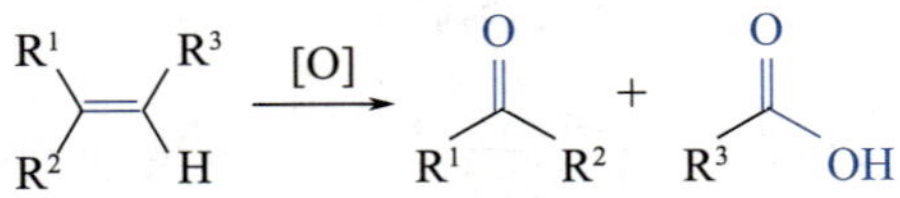

即双键碳原子上连有两个烷基的部分，氧化断裂的产物为酮；以双键相连的碳原子上只连有一个烷基的部分，氧化断裂后生成羧酸。通过一定的方法，测定所得酮/羧酸的结构，则可推断烯烃的结构。

如果使用四氧化锇代替高锰酸钾作氧化剂，几乎可以得到定量的α-二醇化合物，缺点是四氧化锇价格高、毒性大。

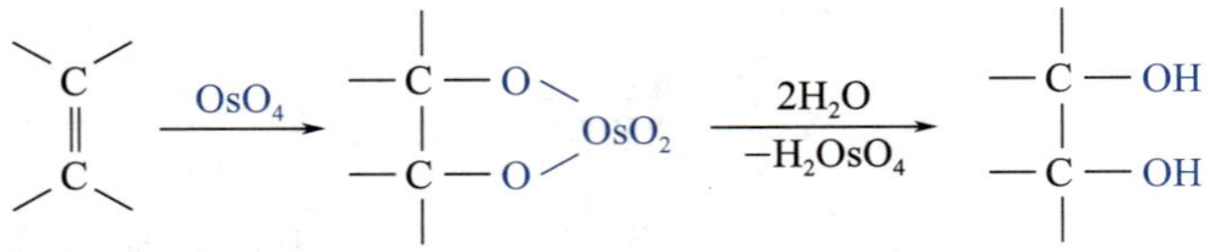

高锰酸钾氧化炔烃时，碳链在三键处断裂，生成两分子羧酸。

$$H_5C_2C{\equiv}CCH(CH_3)_2 \xrightarrow[(2)H^+]{(1)KMnO_4,\,OH^-,\,\triangle} C_2H_5COOH + (CH_3)_2CHCOOH$$

高锰酸钾氧化烯烃、炔烃的反应在制备顺式邻二羟基化合物和测定烯烃、炔烃的结构方面都很有价值。

（2）臭氧化

烯烃在低温下很容易与臭氧作用形成不稳定而且极易爆炸的臭氧化物，所以一般不分离出臭氧化物而直接进行下步反应，即臭氧化物在还原剂存在下，与水作用则分解为两分子羰基化合物（含有碳氧双键的化合物即醛或酮），当不饱和碳原子上连接两个烷基时，所得羰基化合物是酮。例如：

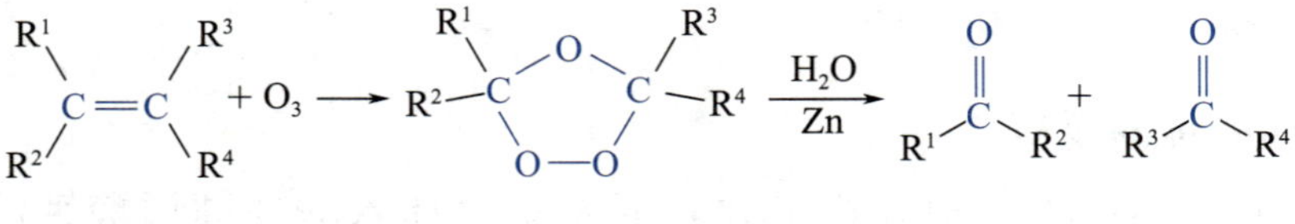

上述分子中的R如果是H，则产物为醛。还原剂的作用是防止水解中生成过氧化氢而将易被氧化的醛氧化为酸。

臭氧化物断裂以后所得的两个羰基化合物分子中的氧，是分别连接在原来烯烃中以双键相连的两个碳原子上的。如果通过一定的方法测定所得羰基化合物的结构，便可以推测出原来烯烃的结构。

炔烃经臭氧化-分解反应，三键断裂得到两分子羧酸。根据羧酸的结构也可推知炔烃的结构。

$$(CH_3)_2CHCH_2C\equiv CCH_3 \xrightarrow{O_3} \xrightarrow[Zn]{H_2O} CH_3COOH + (CH_3)_2CHCH_2COOH$$

(3) 环氧化

烯烃被氧化剂直接氧化成1,2-环氧化合物的反应称为烯烃的环氧化反应。实验室常用的氧化剂是过氧酸。过氧酸可用羧酸与过氧化氢反应制取。例如：

$$CH_3\overset{\overset{O}{\|}}{C}OH + H_2O_2 \xrightarrow{H^+} CH_3\overset{\overset{O}{\|}}{C}OOH + H_2O$$

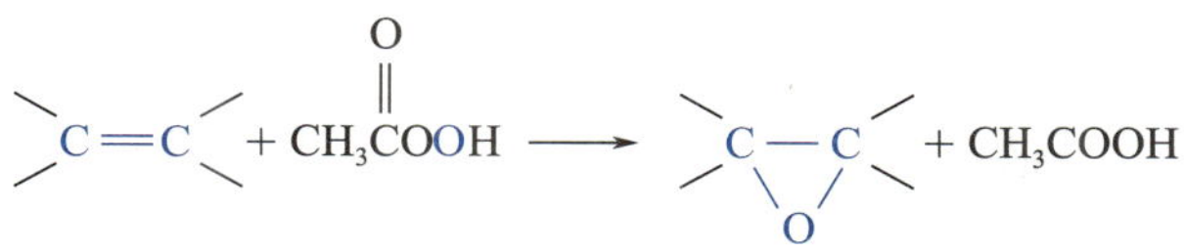

由于1,2-环氧化合物在酸性水溶液中比较容易发生开环反应，烯烃的环氧化反应可以在双相体系中进行。双相体系由溶解碳酸氢钠的水相和溶解烯烃及过氧酸的有机相共同组成，含碳酸氢钠的水相可中和反应中产生的羧酸。

环氧化反应是顺式加成，因此有几何异构的烯烃在环氧化反应中*Z*、*E*构型保持不变。当双键两侧空阻相同时，环氧化反应在两侧进行的概率相同。当双键两侧空阻不同时，环氧化反应主要在空阻小的一侧进行。

乙烯在Ag的催化下可被空气中的氧气氧化为环氧乙烷：

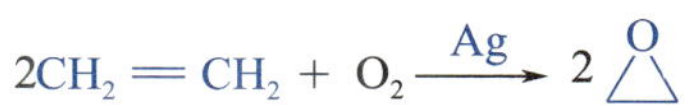

11.1.5.2　醇、酚的氧化反应

(1) 醇的氧化

使用催化剂脱氢或使用一些强氧化剂如$KMnO_4$、$K_2Cr_2O_7$、HNO_3等能将伯醇转化为醛，将仲醇转化为酮；醛在反应体系中能继续转化为酸。叔醇的α-C上没有氢原子，在碱性和中性条件下不易被氧化，但在酸性条件下，叔醇易脱水生成烯烃，形成的碳碳双键氧化断裂，得到小分子化合物。

$$CH_3CH_2OH \xrightarrow{K_2Cr_2O_7} CH_3CHO \xrightarrow{K_2Cr_2O_7} CH_3COOH$$

$$CH_3\underset{}{\overset{\overset{OH}{|}}{C}}HCH_3 \xrightarrow{K_2Cr_2O_7} CH_3\overset{\overset{O}{\|}}{C}CH_3$$

新制的MnO_2可在中性条件下将烯丙位的伯羟基或仲羟基氧化得到相应的不饱和醛

或不饱和酮：

$$CH_3CH=CHCH_2OH \xrightarrow{新制MnO_2} CH_3CH=CHCHO$$

CrO_3与吡啶盐酸盐的络合物称为沙瑞特试剂（PCC），在二氯甲烷溶液中可使伯醇氧化为醛而不继续被氧化，同时如果醇分子中含有C═C键也不受影响；CrO_3与稀硫酸形成的琼斯试剂在丙酮溶液中也有此特性。

$$CH_3(CH_2)_2CH=CHCH_2OH \xrightarrow[25\ ℃,CH_2Cl_2]{PCC} CH_3(CH_2)_2CH=CHCHO$$

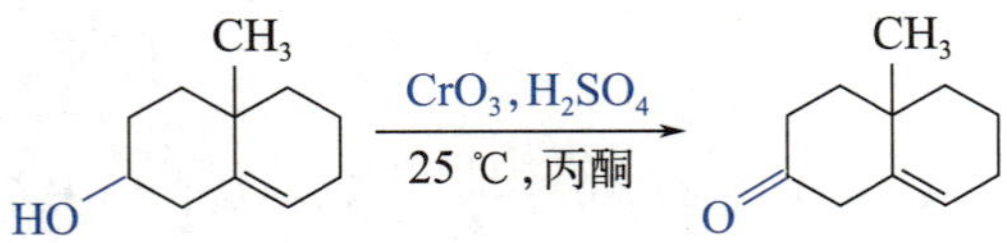

H_2O_2也能氧化伯醇和仲醇：

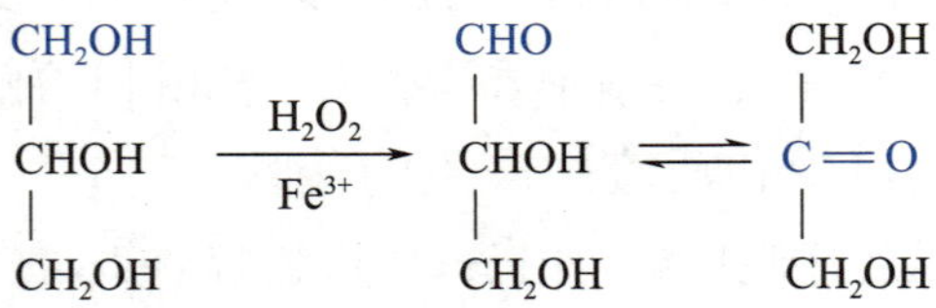

在催化剂Cu或Ag的作用下，伯醇高温脱氢生成醛，仲醇高温脱氢生成酮。

$$CH_3CH_2OH \xrightarrow[\triangle]{Cu/Ag} CH_3CHO \xrightarrow[\triangle]{Cu/Ag} CH_3COOH$$

$$CH_3OH \xrightarrow[\triangle]{Cu/Ag} HCHO$$

（2）邻二醇的氧化

高碘酸（H_5IO_6）的水溶液或四乙酸铅［$Pb(OAc)_4$］的苯溶液能使1,2-二醇的C—C键氧化断裂，转变为相应的含羰基化合物。例如：

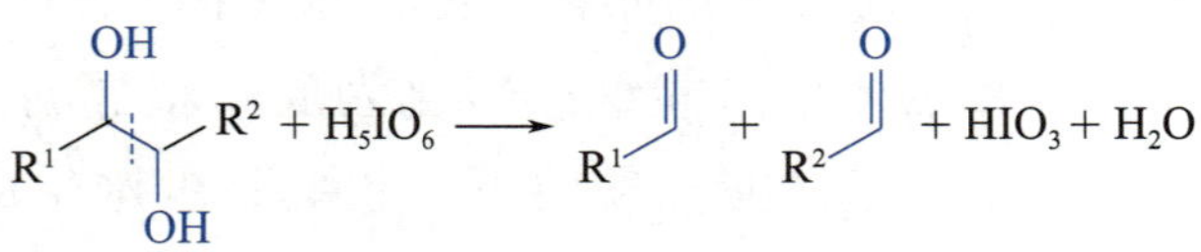

如果三个或三个以上羟基相邻，则相邻羟基之间的碳碳键均可以被氧化断裂，其中仲碳羟基被氧化得到甲酸。

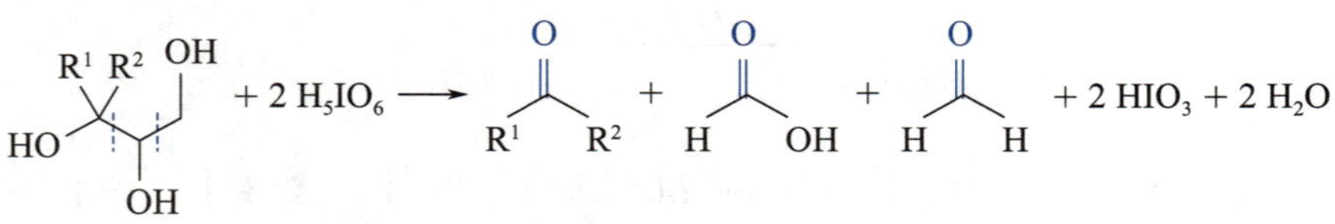

不仅含有相邻羟基的化合物可以发生上述反应，而且α-羟基醛或α-羟基酮也都可以被高碘酸氧化，反应物分子中的羰基被氧化为羧基或CO_2。

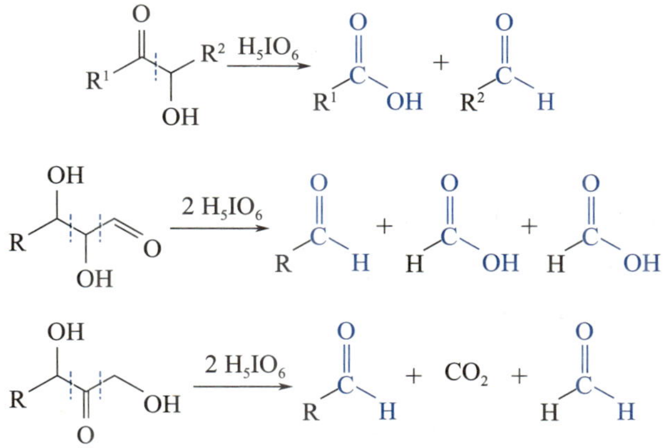

两个羟基不相邻的二元醇如1,3-二醇则不能被高碘酸氧化断裂。

邻二醇和高碘酸的反应是定量完成的，故通过反应中消耗的高碘酸的物质的量及反应产物可以确定羟基相邻的二元或多元醇以及α-羟基醛或α-羟基酮的结构。

（3）酚的氧化

酚比醇容易被氧化，空气就能将酚氧化。例如，苯酚和对苯二酚氧化均生成对苯醌。

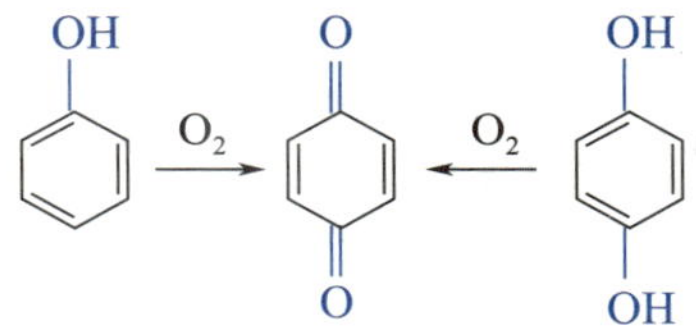

酚的氧化随氧化剂和反应条件的不同，可以得到不同类型的氧化产物。例如：

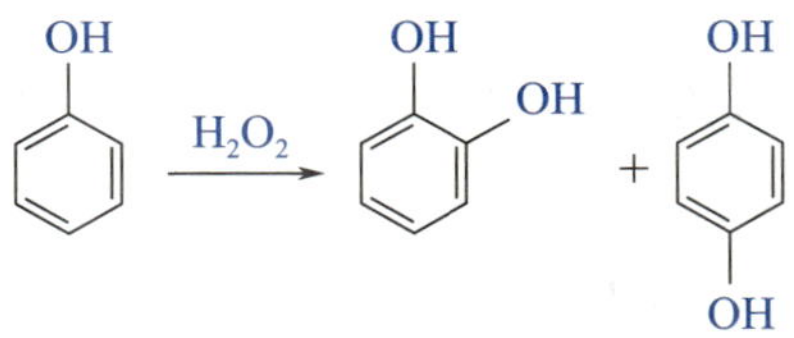

醌类物质通常可以通过酚的氧化反应制备：

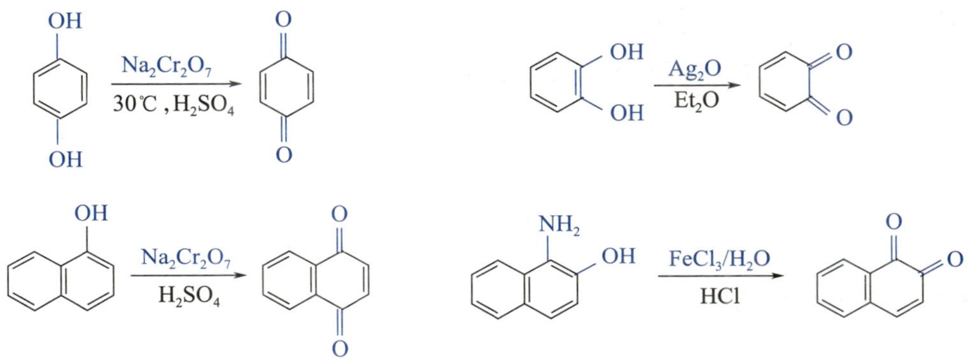

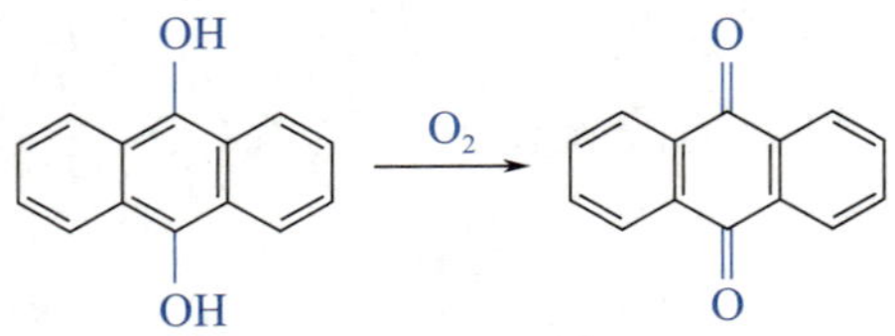

11.1.5.3 醛、酮的氧化

醛和酮最主要的区别是对氧化剂的敏感性。因为醛中羰基的碳上有氢原子，故醛很容易被氧化为相应的羧酸，空气中的氧就可以将醛氧化。酮则不易被氧化，即使在高锰酸钾的中性溶液中加热也不受影响。

（1）醛的氧化

醛极易被氧化，很多氧化剂如$KMnO_4$、$K_2Cr_2O_7$、Na_2CrO_4、过氧乙酸、H_2O_2、Ag_2O、溴水等都能氧化醛；许多醛放在空气中也可被氧化，称为自动氧化反应。

脂肪醛氧化生成与原料醛碳原子数相同的羧酸：

$$\text{RCHO} \xrightarrow{\text{氧化剂}} \text{RCOOH}$$

芳香醛在弱氧化剂的作用下也能生成与原料醛碳原子数相同的羧酸，但在强烈的氧化条件下，芳环的侧链断裂生成苯甲酸。

$$\text{PhCOOH} \xleftarrow[\triangle]{KMnO_4(H^+)} \text{PhCH}_2\text{CH}_2\text{CHO} \xrightarrow[(2)H^+]{(1)Ag_2O,\ NaOH} \text{PhCH}_2\text{CH}_2\text{COOH}$$

$$\text{PhCH}_2\text{CH}_2\text{CHO} \xrightarrow{\text{溴水}} \text{PhCH}_2\text{CH}_2\text{COOH}$$

弱氧化剂斐林试剂由硫酸铜溶液和碱性酒石酸钾钠溶液混合而成，可以将脂肪醛氧化成酸，反应中二价的铜络离子被还原成红色的氧化亚铜沉淀。芳香醛和酮不发生此反应，所以可用来鉴别脂肪醛。

弱氧化剂土伦试剂是银氨络离子，它能将醛氧化成酸，在反应中一价的银络离子被还原成银，可形成银镜附着在管壁上，故此反应称为银镜反应。酮不发生此反应，可用此反应来区别醛和酮。

无α-H的醛在浓的氢氧化钠溶液中还能发生分子间的自氧化还原反应，结果是一分子醛被氧化成酸，另一分子醛被还原成醇。此反应称为康尼查罗（Cannizzaro）反应。

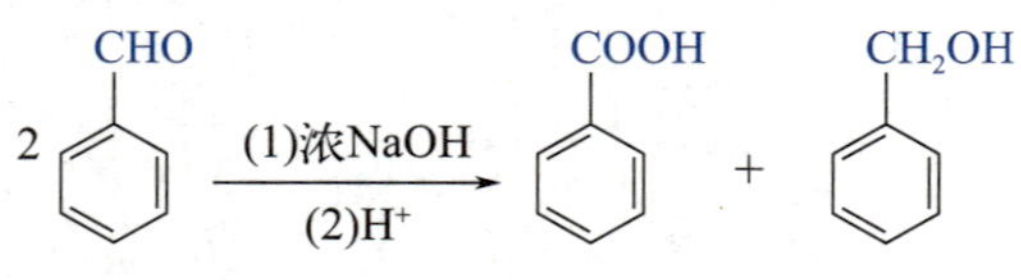

两种不同的无α-H的醛在一起反应，还原性强的醛被氧化成酸，另一种醛被还原成醇。

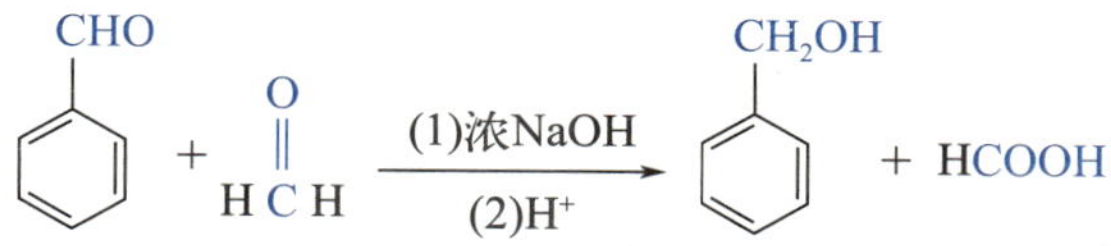

分子内发生康尼查罗反应，可生成羟基酸，羟基和羧基的位置合适时可进一步生成内酯。

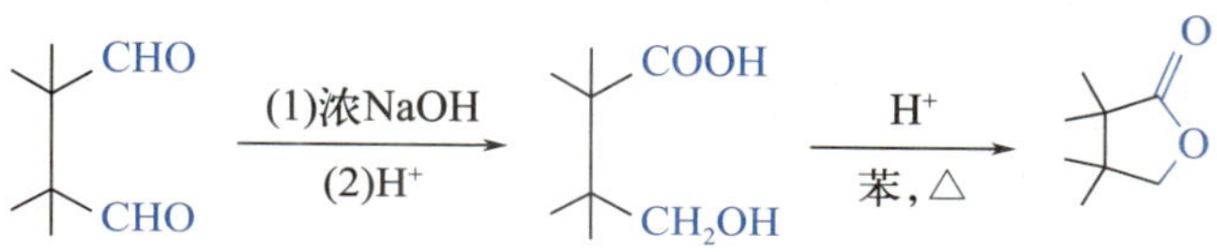

（2）酮的氧化

酮虽不被弱氧化剂氧化，但在强烈的氧化条件下，羰基与两侧碳原子间的键分别断裂，生成小分子的羧酸。例如，丁-2-酮的氧化产物是两种羧酸的混合物及 CO_2，CO_2 是由氧化断裂所得甲酸（HCOOH）进一步氧化生成的。

$$CH_3COCH_2CH_3 \xrightarrow{HNO_3} CH_3COOH + CH_3CH_2COOH + CO_2$$

酮的氧化反应没有制备意义，但环己酮由于具有环状的对称结构，其断裂氧化是工业上生产己二酸的方法。

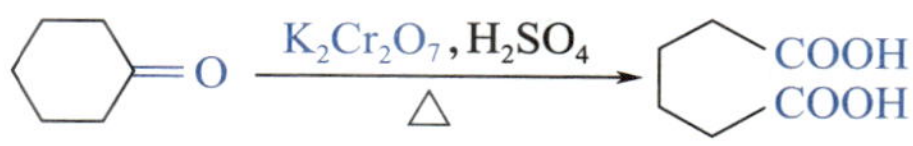

11.2 还原反应

11.2.1 还原反应的概念

有机分子加氢或获得电子的过程称为还原反应。根据还原剂种类和还原过程的不同，还原反应可分为催化氢化法和化学还原剂法两类。化学还原剂又可分为金属氢化物还原剂、溶解金属还原剂、醇铝还原剂以及其他类型还原剂。不同的还原剂具有不同的还原活性和选择性。

氢化反应是还原反应的一种重要形式，还原与氢化的关系如同氧化与脱氢的关系。氢化是借助分子氢进行的还原反应，由于分子氢在常温常压下还原能力很弱，因而氢化通常在加热、加压和催化剂存在下进行，此即所谓的催化氢化。

一些有机物在催化氢化过程中，有时会伴随“裂解”的特殊氢化，常被称为“氢解”。但氢解反应用某些化学还原剂也可进行。鉴于其与一般的所谓还原反应有所不同，本章中将其专列为一节进行介绍。

11.2.2 催化氢化

11.2.2.1 概述

催化氢化包括**催化加氢**和**催化氢解**。催化加氢通常指在过渡金属（如Pt、Pd、Rh、Ru、Ni等）或其他化合物催化下，不饱和化合物加氢的反应。催化氢解反应是指有机物分子中碳-杂原子键断裂，生成新的碳氢键的反应。本节主要讨论催化氢化反应，催化氢解反应在下节中讨论。

催化氢化的应用范围很广。它具有操作简便、反应快速、产物纯、产率高的特点，而且在一定的条件下，可以优先选择催化氢化活性高的基团。不同基团被催化氢化的活性次序如表11-1所示（越往下活性越低）。

表11-1 不同基团催化氢化的活性次序

底物	还原产物	底物	还原产物
RCOCl	RCHO，RCH_2OH	RCN	RCH_2NH_2
RNO_2	RNH_2	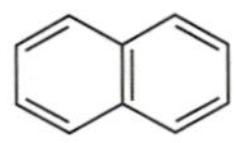	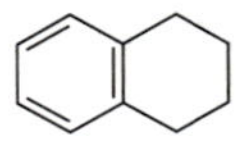
$R^1C\equiv CR^2$	$R^1CH=CHR^2$（顺式）		
RCHO	RCH_2OH	R^1COOR^2	R^1CH_2OH 与 R^2OH
$R^1CH=CHR^2$	$R^1CH_2CH_2R^2$	R^1CONHR^2	$R^1CH_2NHR^2$
R^1COR^2	R^1CHOHR^2，$R^1CH_2R^2$		
$ROCH_2Ph$	$PhCH_3$，ROH	RCOONa	不反应

随着对催化氢化研究的深入，催化氢化已从初期的非均相催化氢化发展到了均相催化氢化。

11.2.2.2 催化剂

催化氢化所用的催化剂是具有高度催化活性的金属、金属氧化物、金属硫化物。其中以雷尼镍［Raney Ni，即Ni(R)］、Pt（或PtO_2）、Pd、Rh及$CuCr_2O_4$（亚铬酸铜）应用最为广泛。

在催化剂中加入少量或微量某化合物，能使催化剂活性和选择性大大提高，该化合物即一般所说的**助剂**。例如，Raney Ni加入少量H_2PtCl_2能使苯甲醇的加氢活性提高10倍。有的助催化剂还能提高催化剂的寿命与稳定性，它实际上是催化剂的助剂。

相反，能使催化剂失去或降低活性和选择性的物质称为**毒物**或**抑制剂**。实际上抑制剂也是毒物，只是对催化剂的这种相反作用的程度较低而已。一般活性越高的催化剂（Pt、Raney Ni）越易中毒，同一催化剂比表面小时也易中毒。

使用的催化剂，既可是高度分散的金属粉，也可被载于活性炭、硅藻土、氧化铝、硫酸钡或碳酸钙等载体上。载体能增加催化剂的比表面（催化剂活性的重要标志），还能提高其机械强度，使其保持一定的形状。

另外，催化剂的用量与使用时的温度、压力和溶剂也对催化剂的作用有重大的影响。

11.2.2.3　催化氢化实例

（1）烯烃的顺式催化氢化反应

氢分子在常温常压时还原能力很弱，烯烃和氢气混合在200℃时仍不起反应。这说明烯烃氢化反应需要的活化能很高，较难进行，但铂、钯、铑和镍等金属催化剂可以降低烯烃加氢反应的活化能，使加氢反应易于进行。烯烃催化加氢生成相应的烷烃，并释放出一定的热，称为氢化热。因此，通过对单烯烃的氢化热的测量，可以衡量烯烃的相对稳定性。例如，丁-1-烯、顺丁-2-烯和反丁-2-烯催化加氢时的氢化热如下：

烯烃	$H_2C=CH_2CH_2CH_3$	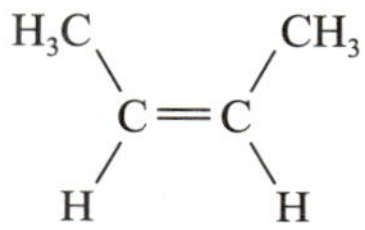	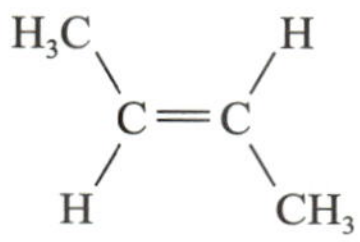
氢化热	$-125.5\ kJ\cdot mol^{-1}$	$-119.6\ kJ\cdot mol^{-1}$	$-115.6\ kJ\cdot mol^{-1}$

丁-2-烯的氢化热比丁-1-烯的氢化热小，反丁-2-烯的氢化热又比顺丁-2-烯的氢化热小，这说明丁-2-烯比丁-1-烯稳定、反丁-2-烯又比顺丁-2-烯稳定。

烯烃的氢化热随着碳碳双键上烷基取代基的增加而降低。这说明碳碳双键上烷基取代基的增加有利于增强烯烃的稳定性。

适于氢化反应所用的催化剂有异相和均相两种，金属催化剂如铂、钯、铑、钌、镍等不溶于有机溶剂，称之为异相催化剂。铁、铜、钴、铬等金属也是异相催化剂，它们的催化活性较差，需在高温高压下进行反应，但价格较为便宜。Raney-Ni和铂黑是常用的异相氢化反应催化剂。前者是将铝镍合金与NaOH作用后去除铝酸钠得到的比表面积很大的镍粉；铂黑是氧化铂氢化后得到的极细的铂粉。它们的活性都很大，可分别在中高压和低压条件下使用。另一类可溶于有机溶剂中的催化剂称为均相催化剂，这主要是一些过渡金属的配合物试剂，如著名的Wilkinson催化剂三（三苯基膦）氯化铑［$Rh(PPh_3)_3Cl$］。

目前，对催化氢化的机理还不十分清楚，但一般认为烯烃加氢反应是在催化剂表面进行的。氢分子被吸附在催化剂表面上，并发生键的断裂，生成活泼的氢原子，同时烯烃的π键与催化剂表面络合而被活化，碳碳双键的碳原子与活泼氢原子结合生成烷烃，氢原子在烯烃被吸附的一侧加成，即顺式加成。由于催化剂表面对烷烃的吸附能力小于烯烃，所以烷烃一旦生成，就立即从催化剂表面解吸。

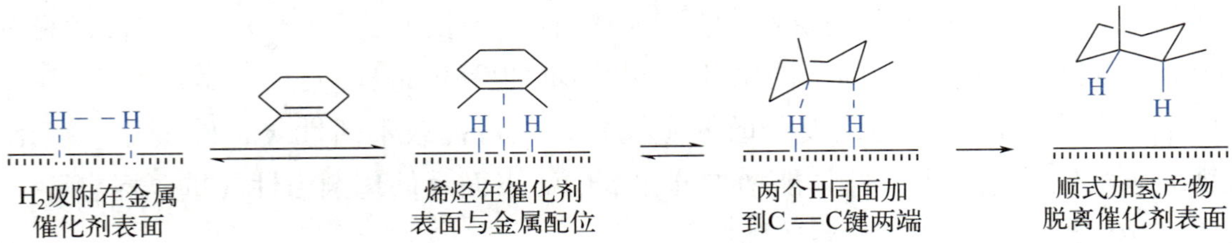

双键碳原子上取代基的多少直接影响烯烃分子在催化剂表面的吸附，取代基越少，越容易被吸附在催化剂的表面，其加氢的反应速率越快。因此，一烷基取代的烯烃比二烷基、三烷基和四烷基取代的烯烃更容易加氢。烯烃催化加氢的相对速率为：乙烯＞一元取代乙烯＞二元取代乙烯＞三元取代乙烯＞四元取代乙烯。当碳碳双键两边的空间位阻不相等时，总是从空间位置小的一边顺式加氢的产物是主要产物或唯一产物。例如：

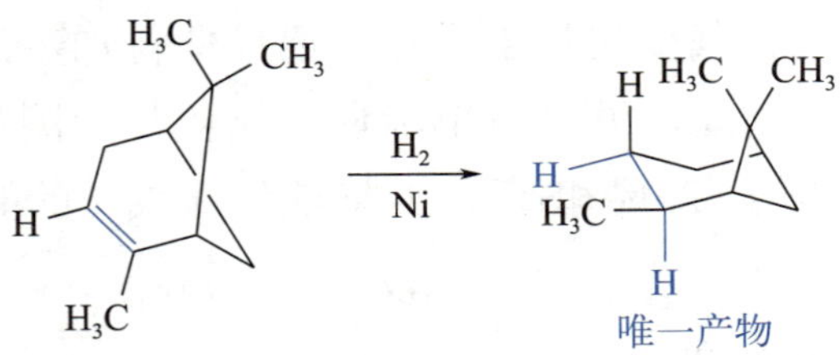

自从萨巴蒂尔（P. Sabatier）在1897年发现烯烃可以在镍的存在下氢化为烷烃以来，催化氢化已得到了很大的发展，无论在科学研究上还是在工业上都很重要。例如，汽油中如含有烯烃，放置日久后就会变黑，变成高沸点杂质。如要生产稳定的汽油，可通过催化氢化把汽油中所含的烯烃氢化为烷烃。再如，在油脂工业中常常把油脂烃基上的双键氢化，使含有不饱和键的液态油变为固态的脂肪，改进油脂的性质，提高利用价值。烯烃的氢化是定量进行的，可以根据吸收氢气的体积算出烯烃中双键的数目。

（2）炔烃的顺式催化氢化反应

把细粉状的Pd附在碳酸钙上，并用醋酸铅与喹啉处理，即可得著名的林德拉（Lindlar）催化剂，它可使炔烃高产率地顺式加氢。因此，该法被广泛地应用于含有顺式烯烃单元的天然产物的合成。用喹啉或吡啶处理过的Pd、$BaSO_4$催化剂，也可使炔烃得到顺式烯烃。

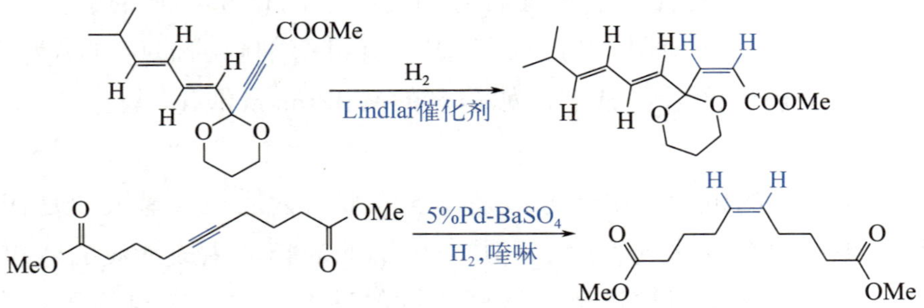

（3）醛、酮的还原氨化反应

在Pt或Ni催化下，醛、酮在氨、伯胺或仲胺中还原，可转变为胺类。

$$PhCHO \xrightarrow{Ni, NH_3, H_2} PhCH_2NH_2$$

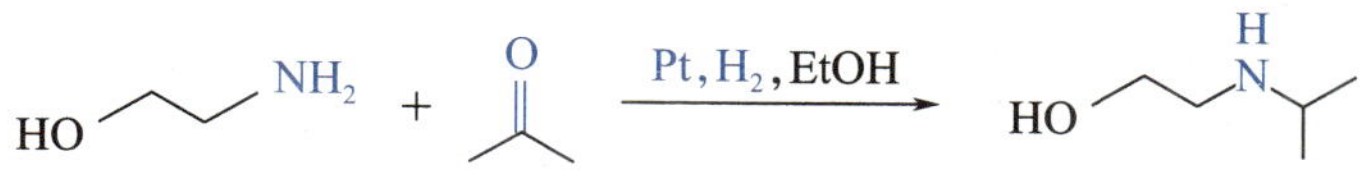

(4) 罗森门德（Rosenmund）还原法

可以用罗森门德（Rosenmund）还原法还原酰氯得到醛，喹啉-硫是使之不继续还原为醇的抑制剂。

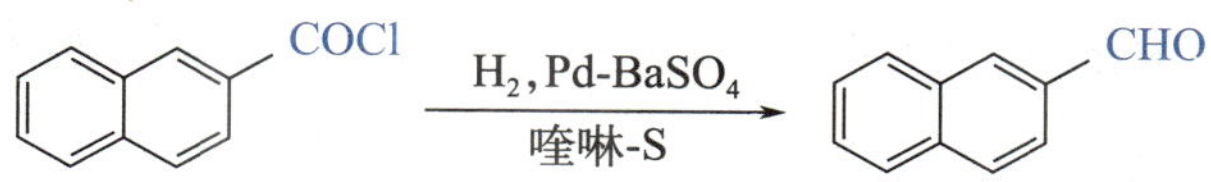

(5) 莫津戈（Mozingo）反应

醛、酮转变为1,3-二噻烷后使用雷尼镍进行氢解还原，可使羰基转变为亚甲基，该法被称为莫津戈（Mozingo）反应，也称硫缩酮还原法。该反应在中性条件下进行，适用于分子中存在对酸和碱都敏感基团的醛、酮的还原。

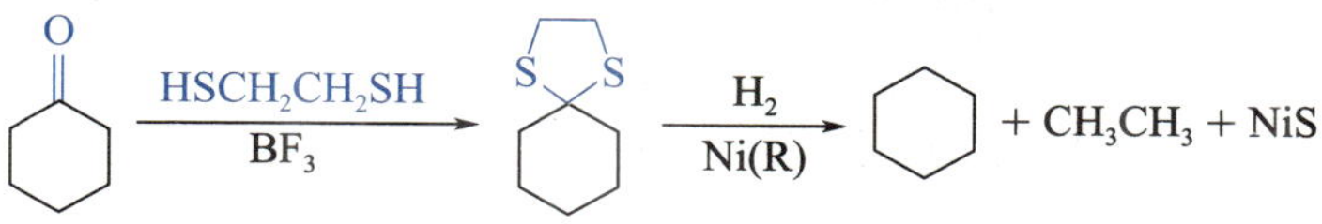

11.2.3　催化氢解

在某些化合物的还原过程中，有些原子或基团被氢原子代替，此时发生的便是氢解反应。氢解反应在合成上虽有不利，但大多数情形下人们变之为有利。例如，利用这种氢解的特点进行活化基团的保护，或是引入一种用其他方法不易得到的基团。这是有机合成设计的技巧之一。

氢解反应可以通过催化氢化完成，也可用化学还原剂达到目的。根据脱去基团（原子）的不同，一般可将氢解分为以下几种类型（但它们之间并无绝对的界限）。

11.2.3.1　脱苄氢解

当苄基（$PhCH_2$—）上连有—OH、—OR、—OCOR、—NR_2、—SR、—X时，苄基易于脱去，用得较为普遍的是催化氢解。

$$PhCH_2OH + H_2 \xrightarrow[25\ ℃, 3\ atm]{Pd} PhCH_3$$

下面的反应中，也同时进行了脱硫氢解。

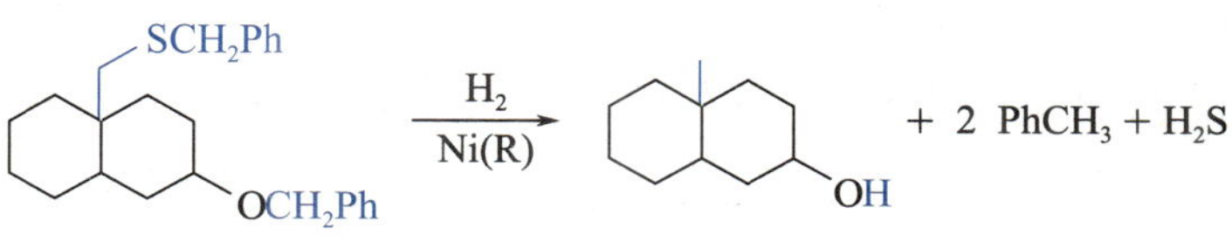

对苯酚类化合物的曼尼希（Mannich）反应产物进行脱苄氢解反应，是芳环引进甲基的一个好方法。

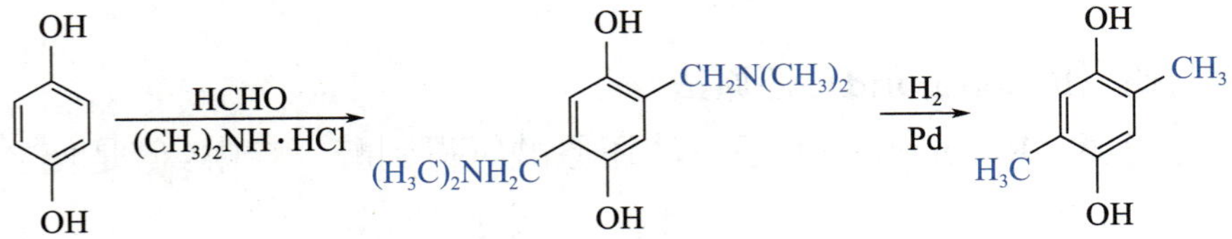

从另一个侧面看，苄基可作为醇（酚）羟基、氨基的保护基团。同样，苄基也可作为羧基的保护基团。

$$PhCH_2OCOPh + H_2 \xrightarrow[140\ ℃,\ 1\ atm]{Pd} PhCH_3 + PhCOOH$$

羰基易还原为醇，故可由芳酮直接进行氢解反应。

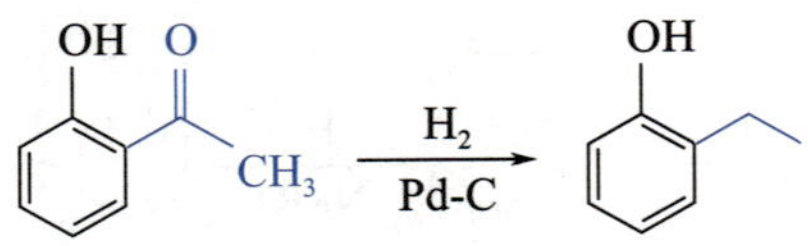

使用电子转移试剂，如Na/NH_3(l)等，也可进行脱苄氢解。但对苄胺，由于氮的电负性比氧小，须转变为易于氢解的季铵盐，此反应也称为埃姆德（Emde）反应，电子转移试剂Na/NH_3(l)能使不能用Hofmann彻底甲基化方法降解的某些含氮杂环降解。

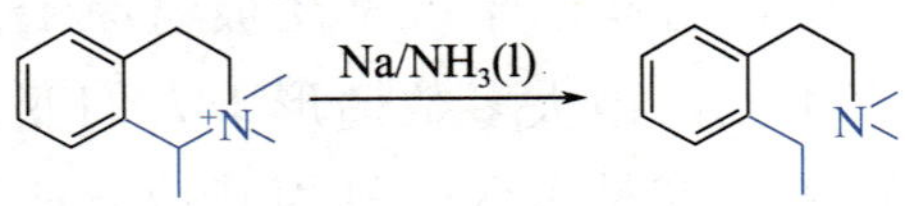

电子转移试剂的氢解反应也是氨基酸（肽）合成中氨基脱保护的常用方法。

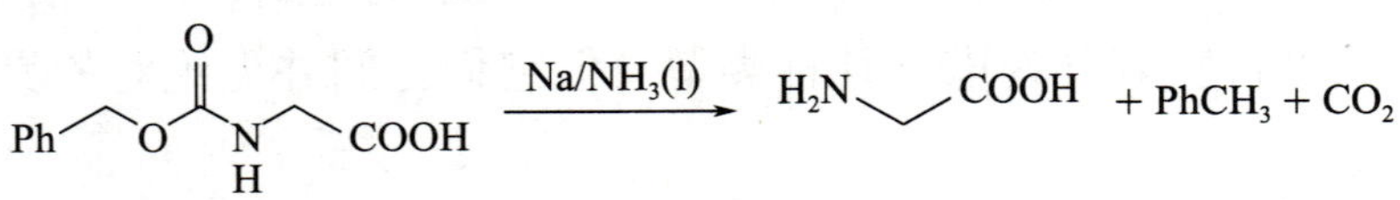

利用负氢转移试剂$NaBH_4$也可进行苄基的氢解，如下所列（该反应也是脱卤氢解的实例）。

11.2.3.2 脱烯丙基氢解

烯丙基衍生物的氢解与苄基的氢解有相似之处。但由于二者存在结构差异，催化氢解不适宜于烯丙基，故多用$LiAlH_4$、Na/NH_3(l)等化学试剂进行氢解。

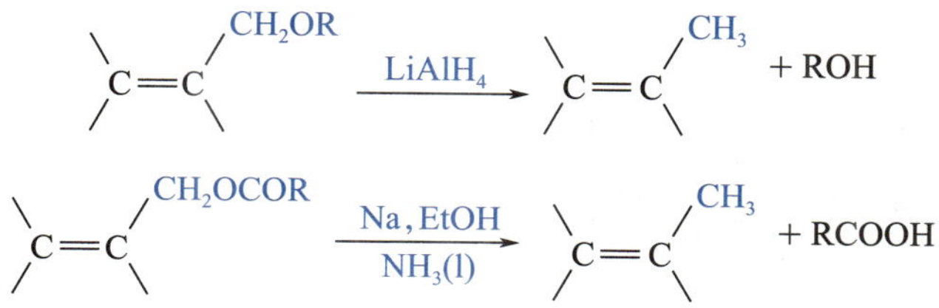

11.2.3.3　脱卤氢解

脱卤氢解可通过催化氢化与化学还原剂法完成。例如，Zn/HOAc 是一种常用的化学还原剂。

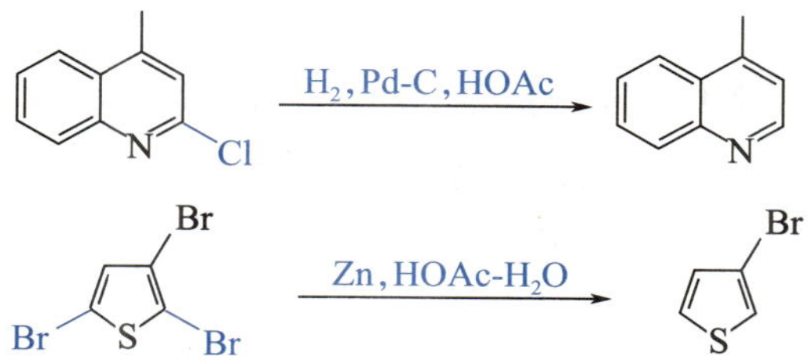

$LiAlH_4$ 在 THF 中可使 ArI、ArBr 还原成烃。

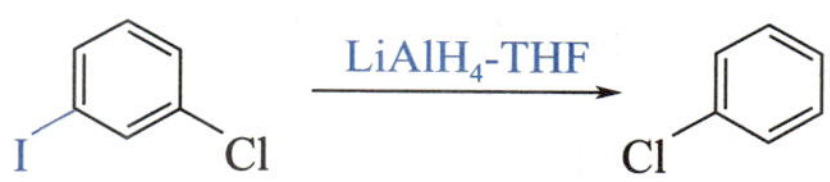

在 $CeCl_3$ 催化下，脂肪族和芳香族卤化物均可被 $LiAlH_4$ 顺利还原。

桥头多卤化物在适当条件下也可被 $LiAlH_4$ 部分还原。

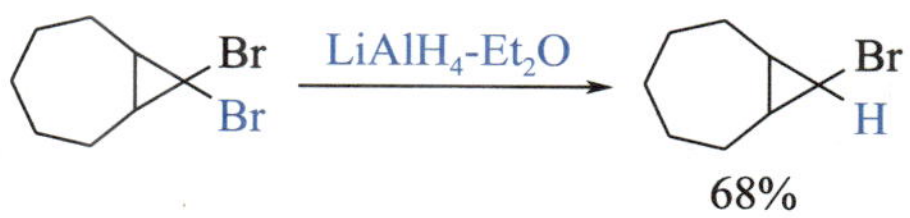

$NaBH_4$ 也是卤代烃还原的良好试剂。

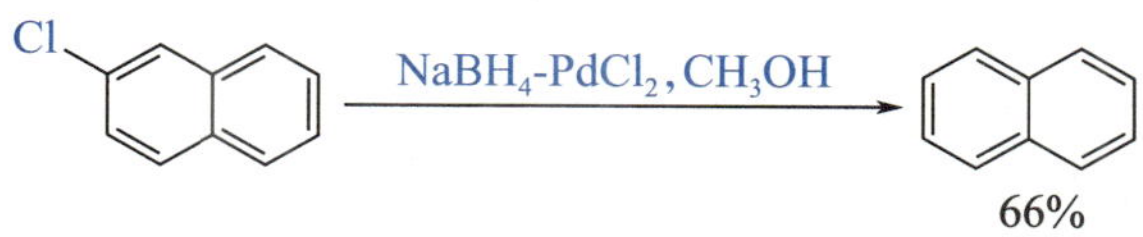

近年来发现三烷基氢化锡是一种较好的脱卤氢解试剂。当分子中同时存在氯和溴时，该试剂可选择性地还原溴而保留氯。

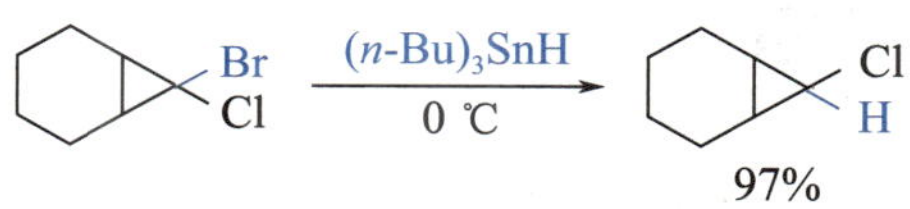

11.2.3.4 脱硫氢解

在催化氢化下，硫醇、硫酚、硫醚、二硫化物、亚砜、砜、磺酸等含硫化合物均可脱去硫原子。反应中也时常伴随着硝基的还原。

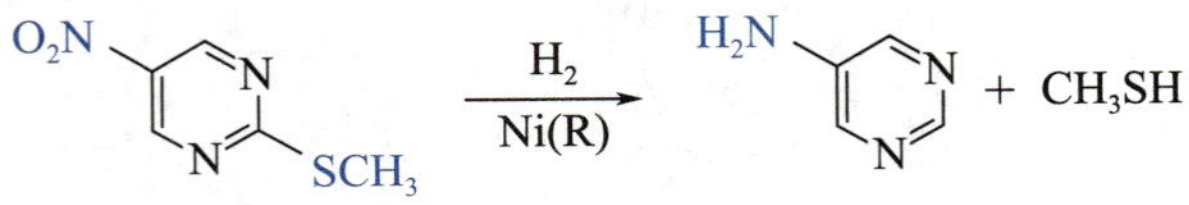

同样，催化氢解中双键会被还原且会开环。

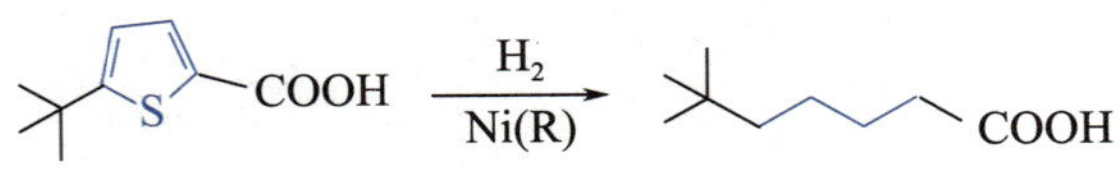

使用化学还原剂，如$Na/NH_3(l)$，可进行脱硫又脱苄氢解。

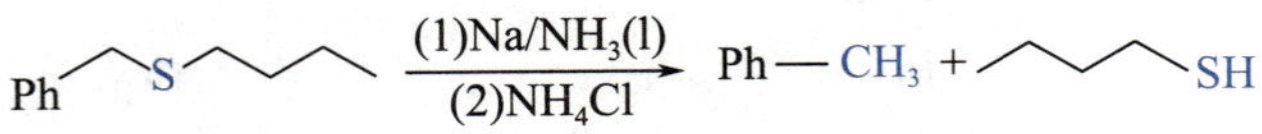

11.2.3.5 开环氢解

开环氢解是指三、四、五元环系（尤指杂环）开环加氢的还原反应。三元环较易开环，有时在催化氢化条件下五元环也可开环。

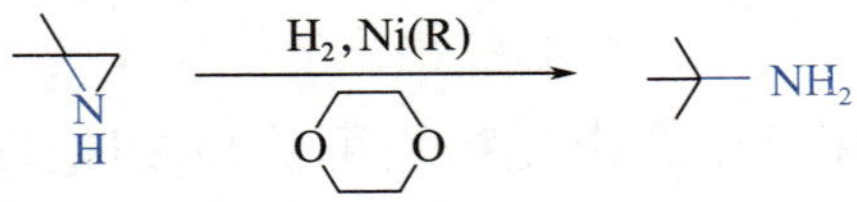

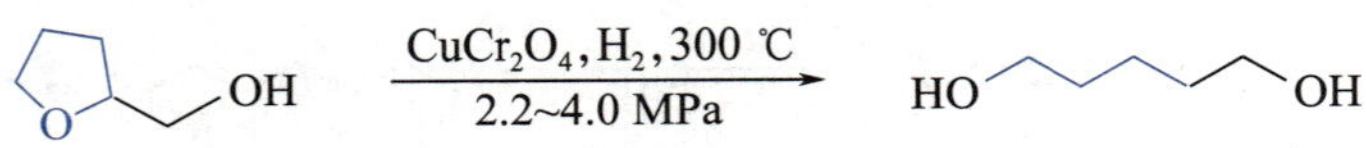

化学还原剂法也可进行开环氢解。

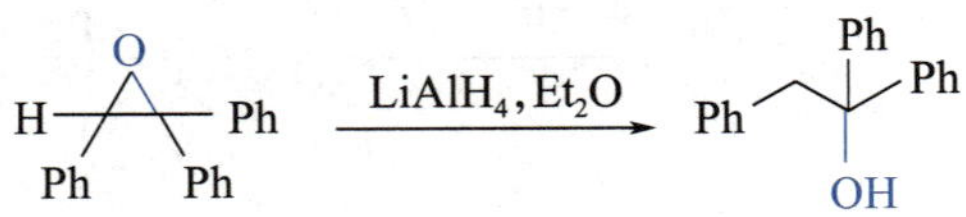

硫杂环开环氢解反应，既是催化氢解，也是脱硫氢解，同时也是烯丙基式的氢解反应。

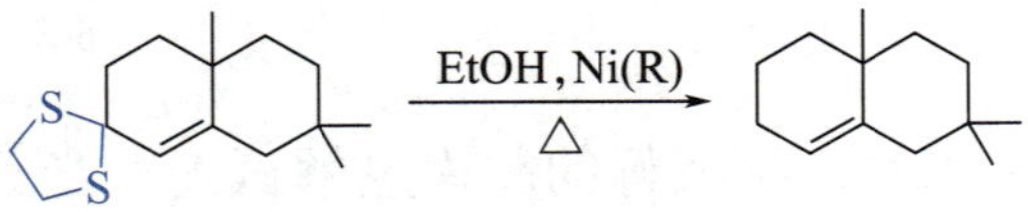

11.2.4 活泼金属还原

常用的活泼金属还原剂有K、Ca、Na、Mg、Zn、Sn、Fe等，有时也有用它们的合金或低价盐类作还原剂。由于使用时许多场合是溶于质子供体中的，故此类还原剂有时也称溶解金属试剂。活泼金属还原法可被看成是“内部”的电化学还原，即通过由金属（或低价金属离子）到有机物的电子转移完成的，故也称活泼金属试剂为电子转移还原剂。

以二苯甲酮的还原为例，在有机物得到电子形成负离子自由基后，下一步有两种转化的可能：①如有供质子体（供质子体通常为水、醇、酸等）存在，则得质子后再得电子，最后形成单分子还原产物；②如无供质子体存在，则先发生负离子自由基二聚，最后形成双分子还原产物。

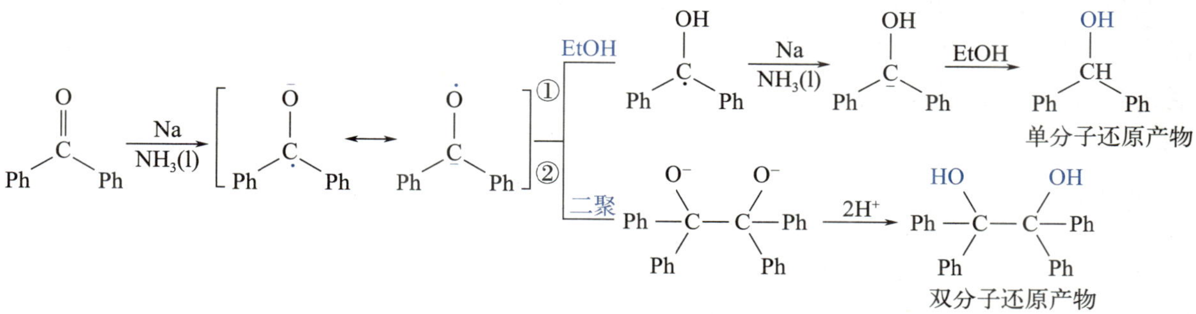

因此，反应产物的形成与介质有密切关系：介质中质子浓度低时，一般主要得双分子还原产物；相反，介质中质子浓度高有利于得到单分子还原产物。最典型的实例是硝基苯的还原，其在碱性介质中易生成氢化偶氮苯，而在酸性介质中则生成苯胺。

11.2.4.1　伯奇（Birch）还原

碱金属可溶于液氨，其与醇组成的混合物进行的还原，即所谓的伯奇（Birch）还原。通常，孤立双键不易被碱金属还原，但共轭双键易进行Birch还原而生成1,4-加成产物，包括与羰基共轭的双键。与苯环共轭的双键也可被还原。

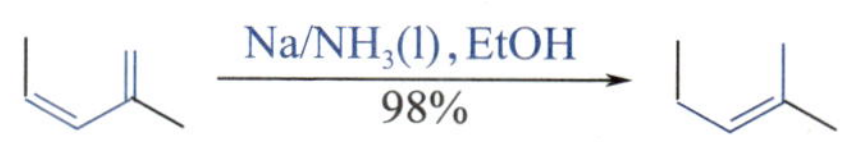

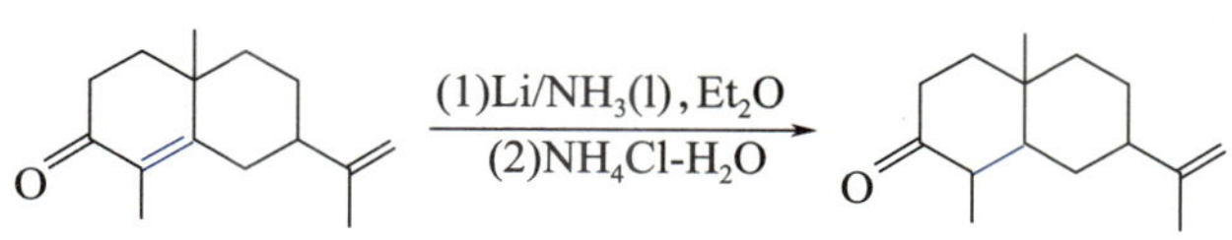

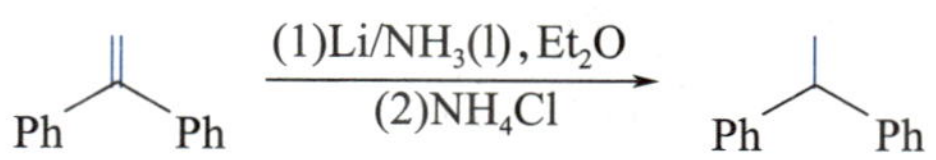

因金属-液氨还原α,β-不饱和酮经过烯醇负离子中间体进行，故若有烃化试剂存在，则可进一步发生烃化反应，从而提供了α,β-不饱和酮还原烃化的一种有效方法。对下面区域专一地生成2-烃基取代产物的反应，若是用3-甲基环己酮碱催化直接烃化，则生成2-位及5-位烃化产物的混合物。同时，在有机合成实验操作上，这种连续反应的方法即为引人注目的一锅合成法。

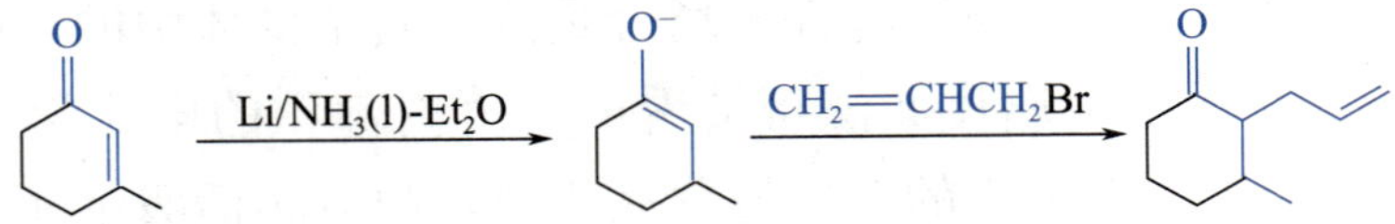

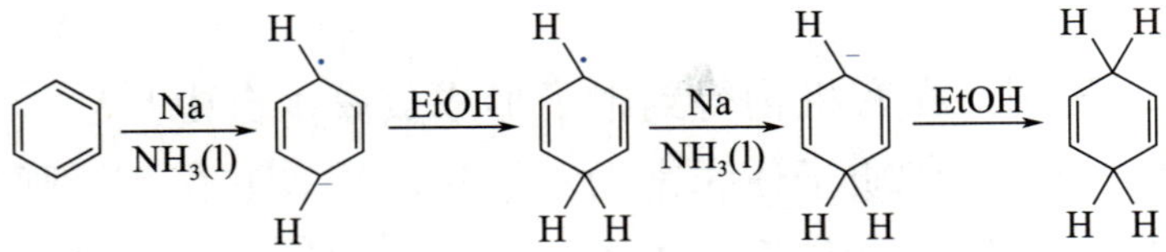

Birch还原的另一个重要用途是芳环的部分氢化。因定位基对在反应中形成的负离子自由基的稳定性影响不同，故对一元取代苯的还原会有不同的定位效应：若是给电子取代基（如甲基），优先生成1-取代环己-1,4-二烯；若是吸电子取代基（如羧基），则优先生成1-取代环己-2,5-二烯。

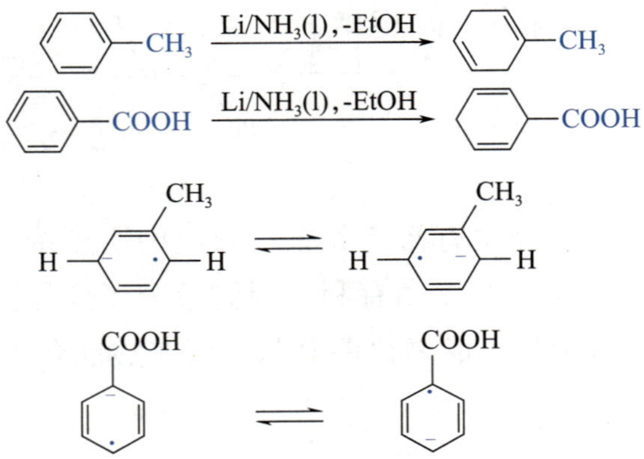

苯甲醚及苯胺的还原具有特别重要的合成价值，因为它们的二氢化合物能迅速水解成环己烯酮衍生物。因此，在有机合成上，可把苯甲醚和苯胺视为环己烯酮的潜官能团。

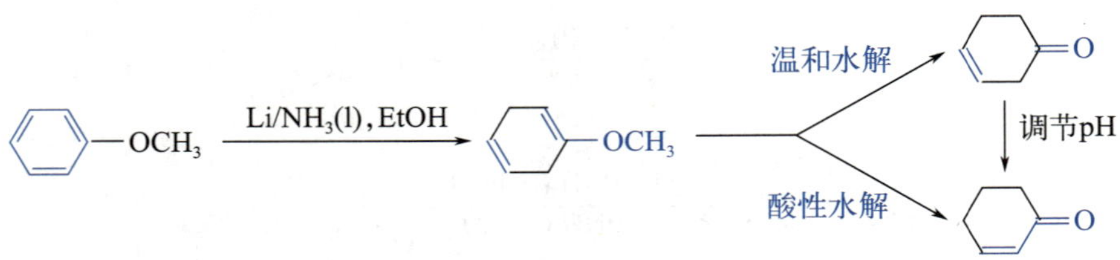

由于芳烃的Birch还原过程经碳负离子中间体完成，故有烃化试剂存在时也可发生还原烃化反应。同样，形成的碳负离子也可进行迈克尔（Michael）加成反应。

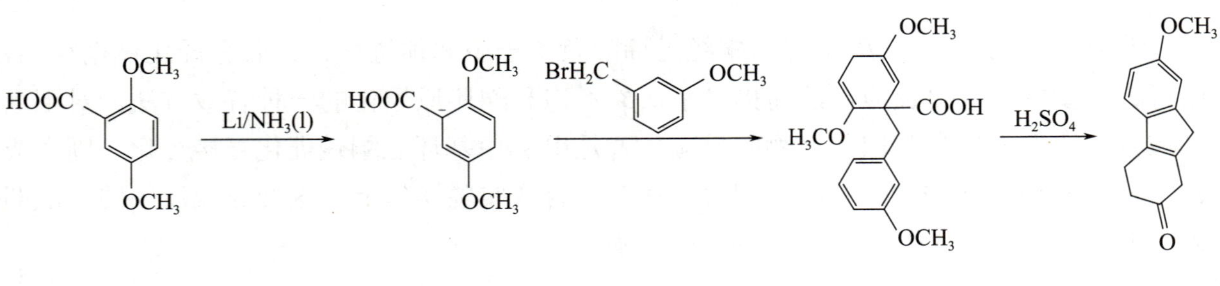

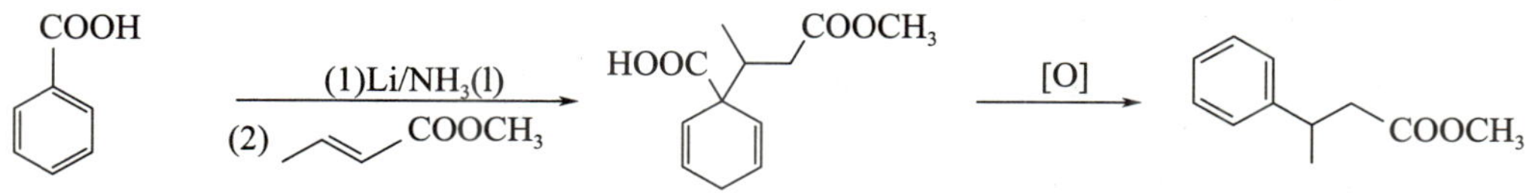

11.2.4.2　Na对不饱和烃的还原

除Birch反应以外，Na与质子供体可还原多环芳烃、芳杂环，有时甚至能还原苯环。

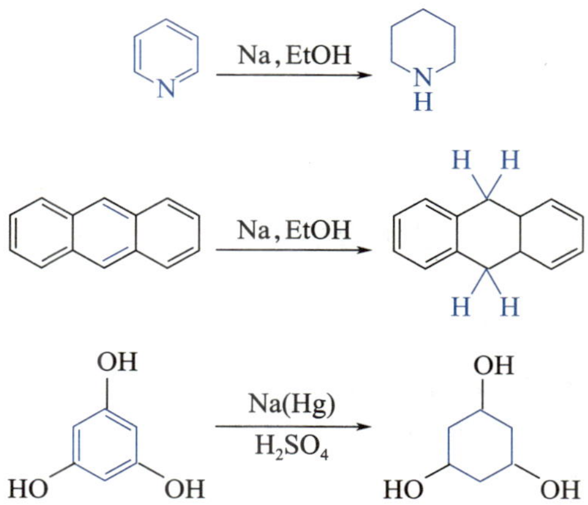

有机合成中很有价值的是对炔烃的还原，在反应中优先生成反式烯烃。值得注意的是，由于末端炔烃易于形成金属炔化物，使炔碳上带有负电荷，故炔键不能进一步还原。

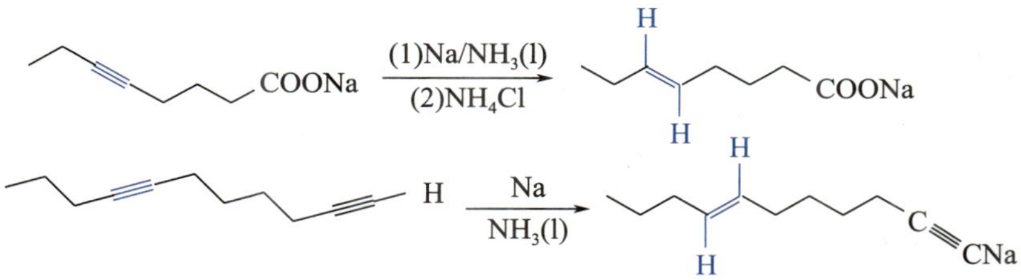

11.2.4.3　Na对其他化合物的还原

金属钠在醇、液氨及惰性有机溶剂（如苯、甲苯等）中均为强还原剂，可应用于醛、酮、羧酸、酯、酰胺、腈的还原。在使用时，为增加钠的接触面，常将其压成钠丝，或在甲苯中加热振荡制成细粒；有时为避免反应过于剧烈，将其制成钠汞齐或醇钠再行使用。

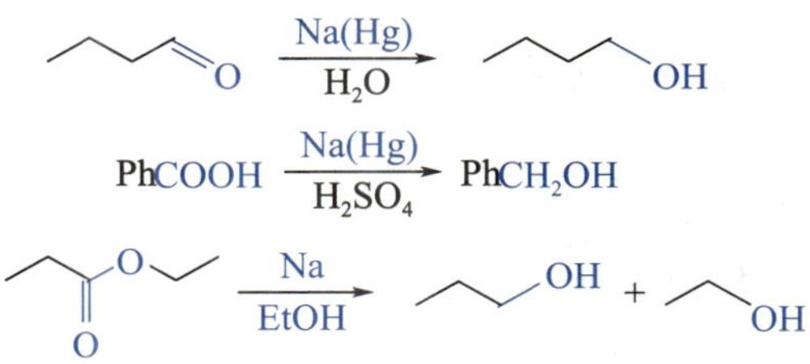

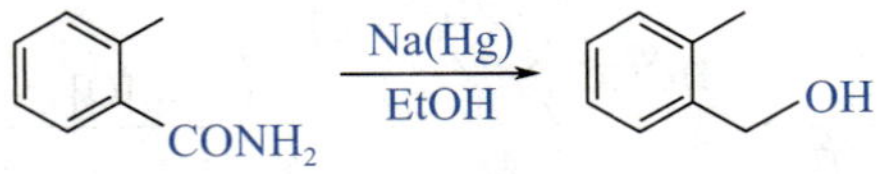

值得注意的是，当酯在没有质子供体存在时，如采用Na/二甲苯、$Na/NH_3(l)$作还原剂，则发生双分子还原形成α-羟基酮。

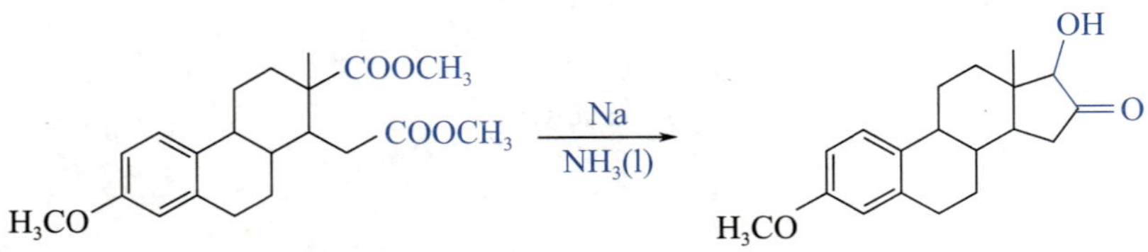

酯分子内的“双分子还原”提供了合成中环、大环的良好方法，而且可进一步合成理论上存在的链环烷。

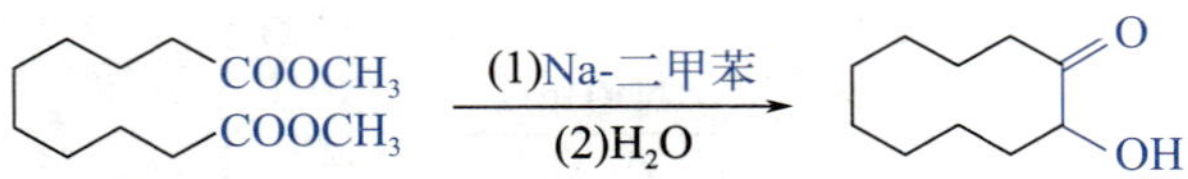

酯双分子还原的机理是二聚后的双负离子脱去两分子烷氧基负离子形成二酮，得到电子后形成烯醇双负离子，水解之后得α-羟基酮。但该反应常伴随发生迪克曼（Dieckmann）缩合及烯醇双负离子引起的副反应，故往往在三甲基氯硅烷存在下反应。

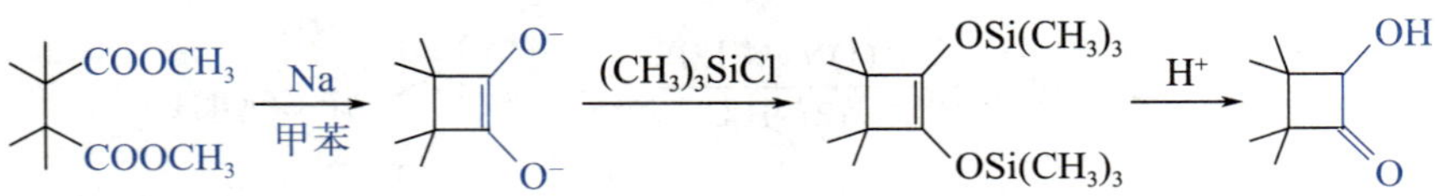

11.2.4.4 镁参与的还原反应

镁也是一种重要的还原剂，能参与许多还原反应，最重要的是镁汞齐还原酮（或醛）生成频哪醇（pinacol），例如丙酮在用镁汞齐还原时生成频哪醇，产率为43%～50%。

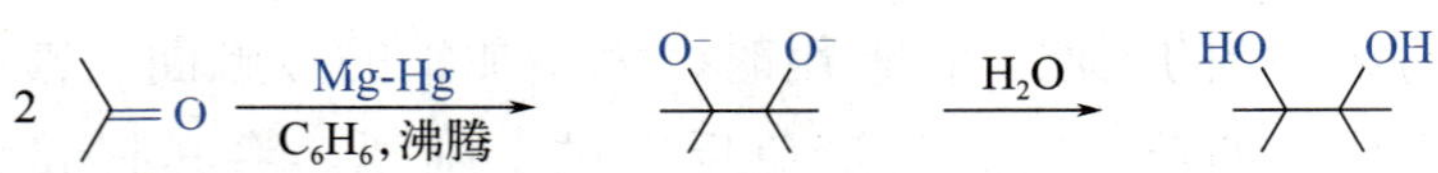

与酯的双分子还原类似，由于频哪醇金属化合物的碱性易使羰基化合物发生多种碱催化的副反应，故若将羰基化合物、镁及三甲基氯硅烷一起反应，则首先形成频哪醇的三甲基硅醚，从而水解得到高产率的频哪醇，如下列反应产率可达90%。

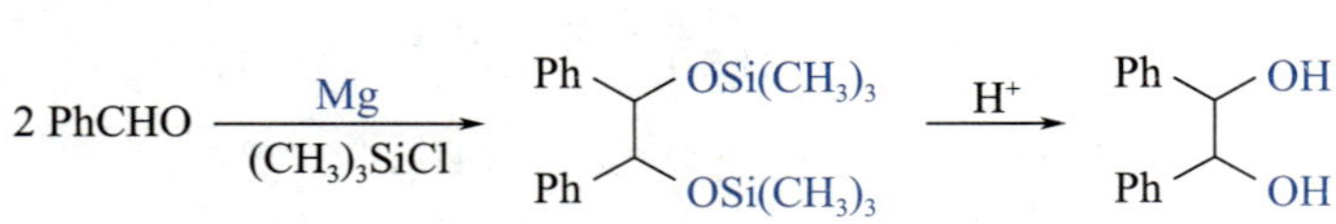

低价过渡金属钛也是羰基化合物还原偶联的有效试剂，它们可由 $TiCl_4$ 与 Mg-Hg（或 Zn）反应制得，利用二氯二茂钛与 $LiAlH_4$ 反应也可制得。

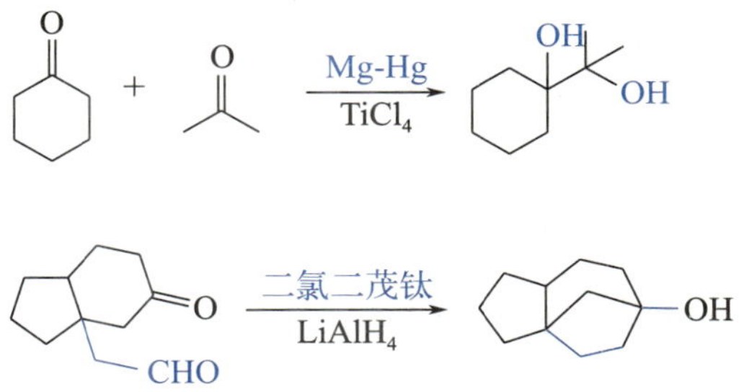

11.2.4.5 其他金属参与的还原反应

其他活泼金属试剂中最常见的是锌。锌对羰基化合物的还原，特别是羰基化合物与锌汞齐在浓盐酸中共热，羰基被还原成亚甲基，这一反应称为克莱门森（Clemmensen）还原反应。一般情况下，碳碳双键不被还原，但共轭双键能被还原。故选择羰基还原成亚甲基的方法时，仅考虑反应条件的酸碱性是不够的。

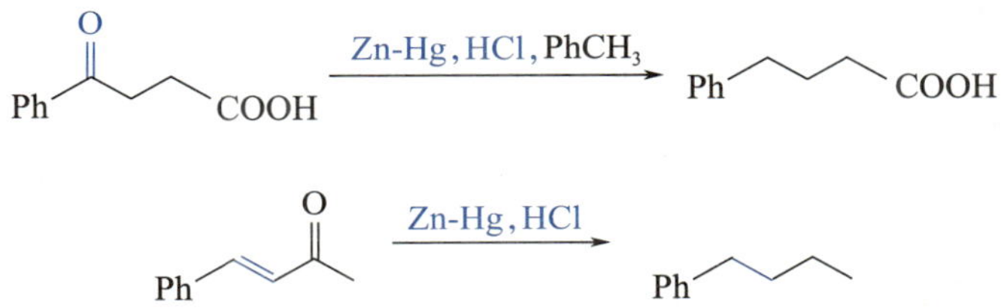

另外，Zn、Fe、Sn 等金属在酸性介质中均可还原芳香硝基化合物为芳胺。

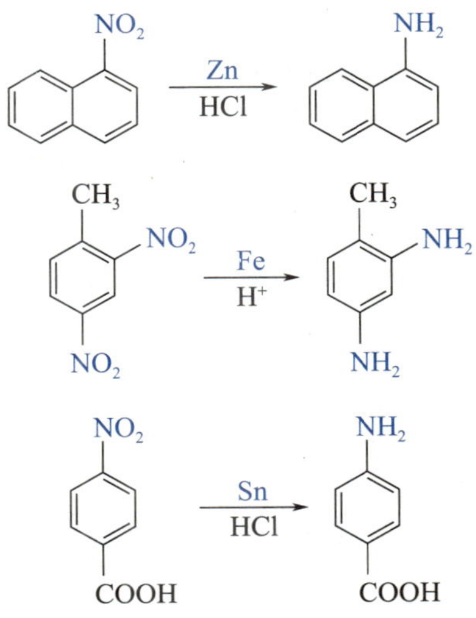

值得注意的是，Zn 在碱性介质中可进行双分子还原；低价铁盐［如 $FeSO_4$、$FeCl_2$、$Fe(Ac)_2$ 等］和 $SnCl_2$ 也是常用的还原剂。

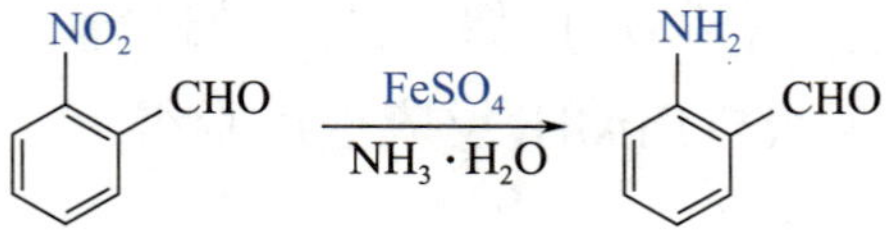

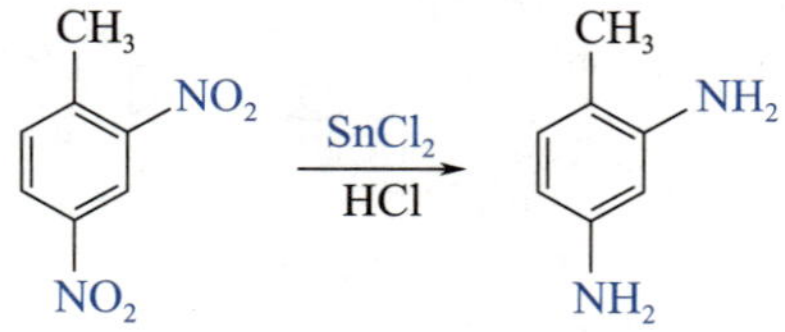

另外，用氯化氢气体饱和了的$SnCl_2$醚溶液作还原剂，可将腈还原成醛，此法即**斯蒂芬（Stephen）还原**。

$$RCN + SnCl_2 \xrightarrow[Et_2O]{HCl} RHC{=}NH \cdot HCl \xrightarrow[\triangle]{H_2O} RCHO$$

例如，甲状腺素中间体的合成中即用到了该反应。

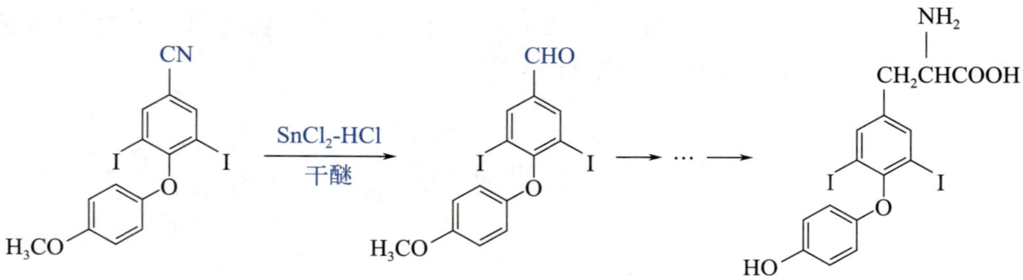

Zn在酸性介质中对含硫芳香化合物还原，可使二硫化物、磺酰氯成为硫酚。

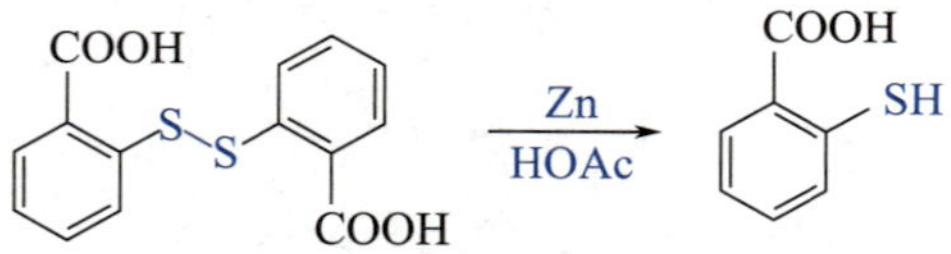

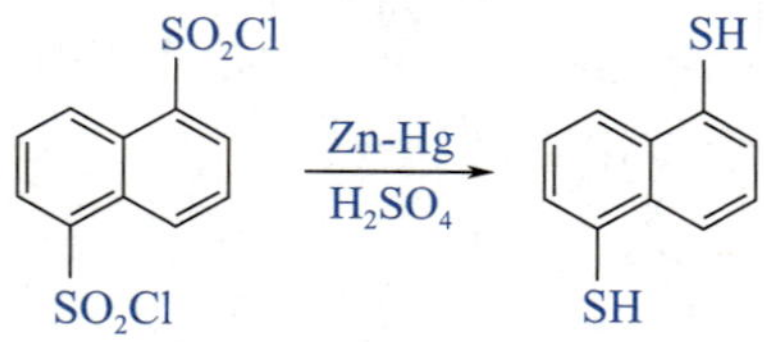

11.2.5 负氢转移试剂还原

负氢转移试剂可分为**亲电性的负氢试剂**和**亲核性的负氢试剂**。硼烷和醇铝具有缺电子性，均是重要的亲电性负氢转移试剂，它们不仅可使极性重键还原，也可与碳碳重键发生亲电加成。硼氢化钠类、氢化锂铝类是另一类重要的负氢转移试剂，可被看成是金属氢化物的配合物，配合负离子是提供负氢的有效质点，具有亲核性，因此它们可使极性重键还原，但一般不与孤立的碳碳双键反应。

11.2.5.1　醇铝类还原剂

利用异丙醇还原醛、酮为醇的反应称为**米尔维因-彭道夫-维兰（Meerwein-Ponndorf-Verley）还原反应**。反应经过六元环过渡态，异丙基上的氢以氢负离子形式转移到羰基碳上。此反应将羰基化合物与异丙醇铝在异丙醇中共热，首先建立一个平衡，若使用过量的溶剂从反应体系中不断蒸出生成的丙酮，即可使反应趋于完全，从而提高产率。

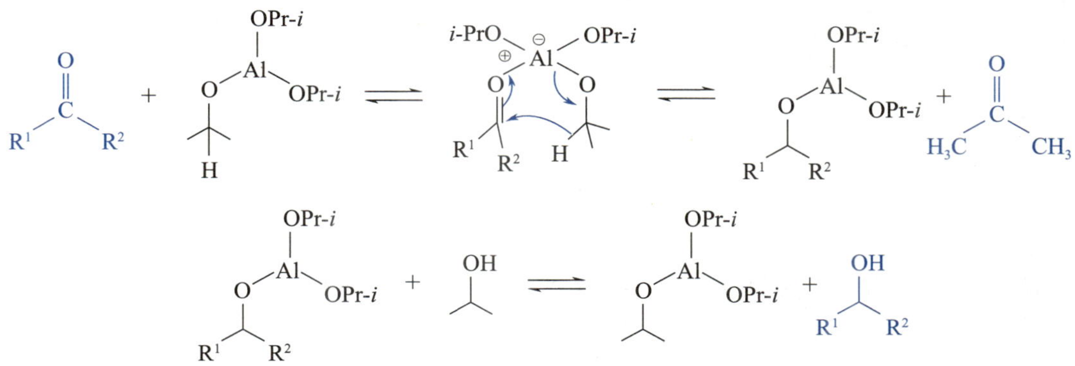

在还原过程中，由于试剂对碳碳重键、硝基、酯基、卤素等均无还原作用，因此上述官能团存在时对醛、酮的选择性还原特别有实用价值。

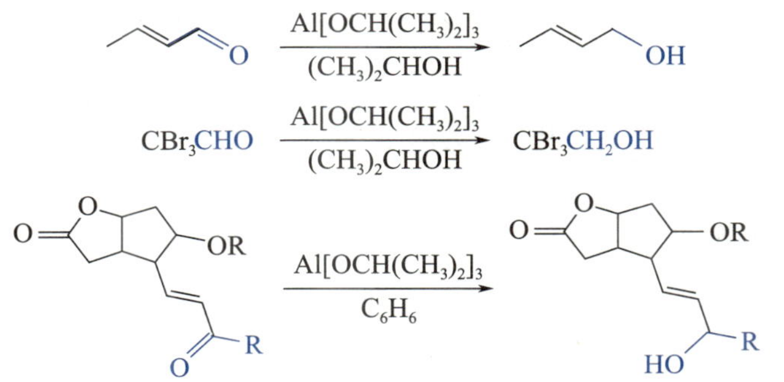

除了异丙醇外，乙醇铝用得也较多且具有类似的效果。这两种试剂均可通过金属铝与相应的醇类在 $HgCl_2$ 存在下制得，均在无水条件下使用（醇铝易水解）。

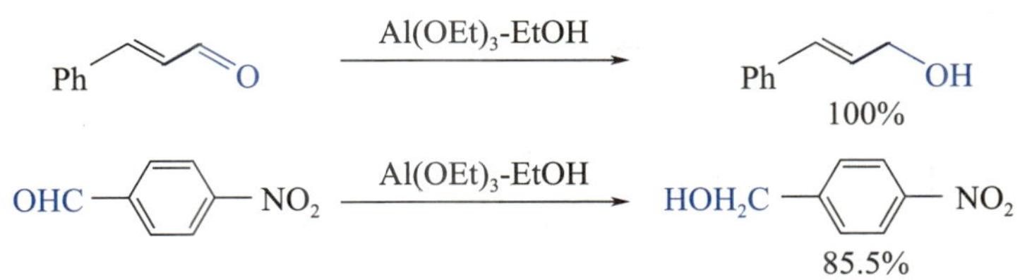

11.2.5.2　硼烷类还原剂

乙硼烷及其类似物与碳碳重键加成得到有机硼化物，再同有机酸发生溶剂解反应生成烷烃（对双键加成时）或烯烃（对三键加成时），该反应称为**硼氢化-酸解反应**。

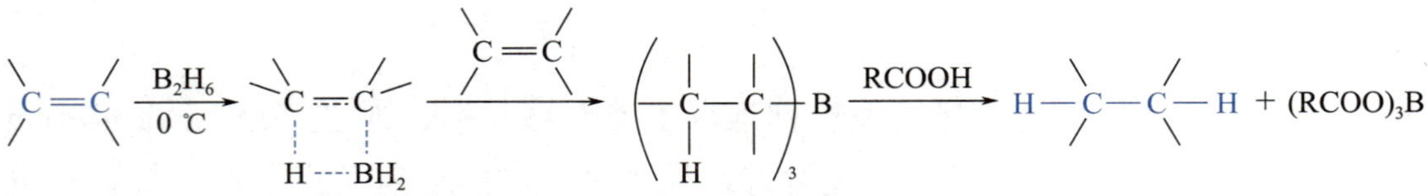

三烷基硼是可以分离的稳定化合物，若用过氧化氢的碱性溶液处理，C—B键断裂，氧化、水解可生成醇，此反应组合成为硼氢化-氧化反应。硼氢化-氧化反应的净结果相当于烯烃的水合，是工业上间接水合制备反马氏醇类的方法。

由于加成是通过四元环过渡态进行的，因此对三键加成时的产物是顺式的。

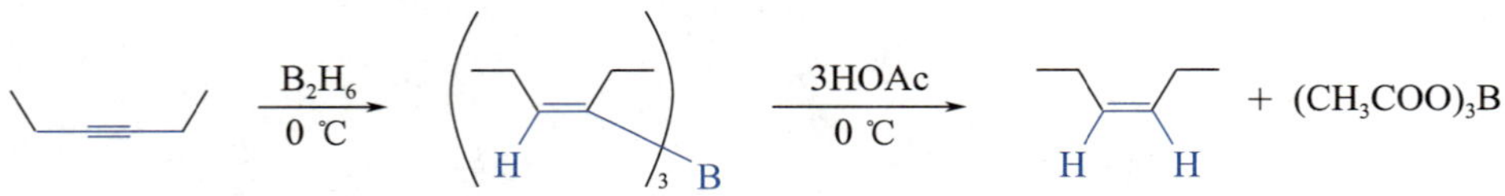

当分子中同时存在三键和双键时，双键优先反应。若同时存在多个双键时，位阻小的双键使用位阻大的硼烷如 $[(CH_3)_2CHC(CH_3)_2]_2BH$ 等可选择性地被还原。

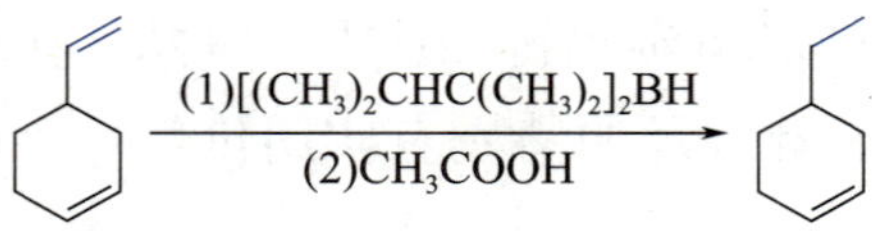

另外，乙硼烷在室温下可使羰基、羧基、氰基、酰氨基等多种不饱和基团顺利还原。

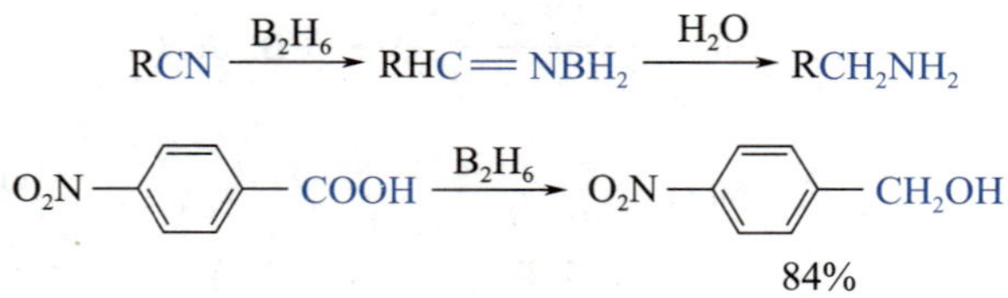

11.2.5.3 $LiAlH_4$类还原剂

$LiAlH_4$（还原范围见表11-2）是应用十分广泛的广谱还原剂。

表11-2 $LiAlH_4$还原范围

底物	还原产物	底物	还原产物
RCOOH	RCH_2OH	RNO_2	RNH_2
$(RCO)_2O$	RCH_2OH	$ArNO_2$	Ar—N═N—Ar Ar—NH—NH—Ar
RCOCl	RCH_2OH		
$RCONH_2$	RCH_2NH_2	RNO（亚硝基化合物）	R—N═N—R
RCONHR′	RCH_2NHR'	RCN	RCH_2NH_2

续表

底物	还原产物	底物	还原产物
$RCONR'_2$	$RCH_2NR'_2$	肟	胺
$RCOOR'$	$RCH_2OH+R'OH$	RSOR（亚砜）	RSR
RCHO	RCH_2OH	RSSR	RSH
$RCOR'$	$RCHOHR'$	RCH_2OTs	RCH_3
环氧烷	醇（开环）	RSO_2X	RSH
醌	酚	RCH_2X	RCH_3

碳碳双键一般不能被$LiAlH_4$还原，但其与羰基等极性基团共轭时，若使用过量的$LiAlH_4$或反应温度较高时，也会被一起还原。

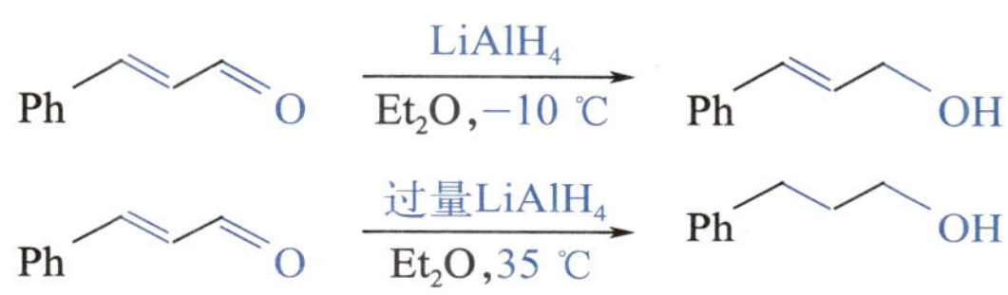

$LiAlH_4$遇水、醇、酸等含活泼氢的化合物即发生分解，因而进行还原反应时宜在无水条件下进行。同时，因为其反应活性很高，故选择性差。因此，人们对该反应进行了改良，一般使$LiAlH_4$与醇反应，让$LiAlH_4$只留下一个还原用的氢，从而增大试剂的位阻以减小其活性。例如，摩尔比为1∶3的$LiAlH_4$与叔丁醇反应，可形成位阻较大的氢化三叔丁氧基锂铝，其可进行选择性还原，或使其还原产物停留在中间阶段。

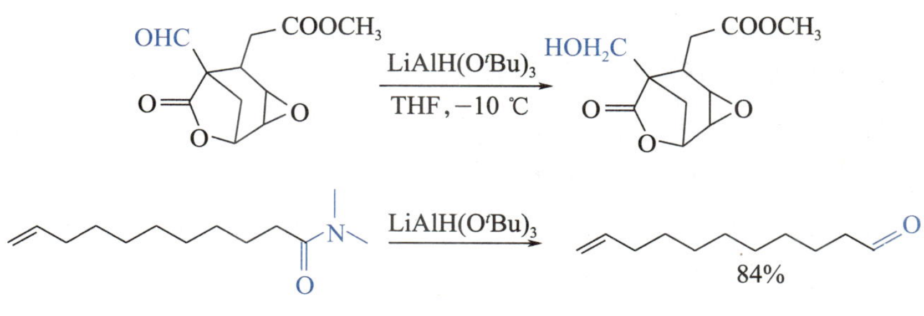

与之类似，其他改良试剂也可进行选择性还原，如下所示，使用3倍物质的量改良试剂的目的是相同物质的量试剂用于中和羧基、2倍物质的量试剂用于还原酯基。

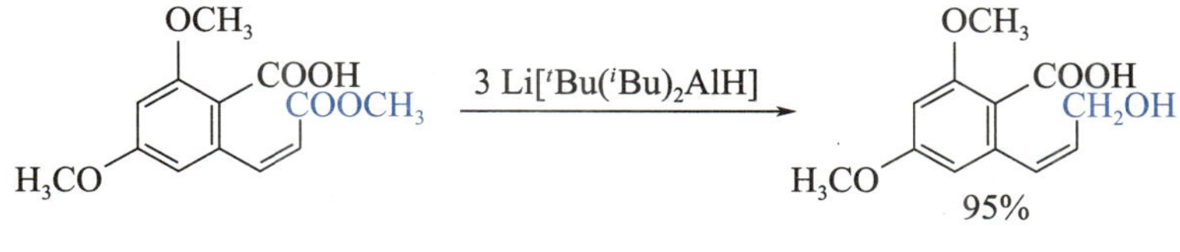

使用改良后的试剂，可使腈的还原停留在生成亚胺阶段而得到醛。

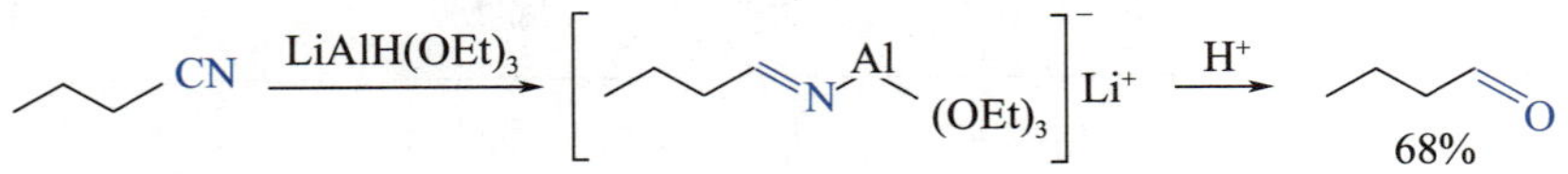

下列反应既体现了改良$LiAlH_4$试剂的选择性还原，又体现了其对还原产物的控制性。

与此同时，人们也在积极寻找合适的$LiAlH_4$类似物。例如，氢化二（β-甲氧基乙氧基）钠铝可作为酯还原的控制性试剂，不会影响共轭的双键，并且可将内酯还原成环状半缩醛。

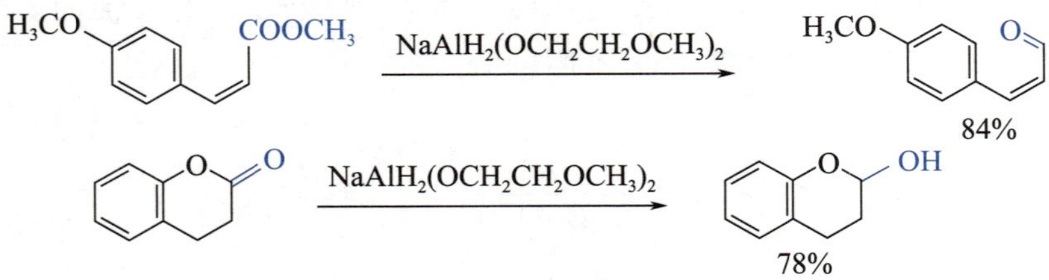

11.2.5.4 $NaBH_4$类还原剂

$NaBH_4$作用比$LiAlH_4$缓和，它只能还原羰基化合物或酰氯为醇，并且不影响碳碳双键与硝基。与$LiAlH_4$一样，$NaBH_4$与醛、酮反应时，负氢从金属原子转移给羰基，$NaBH_4$试剂中四个氢原子均可被利用，但转移速度逐渐减慢。

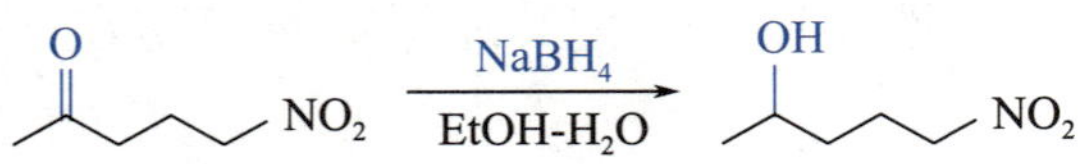

$NaBH_4$在常温下与水反应较慢，与醇反应更慢。因此，采用$NaBH_4$作还原剂时，可使反应在乙醇中进行。另外，在活性上比$LiAlH_4$低，而选择性比$LiAlH_4$高的$NaBH_4$已因价廉而应用于工业生产，$LiAlH_4$则因价格较高而仅限于实验室中应用。

在不同条件下，醛与酮之间优先反应的次序不同。例如，硫醇存在时，醛基优先还原；$CeCl_3$存在时，醛基却可保留。后者之所以如此，可能是醛基先与醇形成缩醛，继而酮被还原，最后缩醛在反应条件下自行水解释放出醛基之故。

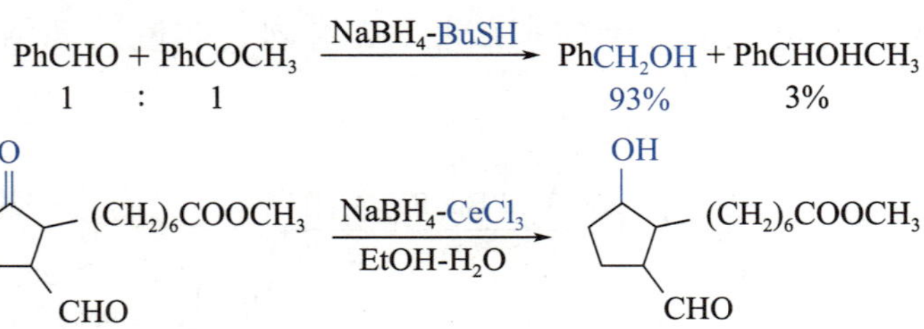

如果使用改良后的位阻大的$NaBH_4$类还原试剂，则使酮基存在而还原醛基。

$$n\text{-}C_6H_{13}CHO + n\text{-}C_7H_{15}COCH_3 \xrightarrow{\text{氢化三(3,5-二叔丁基苯氧基)硼钠}} \underset{97\%}{n\text{-}C_6H_{13}CH_2OH} + \underset{2\%}{n\text{-}C_7H_{15}CHOHCH_3}$$

为了提高选择性，人们对$NaBH_4$进行改良的同时，也积极探索并找到了$NaBH_4$类似物。例如，硼氢化铜、硼氢化锌均是比$NaBH_4$还原性更弱、选择性更高的还原剂，它们可使α,β-不饱和醛、酮高产率地生成烯丙醇类，酰氯只成为醛而不会被还原成醇。

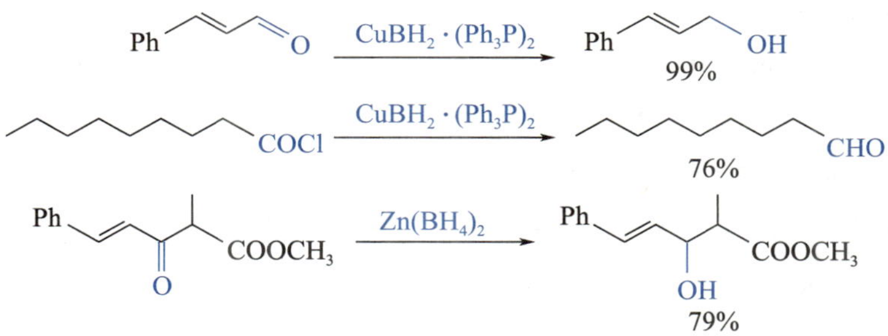

11.2.6　其他试剂还原

11.2.6.1　含硫还原剂还原

含硫无机化合物多为相当温和的还原剂，其中包括硫化物（含硫氢化物、多硫化物）和含氮硫化物。前者常用的有Na_2S、Na_2S_2、Na_2S_x和NaHS，多用于芳香硝基化合物的还原。当反应中存在多个硝基时，可选择性地进行部分还原。应用这类还原剂时，硫化物提供电子，水（或醇）为质子供体。值得注意的是，使用多硫化物还原对硝基甲苯时，甲基同时被氧化为醛基。

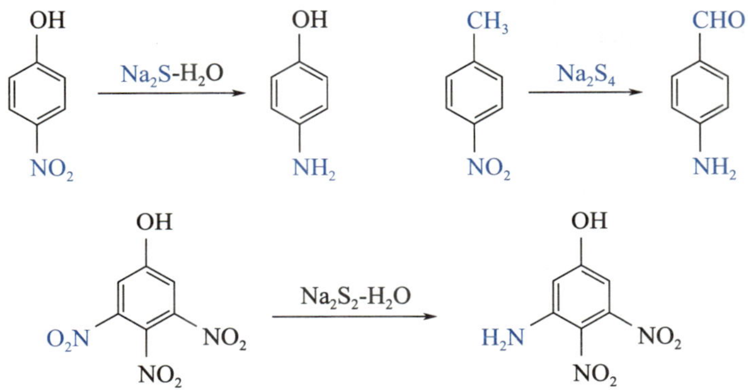

含氧硫化物应用较多的有亚硫酸盐、亚硫酸氢盐与连二亚硫酸盐。使用$NaHSO_3$时，还发生磺化作用。$Na_2S_2O_4$（连二亚硫酸钠）在工业上俗称保险粉，常用于还原硝基酚为氨基酚。

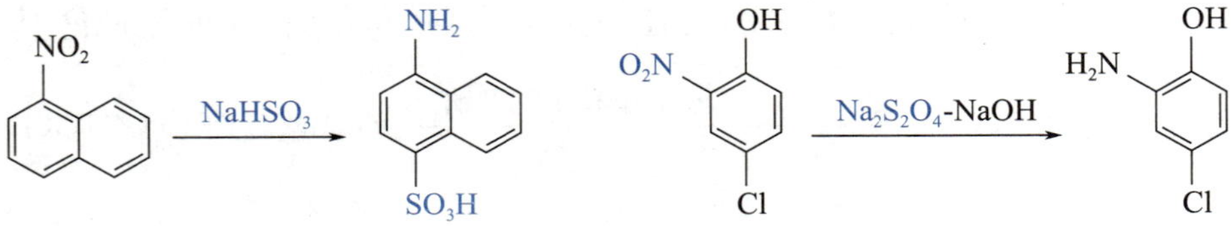

11.2.6.2 肼（联氨）还原

肼（联氨）在碱性条件下可将羰基还原成亚甲基，即著名的沃尔夫-凯惜纳-黄鸣龙（Wolff-Kishner-黄鸣龙）还原反应。

此法最初由Wolff-Kishner提出：将羰基化合物、无水肼及乙醇钠的乙醇溶液在160～200 ℃下于封闭管或高压釜中加热。1946年，我国化学家黄鸣龙对此反应进行了改进，将醛或酮和85%水合肼及KOH（或NaOH）在高沸点溶剂如乙二醇、一缩二乙二醇、二缩三乙二醇中170～200 ℃回流，常压下把羰基还原成亚甲基。相比之下，后者较前者简便、经济、安全，成为了有工业价值的还原方法，故在教科书上也称为黄鸣龙改良法。

肼还原法弥补了Clemmensen还原法的不足，它适用于对酸敏感的吡咯、呋喃衍生物的还原，对甾酮及大分子量的羰基化合物的还原也特别有效。

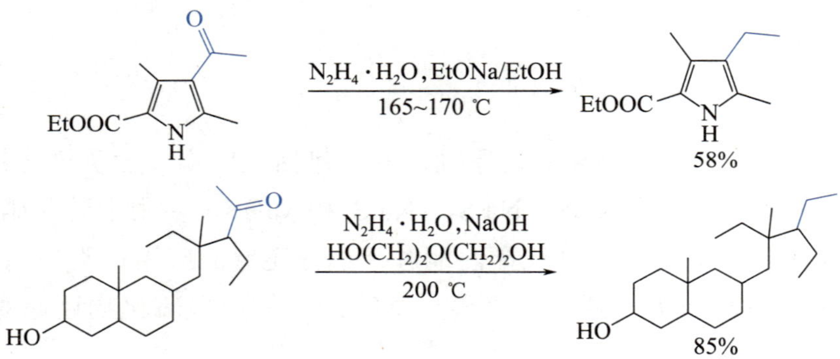

有时腙的分解可在较低温度下进行。例如，用叔丁醇钾作碱，腙在沸甲苯中即可分解；若用非质子极性溶剂DMSO，腙的分解可在室温下进行。

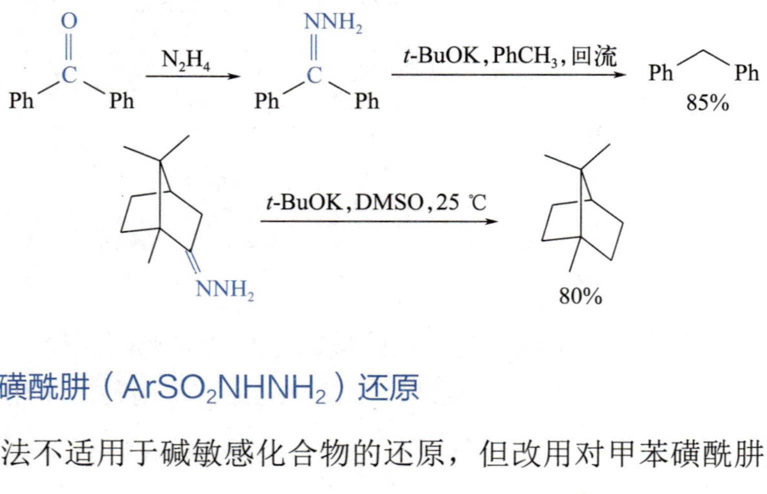

11.2.6.3 芳基磺酰肼（$ArSO_2NHNH_2$）还原

黄鸣龙改良法不适用于碱敏感化合物的还原，但改用对甲苯磺酰肼则适用，因为此法不需要用强碱。对甲苯磺酰腙可用金属氢化物$NaBH_4$或$LiAlH_4$还原；但氰基硼氢化钠选择性更佳，分子中存在的酯基、硝基、氰基、卤素均不受影响。

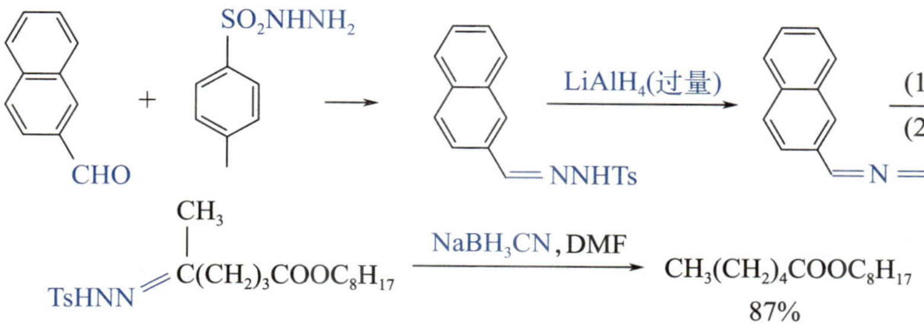

11.2.6.4　联亚胺（HN═NH）还原

在氧或氧化剂存在下，肼可使孤立双键还原，但此反应真正的还原剂是联亚胺，它是在反应内部由肼氧化产生的。联亚胺的产生除肼氧化法外，常用的还有酰肼或磺酰肼的热分解、偶氮二羧酸盐的分解等多种方法。

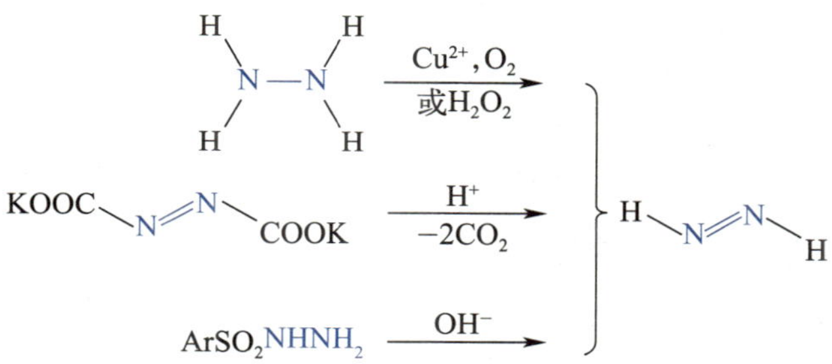

联亚胺与碳碳双键的加成具有顺式加成的立体化学特征，这是因为该反应可能是通过六元环过渡态完成的，并且反式烯烃比顺式烯烃容易还原，位阻小的烯烃比位阻大的烯烃容易还原。

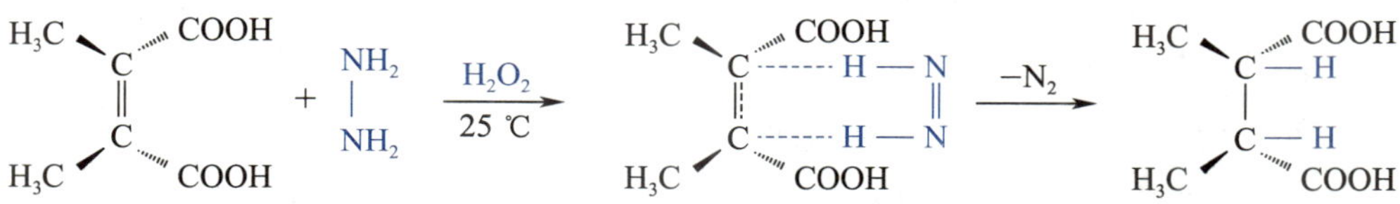

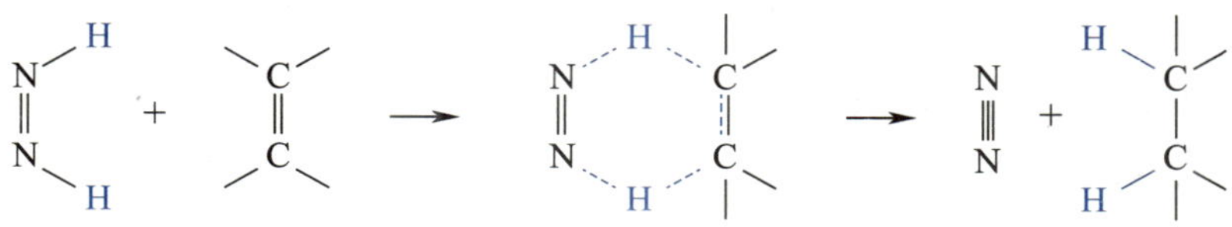

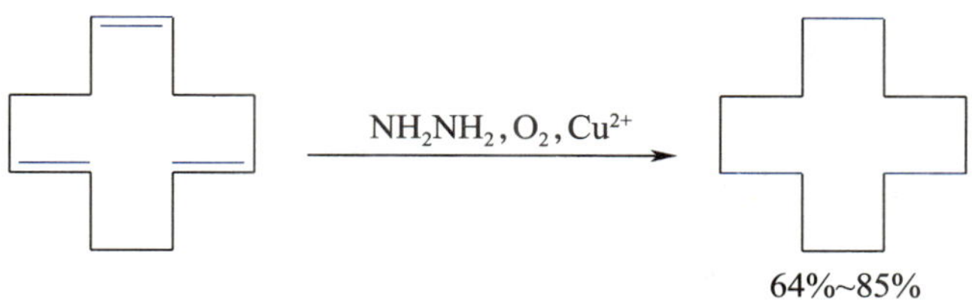

除烯烃外，联亚胺也能还原其他对称的重键如碳碳三键、氮氮双键，而不对称的极性键如碳氧双键、碳氮双键、硝基、亚硝基、硫氧双键、硫硫单键、碳硫单键、碳卤键、酯基等则不被还原。因此，联亚胺还原具有高度的化学选择性。

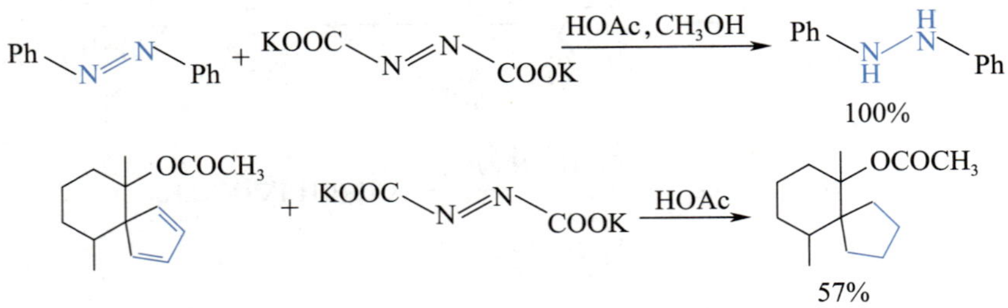

11.2.7 官能团反应

11.2.7.1 碳碳重键的还原

（1）催化加氢

在催化剂的作用下，不饱和有机化合物加氢转变为饱和的有机化合物或饱和度升高的有机化合物称为催化氢化。其中催化剂不溶于反应介质的催化氢化称为非均相催化氢化。平时说的催化氢化主要是指这类反应。

烯烃与氢气加成是放热的，但即使是放热反应，在无催化剂时，反应也很难进行，这说明反应的活化能很高。在催化剂作用下，烯烃与氢可顺利加成，所以加氢反应常称为催化氢化。常用的催化剂有镍、钯、铂等金属。

$$CH_3CH=CH_2+H_2 \xrightarrow[\triangle]{Ni} CH_3CH_2CH_3$$

催化氢化是顺式加氢。若分子中有多个双键，空阻小的双键优先反应；若双键两侧空阻不同，空阻小的一侧优先反应。催化氢化是可逆反应，高温有利于脱氢反应，因此反应时应严格控制反应温度。二价硫化物会使催化剂中毒失效，反应时需注意。在工业上，可通过烯烃的催化加氢将植物油转变成固态黄油状物质，成为奶油的代用品。

凡是分子中含有碳碳双键的化合物，都可在适当条件下进行催化氢化。加氢反应是定量完成的，所以可以通过反应吸收氢的量来确定分子中含有碳碳双键的数目。

炔烃也能发生非均相催化氢化。加等物质的量的 H_2 生成 Z 型烯烃，加 2 倍物质的量的 H_2 得到烷烃。使用林德拉催化剂（Pd/PbO，$CaCO_3$）或用硫酸钡作载体的钯催化剂（$Pd/BaSO_4$）在吡啶中反应可以将加氢反应控制在生成烯烃的阶段。

（2）硼氢化反应

烷基硼和羧酸作用生成烷烃的反应称为烷基硼的还原反应：

$$R_3B + 3\ RCOOH \longrightarrow 3\ RH + B(OCOR)_3$$

该反应与烯烃的硼氢化反应合称为**硼氢化-还原反应**，是将烯烃还原成烷烃的一条途径。例如：

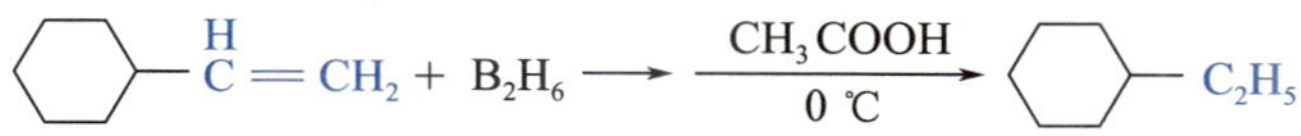

炔烃经硼氢化-还原反应可生成*Z*型烯烃。例如：

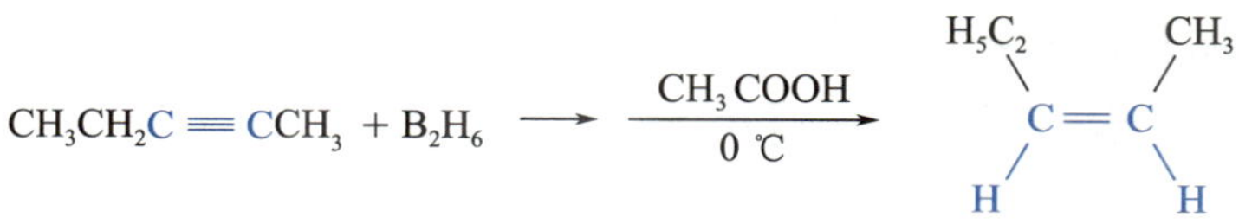

*Z*型

（3）炔烃用钠的液氨溶液还原

炔烃在钠的液氨溶液中可被还原成烯烃，若生成的烯烃有几何异构体，则产物以*E*型为主。

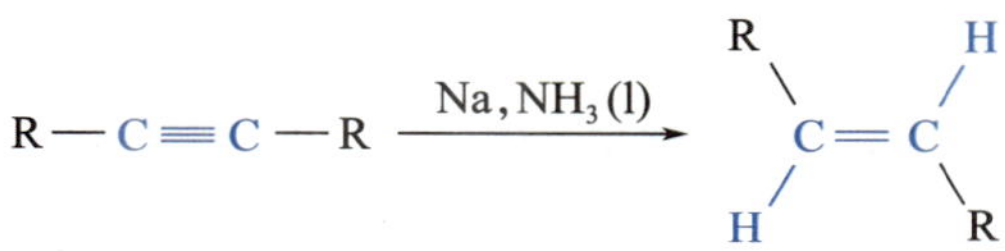

*E*型

（4）炔烃用氢化铝锂还原

炔经氢化铝锂还原的主要产物也是*E*型烯烃。例如：

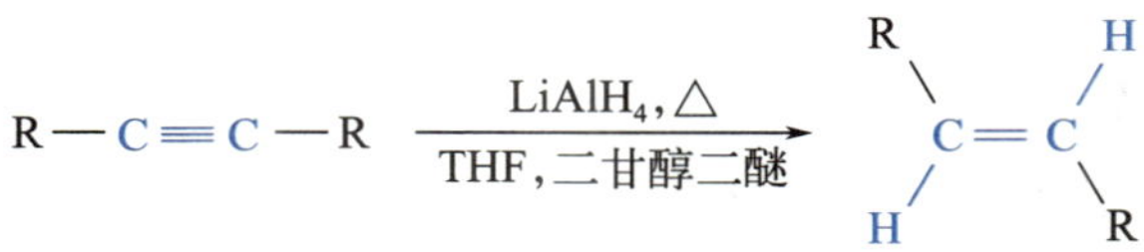

*E*型

11.2.7.2　醛、酮的还原

（1）羰基还原为亚甲基

① 克莱门森（Clemmensen）还原法：该法将醛或酮和锌汞齐、浓盐酸一起加热回流，醛、酮的羰基被还原成亚甲基。此法由克莱门森于1913年提出，因此称为**克莱门森（Clemmensen）还原法**。

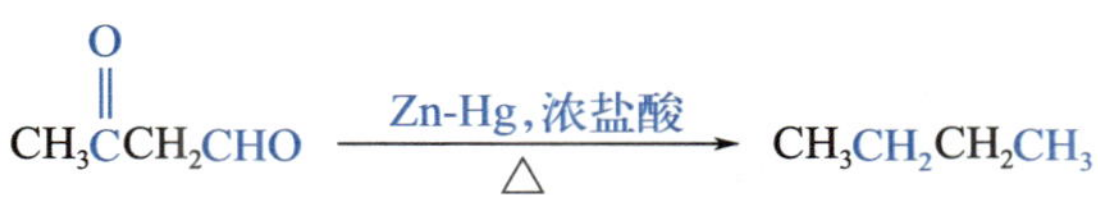

α,β-不饱和醛、酮还原时，碳碳双键一起被还原，孤立的碳碳双键在反应中不受影响。

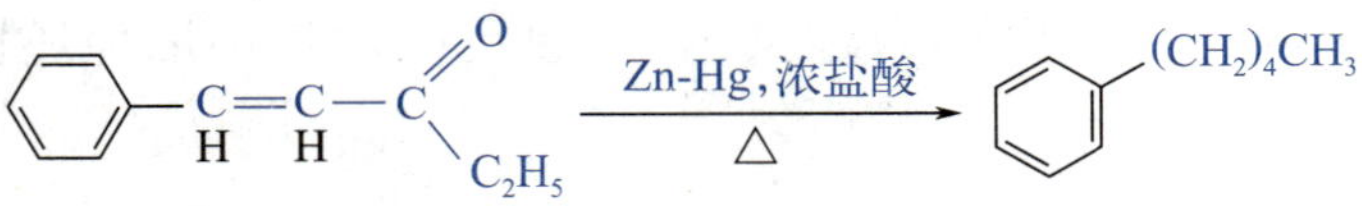

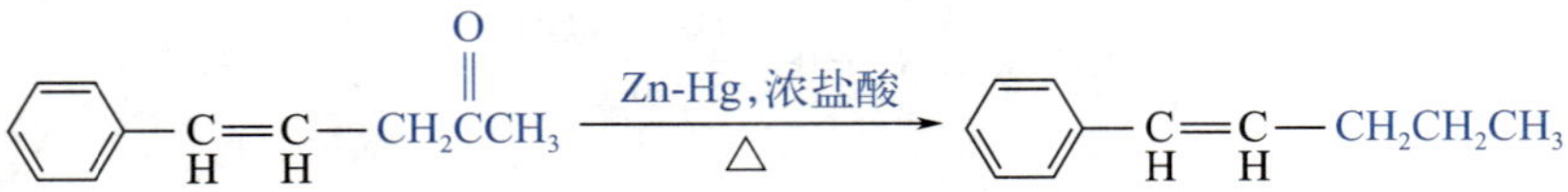

② 沃尔夫-凯惜纳-黄鸣龙还原法：该法将醛或酮、肼、氢氧化钠放在高沸点溶剂一缩二乙二醇中高温加热，醛或酮先与肼反应生成腙，腙在碱性条件下发生热分解释放出氮气并形成烃。碳碳双键在反应中不受影响。

$$\mathrm{Ph-\overset{O}{\overset{\|}{C}}CH_3 + N_2H_4 \xrightarrow{\triangle} Ph-\overset{NNH_2}{\overset{\|}{C}}CH_3 \xrightarrow[\text{(HOCH}_2\text{CH}_2)_2\text{O}]{\text{NaOH},\triangle} Ph-CH_2CH_3 + N_2\uparrow}$$

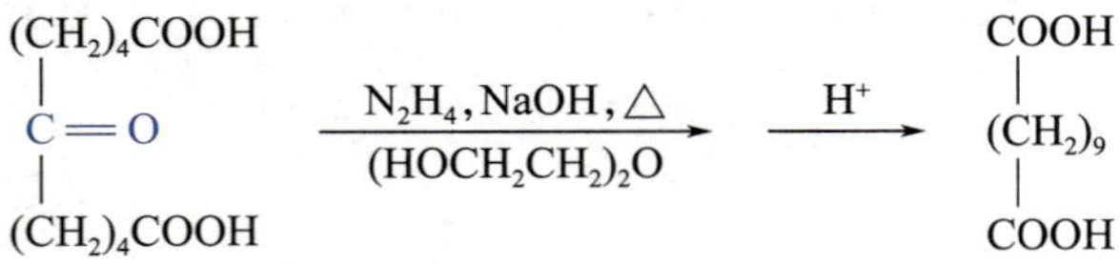

③ 缩硫醛和缩硫酮还原法：缩硫醛或缩硫酮与吸附了氢的雷尼镍共热时，碳硫键断裂，缩硫醛或缩硫酮被还原成烃。由于缩硫醛、缩硫酮是由醛、酮和硫醇反应制备的，因此该反应间接提供了由醛、酮转变为烃的方法。

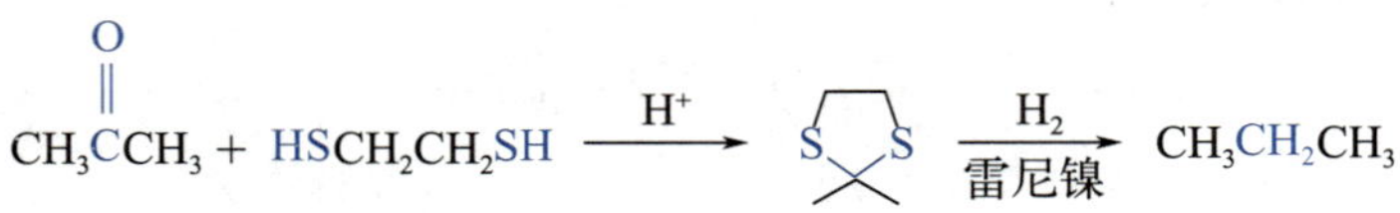

（2）羰基还原为羟基

① 催化氢化：醛、酮在铂、钯、镍等催化剂的作用下加氢，醛被还原成一级醇，酮被还原成二级醇。

$$\mathrm{RCHO \xrightarrow[0.3\ MPa,25\ ^\circ C]{H_2,Pt} RCH_2OH}$$

$$\mathrm{R\overset{O}{\overset{\|}{C}}R \xrightarrow[0.3\ MPa,25\ ^\circ C]{H_2,Pt} R\overset{OH}{\overset{|}{C}}HR}$$

催化加氢是顺式加氢，当醛、酮羰基两侧的空间位阻不同时，催化剂从位阻小的一侧接近羰基。

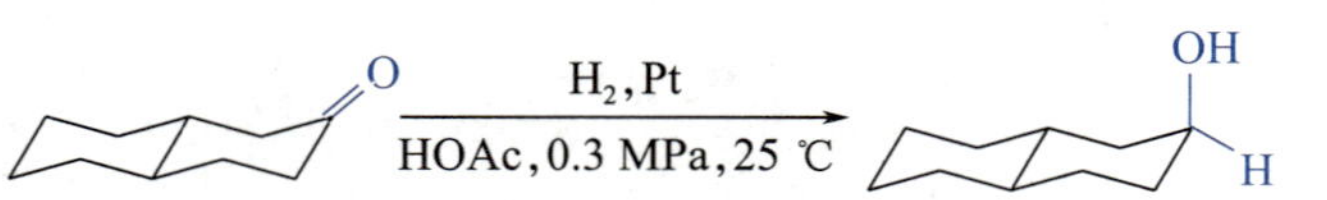

许多易被还原的基团如碳碳不饱和键、硝基、氰基、卤素、羧酸衍生物的官能团都能用此法还原。

② 氢化金属化合物还原法：常用的还原剂有氢化铝锂（$LiAlH_4$）和硼氢化钠（$NaBH_4$）。反应时，两者均能提供氢负离子与羰基的碳原子结合，同时形成醇盐，然后经水解得醇。

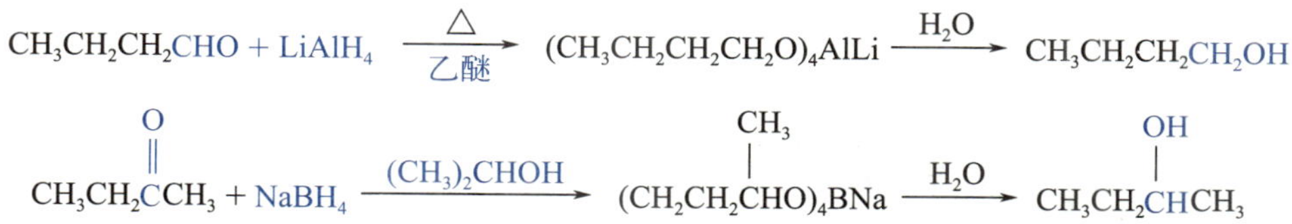

当醛、酮的α-碳为手性碳时，反应遵循克拉姆规则。环酮还原时，羰基两侧空阻差别大时主要得动力学产物，差别小时主要得热力学产物。

$LiAlH_4$和$NaBH_4$两种试剂在使用时的区别如下：氢化铝锂非常活泼，遇活泼氢化合物会迅速分解，所以它与醛、酮的反应通常在醚中进行；硼氢化钠在水和醇中有一定的稳定性，所以它与醛、酮的反应通常在质子溶剂醇中进行。另一个区别是氢化铝锂是强还原剂，除碳碳不饱和键不被还原外，其他可被还原的化合物均能被氢化铝锂还原；而硼氢化钠的还原能力较差，一般只还原酰卤、醛和酮，选择性较好。

③ 乙硼烷还原法：乙硼烷（B_2H_6）与醛、酮羰基反应的反应机理和乙硼烷与碳碳不饱和键反应的反应机理相似。乙硼烷提供负氢与羰基碳结合，而硼原子加到羰基氧上，经四元环状过渡态完成反应，生成硼酸酯，然后硼酸酯水解生成醇。例如：

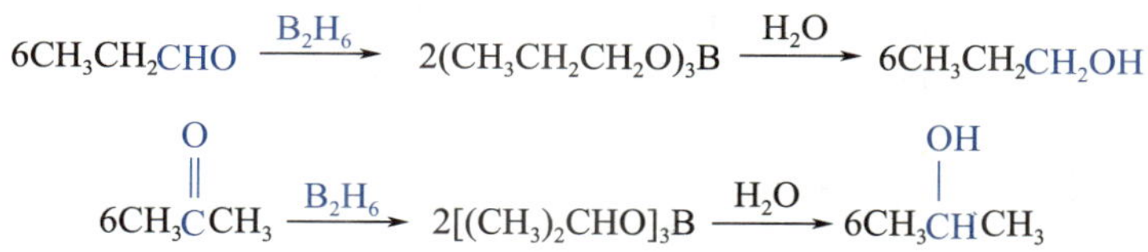

不饱和醛、酮用乙硼烷还原时，羰基先被还原，然后碳碳双键再被还原。

④ 米尔维因-彭道夫-维兰还原法：该法由米尔维因于1925年提出，后经彭道夫-维兰改进而成。该法用异丙醇铝为还原剂，异丙醇铝将负氢离子转移给醛、酮的羰基碳，碳氧双键异裂，得到烃氧负离子，同时异丙醇铝自身被氧化成醛或酮。该反应是可逆的，不断蒸出丙酮有利于正反应的进行。

碳碳不饱和键、硝基、卤原子均对反应无干扰，故该反应具有良好的选择性。

（3）活泼金属还原

醛、酮用活泼金属如钠、铝、镁等在酸、碱、水、醇等介质中作用，可以顺利地发生单分子还原，醛生成一级醇，酮生成二级醇。

单分子还原机理如下：

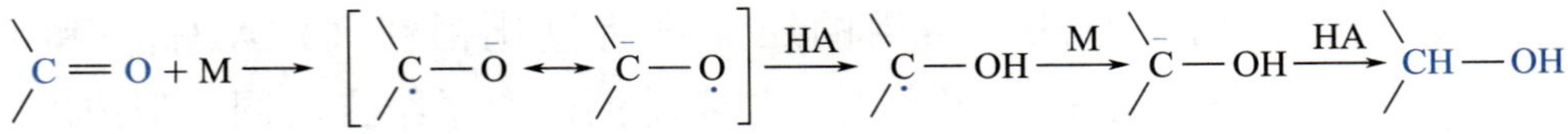

醛、酮在钠、铝、镁、铝汞齐或低价钛试剂的催化下于非质子溶剂中反应，发生双分子还原偶联，生成频哪醇。例如：

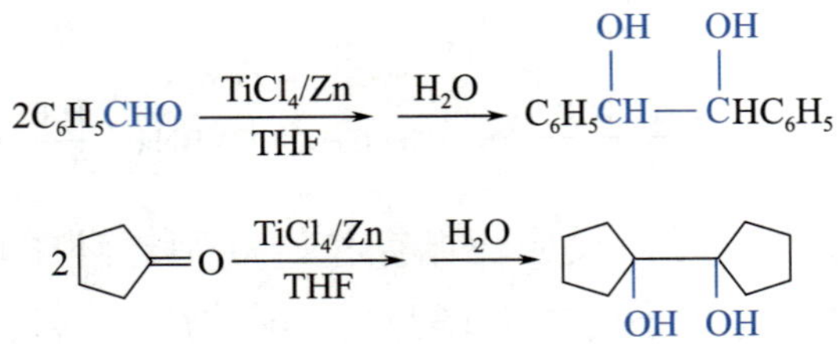

双分子还原机理如下：

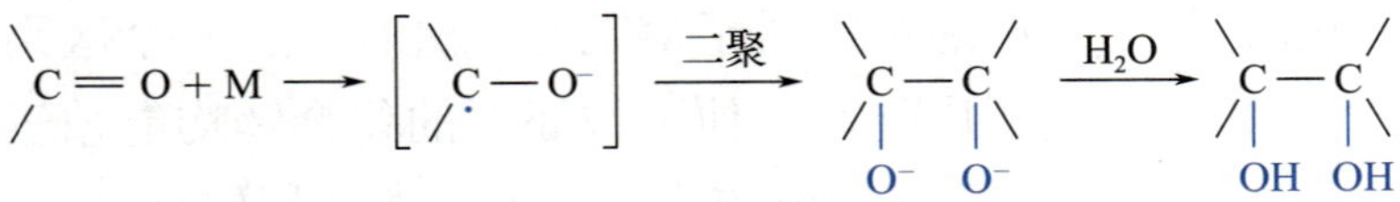

11.2.7.3 羧酸的还原

羧酸能被乙硼烷或氢化铝锂顺利还原成一级醇。

$$\mathrm{RCOOH}\xrightarrow[\text{无水醚}]{\mathrm{LiAlH_4}\text{或}\mathrm{B_2H_6}}\xrightarrow{\mathrm{H_2O}}\mathrm{RCH_2OH}$$

羧酸与氢化铝锂的还原机理如下：

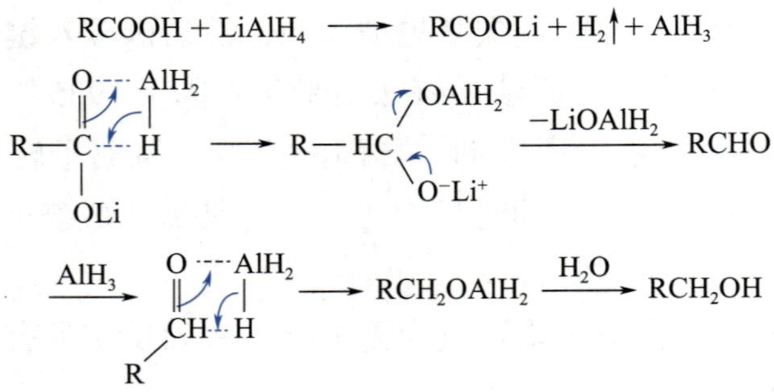

首先，羧酸与氢化铝锂发生酸碱反应和氧化还原反应，生成羧酸盐和氢化铝并释放出氢气。然后，氢化铝与羧酸盐的羰基氧原子络合，并将氢负离子转移到羰基碳上，再消除$LiOAlH_2$形成中间产物醛。醛羰基比羧酸盐的羰基更活泼，它与氢化铝反应，再水解得一级醇。上述过程中，除最后的水解，其他各步反应均在同一体系中完成。

第12章 重排反应

在进攻试剂作用或介质影响下，有机分子发生原子或原子团的转移、电子云密度重新分布、重键位置改变、环的扩大或缩小、碳链发生了变化等，统称为重排反应。重排反应作为有机反应的重要组成部分很早就被化学家发现并持续关注。

重排反应到目前为止已经有近二百种，有多种不同的分类方法。常见的分子重排反应主要分为以下几类。

① 按反应历程，可将分子重排分为离子型重排与自由基型重排。离子型重排又分为亲核重排（也称缺电子重排）和亲电重排（也称富电子重排）。

② 按发生反应的范围，可将分子重排分为分子内重排与分子间重排。分子内重排发生于分子内部，迁移的基团始终未脱离原来分子的范围；分子间重排与普通的先分解再结合的反应很相似，在重排中，迁移基团完全脱离了原来的分子。也有一些有机化学家并不赞同这种分类方法，他们认为：真正的分子重排，迁移基团始终未离开分子范围，而分子间重排有些实际上是分子间的取代反应，例如，苯基重氮氨基苯在酸性溶液中生成对氨基偶氮苯就是这种重排反应。

③ 按有机化合物类型，可将分子重排分为脂肪族化合物重排、芳香族化合物重排及杂环化合物重排。

④ 按迁移基团的相对位置，可将分子重排分为1,2-迁移、1,3-迁移、1,5-迁移等重排。分子重排反应中，大部分转移都是由一个原子转移至相邻原子上，即1,2-迁移重排。

⑤ 按基团重排前后所连元素不同，分子重排可分为C→C、C→N、C→O、O→C、N→C、O→P等键迁移重排。例如，频哪醇重排属C→C的亲核重排，贝克曼重排是C→N的亲核重排。

⑥ 按重排前后化合物的光学活性变化，分子重排可分为光学活性保持重排和光学活性消失重排。

⑦ 按官能团，可将分子重排分为烷基重排、过氧化氢重排等。

重排反应多种多样，重排产物更是复杂多变。对重排反应的研究无论在理论层面还是在具体的合成层面，都已取得了令人可喜的成就。这些成就不但可以解释重排反应的过程，而且可以用来预测许多有机重排反应，用于合成所希望得到的化合物，极大地推动了有机合成化学的发展。

本章以基团重排前后所连元素为分类依据介绍两类分子内重排反应。

12.1 从碳原子到碳原子

12.1.1 瓦格涅尔-米尔维因（Wagner-Meerwein）重排

瓦格涅尔-米尔维因（Wagner-Meerwein）重排最早是在双环萜类的反应中发现的。碳正离子中的氢原子、烷基或芳基的迁移通常称为Wagner-Meerwein重排，这也是为了纪念第一个观察并研究该反应的萜烯化学家。

在简单的链状化合物中也可发生Wagner-Meerwein重排。例如，β-C上具有两个或三个烃基的伯醇或仲醇都能发生Wagner-Meerwein重排。

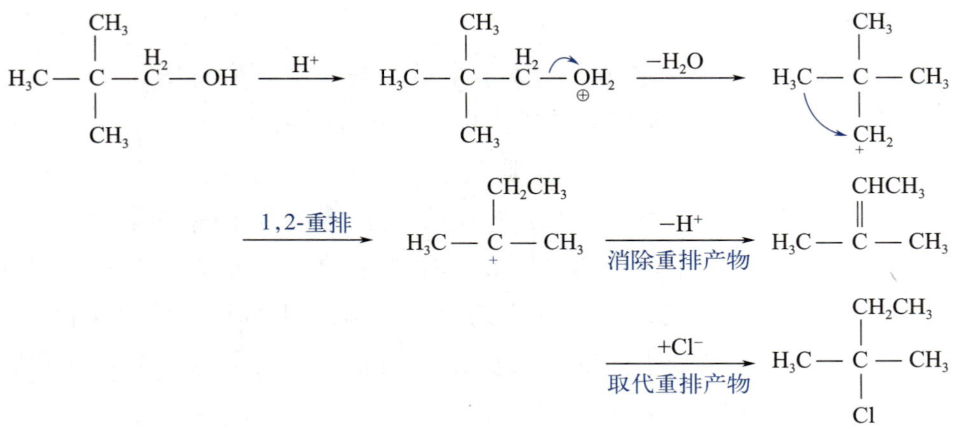

Wagner-Meerwein重排反应的特点是：在二环体系中，一般由四元环、七元环重排生成较稳定的五、六元环；在单环或非环体系中，大多重排生成取代基较多的烯类化合物。此外，一些研究表明，微波辐射也可促进Wagner-Meerwein重排反应，并具有以下特点：①反应时间短；②使用较少的有机溶剂；③具有更好的立体选择性。这也为绿色化学的Wagner-Meerwein重排反应提供了可能性。

Wagner-Meerwein重排反应的反应机理大致有如下四种情况。

（1）分子内的S_N1机理和分子内的S_N2机理

若在重排过程中，离去基团首先离去，生成碳正离子，而后邻近碳上的基团迁移，这可以看作是分子内的S_N1反应。该类重排与碳正离子的稳定性有关。碳正离子的稳定性次序为：3°＞2°＞1°。重排的动力之一是重排后生成更稳定的碳正离子。

若在重排过程中，离去基团的离去和迁移基团的迁移同时进行，则可以看作是分子内的S_N2反应。在分子内的S_N2反应中，迁移基团作为亲核试剂邻基参与并协助了离去基团的离去，反应的总结果为产物的绝对构型保持不变。

邻基参与现象非常普遍，它经常可以从特殊类型的立体化学、异常大的反应速率（迁移基团处于离去基团的附近，有效浓度高，很容易进行少量改组即可生成过渡态），或者二者的结合而显示出来。其实邻基参与效应的范围很广，比如D-A反应中连有不饱和基团的亲双烯体与双烯体之间的次级轨道作用，使得内型加成物成为动力学因素控制产物的现象，就是邻基参与效应的一个例子。

(2) 苯鎓离子机理

具有大π键的芳基，在参与邻基基团的离去时，生成鎓离子，正电荷离域分布在芳环上。

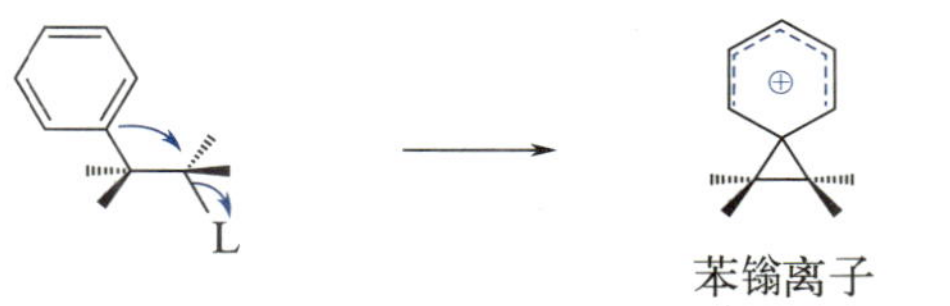

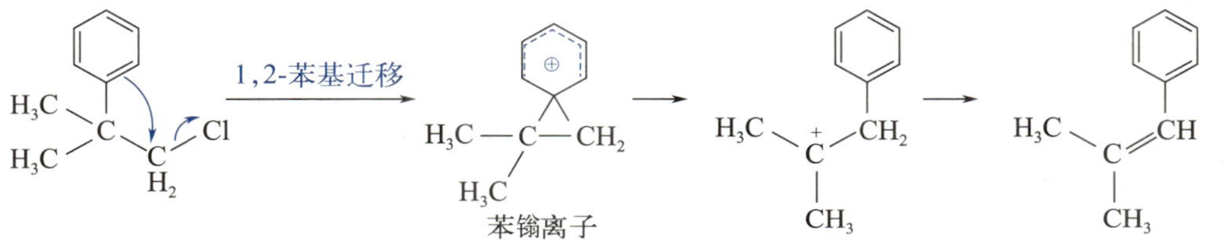

在该类反应中，涉及苯基迁移的反应常常可以发现有苯鎓离子的生成。

同位素标记的对甲苯磺酸β-苯乙酯进行溶剂解时，标记元素分散，从而进一步证明了苯鎓离子的存在。

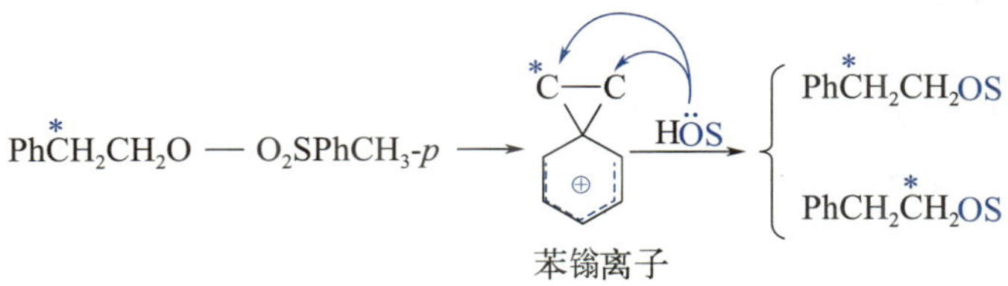

式中，HOS代表溶剂。

在此反应中，若只是简单的S_N2反应，则只能生成同位素未分散的产物，如下反应所示。

$$Ph\overset{*}{C}H_2CH_2O—O_2SPhCH_3\text{-}p \xrightarrow{HOS} \underset{S_N2\text{反应产物}}{Ph\overset{*}{C}H_2CH_2OS} + HOO_2SPhCH_3\text{-}p$$

(3) 桥式过渡态机理

C—C σ键和氢原子没有孤电子对，但在一定的条件下也可以作为邻近基团参与反应，此时反应的过渡态可能是桥式结构。

桥式过渡态

在过渡态中，C—Z σ 键与正离子的空 p 轨道相互作用，σ 电子完全离域形成桥式过渡态。一般来说，开链或不具有张力的环状化合物，若离去基团所连的碳原子为仲碳或叔碳时，氢和烷基不会提供邻基相助。

（4）自由基型机理

Wagner-Meerwein 重排大多为亲核重排，但芳基迁移时也有自由基型反应。例如：

$$Ph_3CCH_2Cl \xrightarrow{Na} Ph_2CHCH_2Ph$$

该反应为自由基型反应。可能的反应机理如下：

$$Na \longrightarrow Na^+ + e^-$$

$$Ph_3CCH_2Cl + e^- \longrightarrow Ph_3C\dot{C}H_2 + Cl^-$$

$$Ph_3C\dot{C}H_2 \longrightarrow Ph_2\dot{C}CH_2Ph$$

$$Ph_2\dot{C}CH_2Ph + Na \longrightarrow Na^+ + Ph_2\bar{C}CH_2Ph$$

$$Ph_2\bar{C}CH_2Ph \xrightarrow{H_2O} Ph_2CHCH_2Ph$$

12.1.2 频哪醇（Pinacol）重排

2,3- 二甲基丁 -2,3- 二醇又名频哪醇，其在酸催化下生成不对称羰基化合物的反应称为**频哪醇（Pinacol）重排反应**，即**邻二醇重排**。该类重排反应由俄国化学家布特列洛夫首先发现。

以 2,3- 二甲基丁 -2,3- 二醇为例介绍频哪醇重排。

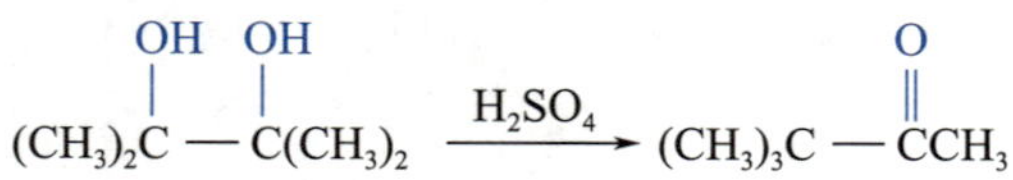

反应机理为：

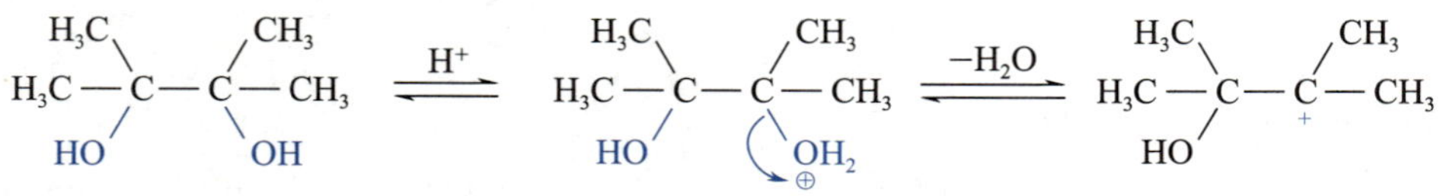

（Ⅰ） （Ⅱ） （Ⅲ）

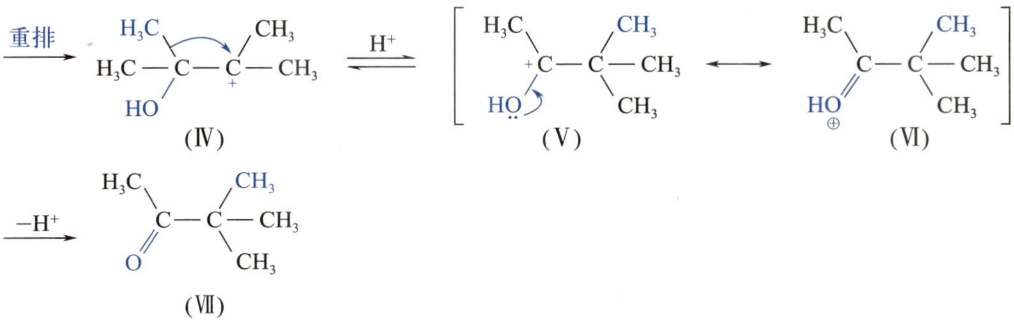

2,3-二甲基丁-2,3-二醇（Ⅰ）的一个羟基被质子化并以水分子形式离去，形成碳正离子中间体（Ⅲ）。碳正离子（Ⅲ）中邻位甲基发生1,2-迁移，形成碳正离子（Ⅳ）并共振为氧正离子（Ⅴ），后者去质子化得到甲基叔丁基酮。此过程中，虽碳正离子（Ⅲ）为叔碳正离子，但碳原子最外层只有六个电子，而共振结构氧正离子（Ⅴ）中每个原子均满足八隅体结构，则（Ⅴ）比（Ⅲ）更稳定，重排反应可以发生。

不对称邻二醇的重排反应具有选择性，反应的选择性取决于羟基质子化形成水离去后产生碳正离子的稳定性。以2-甲基-1,1-二苯基丙-1,2-二醇（Ⅰ′）为例，反应可能产生两种碳正离子中间体（Ⅱ′）和（Ⅲ′），因两个苯环的共轭效应使正电荷更加分散，则（Ⅱ′）优先生成，继而甲基发生1,2-迁移得到重排产物3,3-二苯基丁-2-酮。

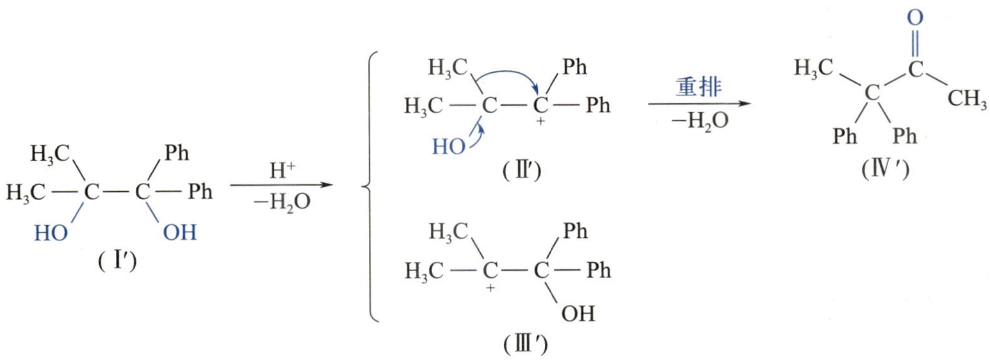

重排的推动力是由一个较稳定的满足八隅体结构的氧正离子代替碳正离子，能提供电子的基团优先迁移。

当邻二叔醇结构中涉及环时，可以扩环。例如：

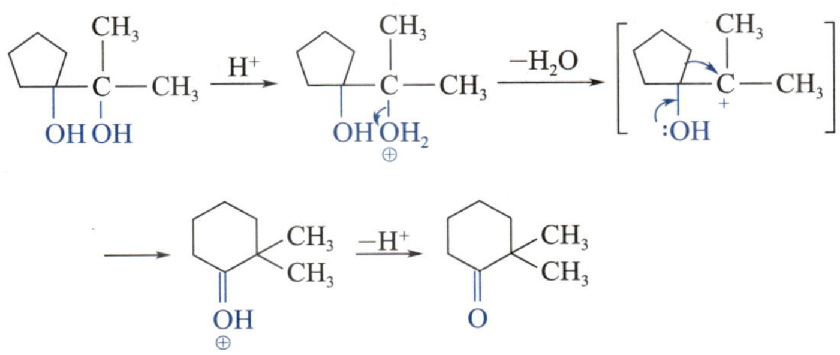

实际上重排的邻位二醇并不一定是邻位二叔醇，有时叔仲醇或双仲醇在硫酸的催化

下也能发生频哪醇重排。例如：

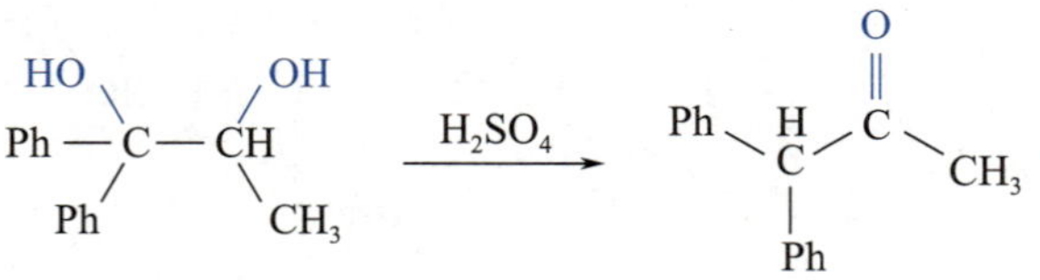

(H迁移产物为主)

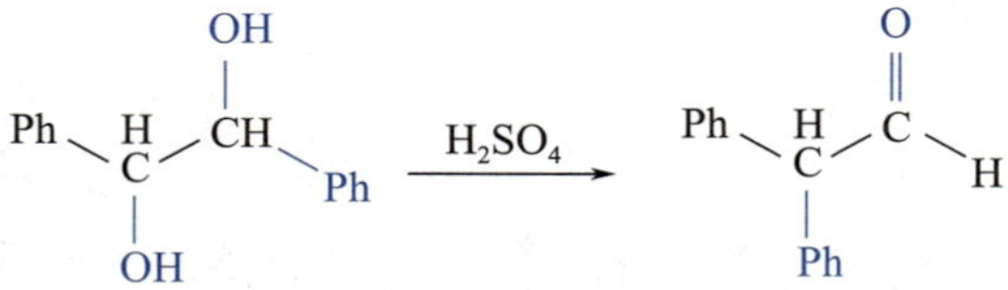

在1,2-迁移的过程中，迁移基团带着一对电子迁移到缺电子碳原子上，迁移基团亲核性越强、越富电子，反应越容易，故电子云密度较大的基团优先发生迁移，其次序大致为：叔烷基＞环己基＞仲烷基＞苄基＞伯烷基＞甲基＞H。氢原子的迁移能力表现得不规则，一些情况下迁移能力小于烷基，但在某些情况下又优于芳基。芳基中，当位阻不太大时，迁移能力取决于离去基团的亲核能力。表12-1所示为一些取代苯基的相对迁移能力（邻甲氧基苯基迁移能力最小，主要是由于位阻太大）。

表12-1 几种取代苯基的相对迁移能力

取代苯基	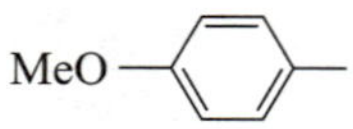	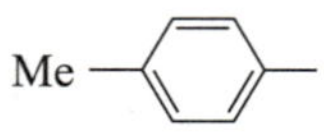	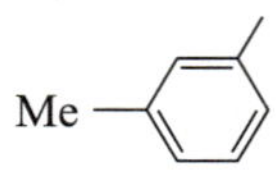
相对迁移能力	500	15.7	1.95
取代苯基	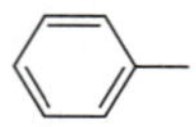	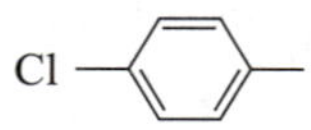	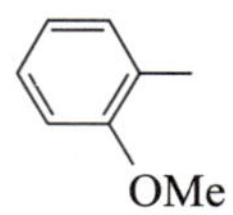
相对迁移能力	1.00	0.7	0.3

实际上，当邻二醇的取代基各不相同时，常常得到的是各种重排产物的混合物，只是各种产物的比例不同而已。若四个基团中有氢存在时，产物中除生成酮外，还可能有醛。

大量的实验事实证明了碳正离子的存在和基团的迁移。进一步的研究，特别是立体化学的研究结果证明，重排基团和离去基团处于反式位置时更有利于重排反应的发生。

顺式-1,2-二甲基环己-1,2-二醇在稀硫酸存在下发生频哪醇重排，生成2,2-二甲基环己酮，而反式-1,2-二甲基环己-1,2-二醇则生成了缩环的1-甲基-1-乙酰基环戊烷。

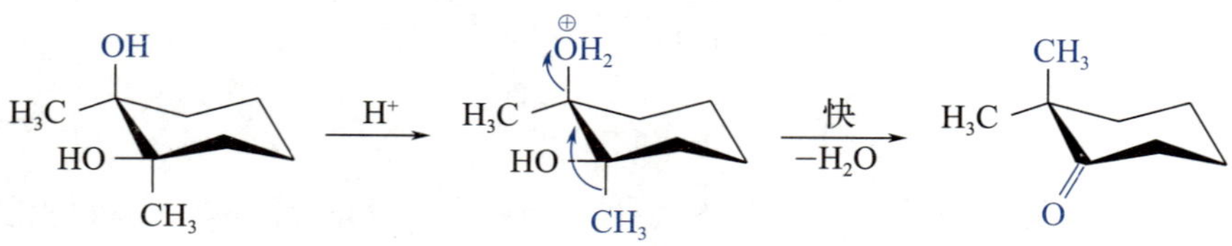

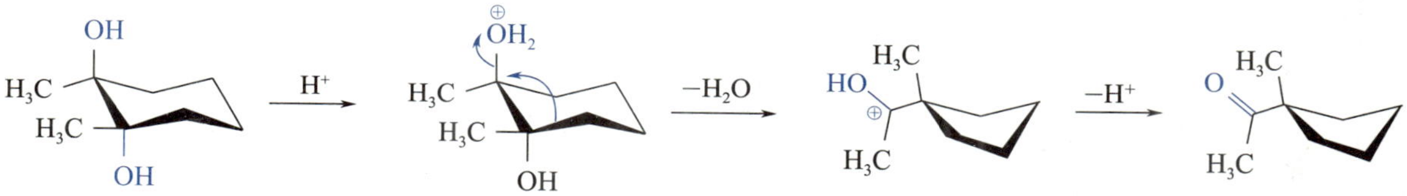

顺式结构比反式结构发生频哪醇重排反应要快得多。以下案例中，顺式比反式的反应速率快六倍。

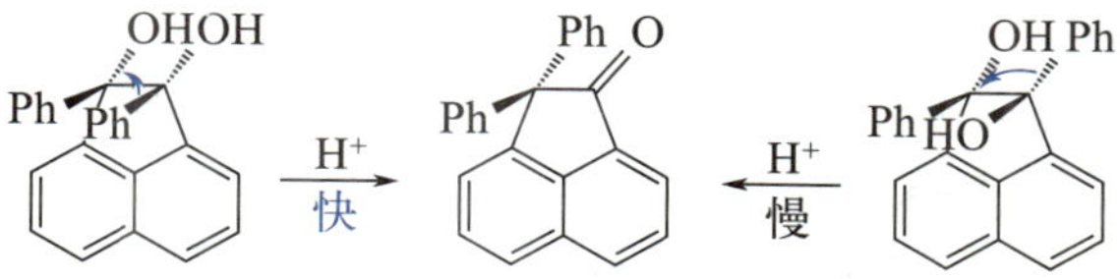

脂肪族的α-叔二醇最容易发生频哪醇重排，脂肪-芳香混合的α-叔二醇较难，而芳香族的α-叔二醇最难。例如，2,3-二甲基丁-2,3-二醇与6 mol•L^{-1}的硫酸共热即可发生频哪醇重排，而四苯基乙二醇与冰醋酸及1%的碘加热至沸时才生成苯频哪酮。

频哪醇重排反应还与反应条件有关。对于同一反应物，反应条件不同，重排的主要产物也可能不同。例如：

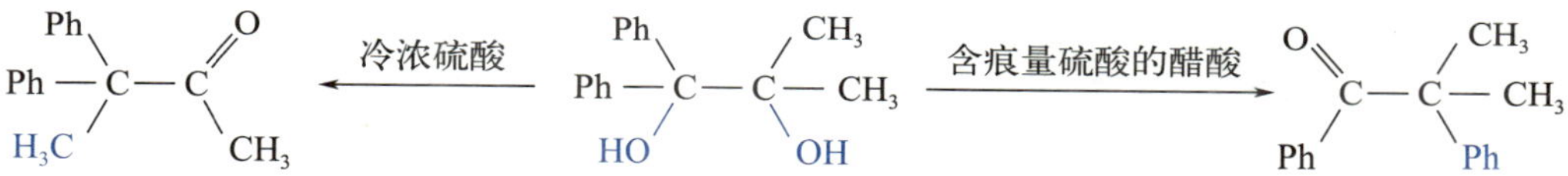

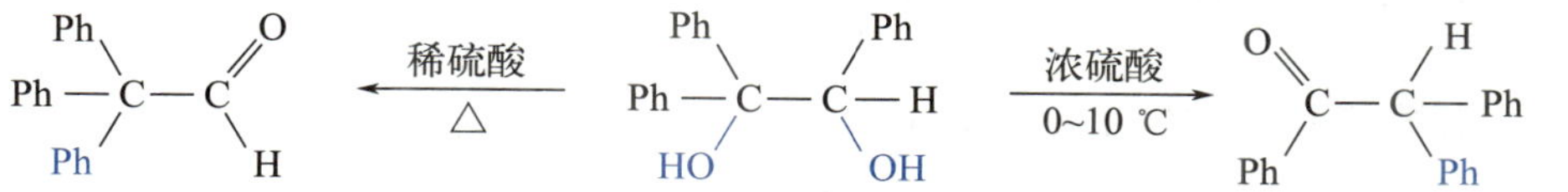

若重排产物为醛、酮的混合物时，温和的反应条件（较低的温度、较弱的酸等）有利于醛的生成，而较强烈的反应条件有利于酮的生成。这可能是由于在较强烈的条件下，生成的醛在酸催化下重排成酮的缘故。

邻氨基醇、邻卤代醇、环氧化合物、磺酸酯类及某些邻二卤代物水解时也可发生类似的重排反应，即半频哪醇（Semipinacol）重排。

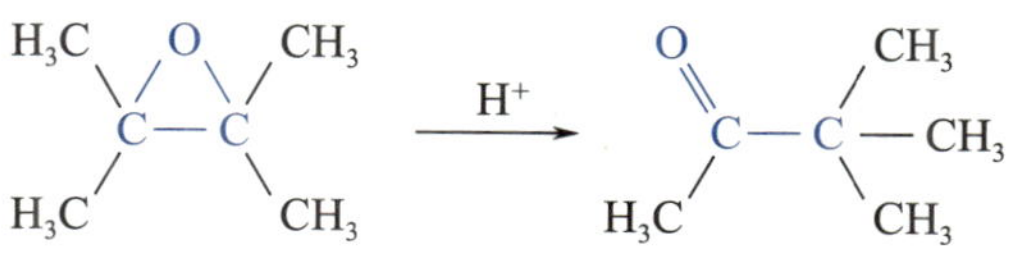

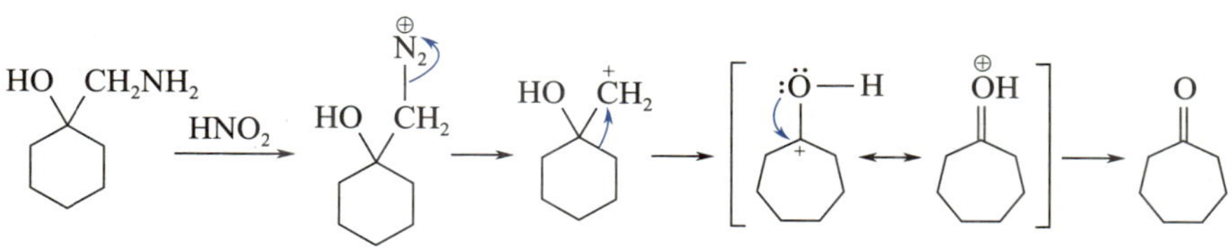

频哪醇重排通常是在酸性催化下进行的，也可以将邻二醇转化成单磺酸酯，然后在

碱催化下进行重排：

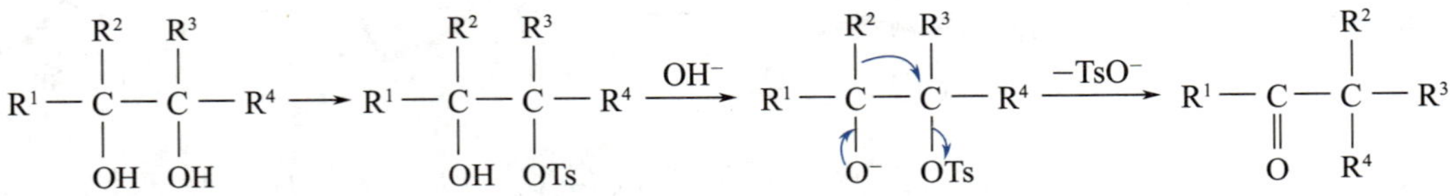

如果邻二醇中两个羟基分别为仲羟基和叔羟基，则仲羟基优先生成磺酸酯，迁移的是叔碳上的基团；而在酸催化下则是叔羟基优先质子化而离去，迁移的是仲碳上的基团。因此，邻二醇酸催化重排产物与邻二醇单磺酸酯碱催化重排的产物是不同的。后者在脂环化学特别是萜烯化学中应用较多。

通常，频哪醇重排反应是在无机酸催化下进行的，不仅选择性不高，而且存在较严重的环境污染问题，因此探索频哪酮的绿色合成新方法很有必要。近年来，有人利用高温液态水的特性，开展了高温液态水中不加任何催化剂情况下的频哪醇去水重排反应研究。

12.1.3 捷姆扬诺夫（Demyanov）重排

俄国化学家捷姆扬诺夫（Demyanov）于1903年研究脂肪族伯胺重氮化反应时发现，该反应有时会发生重排，特别是环状的甲基胺，经亚硝酸处理，会发生扩环或缩环的反应，生成新的环状化合物。

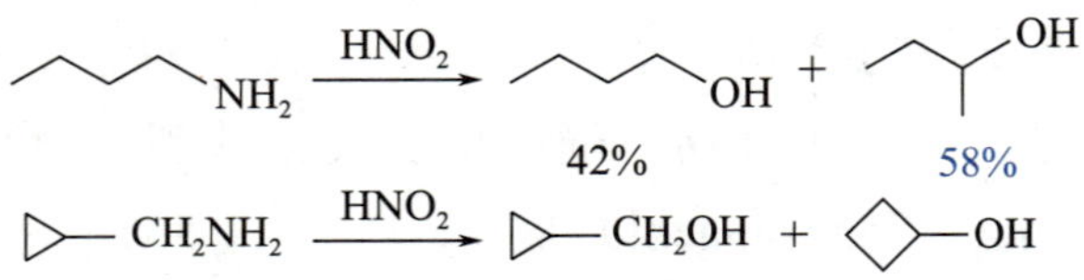

捷姆扬诺夫（Demyanov）重排反应属于分子内的重排，反应机理与Wagner-Meerwein重排反应相似，也是经由碳正离子的重排。

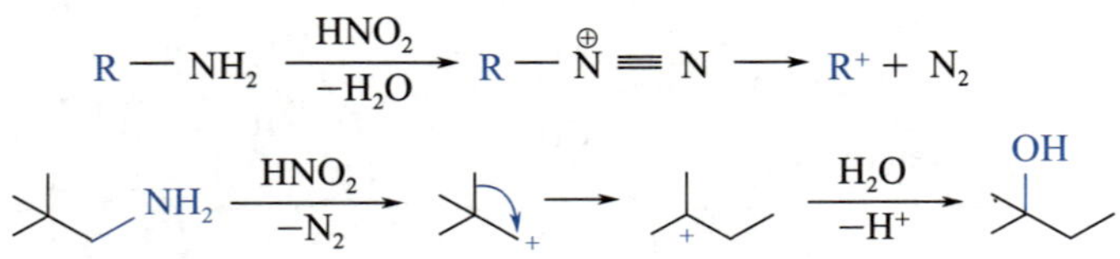

Demyanov反应中，由于生成了碳正离子，重排时既可能发生碳原子的迁移，也可能发生氢原子的迁移，同时，碳正离子既可以与亲核试剂反应，又可以发生消除反应生成

烯，因此，反应产物比较复杂。当伯碳正离子重排成仲碳正离子时，重排产物的收率一般较高。

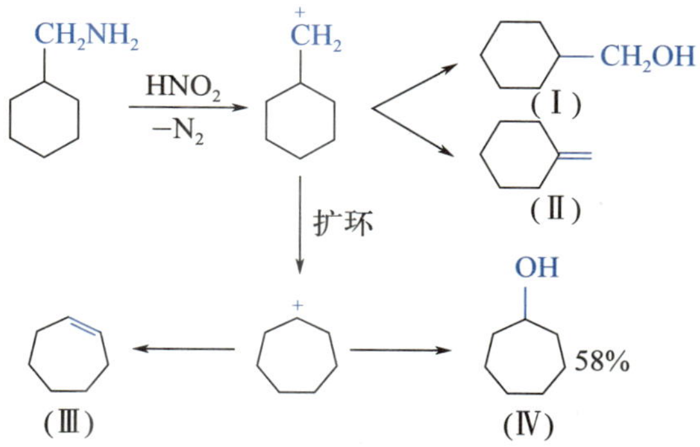

对于环状的脂肪胺，氨基的位置不同，分别可以发生扩环或缩环反应，生成相应的环状化合物。若脂肪环上连有氨甲基（$—CH_2NH_2$），与亚硝酸反应后生成连在环上的亚甲基碳正离子，此时重排则生成扩环的产物，如上例中得到产物（Ⅳ）的路线。

若氨基直接连在脂肪环的碳原子上，则与亚硝酸反应后生成的碳正离子直接在环上，重排后生成缩环的产物。例如，环丙基甲醇的合成。

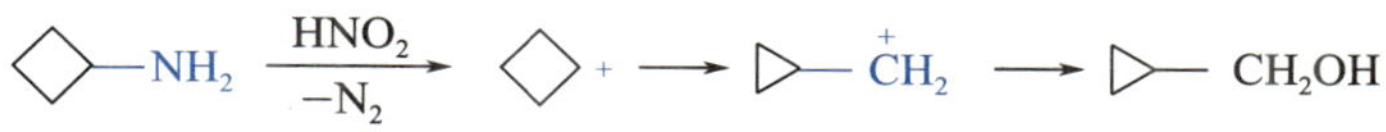

除了简单的脂肪族伯胺（如甲胺、乙胺等）外，其他脂肪族伯胺、脂肪族环状甲基胺，一般都能发生Demyanov重排反应，但反应的产物往往比较复杂。脂环族的环状β-氨基醇，经重氮化反应并失去氮气后，也可以发生扩环反应生成环酮。该类反应称为蒂芬诺-捷姆扬诺夫（Tiffeneau-Demyanov）扩环反应，该反应与半频哪醇重排极为相似。

环状β-氨基醇可以通过如下方法合成。

（1）环酮与三甲基氰基硅烷的加成产物还原

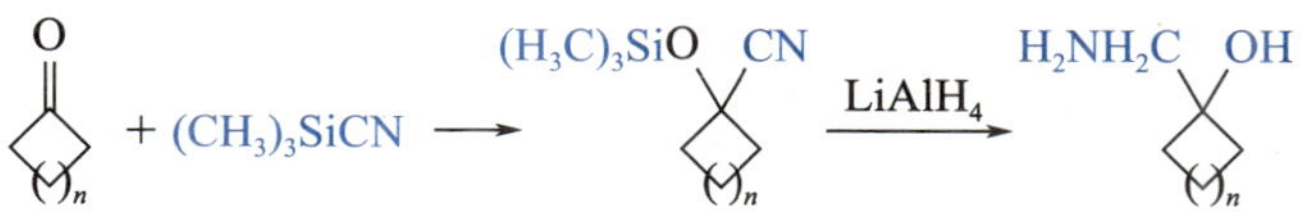

（2）环酮与氰化氢的加成产物还原

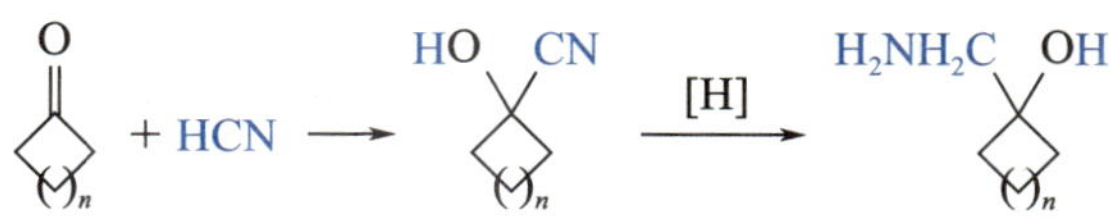

（3）环酮与硝基甲烷的加成产物还原

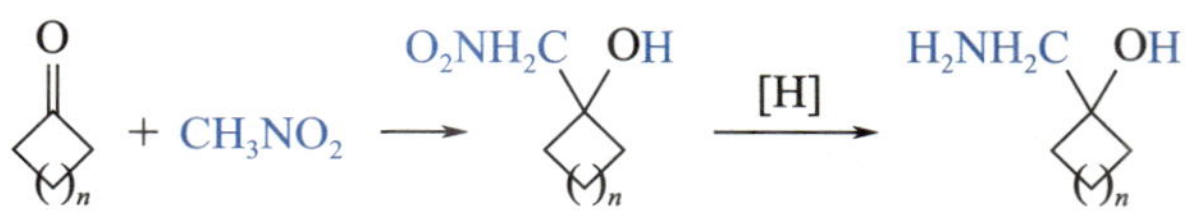

(4) 环酮的Reformatsky反应产物γ-羟基酸酯的转化

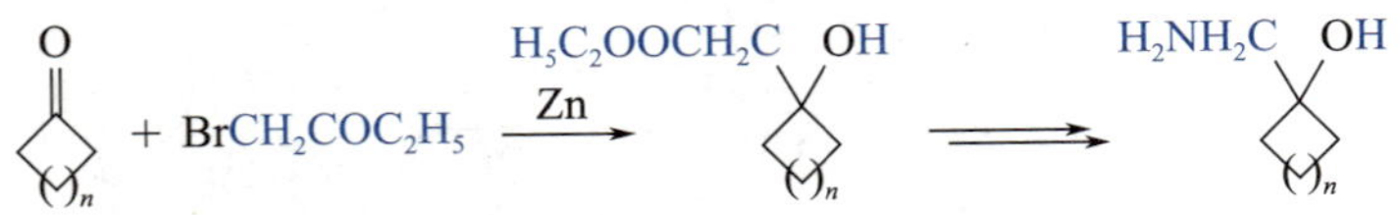

Tiffeneau-Demyanov扩环反应一般适用于四至八元的碳环，产率也比普通的Demyanov重排产物高。

β-卤代醇也可以发生类似于Tiffeneau-Demyanov重排反应。

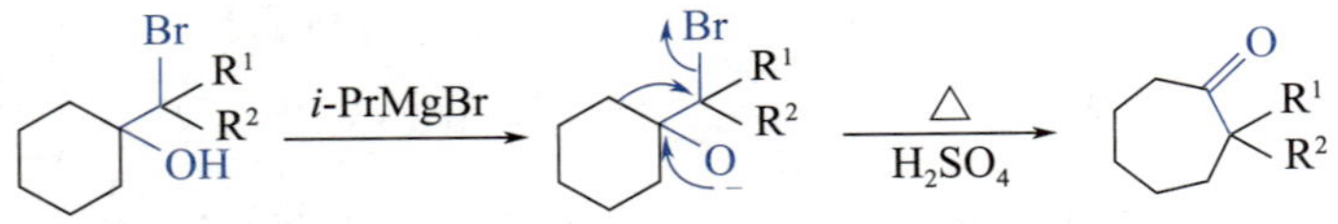

在上述反应中，格氏试剂为强碱，夺取羟基的氢原子生成氧负离子，而后扩环重排生成环酮。式中的R基团，至少有一个是苯基或甲基，若两个都是氢，则不发生重排。β-卤代醇的扩环反应适用于五至八元环。

Tiffeneau-Demyanov重排反应也可用于桥环化合物的合成。例如：

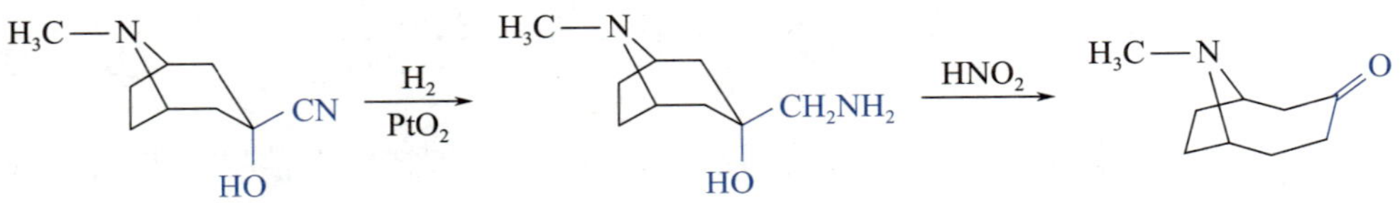

除了上述各种化合物可以发生Demyanov重排反应外，一些醇、烯等在一定的条件下可以生成碳正离子的脂肪族化合物，发生扩环或缩环反应，也可以归属于Demyanov重排反应。例如：

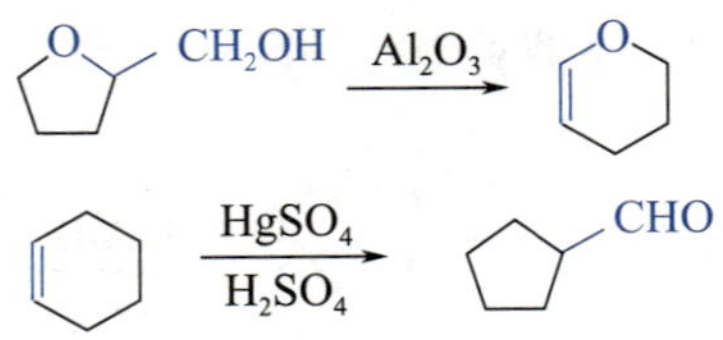

Demyanov重排反应经历了碳正离子的过程，脂环化合物环上碳原子带正电荷时，通过1,2-亲核重排环会缩小；碳正离子位于环的α位时，重排后环会扩大。扩环大多见于三至八元环，而缩环多见于四元环及六至八元环。

降低环的张力是扩环反应的动力之一，因此，小环的扩环反应收率一般较高。五元环难以通过1,2-亲核重排反应来合成四元环状化合物，因为由五元环变为四元环伴随着环的张力增大，反应难以进行。而在三元环和四元环之间的转化中，环的张力不是主要的影响因素。氨基环丙烷与亚硝酸反应，可以生成“缩环”产物烯丙醇。

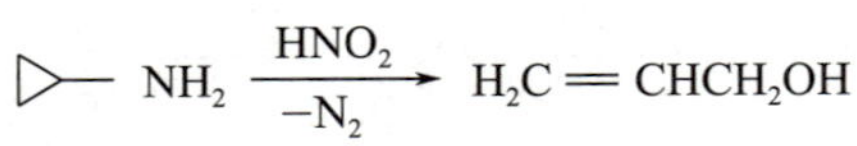

12.1.4　二苯羟乙酸重排

邻二酮类化合物在碱性条件下发生重排生成α-羟基羧酸。该反应由被誉为“有机化学之父”的德国化学家李比希（J. Liebig）首先发现，称为二苯羟乙酸重排，又称为二苯乙二酮-二苯乙醇酸重排。典型的反应案例是二苯基乙二酮重排生成二苯基羟基乙酸，并因此而得名。

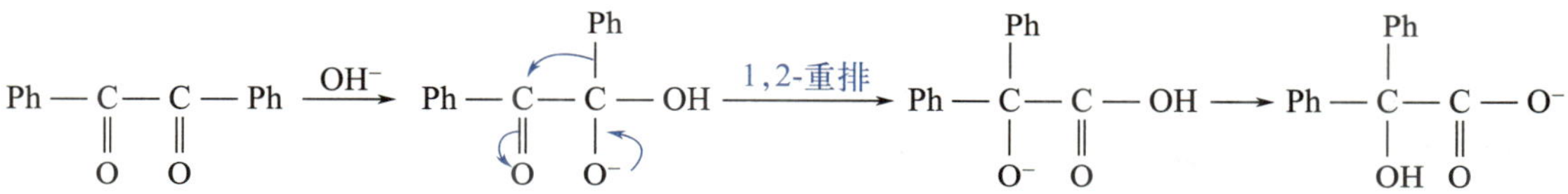

氢氧负离子首先亲核进攻并加成在反应物的一个羰基碳原子上，迫使连在该碳原子上的苯基带着一对电子迁移到另一个羰基碳原子上，同时使前一羰基转变成稳定的氧负离子，经酸化生成二苯基羟基乙酸。生成稳定的羧酸盐是反应的驱动力。

重排是整个反应的决速步。苯基带着一对电子向羰基碳原子迁移的同时，羰基的π电子转移到氧原子上，因此二苯羟乙酸重排可以看作是1,2-亲核重排反应。

α-芳二酮可以发生二苯羟乙酸重排反应，α-芳二酮一般是通过氧化α-羟基酮合成，而α-羟基酮可以由芳香醛通过苯偶姻缩合反应来制备。

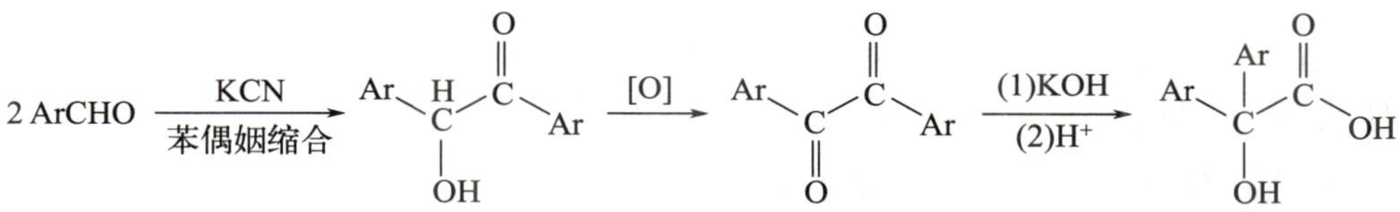

芳香醛　α-羟基酮　α-芳二酮

脂肪族邻二酮也能发生类似二苯羟乙酸重排反应。例如：

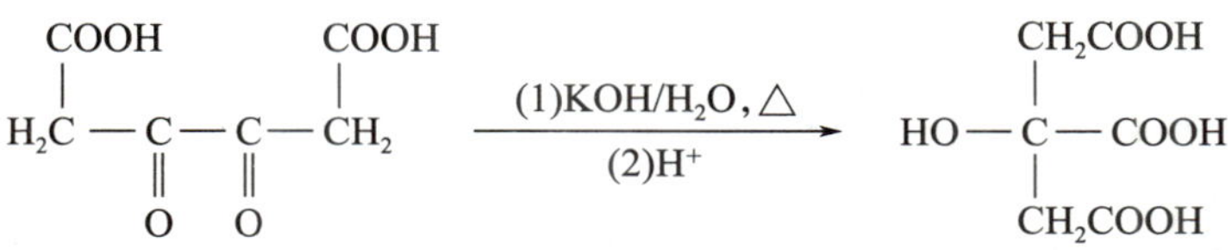

反应介质对二苯羟乙酸重排反应有影响，α-二酮若在碱性水溶液催化下反应，而后中和，得到的是羟基乙酸；若该反应是在醇钠（醇钾）中进行，则得到的是羟基乙酸酯。

芳基格氏试剂属于强碱，可以使α-芳二酮发生类似的重排反应，产物不是羟基乙酸，而是α-羟基酮。

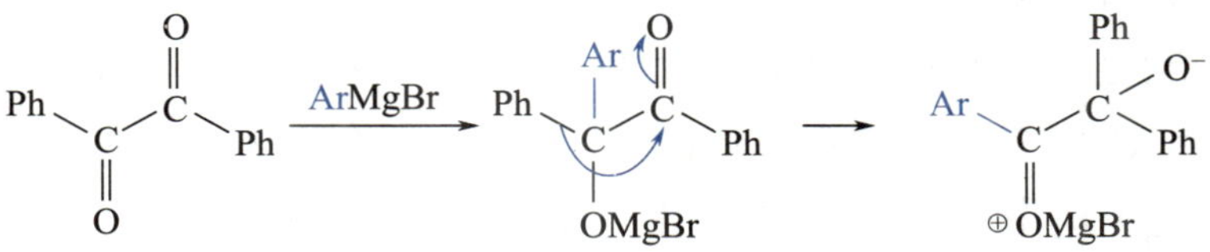

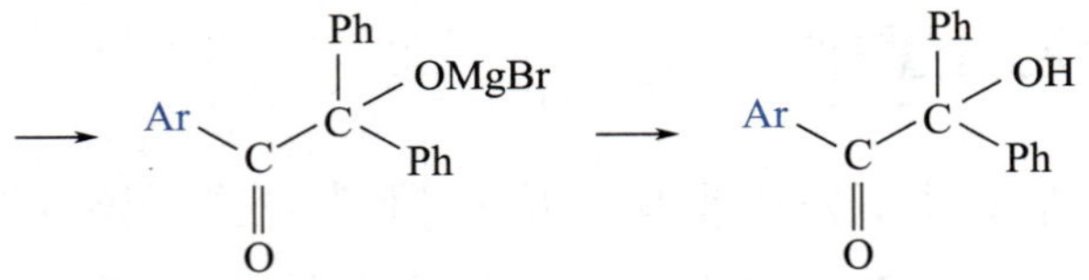

不对称的α-芳香二酮重排时，芳环上取代基的性质对重排反应有影响。例如下列化合物的重排：

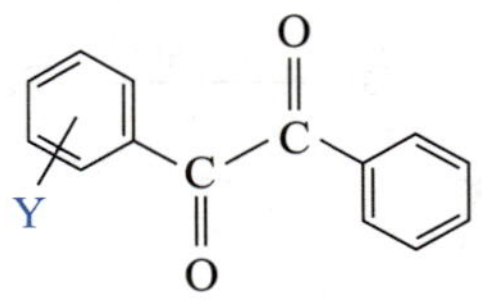

究竟是带取代基Y的芳环迁移还是不带取代基的苯环迁移，取决于取代基Y的性质。若Y为吸电子基团，其吸电子作用使得与Y相连的苯环电子云密度降低，并使与其相连的羰基碳原子正电荷增加，从而氢氧负离子更容易进攻该羰基碳原子（反应机理中的第一步反应），第二步发生迁移重排时，带吸电子基团的苯环容易迁移，并最终生成重排产物。若Y为给电子基团时，苯环上电子云密度增大，同时向与其相连的羰基碳原子转移，使得该羰基碳原子正电荷减少，此时氢氧负离子更易进攻另一个羰基碳原子（反应机理中的第一步反应），第二步发生迁移。

脂肪族α-二酮也可以发生该类重排反应，但具有α-H的二酮，常常会发生羟醛缩合反应，使得重排产物收率降低，甚至不能发生重排反应。例如，丁-2,3-二酮在碱性条件下只发生羟醛缩合反应生成二甲基苯醌。

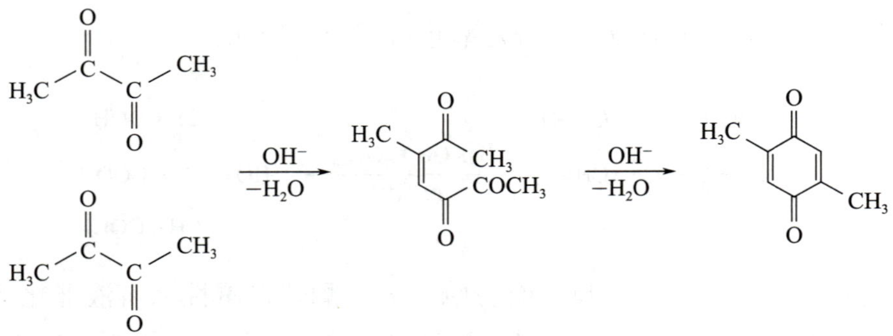

空间位阻对重排反应有明显的影响。空间位阻越大，重排反应越难进行。例如，六甲基丁二酮不发生此类重排反应。当然，也可能与六个甲基的给电子效应而使羰基碳原子正电荷降低，不利于碱基的进攻有关。

不对称α-二酮进行重排时也可以得到单一产物。例如，以下化合物在碱性条件下酰氨基发生1,2-亲核迁移得到重排产物。同位素标记实验证明，在该重排反应中，只有酰氨基进行迁移，反应速率取决于碱的浓度，反应为一级反应。

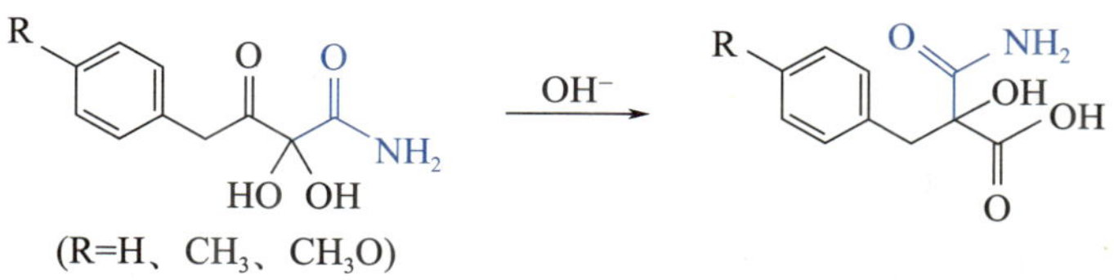

F. Toda于1990年报道，将二苯乙二酮与固体碱氢氧化钾一起加热，进行固相反应，反应速率比在溶液中进行得快，可以高收率地得到二苯基羟乙酸。例如，新粉碎的二苯乙二酮与粉状氢氧化钾混合后于80 ℃加热0.2 h，而后用盐酸酸化，得到二苯基羟乙酸，收率为90%。

12.1.5 酸催化下的醛酮重排

在醛或酮的分子中，与羰基碳原子直接相连的基团以及羰基α位上的基团，只要具有迁移能力，在酸的催化下，会发生相互交换，生成新的羰基化合物。该类反应称为**酸催化下的醛、酮的重排反应**。

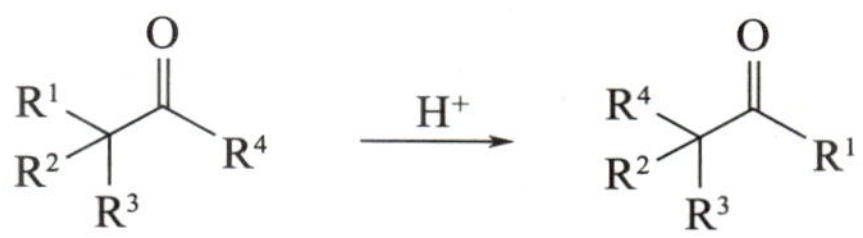

式中，R^1、R^2、R^3、R^4分别代表不同的烷基、芳基和氢。重排的结果是醛生成酮，酮生成新的酮。

关于此类重排反应的反应机理，目前主要有两种解释。

第一种机理：

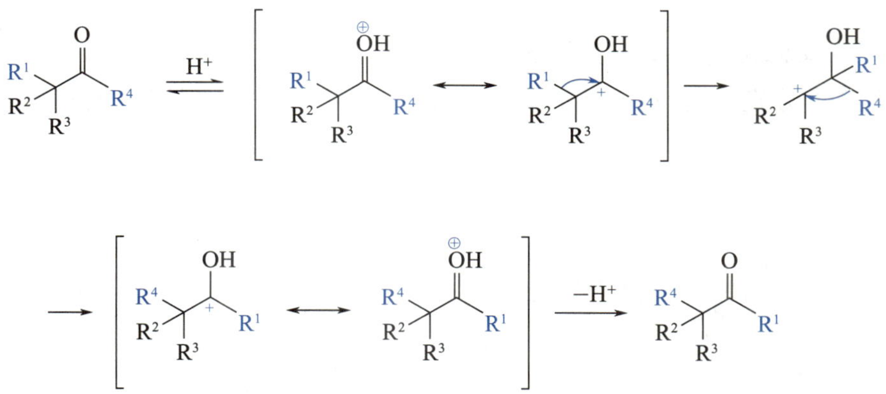

羰基质子化后发生R^1的迁移，随后发生R^4的迁移。在此机理中，两次不同的烃基迁移，生成两种不同的碳正离子，最终生成了新的酮。反应中两个迁移基团按照相反的方向进行迁移，最终结果是原料的羰基就是产物的羰基，但是羰基上连接的基团发生了变化。

第二种机理：

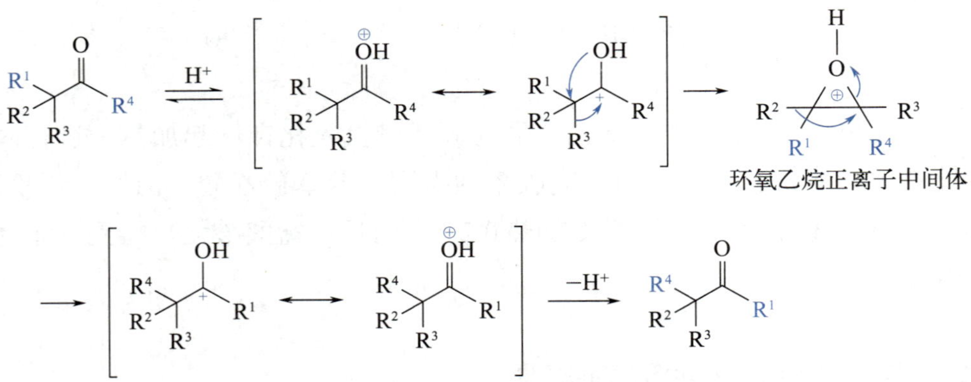

在此机理中，烃基的迁移和羟基氧原子的亲核取代同时进行，生成环氧乙烷正离子中间体，随后烃基的迁移和环氧的打开同时进行，最后生成新的酮。在这种反应中，两个迁移基团的迁移方向是相同的，原料和产物的羰基是不同的。

上述两种机理中，都是先发生羰基质子化，随后烃基分两步迁移。两种机理也有显著差异。第一种机理中，产物的羰基就是反应物的羰基，第二种机理中由于氧原子的迁移而使羰基发生了变化。若将羰基碳原子用 ^{14}C 标记，则第一种机理中产物 ^{14}C 将全部保留在羰基碳原子上；若按第二种机理进行，则产物中 ^{14}C 将全部在羰基的 α-C 上。

实验结果表明，下面的反应按照第一种机理进行，^{14}C 出现在羰基碳上：

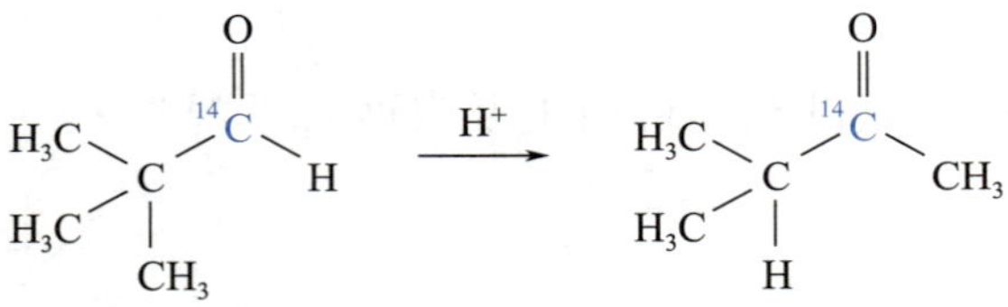

然而，有些反应符合第二种反应机理，^{14}C 出现在原来羰基的 α-C 上。在如下反应中，^{14}C 标记的碳原子分别在原来羰基的碳上和 α-C 上，说明这两种机理同时存在于同一反应中。

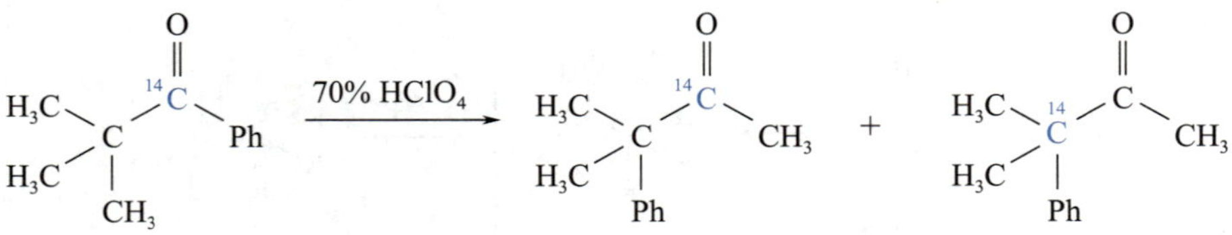

由反应机理可以看出，在重排反应中有碳正离子生成，按照一般的规律，烃基取代基越多的碳正离子越稳定，所以，发生该重排反应的主要是烃基部分取代基多的醛和酮。

从重排后的产物看，醛重排后生成酮，酮重排后生成新的酮，尚未发现酮重排成醛的例子。

α-羟基醛、酮也可以发生类似的反应，称为α-乙酮醇重排反应：

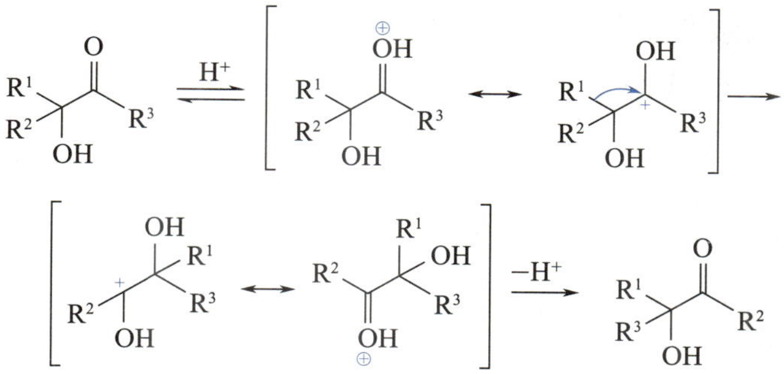

在上述α-乙酮醇重排反应中，只发生了一次烃基的迁移。

碱也能催化α-乙酮醇重排反应：

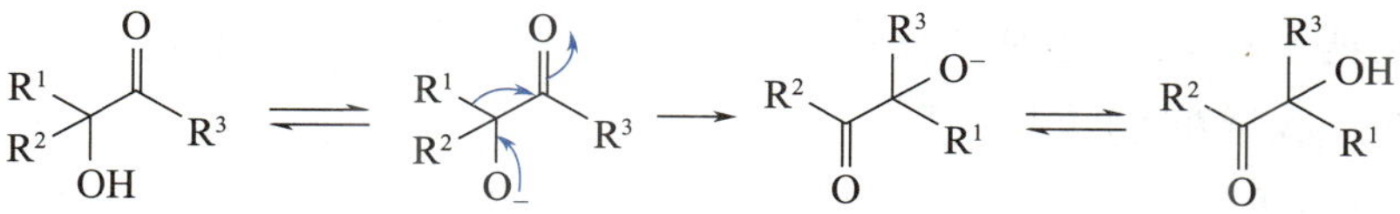

在上述反应中，要求相应的醇必须是叔醇。若参加反应的α-乙酮醇与醇羟基相连的碳原子上具有氢原子，在碱的作用下更容易重排，但此时进行酮式-烯醇式互变而引起重排，这种重排称为Lobryde-Bruyn-van-Ekenstein重排反应。

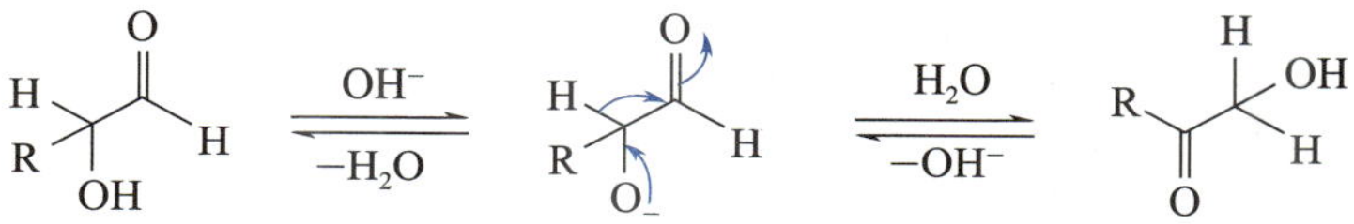

在醛、酮的重排反应中，酸是重要的催化剂。常用的酸有硫酸、硫酸与汞盐的混合物、高氯酸等，其中高氯酸应用最广泛。有时也可以用吸附于硅藻土上的磷酸作催化剂，但在较高温度下才能进行该重排反应。

该反应在糖类化合物的研究中应用较多，是醛糖和酮糖差向异构化互变的重要反应。

12.1.6 沃尔夫（Wolff）重排

当α-重氮甲酮受到光照或在高温下，或与氧化银或银盐在室温下反应，它们会释放氮气并重排成烯酮，此过程称为沃尔夫（Wolff）重排反应。生成的烯酮与水、醇、氨（胺）反应后，得到比原来羧酸增加一个碳原子的羧酸或其衍生物（酯、酰胺）。

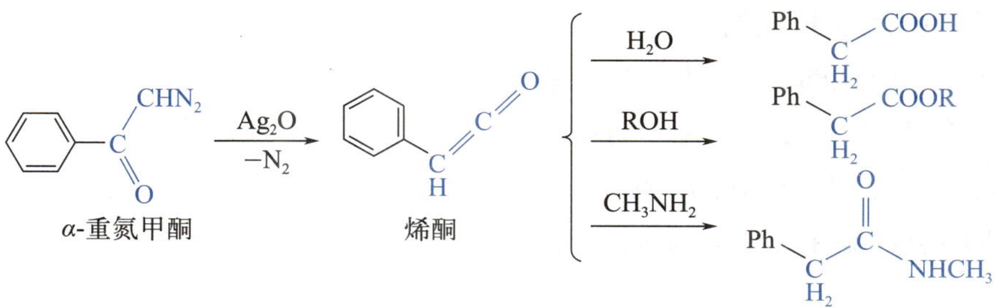

α-重氮甲酮可以由羧酸转化为酰氯，酰氯与重氮甲烷反应生成，此方法称为**阿斯特-艾斯特（Arndt-Eistert）合成**。

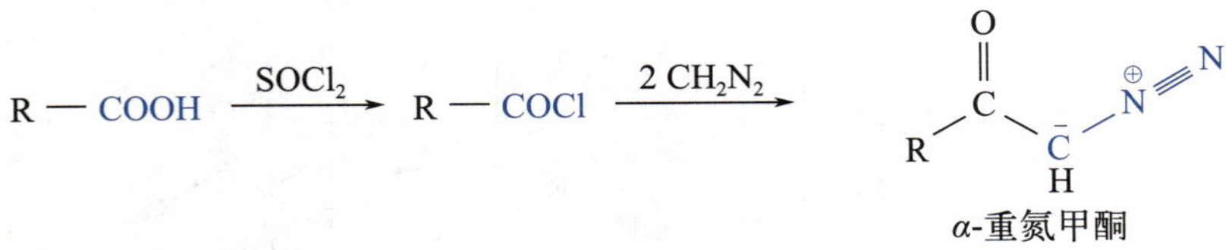

上述反应中，酰氯与重氮甲烷反应生成α-重氮酮的过程并不难理解，属于羰基碳上的亲核取代反应（加成-消除机理）。反应中需要2 mol重氮甲烷，其中1 mol重氮甲烷与氯化氢反应生成一氯甲烷和氮气，另1 mol重氮甲烷与酰氯反应生成α-重氮酮。α-重氮酮分子中的重氮基不稳定，容易失去氮气而生成酮卡宾。酮卡宾发生重排生成烯酮。下面仅讨论酮卡宾生成烯酮的重排过程。值得指出的是，α-重氮甲基酮有两种构型：***s-E*型**和***s-Z*型**。二者可以通过中间C—C键的旋转互相转化。**Wolff重排反应优先发生于*s-Z*构型**。Wolff重排具有立体专一性，进行重排时迁移基团的构型保持。

在非质子溶剂中，一些较稳定的烯酮已经可以被分离出来。较不稳定的烯酮，可以用如下的反应进行捕捉。

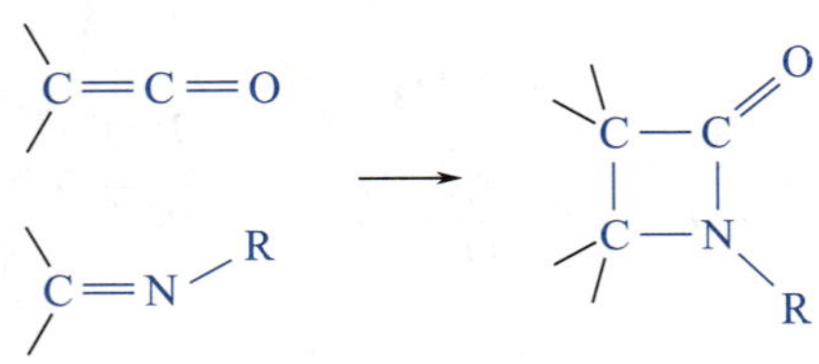

用^{13}C标记的羧酸进行反应：

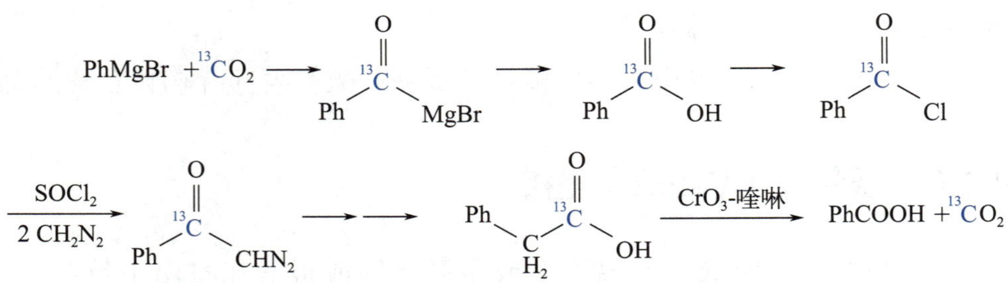

上述反应生成的$^{13}CO_2$也可以证明反应过程中确实发生了重排。在反应过程中是否都是首先失去氮气生成游离的卡宾而后再发生重排，或反应中就没有游离卡宾的生成，而是失去氮气和基团的迁移同时进行的呢？研究发现，这两种情况都有可能发生，要具体问题具体分析。光催化的Wolff重排反应有游离的卡宾生成，加热和由金属等催化剂催化的Wolff反应可能是协同反应，至少有些反应并无游离的卡宾生成。

进行光催化下的Wolff重排反应时，用^{13}C标记碳原子，证明重氮酮光分解时有卡宾生成，并生成环氧乙烯中间体，而后进行基团迁移，生成重排产物。

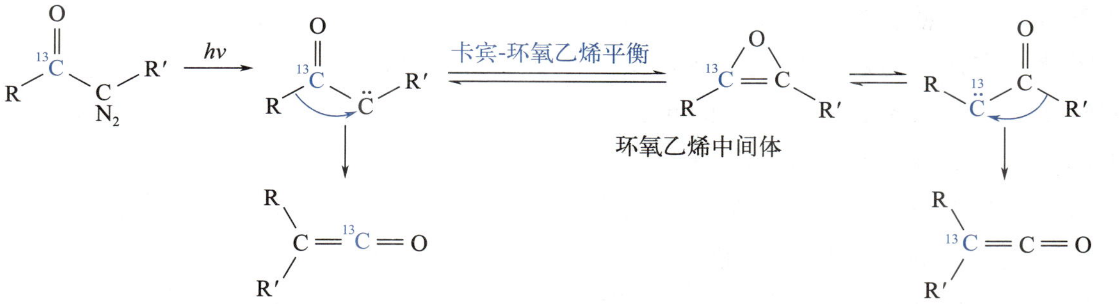

若卡宾-环氧乙烯平衡不能建立，则^{13}C仍保留在原来的羰基碳原子上；若建立了这种平衡，则有的产物由正常途径产生，有的产物由上述平衡后产生，^{13}C将分散在两个碳原子上。

在气相光解中，几乎全部生成环氧乙烯中间体，而在液相反应中，这种中间体生成的很少。在热分解反应中，也有环氧乙烯中间体的生成，但通常比光分解生成的少。

环氧乙烯中间体，是一种高能且寿命极短的中间体，原因是其为4电子的反芳香体系，环的张力很大。故在溶液中，α-重氮酮很可能是以空间要求较低的对称构型形式而存在，而后再进行Wolff重排。

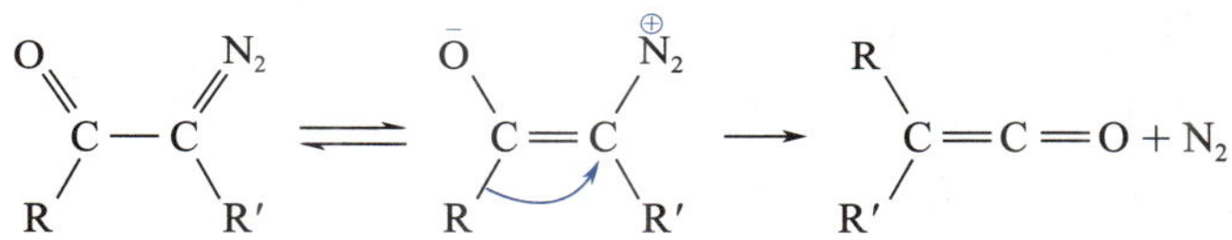

若环的张力很大，则环氧乙烯中间体生成的可能性非常小，只能按照正常的方式进行Wolff重排。例如，α-重氮高金刚烷酮不能建立卡宾-环氧乙烯平衡，不能生成环氧乙烯中间体，而是分解成卡宾后立即进行重排，得到重排产物金刚烷烯酮。α-重氮金刚烷酮必须是对称结构才有利于反应进行。

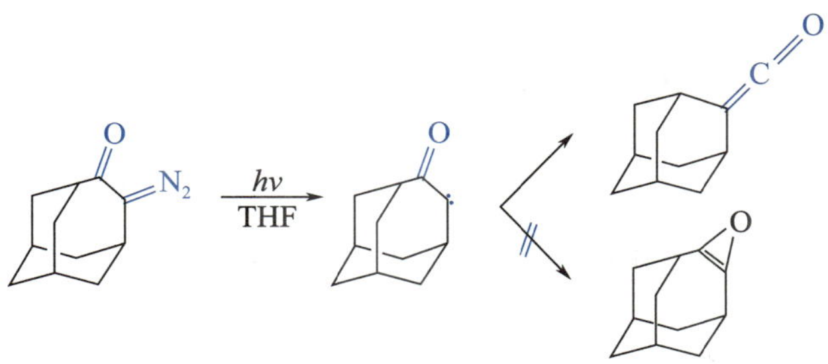

在Wolff重排反应中，催化剂对反应有影响。常用的催化剂有氧化银、苯甲酸银/三乙胺叔丁醇溶液、胶体铂、硫代硫酸钠、氢氧化钾/甲醇溶液、叔胺/苄基醇溶液等。使用氧化银作催化剂时，氧化银最好是使用前临时制备，制备的方法是将硝酸银与氢氧化钠直接反应，生成氧化银沉淀，过滤后用无离子水充分洗涤。除上述催化剂外，钌、铑、钯、铜的化合物也具有明显的催化作用。过渡金属催化剂的使用不仅降低了反应温度（与加热法相比），而且通过形成活性较弱的金属卡宾而改变了反应历程。

在加热或光照条件下也可以发生Wolff重排反应。光照的方法比氧化银催化往往更有效。因此，方便的方法是将重氮酮在反应介质（水、醇、胺）中加热或光照。但加热法不如光照法，因为光照法可以在很低的温度下进行（对光敏感的反应物或产物除外）。若采用加热法，则有可能因为温度高引起反应底物的分解或发生其他副反应。

起始原料羧酸分子中的烃基，对反应影响不大，无论脂肪族羧酸，还是芳香族羧酸或杂环羧酸，制成酰氯后大都能比较顺利地与重氮化合物反应，进而发生Wolff重排反应。分子中含有氨基的化合物，在Wolff重排反应中有可能生成内酰胺。

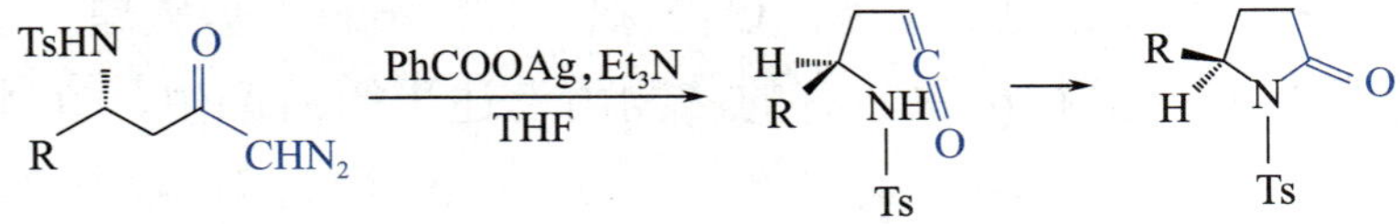

反应溶剂对Wolff重排反应有影响。反应介质对Wolff重排反应的影响在于生成烯酮后的反应。反应若在水中进行，最终生成的产物是增加碳原子的羧酸；在醇中进行反应时，烯酮与醇反应生成羧酸酯；烯酮与氨或胺反应则生成酰胺。环状的α-重氮酮重排后生成缩环化合物。

卡宾是活泼的中间体，可以发生很多化学反应，也可以发生重排反应。迁移基团（或原子）可以从饱和碳原子向碳烯碳原子进行1,2-迁移，迁移的基团（原子）可以是氢、烷基、苄基、乙烯基、芳基、—SR、—OR、—C_2F_5、—F、—Cl等。一般而言，迁移能力由大至小的顺序为：—SR＞—H＞—Ph＞—R＞—OR＞—NR_2。由此可见，在一般的迁移基团中，氢的迁移能力很强，因此，在这类重排中，氢的1,2-迁移最常见，氢迁移后生成烯。

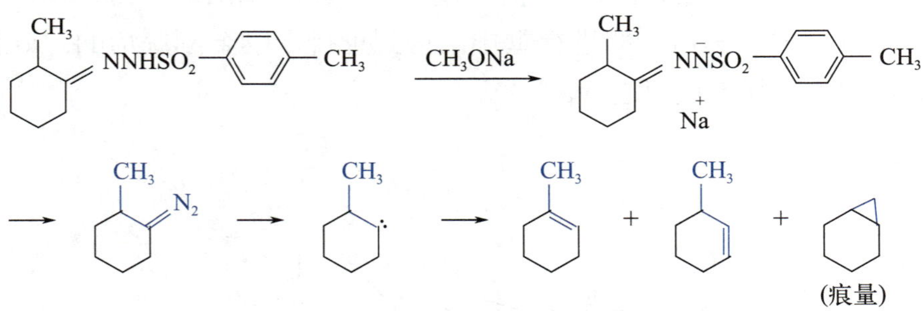

烷基和芳基也可以向卡宾碳原子进行1,2-迁移。例如：

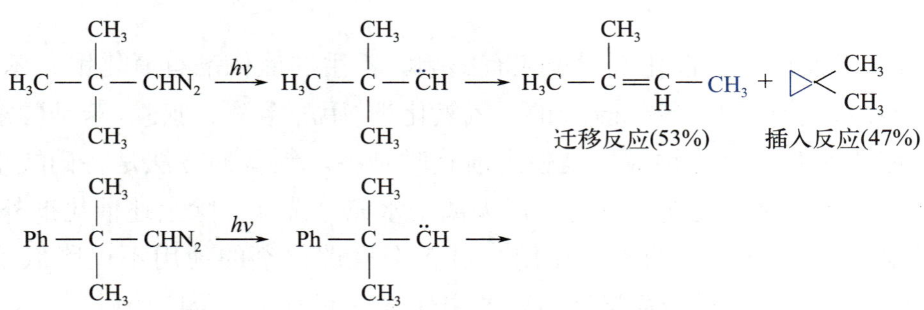

显然，重排反应和插入反应是一对竞争反应，重排反应往往更占优势。

与苯环直接相连的卡宾（苄基卡宾），重排的结果是可以发生扩环反应，生成环庚三烯碳烯。该反应是可逆的，中间可能经历了一个双环中间体。

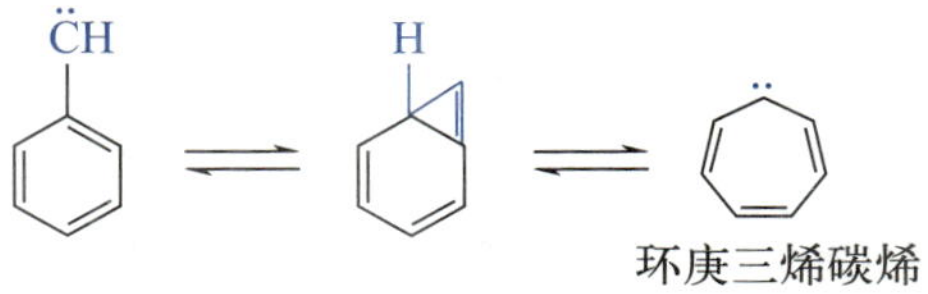

氮宾也可以发生类似的反应。

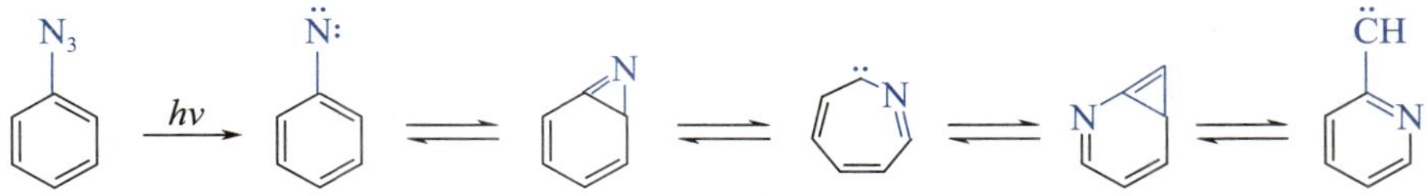

苄基碳烯也可以发生环缩小的反应。例如：

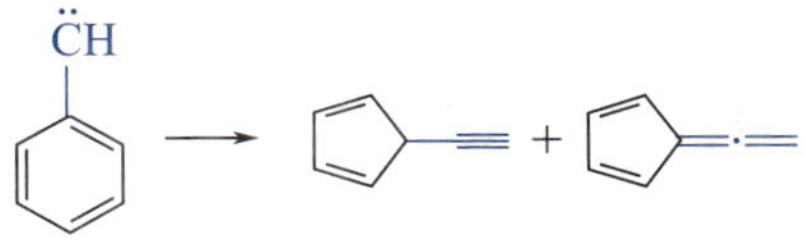

三元环碳烯重排后生成丙二烯衍生物，为丙二烯类化合物的合成方法之一。例如，1,1-二溴环丙烷用烷基锂处理生成环丙碳烯，后者重排后生成丙二烯衍生物。

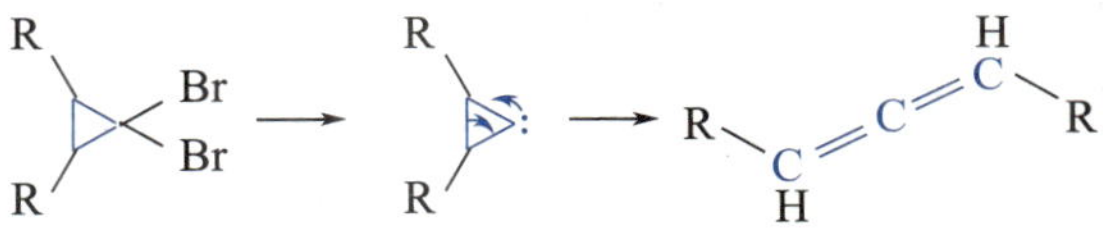

环丙基-α-碳烯重排后得到扩环的产物：

12.1.7　法沃斯基（Favorskii）重排

α-卤代酮在醇钠、氢氧化钠、氨基钠等碱的作用下，失去卤原子，重排得到羧酸、羧酸酯、酰胺的反应称为法沃斯基（Favorskii）重排反应。该反应由俄国化学家法沃斯基（A. E. Favorskii）于1895年首先报道。

法沃斯基（Favorskii）重排反应的通式为：

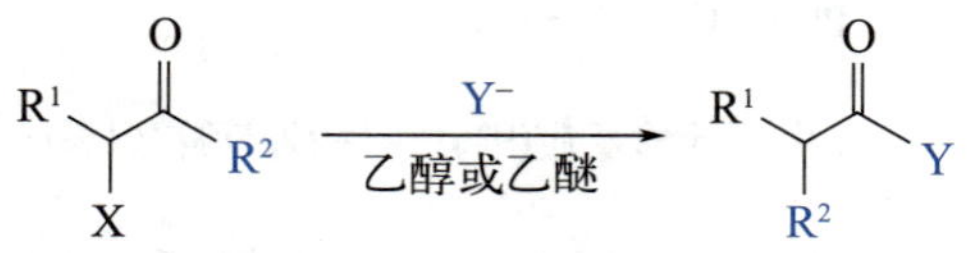

环状α-卤代酮在醇钠的作用下进行法沃斯基（Favorskii）重排时，会发生缩环反应。例如：

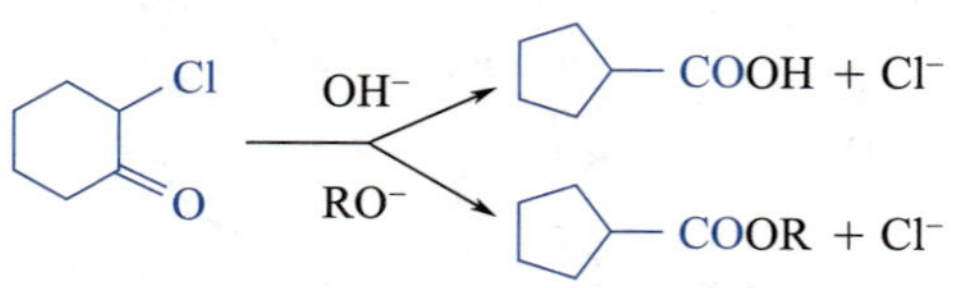

法沃斯基重排是通过**环丙酮中间体**进行的，反应机理如下：

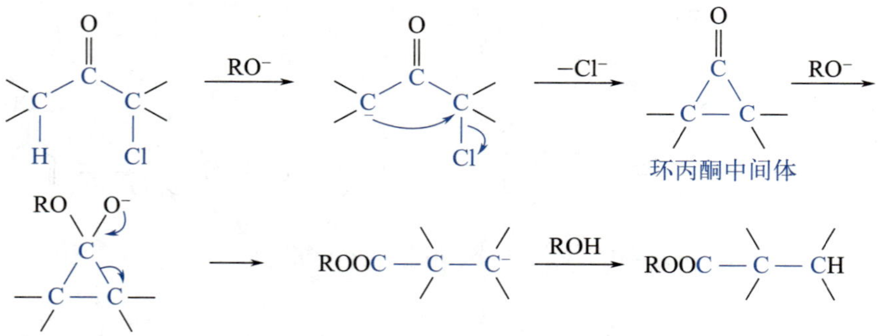

这种环丙酮中间体的反应机理得到了同位素标记实验的支持。

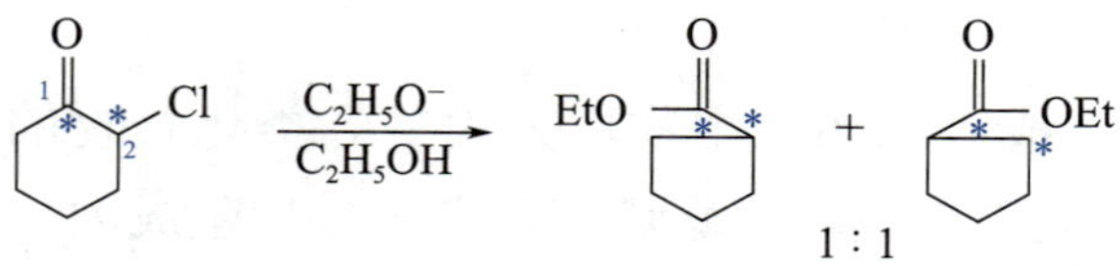

上述反应中，α-氯代环己酮的1,2-位碳原子均为同位素标记的碳原子。若只是简单的C→C迁移并取代氯原子，则只能有一种产物。而事实上反应结果得到两种产物，且二者的比例为1∶1。这说明反应中间体中与羰基相连的两个α-C处在相同的位置上，这只能是环丙酮中间体。

环丙酮是很不稳定的中间体，因其羰基碳原子为sp^2杂化，环丙酮的环张力比环丙烷更大。羰基加成并开环后转化为sp^3杂化，环张力明显减小，转化为比较稳定的化合物。

上述机理中都是羰基两侧中卤素的异侧必须有α-H存在。若卤素的异侧没有α-H，反应将按准Favorskii重排机理进行，一般认为与二苯羟乙酸重排反应相似，也称为**半二苯乙醇酸机理**。

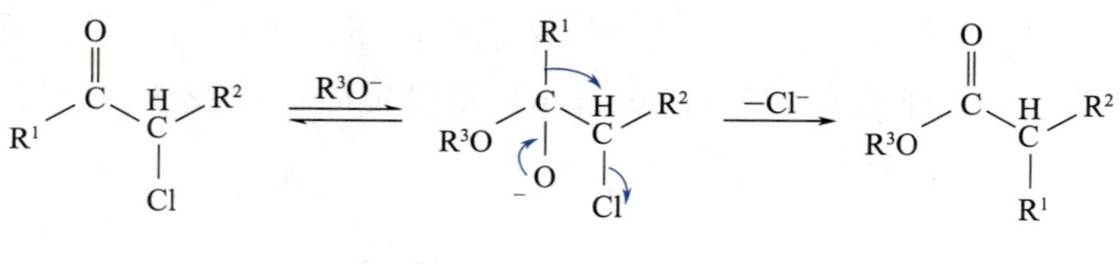

准Favorskii重排和Favorskii重排反应的产物是相同的。

具有α-H的卤代酮，有时也可能按准Favorskii重排机理进行。例如：

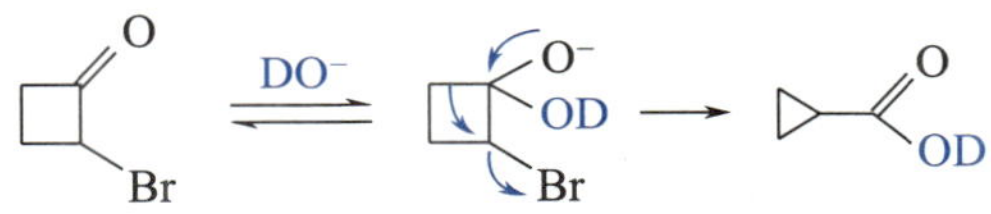

若按照环丙酮中间体机理进行：

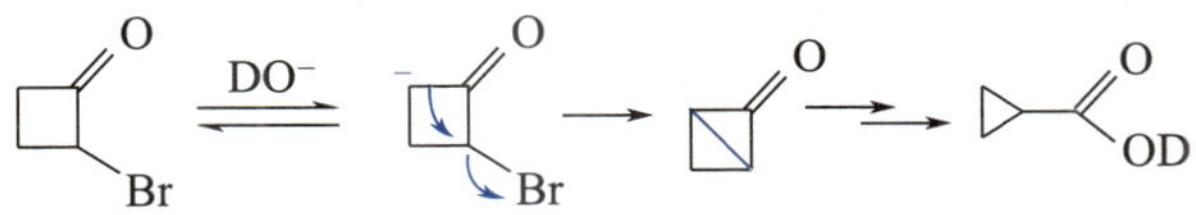

显然，这一环丙酮中间体环张力太大，能量要求高，难以生成，但若按照准Favorskii重排反应进行，则比较容易解释。

α-卤代酮常用的是氯代酮或溴代酮。

也有自由基型Favorskii重排反应的报道。例如以下反应：

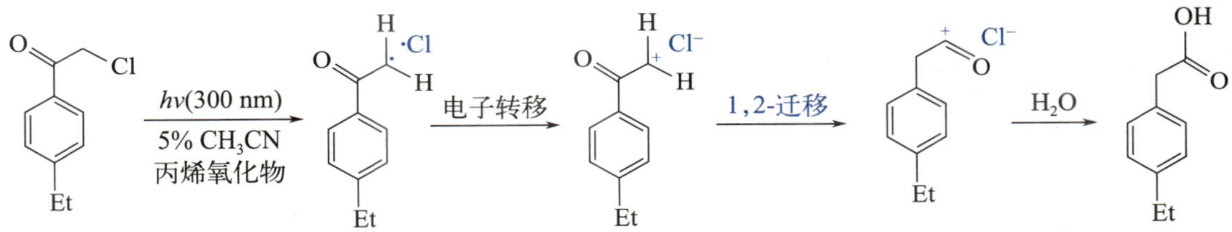

具有α'-H的卤代酮［如α,α'-二卤代酮（Ⅰ）］和具有α'-H的卤代酮［如α,α'-二卤代酮（Ⅱ）］重排时，两种反应均形成同样的环丙酮中间体（Ⅲ），产物为α,β-不饱和酯（Ⅳ）。但开环方式与前述的不同，是同时消除卤素离子。

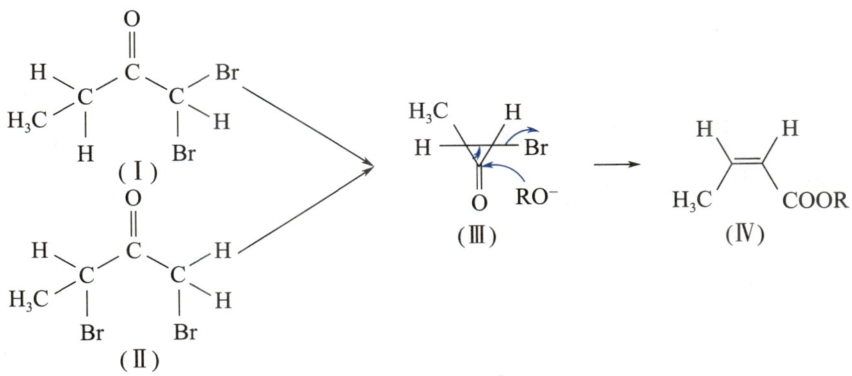

环状α-卤代酮也广泛用于Favorskii重排反应中。一般情况下，环状α-卤代酮重排得到缩环化合物，即生成环上减少一个碳原子的环状羧酸及其衍生物。

α,α'-二卤代环酮可以合成环烯基羧酸及其衍生物：

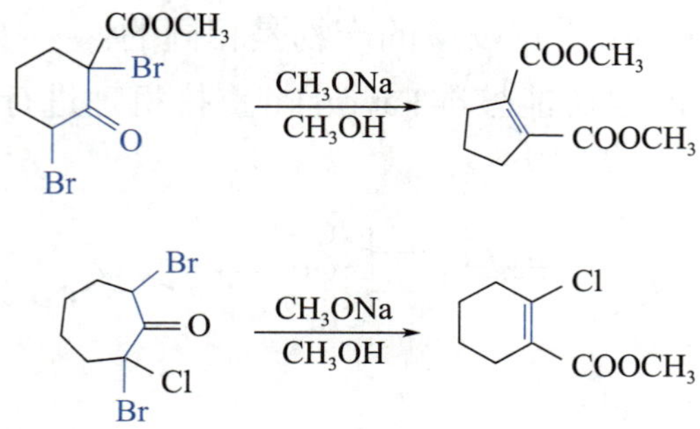

α-羟基酮、α,β-环氧酮以及α-卤代砜都能进行Favorskii重排反应。α,β-环氧酮重排后生成β-羟基酸。

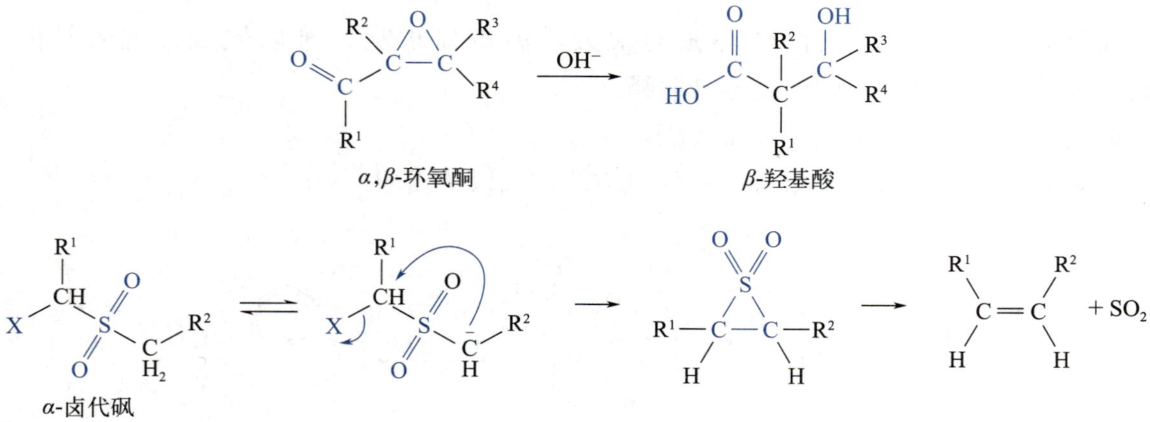

除了α-卤代酮之外，其他带可以离去基团的化合物，若能形成环丙酮中间体，也可作为Favorskii重排的原料，如α-烷氧基酮、α-磺酸酯基酮，甚至普通的酰胺、内酰胺等都有可能发生Favorskii重排反应。

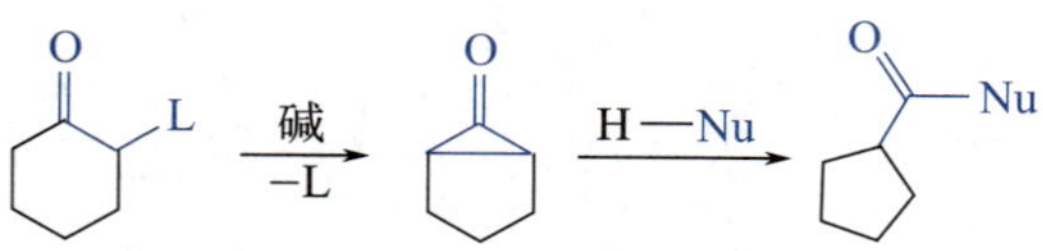

在碱性条件下，某些α-卤代酰胺或α-卤代内酰胺也能发生Favorskii类型的重排，生成α-氨基酰胺或缩环的α-氨基酸。

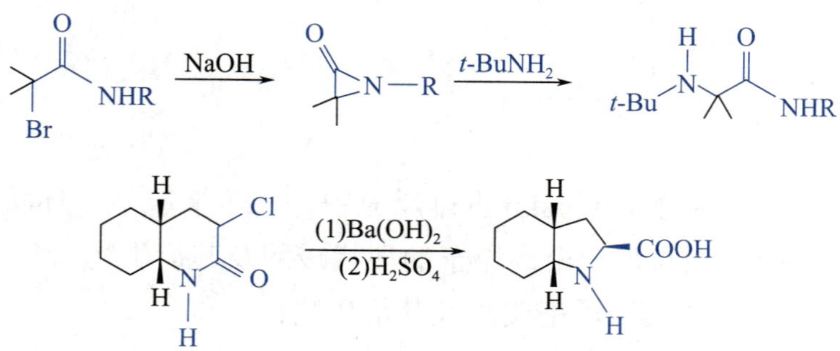

一些含氮、氧、硫原子的杂环化合物也可以发生Favorskii重排反应，甚至还有一个非常有意思的类似Favorskii重排的反应，用没有α-卤素原子的叔丁基环己酮与$Tl(NO_3)_3$反应，得到3-叔丁基环戊基-1-羧酸。

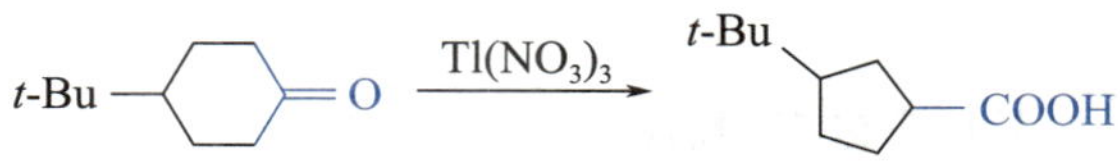

在Favorskii重排反应中，若中间体环丙酮结构不对称，在空间位阻不大的情况下，羰基上加成后究竟从哪一边开环，取决于两种开环产物的相对稳定性。若两种开环后的负离子稳定性相差不大，则两种重排产物的比例也应差别不大。

α-卤代酮分子中的卤素原子比较活泼，而Favorskii重排反应又是在碱性条件下进行的，所以卤素原子的S_N2取代反应是常见的副反应，生成相应的α-烷氧基醚。

Favorskii重排反应是在碱性条件下进行的。常用的碱有醇钠、氢氧化钠、碳酸钠、伯胺、仲胺。若用含活泼氢的化合物如丙二酸酯、乙酰乙酸酯等，也可以发生重排。

α, α'-二卤代酮与伯胺反应，可以得到α,β-不饱和酰胺和与其竞争的α-亚氨基酮及α-二亚胺。产生后者的原因是胺既是碱又是较强的亲核试剂，取代一个卤素原子后生成烯胺，进一步反应生成亚胺离子而转化为α-亚氨基酮，再与伯胺反应生成α-二亚胺。

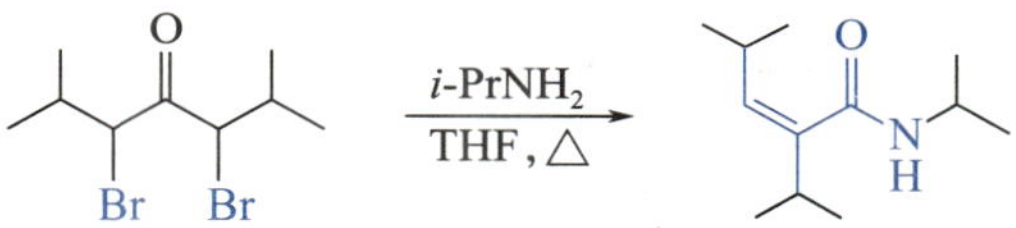

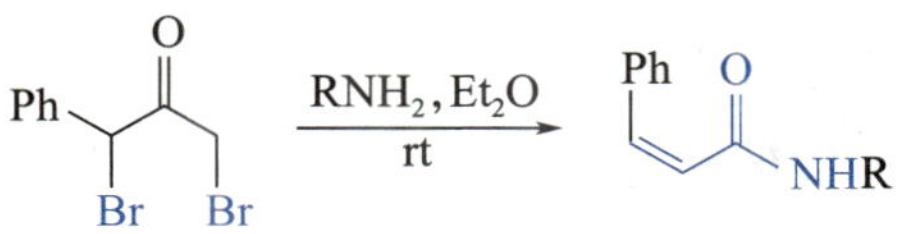

R=*i*-Pr　52%
R=*i*-Bu　82%

环状α, α-二卤代酮类化合物也可发生缩环反应，生成环状羟基酸。例如：

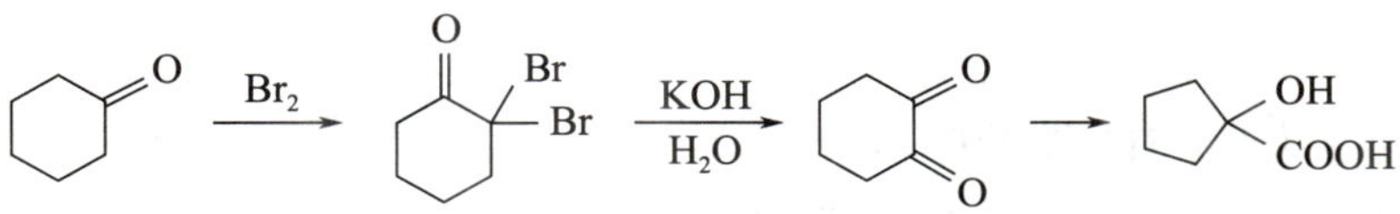

Favorskii重排反应的立体选择性还与反应介质的极性和质子供体有关。例如，下列反应在非质子溶剂中与甲醇钠反应，得到构型翻转的重排主产物，而在甲醇-水中，用碳酸氢钾作碱，得到构型保持的重排主产物。

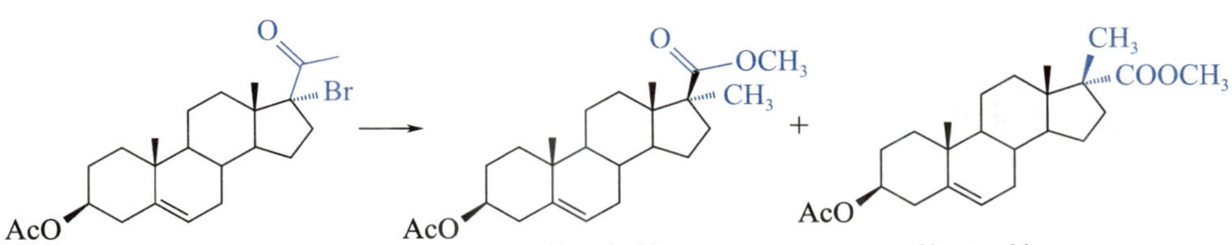

	构型保持		构型翻转
CH_3ONa, DME	1	:	19
$KHCO_3$, CH_3OH-H_2O	23	:	1

12.2 从碳原子到杂原子

12.2.1 贝克曼（Beckmann）重排

1886年德国化学家贝克曼（E. Beckmann）发现，酮可以重排生成相应的*N*-取代酰胺。

酮肟在酸性催化剂（如H_2SO_4、$POCl_3$、PCl_5、多聚磷酸等）作用下重排生成酰胺的反应称为贝克曼（Beckmann）重排。反应的中间体为氮宾，邻位的羟基或取代羟基转移至这个正电中心，使相邻的碳成为正电中心，随后水合、质子化而转化为*N*-取代的酰胺。

PCl_5催化的Beckmann重排机理如下：

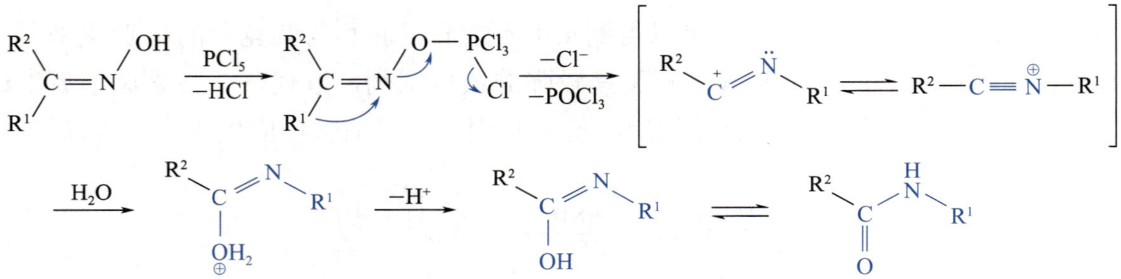

质子酸催化的Beckmann重排机理如下所述。

第一步：肟的羟基质子化，N—O被活化。

第二步：水分子作为离去基团离去，此时C═N上与羟基异侧的烃基带着一对电子迁移到缺电子氮原子上。此过程是一个协同1,2-迁移，经历三元环过渡态，与碳正离子的1,2-迁移类似，迁移基团的构型保持。

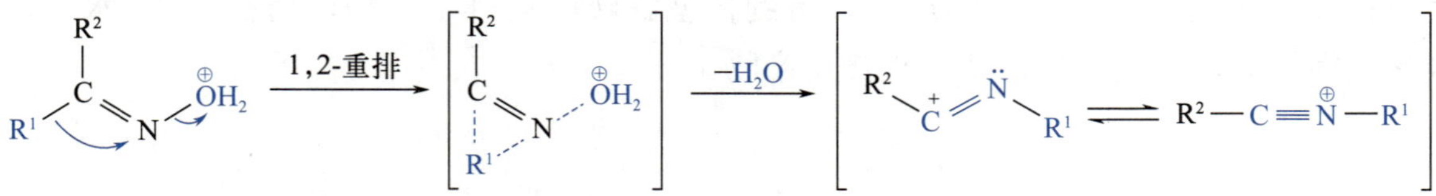

第三步：水分子亲核进攻碳原子。

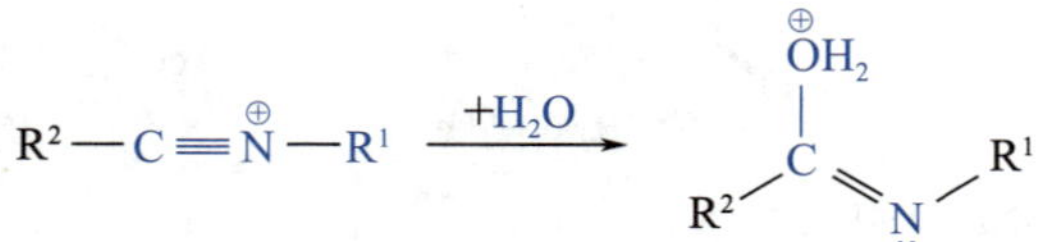

第四步：质子交换。

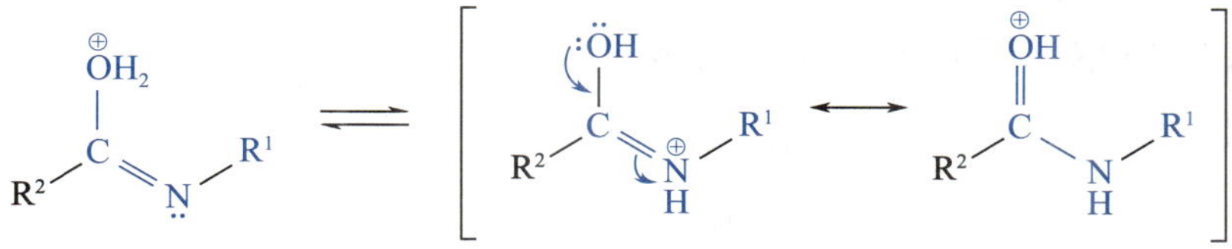

第五步：脱去质子，得到酰胺。

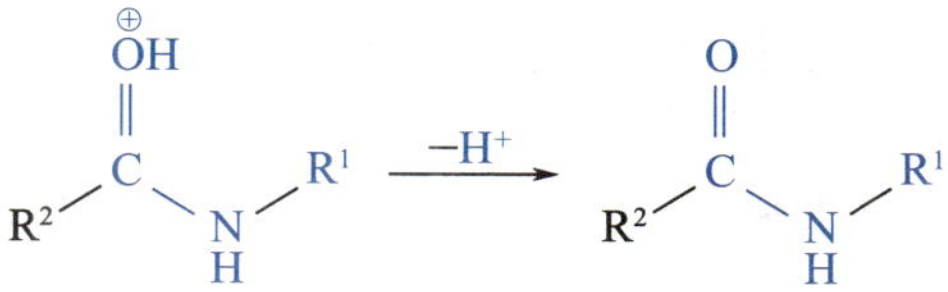

以上几步在反应中几乎是同时连续发生的，转移基团只能从羟基的背面进攻缺电子的氮原子，因此基团为反位迁移，对于不对称的酮肟，重排后只有一种酰胺，即反应产物有立体专一性。

但不对称的酮肟，顺反异构体发生Beckmann重排反应，生成不同的产物。例如：

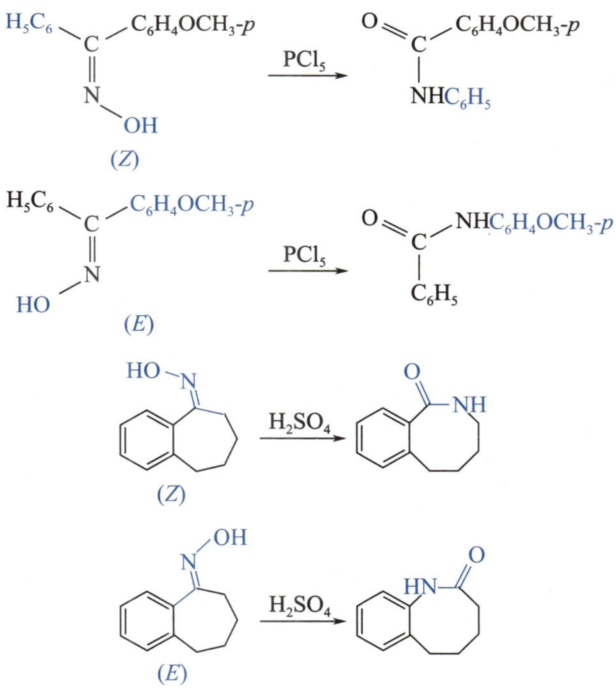

Beckmann重排除了理论意义外，还具有重要合成价值，如合成尼龙-6（即腈纶）的单体己内酰胺就是环己酮肟经过Beckmann重排得到的。

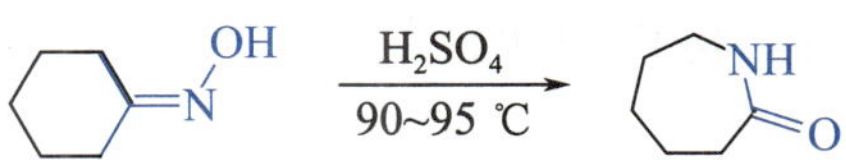

随着越来越多新方法、新催化剂的出现以及人们对于环境问题的关注，Beckmann重排反应也开始向着绿色、高效率、高选择性的方向发展。例如，可用一种能够循环使用的绿色催化剂PEG-OSO_3H来催化Beckmann重排反应。

12.2.2 霍夫曼（Hofmann）重排

霍夫曼（Hofmann）重排指氮原子上没有取代的酰胺在碱性介质中与卤素作用重排为异氰酸酯，后者在碱性介质中继续水解生成伯胺和二氧化碳的反应。此重排反应也称作**酰胺降级**或**霍夫曼降解反应**，其中生成**氮宾中间体**。

Hofmann重排机理如下所述。

第一步：碱夺取酰胺氮原子上的一个质子形成酰胺负离子。

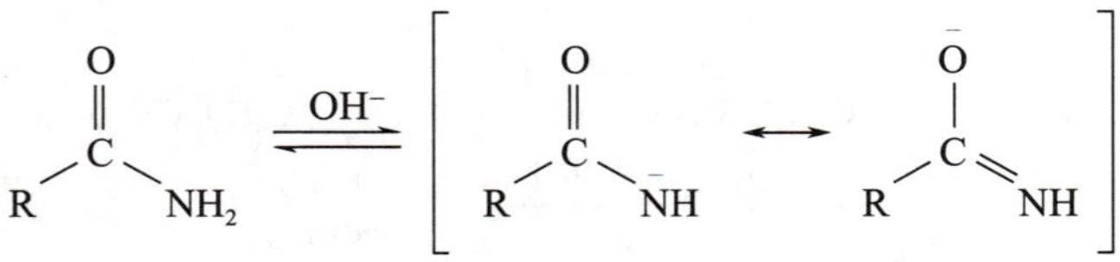

第二步：酰胺负离子氮原子发生卤代反应，此过程与醛酮的α-卤代相似。

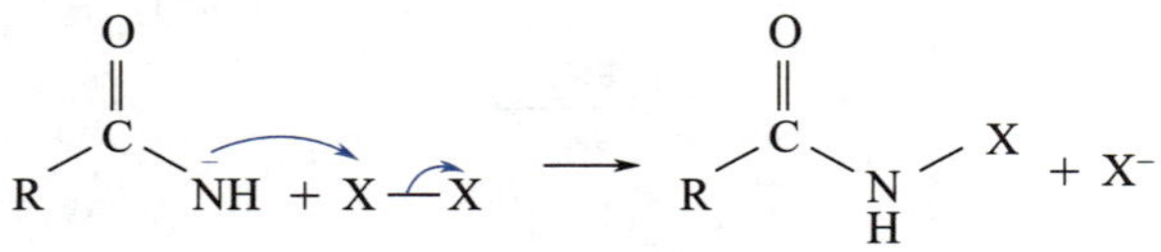

第三步：过量碱进一步夺取氮原子上的第二个质子（*N*-卤代酰胺N—H的酸性更强），生成*N*-卤代酰胺负离子。

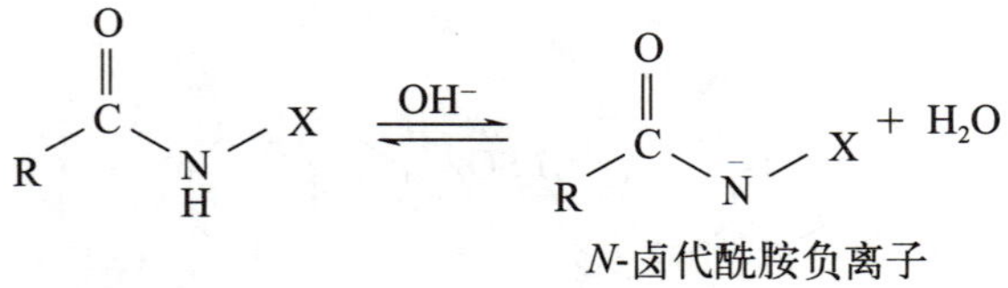

第四步：*N*-卤代酰胺负离子脱卤，转变为酰基氮宾；氮宾的氮原子最外层只有6个电子，不稳定，立即发生1,2-迁移，与羰基相连的烃基带着一对电子转移到氮原子上，生成异氰酸酯。由于缺少酰基氮宾存在的证据，也有人认为此重排是一步完成的，即共振结构（Ⅱ）中离去基团的离去与R的迁移是同时发生的。

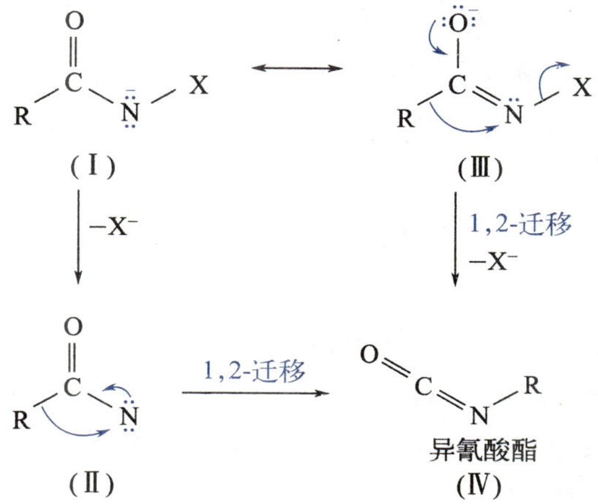

第五步：异氰酸酯与水反应，先生成不稳定的取代氨基甲酸，进而脱羧得到伯胺。

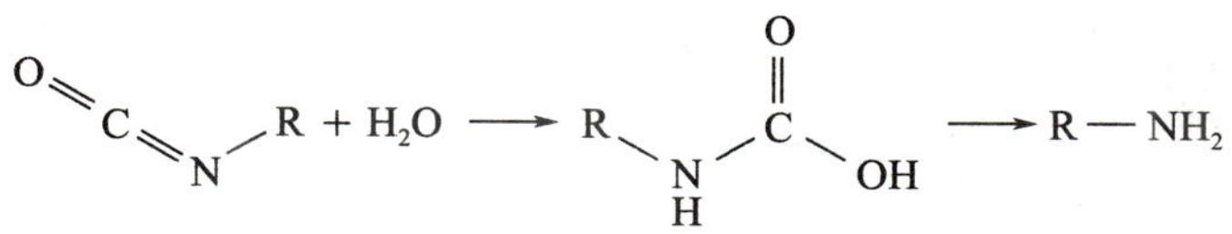

在Hofmann重排反应中，如果发生迁移的烃基碳原子为手性碳原子，迁移时其构型保持。例如：

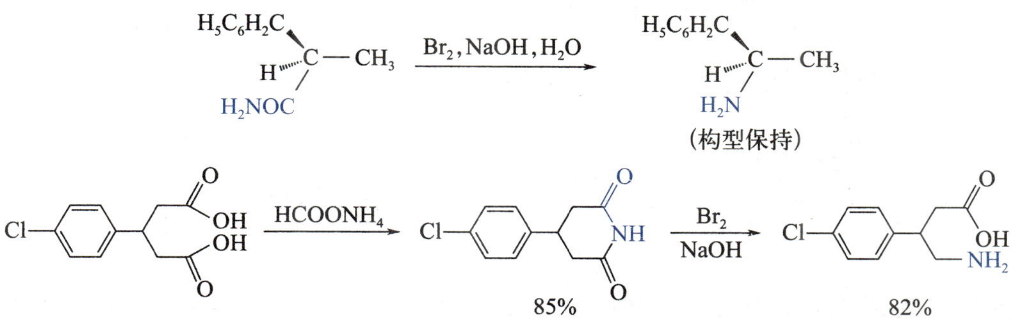

Hofmann重排除了理论意义外，还具有重要合成价值。例如，广谱抗生素帕珠沙星的合成，就是通过Hofmann重排反应实现的。

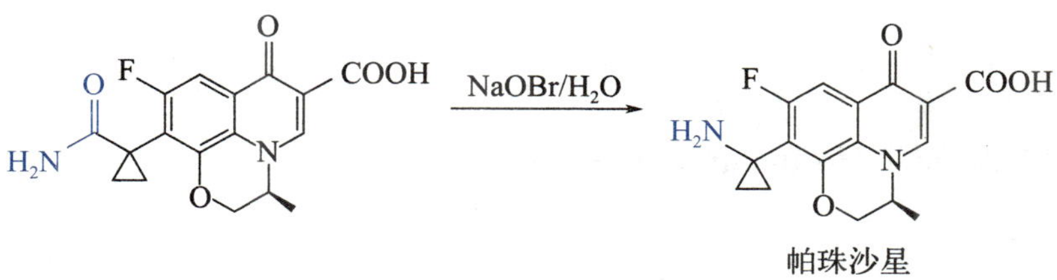

N-烃基取代的酰胺，不发生Hofmann重排反应，因为其分子中没有活泼的氢，不能生成*N*-卤代酰胺负离子。

Hofmann重排反应是制备伯胺的一种重要方法，适用的范围很广。反应物可以是脂肪族、脂环族、芳香族的酰胺，也可以是杂环族的酰胺。其中以低级脂肪族酰胺合成伯胺的收率较高。无论哪种酰胺，酰胺的氮原子上都不能含有其他烃基取代基。

八个碳原子以下的单酰胺通常可以高收率地得到伯胺，而碳原子数更多的单酰胺，可以在甲醇中反应生成氨基甲酸甲酯，后者水解可以得到较高收率的伯胺。

$$C_{11}H_{23}CONH_2 \xrightarrow[Br_2]{CH_3ONa} C_{11}H_{23}NHCOOCH_3 \xrightarrow[H_2O]{OH^-} C_{11}H_{23}NH_2$$

这种方法也适用于脂环类酰胺制备环状伯胺。

丁二酰胺用次氯酸钠处理时，重排后不生成乙二胺，而是生成二氢尿嘧啶，水解后生成β-氨基丙酸。β-氨基丙酸主要用于合成泛酸和泛酸钙、肌肽、帕米膦酸钠等，在医药、饲料、食品等领域应用广泛。

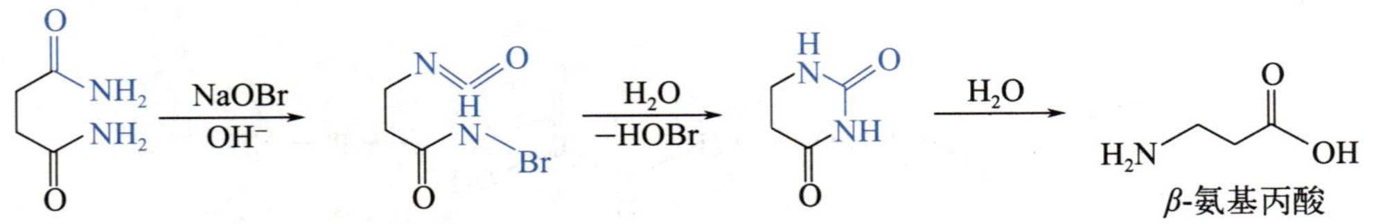

若两个酰胺基团相距较远，则可生成正常的二胺。己二酸二酰胺及其高级同系物通过Hofmann重排反应可以生成二胺。例如：

$$H_2NCO(CH_2)_nCONH_2 \longrightarrow H_2N(CH_2)_nNH_2 \ (n \geqslant 6)$$

α-羟基酸的酰胺用次氯酸钠处理，得到醛：

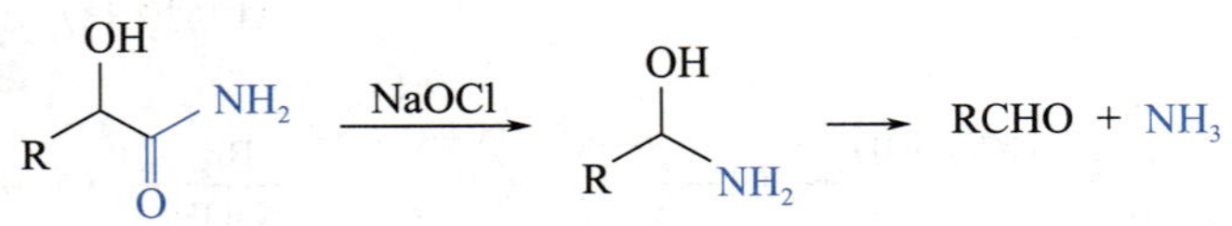

含α,β-不饱和双键的酰胺用甲醇-次氯酸钠溶液处理生成氨基甲酸甲酯类化合物，原因是重排后生成的异氰酸酯与甲醇反应，而得到氨基甲酸甲酯类化合物。

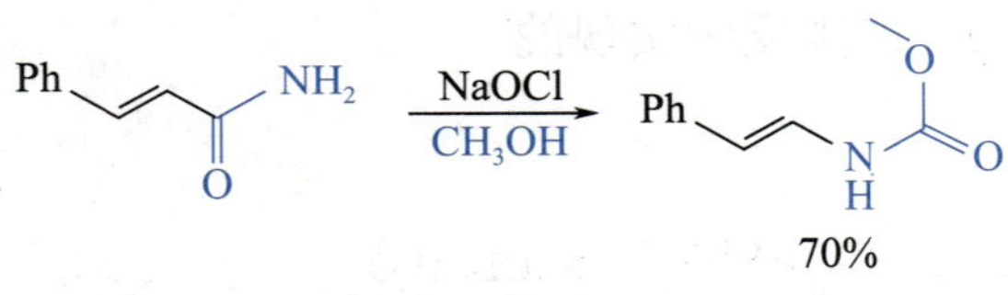

α,β-乙炔基酰胺发生Hofmann反应生成腈。

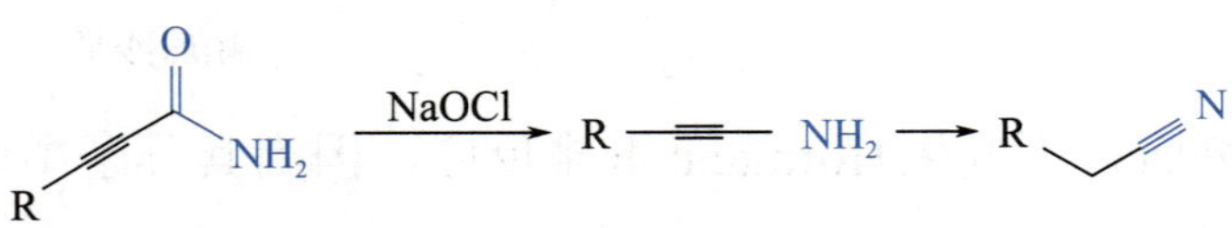

丁二酰亚胺在水中与次溴酸钠反应生成β-氨基丙酸，而在乙醇钠的乙醇溶液中用溴处理，生成β-氨基丙酸乙酯。

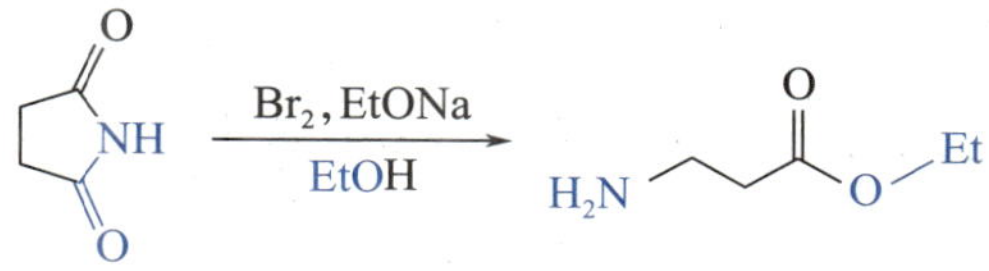

芳香族或杂环酰胺的邻位有氨基或羟基时，反应中生成的异氰酸酯可进行分子内的亲核加成，生成环脲或氨基内脲。

Hofmann重排反应通常是用氯或溴在氢氧化钠溶液中与酰胺首先在低温进行反应，而后加热生成伯胺，也可以直接用次氯酸钠或次溴酸钠溶液反应。一般很少用到碘。在具体操作中，可将酰胺加入碱溶液中，而后在低温下慢慢加入溴或次氯酸盐；也可先在碱中加入溴或次氯酸盐，再加入酰胺。反应结束后加热可得到胺。有时也使酰胺先与溴反应生成*N*-溴代酰胺，而后进行重排反应。

近年来，人们又发现了一些关于Hofmann重排反应的新方法，主要是一些新试剂的发现。所用的新试剂主要包括：①$Pb(OAc)_4$；②$Ph(OTs)OH$、$PhI(OCH_3)_2$、$Pb(OAc)_2$、$PhI(OCOCF_3)_2$、$PbI(OAc)_2$、C_6H_5IO类；③二溴海因-$Hg(OAc)_2$-ROH、二溴海因-AgOAc-ROH类；④NBS-$Hg(OAc)_2$-ROH、NBS-AgOAc-ROH、NBS-DBU-ROH类。新试剂的发现，大大提高了重排反应的收率。

12.2.3 柯蒂斯（Curtius）重排

酰基叠氮化合物加热分解放出氮气，生成异氰酸酯，该反应称为柯蒂斯（Curtius）重排反应。

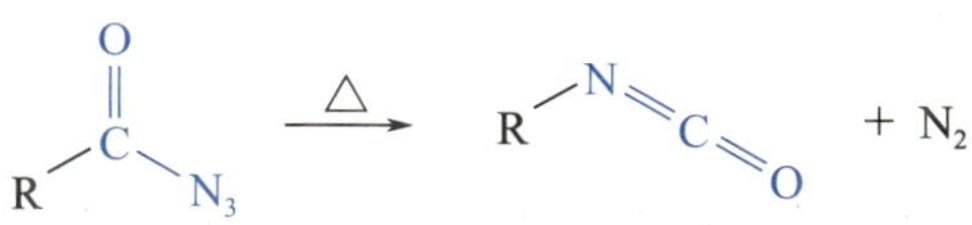

羧酸经酰基叠氮最后转化为伯胺的全过程称为Curtius反应。该反应由T. Curtius于1890年首先发现。

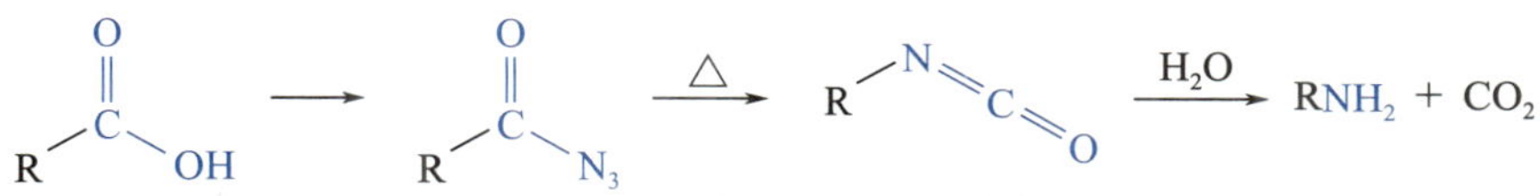

显然，反应机理与Hofmann重排反应机理相似，也是生成异氰酸酯。反应中氮气作为离去基团，与N_2^+处于反位的R基团迁移，N_2的离去与R基团的迁移是同时进行的。若R基团为手性基团，则重排后R基团的绝对构型保持不变，Curtius重排反应是分子内C→N的协同过程。该反应可以高收率地得到异氰酸酯，因为反应中没有使其水解成胺的水存在。该反应实际上也可以在水、醇中进行，生成胺或氨基甲酸酯或酰基脲。

Curtius重排是酰基叠氮化合物的热分解反应，而且热分解温度不高。该反应几乎适用于所有类型的羧酸，包括脂肪族、脂环族、芳香族、杂环以及不饱和羧酸等。含有多官能团的羧酸只要可以生成酰基叠氮，也大都能进行Curtius重排反应。

甚至一些具有过氧键的化合物也可以发生Curtius重排反应，例如：

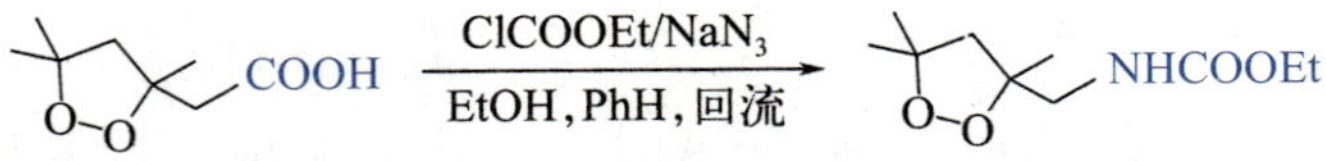

α,β-不饱和酸的酰基叠氮分解后生成比酰基叠氮少一个碳原子的醛。例如：

$$RCH=CHCON_3 \longrightarrow RCH=CHNCO \xrightarrow{H^+} RCH_2CHO$$

一些二元或多元酰基叠氮，同样可以重排生成二元或多元胺。此时选用酰氯与叠氮钠反应比较好，例如：

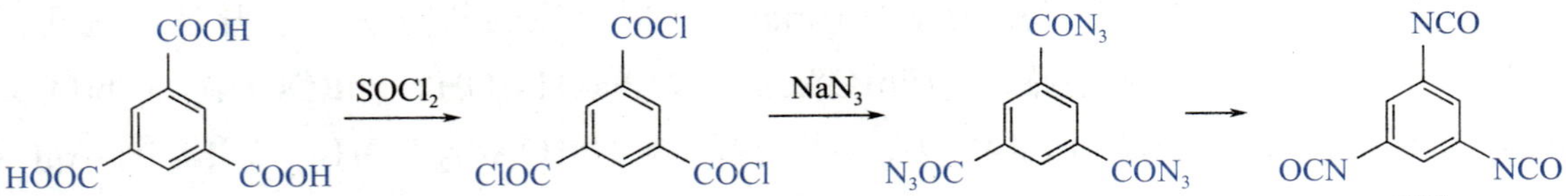

95%　　60%

酰基叠氮的主要制备方法有如下四种。

（1）由酰氯制备酰基叠氮

酰氯与叠氮化钠反应可以生成酰基叠氮。

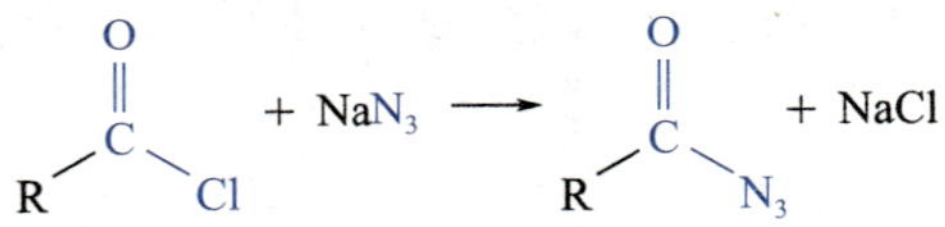

（2）由酯制备酰基叠氮

酯类化合物与叠氮化钠或二苯氧基磷酰叠氮（DPPA）反应，可以生成酰基叠氮。

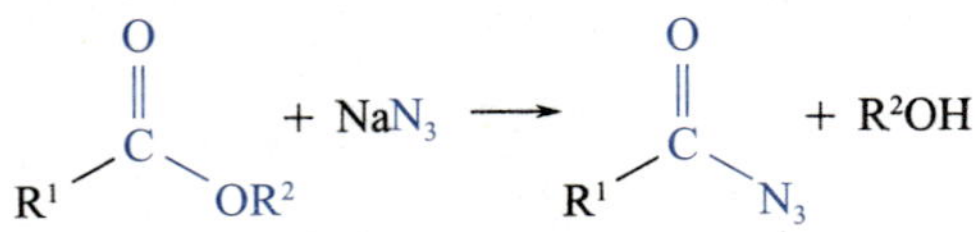

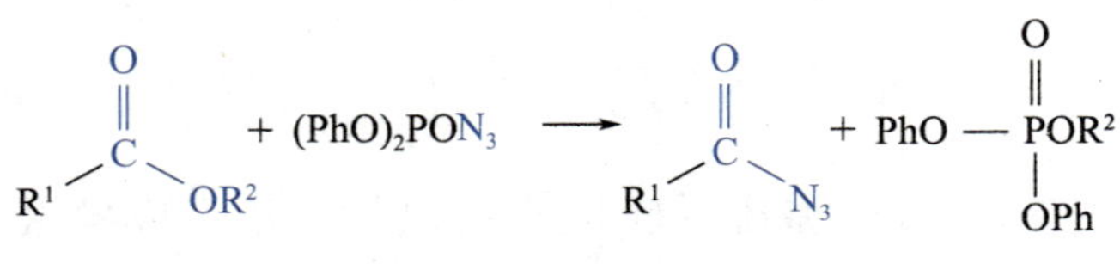

羧酸也可以直接与二苯氧基磷酰叠氮（DPPA）反应生成酰基叠氮。

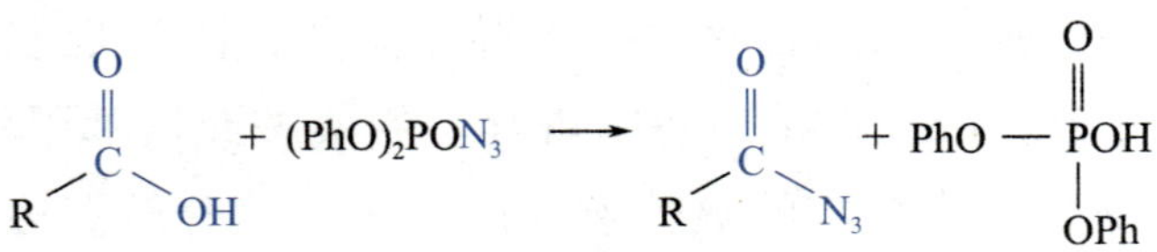

(3) 由酸酐制备酰基叠氮

酸酐可以与叠氮钠反应生成酰基叠氮，但酸酐的数量有限。将羧酸在三乙胺存在下与氯甲酸酯反应，可以生成混合酸酐，混合酸酐再与叠氮钠反应，很容易得到酰基叠氮。

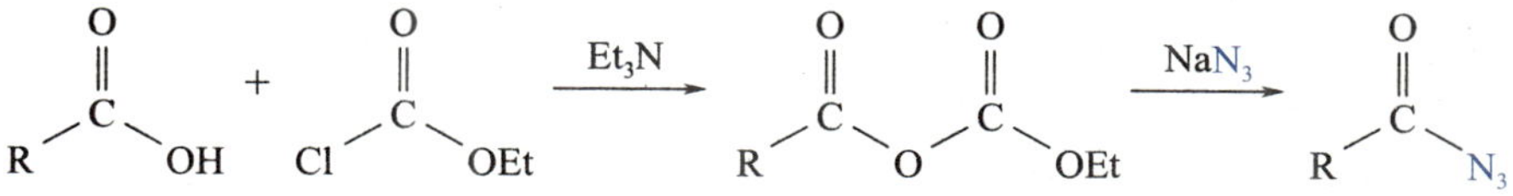

(4) 由酰肼制备酰基叠氮

酰肼与亚硝酸反应生成*N*-亚硝基酰，后者脱水生成酰基叠氮。

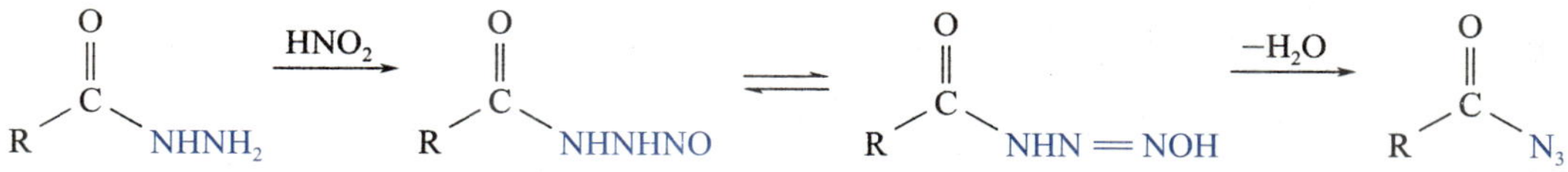

酰肼可以由酰氯、酸酐或酯的肼解合成。

$$\mathrm{RCOOH} \xrightarrow[\mathrm{EtOH}]{\mathrm{H^+}} \mathrm{RCOOEt} \xrightarrow{\mathrm{N_2H_4}} \mathrm{RCONHNH_2}$$

$$\mathrm{RCOOH} \xrightarrow{\mathrm{SOCl_2}} \mathrm{RCOCl} \xrightarrow{\mathrm{N_2H_4}} \mathrm{RCONHNH_2}$$

值得指出的是，若选用多元酸的酯与肼反应先制成酰肼，再与亚硝酸钠反应的方法，效果有时不一定很好，因为可能会发生如下副反应。

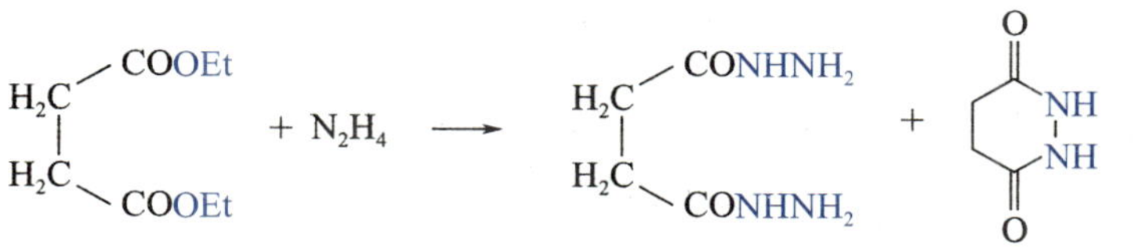

副产物

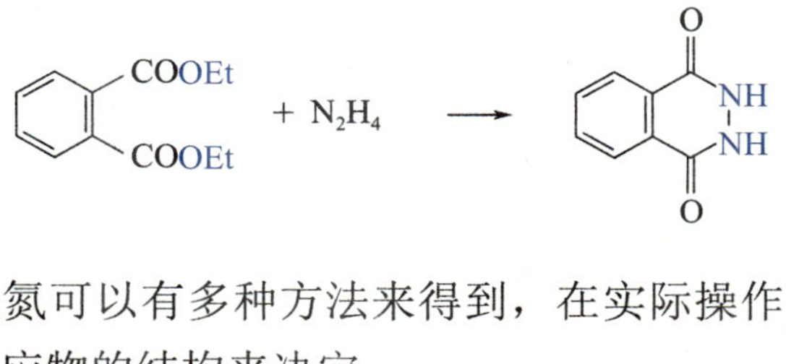

如上所述，酰基叠氮可以有多种方法来得到，在实际操作中，究竟采用哪种方法合成酰基叠氮，要根据反应物的结构来决定。

分子量较大的酯与肼反应缓慢，因此，最好用酰氯或混合酸酐法制备酰基叠氮。不饱和羧酸酯与肼反应时副反应较多，也应注意选用其他路线。对于分子中含对水或强酸敏感官能团的化合物，可以利用羧酸直接与二苯氧基磷酰叠氮（DPPA）来制备酰基叠氮。

芳环酰基叠氮邻位有活泼基团，重排时会生成杂环化合物。例如：

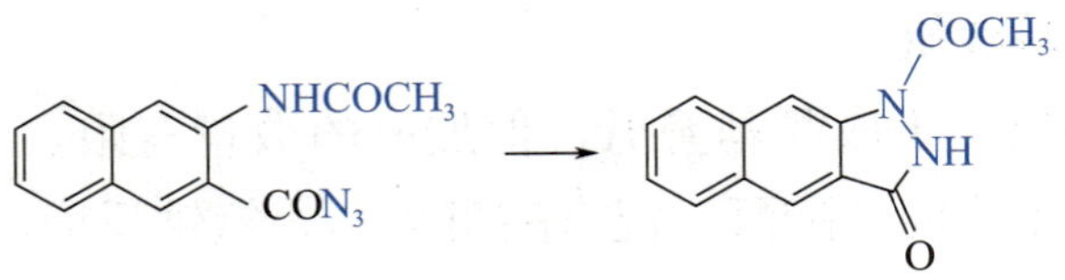

酰基叠氮的热分解温度一般都不高，在100 ℃左右。酸对热分解反应有催化作用，既可用Lewis酸作催化剂，也可以用质子酸作催化剂。

热分解反应常用的溶剂是苯、甲苯、氯仿等。热分解反应若在苯、卤仿等非质子溶剂中进行，可以得到异氰酸酯。若在水、醇、胺中进行，则分别得到胺、氨基甲酸酯、取代的脲，因为热分解过程中生成的异氰酸酯可以立即与水、醇、胺反应生成相应的化合物。而生成的氨基甲酸酯和取代的脲，水解后都可以生成胺。

Curtius重排反应因其反应条件温和、产率高，污染小，在有机合成中应用较多。可以通过酰基叠氮加热生成异氰酸酯，这是非光气法合成异氰酸酯的方法之一。Hofmann重排反应和Curtius重排反应都是由羧酸制备减少一个碳原子的胺的方法，具有相似的反应机理，两种方法各自具有自己的适用范围。酰肼容易由酯的肼解来合成，以羧酸酯为起始原料制备胺时宜选用Curtius重排反应；由羧酸制备胺时宜采用Hofmann重排反应，因为该重排反应可以集多步反应于同一操作中；不饱和酸、含活泼氢取代的芳香酸及酰化氨基酸宜选用Curtius重排反应；氨基酸和酮酸选用Hofmann重排反应更好。

12.2.4 施密特（Schmidt）重排

在酸催化下，酸和酮（或醛）与叠氮酸（HN_3）反应，分别生成伯胺、*N*-烃基取代的酰胺或腈，该反应称为**施密特（Schmidt）重排反应**。

$$RCOOH + HN_3 \xrightarrow{H_2SO_4} RNH_2 + CO_2 + N_2$$

$$RCHO + HN_3 \xrightarrow{H_2SO_4} RCN + CO_2 + N_2 + H_2O$$

$$R^1COR^2 + HN_3 \xrightarrow{H_2SO_4} R^1CONHR^2 + N_2$$

该反应由Schmidt教授在1924年研究环己酮与叠氮酸的反应时首先发现。

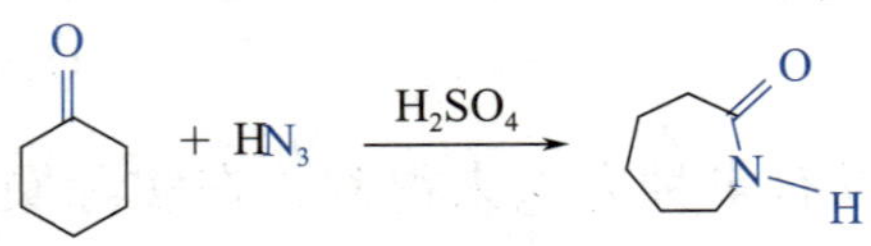

后来人们将叔醇和烯在酸性条件下与叠氮酸反应生成亚胺的反应也归属于Schmidt重排反应。

$$R_3COH \xrightarrow[H_2SO_4]{HN_3} R_2C{=}NR$$

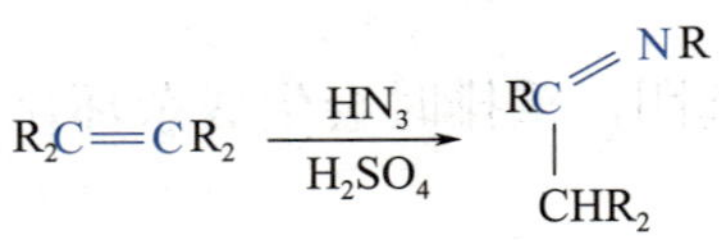

该反应的反应底物包括羧酸、醛和酮类化合物，它们的反应机理各不相同。

（1）羧酸的Schmidt重排反应机理

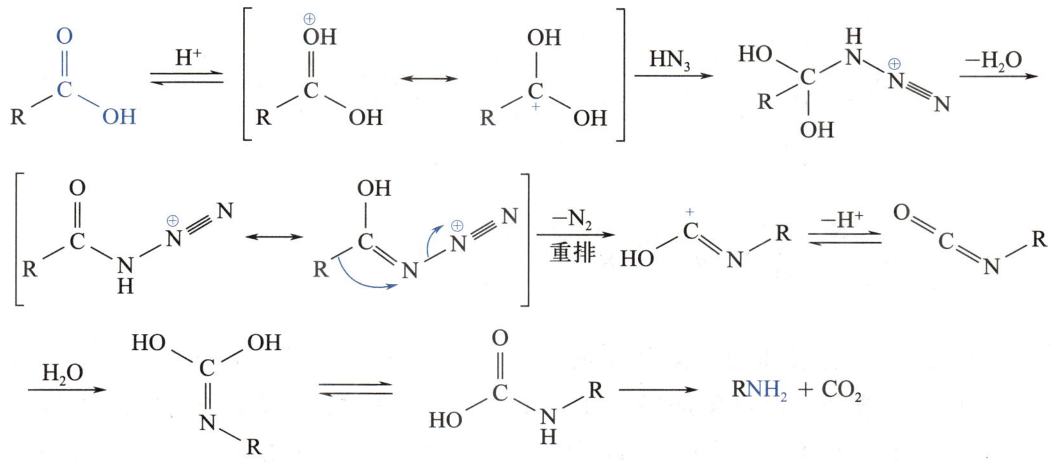

反应中，质子化的羧酸与叠氮酸反应，而后经重排生成异氰酸酯，后者水解生成氨基甲酸，氨基甲酸分解生成胺并放出二氧化碳。最终的结果是生成比原来羧酸减少一个碳原子的胺。

关于羧酸的Schmidt重排反应机理，还有如下另外一种解释：

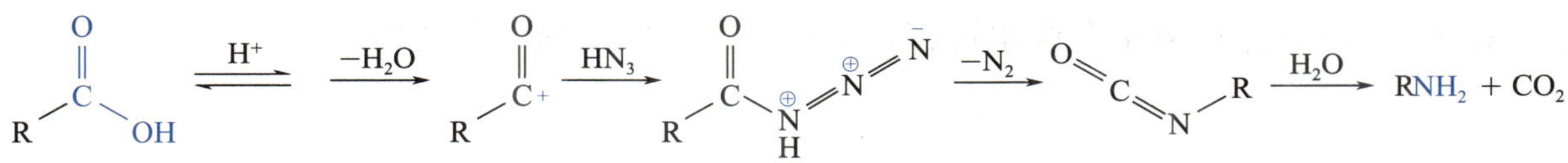

上述反应的第一步是$A_{Ac}1$反应，酰氧键断裂生成酰基碳正离子，而后与叠氮酸进行反应，重排生成异氰酸酯，后者水解生成胺。R基团大的羧酸有利于$A_{Ac}1$反应，所以空间位阻大的羧酸进行Schmidt重排反应时，胺的收率较高。

上述两种解释的共同点在于，缺电子中心是由于叠氮基失去N_2而引起的Schmidt重排反应，是C→N的分子内的重排。

（2）酮的Schmidt重排反应机理

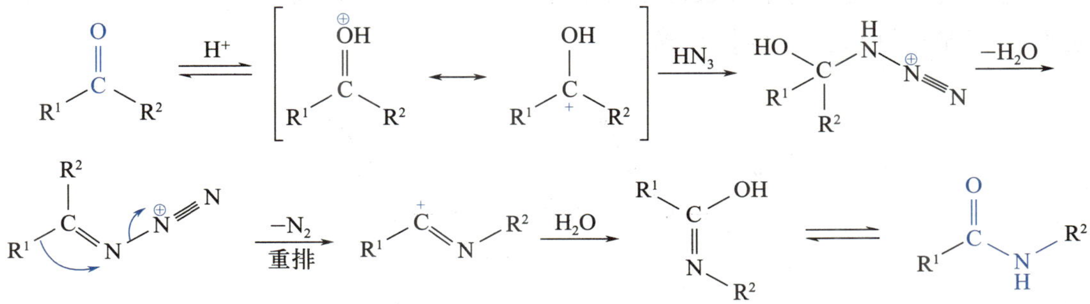

反应中质子化的酮羰基与叠氮酸反应，经脱水、失去氮分子，重排生成质子化的*N*-

取代亚胺，后者与水分子结合，最终生成*N*-取代酰胺，氮上的取代基就是原来酮分子中羰基上的一个取代基。

（3）醛的Schmidt重排反应机理

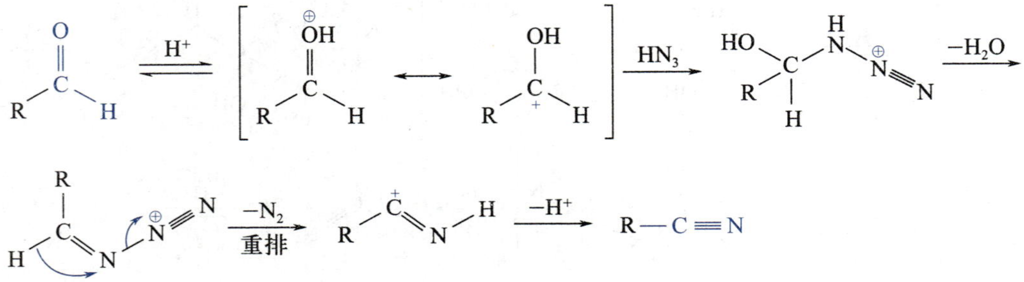

反应中质子化的醛羰基与叠氮酸反应，经脱水、失去氮分子，重排生成质子化的亚胺，后者与水分子结合，最终生成腈。生成的腈与原来的醛具有相同的碳原子数目。

显然，在上述三种不同底物的反应中，都是首先进行羰基的质子化，与叠氮酸加成后，再通过消除和重排等过程，最后得到相应的产物。羧酸重排后得到比原来羧酸少一个碳原子的胺；酮重排后得到*N*-取代酰胺，相当于在酮的*α*-C与羰基碳原子之间插入了NH；而醛重排后得到相同碳原子数目的腈。

当使用由其他方法制备的取代乙烯基叠氮化合物在Schmidt重排反应条件下反应时，其结果和相应的酮与叠氮酸的重排反应产物相同，而且产物的比例也相同。由此，可以认为在Schmidt重排反应中有脱水过程，其结果是生成相同的中间体。

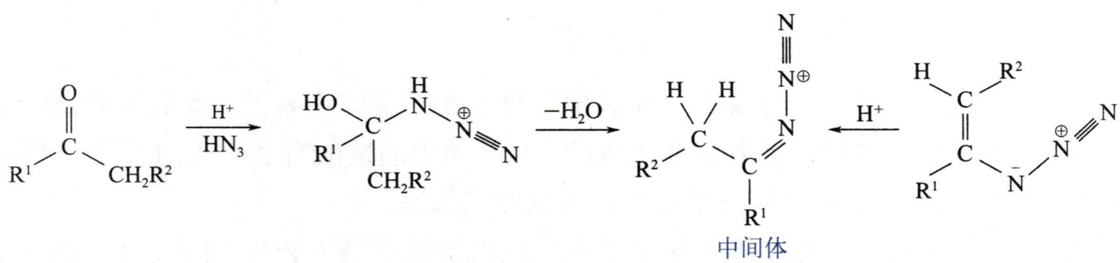

在不对称酮的Schmidt重排反应中，不管基团的性质如何，迁移的基团总是体积较大的基团。这一事实也进一步证明了有中间体的存在。在中间体中，大基团与N_2处于反位是比较稳定的结构，这一点同Beckmann重排是相同的。顺、反异构体之间也可以相互转换，但转换能垒比肟低，更容易转换。

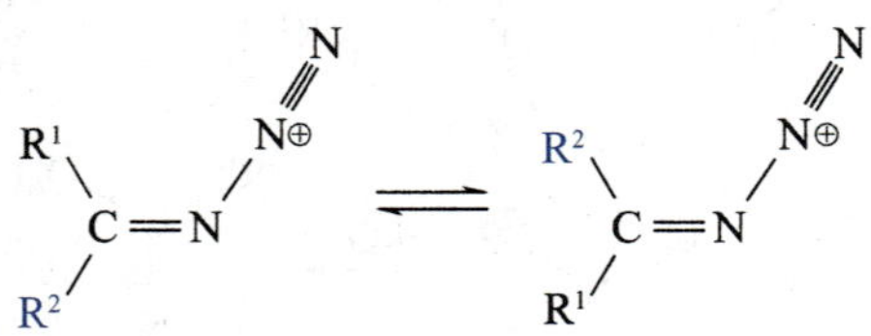

若迁移基团为手性基团，则重排后手性基团的绝对构型不变。

在酮的Schmidt重排反应中，有副产物四唑生成，也进一步证明了有亚胺碳正离子存在。亚胺碳正离子与叠氮化合物反应可以发生［3+2］反应生成四唑。

Schmidt重排反应适用的范围很广，羧酸、醛、酮，甚至酯类化合物都可以发生该反应。羧酸类化合物中，脂肪族羧酸、芳香族羧酸、杂环类羧酸等都可以发生Schmidt重排反应。即使是长碳链的羧酸以及空间位阻较大的羧酸，采用该重排反应都可以得到高收率的胺。

羧酸的来源很广，因此这是由羧酸制备胺类化合物的方法之一。但叠氮酸有毒，且容易爆炸，影响了其应用。叠氮酸的4%～10%的氯仿或苯溶液，可以由叠氮钠与浓硫酸在氯仿或苯中反应来制备。凡是对浓硫酸稳定的羧酸，都适用于用此法制备相应的胺。**该重排反应不适用于对浓硫酸不稳定的有机酸**，例如α-氯代酸，因为其容易发生脱氯化氢反应。该反应更适用于由脂肪族一元羧酸和二元羧酸、脂环族羧酸以及芳香族羧酸等合成胺。**反应中手性中心的绝对构型不变**。

α,β-不饱和羧酸及其酯，通过Schmidt重排反应生成不稳定的烯胺，后者水解生成羰基化合物。肉桂酸在发生该反应时生成苯乙醛。

$$\mathrm{PhCH=CHCOOH \xrightarrow{HN_3} PhCH=CHNH_2 \xrightarrow{重排} HN=CHCH_2Ph \longrightarrow PhCH_2CHO}$$

α-氨基酸的氨基对羧基有抑制作用。以下α-氨基酸对叠氮酸是不活泼的：甘氨酸、马尿酸和硝基马尿酸、α-或β-丙氨酸、苯丙氨酸、乙酰基丙氨酸、苯甘氨酸、N-对甲苯磺酰基苯丙氨酸、β-苯基-β-氨基氢化肉桂酸等。二肽和多肽也不与叠氮酸反应。由α-氨基二元羧酸合成二氨基羧酸是可以的。例如：

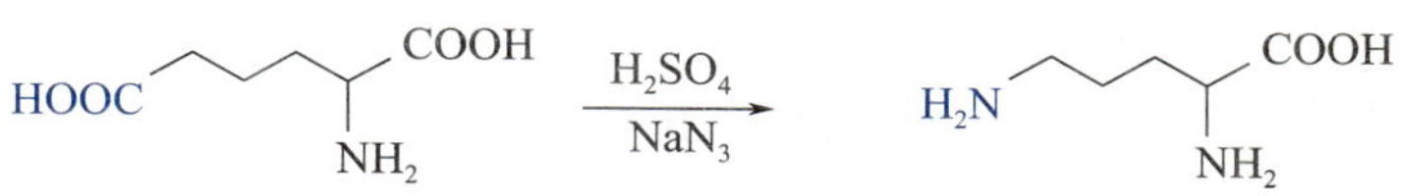

环状的二元羧酸与叠氮化钠反应可以生成环状的二胺。反应中顺式二元羧酸生成顺式二胺，而反式二元羧酸则生成反式二胺。例如：

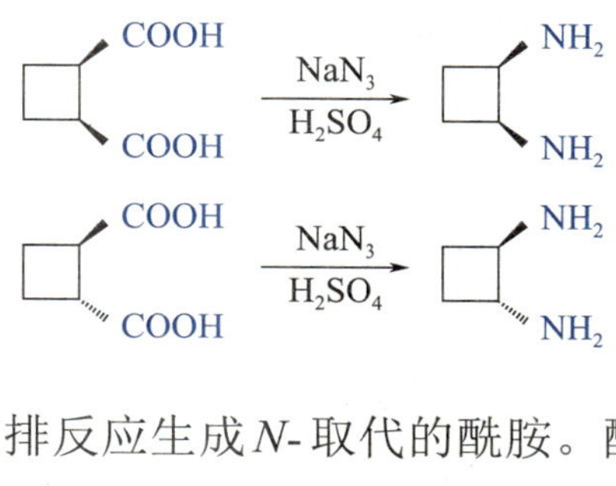

酮类化合物的Schmidt重排反应生成N-取代的酰胺。酮类化合物中，二烷基酮、环酮、二芳基酮及烷基芳基混合酮等都能发生该重排反应。单酮重排后产物比较简单，只有一种N-取代酰胺。

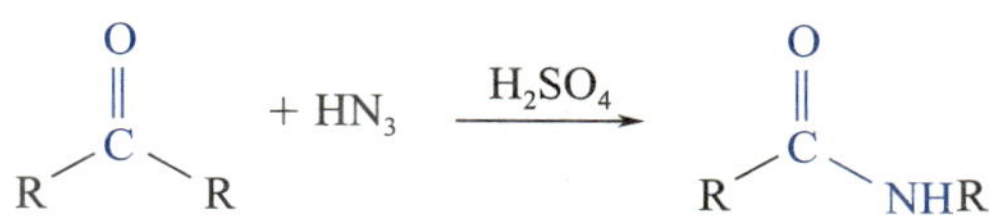

混合酮重排后得到两种酰胺的混合物，混合物的比例取决于基团的迁移能力。在烷基芳基酮的反应中，一般是芳基优先迁移，生成*N*-芳基酰胺为主。

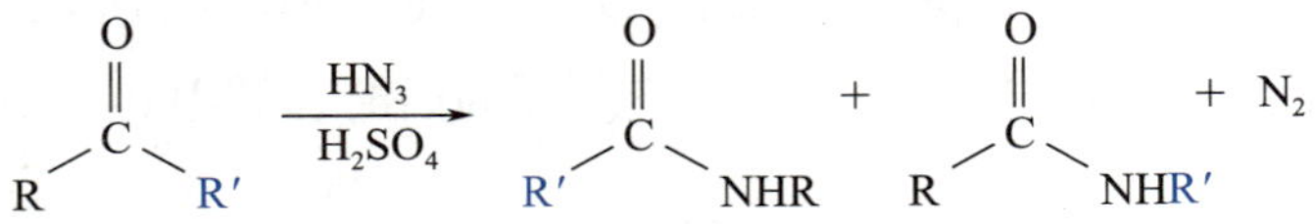

除了叠氮酸，三甲基硅基叠氮（TMS-N_3）也可以代替叠氮酸。

分子内的Schmidt重排反应对不同的环酮和侧链都能很好地进行，尤其是羰基和叠氮相隔四个碳的底物，反应更容易进行，原因是生成稳定的六元环中间体。

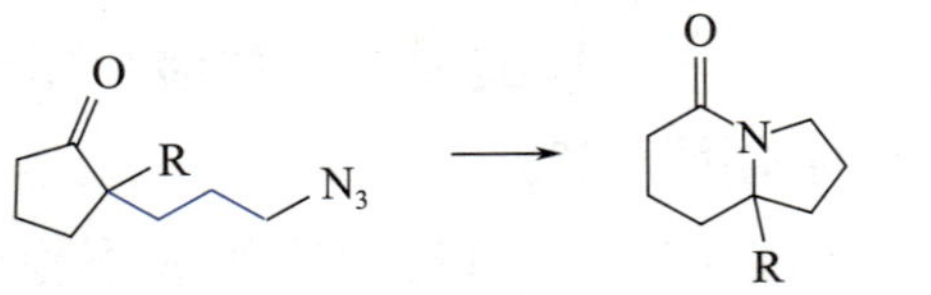

R=H	TFA, 40min	83%
R=$COOCH_3$	TFA, 16h	66%
R=$COOCH_3$	$TiCl_4$, CH_2Cl_2, 20min	70%

烷基叠氮化合物最简便的合成方法是由卤代烃与叠氮化钠反应来制备。

$$R—Br + NaN_3 \longrightarrow R—N_3 + NaBr$$

有机羧酸与叠氮酸作用生成减少一个碳原子的胺，这与Hofmann重排和Curtius重排反应相似。Schmidt重排反应的优点是一步反应即可生成胺，而后二者却要制成羧酸的衍生物。但Schmidt重排反应使用了毒性很强的叠氮酸，并且常常使用浓硫酸作催化剂，对浓硫酸敏感的化合物不能使用Schmidt重排反应，这也是明显的缺点。叠氮酸不稳定，叠氮酸钠盐可以稳定存在，但不能剧烈撞击或加热，以免引起爆炸。在Schmidt重排反应中，酸一方面作催化剂，另一方面与叠氮钠反应生成叠氮酸，所以酸是过量的。

除了通常使用的浓硫酸外，也可以使用甲基磺酸、多聚磷酸、三氟醋酸等，有时也可以使用三氯化铝、氯化亚锡、四氯化钛等Lewis酸作催化剂。当使用烷基叠氮化合物时，Lewis酸作催化剂应用较多。

Schmidt重排反应在有机合成中具有广泛的用途。羧酸与叠氮钠反应可以生成减少一个碳原子的伯胺，酮与叠氮酸反应可以生成*N*-取代酰胺。除了叠氮酸之外，烷基叠氮化合物也可以用于该重排反应。在天然产物的合成中，该重排反应也具有广泛的用途。

12.2.5 罗森（Lossen）重排

异羟肟酸或其*O*-酰基衍生物等在单独加热或在$SOCl_2$、P_2O_5、Ac_2O等脱水剂存在下加热，可生成异氰酸酯。再经水解生成胺，此反应称为罗森（Losson）重排反应。该反应是由Lossen于1872年首先发现。

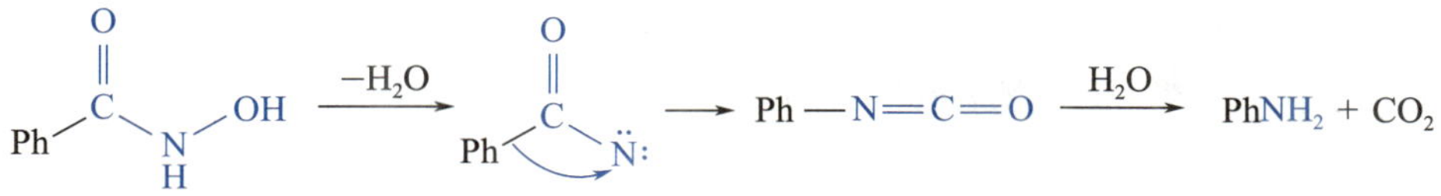

Lossen重排可以被酸催化，也可以被碱催化。

（1）碱催化机理

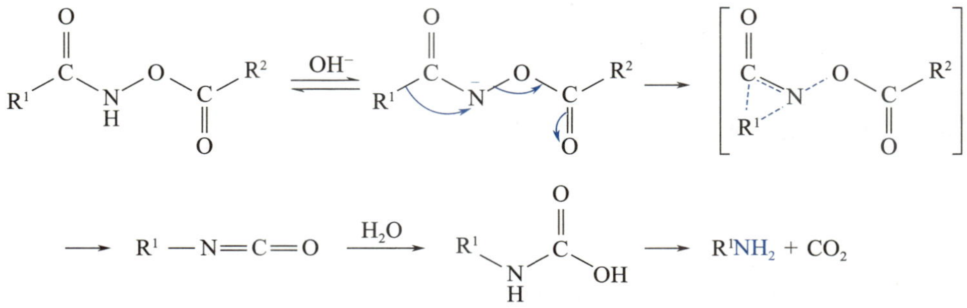

羟肟酸酯首先在碱的作用下失去氮原子上的氢生成氮负离子，经活性配合物中间体生成异氰酸酯，后者与水反应生成氨基甲酸，氨基甲酸分解失去二氧化碳，最后生成减少一个碳原子的胺。

（2）酸催化机理

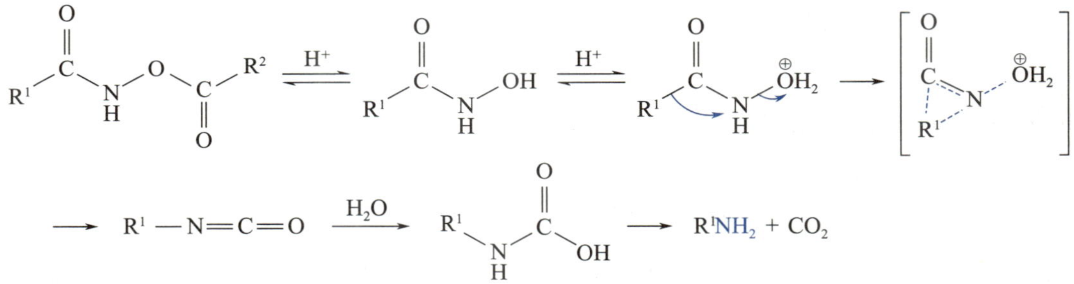

酸催化也是经活性配合物中间体，生成异氰酸酯，最后生成与起始原料羧酸相比减少一个碳原子的胺。

显然，Lossen重排反应机理与Hofmann重排反应机理非常相似。

反应若在醇中进行，则生成氨基甲酸酯；若在胺中进行，则生成脲的衍生物。

Lossen重排是分子内重排。所以，若迁移基团是手性基团，则重排后迁移基团的绝对构型保持不变。

此反应适用于多种类型的羧酸，但更适合于由芳香族羧酸制备芳香胺，也适用于芳香杂环羧酸制备相应的胺。

脂肪族二元羟肟酸在苯或甲苯中，在氯化亚砜作用下重排生成二异氰酸酯。

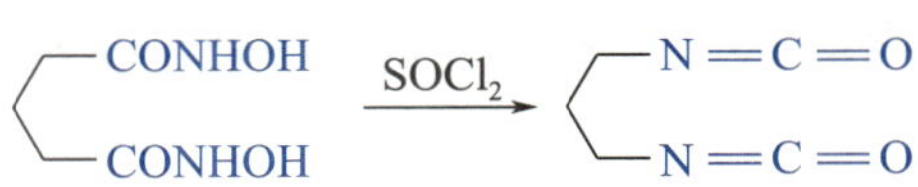

直接用羟肟酸可以进行Lossen重排反应，羟肟酸酯也可以进行此反应。通常将适当的酰氯加到羟肟酸的冷的碱性溶液中，搅拌后产物很快析出，过滤，即得羟肟酸酯。

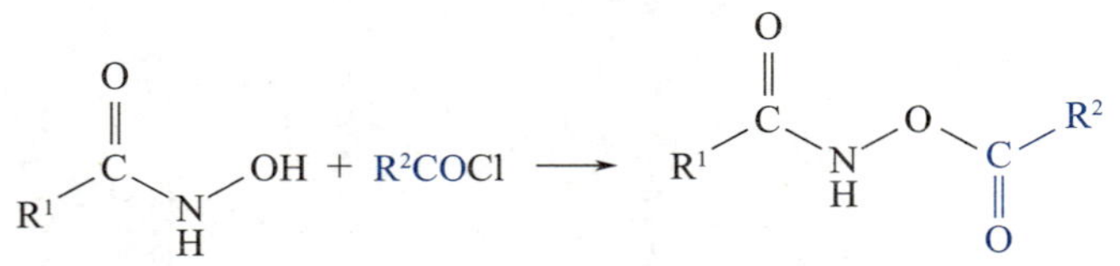

羟肟酸与甲磺酰氯反应生成甲基磺酸酯。

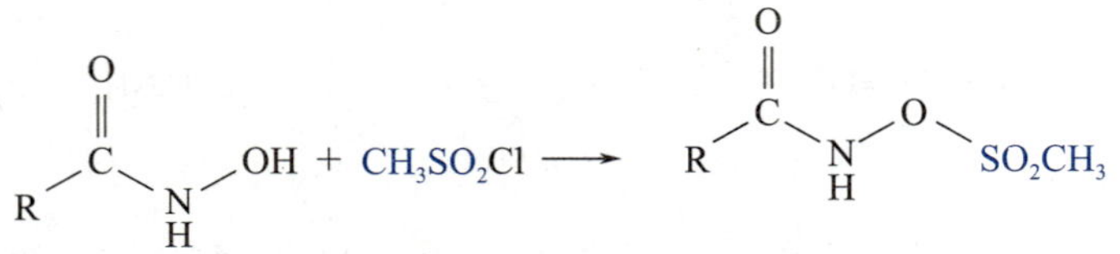

以下两个反应可以看作是该反应的变化形式。

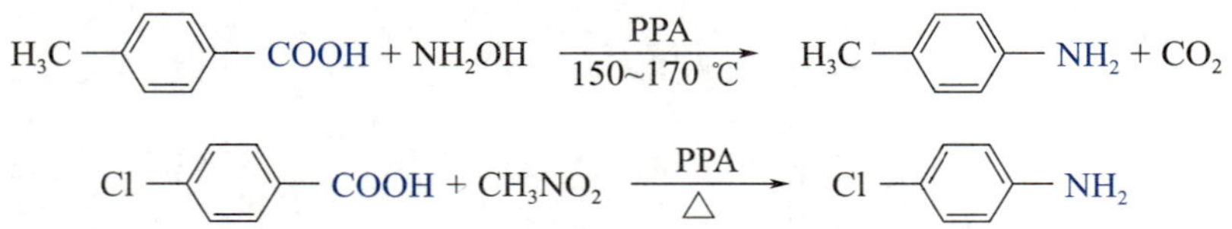

此反应是硝基甲烷与PPA加热生成NH_2OH并参加了反应。

$$CH_3NO_2 + PPA \xrightarrow{\triangle} NH_2OH + CO$$

Lossen重排反应的起始原料常常是羟肟酸。生成羟肟酸的方法有多种，最普通的方法是酯与羟胺在室温下反应；将盐酸羟胺溶解在无水乙醇中，加入乙醇钠使其转变为游离碱，滤去氯化钠，将含游离碱的溶液加入酯的乙醇溶液中再加入乙醇钠的乙醇溶液，放置片刻，而后浓缩，可以得到羟肟酸的钠盐结晶。也可以由羧酸酯与盐酸羟胺在吡啶存在下于乙醇中反应来制备。

$$CH_3(CH_2)_{10}COOCH_3 \xrightarrow[\text{EtOH, Py}]{NH_2OH \cdot HCl} CH_3(CH_2)_{10}CONHOH$$

羟肟酸也可以由酰氯与羟胺直接反应来制备。

$$RCOCl + NH_2OH \longrightarrow RCONHOH$$

Lossen重排反应在加热条件下即可进行，由于常用的溶剂是苯、甲苯，一般反应温度不高。

催化剂对重排反应有影响。常用的酸性催化剂有醋酸酐、氯化亚砜、P_2O_5、酰氯（生成酯），也可以使用Lewis酸。

$$CH_3(CH_2)_{10}CONHOH \xrightarrow{PhCOCl} CH_3(CH_2)_{10}CONHOCOPh \xrightarrow[\text{回流}]{\triangle}$$

$$[CH_3(CH_2)_{10}NH]_2CO \xrightarrow{HCl} CH_3(CH_2)_{10}NH_2 \cdot HCl$$

在用羟肟酸进行反应时，羟肟酸可以与生成的异氰酸酯发生缩合等副反应。

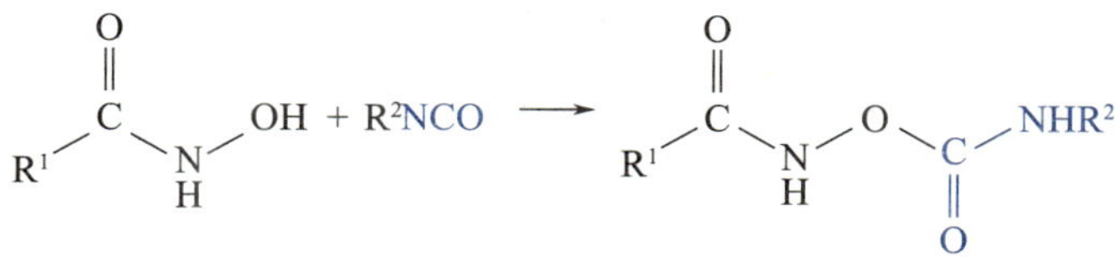

羟肟酸与对甲苯磺酰氯在碱存在下生成磺酸酯，该酯不稳定，立即与羟肟酸反应生成*O*-苯基氨甲酰基苯甲羟肟酸，后者可重排生成异氰酸酯，进而与胺反应生成取代的脲。例如：

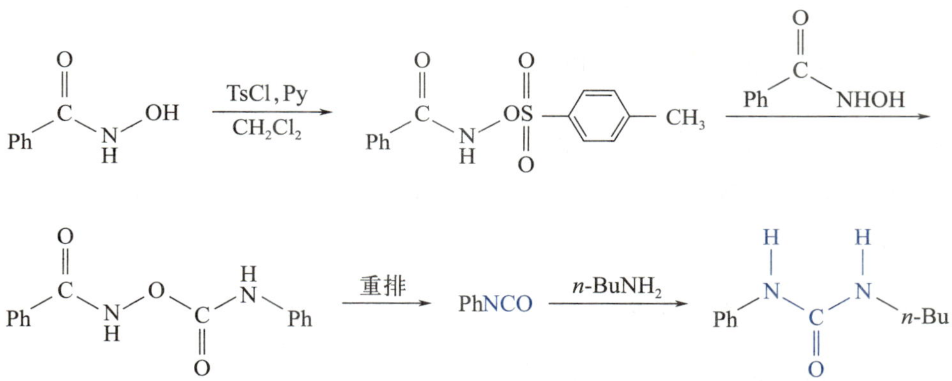

Lossen重排过程是富电子迁移基团向缺电子氮的迁移，迁移基团有给电子基存在时，能加大反应速率，若有吸电子基时，则反应速率减慢。*O*-酰基中的R有吸电子基时会使反应速率加快，有给电子基时反应速率减慢。

若异羟肟酸和$PhCH_2N{=\!=}C{=\!=}N(CH_2)_3N(CH_3)_2$一起反应，则在极其温和的条件下即可发生重排。

由于羟肟酸不易得到、稳定性有限以及在该反应中可以与生成的异氰酸酯发生缩合等副反应，该反应的实际应用相对较少。

Hofmann重排反应、Schmidt重排反应、Curtius重排反应以及Lossen重排反应，有许多相似之处，它们都是由羧酸制备胺的方法，但又各具特点，在合成中均占有一定的位置。

四种重排反应的比较

Schmidt重排反应在具体操作上占有优势，常常是只需一步反应，常用硫酸作为催化剂，对硫酸敏感的羧酸不宜采用Schmidt重排反应。Curtius重排反应条件温和，但不方便之处是需要将羧酸转化为酰基叠氮，危险性较大。Lossen重排反应则是需制备羟肟酸，羟肟酸稳定性差，且不太容易制备，因而应用也最少。Hofmann重排反应应用较多，且可以用来制备难以用亲核取代反应来制备的芳香胺，如果分子中不含对卤素及碱敏感的基团，一般还是选择Hofmann重排反应来合成胺。

四种重排反应的关系如下：

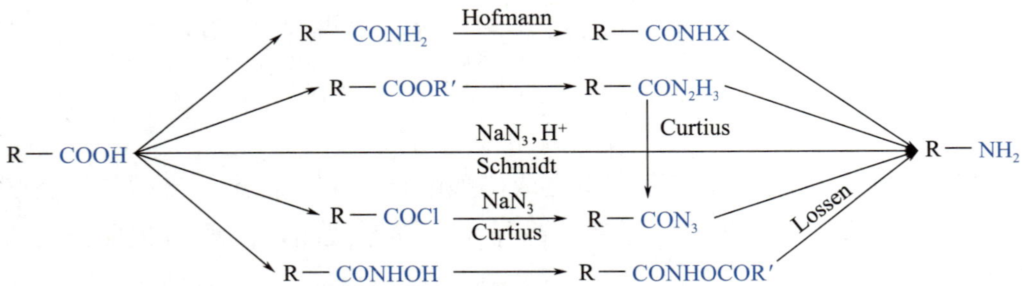

12.2.6 拜耳-维利格（Baeyer-Villiger）氧化重排

醛、酮类化合物在酸催化下与过酸作用，在分子中氢或烃基与羰基之间插入氧原子生成酯的反应称为**拜耳-维利格（Baeyer-Villiger）反应**。由于在反应中包含了一个基团由碳到氧原子的迁移，故该反应亦称为**拜耳-维利格氧化重排反应**。

$$R^1COR^2 + PhCOOOH \longrightarrow R^1COOR^2 + PhCOOH$$

该反应是1899年Baeyer和Villiger在用过硫酸作氧化剂氧化环酮（如香芹酮、薄荷酮、樟脑等）生成相应的内酯的实验中发现的。

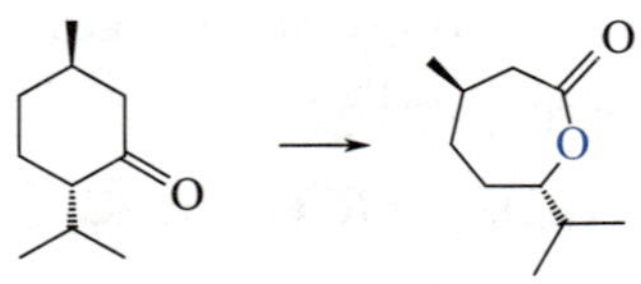

在Baeyer-Villiger重排反应中，**开链酮氧化成一般酯**，**环酮则氧化生成内酯**。过氧酸可采用过氧乙酸、过氧三氟乙酸、过氧苯甲酸及取代的过氧苯甲酸。重排的过程如下：

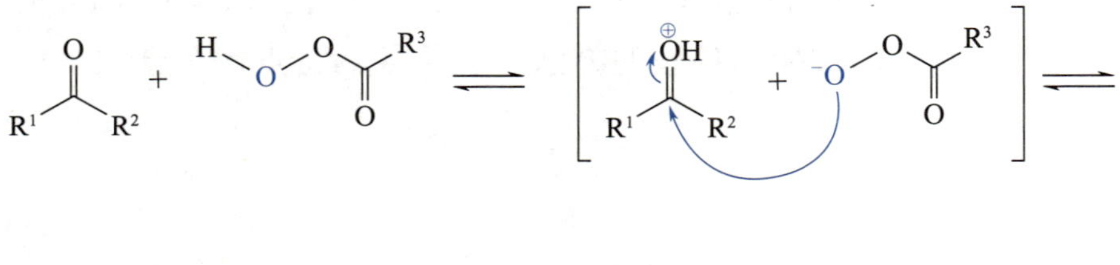

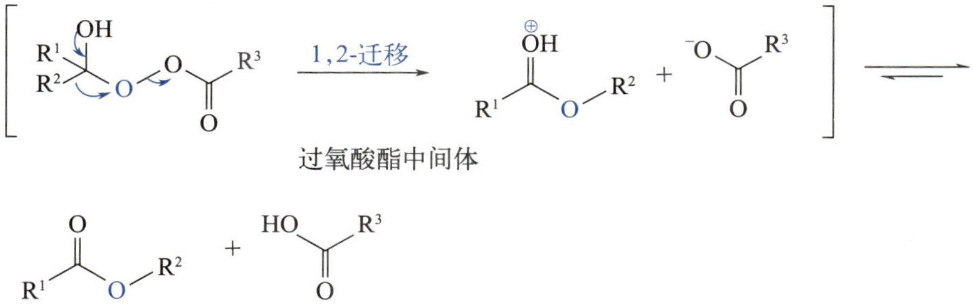

过氧酸的羟基氧原子进攻羰基碳原子形成过氧酸酯中间体，反应遵循酸催化机理；过氧酸酯中间体发生1,2-迁移，O—O断裂，羧酸根负离子离去，烃基迁移到邻位缺电性氧原子上，生成酯和羧酸。R. Griegee对这一反应的机理曾进行了详细的研究，除了上述过程以外，他还认为重排时发生迁移的基团R与离去基团RCOO—处于平面反式的构象，这就是Griegee规则。

反应也可能经历了环状结构，协同反应得到酯和酸。

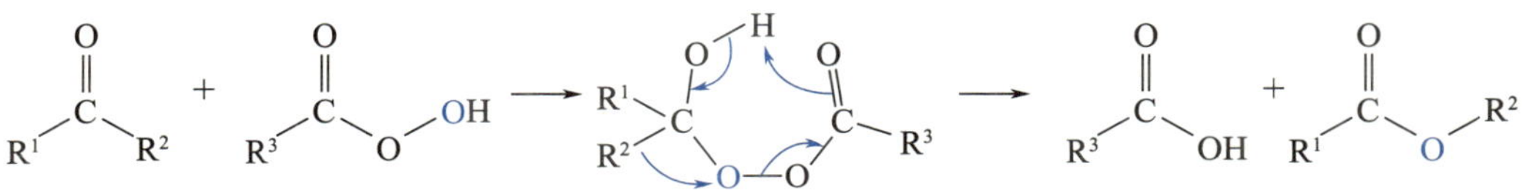

不对称酮的重排中，基团亲核性越大，迁移的倾向也越大，基团迁移的顺序大致为：$—CR_3 > —c\text{-}C_6H_{11} \approx —CHR_2 \approx —CH_2C_6H_5 \approx —C_6H_5 > —CH_2R > —CH{=}CH_2 > —c\text{-}C_3H_3 > —CH_3$。例如：

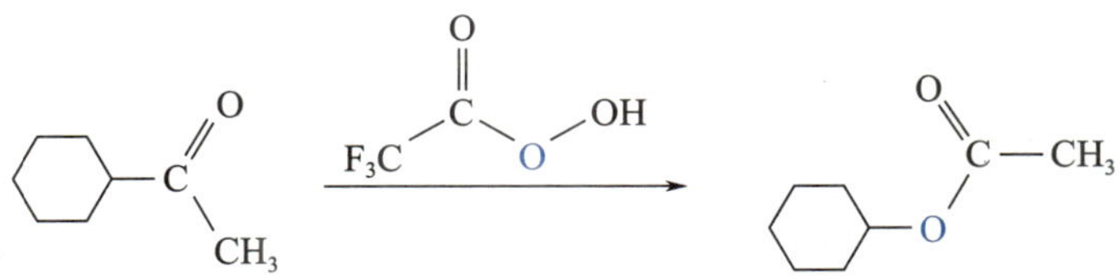

与频哪醇重排等碳正离子的1,2-迁移类似，当烷基发生1,2-迁移时，其三元环状过渡态中离去基团（羧酸根阴离子）带部分负电荷，迁移基团则带部分正电荷。因此，迁移碳原子上的烷基越多，迁移基团的给电子作用越强，越有利于稳定过渡态，反应越容易。当迁移基团为苯基时，反应分两步进行：第一步，先形成苯鎓离子中间体，同时羧酸根阴离子离去，苯环相当于亲核试剂；第二步，三元环开环，苯基完全重排到氧原子上。当苯环的邻对位上带有给电子基团时，所形成苯鎓离子中间体较稳定，反应速率较快。

反应过程中，酸的催化作用是提高羰基的亲核加成活性，同时促进离去基团的离去。

Bayer-Villiger反应适用的范围很广，脂肪族酮、芳香酮、混合酮等都可以发生Bayer-Villiger重排反应。环酮发生此反应生成扩环的内酯。

对于非环状的酮来说，R是二级、三级的烷基或烯丙基时，反应更容易进行。但R

是一级时，用过氧三氟乙酸、BF_3-H_2O_2 及 $H_2S_2O_8$-H_2SO_4，也足以进行该反应。

α-二酮重排生成酸酐。β-二酮容易发生烯醇化，不发生此重排反应。

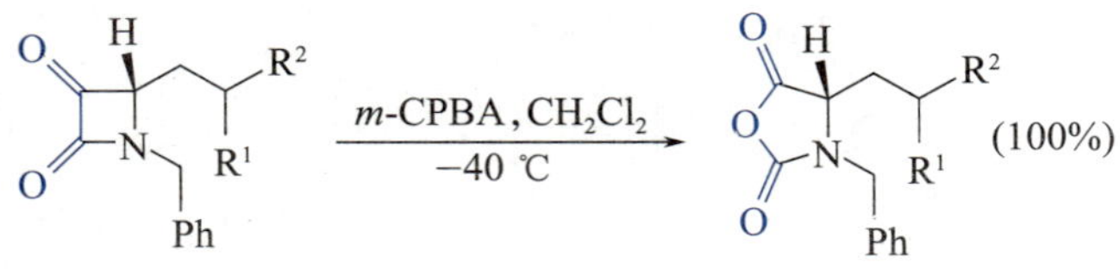

醛在该重排反应中发生氢迁移一般生成酸。但若与间氯过氧苯甲酸（*m*-CPBA）在二氯甲烷中室温反应，可以得到高收率的甲酸酯，且手性碳构型保持不变。

Dakin氧化就是*o*-, *p*-苯甲醛或苯基酮在碱性条件下与 H_2O_2 作用，经Baeyer-Villiger反应生成酯，后者在碱性条件下水解生成酚类化合物。例如：

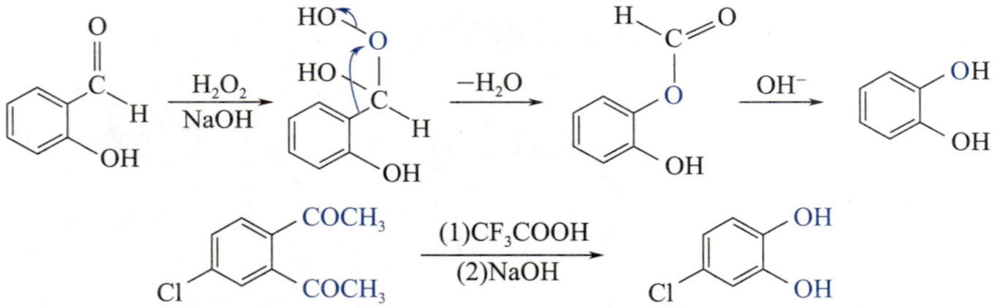

桥环酮类化合物也可以发生该重排反应。例如：

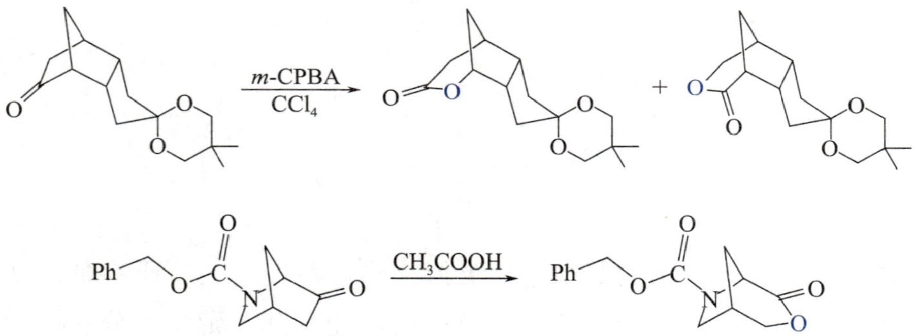

E. Glotter等研究发现，下面化合物在*m*-CPBA作用下，当—OAc为轴向取向时，专一性地得到了相应的重排产物，双键没有被环氧化，这主要是由于—OAc立体位阻的影响。若—OAc为平面取向，则生成的产物会进一步被氧化生成环氧化合物。他们认为，在这样的底物中，当酮羰基与双键共轭时，酮发生Baeyer-Villiger反应生成烯醇内酯的速率比双键氧化为环氧化合物的速率快。

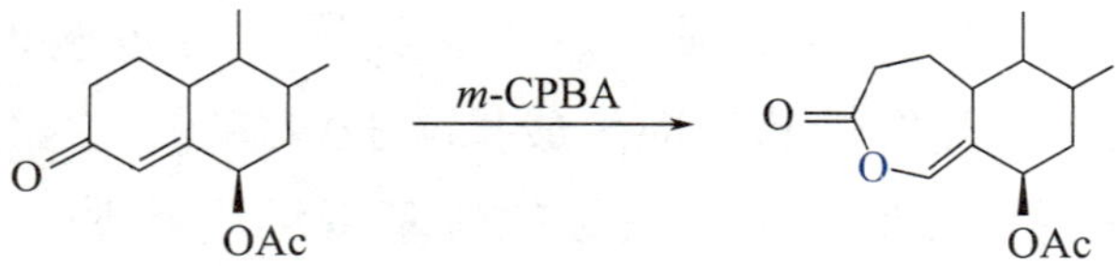

常用的过酸有过醋酸、过三氟醋酸、过苯甲酸、过氧化氢-三氟化硼、过顺丁烯二酸、过邻苯二甲酸、间氯过苯甲酸、过硫酸、过磷酸等。其中，过三氟醋酸和过苯甲酸类应用最多。若在反应中加入磷酸氢二钠作缓冲剂，可以避免过三氟醋酸与反应产物之间的酯交换，收率可达80%～90%。磺酸树脂制成过氧磺酸树脂也可用作氧化剂。

各种氧化剂的氧化活性顺序如下：

① 过三氟乙酸＞单过顺丁烯二酸＞单过邻苯二甲酸＞过-3,5-二硝基苯甲酸＞过对硝基甲酸＞过间氯苯甲酸

② 过甲酸＞过苯甲酸＞过乙酸＞过氧化氢＞叔丁基过氧化物

近年来有很多关于Baeyer-Villiger反应氧化方法的报道。增强反应的普适性、选择性和环境友好性是人们追求的目标。已知的改进方法有：用作共氧化剂，以分子氧氧化；金属配合物催化氧化；有机锡催化氧化；有机/无机化合物催化氧化；生物催化氧化等。其中最值得关注的是催化氧化，因为催化氧化法可以简化操作条件、减少反应物用量、废物生成少，产品收率和转化率较高。

不对称的酮重排后的产物与酮的结构有关，取决于酮的电子效应和稳定中间体的构象，当没有特殊的构象要求时，电子效应起主导作用（立体电子控制），稳定正电荷能力越大的基团优先迁移。重排的最终结果是在酮羰基碳与容易迁移的烃基碳之间，插入一个氧原子，生成相应的酯。

由于甲基的迁移能力小，所以利用该重排反应可以由甲基酮制备相应的乙酸酯及其水解产物醇或酚。

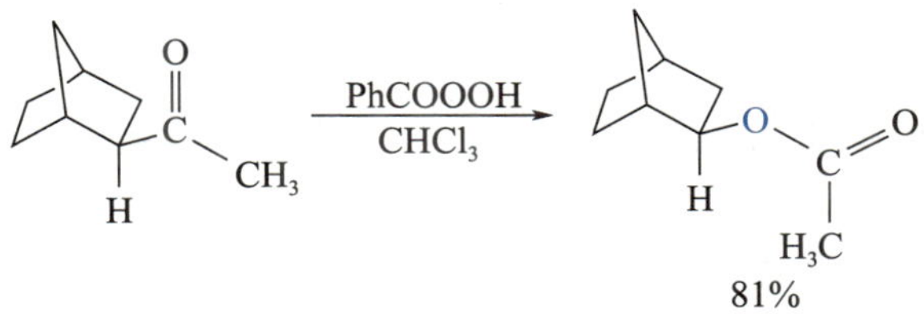

采用酶作为催化剂，可以从非手性的环烷酮合成手性的内酯，反应具有很好的立体选择性，在合成具有光学活性物质中的优势明显。相信在不久的将来，生物催化的Baeyer-Villiger反应一定会得到大规模的应用。

Baeyer-Villiger重排反应在反应中迁移基团的立体化学保持不变，而且有一定的区域选择性，广泛用于在有机合成中。此反应的成功之处在于它的多样性，例如，①链状酮氧化生成酯、环酮氧化成内酯、安息香醛氧化生成酚、羧酸和α-二酮转化为酐；②其他基团对反应影响较小；③可以预测反应的区域选择性；④反应一般为立体选择性；⑤很多物质可以作为氧化剂等。在天然化合物合成中也有较大用途。

12.2.7 氢过氧化物重排

烃类化合物被O_2氧化生成氢过氧化物，在酸或Lewis酸的作用下，发生O—O键的

断裂生成缺电子氧中间产物，然后发生烃基从碳原子移至氧原子上的重排，称为氢过氧化物重排。

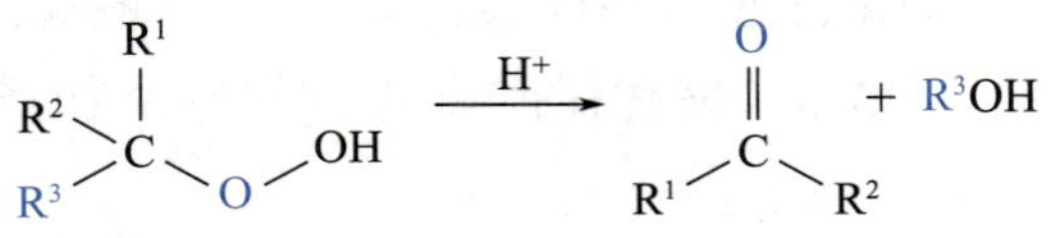

R 可以是烷基或芳基，迁移能力的顺序一般是：芳基＞叔烷基＞仲烷基＞伯烷基＞甲基。

氢过氧化物重排的一个重要的例子为过氧化物异丙苯的重排，此法也称为Hock 重排，反应产物为丙酮和苯酚，具有重要的合成价值。

Hock 重排的机理如下：

第一步：在强酸作用下，过氧化异丙苯的羟基被质子化，形成氧鎓离子。

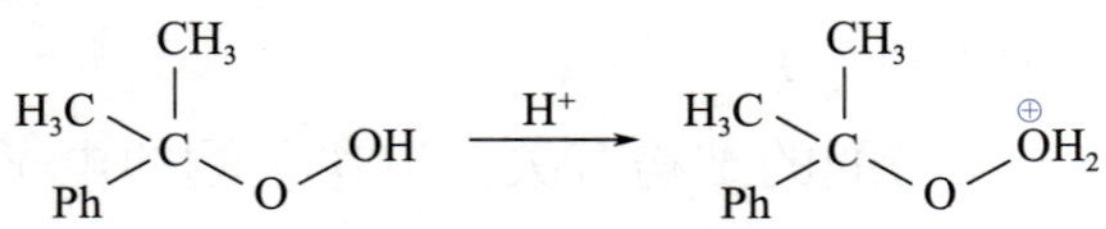

第二步：氧鎓离子脱水，同时苯基带着一对电子迁移到缺电性氧原子上，形成碳正离子并产生共振结构。

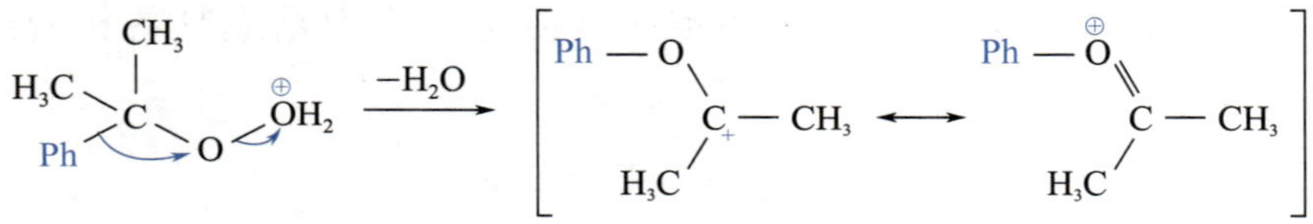

第三步：水分子进攻缺电性碳原子，形成质子化半缩酮。

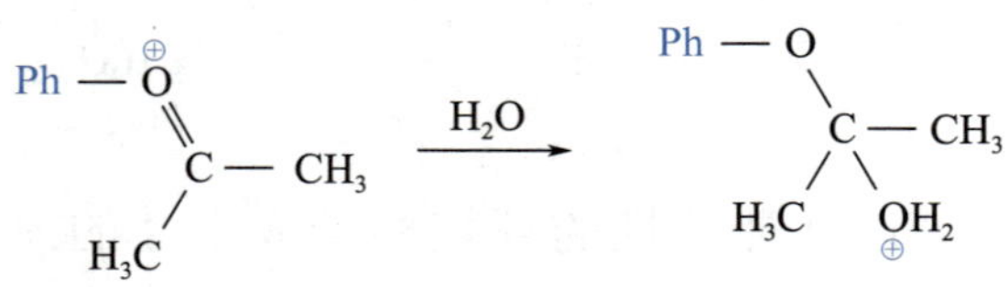

第四步：质子转移。

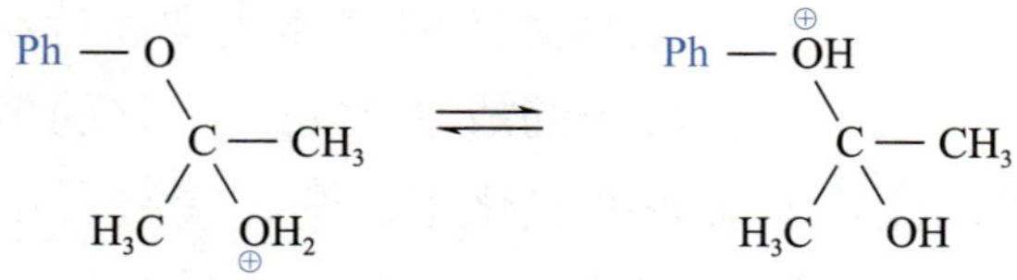

第五步：半缩酮发生消除反应，C—O 键断裂，生成苯酚和丙酮。

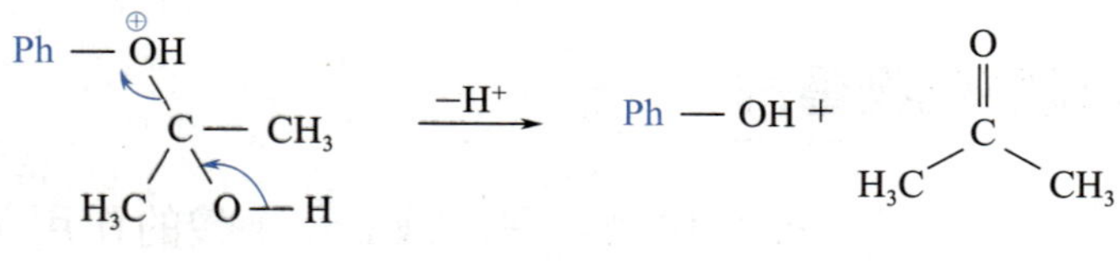

该重排反应在实验室合成中应用并不多，重要的工业用途是由异丙苯氧化重排合成苯酚和丙酮。从异丙苯到苯酚的总收率大于95%，每生成1 t苯酚可以同时得到0.6 t丙酮。该方法的基本原料异丙苯，可以由苯与丙烃基化反应来制备，因而原料价廉易得。该方法可连续生产，同时得到苯酚和丙酮两种产品。它是工业上生成苯酚和丙酮的方法之一。

仲丁基苯氧化水解可以合成丁酮和苯酚。

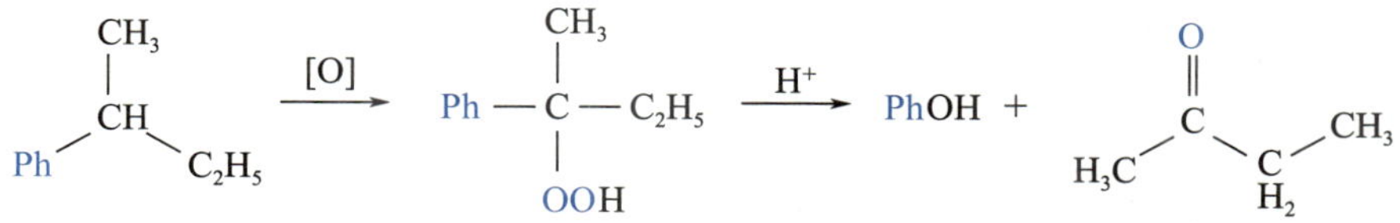

第13章 周环反应

有机反应中有一类反应是通过协同机理并经环状过渡态进行的，此类反应被称为周环反应。D-A反应就是一种典型的周环反应。

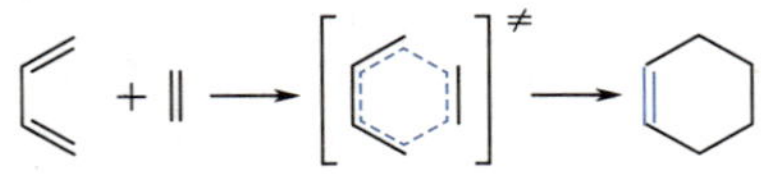

周环反应一般在加热或光照条件下进行，且热反应和光反应的产物不同；此外，周环反应具有高度的立体专一性。

1965年，有机化学家伍德沃德（R. B. Woodward）和理论化学家霍夫曼（R. Hoffmann）共同提出了分子轨道对称守恒原理，即化学反应是分子轨道进行重新组合的过程，在一个协同反应中，分子轨道的对称性是守恒的（由原料到产物，轨道的对称性始终不变），分子轨道的对称性控制着反应能否进行以及产物的立体专一性。

分子轨道对称守恒原理有三种理论，即前线轨道理论、能量相关理论和芳香过渡态理论。

常见的周环反应类型包括电环化反应、环加成反应和σ迁移反应。

13.1 前线轨道理论和分子轨道对称守恒原理

13.1.1 前线轨道理论

1951年，日本化学家福井谦一提出了前线分子轨道理论。他的依据是，在分子轨道中，电子占据的能量最高的轨道称为最高占有分子轨道（HOMO），HOMO上的电子能量最高，所受束缚最小，所以最活泼，容易变动。而未被电子占据的能量最低的轨道称为最低未占分子轨道（LUMO），LUMO在所有的未占轨道中能量最低，最容易接受电子。自由基的分子轨道中，有一个轨道只有一个电子，这种只占有一个电子的轨道称为单占轨道（SOMO）；在所有占有电子轨道中，SOMO轨道能量最高，在所有空轨道和半满轨道中，SOMO轨道能量最低，故SOMO既是HOMO，又是LUMO。HOMO和LUMO间最易相互作用，统称为前线轨道（FMO）。分子间的化学反应过程中，最先作用的分子轨道是前线轨道，起关键作用的电子是前线轨道上的电子。前线轨道决定分子中电子的得失和转移能力，决定分子间反应的空间取向等重要化学性质。前线轨道理论在解释周环反应产物的立体化学结构时非常简单实用。

13.1.2 分子轨道对称守恒原理

有机化学家伍德沃德（R. B. Woodward）在合成VB_{12}的研究中意外地发现了电环化反应在加热和光照条件下具有不同的立体选择性。这引起了他极大的兴趣和关注，随后他和量子化学家霍夫曼（R. Hoffmann）合作，以大量的实验事实为依据，从实践和理论两个方面去探索这些反应的规律，终于发现：分子轨道对称性是控制这类反应进程的关键因素。

分子轨道对称守恒原理认为：化学反应是分子轨道进行重新组合的过程，在一个协同反应中，分子轨道的对称性是守恒的，即由原料到产物，轨道的对称性始终不变，因为只有这样，才能用最低的能量形成反应中的过渡态。因此分子轨道的对称性控制着整个反应的进程。

分子轨道对称守恒原理运用前线轨道理论和能量相关理论来分析周环反应，总结出了周环反应的立体选择规则，并应用这些规则来判别周环反应能否进行，以及反应的立体化学进程，这是近代有机化学的最大成果之一。

芳香过渡态理论从另一个角度来分析协同反应的进程，最后在判断反应进行的方式及立体化学选择规则方面也基本上得到了一致的结论。

当利用前线轨道理论分析周环反应时，首先需要了解该分子的分子轨道形状。以乙烯分子（分子轨道能级见图13-1）为例，有两个π分子轨道，其中一个相对能量较低，分子轨道没有节面，为成键轨道。另一个有一个节面，为反键轨道，相对能量较高。

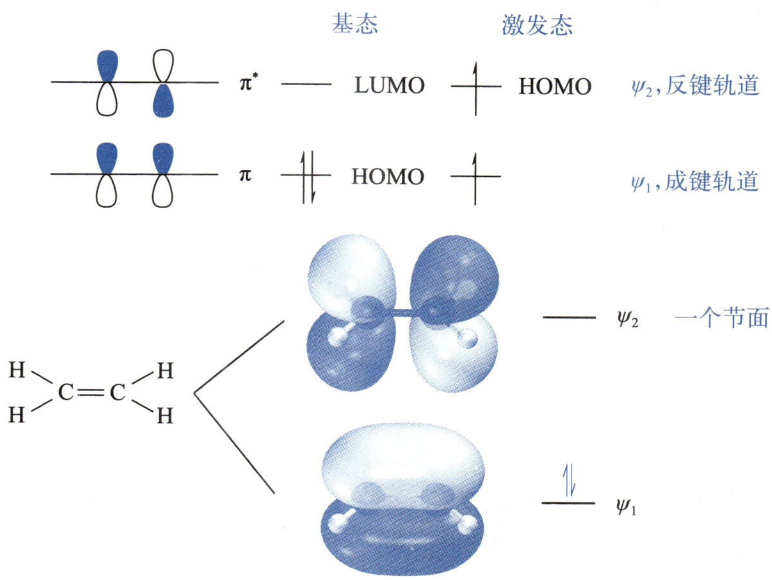

图13-1 乙烯的分子轨道和能级

丁-1,3-二烯（分子轨道能级见图13-2）有四个π分子轨道。ψ_1轨道没有节面，ψ_2有一个节面，ψ_3有两个节面，ψ_4有三个节面，轨道的能级由低到高依次为ψ_1、ψ_2、ψ_3、ψ_4。从丁-1,3-二烯的分子轨道和能级图中可以看出，在基态和激发态时丁-1,3-二烯分子轨道的HOMO和LUMO会发生变化。

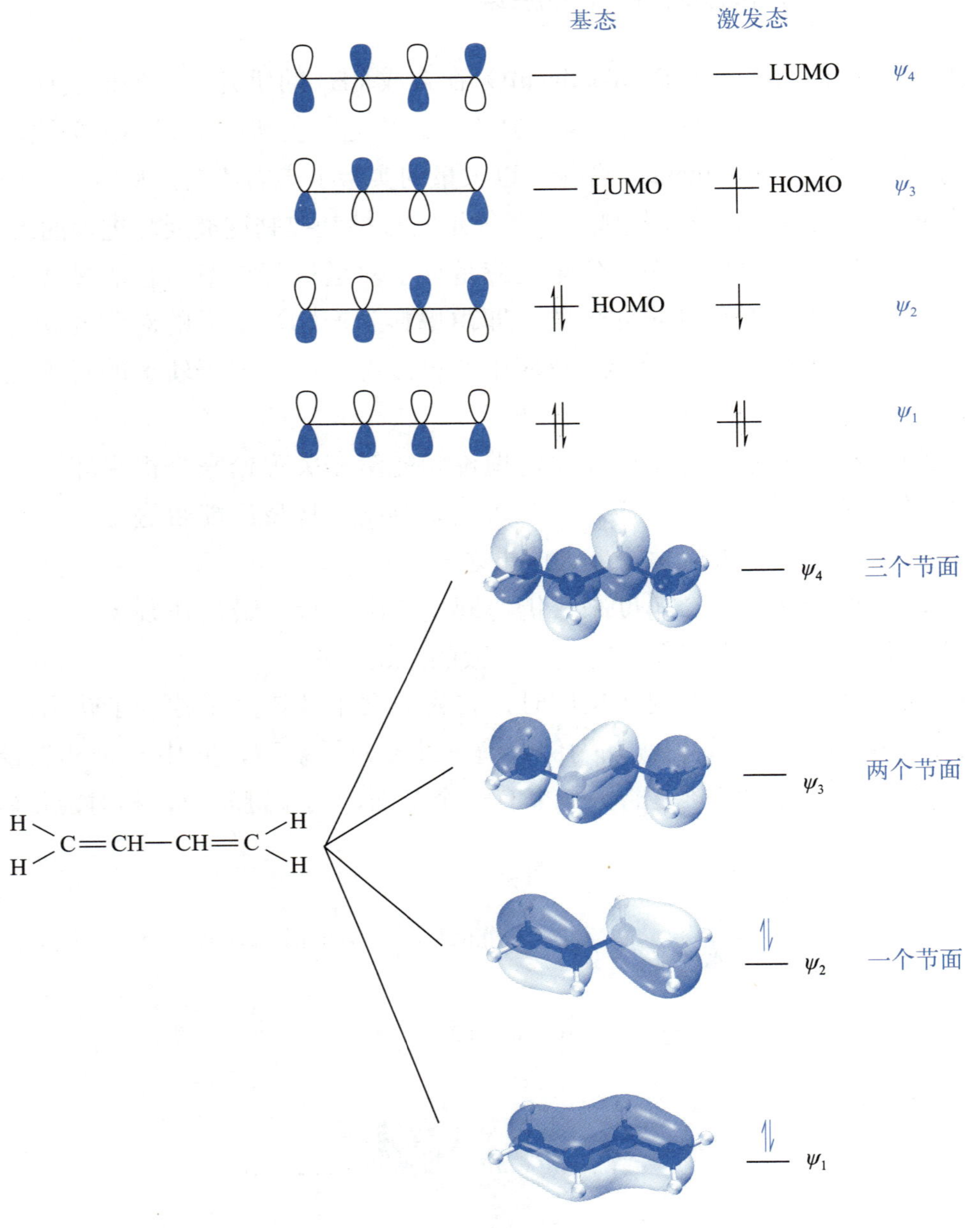

图13-2 丁-1,3-二烯的分子轨道和能级

当组成分子轨道的碳原子数为偶数时，分子轨道中的成键轨道和反键轨道数是相等的。当组成分子轨道的碳原子数为奇数时，除了成键轨道和反键轨道外，还有一个**非键轨道（NBMO）**。从直链共轭多烯分子轨道能级图（图13-3）可以看出，随着轨道能级的

增加，轨道中的节面数增多。

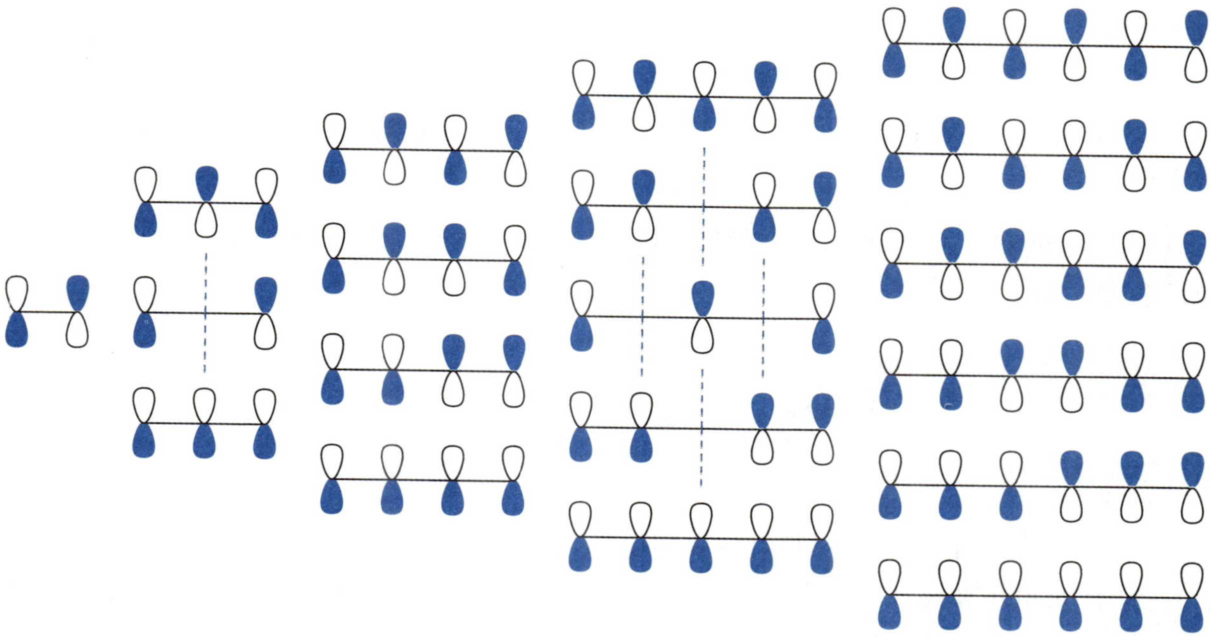

图13-3 C_n直链共轭多烯分子轨道

13.2 电环化反应

电环化反应是在光或热的作用下，共轭π体系末端两个碳原子的π电子环合成一个σ键，从而形成比原来分子少一个π键、多一个σ键的环烯烃。反应条件不同，产物的立体结构不同。

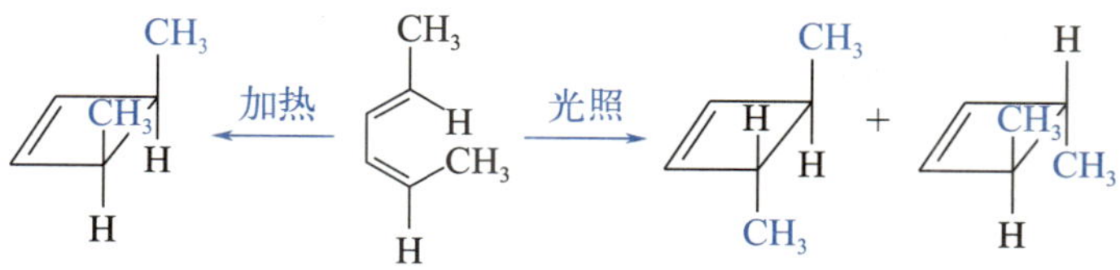

反应条件对产物立体结构的影响可用前线轨道理论分析。下面以丁-1,3-二烯的电环化反应来分析。丁-1,3-二烯是含有4个π电子、4个π分子轨道的体系，可用丁-1,3-二烯的分子轨道能级图的对称性来分析。

前线轨道理论认为反应过程是分子的HOMO（π键轨道）转化为一个新的σ键。π键是由轨道侧面重叠形成的，而σ键是由轨道轴向重叠形成的，因此在发生电环化反应时末端碳原子的键必须旋转。反应在基态时（加热条件），只有当HOMO（ψ_2）两端的原子采取顺旋方式时，才可能使分子轨道位相相同的一端互相接近，从而成键（对称允许的）。反之，对旋则是对称禁阻的（不能发生）。

在光照条件下，由于一个电子被激发，从成键轨道ψ_2跃迁到反键轨道ψ_3，此时分子的HOMO为ψ_3，只有对旋的方式才能形成新的化学键，顺旋则不能。

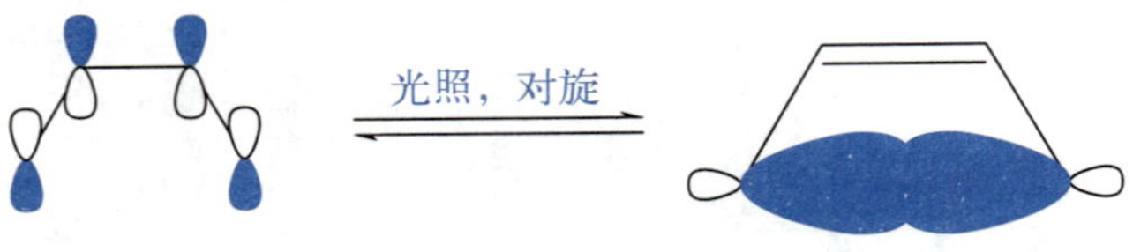

π电子个数为4n的共轭烯烃发生电环化反应的规律与丁-1,3-二烯相同。

对于6π电子体系，在加热和光照条件下的反应与4π电子体系恰好相反。6π电子体系在加热情况下的HOMO是ψ_3，发生对旋的电环化反应是对称允许的。而光照条件下的HOMO是ψ_4，发生顺旋反应是对称允许的。6π电子体系的分子轨道对称性及旋转方式如下：

从上图可以看出，在加热或光照时，末端碳的键的旋转方式不同，导致最终产物取代基X的取向不同，即产物的立体结构不同。

电环化反应有高度的立体选择性，反应条件决定了产物的立体选择性。

(2E,4Z,6E)-辛-2,4,6-三烯共有6个分子轨道和6个π电子，属于4n+2体系。根据前线轨道理论，基态6电子体系的HOMO是它的ψ_3轨道，而在光照条件下，电子激发到ψ_4轨道，ψ_4成为HOMO。该化合物分别在光照和加热条件下发生电环化反应的产物如下：

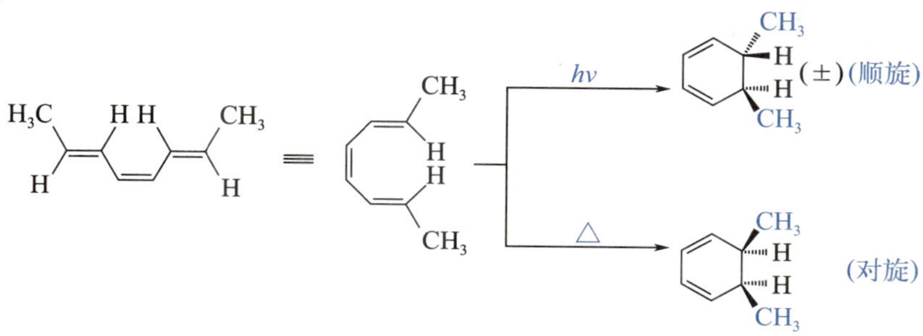

可以看出，在光照下(2*E*,4*Z*,6*E*)-辛-2,4,6-三烯的环化产物为反式结构，而加热条件下为顺式结构。

应当指出的是，电环化反应是可逆的，反应中一般是以产物开链化合物的分子轨道能级来判定反应的对称性。例如，顺式二甲基取代的环丁烯在加热条件下发生开环的反应，应该以4个π电子的体系来判断反应产物的立体专一性。因此该反应在加热条件下顺旋是对称允许的（加热时发生顺旋开环）。

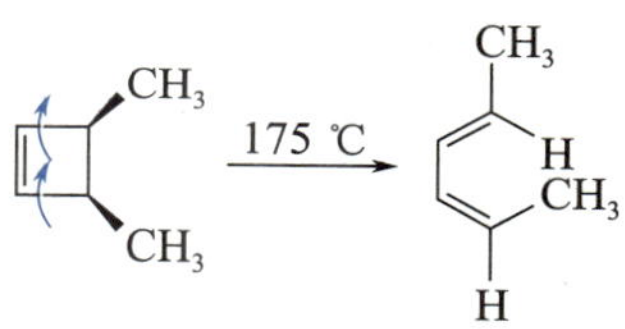

同样对于1,3,5-环辛三烯发生下列反应，是以6个π电子（4*n*+2）的分子轨道能级对称性来判断反应产物的立体化学。

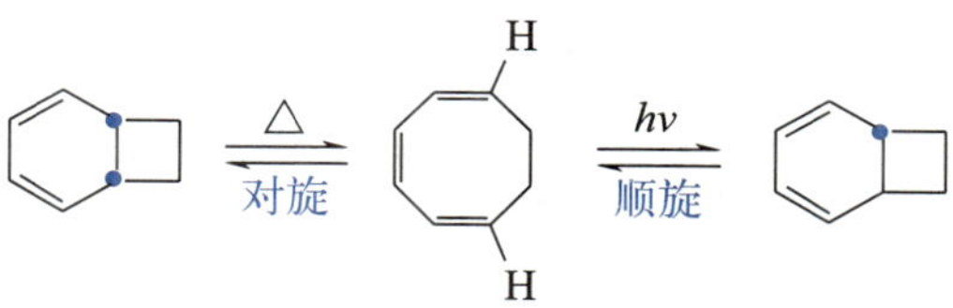

表13-1总结了两种不同体系的电环化反应的选择规律。

表13-1　电环化反应规律

π电子数目	反应条件	对称允许
4*n*	加热	顺旋
	光照	对旋
4*n*+2	加热	对旋
	光照	顺旋

13.3 环加成反应

环加成反应中处于分子末端的两个π体系之间成键（反应条件也是光照或加热），形成一个新的环状化合物。产物比反应物多了两个σ键，少了两个π键，反应过程中不消除任何碎片。环加成反应一般根据参与反应体系的π电子数来分类，有［4π+2π］环加成、［2π+2π］环加成等，通常简称为**［4+2］环加成、［2+2］环加成**。例如，一分子丁-1,3-二烯与一分子乙烯加热生成环己烯的反应为［4+2］环加成，即D-A反应。

不同环加成反应的反应条件不同。例如，**［4+2］环加成反应在加热条件下进行，［2+2］环加成反应在光照条件下进行**。不同环加成反应所需反应条件不同，其规律可用前线轨道理论分析。

根据FMO理论，在基态时［4+2］环加成反应中的双烯体的HOMO、LUMO分别为ψ_2、ψ_3，而亲双烯体的HOMO、LUMO分别为ψ_1、ψ_2。

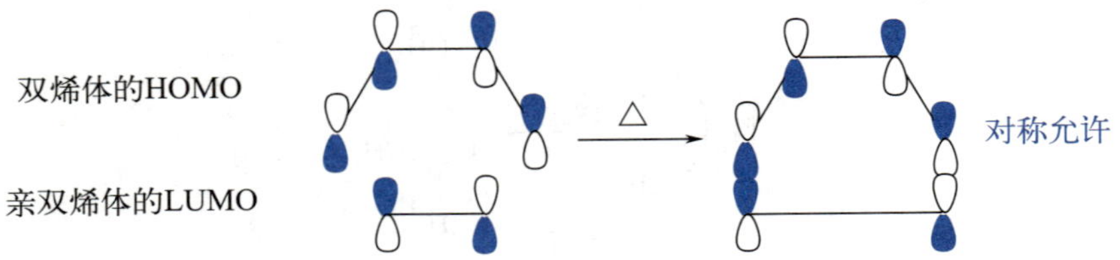

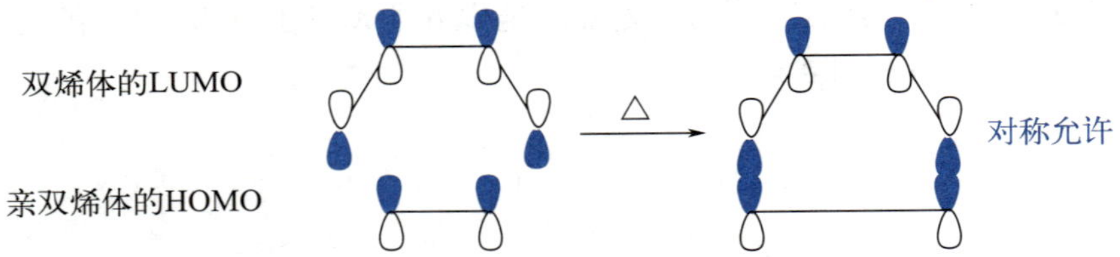

在环加成过程中，π体系中进行反应的两端转化成σ键。两个π轨道必须达到最大程度的重叠，这就要求两个π轨道采取头对头的同面加成方式。因此，对环加成反应，产物的构型取向总是立体专一的顺式结构。由上面的前线分子轨道可见，在加热条件下（基态），无论是用丁-1,3-二烯的HOMO与乙烯的LUMO，还是用丁二烯的LUMO与乙烯的HOMO其轨道两端的位相都是相同的，对称允许，可以相互成键。因此，在加热条件下可以顺利进行［4+2］环加成反应（热允许反应）。若是在光照条件下，乙烯分子的最外层电子跃迁到反键轨道ψ_2上，即

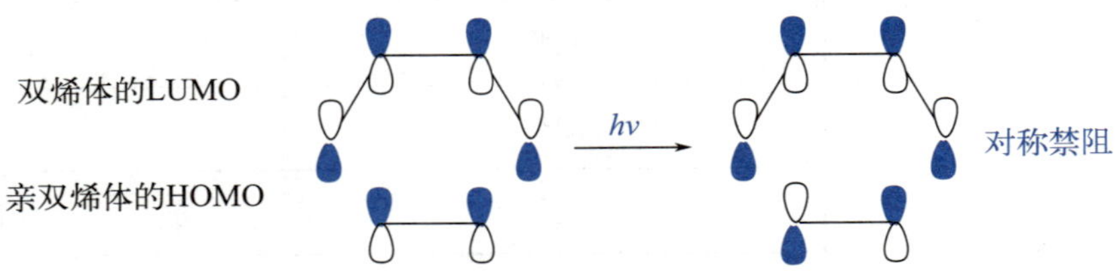

此时丁-1,3-二烯分子的LUMO与乙烯的HOMO对称性不匹配，同面的情况下没有最大程度地重叠，不能够成键。从丁-1,3-二烯分子被激发的角度进行分析也可得出类似结论。因此［4+2］环加成反应在光照条件下无法发生（光禁阻反应）。

与［4+2］环加成类似，［2+2］环加成反应的历程相同，只是结论相反，可以根据乙烯的ψ_1和ψ_2轨道之间的环加成对称性来判断：光照条件下，ψ_1和ψ_2对称性匹配，可以反应；加热条件下，ψ_1和ψ_2对称性不匹配（对称禁阻），不能反应。

应当指出的是，环加成反应有一些特定的规律：

① 在环加成反应中，反应的条件和结果取决于反应体系的总电子数，其规律如表13-2所示。

表13-2　环加成反应规律

反应体系 π 电子总数	加热（基态）	光照（激发态）
$4n$	禁阻	允许
$4n+2$	允许	禁阻

② 当双烯体上有给电子基时，会使其HOMO能量升高，而亲双烯体的不饱和碳上连有吸电子基团时，会使LUMO能量降低，使反应容易进行。光电子能谱（PES）实验表明，大多数环加成反应中，双烯体提供HOMO，而亲双烯体提供LUMO。两个反应的示例如下：

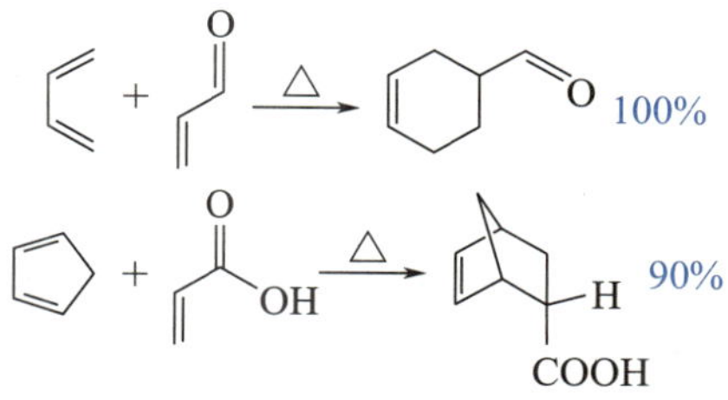

③ 环加成反应是一个同面的过程，在反应中**双烯和亲双烯均保持其构型**。例如：

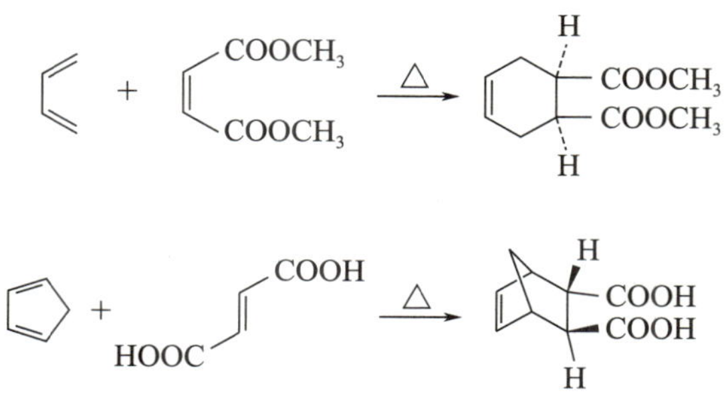

④ 环加成反应的产物构型——内型（*endo*）产物和外型（*exo*）产物：环加成反应中，如果生成桥环化合物，按照同面的加成过程可以生成两种立体构型的产物——**内型（*endo*）产物**和**外型（*exo*）产物**，但一般情况下产物以内型为主。

当使用环戊二烯作为起始双烯体时，生成桥连双环化合物，有以下两种可能的结构：

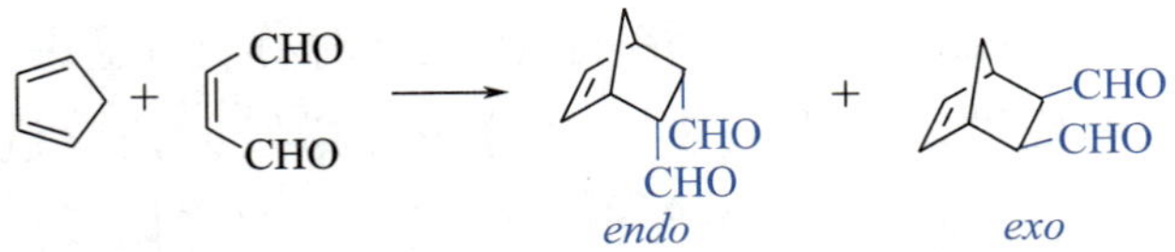

在一个环加成产物中，吸电子取代基占据内侧，而在另一个环加成产物中，取代基占据外侧。内型（*endo*）位置是指基团位于较大的桥同侧，而外型（*exo*）位置是指基团位于较大的桥异侧。

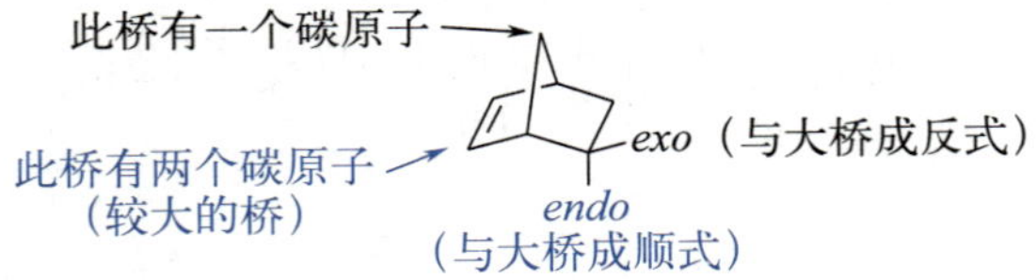

通常，*endo*加成产物比*exo*加成产物更易于生成。在许多情况下，专一生成*endo*加成产物，这种选择性可以通过分析导致*endo*加成和*exo*加成的过渡态得以解释。

在形成*endo*产物的过程中，吸电子取代基与正在形成的π键之间可以形成有利的相互作用：

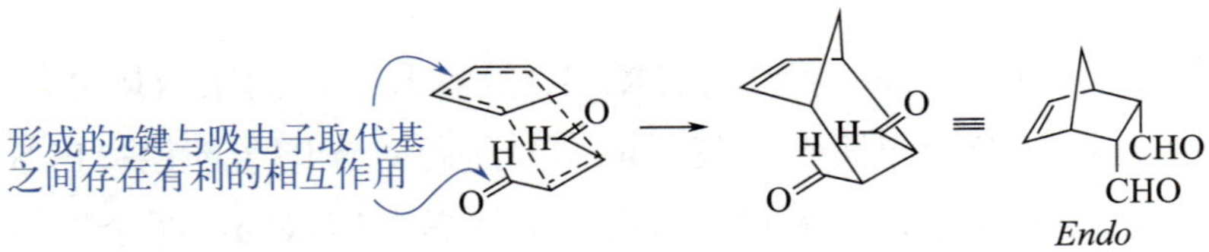

形成*exo*产物的过渡态则没有这种有利的相互作用：

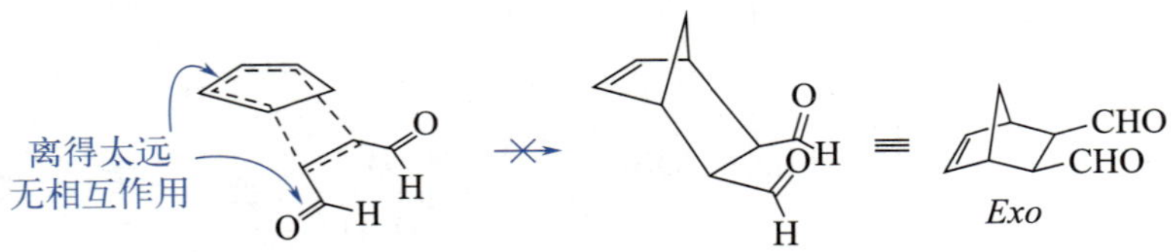

因此导致形成*endo*产物的过渡态的能量低于导致形成*exo*产物的过渡态的能量，*endo*产物更易于形成。

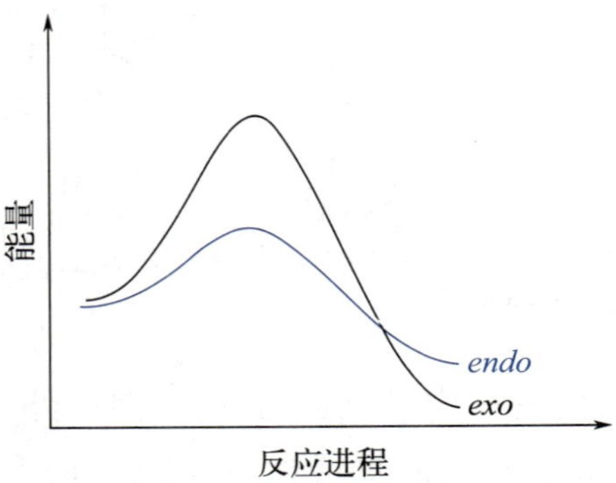

⑤ 环加成反应的区域选择性：对于环加成反应，如果双烯体或亲双烯体是对称的，则只有一种产物。如果双烯体和亲双烯体都不对称，则可能产生两种区域选择性不同的

产物，例如：

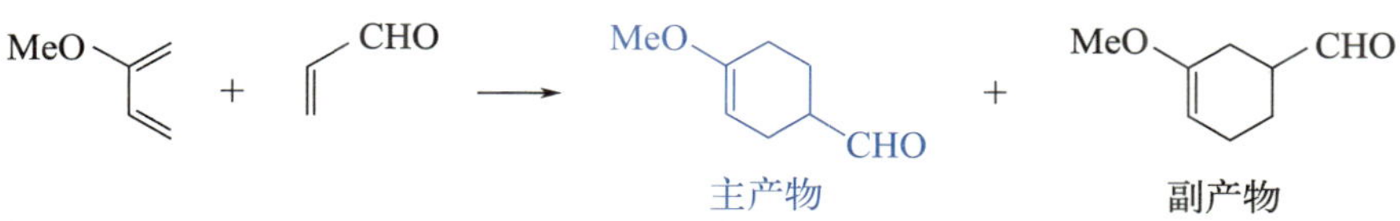

通常可以通过分析双烯体和亲双烯体的电荷分布来预测主要产物。观察双烯烃和亲双烯体的共振结构并仔细考虑电荷的位置，可以合理预测上述反应的区域选择性：

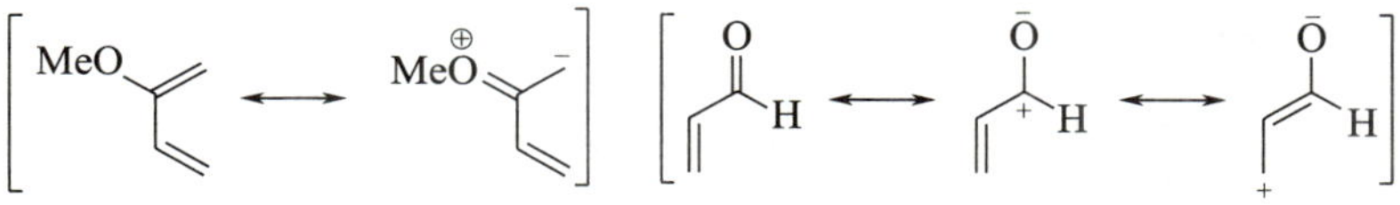

甲氧基的给电子作用致使双烯体是富电子的；醛基的吸电子作用致使亲双烯体是缺电子的。如下所示，当亲双烯体的δ^+和双烯体的δ^-区域对齐时，该取向导致静电引力作用可以稳定过渡态，将产生主要产物：

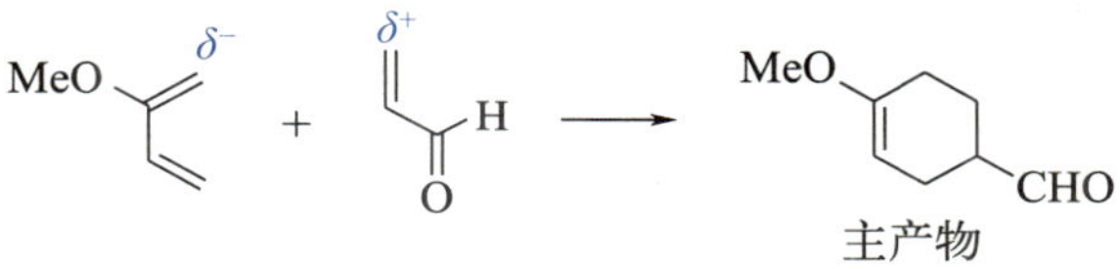

其他取向不能产生类似的稳定作用，因此导致副产物生成缓慢。

13.4 σ迁移反应

σ迁移反应是指在光照或加热条件下，链状共轭大π体系内的一个σ键沿着共轭体系由一个位置转移到另一个位置，同时伴随着π键转移的反应。例如：

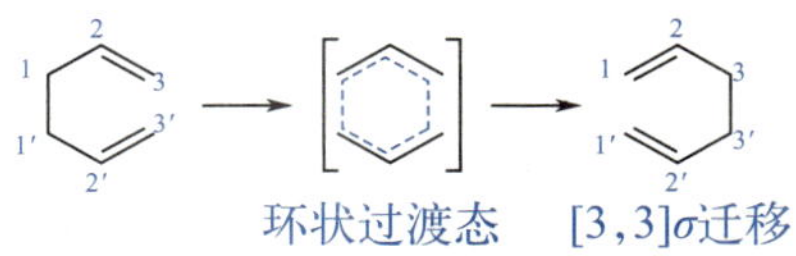

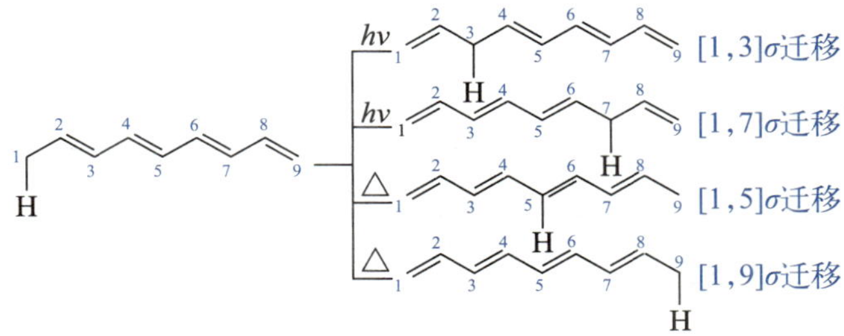

σ迁移的命名方法是：以反应物中发生迁移的σ键作为标准，从其迁移起点的两端开始分别编号，将新生成的σ键所连接的两个原子的位置i、j放在方括号内，称为［i, j］σ迁移。

对于不同原子的σ迁移，反应条件（光照或加热）不同，迁移的终点和产物的构型不同，其规律可用前线轨道理论分析。

以下根据迁移原子、迁移方式的不同，分别进行分析。

13.4.1 H［1, j］σ 迁移

对氢原子的［1, j］σ迁移，可将其视为发生迁移的σ键发生均裂，产生一个氢原子自由基和一个奇数碳共轭体系自由基，迁移时该氢原子自由基与含i个π电子的共轭多烯自由基的轨道相互作用，当两者轨道对称性匹配时，即可实现迁移（这是一个简化的处理过程，实际反应过程中并没有任何反应中间体）。

基态时（加热条件下），含奇数碳自由基共轭体系的前线轨道是非键轨道，其轨道对称性特点为偶数碳原子上的电子云密度为零，奇数碳原子上电子云密度值相等，位相交替变化（图13-4）。

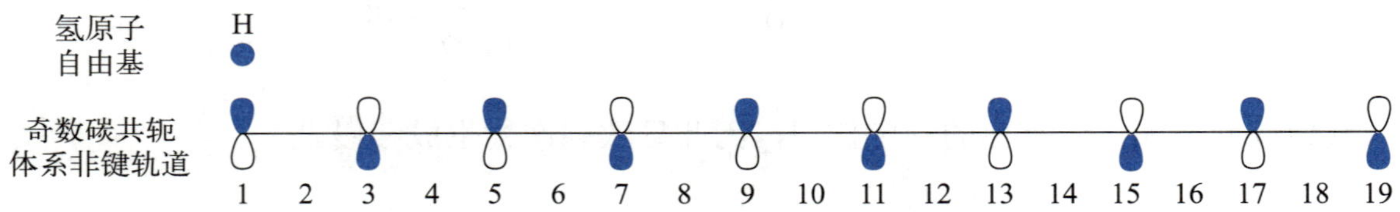

图13-4 氢原子自由基轨道与奇数碳共轭体系的非键轨道（基态）

为了满足对称性匹配的要求，新σ键形成时必须发生同位相的重叠，即当氢原子自由基在同面迁移（原来C—H键所在的面）时，只有5位、9位、13位、17位等位置的轨道对称性匹配，因此氢原子同面迁移时只能有［1,5］、［1,9］、［1,13］、［1,17］等迁移。如果要迁移到3位、7位、11位、15位、19位等位置时，只能发生异面迁移（原来C—H键所在面的另一面），因此氢原子异面迁移时只能有［1,3］、［1,7］、［1,11］、［1,15］、［1,19］等迁移。

激发态（光照时）引发电子跃迁，奇数碳原子共轭体系的前线轨道发生了变化，其对称性也随之变化，迁移反应（表13-3）规律与基态（加热时）正好相反。

表13-3 H［1, j］σ 迁移规律

$1+j$	加热（基态）	光照（激发态）
$4n$	异面	同面
$4n+2$	同面	异面

需要指出的是，对于异面迁移，尽管对称性允许，但由于氢原子要翻越分子平面，反应活化能很高，通常情况下不易发生。

以下具体分析几种H［1, j］σ迁移过程。

H［1,3］同面迁移：

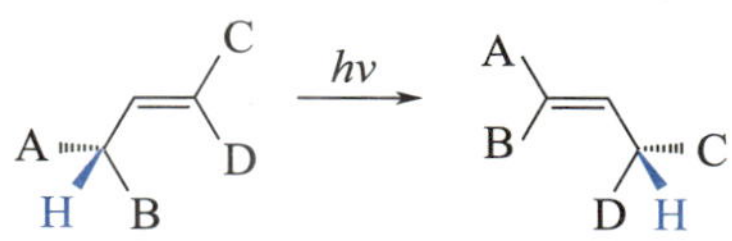

H［1,3］异面迁移：

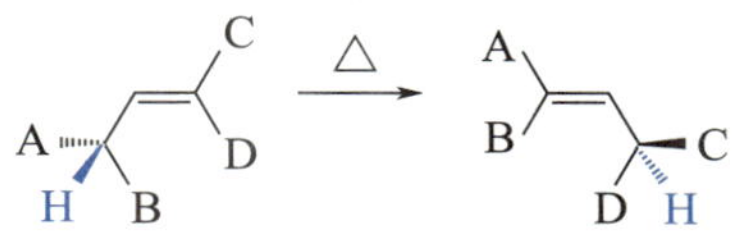

以烯丙基自由基和戊二烯自由基为例，它们的分子轨道能级如下：

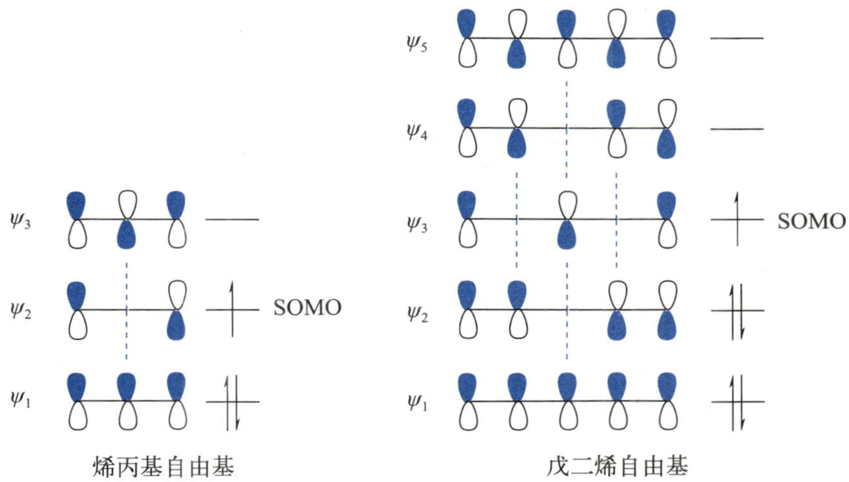

可以看出基态时烯丙基自由基的HOMO是ψ_2，戊二烯自由基的HOMO是ψ_3。它们与氢原子自由基的1s轨道相关的对称性如下：

对烯丙基自由基而言，观察它们的轨道对称性可以发现，其两端位相与氢原子自由基1s轨道位相不匹配。因此，在基态条件下，氢原子的［1,3］同面迁移是禁阻的。对于H［1,3］异面迁移，虽然轨道位相相互匹配，但由于它需越过分子平面，反应所需活化能很高，通常情况下不易发生。因此，对氢原子而言，基态条件下不易发生H［1,3］迁移。但在激发态条件下，由于最外层电子跃迁到反键轨道上，此时轨道的位相相互匹配，允许发生H［1,3］同面迁移。因此，光照条件下，H［1,3］同面迁移是允许的。

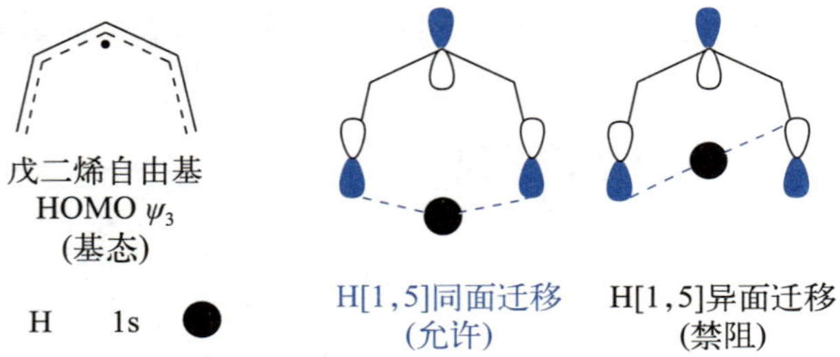

对于H［1,5］迁移而言，由于戊二烯自由基HOMO两端位相相同，它与氢原子自由基1s轨道位相匹配。因此，在基态条件下，H［1,5］同面迁移是允许的。与前面的讨论相类似，若在激发态（光照）条件下，由于戊二烯自由基的最外层电子跃迁到反键轨道ψ_4上，此时它与氢原子自由基1s轨道位相不再匹配，因此，在激发态条件下氢原子的H［1,5］同面迁移是禁阻的。

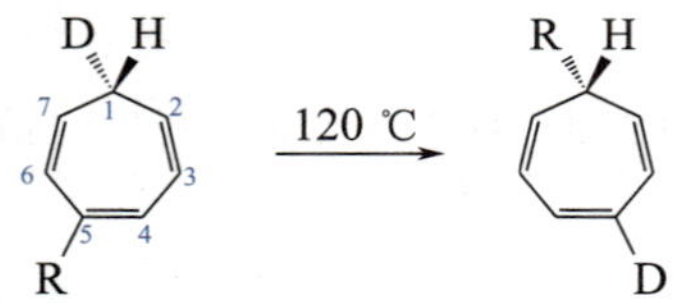

13.4.2 C［1, *j*］σ 迁移

由于碳原子自由基最外层轨道为p轨道，它具有位相相反的两瓣，因此反应性与氢原子不同。对氢原子迁移禁阻的反应，碳原子迁移可以通过改变构型的方法来实现，即迁移时伴随着迁移碳原子构型的改变。以加热条件下碳原子的［1,3］迁移为例，虽然其［1,3］同面迁移位相不匹配，不能发生正常的迁移反应，但它可通过改变碳原子的构型来满足其位相的要求。例如：

可以清楚地看到，发生C［1,3］σ烷基迁移反应时，碳原子的构型要发生翻转。含有不同取代基的桥环发生［1,3］烷基迁移反应的立体化学过程如下：

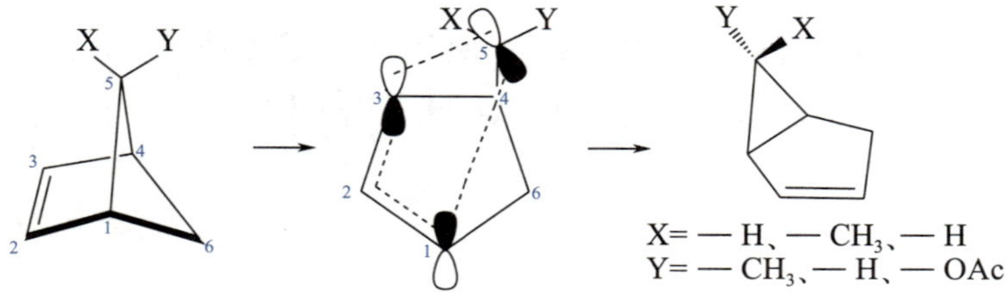

对于碳原子加热条件下的［1,5］迁移而言，由于位相对称守恒，可发生碳原子构型保持不变的迁移反应。例如：

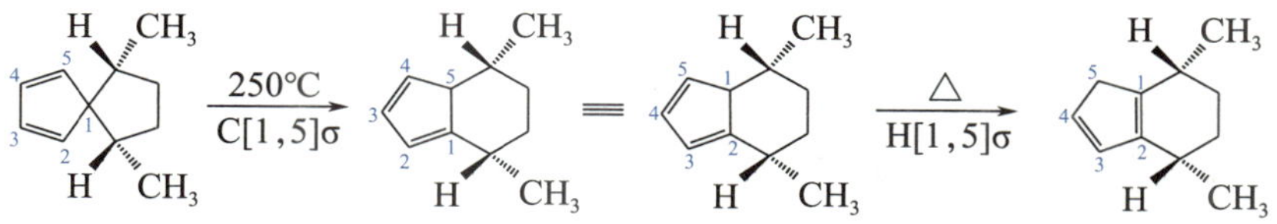

基态（加热时）C［1,j］σ迁移时的轨道相互作用及构型变化规律如图13-5所示。

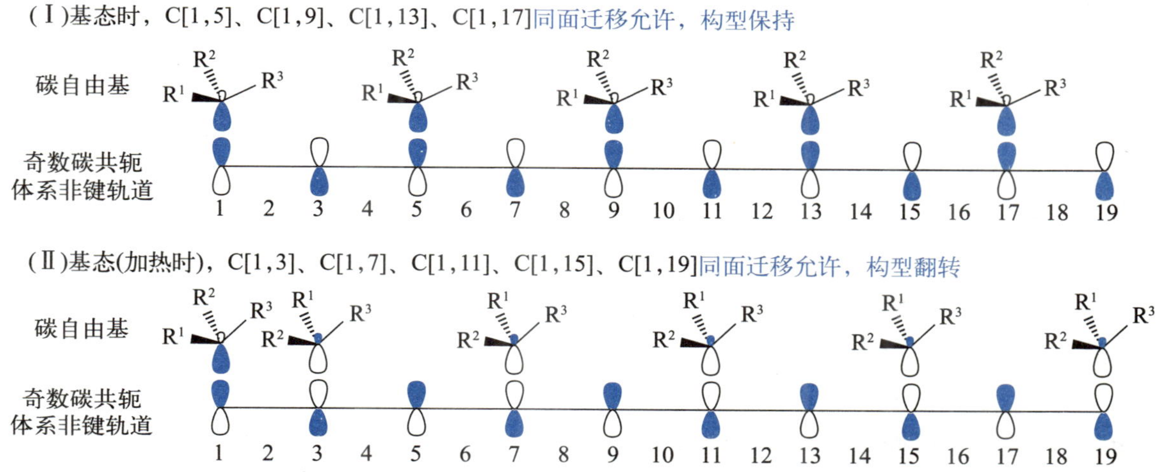

图13-5 基态时C［1，j］σ 同面迁移轨道相互作用及构型变化规律

激发态（光照）时，奇数碳原子共轭体系的前线轨道发生了变化，迁移规律与基态（加热）时正好相反（表13-4）。

表13-4 C［1,j］σ 迁移规律

1+j	加热（基态）	光照（激发态）
4n	同面，构型翻转	同面，构型保持
	异面，构型保持	异面，构型翻转
4n+2	同面，构型保持	同面，构型翻转
	异面，构型翻转	异面，构型保持

13.4.3 ［i,j］σ 迁移

［i,j］σ迁移有各种类型，最常见的有［3,3］σ迁移。对［3,3］σ迁移而言，可看作分子首先发生σ键断裂，生成两个烯丙基自由基，然后两个自由基相互作用形成新的σ键。对烯丙基自由基而言，其分子轨道HOMO两端的位相相互对称，因此在加热条件下，可以顺利发生反应，导致［3,3］σ迁移。例如：

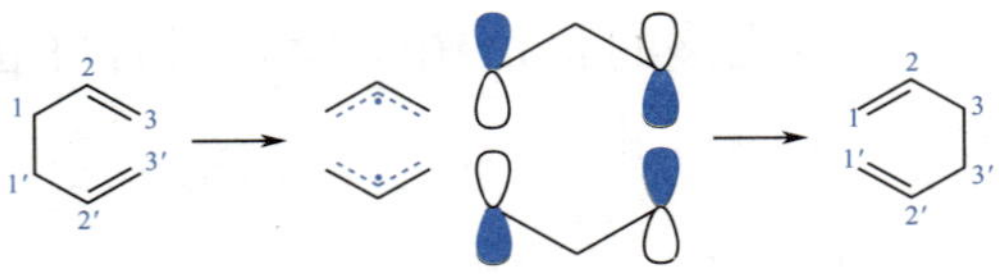

Claisen重排也是一个［3,3］σ迁移的典型例子。反应物在加热条件下首先发生［3,3］σ迁移，生成中间产物环己二烯酮中间体（IT）衍生物，后者进一步发生［3,3］σ迁移，经酮-烯醇互变异构转化为最终产物。如果用同位素标记*C的反应物进行实验，并采用顺丁烯二酸酐与环己二烯酮中间体进行［4+2］环加成反应，可以确定该反应进行了两步［3,3］σ迁移反应。反应过程如下：

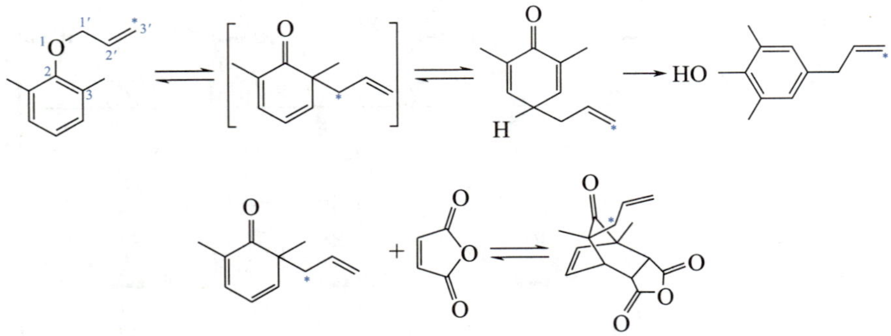

σ迁移反应的平衡受到反应前后两种化合物的热力学相对稳定性控制。例如，下面反应的反应物为三元环，分子内存在较大的环张力，热力学稳定性较差。而生成的产物消除了部分环张力，热力学稳定性高，因而反应可以顺利进行。

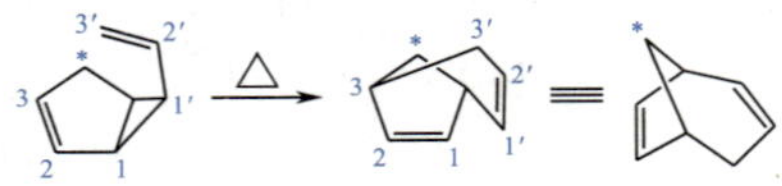

通过应用前线轨道理论，我们对周环反应有了初步的了解。周环反应已广泛应用于有机、无机、催化、生化反应等许多重要领域，是微观化学反应动力学和量子化学应用的一个里程碑。

参考书目

[1] 何子乐. 有机化学中的软硬酸碱原理［M］. 刘培文，丁革非，操时杰，译. 北京：科学出版社，1987.

[2] 弗莱明. 前线轨道与有机化学反应［M］. 陈如栋，译. 北京：科学出版社，1988.

[3] 苏镜娱，曾陇梅. 有机立体化学［M］. 广州：中山大学出版社，1999.

[4] Laszlo Kurti，Barbara Czako. Strategic Applications of Named Reactions in Organic Synthesis［M］. Pittsburgh：Academic Press，2005.

[5] 胡跃飞，付华，席婵娟，等. 现代有机合成试剂——性质、制备和反应［M］. 第一卷. 北京：化学工业出版社，2006.

[6] 荣国斌，袁履冰，王全瑞，等. 高等有机化学［M］. 上海：华东理工大学出版社，2007.

[7] Carey F A，Sundberg R J. Advanced Organic Chemistry. Part A:Structure and Mechanisms［M］. 5th ed. New York：Springer Science，2007.

[8] Carey F A，Sundberg R J. Advanced Organic Chemistry. Part B:Reaction and Synthesis［M］. 5th ed. New York：Springer Science，2007.

[9] 麦克默里 J，希曼内克 E. 基础有机化学［M］. 6版. 任丽君，向玉联，樊启平，等译. 北京：清华大学出版社，2008.

[10] 古练权，黄志纾，汪波，等. 有机化学［M］. 北京：高等教育出版社，2008.

[11] Wyatt P. 有机合成——策略与控制［M］. 张艳，王剑波，等译. 北京:科学出版社，2009.

[12] 安斯林，多尔蒂. 现代物理有机化学［M］. 计国桢，佟振合，等译. 北京：高等教育出版社，2009.

[13] 胡跃飞，付华，华瑞茂，等. 现代有机合成试剂——性质、制备和反应［M］. 第二卷. 北京：化学工业出版社，2010.

[14] Carey F A，Giuliano R M. Organic Chemistry［M］. 8th ed. New York：McGrawHill，2010.

[15] 宋礼成，王佰全. 金属有机化学原理及应用［M］. 北京：高等教育出版社，2012.

[16] 郑大贵. 基于图表素材的有机化学教学［M］. 上海：复旦大学出版社，2012.

[17] Jonathan Clayden，Stuart Warren. Organic Chenistry［M］. 2nd ed. Oxford：Oxford University Press，2012.

[18] 王剑波. 物理有机化学简明教程 [M] . 北京:北京大学出版社，2013.
[19] 刘在群. 有机化学学习笔记 [M] . 3版. 北京：科学出版社，2013.
[20] 荣国斌. 高等有机化学基础 [M] . 4版. 北京：化学工业出版社，2015.
[21] 冯骏材，朱成建，俞寿云. 有机化学原理 [M] . 北京：科学出版社，2015.
[22] Paula Yurkanis Bruice. Organic Chenistry [M] . 8th ed. New Jersey：Pearson Education，2015.
[23] 荣国斌，秦川. 大学基础有机化学 [M] . 2版. 北京：化学工业出版社，2016.
[24] 尤启东，孙铁民，郭丽. 药物化学 [M] . 8版. 北京：人民卫生出版社，2017.
[25] 闻韧. 药物合成反应 [M] . 4版. 北京：化学工业出版社，2017.
[26] 魏荣宝. 高等有机化学 [M] . 3版. 北京：高等教育出版社，2017.
[27] 彼得·塞克斯. 有机化学机理导论 [M] . 6版. 王剑波，张志坤，邱頔，等译. 北京：北京大学出版社，2018.
[28] 裴坚. 中级有机化学 [M] . 北京：北京大学出版社，2018.
[29] 李景宁，杨定乔，潘玲，等. 有机化学（上、下）[M] . 6版. 北京：高等教育出版社，2018.
[30] 迈克尔·B. 史密斯. March高等有机化学——反应、机理与结构 [M] . 7版. 李艳梅，黄志平，译. 北京：化学工业出版社，2018.
[31] 胡宏纹. 有机化学（上、下）[M] . 4版. 北京：高等教育出版社，2019.
[32] 李杰. 有机人名反应——机理及合成应用 [M] . 5版. 荣国斌，译. 北京：化学工业出版社，2020.
[33] 裴坚，吕萍. 有机化学思维进阶 [M] . 北京：化学工业出版社，2020.
[34] 王彦广，吕萍，傅春玲，马成. 有机化学 [M] . 4版. 北京：化学工业出版社，2020.
[35] 邢其毅，裴伟伟，徐瑞秋，裴坚. 基础有机化学（上、下）[M] . 4版. 北京：北京大学出版社，2021.
[36] K. 彼得·C. 福尔哈特，尼尔·E. 肖尔. 有机化学结构与功能 [M] . 8版. 戴立信，席振峰，罗三中，等译. 北京：化学工业出版社，2022.
[37] 大卫·R. 克莱恩. 有机化学 [M] . 全球版. 郑艳，赵温涛，李珅，等译. 北京：高等教育出版社，2022.
[38] 吕萍，王彦广. 中级有机化学 [M] . 2版. 北京：高等教育出版社，2022.
[39] 肯尼斯·A. 萨万. 有机化学反应机理书写 [M] . 4版. 杨定乔，杨文，译. 北京：化学工业出版社，2023.
[40] 罗伯特·B. 格罗斯曼. 有机反应机理的书写艺术 [M] . 许毓，译. 合肥：中国科学技术大学出版社，2023.

常见分子静电势（ESP）图

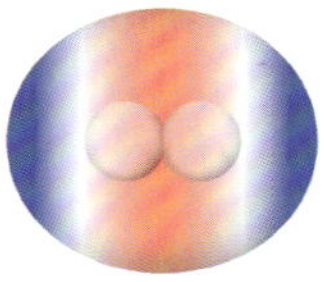

−0.005 a.u. 0.015 a.u.

氢气

−0.005 a.u. 0.015 a.u.

甲烷

−0.060 a.u. 0.020 a.u.

氨气

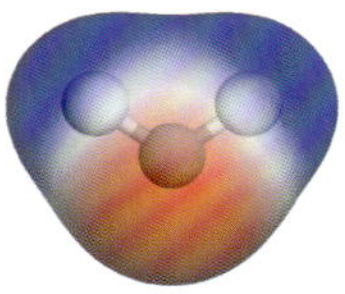

−0.050 a.u. 0.040 a.u.

水

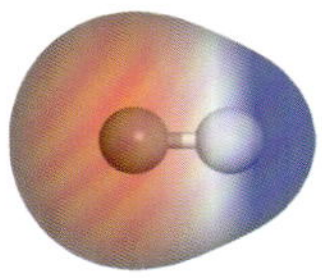

−0.030 a.u. 0.080 a.u.

氟化氢

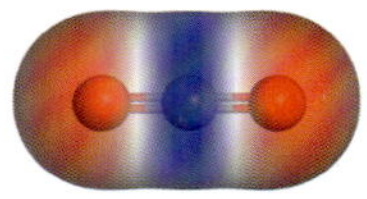

−0.010 a.u. 0.050 a.u.

二氧化碳

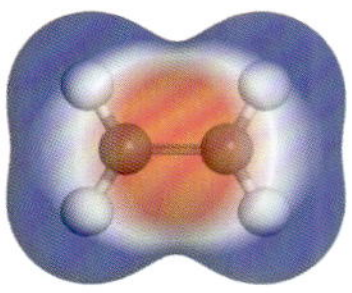

−0.025 a.u. 0.005 a.u.

乙烯

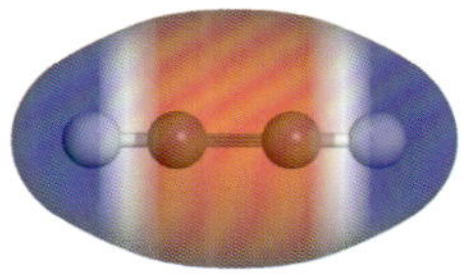

−0.020 a.u. 0.020 a.u.

乙炔

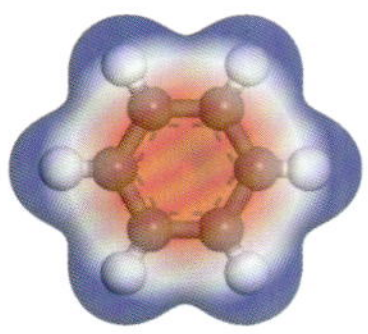

−0.030 a.u. 0.015 a.u.

苯

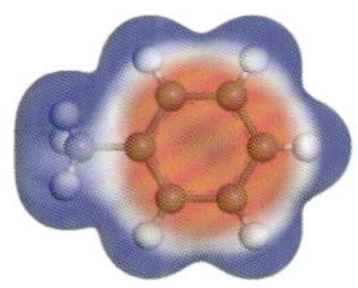

−0.020 a.u. 0.010 a.u.

甲苯

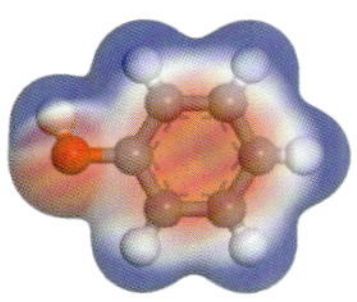

−0.030 a.u. 0.015 a.u.

苯酚

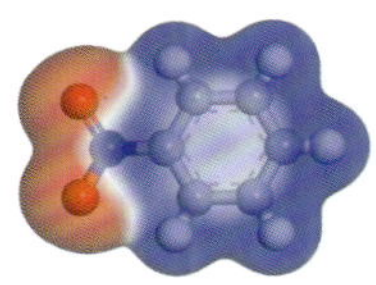

−0.030 a.u. 0.015 a.u.

硝基苯

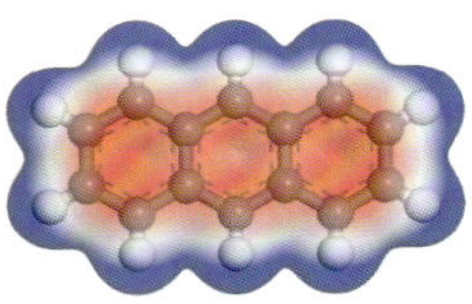

−0.030 a.u. 0.015 a.u.

蒽

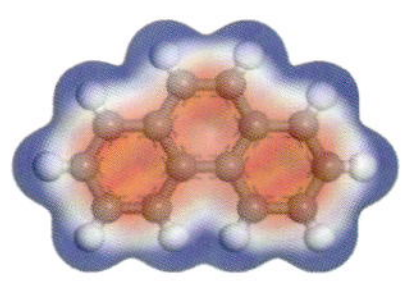

−0.030 a.u. 0.015 a.u.

菲

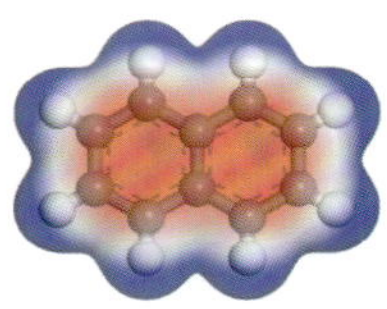

−0.030 a.u. 0.015 a.u.

萘

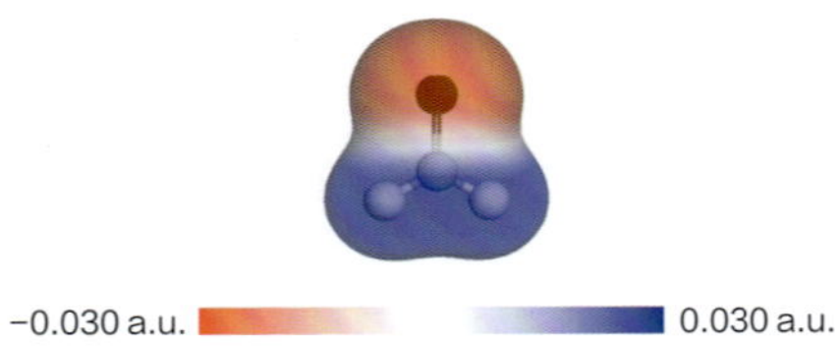

甲醛

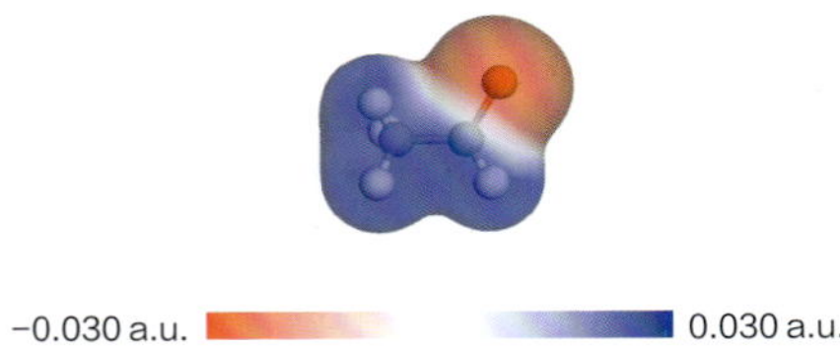

乙醛

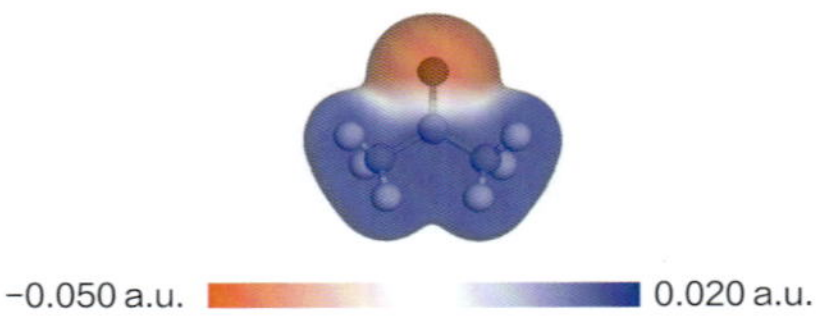

丙酮

丁酮

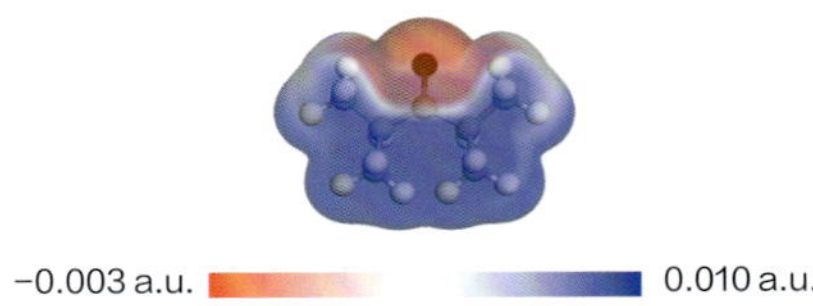

戊酮

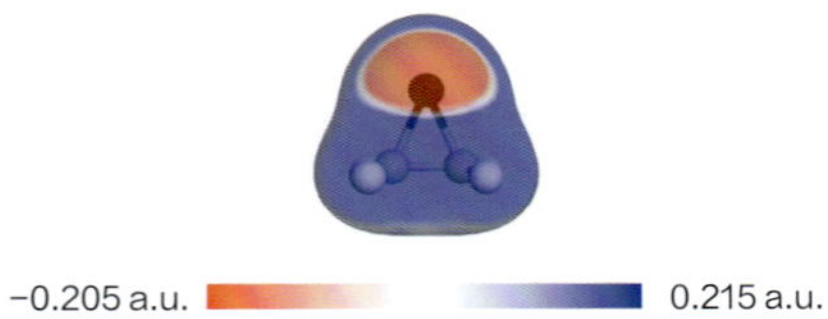

溴鎓

常见分子轨道图

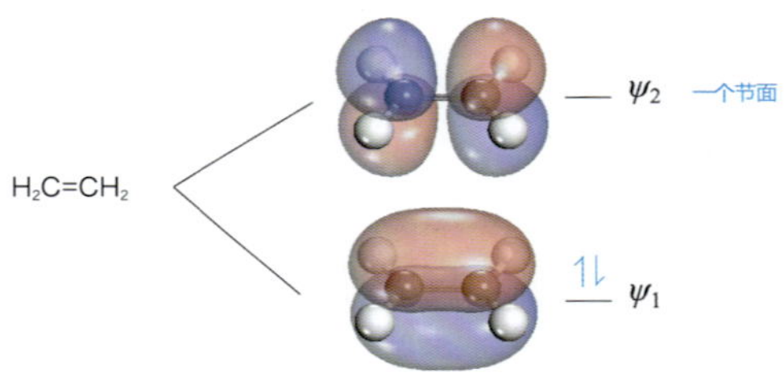

乙烯的分子轨道

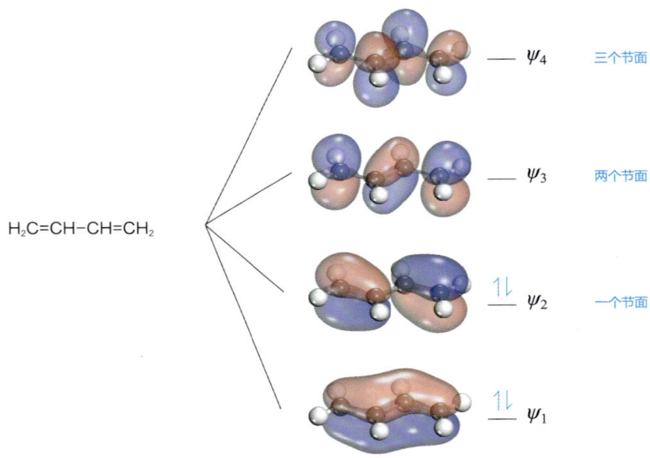

丁-1,3-二烯的分子轨道

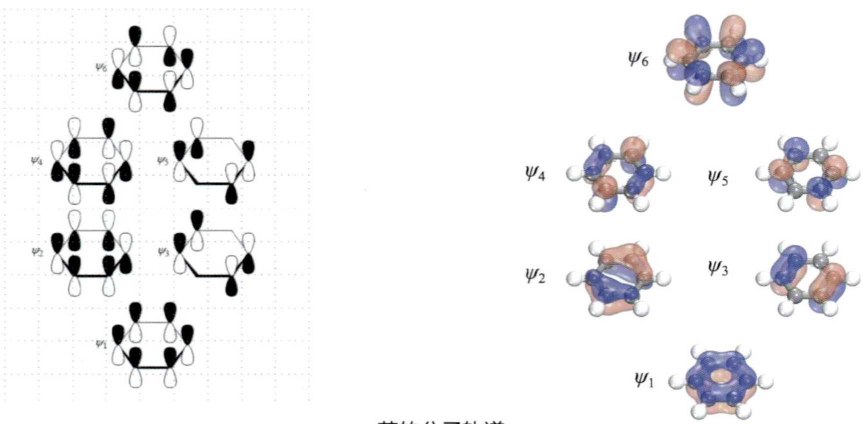

苯的分子轨道